环境科学与工程丛书

水中内分泌干扰物处理技术与原理

Technology and Principle for Endocrine Disrupting Chemicals Treatment

国家科技重大专项资助（编号：2008ZX07421-002）
国家“十一五”科技支撑计划（编号：2006BAJ08B06）
住房和城乡建设部研究开发项目（编号：2009-K7-4）

高乃云　严敏　赵建夫　徐斌　著
范瑾初　审

中国建筑工业出版社

图书在版编目（CIP）数据

水中内分泌干扰物处理技术与原理/高乃云等著．—北京：中国建筑工业出版社，2010

（环境科学与工程丛书）

ISBN 978-7-112-11800-7

Ⅰ．水… Ⅱ．高… Ⅲ．水处理 Ⅳ．TU 991．2

中国版本图书馆 CIP 数据核字（2010）第 061747 号

本书共分 7 章，分别是总论、水中内分泌干扰物的性质与危害、水中内分泌干扰物的检测与分析、饮用水常规处理和氧化工艺对内分泌干扰物的去除、活性炭和生物活性炭处理对内分泌干扰物的去除、高级氧化法对内分泌干扰物的去除、膜过滤对内分泌干扰物的去除。

本书可供相关专业的高年级本科生和研究生作为教材或教学参考书，也可供工程设计人员参考。

* * *

责任编辑：于 莉 田启铭 刘爱灵
责任设计：肖 剑
责任校对：王雪竹

环境科学与工程丛书
水中内分泌干扰物处理技术与原理
Technology and Principle for Endocrine Disrupting Chemicals Treatment
国家科技重大专项资助（编号：2008ZX07421-002）
国家“十一五”科技支撑计划（编号：2006BAJ08B06）
住房和城乡建设部研究开发项目（编号：2009-K7-4）
高乃云 严敏 赵建夫 徐斌 著
范瑾初 审

*

中国建筑工业出版社出版、发行（北京西郊百万庄）
各地新华书店、建筑书店经销
北京红光制版公司制版
北京云浩印刷有限责任公司印刷

*

开本：787×1092 毫米 1/16 印张：25¼ 字数：628 千字
2010 年 4 月第一版 2010 年 4 月第一次印刷
定价：**68.00** 元
ISBN 978-7-112-11800-7
（19030）

版权所有 翻印必究
如有印装质量问题，可寄本社退换
（邮政编码 100037）

前　言

水是生命之本，保证供应优质、安全的饮用水是我国急待解决的问题之一。饮用水直接关系到人民群众的身体健康与生命安全，关系到社会稳定与综合国力的增强。目前，随着工业，尤其是有机合成化工、石油化工、医药、农药（杀虫剂、除草剂和杀真菌剂）、个人护理用品等工业的迅速发展，有机化合物的数量及种类与日俱增。作为城市水源的很多湖泊、河流、水库，受污染情况严重，持久性有毒有害物质、内分泌干扰物（EDs或EDCs）等不断被发现。水源的污染导致了饮用水质的急剧恶化，如上海和长三角地区等一些城市的自来水中，普遍含有致突变物质（Ames试验呈阳性）。各种合成有机物进入水体，所产生的一系列污染效应向现有的饮用水处理技术提出了严峻挑战，其中最引人注目的问题之一就是内分泌干扰物的污染。

根据国内外的试验研究和生产实践，在水源水质受到有机污染时，现有常规水处理工艺对有机物的去除率仅在20%～30%之间，对水中微量有机污染物均没有明显的去除效果。针对国内日益严重的水源水质污染问题，研究人员在饮用水处理中对原水预处理、强化常规处理、深度处理等技术开展了大量研究，取得了很大的进展。目前国内对饮用水处理工艺去除TOC、COD_{Mn}、UV_{254}、氨氮、铁、锰的效果及工艺参数优化等方面的研究较深入，而对去除水中微量内分泌干扰物的研究尚处于起步阶段，因此从保障饮用水安全角度出发，研究饮用水中内分泌干扰物的有效去除技术，对水处理的运行、管理和水质提高，是非常必要的。

“十一五”期间，我们承担了住房和城乡建设部研究开发项目“内分泌干扰物的去除性能与机理研究（2009-K7-4）”；国家科技重大水专项研究课题“高藻、高有机物湖泊型原水处理技术集成与示范（2008ZX07421—002）”；国家科技支撑计划项目研究课题“东部小城镇有机污染水源膜处理组合技术研究与示范（2006BAJ08B06）”；“十五”期间，承担了国家“863”重大专项研究课题“太湖流域饮用水安全保障技术（2002AA601130）”。围绕太湖流域和上海黄浦江微污染原水中的内分泌干扰物开展系统研究，内容包括多种内分泌干扰物分析方法的建立、黄浦江水中内分泌干扰物分布特征、内分泌干扰物处理方法的调查分析、内分泌干扰物有效去除技术及机理分析等，所有研究成果成为本书的主要内容，目的是能为内分泌干扰物的去除和控制提供理论和技术支持，同时能为政府和相关决策部门提供数据支持。

参加本书试验研究的有李聪、庞维海、汪力、芮旻、李青松、周建平、殷娣娣、马晓雁、宋亚丽、范茂军、蔡云龙、刘成、伍海辉、黄鑫、卢宁、李若愚、孙晓峰、贺道红、赵丹丹、崔婧、彭广勇、陈蓓蓓等。感谢严煦世教授对本书所作的贡献和指导；感谢乐林生、陈国光和吴今明三位教授级高工在本书涉及的某些研究内容试验过程中给予的支持；感谢对本书内容作出过贡献的同志和研究生！

目　录

第1章　总　论

20世纪六七十年代已有报道称水环境中某些化学物质能干扰人类正常的内分泌功能。早在1962年出版的由Rachel Carson著《寂静的春天》(Silent Spring) 一书中指出，大量农药的使用会产生环境公害问题，其中提及多种农药可引起生物体的内分泌系统紊乱，从而认为各种合成化合物可能使动物生理异常，人们开始意识到工业世界、自然环境和人类健康之间有极为密切的联系。30多年以后，1996年出版的Theo Colborn等所著的《预支未来》(Our Stolen Future)，着重讨论了对于人类和其他生物内分泌系统有害的化学物质，并称之为“内分泌干扰物”。作者指出，影响内分泌系统的化学物质可能引起野生动物、人类、家畜等的内分泌功能障碍，并警告即将可能发生的危机，引起了社会的极大关注，很大程度上促进了欧、美和日本等国家对水中内分泌干扰物的研究。

到20世纪末，内分泌干扰物逐渐成为水处理领域研究的重点并提到战略高度。随着研究报导的增加，更多的人认识到内分泌干扰物可能会影响生命繁殖和发育，并将会危及下一代。

1.1　内分泌干扰物的定义和特点

1.1.1　内分泌干扰物定义

内分泌干扰物 (Endocrine disrupting chemicals / Endocrine disruptors，简称EDCs或EDs) 是一类外源性化学物质，也称为“激素”。此类化合物是在环境中残留或蓄积的微量化学物质，主要是一些人工合成的化学物质，也包括一些天然植物化合物。通常经由饮用水和食物链进入人体内，并可以模仿天然激素，使人体内的激素过剩，也可以直接刺激或抑制生物的内分泌系统，因而会严重干扰天然激素维持生物体内平衡和调节发育过程的作用。

美国国家环保署 (USEPA) 对内分泌干扰物的定义是：“内分泌干扰物是进入生物体内的外源性物质，可干扰生物体内天然激素的合成、分泌、运送、结合、作用或消除，从而干扰生物体维持正常的体内平衡、繁殖、生长及行为”。

欧盟委员会 (EU Commission) 于1966年对内分泌干扰物所作的定义为：“内分泌干扰物是外源性物质，可改变生物或其后代的内分泌功能，从而对其健康产生有害影响”。

国际上其他一些机构也作出相关的定义，其内容不外乎说明内分泌干扰物是外源的物质而不是在生物体内的天然激素，以及对生物体内分泌系统的不良影响。应该指出，所有定义都不是根据内分泌干扰物的化学性质，而只是说明其生物效应。

许多化合物具有内分泌干扰能力，或称为雌激素活性，如类固醇雌激素 (17β—雌二醇)，己烯雌酚 (DES，避孕药)，表面活性剂 (壬基酚和壬基酚聚氧乙烯醚)，二恶英，多氯联苯 (PCBs) 等都具有雌激素活性。

有限的动物试验结果认为，许多化合物特别是某些农药和增塑剂是可疑的内分泌干扰物，为此又提出了可疑内分泌干扰物的定义:“可疑内分泌干扰物是预期有可能干扰生物体内分泌系统的化学物质”,须经生物试验和流行病学调查后,才可最终确定为内分泌干扰物。

内分泌干扰物可以显示雌激素活性或雄激素活性。雌激素是指调节和维持雌性生物体发育和生殖功能的任一类类固醇激素,英国环境署(UKEA)确定为内分泌干扰物的许多化合物都属于雌激素。雄激素是指由肾上腺皮层和睾丸产生的雄性激素,包括影响男性发育特征的睾酮和雄酮。科学界主要研究的是有雌激素活性的内分泌干扰物,即可与生物体内雌激素受体(ER)作用的化合物。

1.1.2 内分泌干扰物的特点

内分泌干扰物具有以下特点:

(1) 内分泌干扰物是各种来源的化合物,包括天然雌激素、药物(如避孕药),雌激素替代物和其他类固醇,这些化合物可随雨水和污水进入水体。增塑剂和各种工业化学品如二恶英、多氯联苯等经常会通过不同途径排入水体内,造成水质污染。

(2) 内分泌干扰物多数具有亲脂性,耐化学和生物降解,在水环境中持久存在,可通过生物富集和食物链的放大作用而在生物体内富集,并因其脂溶性,进入人体后不易排除。内分泌干扰物在全世界都有检出,实际上任何生物都会直接或间接与其接触,如摄入污染的食物和水,吸入污染的空气,以及接触污染的土壤或沉积物。不同污染物量、不同接触方式对生物的各个器官会造成不同程度的影响,说明了危害作用的复杂性。

(3) 人类普遍和有毒有害污染物接触,人体内几乎都或多或少吸入些内分泌干扰物和持久性有机污染物以及重金属。持久性的有机氯化合物、垃圾焚烧时排出的剧毒二恶英、呋喃、用于电器产品的多氯联苯,以及某些农药如毒杀芬、有机氯农药DDT及其代谢物DDE、树脂原料双酚A都会积累在人体脂肪内,甲基汞可积累在人体器官内,铅可积累在人体骨骼内,等等。由于有机污染物的持久性和亲脂性,可积累在淡水鱼或食鱼的鸟类体内,并产生生物放大,通过食物链而影响人体。

(4) 内分泌干扰物是外源物质,具有激素功能,但和生物体内天然激素或其他类固醇激素在化学结构上并不相同,且这些外源物质的化学结构也差别很大。如雄激素中的睾酮和雌激素中的雌酮,虽生理功能完全不同,但两者结构却几乎一样,都是四环结构。而DDT和己烯雌酚(DES)是二环结构,烷基酚是单环结构。这就增加了确定内分泌干扰物作用和机理的难度。结构相似的化合物,例如灭蚁灵和开蓬,其雌激素活性可以相差很大,迄今未能合理地解释这些不同结构的化学物质为何能同生物体的激素受体相结合。

(5) 实验室试验证明,排入水环境中的人造化合物和副产物可以使生物的内分泌系统发生变化,包括一些农药(如DDT和其他有机氯农药),某些消费品和医药产品(如塑料添加剂)以及许多工业产品(如多氯联苯、二恶英),这些化合物的雌激素活性比人体内天然存在的雌激素要弱得多,例如在欧洲河道中壬基酚的浓度并不高,其雌激素活性只有天然雌激素的万分之一。水中的内分泌干扰物浓度虽低,但会有大量的分子与人或其他生物体内的受体相结合而产生危害。

(6) 接触多种内分泌干扰物时会产生协同效应,其作用远比单一种物质为大,例如单独使用氯丹(杀虫剂)时,并未检出雌激素活性,但是和硫丹、狄氏剂、毒杀芬等农药同时使用时,因协同效应出现的雌激素活性可以达到单独使用氯丹时的100倍左右,由此可以估计两种或多种杀虫剂同时使用时所产生的毒性比任何一种杀虫剂为大。

(7) 尽管水中内分泌干扰物与天然激素相比，效应强度较低，但由于正在发育的机体其内分泌系统尚缺乏反馈保护机制，或因为幼体的激素受体分辨能力不如成熟体的那样高，孕期、幼年期生物对激素水平远较成熟体敏感，激素水平的微量改变即可影响动物终生。由于亲代接触内分泌干扰物，即可通过不同方式导致子代胚胎早期、胎儿、新生儿（动物）产生不可逆的损害。即便在胚胎前期、胎儿或新生儿期和内分泌干扰物接触，但直到后代成熟，甚至到中年期才能表现出明显的损害，由于其影响的迟发性而不易引起人们的注意。

1.2 内分泌干扰物的种类

工业的发展和农药的大量使用，人们认识到工业世界和自然环境有极为密切的联系。内分泌干扰物虽早已存在于水环境中，因其浓度低且未了解其危害性，以往的水质标准中并未将内分泌干扰物单列出来，只是包括在有机微污染物内。

干扰生物体内分泌系统功能的化合物称为内分泌干扰物，包括一系列的合成化合物、天然类固醇雌激素和合成雌激素。

内分泌干扰物和可疑内分泌干扰物究竟有多少种，各国根据实际情况分别作出规定，制定计划加以筛选。1996 年美国环境保护署共列出 60 种内分泌干扰物，美国疾病预防控制中心列出了 48 种，世界野生动物基金会（World Wild Animal Foundation，WEF）于 1997 年列出了 68 种，日本 1998 年夏在全国范围内对内分泌干扰物的污染状况进行了一次全面调查，1999 年发布了激素类化学物清单，计 67（现改为 65）种，韩国为 66 种，欧盟为 118 种等。内分泌干扰物中几乎一半以上是农药（杀虫剂、除草剂、杀真菌剂等），随着研究的深入以及毒性的鉴定，内分泌干扰物的种类还将会有修正和增减。

美国环境保护署针对现在世界上使用的 87000 种化合物，开展了具有内分泌干扰物作用的激素类物质筛选，其筛选流程如图 1.1 所示。美国环境保护署内分泌干扰物筛选和试验咨询委

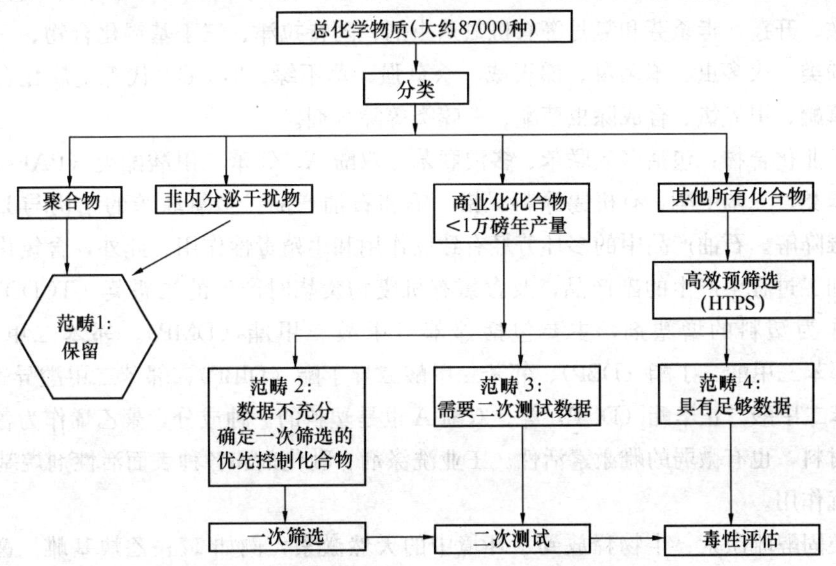

图 1.1 美国环境保护署内分泌干扰物筛选流程图

员会（Endocrine Disruptor Screening and Testing Advisory Committee，EDSTAC）提出的内分泌干扰物风险评价和检查方法程序如图 1.2 所示，该风险评价程序主要包括体外试验、体内试验和动物试验（哺乳类、鸟类和鱼类等生殖毒性试验，多代生殖毒性试验、生命周期试验等）。

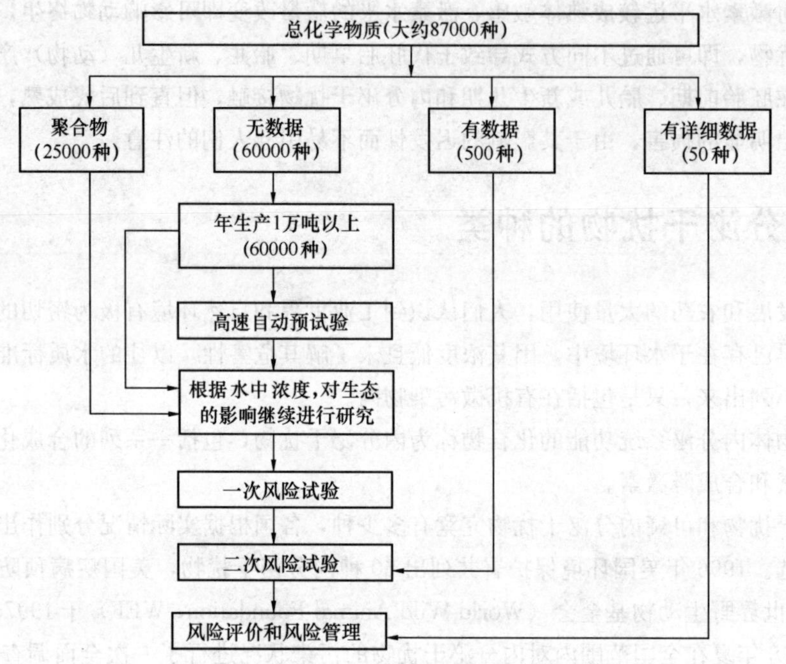

图 1.2 美国关于内分泌干扰物的风险评价及检验程序框图

从优先筛选物中每次选 10 种化合物进行深入研究，取得结果后再选定化合物继续研究，目的是得到高质量的毒理学试验数据，作出有科学依据的风险评价。

内分泌干扰物是具有激素活性的化合物，可分为以下几类：

(1) 农药和除草剂：包括滴滴涕（DDT）及其分解产物、六氯苯、六六六、艾氏剂、狄氏剂、克尔散、开蓬、毒杀芬和氯丹等有机氯杀虫剂；阿特拉津、三丁基锡化合物、三苯基锡化合物、氯酚类、灭多虫、苯菌灵、涕灭威、杀草强、草不绿、2,4-D、代森金属化合物类、西草净、除草醚、甲氧氯、合成除虫菊酯、三嗪类等除草剂。

(2) 工业化合物：包括多氯联苯、多溴联苯、双酚 A、邻苯二甲酸酯类（PAEs）、烷基酚类、硝基苯类、二苯甲酮、有机锡涂料、铅、镉和石油产品。多氯联苯的结构与 DDT 类似，性质稳定难降解。石油产品中的多环芳烃有致癌作用和生殖毒性作用。此外，含氯化合物的工业产品在加工过程中产生的副产品，及含氯有机废物焚烧时产生的二恶英（TCDD）。邻苯二甲酸酯类作为塑料的增塑剂，主要包括邻苯二甲酸二甲酯（DMP）、邻苯二甲酸二乙酯（DEP）、邻苯二甲酸二丁酯（DBP）、邻苯二甲酸二异丁酯（DIBP）、邻苯二甲酸异辛酯（DEHP）、邻苯二甲酸二正辛酯（DOP）等。双酚 A 也是塑料的一种成分，聚乙烯作为各种方便食品的包装材料，也有微弱的雌激素活性。工业洗涤剂、乳化剂和各种表面活性剂烷基酚类均有内分泌干扰作用。

(3) 类固醇雌激素：生物释放到水环境中的天然激素，例如 17α-乙炔基雌二醇（EE2）、17β-雌二醇（E2）、雌酮（E1）、有高度激素活性的合成药物如避孕药已烷雌酚（DES）、炔雌醇甲醚以及治疗癌症药物等。

（4）植物和真菌雌激素：植物性激素是植物成分具有雌激素活性的化合物，有异黄酮和木酚素二大类，主要来源于食物，其化学结构和 17β-雌二醇有许多类似之处。植物雌激素如三羟异黄酮（降血脂药）和香豆雌酚，在体内易于代谢，不像合成内分泌干扰物如多氯联苯会积聚在人体组织内，并且有益于健康。

（5）金属：镉、汞，有机汞更具内分泌干扰活性。

内分泌干扰物的来源见表 1.1。

内分泌干扰物的来源 **表 1.1**

来源	分类	化学物质
焚烧、填埋场	多氯化合物（多数已禁用物质的工业产物或副产物）	多氯二恶英、多氯联苯
农业径流、大气输送	有机氯农药（杀虫剂，许多已停产）	DDT、狄氏剂、林丹
农业径流	目前使用的农药	阿特拉津、氟乐灵、扑灭司林
港口	有机锡（含在防污底漆中，用以油漆船体外壳）	三丁基锡
工业和城市排水	烷基酚（表面活性剂，除油脂的某些洗涤剂及其代谢物）	壬基酚
工业排水	邻苯二甲酸酯（增塑剂）	邻苯二甲酸二丁酯、邻苯二甲酸丁苄酯
城市排水、农业径流	天然激素（源于动物）、合成类固醇（避孕药）	雌二醇、乙炔基雌二醇、雌酮、睾酮
纸浆厂排水	植物雌激素	香豆雌酚、异黄酮、木酚素

1.3 内分泌干扰物的污染

1.3.1 国外水环境中内分泌干扰物的分布

目前国际上，特别是发达国家和地区对水中内分泌干扰物已在进行较全面的研究，其中内分泌干扰物在水环境中的分布和浓度等方面的调查研究已经有了较多的报道。表 1.2 为国外水环境中内分泌干扰物的分布状况。

国外水环境中内分泌干扰物分布状况 **表 1.2**

内分泌干扰物种类	水样	地点和时间	浓度(μg/L)	内分泌干扰物种类	水样	地点和时间	浓度(μg/L)
农药类				林丹	地表水	日本(1998)	0.00027～0.0034
滴滴涕(DDT)	地表水	日本(1998)	0.0007～0.1		运河水	埃及(2004)	1.65～2.76
	地表水	印度(2005)	0.13～0.44ng/L		自来水	埃及(2004)	0.29
	河水	俄罗斯(2002)	5.23(max)	多氯联苯类	地表水	日本(1998)	0.0016～0.0045
	运河水	埃及(2004)	0.65～0.95		地表水	印度(2005)	1.9～4.5ng/L
	自来水	埃及(2004)	0.47～0.95	六六六(HCHs)	地表水	印度(2005)	22.3ng/L
滴滴依(DDE)	地表水	日本(1998)	0.0003～0.1		河水	俄罗斯(2002)	3.58(max)
	河水	俄罗斯(2002)	0.33(max)	五氯酚	地表水	日本(1998)	0.2

续表

内分泌干扰物种类	水　样	地点和时间	浓度(μg/L)
农药类			
硝基苯酚	地表水	日本(1998)	0.005～0.027
阿特拉津	水厂进水	西班牙(2004)	0.005～0.463
	饮用水	西班牙(2004)	ND～0.018
	地下水	西班牙(2004)	0.008～0.014
	河水	日本(2001)	0.11～0.17
	河水	南非(2005)	1.2～9.3
西玛津	水厂进水	西班牙(2004)	0.008～2.22
	饮用水	西班牙(2004)	0.005～0.032
	地下水	西班牙(2004)	0.022～0.144
	河水	日本(2001)	0.014～0.18
敌草隆	水厂进水	西班牙(2004)	0.064～0.118
	地下水	西班牙(2004)	0.004
工业品类			
双酚A	地表水	日本(1998)	0.01～0.268
	生活污水	意大利(2004)	0.33～0.34 (进水) 0.013～0.036 (出水)
	河水	意大利(2004)	0.015～0.029
	河水	日本(2004)	4.8～76.3ng/L
	河水	西班牙(2005)	ND～2.97
	河水	日本(2004)	0.058～0.08
	运河	美国(2004)	1.9～158ng/L
壬基酚(NP)	地表水	日本(1998)	0.4
	地表水	美国(2003)	0.13～1.0
	沉积物	土耳其(2003)	4.46μg/g
	沉积物	美国(2000)	70μg/g
	生活污水厂	意大利(2004)	4.2～8.8 (进水) 1.1～2.2 (出水)
	河水	意大利(2004)	1.3～1.5
	河水	日本(2004)	51.6～147.0ng/L
	河水	韩国(2004)	ND～41.3
	河水	西班牙(2005)	ND～37.3
	河水	日本(2004)	0.12～0.17
	河水	意大利(2004)	0.1～1.4
	河水	美国(2003)	0.11～0.64
	地表水	加拿大(2003)	0.091
	河水	韩国(2004)	0.017～1.53
	河水	韩国(2004)	23.2～187.6ng/L
4-叔丁基苯酚(4-TBP)	沉积物	土耳其(2003)	1.68μg/g
	河水	日本(2004)	6.9～47.5ng/L
	河水	西班牙(2005)	ND～21.9
辛基酚(OP)	地表水	日本(1998)	0.04～1.5
邻苯二甲酸酯类(PAEs)	地表水	西班牙(2005)	DEP:0.22～2.05 DEHP:ND～3.09 DBP:ND～1.3
	地表水	中国台湾(2002)	DEP:ND～2.5 DPP:ND～1.8 DBP:1.0～13.5 DEHP:ND～18.5
	河水	英国(2000)	DEHP: 1.3～4.9
雌激素类			
17β-雌二醇(E2)	地表水	美国(1997)	ND～2670pg/L
	地表水	意大利	0.11ng/L
	地表水	英国(2000)	未检出～7.1ng/L
	地表水	德国(2001)	0.15～3.6ng/L
	地表水	荷兰(1997)	0.3～5.5ng/L
	生活污水厂	意大利(2004)	10～31ng/L(进水) 3～8ng/L(出水)
	河水	意大利(2004)	2～6ng/L
	河水	日本(2004)	0.5～12.3ng/L
	河水	美国(2004)	1.9～6.0ng/L
	湖泊	美国(2004)	1.7～7.6ng/L
	海湾	美国(2004)	2.3～3.2ng/L
	河水	日本(2000)	Nd～27ng/L
	河水	德国(1999)	0.15～3.6ng/L
雌酮(E1)	地表水	意大利	1.5ng/L
	地表水	英国(2000)	0.2～17ng/L

续表

内分泌干扰物种类	水样	地点和时间	浓度(μg/L)
	地表水	德国(2001)	0.10～4.1ng/L
	地表水	荷兰(1997)	2.5ng/L
	生活污水	意大利(2004)	15～60ng/L(进水) 5～30ng/L(出水)
	河水	意大利(2004)	5～12ng/L
	河水	日本(2004)	0.5～12.3ng/L
17α-乙炔基雌二醇(EE2)	地表水	意大利	4ng/L
	地表水	德国(2001)	0.10～5.1ng/L
	地表水	荷兰(1997)	<0.2ng/L

内分泌干扰物种类	水样	地点和时间	浓度(μg/L)
	河水	日本(2004)	<0.2ng/L
	河水	意大利(1998)	0.04ng/L
	河水	德国(1999)	0.1～5.1ng/L
金属类			
三丁基锡	地表水	日本(1998)	0.003～0.042
	河流	法国(2004)	0.2～30ng/L
三苯基锡	地表水	日本(1998)	0.005～0.088
	河流	法国(2004)	0～46ng/L
镉	湖泊	埃及(2004)	3.5

注：ND——未检出。

对表1.2所列数据进行分析，可以发现内分泌干扰物广泛分布于河流、湖泊和地下水等水环境中，在发达国家和发展中国家均有检出。内分泌干扰物在水环境中的浓度一般均为痕量和微量，属ng/L和μg/L级。在水环境中较多检测出的内分泌干扰物，主要包括烷基酚类、农药类和雌激素类等。水环境中内分泌干扰物检出浓度和检出频率较高的几种内分泌干扰物如表1.3所示。

国外水环境中检出浓度和频率较高的内分泌干扰物　　表1.3

序号	内分泌干扰物	CAS号	检出浓度范围或平均值（μg/L）	检出率％）	分子结构式
1	4-壬基苯酚	104-40-5	ND-7.1	76	OH; $(CH_2)_8CH_3$
2	4-叔辛基苯酚	140-66-9	ND—1.4	62	OH
3	4-叔丁基苯酚	98-54-4	ND-0.72	35	OH; H_3C—C—CH_3; CH_3
4	邻苯二甲酸二甲酯	131-11-3	0.034	88	O; O; O; O

续表

序号	内分泌干扰物	CAS号	检出浓度范围或平均值（μg/L）	检出率%）	分子结构式
5	双酚A	80-05-7	ND-0.94	68	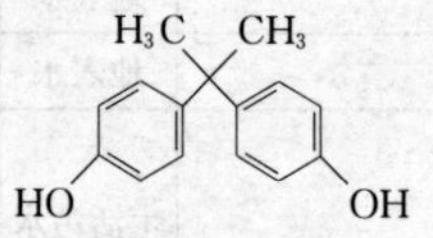
6	邻苯二甲酸2-乙基己基酯	117-81-7	11	45	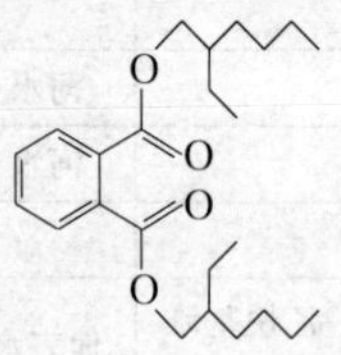
7	邻苯二甲酸二乙酯	84-66-2	0.62	61	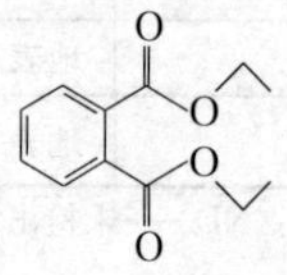
8	苯并［α］芘	50-32-8	0.027	51	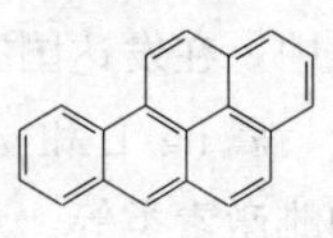
9	三丁基锡	56-35-9	ND-0.09	78	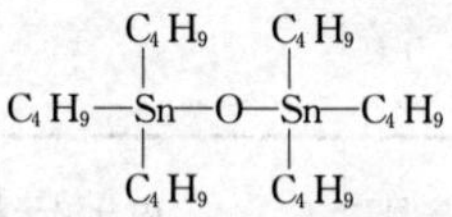
10	17β-雌二醇	50-28-2	ND-0.035	61	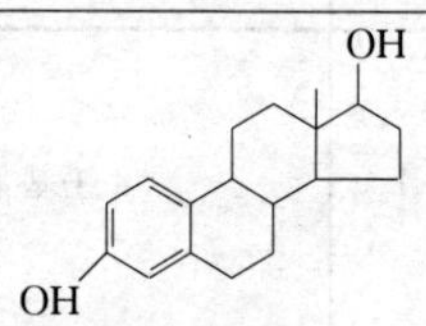
11	邻苯二甲酸二丁酯	84-74-2	ND-2.3	28	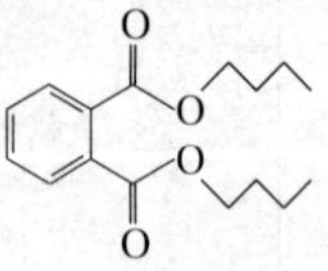
12	2,4,6-三氯苯酚	88-06-2	0.29	43	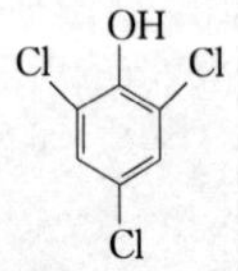
13	2-硝基苯酚	88-75-5	0.05	80	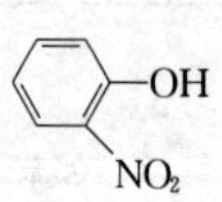

注：ND——未检到。

1.3.2 我国水环境中的内分泌干扰物污染概况

我国饮用水水源以地表水为多，根据对110个环保重点城市的360个集中式饮用水源地的监测结果统计，水源地水质达标率为80%，原水中的有机污染物主要可分为两类：天然有机物（NOM）和人工合成有机物（SOC）。天然有机化合物中腐殖质在地表水中含量最高，是水体色度的重要成分，占有机物总量的60%～90%；非腐殖质的有机物，主要包括碳水化合物、蛋白质、氨基酸等，是水体中可生物降解的有机物部分。随着工业的高速发展，水源中人工合成有机污染物的种类逐渐增多，中华人民共和国《地表水环境质量标准》GB 3838—2001规定的82个项目中，有66项为有毒有机物，而其中最引人关注的是内分泌干扰物。我国是农药和工业品使用大国，随着地表径流及工业废水和生活污水排入水体，内分泌干扰物种类和浓度呈现逐步上升趋势，检出了多种内分泌干扰物（农药、邻苯二甲酸酯类、烷基酚类和雌激素类等）和各类持久性有机微污染物。

我国饮用水源中内分泌干扰物的种类和浓度分述于后。

（1）农药类内分泌干扰物

我国饮用水水源中所含农药类内分泌干扰物中，一些过去几十年间曾经使用过的、现在虽然已经禁用的杀虫剂及农药残留在水环境中，仍具有比较强的内分泌干扰作用。任晋等人利用固相萃取-高效液相色谱-质谱（SPE-HPLC-MS）联用方法，在北京地区官厅水库水中检测出痕量阿特拉津，浓度为0.67～3.9μg/L，检测限为10ng/L。五氯酚及其钠盐曾作为我国杀灭血吸虫的药物大量使用，虽已停用，但其对环境的影响还将持续相当长的时间，五氯酚在长江流域的洞庭湖湖水中的最大含量达103.7μg/L。郁亚娟等分别采集淮河（江苏段）丰水期和枯水期次表层水样，并用气相色谱-电子捕集检测器分析其中16种有机氯农药，有机氯农药的总量在26.27～124.39ng/L之间，水体中总六六六（HCHs）含量介于1.11～7.55ng/L，总滴滴涕（DDTs）含量介于4.45～78.87ng/L，水体中DDT/（DDE+DDD）比值较大，表明此类化合物在水环境中滞留期较长。张祖麟等对福建地区的九龙江口15个站位的表层水、13个站位的间隙水进行了18种有机氯农药的测定，结果表明，在表层水中有机氯农药总浓度为51.3～2479ng/L，在间隙水中的浓度是266～33355ng/L，九龙江口的有机氯农药污染与其他港湾相比，污染程度相当严重，部分站位有机氯农药（HCHs和DDTs）超过国家一类地表水水质标准。丘耀文等采集了华南地区大亚湾次表层水，用气相色谱（电子捕集检测器）分析了其中12个多氯联苯（PCBs）和18个有机氯农药样品，水中总多氯联苯含量介于91.1～1355.3ng/L，总六六六（HCHs）含量介于35.5～1228.6ng/L，总DDTs含量介于26.8～975.9ng/L。杨清书等人对澳门水域不同水深处进行垂线采样，结果表明，六六六总量为8.7～27ng/L，DDTs总量为8.7～29.8ng/L。同济大学高乃云课题组对上海黄浦江水进行检测，发现阿特拉津的最高含量达到了0.16μg/L。

农药渗入地下对地下水的污染也不容忽视，刘广民等人在吉林松江平原的地下水中检出了林丹（β-666），最高含量达到17.0ng/L。蒋可等人对华北地区的洋河水系及地下水进行了普查，130m深的井水中阿特拉津的有毒代谢物DEA（deethylatrazine）高达7.2μg/L，地下水中阿特拉津有毒代谢物DEA和DIA（deisopropylatrazine）的浓度高于母体阿特拉津浓度6～10倍，这些说明了农药类有机物的难降解、高残留，同时也说明在土壤表层的农药会随着雨水径流渗入地下水中。

(2) 工业类内分泌干扰物

某些邻苯二甲酸酯类(PAEs)在水中的溶解度较高。首都北京地区的重要水源官厅水库中检出邻苯二甲酸二甲酯、邻苯二甲酸二乙酯、邻苯二甲酸二丁酯的浓度分别为0.097μg/L、0.29μg/L、4.28μg/L。吕晓军等人用气相色谱(GC)对黄河水和汾河水检测发现PAEs的含量(包括DIBP、DBP和DOP)在黄河和汾河中分别达到了87.23μg/L和37.49μg/L。长江和嘉陵江作为重庆市主城区的饮用水水源,田怀军等用固相萃取和GC/MS技术对重庆市主城区饮用水源水中有机污染物进行了分析,共检测出101种有机污染物,其中邻苯二甲酸二异丁酯和邻苯二甲酸二丁酯的检出率高达100%,最高含量分别为13.24μg/L和9.48μg/L。丁训诚等对上海及周边杭州湾和运河地区的水样进行测定分析,发现上海市区、金山和运河扬州段的污染状况比较严重,测得水中的PAEs含量最高值为76μg/L。同济大学对上海市黄浦江原水进行了检测,发现DMP、DEP、DBP及DOP的含量分别为0.50~1.14μg/L、0.22~1.98μg/L、1.67~3.34μg/L和0.12~0.26μg/L。韩关根等对一些城镇水厂的原水进行检测,发现10个城镇水厂原水的DBP、DOP平均浓度分别为12.0μg/L和6.0μg/L,PAEs平均含量为19.74μg/L。

我国江河水中普遍存在烷基酚和双酚A,不同水域中这些化合物的浓度不尽相同,同时也表现出季节性差别。邵兵对以长江重庆段及嘉陵江为水源的5个自来水厂水样中的壬基酚(NP)进行了检测,结果如下:河流水样中4月份NP的浓度为0.02~1.12μg/L;7月份为1.55~6.85μg/L;自来水样中4月份NP的浓度为<0.01~0.06μg/L;7月份为0.10~2.73μg/L。段箐春等人对夏季珠江三角洲河流及珠江口表层水中的壬基酚(NP)和辛基酚(OP)进行了分析,结果表明,河流样品中除珠江正干平洲水道口、沙湾水道口及西江虎跳门处NP的浓度分别为98.84ng/L、129.82ng/L、164.98ng/L外,其他地点均为<20~40ng/L,伶仃洋及近海表层水中NP含量较低(<10~14ng/L),OP值以澳门内港处最高为8054ng/L,另外在白鹅潭、沙湾水道口和虎跳门处分别为2.89ng/L、2.44ng/L、2.12ng/L,其余采样点均低于检测限2ng/L,伶仃洋及近海表层水样OP值低于检测限1ng/L。范奇元等在太湖水中检出了NP,平均含量为1.6μg/L。张晓健等人在某市的水源水中检出壬基酚聚氧乙烯醚(NPEOs)的浓度为0.21~3.355μg/L。同济大学高乃云课题组对上海市黄浦江水进行了检测,发现壬基酚和双酚A在水中的最大含量分别达到了1.0μg/L和0.34μg/L。

我国的多氯联苯污染不容忽视,黄河、长江和珠江三大河口三角洲地区PCBs污染的研究已经受到多方面的重视。薛大明采用C18固相萃取和索氏提取的方法,经气相色谱分析,调查了辽河中下游水体中多氯有机物(PCOCs)的残留情况,共检出4种PCBs,水中所检出的PCOCs浓度低于91.3ng/L,与国外在20世纪90年代对部分水体的PCOCs残留调查结果相比,辽河中下游水中PCOCs的浓度比国外部分水体水中PCOCs浓度稍高。张祖麟等对闽江口水、间隙水中的21种多氯联苯进行调查研究,结果表明,闽江口水中多氯联苯的浓度是0.20~2.47μg/L,在间隙水中的浓度为3.19~10.86μg/L,水体中的多氯联苯主要是含3~6氯多氯联苯,对该河口的污染水平进行了初步的评价,水中的多氯联苯超过USEPA的水质标准,同时对福建九龙江口15个站位的一层水和13个站位的间隙水中的12种多氯联苯进行分析,表层水中的多氯联苯浓度为0.36~1500ng/L。聂湘平等人用固相微萃取(SPME)结合电子捕获检测器（ECD）和气相色谱测定珠江水体中PCBs的含量，测得珠江入海口虎门、横门、蕉门和斗门河口水体中PCBs含量分别为2.701ng/L、0.999ng/L、2.828ng/L、和1.161ng/L，同样对珠江广州江段水体中多氯联苯进行了调查研究，结果表明，广州江段水体中7个样点多氯联苯类有机污染物平均浓度为2.3ng/L。二恶英极难溶于水，水体中检出二恶英的报道极少，但在河口沉积物中常可检出二恶英。

（3）金属类内分泌干扰物

金属类如铅、镉、汞，还有一类是用作杀虫剂或油漆添加剂的有机锡类化合物属于金属类内分泌干扰物。用作船舶、潜艇及渔具防生物附着剂的三丁基锡（TBT）化合物已对海洋无脊椎生物、贝类的生殖系统造成永久性影响，致使种群密度降低。有机锡化合物（特别是三丁基锡和三苯基锡）在船舶密度大的水域中含量都较高。王克欧等人测得青岛、上海和大连港口海水中三丁基锡化合物的最大浓度分别为17.7μg/L、6.1μg/L、16.0μg/L。黄业茹等对上海、青岛、天津海水中的三丁基锡和三苯基锡进行了测定，发现三地的三丁基锡最大浓度分别为34.9ng/L、37.1ng/L和284.9ng/L，而三苯基锡的最大浓度分别为23.3ng/L、8.9ng/L和8.9ng/L。北方某城市的某水厂原水调查后，发现原水中三丁基锡（TBT）的最高浓度达到了29.4ngSn/L。

（4）类固醇雌激素类内分泌干扰物

各种天然雌激素是人体的分泌排泄物，在水体中广泛存在。胡建英等人用固相萃取和LC-MS检测杭州地区河水，在8个采样点中，有7个点检测出的乙炔基雌二醇浓度在1.17～3.35ng/L之间，一个采样点检测出雌二醇，其浓度为0.32ng/L。

目前我国内分泌干扰物的污染已是一个严重的问题，内分泌干扰物通过水循环、大气环流和生物迁徙迅速传播，造成了内分泌干扰物污染从点向面进行扩展，或者说已经由点源扩展到面源，各大水系均有检出内分泌干扰物的报道，部分水体的污染程度甚至高于发达国家。

1.4 国内外对内分泌干扰物的研究概况

内分泌干扰物影响人类和野生动物的健康，为此许多国家订出法规和研究计划，深入地了解内分泌干扰物问题以及其对健康的可能影响。联合国环境规划署（UNEP）、世界卫生组织（WHO）、欧盟（EU）和美国环境保护署（USEPA）都投入大量人力物力进行研究。

发达国家或地区，如美国、加拿大、日本、英国、欧盟等国均已开展内分泌干扰物的相关研究。在流行病学调查方面，着重在内分泌干扰物和相关癌症（乳腺癌、睾丸癌、子宫癌和儿童期肿瘤）、出生缺陷和生殖障碍（早产、小产、低智商、精子数减少、男性出生比例下降）等的因果关系。

日本政府于1997年成立了雌激素内分泌干扰物特别工作组，列出了67种（以后改为65种）《引起内分泌干扰的可疑化合物》，作为今后研究的首选目标，并于1998年公布了“内分泌干扰物战略规划”，对重点挑选污染物进行研究，以便了解内分泌干扰物的作用、机理、存在和浓度。

日本国立环境研究所的现代化内分泌研究实验室创建于2001年，从事研究水环境中的内分泌干扰物。研究目的是得到高质量的毒理学试验数据，以及检测/接触数据，以便在科学基础上作出风险评价，研究计划如下：

（1）检测水环境中的内分泌干扰物；

（2）研究内分泌干扰物对人类健康的影响；

（3）选定内分泌干扰物试验的野生动物种类；

（4）内分泌干扰物毒理学完整数据组的化合物试验；

（5）开发和确定雌激素、雄激素和甲状腺系统的试验体系，包括剂量-结构-活性关系（QSAR）、体外生物试验和体内生物试验。

1995年美国环境与自然资源委员会将内分泌干扰物的研究列为5个最优先项目之一。到20世纪末，内分泌干扰物开始被认为是水处理领域中的重点和战略问题，并为此通过了《食品质量保护法》和《安全饮用水法——1996年修订版》。与此同时，要求美国环境保护署筛选出对人类影响类似于天然雌激素或其他内分泌干扰物的化学产品，随后在1996年成立了"内分泌干扰物筛选与试验咨询委员会"，开始对农药和其他可能和内分泌干扰物有同样影响的化合物进行试验。该项计划有下列目的：

（1）选择筛选和分析的化合物，并建立优先筛选策略；

（2）确定新的和现有的筛选试验方法；

（3）将现有的筛选方法综合起来以便早日应用；

（4）除了筛选外，确定采用哪种试验，以及采用时间；

（5）确定内分泌干扰物作用机理，便于筛选和试验的标准化及确认。

根据现有信息，从多达87000种化学产品中，筛选出重点化合物进行试验，试验内容分二部分：一是检测某化合物干扰内分泌系统的可能性，在实验室内进行体内的生物试验，包括三个激素系统（雌激素、雄激素、甲状腺）的内分泌干扰活性机理；二是试验证明对内分泌干扰的特征。

欧盟为处理内分泌干扰物问题，成立了两个管理部门。一个是科学研究开发署，另一个是消费者健康保护署，研究化学品和生物制品其中包括内分泌干扰物对人类健康和水环境的影响。

经济合作和发展组织（OECD）是一个政府间的机构，代表着北美、欧洲和太平洋地区的30个工业化国家，以及欧盟委员会。从1996年起开始了内分泌干扰物计划，约定成员国采用的试验和评估方法应基本相同。内分泌干扰物试验的框架定为三层，即初步评估、筛选和试验。

英国环境部、农业部以及欧洲化学工业协会等机构于1998年启动《海洋环境中内分泌干扰物研究计划》，研究海洋生物是否会因内分泌干扰物的存在而出现变化，变化的可能原因和潜在的影响。从1993年起，英国已有140个政府研究项目，均涉及内分泌干扰物，内容从方法到检测以及风险评估。

我国在20世纪80年代开始使用阿特拉津，到20世纪90年代在华北、东北地区的得到广泛推广和大量应用。任晋对张家口地区洋河流域和官厅水库水中的阿特拉津及其降解产物进行了调查，在宣化农药厂排污口以下的地表水中均检出阿特拉津及其毒性代谢产物脱乙烷基产物（DEA）和脱异丙基产物（DIA），大部分超出了3μg/L的地表水水质标准，而且在农药厂周围的深井水中发现了阿特拉津及其降解产物。在官厅水库及其下游永定河中均检出阿特拉津及其脱烷基代谢物（DEA、DIA）和脱氯代谢产物（HA），且DEA浓度最高，为DIA和HA浓度的2～10倍。叶常明等人利用多介质环境模型对白洋淀地区的地下水和玉米中30年内阿特拉津的含量进行了预测，结果表明，在阿特拉津开始施用10年后，阿特拉津在地下水中的浓度将超过美国环保局（EPA）规定的3μg/L的饮水标准；5年后在玉米籽粒中阿特拉津的含量将接近加拿大规定0.1mg/kg最高允许浓度。在我国铁岭市的招苏台河中，排污口附近阿特拉津的浓度高达1.233mg/L，在底泥中的浓度高达79.446mg/g。Platzea对辽宁省的辽河进行了一年的监测（1999～2000年），发现阿特拉津经常被检测到，冬季浓度较低，夏季浓度较高，最高浓度达到1600ng/L。而且检测到了西玛津、DEA和DIA的存在。

甾体类雌激素在我国的污染状况严重，诸如炔雌醇甲醚mestranol（MeEE2）是已报道的具有内分泌干扰作用的物质中严重的一类。17α-雌二醇是人工合成的雌激素，是避孕药的主要成分。据报道，我国的年生产量为0.109t，是避孕药生产和销售量最大的国家。雌二醇、雌三醇和雌酮是天然的雌激素，三者在动物和人体内存在一种生物化学平衡。雌二醇和雌酮也用于避孕药以及一些女性疾病，诸如乳腺癌等的治疗。我国雌二醇和雌酮的年生产产量分别为0.032和0.021t。环境中的雌二醇、雌三醇和雌酮主要来自动物和人类的排泄。据统计，正常代谢的女性每人每天分泌10～100μg雌二醇、17α-雌二醇、雌三醇和雌酮。孕期的女性每天分泌达到30mg（主要是E3），我国是世界上人口最多的国家，雌激素的环境排放量较其他国家高。受上述因素影响，我国环境中人工合成的和天然的雌激素物质的污染状况可能较其他国家严重。

由于内分泌干扰物能够影响机体正常的内分泌功能，具有致癌、致畸、蓄积和生物放大的作用。因此内分泌干扰物的去除对于饮用水的安全性非常重要。虽然国际上已经进行了各种研究，但有关内分泌干扰化学物质的问题还刚刚开始引起人们的重视。我国在这方面的研究，特别是饮用水处理领域的研究，尚处于起步阶段。我国水污染状况严重，饮用水水源污染也较严重。内分泌干扰物在水中都是极微量的，引起的影响作用极其缓慢，可能要10～20年后才能被发现，但是一旦发现，可能已经影响了当代或后代人的健康。因此研究饮用水中微量内分泌干扰物的去除具有十分重要和迫切的意义。

目前，对于内分泌干扰物有许多问题有待解决：

（1）哪些化合物确实是内分泌干扰物？哪些则不是？

（2）内分泌干扰物怎样分布和迁移转化？它们最终的在水环境中的去向如何？

（3）人类精子数是否因接触内分泌干扰物而减少？

（4）男女出生比例是否会失调？

（5）内分泌干扰物是单独作用还是协同作用？

（6）对鱼类和鸟类的内分泌干扰作用可否预测对人类的影响？

（7）水中的内分泌干扰物如何去除等。

新的问题在不断产生，有待于继续研究解决。

总之，内分泌干扰物的筛选、分析和评估以及去除是一项长期的工作，内容涉及许多科学领域，必须经过相当长一段时间，才可进一步了解内分泌干扰物的作用机理，更好地分析对人类健康的风险，发现有效的去除方法。

第2章 水中内分泌干扰物的性质与危害

内分泌干扰物遍布于水环境中，具有各自的物理化学性质和结构，来源各异，毒性不同，水处理时去除程度也有差别，以下就农药、多氯化合物、有机氧化物、表面活性剂、邻苯二甲酸酯、有机金属化合物和类固醇雌激素等典型内分泌干扰物的来源、用途、性质、接触途径、对人类健康影响以及其他特性加以叙述。

2.1 内分泌干扰物的性质

2.1.1 农药

大多数农药（包括杀虫剂、除草剂、杀真菌剂等）都会显示内分泌干扰活性或雌激素活性。绝大多数农药用于农业生产，但约有30%用于非农业方面，如重工业中用作冷却液的添加剂。农业上使用时，农作物可直接吸收农药，或间接从土壤中吸收。食草动物食用农作物后，农药便在动物体内生物积累，因此在肉类和乳制品中可达到相当高的浓度。水果和蔬菜中残留的农药是人与农药接触的重要途径，在人体脂肪或母乳中可以检测到一定浓度的有机氯农药。

(1) 滴滴涕

滴滴涕（dichlorodiphenyltrichloroethane，DDT）是二氯二苯基三氯乙烷之简称，有机氯杀虫剂，主要用于控制蚊子引起的疟疾，当初使用后美国和欧洲的疟疾由此消失。但DDT对水体造成不良后果，许多动物种群因此大幅减少。工业产品是三种DDT的异构体，含有65%～80%的p,p′-DDT，极易溶于脂肪和大多数有机溶剂中，但不易溶于水。人体的主要接触途径是吸入、摄取、吸收以及和皮肤接触，对健康的影响是DDT可积累在脂肪组织中，引起神经失调，白血球计数减少。滴滴涕的分子的结构式如下：

Cl
Cl—C—Cl
Cl　　Cl

美国环境保护署在1972年规定DDT禁用于食品，1988年规定禁用于非食品，目前只限用于公共卫生突发事件时，并在有关政府部门监督下使用。由于水环境中DDT和其代谢物DDE（dichlorodiphenyldichloroethylene）的持久性以及以往大量应用DDT，迄今人与DDT的接触机会仍然存在。在空气、降水、土壤、水体、动物和植物组织、食物和工作环境中都可检测到DDT。在土壤中DDT的分解产物是DDE和DDD，都是高度持久性的有机污染化合物。DDT在水中溶解度极低，主要残留在土壤和含有机物较多的土壤中。一般因土壤并不移动或只是极少的移动，所以DDT要经过很长时间才渗透到地下水中，以后通过径流、大气输送、吹积或直接进入地表水中。

从流行病学调查，发现对人类健康的有害影响是怀孕妇女血液中的DDE（DDT的一种代谢物）水平升高，从所生婴儿的神经学试验（neurologic testing），发现DDE水平和神经学试验的不良结果有密切的关系。

(2) 硫丹

硫丹（endosulfan）是氯化烃类杀虫剂，可以杀灭多种昆虫和螨，主要用于食物类作物如茶叶、咖啡树、水果、蔬菜、谷物等的除虫。人体主要通过空气、饮用水、食物或在使用硫丹的环境中工作与其接触。吸入、摄入或经皮吸收会中毒。对眼和上呼吸道有一过性刺激作用。对中枢神经系统有损害。一般表现为头痛、头晕、瞳孔收缩、恶心、痉挛、口吐泡沫。

硫丹不易溶于水，在水中释出时，硫丹的异构体很容易在碱性条件下水解，而在酸性条件下则溶解较慢。在美国地表水、地下水、雨水和沉积物中检测到的浓度为0.2～0.8μg/L。美国环境保护署建议湖海、河道中的硫丹浓度不宜高于74μg/L。硫丹的结构式如下：

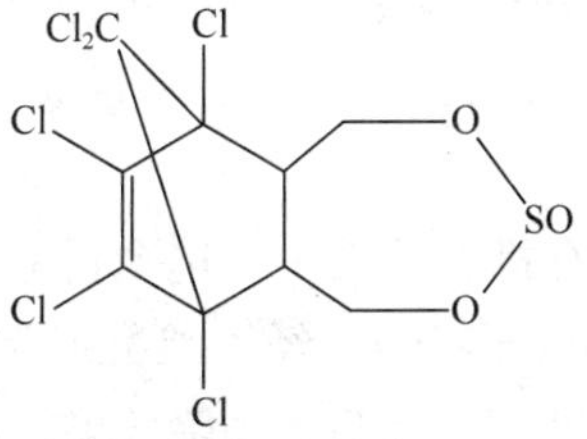

Cl_2C Cl Cl O SO Cl O Cl

(3) 甲氧氯

甲氧氯也称甲氧滴滴涕（methoxychlor；marlate），分子量为346，嗅阈浓度4.7mg/L，嗅味似霉味或氯味，是有机氯杀虫剂，用以预防农田和观赏植物的虫害。自从禁用DDT后，甲氧氯的使用量明显增加，它的化学结构和DDT相似，但毒性较小，在水中溶解度不大。甲氧氯代谢很快，不会积累到鱼类体内，但代谢产物有雌激素活性，对鱼类和水生无脊椎动物有较高毒性。人类最可能接触甲氧氯的途径是使用时的吸入或皮肤接触，以及吸入被甲氧氯污染的水和空气。短期接触高于最高允许浓度的甲氧氯（按水质标准规定）时，会引起中枢神经系统衰退，腹泻并损害肝、肾和心脏。高剂量的工业级甲氧氯或其代谢产物有雌激素活性。甲氧氯的结构式如下：

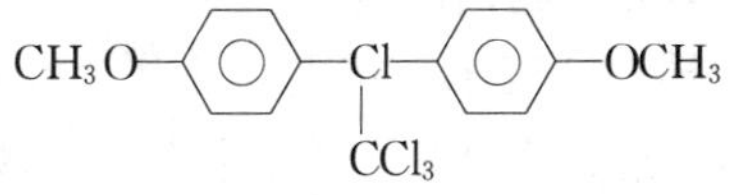

CH_3O—⟨◯⟩—Cl—⟨◯⟩—OCH_3
　　　　　　　|
　　　　　　CCl_3

(4) 林丹

林丹（Lindane）是一种氯代烃，为六氯苯（农药）中最毒的异构体，分子量为291，嗅阈浓度为0.33～12mg/L，嗅味类型属于医疗用氯嗅味，作为杀虫剂广泛用于控制棉花的病虫害和蝗虫。调查发现棉花田使用林丹和其他农药后，附近河道以及自来水厂出水中可有不同浓度的林丹。

常规水处理如混凝、沉淀、过滤和消毒并不能降低林丹的浓度。应用氯、过氧化氢、高锰酸钾、臭氧等不同氧化剂处理时，其中只有高于消毒时的臭氧剂量才能有效地降低林丹的浓度。瑞士水厂饮用水消毒时，所用臭氧量每升只有几毫克，因剂量少，对40～110μg/L浓度的林丹并无去除效果。林丹在饮用水中的最高允许浓度为0.0002mg/L。林丹的结构式如下：

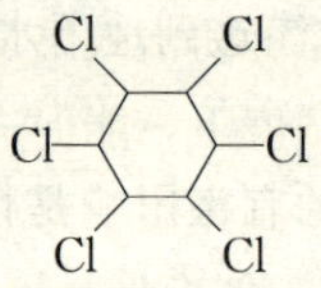

(5) 异狄氏剂

异狄氏剂（Endrin；Hexadrin）是一种氯代烃有机杀虫剂，主要用于农作物杀虫。分子量为381，嗅阈浓度为0.009～0.018mg/L，嗅味类型属于霉味和氯嗅味。常规水处理无法将其去除。异狄氏剂（杀虫剂）在饮用水中的最高允许浓度为0.002mg/L。异狄氏剂的结构式如下：

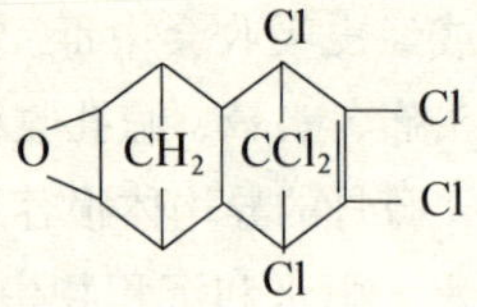

(6) 2,4-滴（2,4-D,二氯苯氧乙酸）

2,4 - D或2,4-滴（2,4-dichlorophenoxyacetic acid，2,4-D）为白色粉末，在饮用水中的最高允许浓度为0.07mg/L，分子式为$C_8H_6Cl_2O_3$，分子量为221，嗅阈浓度为3.13mg/L，嗅味类型为氯酚味或霉味。

2,4-D是最早用于控制杂草的有机农药之一，迄今仍应用很广。2,4-D在1mg/L浓度时，无论是投加硫酸铁或铝盐（剂量100mg/L），经过混凝或沉淀都不能将其去除；加氯量高到100mg/L并加高锰酸钾到10mg/L也对2,4-D无去除效果。2,4 - D的结构式如下：

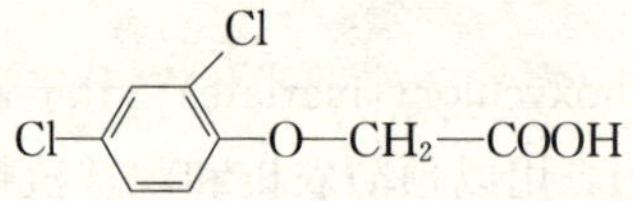

2,4-D在水中的溶解度高。喷洒时可被土壤和有机物吸收，一部分转移到水体中，造成水源水质污染。2，4-D不易生物降解。人体长期吸入2,4-D会引起咳嗽、发热和恶心反胃，高浓度环境中可引起神经末梢和肌肉发炎。

(7) 敌草隆

敌草隆（diuron）属选择性除草剂，被植物的根和叶吸收后，可抑制植物的光合作用，致使叶面变黄，最终导致死亡。敌草隆在低剂量时可进行选择性除草，而在高剂量情况下可作为灭杀性除草剂。一般，使用一次即能控制棉田整个生育期内的田间杂草，同时对棉花还有一定的刺激生长作用。敌草隆可用于棉花、玉米、花生、甘蔗、果树、茶树、橡胶树等旱地作物，以防治马唐、旱稗、狗尾草、蓼、藜、莎草等一年生杂草，对多年生杂草如狗根、香附子等也有良好的防除效果。敌草隆的分子式为$C_9H_{10}Cl_2N_2O$，分子量233.10，外观为白色无臭晶体，相对密度（空气=1）8.04，溶解度为42mg/L（27℃水），结构式如下：

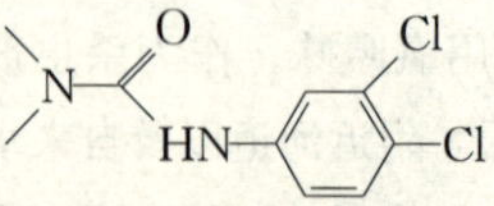

敌草隆对人、畜、鱼的生物毒性较低。大鼠经口服半致死量LD50（LD50是动物实验时有50％动物死亡的化学物质剂量）为3.4g/kg，人口服的最小致死剂量为500mg/kg。

(8) 莠灭净

莠灭净（Ametryn）属三氮苯类选择性除草剂。莠灭净除草作用迅速，其选择性与植物生态和生化反应的差异有关，对刚萌发杂草的防治效果最好。莠灭净可被土壤表层吸附，使杂草萌芽出土时即与药剂接触。莠灭净在低浓度下，能促进幼芽与根的生长，促进叶面积增大，茎加粗等；在高浓度下对植物产生强烈的抑制作用。莠灭净适用于甘蔗、玉米、菠萝、香蕉、柑桔等作物去除阔叶杂草和禾本科杂草，具有杀草谱宽、药效期长的特点。莠灭净的分子式为 $C_9H_{17}N_5S$，分子量 227.33，外观为白色无臭粉末，溶解度 18mg/L（20℃水），$\log K_{ow}$ 为 2.98，结构式如下：

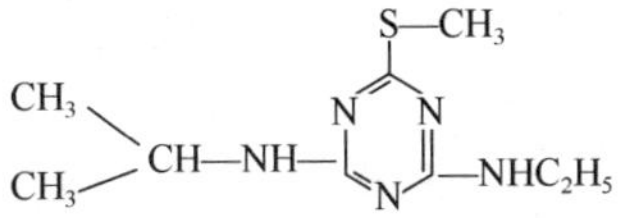

S—CH_3
CH_3 N N
CH—NH— —NHC_2H_5
CH_3 N

莠灭净对鱼为中等毒性。在土壤中的半衰期为 70～129d。在强酸或强碱性介质中水解为无除草活性的 6-羟基衍生物。

（9）六氯苯

六氯苯（hexachlorobenzene，HCB）是杀真菌剂，用于防治真菌对谷类作物种子的危害。六氯苯于 1966 年就禁止在美国生产和使用，但仍是一些氯化物生产的副产品。在欧洲、美国及南美的某些河流中，因接纳工业污水和农田径流，河水中的 HCB 浓度高达 14μg/L。目前我国 HCB 仍然还有少量生产，主要用作化学中间体。其分子结构如下：

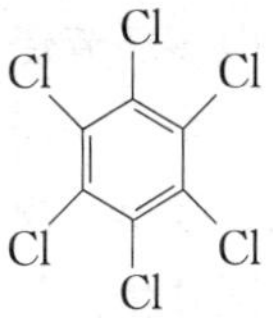

Cl
Cl Cl
Cl Cl
Cl

六氯苯对水中生物有毒害作用，在土壤中的半衰期约为 3～6 年。六氯苯为无色细针状或小片状晶体，工业品为淡黄色或淡棕色晶体，分子量为 284.78，$\log K_{ow}$ 值为 6.41。不溶于水，溶于乙醚、氯仿等多数有机溶剂。可燃，为可疑致癌物，具刺激性，受高热分解产生有毒的腐蚀性烟气。

水体中的 HCB 主要来源于农药、工业副产物以及废弃物的焚烧。

2.1.2　多氯化合物

（1）多氯联苯

多氯联苯类（polychlorinated biphenyls，PCBs）有 209 种不同的化学形式，称为同种物，显示不同的毒性，可能有 1～10 个氯原子附着在碳原子上，形成该族化合物的基本化学结构。工业上广泛用于变压器和电容器的绝缘油、增塑剂、水泥的组分、润滑液、切削液、阻燃剂、塑料、油漆、粘合剂等。多氯联苯的性质是热稳定、抗氧化、耐酸碱和其他化学药剂，在脂类溶剂中比水中易溶。由于其毒性，许多国家在 20 世纪七八十年代已禁止使用，但因其化学性质稳定，仍大量残存于环境中，污染着水和土壤。

多氯联苯表现为高度生物稳定性和亲脂性，可在食物链中积累，特别是鱼、鱼产品和动物脂肪内。它的持久性使其长期存在于水环境中，半衰期为 2～6 年。

高度氯化的多氯联苯在水环境中降解极为缓慢，而较少氯化的多氯联苯其水溶性较大，因此在水中的浓度较高。在水中，少量多氯联苯呈溶解状态，绝大多数会粘附在有机颗粒或沉积物上。

多氯联苯的 log Kow 值为 4.6～8.4，在随水流流动时容易吸附在悬浮颗粒或沉积物上，因此可在污水厂的污泥或河道沉积物中检测到。

多氯联苯的雌激素活性和氯化程度有关，较少氯化的多氯联苯有雌激素活性，高度氯化的多氯联苯没有雌激素活性。多氯联苯的结构式如下：

Cl_x Cl_y

x＋y＝1～10

人与多氯联苯接触的可能途径是从水和食物摄入以及皮肤接触。低出生体重以及不孕症增加是和人类接触多氯联苯有密切关系。

(2) 多环芳烃

多环芳烃（(Polycyclic Aromatic Hydrocarbons，PAHs) 主要是有机物不完全燃烧的产物，有天然或人为的来源。天然来源包括森林火灾、火山活动以及船舶漏出石油烃于水环境中。人为来源有矿物燃料燃烧，工业生产（炼铝厂、石油加工、焦炭厂），以汽油或柴油为动力的车辆排放的废气等。

就对水环境的影响来说，人为来源的多环芳烃极为重要。一般，城市和工业区内的多环芳烃浓度比乡村地区高 10～100 倍。水环境中多环芳烃广泛分布的可能途径是污水排放、地表径流和沉积物。

多环芳烃的其他来源还有污水、污泥、吸烟、煤气泄漏等。污水中多环芳烃主要来自工业废水和生活污水、城市径流和大气污染。国外生活污水中多环芳烃的浓度，在旱季约为 1.0～3520ng/L，雨季约为 1840～16350ng/L，污泥中多环芳烃的浓度为 1.6～6.0mg/kg。工业区污水处理厂的污泥中，多环芳烃的浓度最高。

在水环境中，某些前质经过生物合成也可生成多环芳烃，由于其半挥发性而能大量分布在环境中，进入水体的可能途径是沉积物、直接或间接的排水和地表径流。

低分子量多环芳烃的挥发性高，所以不可能渗入地下水中。高分子量多环芳烃会随降雨而渗入地下水中。

地表水中溶解的多环芳烃浓度很低，主要是光分解、挥发作用和多环芳烃的疏水性等原因造成的。多环芳烃的低极性和高吸附能力使其易于吸附在沉积物上，因此沉积物中多环芳烃的浓度比其在水中的浓度高出几个数量级。多环芳烃一旦进入水体，可使整条河流的沉积物发生污染，主要由于多环芳烃和颗粒结合后随水流动，而在下游各点沉淀下来形成污染。

2.1.3 有机氧化物

(1) 双酚 A

双酚 A (Bisphenol A，BPA) 是苯酚和丙酮的重要衍生物，有 90%以上用于塑料工业，如合成聚碳酸酯、环氧树脂、聚砜树脂、聚苯醚树脂、苯乙烯树脂和阻燃剂等。双酚 A 也可用于生产增塑剂、阻燃剂、热稳定剂、橡胶防老化剂、农药、杀真菌剂、涂料、染料等化工产品。如合成不完全，或聚合物受热分解就会从塑料中渗出而与人体接触或污染水体。

双酚 A 是白色至淡褐色片状或粉末状固体，分子式为 $C_{15}H_{16}O_2$，分子量 228.3，$logK_{ow}$ 值为 3.4，水中溶解度为 120～300mg/L，碱性水中溶解度增加。双酚 A 的结构式如下：

H_3C　CH_3

HO　OH

双酚 A 在室温下不易挥发，不会在水生物体中积累，也可吸附在悬浮固体和沉积物上，当暴露在日光下时可能会光分解。

双酚 A 与人们的日常生活密切相关，例如用于食品和饮料的塑料包装，又如各种树脂产品广泛用于金属材料的涂层（包括食品罐头、瓶盖）和供水管等。在加工、处理、装卸、运输时，双酚 A 可以粉尘的形式从包装中进入水体。在生产工业品和日用品过程中，由于大量使用双酚 A，可广泛存在于工业生产废水以及浓缩于污泥中。双酚 A 进入水体的途径是生产塑料工厂排出的废水和含有大量废塑料填埋场排出的渗滤液。另外塑料制品如婴儿奶瓶、微波炉饭盒及其他许多食品和饮料的包装材料中都用到聚碳酸酯和环氧树脂，在高温使用过程中双酚 A 会析出。

（2）二恶英

二恶英（dioxin）是广泛分布于水环境中的污染物，在二恶英类中，主要是 7 种氯代二苯并二恶英（PCDDs）。和 10 种氯代二苯并呋喃（PCDFs）。二恶英的重要来源是城市、医院和有毒有害废物的燃烧，炼钢工业、造纸和纸浆厂、水泥和玻璃工业也是二恶英的来源。

2,3,7,8-四氯二苯并-p-二恶英［2,3,7,8-Tetrachlorodibenzo-p-dioxin（TCDD）］是最具毒性的一种，不溶于水，不会在未处理的水中检出，性能极为稳定，能附着在沉淀物上，可缓慢地进行光化学分解和生物分解，加热到 500℃以上或在紫外光作用下可以分解。由于其亲脂性和缓慢的代谢分解，因此能通过食物链而生物积累。

二恶英类（TCDD）的结构式如下：

Cl　O　Cl

Cl　O　Cl

人类与二恶英接触的主要途径是食物，特别是肉类、禽类和乳制品的脂肪中，但因其浓度低，每人每天平均摄入量并不多。二恶英可损害肾、肝和神经系统，是很强的致癌剂。

（3）呋喃

呋喃（Furan）为无色可燃液体，不溶于水。呋喃是生产杀虫剂、稳定剂和药物等的中间产物。人们与其接触的主要途径是吸入。

（4）4-叔丁基苯酚

4-叔丁基苯酚（4-tert-Butylphenol，BP）在精细化工中占有一定的地位，从一般日用品（如洗涤剂、肥皂、香皂等）直至国防尖端科学火箭领域，均有广阔的应用。目前 4-叔丁基苯酚主要用作油溶性酚醛树脂、聚碳酸酯树脂封端剂、橡胶硫化剂、油墨添加剂、阻燃剂等；此外，还用于紫外线吸收剂、表面活性剂、农药等方面。还可以用作光气法制聚碳酸酯的反应终止剂，以及用于环氧树脂改性、二甲苯树脂改性和聚氯乙烯稳定剂的原料。4-叔丁基苯酚的分

子式为 $C_{10}H_{14}O$，分子量 150，外观呈白色微絮片状晶体，有微臭味，溶解度 610mg/L（25℃），$LogK_{ow}$值为 3.29。结构式如下：

$$HO-C_6H_4-C(CH_3)_3$$

4-叔丁基苯酚对眼、皮肤和呼吸道有刺激作用，皮肤接触可引起皮炎，尚未证明其具有致突变性。

2.1.4 表面活性剂

内分泌干扰物中，烷基酚类化合物（如壬基酚、辛基酚）受到了广泛的关注。人体可以因摄入污染的空气和饮用污染的自来水，并在使用洗发水、化妆品、洗涤剂以及食用污染食品等途径与烷基酚类化合物相接触，受这些化合物的有害影响。这些内分泌干扰物具有明显的雌激素活性，且有生产量大、应用范围广和环境中无处不在的特点。

表面活性剂指用于洗涤剂配方中的一组化合物，就内分泌干扰物来说主要是烷基酚（APs）、烷基酚聚氧乙烯醚（APEOs）和烷基酚羧酸酯（APECs），特别是壬基酚（NP）和辛基酚（OP）均显示具有雌激素活性。

上世纪 90 年代末，已逐渐停止在家用洗涤剂使用，但是仍有一些清洁剂可能含有烷基酚聚氧乙烯醚（AP_nEO），它的毒性随乙氧基单位数的减少和疏水链长度的增加而增加。烷基酚（APs）是烷基酚聚氧乙烯醚的降解产物。4-壬基酚（4NP）最为稳定，具有雌激素活性。水中辛基酚（OP）的浓度通常比壬基酚（NP）低一个数量级。壬基酚呈疏水性但比辛基酚可优先吸附在颗粒物上。

壬基酚（NP）是一种重要的有机化工产品，主要用作非离子表面活性剂，此外还可用于生产树脂改性剂、防腐剂、着色剂、洗涤剂、金属清洗剂以及石油添加剂等。水体中壬基酚的主要来源是壬基酚聚氧乙烯醚（NP_nEO，n 为聚合度）的代谢或降解产物，以及壬基酚在生产、运输、加工和产品的使用过程中进入环境。塑料树脂废弃物也成为壬基酚等污染物的传播介质，医用聚氯乙烯管中都有壬基酚的存在。壬基酚的结构式如下：

$$CH-C_6H_4-C_9H_{19}$$

壬基酚聚氧乙烯醚（NP_nEO）是一种非离子表面活性剂，性质稳定，应用广泛，这类物质亲酯性较强，其中壬基酚一乙氧醚（NP_1EO）和对壬基酚二乙氧醚（NP_2EO）的 logKow 为 4.0～4.6。NP_nEO 的分子结构如下：

$$C_9H_{19}-C_6H_4-(OCH_2CH_2)_nOH$$

$n=1\sim40$

上述化合物的雌激素活性大小的顺序为：辛基酚（OP）＞壬基酚（NP）＞壬基酚聚氧乙烯醚（NP_nEO）

2.1.5 邻苯二甲酸酯类

从 20 世纪 30 年代起，邻苯二甲酸酯（PAEs）或称酞酸酯已经在塑料如聚氯乙烯（PVC）

生产中作为增塑剂，也有用于建筑材料、家具、服装、食品包装、儿童玩具、化妆品和医药产品中。邻苯二甲酸酯种类很多，其中有一些具有雌激素活性，有些邻苯二甲酸酯类被列入重点污染物。邻苯二甲酸（2-乙基己基）酯（DEHP）是主要的邻苯二甲酸酯，大量作为增塑剂，体外生物试验证明无雌激素活性，其在水中溶解度低，在固体颗粒上的吸附性高。

水体中邻苯二甲酸酯的其他来源包括径流、垃圾填埋场的渗滤液，浓度虽低，但不能忽视。邻苯二甲酸酯在水环境中的动向受到烷基链长度的影响，烷基链长度增加，则吸附和生物富集能力增加，而溶解和挥发能力下降。邻苯二甲酸酯在水体中的光分解或水解通常并不明显，因为许多邻苯二甲酸酯的水解半衰期是按年计的。生物降解是主要的转化过程，一般，邻苯二甲酸酯的链长越短降解越快，如 DBP 和 DHP 的生物降解速度快于长链的 DEHP。烷基链长度增加时，由于相应增加 logKow 和溶解度降低，使邻苯二甲酸酯对生物的毒性增强。邻苯二甲酸酯类的物理化学性质及分子结构式见表 2.1。

邻苯二甲酸酯类的物理化学性质　　表 2.1

物质名称	英文名称	分子式	水中溶解度 (mg/L) 25℃	辛醇-水分配系数 K_{OW}	CAS 编号	分子结构式
邻苯二甲酸二甲酯（DMP）	Dimethyl phthalate	$C_{10}H_{10}O_4$	4000	1.6	131-11-3	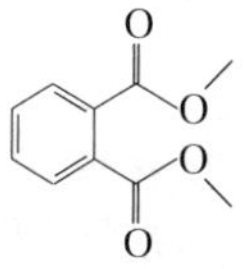
邻苯二甲酸二乙酯（DEP）	Diethyl phthalate	$C_{12}H_{14}O_4$	1000	2.47	84-66-2	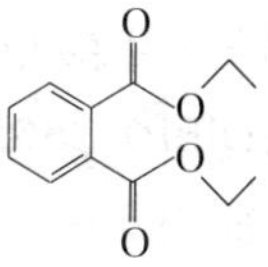
邻苯二甲酸二丁酯（DBP）	Dibutyl phthalate	$C_{16}H_{22}O_4$	13	4.9	84-74-2	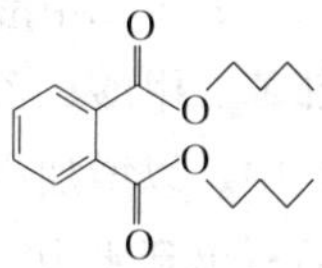
邻苯二甲酸二戊酯（DPP）	Dipentyl phthalate	$C_{18}H_{26}O_4$	0.8	5.63	131-18-0	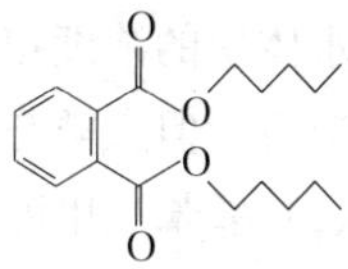
邻苯二甲酸二环己酯（DCHP）	Dicyclohexyl phthalate	$C_{20}H_{30}O_4$	0.24	6.82	84-61-7	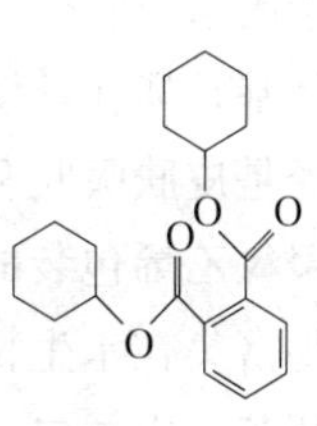

续表

物质名称	英文名称	分子式	水中溶解度 (mg/L) 25℃	辛醇-水分配系数 K_{OW}	CAS 编号	分子结构式
邻苯二甲酸二正辛酯 (DOP)	Di-n-octyl phthalate	C_{24}-H_{38}-O_4	3	8.10	117-84-0	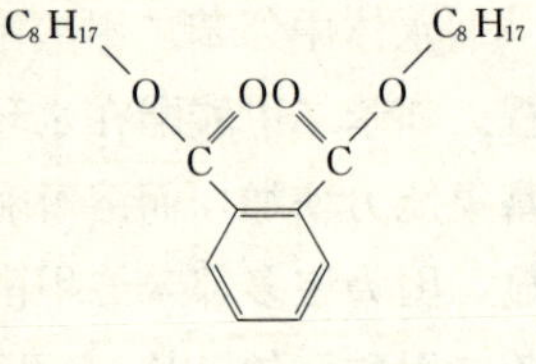
邻苯二甲酸二异丁酯 (DIBP)	Diisobutyl phthalate	$C_{16}H_{22}O_4$	50		84-69-5	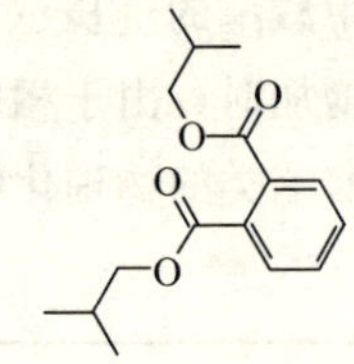
邻苯二甲酸二异壬酯 (DINP)	Diisononyl Phthalate	$C_{26}H_{42}O_4$			28553-12-0	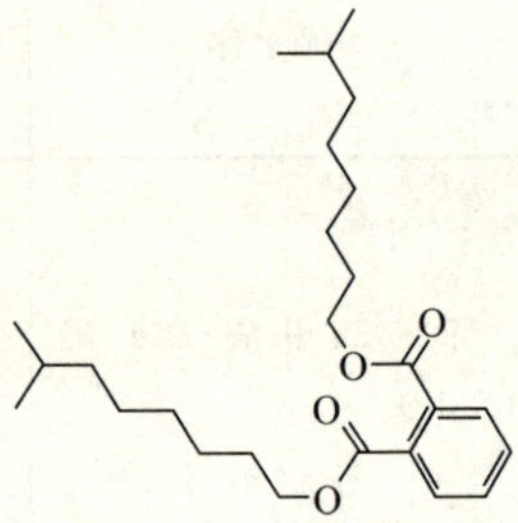

邻苯二甲酸酯的雌激素活性大小的顺序为：邻苯二甲酸二丁酯（DBP）＞邻苯二甲酸二异丁酯（DIBP）＞邻苯二甲酸二乙酯（DEP）＞邻苯二甲酸二异壬酯（DINP）。但与17β-雌二醇相比，要小6～7个数量级，说明邻苯二甲酸酯都是有极弱的雌激素活性。

(1) 邻苯二甲酸二乙酯

邻苯二甲酸二乙酯（DEP）是合成化合物，常用于塑料、汽车配件、工具、玩具和食品包装生产中，以增加产品的柔性，也用在生产化妆品、杀虫剂和药品阿司匹林中，但很容易从这些产品析出到水中。人们通过塑料污染的空气和饮用水以及食品等发生接触。邻苯二甲酸二乙酯在水体中的浓度很低，易于生物降解。从啮齿动物（如兔、鼠）的几代研究，发现生殖性能受到损害，但人类与邻苯二甲酸二乙酯接触时的内分泌干扰效应并未见报导。

(2) 邻苯二甲酸二（2-乙基己基）酯

邻苯二甲酸二（2-乙基己基）酯（DEHP）用作聚氯乙烯树脂的增塑剂，使塑料更为柔软，也用于墨水、农药、化妆品和真空泵油生产中。由于大量用于制造塑料，使邻苯二甲酸二（2-乙基己基）酯在环境中无处不在，但挥发到大气中和溶解于水中的速率很慢。与人体的主要接触途径是皮肤吸收和摄入，易溶于体液如唾液和血浆中。来源于职业环境、空气、饮用水、食物和聚氯乙烯包装的食品。DEHP可生物降解，但趋向于吸附在沉积物中，并且相当持久，也会生物富集在水生物群中。因为邻苯二甲酸二（2-乙基己基）酯的蒸发压力低，人体与水或空气中邻苯二甲酸二（2-乙基己基）酯的接触是极微量的。邻苯二甲酸酯类中，以邻苯二甲酸二（2-乙基己基）酯在水环境中的浓度最高：地表水中为0.33～97.8μg/L，污水厂排出水中为

1.74～182μg/L，污水厂污泥中为 27.9～154mg/kg。

2.1.6　有机金属化合物

许多无机物如汞（Hg）、铅（Pb）、镉（Cd）、砷（As）在浓度为 μg/L 时就具有生物毒性。

(1) 有机汞

汞主要有 3 种化学态：元素汞的水溶性极差，室温下易挥发；无机汞（Hg^{2+}）易和颗粒或水结合，生成水溶性低的盐类；水体中的汞会转化，最明显的是甲基化，会产生一甲基汞和二甲基汞，后者水溶性低，比一甲基汞稳定，易挥发。在工业地区，甲基汞占汞的比例约为 1%～5%，沉积物是甲基汞的主要积聚场所，水中则很少。

一甲基汞（CH_3Hg^+）溶于水，是对生物最有危害的汞，具有生物浓缩和生物富集作用，容易被生物利用。水体中的汞可在生物体中积累，鱼和鱼卵中多数的汞是有毒的一甲基汞。甲基汞对人也有毒性，明显的例子是伊拉克在 1971 年偶然使用处理后的谷物而汞中毒，日本在 1953 年也发生过水俣病的汞中毒事件。

(2) 三丁基锡

三丁基锡（TBT）化合物是一族有机金属化合物，用在海洋船舶防污漆配方中，具有长期存在的能力，对多种生物产生极强毒性。许多国家已加以禁用，但在水体中仍可检测到，风险依然存在。三丁基锡具有疏水性和极性，易于光分解和快速的生物降解，所以水中很少有三丁基锡，而是约有 72%～100%的三丁基锡吸附在悬浮颗粒和沉积物上。吸附作用不强且是可逆的，即有脱吸可能，此外能生物积累。

2.1.7　类固醇雌激素

雌激素主要包括 17α-乙炔基雌二醇（EE2）、17-β-雌二醇（E2）、雌酮（E1）、雌三醇（E3）、美雌醇（MeEE2，用作口服避孕药），是已报道的内分泌干扰物中最重要的一类物质。其中 E2 为生物学效应最强的外源性雌激素。这些化合物是产生雌激素活性的主要成分，因为污水处理时难以将其完全去除，所以仍有部分存在于水环境中。虽然类固醇雌激素的浓度只有几 ng/L，但因其具有雌激素活性，例如 EE2 可以诱发雄性鱼类产生 0.2ng/L 的卵黄蛋白原（VTG），因此有一定的危害性。

几种主要雌激素的分子结构式与基本物理化学性质见图 2.1 与表 2.2。

类固醇雌激素的物理化学性质　**表 2.2**

化合物	分子量	水中溶解度（mg/L，20°C）	log Kow
雌酮（E1）	270.4	13	3.43
17β-雌二醇（E2）	272.4	13	3.94
雌三醇（E3）	288.4	13	2.81
17α-乙炔基雌二醇（EE2）	296.4	4.8	4.15
美雌醇（MeEE2）	310.4	0.3	4.67

天然（E1，E2）和合成（EE2）类固醇雌激素主要从污水处理厂排出，是地表水中雌激素的主要来源，粪肥径流也是水体中出现雌激素的原因。

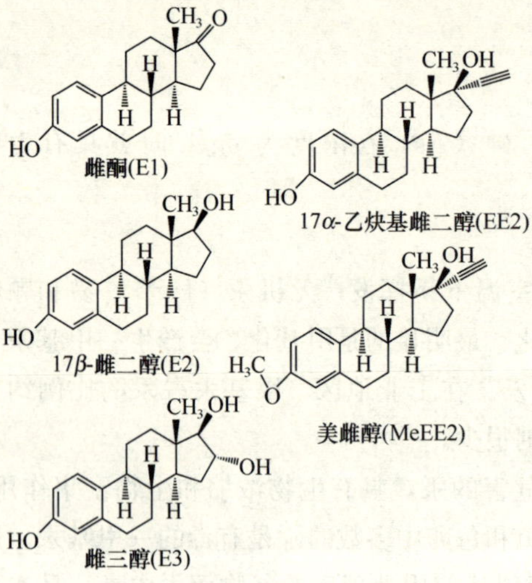

雌酮(E1)

17α-乙炔基雌二醇(EE2)

17β-雌二醇(E2)

美雌醇(MeEE2)

雌三醇(E3)

图 2.1 几种主要雌激素的分子结构式

污水处理厂排出水中的类固醇雌激素主要是人体的排泄物，特别是生育年龄的妇女，如为怀孕妇女，每天可分泌 10～100μg 的雌激素。排泄物中主要是雌三醇，每一妇女，每天最高排泄量为 64μg/d。雌酮（E1）和 17β-雌二醇（E2）的排泄量分别为 3～20μg/d 和 0.5～5μg/d。这些雌激素的大部分，从人体尿液中以无生物活性和结合物形式排出，主要是葡糖苷酸酶和硫酸盐的结合物，有时也可测出游离雌激素。污水厂的污泥中也可测出类固醇雌激素。美国 14 个污水处理厂的原污水和处理后污水中 EE2 浓度分别为 1.21ng/L 和 0.81ng/L，污泥中 E1，E2，和 E3 的浓度为 0.01～0.08ng/L。这种污泥如撒在农田上将会增加雨水径流时的雌激素含量。

类固醇雌激素 E1 和 E2 之间可相互转化，转化时对 E1 有利，这就是水样中 E1 通常是所有类固醇中浓度最高的原因。E1 也可以转化为 E3 及其他代谢产物。实验室试验时发现，河水中的 E2 和 EE2 在好氧条件下可以降解，而在厌氧条件下不降解或很少降解，好氧条件下 20℃时，E2 和 EE2 的半衰期分别为 27d 和 46d。

游离雌激素的 logKow 为 2.81～3.15，属于亲脂性，因此只有少量溶解于水中，溶解物和水中的悬浮固体结合后就能沉淀下来。但如游离雌激素被葡糖苷酸或硫酸酯化后，其物理化学性质会有很大变化，与硫酸盐和葡萄糖苷酸结合物比未结合时的游离雌激素更为亲水。

2.2 水中内分泌干扰物的迁移和转化

内分泌干扰物对水环境的危害是目前全球面临的重大污染问题之一。在水环境中多数内分泌干扰物的迁移和转化都发生在不同的水环境界面上，其与污染物的性质以及两者之间的相互作用决定了污染物在水环境中的迁移转化规律，也影响生物可利用性或生态毒性，并且通过食物链对人体健康产生危害。内分泌干扰物在不同界面上的迁移转化如图 2.2 所示。

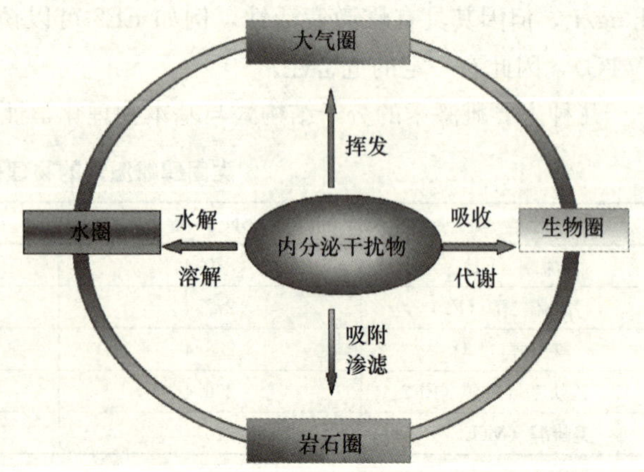

图 2.2 内分泌干扰物在不同界面的迁移转化过程图

2.2.1 迁移和转化动向

水中内分泌干扰物的来源之一是污水厂排出水的污染。污水厂排出水进入水体后，内分泌干扰物的动向受到水体条件和内分泌干扰物的物理化学性质而有不同。

水体条件主要是流量，许多发达国家

的污水排出量占水体流量的 50%左右，在雨量少和排水量最大时，这一比例可以高达 90%。污水厂排出水进入水体后，由于稀释、降解和吸附等作用，减少了内分泌干扰物的雌激素活性。含雌激素的污水厂排出水进入受纳水体后，经 1∶3 比例稀释就可足以去除水中雄性鲢鱼产生卵黄蛋白原（VTG）的能力，也就是降低了雌激素活性。

至于内分泌干扰物的物理化学性质，包括水中溶解度（mg/L），表示有机物和固体颗粒之间吸附能力的有机碳-水分配系数（Koc）、辛醇-水分配系数（K_{ow}）、以及表示挥发能力的亨利常数 Hc 等。根据这些参数值的大小可以预计内分泌干扰物是溶解在水中，还是吸附在固体（无机物和生物体）颗粒上，还是挥发到大气中。

和地表水中的迁移和转化相比，地下水不大会受到季节的影响，而且有些迁移转化过程可能不会发生。图 2.3 表示地表水和沉积物中内分泌干扰物的动向。

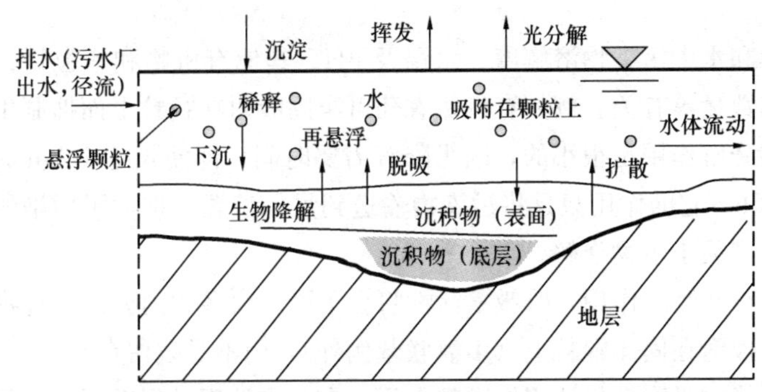

图 2.3　地表水和沉积物中内分泌干扰物的动向

地表水中的内分泌干扰物可吸附在固体颗粒上（悬浮固体或沉积物）或被生物群所吸附，由于吸附作用减少了其在水中的浓度。

内分泌干扰物可以通过渗滤和回灌进入地下水中，因多数内分泌干扰物为疏水性和低溶解度，会吸附在固体有机物上，而减少渗滤到地下水中的数量。通过回灌水而带入地下水中的内分泌干扰物，其输送决定于对流、扩散、吸附和生物降解。

江河底部都有泥砂沉积物，内分泌干扰物可附着在沉积物上，这样将会导致：

(1) 水环境中的内分泌干扰物不易去除，且更为持久地存在；

(2) 江河底部的泥砂沉积物是不稳定的，可以在水流作用下重新冲刷而再悬浮起来，并随水流移动，将污染物带到尚未污染的地方，扩大了污染的范围；

(3) 转化过程受到水解程度或生物降解时内分泌干扰物浓度的影响；

(4) 对底栖生物和鱼类会产生内分泌干扰效应，并且在食物链中进行生物积累。

附着在沉积物上的内分泌干扰物的迁移和转化，主要和沉淀、降解以及水流输送等有关。内分泌干扰物在有机物颗粒上的吸附和有机碳-水分配系数（Koc）有关，并和其水溶性成反比。绝大多数内分泌干扰物会吸附在固体表面上，因此水环境中内分泌干扰物的迁移，在很大程度上和悬浮颗粒的迁移相一致。天然有机物易于吸附低溶解度的疏水性内分泌干扰物，相比之下，内分泌干扰物在黏土颗粒上较难吸附。在内分泌干扰物吸附和脱吸之间存在着平衡，由于化合物的疏水性，极有利于吸附，因一般吸附过程是可逆的，也可以脱吸，但脱吸程度有一定限制。

根据江河的水流情况会有一些颗粒在输送过程中沉淀下来，这就是沉积物中内分泌干扰物高于水中的原因。紊流可将沉积物重新悬浮起来，而化学过程如分子扩散和脱吸会影响沉积物的分布。生物过程如生物扰动，即由于微生物的活动而扰动沉积物也会影响沉积物中内分泌干扰物的分布。

水中的内分泌干扰物也可因下列过程而发生迁移和转化：

（1）在水和空气界面的挥发，但只限于已经溶解于水中的内分泌干扰物。

（2）光解，是在太阳光紫外线（UV）作用下，将某些内分泌干扰物降解为简单化合物，使其更易于生物降解。由于水流一般浑浊，能透过紫外线的水深有限，限制了光解作用，但在有些颗粒的扩散作用下，有助于与紫外光接触，提高光解效果。

（3）水解，是重要的化学转化过程，水解速率和内分泌干扰物的吸附能力、水温及 pH 有关。

（4）生物降解和水中污染物溶解度、水温及 pH、其他有机物和颗粒物、内分泌干扰物浓度、微生物种类和数量等有关。例如有机氯农药可牢固吸附在颗粒上而抑制生物降解。在水流输送过程中的生物降解作用是很小的，因为降解需要时间，即使长达 10km 的水体，水流输送过程也只不过 4～5h，它的作用只是将污染物输送到另一位置，扩大了污染的范围。在沉积物中的内分泌干扰物则易于生物降解。

通过稀释、降解和吸附作用，雌激素活性将会下降，大多数内分泌干扰物由于其疏水性和低溶解度，主要是吸附在固体颗粒上（多氯联苯例外），而不是残留在水中。

多种内分泌干扰物吸附在悬浮固体颗粒上后，在污水处理过程中下沉为污泥，然后送往污泥处理，这时部分内分泌干扰物会重新溶解并随上清液回流到活性污泥池。因此，少量而高度浓缩且持久性的代谢产物会积累在污泥中，如作为农业填土，又会将污染成分进入食物中，转而到达人体。

2.2.2 内分泌干扰物与人类接触途径

图 2.4 表示雌激素在环境中的动向，给人体以各种接触机会，即使个别化合物的浓度极低，但还存在多种内分泌干扰物的叠加和协同效应，增加对人体健康的危害。

饮用水、食物（特别是高脂食品）和药物的使用是内分泌干扰物与人体接触的主要途径。

内源和外源雌激素进入污水处理厂后，其动向可分为：

（1）处理后的排出水进入水源，以后在自来水厂内处理成为饮用水，未能去除的内分泌干扰物仍残留在饮用水中；

（2）污水处理时在气-液界面处挥发；

（3）污水处理时，内分泌干扰物吸附在颗粒上成为污泥，送往农业上使用或填埋场。填埋场排出的含有雌激素的渗滤液，一部分渗入水体，将雌激素带入水源，另一部分经农作物吸收，将雌激素带入食物内。

可见，人与水中内分泌干扰物相接触的途径有两种，一种是直接接触，即人体通过接触日常生活用品，如清洗剂、塑料制品、药品、化妆品等，将其中所含的内分泌干扰物摄入体内。另一种是间接接触，即人造化学物质排放到水体或大气中后，经食物链进行生物积累，使生物体内的内分泌干扰物浓度被生物放大。

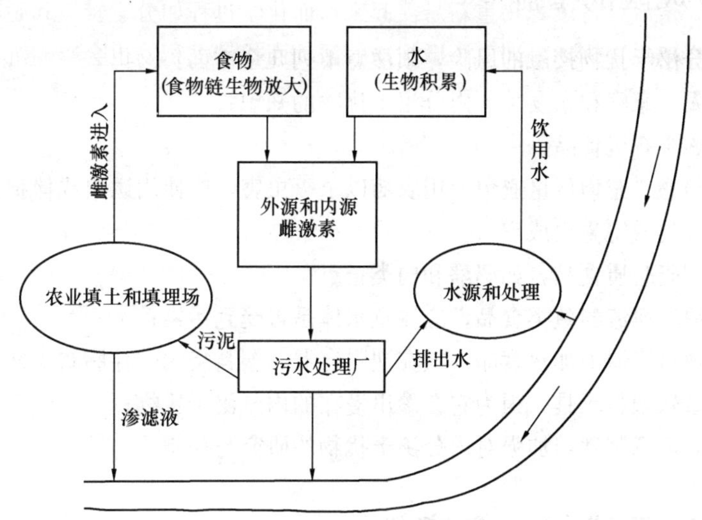

图 2.4　内分泌干扰物的接触途径示意图

具体表现为：

(1) 水中内分泌干扰物如杀虫剂、除草剂、有机氯农药、有机磷农药等残留在农产品上，被人类直接食用。

(2) 内分泌干扰物经生物分解后进入土壤和水体，通过农作物吸收成为含有激素的农产品。

(3) 洗涤剂、消毒剂、防腐剂、涂料等在使用过程中析出内分泌干扰物，如聚氯乙烯塑料制品在微波炉中高温加热时，双酚 A 会释出。

(4) 工业和生活废弃物焚烧时和生产氯苯类化工厂排放的废气和废水中，含有二恶英，可进入土壤和水体。

(5) 人类过多食用含有植物雌激素的食物，改变了人体内的激素平衡。

(6) 生产农业和化工产品的过程中产生的副产品和废物排放到水体中。

(7) 服用激素类药物，如类固醇类、己烯雌酚、避孕药等而将激素排泄到水体中。

(8) 含有激素的人类和动物的排泄物进入水中，因污水处理效果差，未能在污水处理厂内将内分泌干扰物降低到排放标准，因而残余部分进入水体。

(9) 常规的自来水处理并不能有效去除壬基酚、双酚 A 和邻苯二甲酸酯等内分泌干扰物，因此仍含有微量内分泌干扰物而随饮用水进入人体。

(10) 从生物积累、生物放大和持久性角度看来，合成雌激素比天然雌激素更有问题。雌激素化合物可生物积累，并可通过生物链而生物放大，对人体产生有害的生理反应。如积累在乳品中，则对幼儿和儿童及其免疫系统会产生不良影响。

(11) 水和污水处理厂的污泥处置必须谨慎，因为 logKow 值大于 4 的内分泌干扰物，如多种多环芳烃（苊、菲、芴、苯并（a）芘）可牢固吸附在固体颗粒上或沉积物上，并因其难降解而有较大的水环境持久性，如污泥处置不当就会通过径流污染给水水源，或通过蔬菜和肉类而影响食品的安全。

2.2.3 减少风险的措施

为减少与内分泌干扰物接触的风险，须注意下列几个方面：

(1) 增加本人、家庭和亲友关于内分泌干扰物的知识；

(2) 尽可能购买有机食品；

(3) 庭院和动物、宠物尽量避免使用农药以杀灭虫害，应使用诱饵或捕捉机来代替，并应保持清洁，防止蚁类或寄生虫成灾；

(4) 减少食用脂肪质食品，如奶酪和肉类；

(5) 来自湖泊、河流的鱼类食品，应注意水体是否受到污染；

(6) 避免在塑料容器中加热食品，或在塑料容器、塑料袋中贮存脂肪质食品；

(7) 不给儿童软塑料玩具，因为它会渗出潜在的内分泌干扰物；

(8) 政府订立规章制度，加强对内分泌干扰物的研究与控制。

2.3 内分泌干扰物的危害性

早在 1936 年，Dodds 等就发现羟基联苯化合物具有雌激素活性，到上世纪 40 年代 4,4′-二羟基二苯烷烃的雌激素活性得到进一步证实。20 世纪 80 年代，人们发现了多种野生动物生殖发育异常（如日本东西郊多摩川鱼/贝同时具有精巢和卵巢，英国南部泥鳅同时具有雌雄两套生殖系统，美国佛罗里达州出现鳄鱼雌性化、生殖紊乱、种群数量减少等）。1995 年，美国明尼苏达州许多地区发现多种畸形青蛙（3、5、6 条腿及独眼），引起震惊。经调查分析认为水环境中有毒有害化合物污染是引起上述生殖发育异常的重要原因，绝大部分内分泌干扰物对动物的生殖发育损伤，都是通过干扰机体内分泌系统即激素功能，破坏机体内的稳态而实现。

内分泌干扰物进入动物体内，可干扰神经 - 内分泌 - 生殖网络，影响下丘脑、垂体、性腺及生殖道的正常发育，通过干扰内分泌功能、影响性腺和副性腺的发育、干扰配子的生成、影响发情周期、影响胚胎发育，造成动物繁殖功能的障碍，一般表现为产卵（仔）数、孵化率和幼体存活率下降、配子发生异常甚至消失，生殖行为变化及雄性动物雌性化等。生物机体繁殖损害最终导致种群数量下降，以至物种灭绝。牛和羊等反刍动物由于其寿命较长，内分泌干扰物在其体内蓄积的时间也较长，在妊娠和哺乳期间，动物脂肪给胎儿或幼畜提供养分，因此其后代也易受到从母畜脂肪中释放出来的内分泌干扰物的危害。

人类与所有脊椎动物（鱼、两栖动物、爬行动物、鸟类、哺乳动物）的内分泌系统在早期胚胎发育时基本上相同但不完全相同，因此在野生动物观察到的有害效应必然会引发对人类健康危害的关注。以后展开的人类流行病学调查表明，人类的生殖障碍、发育异常以及某些癌症与内分泌干扰物密切相关。在美国，妇女乳腺癌是死亡的主要原因之一，危险性估计约为九分之一，产生因素之一是妇女长期受雌激素影响。过去几十年中，一些不同地区男性精液密度和质量下降，且这种下降是有区域性的。此外，睾丸癌以及睾丸和尿道下裂病例也有增加的趋势。动物实验和流行病学调查表明，内分泌干扰物对男（雄）性生殖系统的影响，主要包括对精子数量和生殖质量、器官发育、睾丸肿瘤疾病以及子代生殖系统造成危害。以往研究试图把这些生殖系统疾病同内分泌干扰物对胎儿影响联系起来，但因果关系尚未被证实。也有研究内分泌干扰物对儿童生长发育的危害，认为内分泌干扰物对儿童的神经系统、生殖系统、生长发育等方面都会产生极大的危害。另外，地球上的生物并不是暴露在单一的水环境中的化学品中，对于内分泌干扰物而言，它们的混合作用，或者是否有协同、拮抗作用还不清楚。

2.3.1　人体的内分泌系统

人体的内分泌系统控制儿童的成长和发育，调节成年人的机体功能和生殖过程，内分泌系统是由腺、激素和受体等组成的复杂网络，对整个机体的生长、发育、代谢和生殖起着调节作用。

内分泌腺（图 2.5）主要包括脑垂腺、甲状腺、副甲状腺、胰腺、肾上腺和性腺（卵巢、睾丸）等。

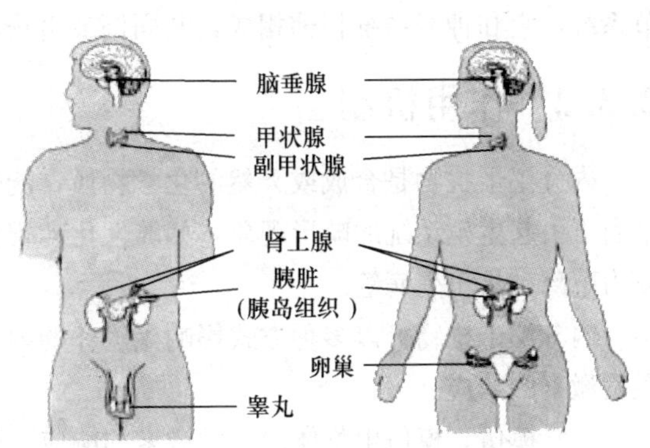

图 2.5　人体的重要内分泌腺

脑垂腺位于脑的下方，能分泌多种营养激素，有的激素可以促进身体（尤其是骨骼）生长，有的激素和生殖有关，有的可以影响其他内分泌腺的活动，所以脑垂腺是内分泌系统的控制中心。

甲状腺所分泌的激素称为甲状腺激素，有刺激细胞代谢的作用，促进生长发育，人体生殖器官的发育也和这种激素有关。

胰腺能分泌胰岛素和胰高血糖素，其功能是调节血糖水平。

肾上腺位于肾脏的上方，可分肾上腺素（皮质类固醇激素、儿茶酚胺），以雄激素为主，其功能是调节代谢和行为，可促进性成熟，分泌过多时可使女性男性化。

性腺指卵巢和睾丸，除分别产生卵子和精子外，还可以分泌性激素（性类固醇激素），性腺分泌的激素可使生物表现不同的性别特征，其功能是调节发育和生长、生殖、免疫。

这些内分泌腺能分泌各种激素，可称为内源性激素，如肾上腺皮质激素（ACTH）、皮质类固醇、肾上腺素激素、雌激素、睾酮、雄激素、胰岛素等，以区别于内分泌干扰物的外源性激素。

激素随血液输送到所作用的细胞，称为激素的靶细胞，靶细胞具有与相应激素相结合的受体，激素与靶细胞的受体结合后会产生响应，来协调生理机能，维持各种器官的正常工作。激素的分泌量必须适中，过多或过少对生物体都不利。激素可在极低浓度（μg/L 或 ng/L）下发生作用。

激素可以调节下列方面：

（1）生殖和胎儿发育；

（2）生长和成长；

（3）产生、使用和贮存能量；

（4）维持电解质（水和盐）平衡；

（5）对外来刺激的反应，例如兴奋或惊恐；

（6）人和动物的行为。

激素过少会引起某些组织或器官功能失调，严重时可危及生命。激素过多，会因过度作用而引起内分泌机能亢进。

正常情况下，人体能根据生长和发育的需要合成内分泌激素，调节正常新陈代谢，而内分泌干扰物是与人体激素相类似但使内分泌紊乱的化学物质，它可与人体类固醇激素竞争受体，一旦与受体结合后，可能影响到生殖功能。

受体是控制响应的复杂的生物反馈系统一部分，受体存在于各种靶器官和组织的细胞中，辩识激素并作出响应。

生物体需要神经系统和内分泌系统来调整和综合不同细胞的机能，内分泌系统是重要的调节系统，它和神经系统相辅相成，共同调节生物体的生长、发育、生殖、体内平衡和代谢。

2.3.2 作用机制

内分泌干扰物是合成或天然的化学物质，能干扰动物包括人类的正常激素功能的平衡。不平衡可引起生殖系统的畸形现象，如雌性化和雄性化，甲状腺肥大，生育缺陷，行为改变，免疫力下降，易于生病等。

内分泌干扰物可以多种方式影响生物体的内分泌系统，主要有三种方式，即模仿、阻断或激发激素的响应。

(1) 模仿。模仿生物体内正常激素的响应，例如药物已烯雌酚（DES）是合成雌激素，可以模仿内分泌干扰物。在20世纪70年代初禁止使用之前，已经为多达500万的孕妇开出处方，预防流产。以后研究证明，服用DES会影响其子女在青春期的生殖系统发育，且会引发阴道癌，增加子宫内膜移位的风险，以及隐睾症，先天缺陷，成年后精子数减少等疾病。

(2) 阻断。激素阻断物可干扰天然激素的功能，它可连接到与天然激素同一的蛋白质受体上，但并不发生什么作用；它占据天然激素的位置，防止其发出信号。例如DDT的代谢产物DDE，可阻断雄鳄的雌酮（雄激素）作用，导致阴茎过小。

(3) 激发。激素激发物连接到蛋白质受体上后，激发细胞内的反常反应，可引起代谢变化或不同产物的合成。例如二恶英和类似化合物，通过和激素相似的过程，发出全新的响应。

内源性激素都是维持人体内分泌功能所必需，人体内的组织和器官都会受到激素的作用。激素通过血液输送到组织和器官的细胞，使其产生自然响应。靶细胞有结合位（受体）和效应器位（如腺体），当激素和受体结合后，与细胞DNA相互作用发生预期的响应，以调节生理机能，维持各种器官的正常工作。内分泌干扰物是一类外源性化学物质，也称作“激素”，是环境中与人体内激素相类似的化学物质，多数内分泌干扰物为小分子，尽管浓度低，常为ng/L级，可是1ng/L的典型药物约相当于2×10^{12}分子/L，因此可以有大量内分泌干扰物与人或动物体内的激素受体相结合。有些“游离”激素分子永远不能到达受体，就失去活性，称为代谢清除。根据激素种类，代谢清除过程约几分钟到数小时，如代谢清除率低，则激素在体内的停留时间较长，和受体作用的时间增加而有较多的响应。

内分泌干扰物通常经由食物链进入体内，并可以模仿人体内的天然激素，使人体的激素过剩，也可以直接刺激或抑制内分泌系统，干扰生物体内天然激素在维持体内系统平衡和调节发育过程的作用。

某些内分泌干扰物与人体激素有着类似的化学结构，可与激素受体直接结合。例如已烯雌酚（DES）与雌激素受体结合后可发挥类激素作用，增大原有激素的生物学效应；而某些物质如滴滴伊（p-p′-DDE）可竞争性结合雄激素受体。由于该类化合物占据了正常激素的结合位，就无法与受体结合，从而降低正常激素的效应。

某些内分泌干扰物如三丁基锡可通过抑制芳烃化酶而减少雌激素的合成；二恶英、多氯联苯等进入人体内后可与芳烃受体（AhR）结合，加快体内雌激素的降解。

受体对于特定的激素有极高的亲和力，所以产生响应时只需极低的浓度。细胞所利用的激素有高的能力，能力是指产生一定效应所需的物质数量，能力越大，所需的激素量越少，尽管受体对激素有高的亲和力，受体还能和其他化合物相结合，这就说明任何低浓度的内分泌干扰物都可产生效应并且发出响应。

当内分泌干扰物与激素受体结合后，改变了内分泌系统的天然响应方式，化合物可以和受体结合而激活响应，其作用如同模拟激素，称为激发效应，如化合物（激素阻断剂）连接到受体上，但未产生响应，可防止天然激素的相互作用，称为拮抗效应。

多数内分泌干扰物是小分子，因此可模拟或拮抗类固醇或甲状腺激素，消除调节体内平衡和发育生殖过程的天然激素。

内分泌干扰物所起的模仿天然激素或拮抗天然激素的作用，对人体的类固醇雌激素、甲状腺激素、儿茶酚胺、睾酮等呈现显著的干扰效应。可消除人体内调节体内平衡、生长和生育过程的天然激素，破坏内分泌系统、神经系统和免疫系统的信息传递和机体调节的功能，在临床上则表现为生殖障碍、出生缺陷、发育异常、代谢紊乱以及某些癌症。

在动物体内合成的激素，如雌激素、黄体酮、睾酮、甲状腺素等，依靠靶细胞内高亲和力的蛋白质受体传递生物信息。

有些内分泌干扰物，如天然化合物染料木素、香豆雌酚、药物已烯雌酚、17α－乙炔基雌二醇、它莫西芬（一种抗雌激素）、工业化合物 DDT、双酚 A 和壬基酚等，可能结合到受体上，并模拟或阻断天然激素的作用。

在代谢清除作用下，一般激素分子在人体内的停留时间不长，但在有内分泌干扰物时，情况就不一样，将会使这些化合物在体内持久存在和生物积累。在这种情况下，内分泌干扰物可作为配体与激素受体相结合，还可以通过诱导以抑制生物合成或代谢酶的活性，以改变生物体内的天然激素水平，引起内分泌功能紊乱，内分泌干扰物最终将和内分泌系统相互作用，会在某种程度上影响性别发育，特别是青少年。内分泌系统功能的紊乱又会伤害免疫系统和神经系统。

总之，人体的内分泌系统是复杂的，内分泌干扰物对其干扰有多种途径：

（1）有些内分泌干扰物有和天然激素相类似的化学结构，可和激素受体直接结合，增大原有激素的生物效应；

（2）结合到天然激素受体上，模仿天然激素的效应（如雌二醇）；

（3）阻断与激素受体的结合，对抗天然激素的效应（如药品他莫西芬，一种抗雌激素）；

（4）直接或间接与激素发生反应而使其结构发生变化；

（5）干扰人体内激素的合成和代谢；

（6）干扰激素受体的合成；

（7）改变激素受体水平，干扰激素的输送和清除。

通过与生物体内的激素竞争靶细胞上的受体而实现，生物体内的类固醇激素随血液流到靶细胞，被细胞大量摄入，随之与细胞内受体相结合。而激素与生物体类固醇激素相互竞争受体，当与受体结合后，可能影响到生殖能力。

能够影响任何物种（甲壳动物、鱼、鸟、哺乳动物等）的化合物可能对人类有潜在影响，但迄今未知的是到什么浓度才会产生影响。

现在多数化合物对人类的剂量-响应关系并未得到很好的了解，另外，一些激素活性物质，最敏感的靶细胞还未能确定，人与内分泌干扰物接触的数据不多，目前还难以得出内分泌干扰物对人类影响的明确风险评估。

2.3.3 对生物体的危害

内分泌干扰物可通过食物链或直接接触等途径进入人或动物体内，模拟内源性激素的生理、生化作用，干扰体内天然激素的合成、分泌、代谢等过程，激活或抑制内分泌系统功能，表现出拟天然激素或抗天然激素的作用，这种具有干扰内分泌功能的激素在很低浓度时，即可产生危害。

过去几十年中，全世界不同地区男性精液密度和质量下降，且这种下降具有区域性。我国在1981～1996年对全国39个市县的万名男性的精液量、精子数目、精子活动能力进行统计分析，三项指标分别下降了10.3%，18.6%和10.4%。其中工业化程度越高的地区下降越明显。

内分泌干扰物对生物体的危害如下：

(1) 对男性生殖系统的危害

动物实验和人群流行病学调查表明，内分泌干扰物对男（雄）性生殖系统的影响主要包括对精子数量和生殖质量、器官发育、睾丸肿瘤疾病以及子代生殖系统造成危害。

对精子质量是颇有争议的问题，多数认为全世界近50年来人类精子有所减少，原因可能是长期受到内分泌干扰物的作用。根据15000男性的分析，1938年的精子浓度为113×10^{6}/mL，精子容积为3.40×10^{-3}/L，到1990年分别只有66×10^{6}/mL和2.75×10^{6}/mL。但样品的地理位置对精子的质量和数量差别很大，也有研究认为精液容积不变且略有增加，因此须继续进行流行病学调查。

不同的内分泌干扰物其危害性也有差别，如邻苯二甲酸酯和某些氯化烃（二恶英等）对雄性动物生育能力有很多不利影响，表现为精液量和精子数量减少，精子运动能力低下、形态异常，严重的会导致睾丸癌，但还需继续进行流行病学研究以了解精子数减少的原因。其他化学物质如双酚A和壬基酚，对动物生育能力的影响尚有争议。

美国男性中前列腺癌的死亡率也很高，虽然医疗条件在不断改善，但过去30年内前列腺癌的死亡率增加了17%，前列腺癌的致病原因所知甚少，但和年龄、遗传、内分泌状态、膳食和环境危险因素等有关。

(2) 对女性生殖系统的危害

许多内分泌干扰物可影响女性生殖器官和功能异常，孕妇接触雌激素化合物会引起生殖内分泌功能障碍。

全球生殖率下降，生殖系统病变，女性乳腺癌发病率明显增加，丹麦、挪威和德国的不孕症患者人数在30年内增加近3倍。

乳腺癌是全世界妇女癌症中最常见的一种，国家之间的相对发病率可相差 5 倍，发病率最高的是西欧和北美。近 10 年来欧洲各地乳腺癌发病率持续增加。乳腺癌发病率增加的因素很多，但与 DDT、PCB 等接触的妇女有较高的乳腺癌风险，例如，从 268 例相同统计要素的 7712 妇女群中研究得出，狄氏剂的血浆浓度和乳腺癌风险的增加呈正相关。

内分泌干扰物可导致不良妊娠和妊娠并发症，多氯联苯阻碍了卵母细胞发育成熟，受精率的降低及多精受精率增加，并可引起死胎、胎儿发育迟缓，在邻苯二甲酸酯生产厂作业的女工妊娠率降低、流产率增加，并且发生妊娠期贫血、剧吐、妊娠高血压综合症的比例增加；内分泌干扰物可能引起子宫内膜异位，但尚无明确定论；同时内分泌干扰物也可能导致卵巢早衰。

在 20 世纪五六十年代，怀孕妇女已开始服用已烯雌酚（DES），这是一种预防流产的合成雌激素，事实是不仅未能有效预防流产，还引起所生子女许多健康问题。到 1971 年，医学界开始报道 13～19 岁少女中有很高的阴道癌发生率，对这些女孩所接触环境的研究中，发现是母亲服用 DES 的结果，这些女孩还遭受到子宫和卵巢先天性缺陷以及免疫系统受到抑制，甚至数十年后还有影响。

（3）对出生率的影响

许多工业化国家出生率不高且有下降趋势，原因是在环境因素还是社会经济因素或人口统计方法，尚需进行研究。以比利时重工业区的 Flander 城为例，该城的水环境中有高浓度的内分泌干扰物，以致与激素有关的疾病，如乳腺癌和前列腺癌发生率，比多数欧洲城市为高，出生人数连续下降。图 2.6 表示该城每年出生人数、精液浓度、精子游动性和精子形态的逐年变化。该城市后来采取环保技术措施，减少内分泌干扰物的生产和使用，逐步降低了环境污染物的水平。图 2.7 为 1995～2003 年的环境污染物浓度变化情况。

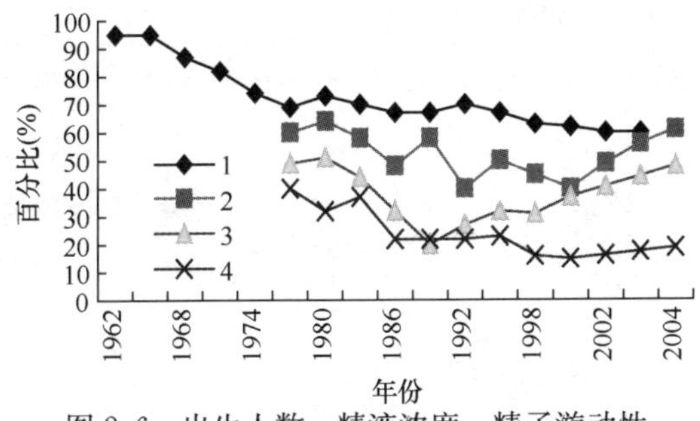

图 2.6　出生人数、精液浓度、精子游动性和精子形态的逐年变化图

1—出生人数（1000×）；2—精液浓度（百万个/mL）；3—精子游动性（%）；4—精子形态（%）

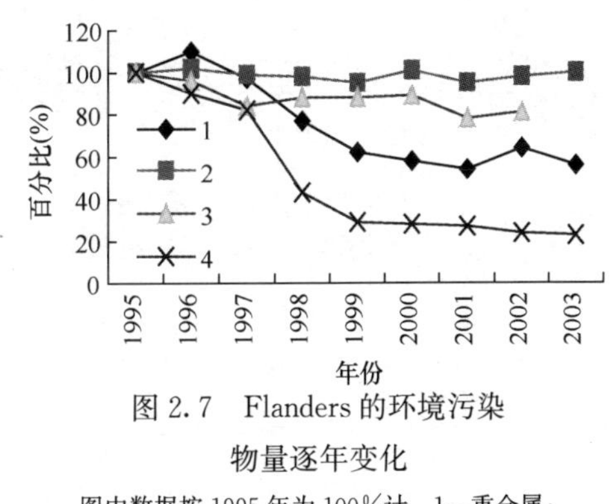

图 2.7　Flanders 的环境污染物量逐年变化

图中数据按 1995 年为 100%计。1—重金属；2—多环芳烃；3—农药；4—二恶英

荷兰、英国、加拿大和丹麦在最近十年新生男婴的比例也有下降，原因还不清楚，但据推测是和接触环境雌激素有关。

（4）对甲状腺的危害

内分泌干扰物可改变甲状腺形态和功能，引起多种甲状腺疾病，还可能导致甲状腺癌。

许多内分泌干扰物会影响甲状腺激素的合成，如多环芳烃会影响甲状腺激素的生物效应，并可积聚在生物组织内。污染地区的鱼类体内多环芳烃含量很高，通过食物链以高浓度进入人体，以及职业性接触会使甲状腺功能低下。

（5）内分泌干扰物与肿瘤的关系

内分泌干扰物可能导致一些与内分泌系统相关肿瘤的发病危险，研究认为，乳腺癌发生的危险性与脂肪或血液中高浓度滴滴涕（DDT）和/或其代谢物 DDE 有强相关性，多氯联苯类和二恶英的高度职业接触可能增加患乳腺癌的危险性。多氯联苯是乳腺癌、睾丸癌和前列腺癌的主要病因之一。

狄氏剂的血浆浓度和乳腺癌风险增加有正相关关系，这是从有相同统计要素的 7212 个女性得出的。

过去数十年来睾丸癌发病率明显增加，英国、北欧和波罗的海国家、澳大利亚、新西兰和美国从 1960 年起 50 岁以下男性的癌症发病率大约每年增加 2%～4%，但还未有结论说明，这是由于环境激素引起，还是生活方式变化或其他原因。美国在过去 30 年中，男性前列腺癌的死亡率增加了 17%，这和年龄、遗传、膳食和环境污染有关。

虽然癌症发病率有所上升，但远不能得出结论，其原因是由于内分泌干扰物还是生活条件改变或其他原因。

（6）对免疫系统的影响

人类接触多氯联苯、多环芳烃、二恶英、己烯雌酮、有机氯农药、药物、重金属等可影响机体免疫功能，表现为亢进或抑制，降低人体对致病物质、寄生虫、病毒、肿瘤的抵抗能力。生理浓度的雌激素可提高机体免疫力，剂量较大时则增加自身免疫性疾病的易感性。除己烯雌酮和二恶英外，人体接触多氯联苯、氨基甲酸酯、有机氯农药、有机金属化合物和一些金属等含雌激素样的物质也能改变机体免疫功能，导致免疫抑制或过度反应。

第3章　水中内分泌干扰物的检测与分析

3.1　内分泌干扰物的筛选和评价

内分泌干扰物在水环境中普遍存在，然而其中大部分的物质尚未有毒理学方面测定数据，因此有必要检测和分析该类化合物在水中的浓度，是否已经对野生生物和人类健康构成威胁。

水中内分泌干扰物的检测与分析方法很多。对于任何一种化合物或混合物的测定，首要问题是确定其雌激素活性或内分泌干扰活性，再分析样品中有哪些内分泌干扰物及其浓度。监测水中内分泌干扰物的方法大致分为化学分析法和生物试验法。生物试验法广泛用来鉴别化合物或化合物的混合物是否呈现雌激素活性，而化学分析法可以检测水中雌激素化合物的种类和浓度。此外，为了明确所测定的化合物与内分泌干扰的因果关系，需将生物和化学两种方法结合起来进行检测与分析。

3.1.1　生物试验法

生物试验方法主要是确定化合物的雌激素活性及其对生物体的影响。一般任何化合物的雌激素活性不能从其化学结构来预测，一方面显示雌激素活性的化合物如雌二醇（E2）、玉米烯酮、己烯雌酚（DES）、o,p′-DDT和开蓬等，其结构多种多样非常复杂；另一方面，结构极为相似的化合物，其雌激素活性可以相差很大，例如，o,p′-DDT和p，p′-DDT，又如灭蚁灵和开蓬就是如此。因此任何化合物的雌激素活性只有用生物方法才可测定。有雌激素活性的化合物可对生物系统（例如生物体、器官、组织或细胞）产生雌激素效应。化合物的雌激素活性可用雌激素效应的剂量依赖性来表示。如果小剂量就可以引起雌激素效应，说明该化合物有高的雌激素活性；相反，如需极高的剂量才能反应，则表示该化合物的雌激素活性低。不同化合物的相对雌激素活性，常用与标准物如17β－雌二醇或己烯雌酚的等效剂量之间的关系来表示，这样即使试验方法不同，试验结果仍可进行比较。

迄今为止，还没有标准试验方法以确定化合物的雌激素活性，为了研究雌激素效应和作用方式，有许多生物筛选试验方法可以采用。

内分泌干扰物的生物筛选和评价方法有体外法、体内沃和整体动物试验。从成本效益和便于快速筛选大量化合物的角度，体外试验方法最为适用。体外试验是一种高速且费用较省的试验方法，只需较小的浓缩倍数，更由于它的特异性，所以检测限低于化学法。它可以通过专门的作用方式来测定化合物的雌激素活性，也可以研究化合物的协同或叠加效应。一般没有一种生物试验方法可以认为是最适合于确定化合物的雌激素活性。如将几种方法组合起来，则较适用于确定化学物质的雌激素活性。

目前虽然有许多检测和试验方法，但其中多数并未得到验证，并且根据的是不同的机理，迄今为止，试验方法还未标准化。

（1）体内试验法

体内试验法往往费用较高而且测定费时。该法可从整体上评价内分泌干扰物对动物的生殖生育、甲状腺、免疫等系统的影响，通过相应的终点来进行评价，而且要和毒性试验同时进行。体内法主要包括鱼类试验、哺乳动物试验等。体内试验法的重现性较差，而且在低浓度接触时不易获得正确反应，不太适合大批量的筛选。该法不大可能用以检测水环境中和污水处理厂的排出水，也不能作为雌激素活性化合物的筛选试验，但可用以验证其他筛选和检测方法的结果。

1）鱼类试验

鱼类毒性试验可分为急性毒性试验和慢性毒性试验。急性毒性试验的基本原理是利用鱼类在含不同毒物浓度的水中短期暴露（24～96h）时产生的中毒反应（死亡效应），一般以 LC50（半数致死浓度）值来表示被测水体中污染物的毒性或生物安全度。慢性毒性试验常选用鱼类的幼胚，测定水中污染物对鱼类幼胚分化影响的最低可见效应浓度（LOEC）。鱼类不仅可以指示污染物的积累效应，而且能够指示污染物的毒性效应。在内分泌干扰物的生态和健康风险研究中，确定污染物对脊椎动物的繁殖和发育影响，尤其是长期低水平暴露后的动物毒性效应至关重要。

2）哺乳动物试验

哺乳动物试验包括：①啮齿类动物子宫肥大试验。这是检测雌激素活性的经典方法，选用未成年或成年后切除卵巢的雌性大鼠或小鼠，给予受试物处理，通过测定子宫重量或计算其脏器系数，评价受试物的雌激素活性及其强度；②Hershberger 试验是选用摘除睾丸的雄性大鼠，给予受试物处理，通过测定附属性器官重量，来筛选具有雄激素作用的化学物；③啮齿类雌（雄）性动物青春期试验是以未成熟的雌（雄）性动物给予受试物处理，通过检测雌（雄）性动物性器官和第二性特征的发育，来评价受试物的雌（雄）激素和甲状腺素活性；④哺乳动物两代繁殖试验则是研究化合物对哺乳动物的剂量-响应特性以及繁殖发育的负效应。

动物试验的主要优点是能真实反映内分泌干扰物对动物的干扰效应，但由于是整体动物试验，不适用于大量化合物的雌激素活性试验。

（2）体外试验法

体外试验主要是通过受试物和激素受体之间的亲和力大小来评价受试物的雌激素活性，主要有受体竞争结合法、细胞增殖法、卵黄蛋白原法、重组基因酵母法等。虽然体外法能完成内分泌干扰物的筛检，终点明确，但其仅仅代表整个动物体内代谢系统的一部分，并不能代表生物体内的代谢变化、相互作用以及生物积累效应，筛选的结果需要体内法验证。

体外试验的局限性在于：需要由其他体外或体内法/整体动物研究（雌激素响应）或化学方法（定量）来加以证实；所测化合物的雌激素活性并不精确；和体内试验测得的雌激素活性的相关性较差；易受到样品如污水基质的干扰。

体外试验结果可能过高估计内分泌干扰物的相对活性（与参考标准相比，常用的是 E2），这是与其他化合物相互干扰引起的，正由于这些交叉反应化合物，可能得到假阳性的结果。

评价水中内分泌干扰物对野生动物和人类影响，或其雌激素活性的体外试验法主要说明于后。

1）受体竞争结合法

该法包括雌激素受体结合试验和雄激素受体结合试验，是从受体水平上判断某物质的雌激素活性及活性强度。水中大部分内分泌干扰物能与17β-雌二醇（E2）竞争雌激素受体，使其游离。选用含有大量雌激素受体的细胞或子宫，将放射性元素标记的E2与受试物同时加入培养液，另设只有放射性元素标记的E2作为对照组。培养一段时间后，检测两组的放射性，根据放射性的变化推算出受试物与雌激素受体的结合常数，用以评价受试物的雌激素活性。此方法灵敏度较高，但操作较繁，使用同位素进行标记可能损害人体并污染水环境。该法只是反映水中内分泌干扰物与受体的结合能力，其结果需要动物试验加以验证。

2）卵黄蛋白原法

卵黄蛋白原（VTG）是一种雌性特有的血清蛋白，通过血液循环系统，输送到卵巢，并以卵黄蛋白形式储存于卵母细胞，为胚胎的发育提供能量。具有雌激素活性的内分泌干扰物可以诱导和刺激雄性动物的肝细胞，以生成体内卵黄蛋白原。根据这一特性，检测雄性脊椎动物肝细胞的VTG合成，就可以评价雌激素活性。卵黄蛋白原法主要是对鱼类的体外试验，其终点是雌激素反应蛋白或乳铁蛋白mRNA。与雌激素受体竞争结合法相比，其结果更具可信性。这种方法不仅可以检测类雌激素物质，而且可通过其代谢，检测类雌激素物质的前体物质。VTG的检测有多种方法，其比较见表3.1。

VTG检测方法的比较 **表3.1**

方法		原理	特点
直接定量测定VTG蛋白	酶联免疫吸附试验（ELISA）	利用酶标记的抗原或抗体，在固相载体上进行抗原或抗体的测定。常用的有间接法、双抗体（夹心）法和抗原竞争法	使用单克隆或多克隆抗体；不同鱼种类有特异性；在适当的稀释范围可以定量；检测限为0.1μg/mL；试验必须制备特异性的抗体，整个试验过程也比较繁琐。本法应用较广
	放射免疫试验（RIA）	将定量的放射性同位素标记的抗原和待测的未标记的抗原与相应抗体反应，使标记和未标记的抗原竞争性地与限量抗体结合，然后测定抗原抗体复合物（B）和游离抗原（F）的放射性强度，求出B/F值（即结合率）	将同位素分析的灵敏性和抗原抗体反应的特异性有机地结合起来。是可选用的检测方法
定量分析VTG mRNA	核糖核酸酶保护试验（RPA）	以过量的放射性标记的RNA探针与靶mRNA在溶液中杂交，互补部分形成RNA-RNA杂交分子，再用核糖核酸酶消化未杂交的RNA，检测有放射性标记的RNA-RNA杂交体的长度和浓度，就可对待测mRNA进行定性和定量分析	在特异性、灵敏度和精确性等方面都具有优势
	定量逆转录PCR（QRT-PCR）	首先用寡dT引物和逆转录酶将肝组织或细胞中的总mRNA逆转录成cDNA，也可用种属特异性VTG引物只产生VTG的cDNA，再用序列特异引物进行扩增检测	能快速可靠地分析核酸，灵敏性高于ELISA，且具有高度特异性，能够从小量的生物样品中分析微量的mRNA

3）重组基因酵母法

重组基因酵母法测定内分泌干扰物雌激素活性的原理是，酵母中的雌激素受体基因（ER）被雌激素活性物质激活，从而在蛋白质转录和合成过程中，基因 Lac-Z 也同时被激活，转录成β-半乳糖苷酶（β-Galactosidase），通过测定 β-半乳糖苷酶的活性就可定量检测出雌激素活性。其原理可用图 3.1 简单表示。

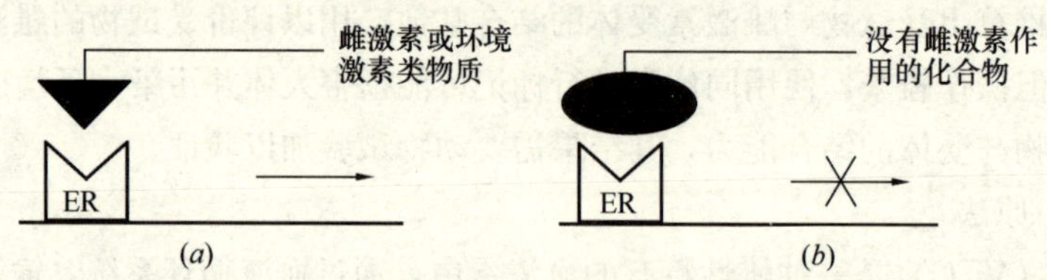

图 3.1 重组基因酵母系统工作示意图

(*a*) 雌激素与 ER 结合，可以激活报道基因 Lac-Z 的表达，产生 β-半乳糖苷酶；

(*b*) 报道基因 Lac-Z 不能被激活，不能产生 β-半乳糖苷酶

由于酵母不含 ER，就克服了其他基因靶的影响，也克服了雌激素受体和其他类固醇、肽类激素受体之间的相互影响。应用重组基因酵母法检测具有高度的敏感性。虽然雌激素的重组基因酵母筛选法有许多优点，但存在很大的缺陷：很多活体生物试验证实有类雌激素性质的化合物在酵母菌筛选中往往并没有响应，背景值较高；另外该方法没有考虑化合物代谢作用及其类雌激素效应的影响，如色氨酸类物质显示微弱的人类芳香烃受体（Ah）效应，而这种影响在活体中可能成为十分重要的一个因素。

4）酵母双杂交系统法

酵母双杂交系统法是一种直接在细胞内检测调控蛋白质相互作用的分子遗传学方法，是基于核激素受体和辅激活蛋白之间的配体依赖作用而建立起来的实验系统。酵母菌株内激素受体族（ER）嵌于带有两络合结构域（GAL4BAD 和 GAL4AD）的转录激活因子 GAL4 上，当具雌激素活性的有机污染物侵人到酵母菌的体内时，对象物质就特异性诱导并在"分子开关"辅激活蛋白识别下，转录出活性 β-半乳糖苷酶，经酶解反应并再经显色后，就可测定 β-半乳糖苷酶诱导活性，即可表示雌激素对真核细胞生物的相关毒性。原理见图 3.2。

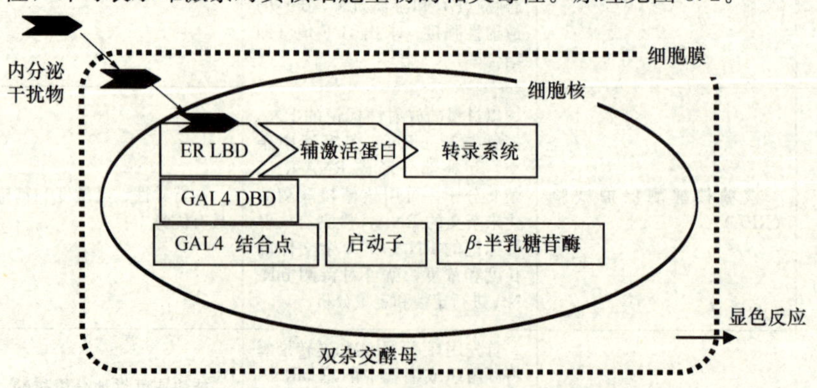

图 3.2 双杂交酵母菌内分泌干扰物筛检系统

ER LBD—雌激素受体配合基结合域（Estrogen Receptor Ligand Binding Domain）；GAL4 DBD—GAL4 DNA 结合域（GAL4 DNA Binding Domain）；GAL4 AD —GAL4-转录激活域（GAL4-Activation Domain）

酵母双杂交系统法的优点在于：双杂交酵母株整合了人类雌激素受体基因，能进行一些表达信号物的加工，可真实地反映有机污染物对人体造成的实际危害及其作用过程。且转化到酵母中的人类雌激素受体基因能稳定的表达，具有较高的重现性，有利于鉴别代谢产物对哺乳动物的真正毒理活性。故酵母双杂交系统法比以往各种生化监测手段有更为显著的优势，不会像从动物实验所得的数据外推到人而导致的放大失真效应。同时使用这种方法还能够区分激动剂和拮抗剂，而使用重组基因酵母法则不然，有些在其他反应系统中表现为拮抗剂的，在重组基因酵母检测法中全表现为激动剂作用。

3.1.2 化学分析法

内分泌干扰物的化学检测和分析是其特性、去除方法及机理研究的一个重要方面。内分泌干扰物的化学检测有两大难点：一是水中内分泌干扰物的浓度极低，通常为 μg/L 甚至 ng/L 级，需要高效的前处理，对样品进行预分离、预富集；二是水中内分泌干扰物种类很多，结构复杂，想要对多种内分泌干扰物同时检测是比较困难的。此外，水中大部分内分泌干扰物虽然能与天然 17β-雌二醇竞争雌激素受体，产生雌激素效应，但在结构上与 17β-雌二醇没有相似性。这些都给水中内分泌干扰物的检测带来困难。目前准确、灵敏、简便的水中内分泌干扰物检测技术是国际水科学领域的研究热点之一。近几年来许多新的检测技术不断出现，但均需要进一步的完善。

(1) 气相色谱一质谱法（GC/MS）和液相色谱一质谱法（LC/MS）

在内分泌干扰物检测领域，GC-MS 联用法已成为基本分析方法，这是因为质谱监测器可以提供丰富的结构信息，具有化合物的定性能力。

气相色谱（GC）和气相色谱-质谱法（GC/MS）是测定水中内分泌干扰物的常用分法，广泛用于挥发性或半挥发性有机物的分析，气相色谱法只能测定挥发性和热稳定的化合物，但如在分析之前进行衍生化，就可以克服挥发性和热稳定性的限制。

液相色谱和液相色谱-质谱法（LC/MS）也是极性和非挥发性内分泌干扰物定性和定量测定的方法。对双酚 A、2,4-二氯酚，五氯酚等含羟基有机物、氯化苯氧基乙酸类除草剂，GC/MS 法难以直接测定，应用 LC/MS 法进行测定，灵敏度高、选择性好，还能得到有关结构的信息。

气相色谱和液相色谱还可以根据不同的待测组分配以各种检测器，如气相色谱可配电子捕获检测器（ECD），氢火焰离子检测器（FID）等，液相色谱可配紫外检测器（UV）、荧光检测器、电化学检测器等。

应用 GC/MS 法和 LC/MS 法测定水中内分泌干扰物的灵敏度和精确度高，分离效果好。但是色谱分析技术对样品的前处理要求非常高，需要从复杂的基质样品中将低浓度的目标化合物高效提取、纯化和浓缩。一般，色谱分析的前处理萃取只能提取一类或几类性质相似的内分泌干扰物，因此要完全分析样品，必须采用不同的萃取和纯化方法，耗时较长，费用也较大。所以，快速、简便、自动化的前处理技术是色谱技术广泛应用的关键。

随着检测技术的发展，又有高效液相色谱（HPLC）、色谱和离子阱串连质谱联用（GC/MS/MS，LC/MS/MS）等技术出现。HPLC 法一般采用紫外检测（UVD）、荧光检测（FID）或电化学检测（ED）等方法来分析酚类内分泌干扰物，其中 FID 和 ED 的灵敏度较高，而

UVD的灵敏度相对较低。高效液相色谱（HPLC）的优点是操作较为简单，重现性好，经过适当的固相萃取分离富集，能同时测定多种低浓度的酚类化合物。但也存在灵敏度不高或仪器昂贵的不足，使应用范围受到一定的限制。

总体来说，色谱-质谱联用（GC/MS）和高效液相色谱（HPLC）等方法虽然能准确地进行某些内分泌干扰物的定性、定量分析，但因该类污染物种类繁多，如目前已知的有75种多氯二苯并二恶英类（PCDDs）、135种多氯联苯呋喃类（PCDFs）、209种多氯联苯类（PCBs）和多种有机氯农药，待分析样品的基质复杂、浓度又极低，以及必须进行前处理等多种因素的影响，漏检率相当高。有研究表明，GC-MS能够测定的有机污染物种类只占全部有机物的5%～10%，这就要求MS库必须有较大的扩容。

(2) 免疫分析法

免疫分析法是基于抗原抗体特异性反应来测定内分泌干扰物的一种方法。操作简便，特异性强，灵敏度高，特别适合内分泌干扰物的检测。免疫分析法有放射免疫分析（RIA）、酶联免疫技术（ELISA）和发光免疫测定（CLIA）等。因为内分泌干扰物多为小分子物质，没有免疫原性，可以先将被测物偶联到大分子载体上，得到全抗原，再从免疫动物获得特异性很强的抗体，用发光探针、鲁米诺标记等标记抗体，然后使其与内分泌干扰物进行抗体抗原反应，用高灵敏度的荧光仪和化学发光仪检测激素抗体抗原结合物，从而定量监测水中的微量内分泌干扰物；或者将酶化学的敏感性与免疫反应的特异性结合起来，把酶交联在抗体上，利用酶标与底物反应并显色，然后定量测定。

免疫分析法尚处于研究和开发阶段，目前在我国还没有得到普遍的认可，而且也无一种广谱的酶标抗原试剂盒用于测定样品中所有可检出内分泌干扰物的总含量，每种酶标试剂盒只能测定一种或几种内分泌干扰物，这些都有待进一步的改进。

(3) 化学发光分析法

在化学反应过程中，吸收了化学反应能的原子或分子由激发态回到基态时产生的这一光辐射现象就叫化学发光。根据化学发光强度测定物质含量的分析方法叫化学发光分析。例如，酚类化合物尤其是多酚类化合物在强氧化剂如高锰酸钾作用下，会产生化学发光反应。

(4) 中子活化分析

中子活化分析（NAA）是一种核分析方法，它采用一定能量的中子轰击待测试样，然后测定由核反应生成的放射性核素衰变时放出的缓发辐射或直接测定核反应放出的瞬发辐射，从而实现元素的定性、定量分析。NAA具有灵敏度高、准确性好、基体效应小、多元素分析、无损分析等其他方法不具备的优点。其总体发展趋势是在方法学上不断精益求精的同时还向其他学科渗透，其中一个重要的交叉领域是核技术和环境科学的结合。在近几年开展的内分泌干扰物的研究中，NAA技术得到了初步的应用，但尚处在研究阶段，还不够成熟。

(5) 高精度复数内分泌干扰物检测仪

近年来，日本国家环境研究所联合东京都立环境研究所、大阪市立环境研究所共同研究开发出了高精度复数内分泌干扰物检测仪，能精确测到1μg/L。该仪器不仅精度高，而且可以同时测量多种内分泌干扰物，可测量目前各种内分泌干扰物，是一种有效的检测分析仪。

内分泌干扰物检测技术目前存在的主要问题是，缺乏能全面准确检测样品中所有内分泌干扰物种类和浓度的检测技术，而且单个内分泌干扰物的检测技术也存在要求使用价格昂贵的分析仪器设备，分析过程较复杂或检测灵敏度欠佳等问题。

3.1.3　内分泌干扰物分析的前处理技术

一般，水中内分泌干扰物的含量通常为 μg/L 甚至 ng/L 级，仪器检测方法（GC、HPLC、GC/MS、HPLC/MS 等）的灵敏度（检测限）还达不到内分泌干扰物直接检测的要求，再加上水样的复杂性和待测内分泌干扰物种类的多样性，很难进行目标组分的直接检测，需要利用样品前处理技术对目标组分进行预分离、预富集后再进行检测。一般来说，样品的前处理过程耗时约占整个分析过程的 60%以上，样品前处理越来越成为痕量分析的关键技术。

样品前处理的要求是预分离、预富集待测组分，力求节约时间，减少有机溶剂的使用量，方法简单易重现和降低检测成本。传统的前处理方法（分步吸附、离心、蒸馏、液-液萃取、索氏提取、衍生反应等）缺点很多，如工作量大，手工操作繁琐，样品损失大，所用溶剂量大，有毒等。近年来开发了很多新的前处理方法和技术，如固相萃取（SPE），固相微萃取（SPME），超临界流体萃取（SFE），膜分离以及微波萃取，超声萃取，加速溶剂萃取等。目前在内分泌干扰物分析时以固相萃取和固相微萃取最为常用。

3.2　定量分析

化学方法可以鉴别化合物种类及其浓度。为了保持样品和其中内分泌干扰物的完整性，取样和样品处理非常重要。基质中特别是污水和沉积物中的成分是很复杂的，往往须在样品测定之前，进行完善的提取和净化。

化学分析法包括样品前处理和样品检测定量两个过程。样品前处理指分析所需样品的提取和样品制备，包括样品净化，有些试验还有衍生、浓缩等步骤，以富集痕量组分，消除基质干扰和提高试验的灵敏度，最后予以检测定量。

3.2.1　样品取集

内分泌干扰物包括许多种化合物，并且其物理化学、生化性质和毒性各不相同，须在水处理流程中和水体（河流、湖泊、水库、地下水等）的不同部位采取水样进行检测。自来水厂和污水处理厂的进水、出水以及污泥是最经常取集的基质样品。

地表水一般在污水系统（或污水厂）排水口以及排水口的上下游采取水样，这样可以测定水处理对内分泌干扰物的去除效果和内分泌干扰物对生物群的影响范围与程度。

许多内分泌干扰物具有疏水性，往往会吸附在颗粒物上，吸附程度取决于水中颗粒的性质（密度、大小、絮凝能力）和水处理时的悬浮固体去除率。由于生物降解和吸附作用，因此也须采取固体（如污泥）样品。

在水环境中，内分泌干扰物通常吸附在江河底部的沉积物上而持久存在，同时江河水流的流动可将沉积物中的内分泌干扰物带到以往并没有受到污染物影响的地方。为了掌握内分泌干扰物的水解程度或生物降解所产生的影响，取集沉积物的样品也是重要的。

一般用琥珀瓶采集水样，有时也将水样过滤后就地应用固相萃取。甲醛（1%，按容积计）用作防腐剂，也有用甲醇、硫酸或氯化汞以防止样品中出现微生物活性。

3.2.2 样品前处理

一般，水环境中的内分泌干扰物很难进行目标组分的直接检测，需要对目标组分进行预分离、预富集后再进行检测。

(1) 样品过滤

在使用高效液相色谱（HPLC）测定水样时，无论是手动进样或是自动进样，水样均需过0.45μm的膜过滤。在实际操作过程中发现，无论是国产还是进口的醋酸纤维膜，对有些内分泌干扰物（如双酚A）存在一定量的吸附，有时甚至吸附了50%以上，严重影响到测试的精确性。因此应将水样采用高速离心机以10000转/min的转速离心10min后取上清液测试。

(2) 固相萃取

当水样中内分泌干扰物浓度小时，直接用HPLC测试，精度不够，偏差较大，应进行水样富集的前处理。

固相萃取（SPE）是目前广泛应用于有机物富集的前处理方法，通常用于液体样品的制备和不易或不挥发样品的萃取，也可用于能预先提取到溶液中的固体样品。固相萃取能避免液—液萃取所带来的许多问题，如不完全的相分离，较低的定量分析回收率，较多昂贵易碎的玻璃器皿和产生大量的有机废液。固相萃取容易达到定量萃取、快速和自动化，同时也减少了溶剂用量和操作时间。固相萃取可依据样品的不同性质，有多种化学性质和吸附剂类型的固相萃取柱可以选用。

1) 固相萃取柱

目前常用的固相萃取柱的填料材质有硅胶填料（LC-18，ENVI-18，LC-8，LC-CN，LC-NH_2等）、Al_2O_3填料（LC-Alumina-A，LC-Alumina-B，LC-Alumina-N）、Florisil填料（LC-Florisil、ENVI-Florisil）、石墨碳填料（ENVI-Carb、ENVI-Carb C）和树脂填料（ENVI-Chrom P）。

水中大多数有机污染物都呈现疏水性，因此一般采用疏水性的固相萃取剂即反向填料，目前应用广泛的是硅胶上接有长碳链烷基键合的固相萃取小柱，另外也有应用石墨碳和碳分子筛。此外，为了分离具有某种特征的化合物，还可使用经过改性的固相萃取剂，即在原有固相萃取剂的基础上引入某些功能性的基团，如羟基、磺酸基团、季铵盐和一些极性基团，以提高特定化合物的萃取效率。

反相类填料采用非极性固体相，如烷基或芳香基键合的硅胶组成，主要应用于极性和中等极性液体相富集中等极性和非极性分析物。纯硅胶（一般孔径为40～60mm的颗粒）表面的亲水性硅醇基通过硅烷化反应，被含有疏水性的烷基或芳香基所取代，如图3.3所示。

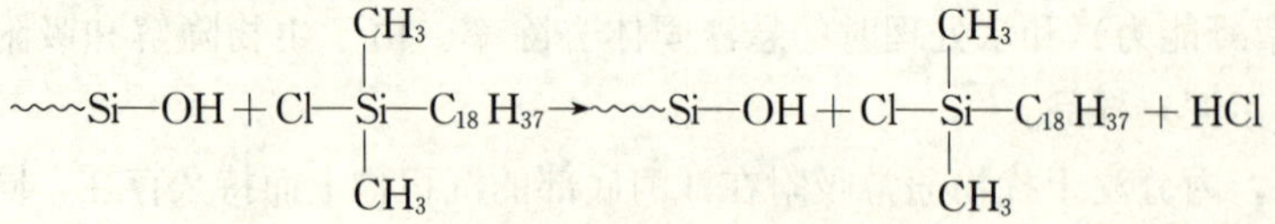

$$\sim\!\sim\!\sim Si{-}OH + Cl{-}\underset{CH_3}{\overset{CH_3}{Si}}{-}C_{18}H_{37} \longrightarrow \sim\!\sim\!\sim Si{-}OH + Cl{-}\underset{CH_3}{\overset{CH_3}{Si}}{-}C_{18}H_{37} + HCl$$

图3.3 硅烷化反应示意图

由于分析物中的碳氢键同硅胶表面的官能团的吸附作用，使得极性溶液（例如水）中的有机物能保留在固相萃取填料上。为了能从反相固相萃取管或片上洗脱被吸附的物质，一般采用非极性溶剂和弱极性溶剂，以消除这些化合物被吸附到填料上的力。常用的反相固相柱填料有 C18、C8、石墨碳等，其中 C18 填料是目前使用最广泛的反相固相萃取填料，主要应用于药物、杀真菌剂、除草剂、农药、苯酚、邻苯二甲酸酯类、类固醇、表面活性剂等的富集和前处理。C18 填料结构如图 3.4 所示。

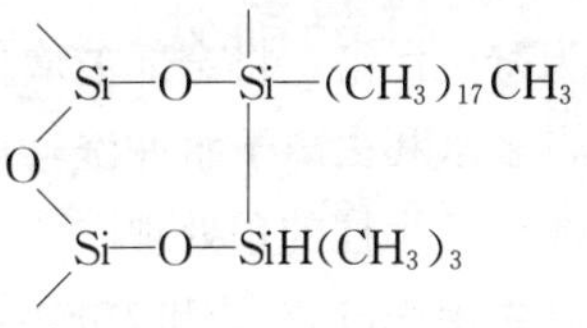

Si—O—Si—$(CH_3)_{17}CH_3$

O

Si—O—$SiH(CH_3)_3$

图 3.4　C18 填料结构示意图

依据需检测物质的结构和性质，试验时采用固相萃取法和 SUPELCLEAN - ENVI-18 萃取小柱，进行原水和饮用水中各种内分泌干扰物的浓缩富集。采用固相萃取装置（SUPELCO 公司，USA）包括：SUPELCO Visiprep™ DL 12 孔多歧管固相萃取装置，大体积采样器，无油隔膜真空泵等，固相萃取设备和萃取小柱分别见图 3.5 和图 3.6。

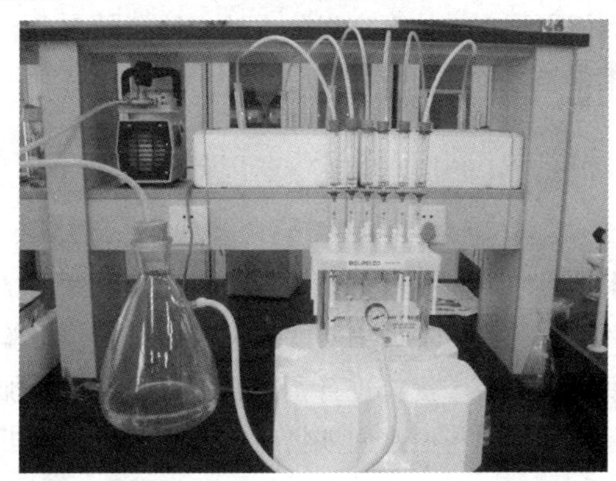

图 3.5　固相萃取（SPE）系统图

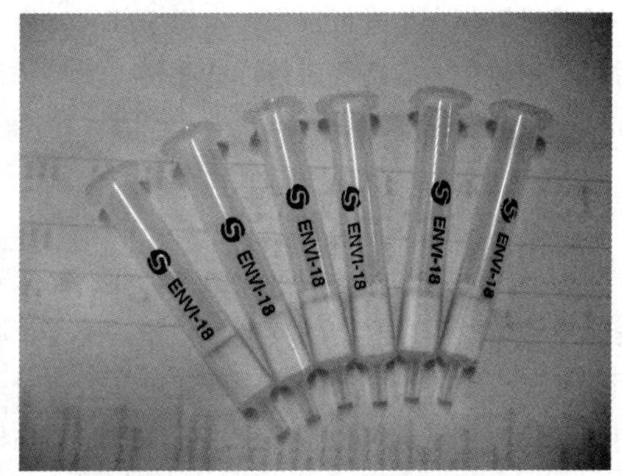

图 3.6　ENVI-18 固相萃取小柱图

常规 SPE LC-18 和 ENVI-18 固相萃取小柱填料的物理化学性质如表 3.2 所示。

Supelclean ENVI SPE 填料性质　　**表 3.2**

性质	LC-18 (500mg/3mL)	ENVI-18 (500mg/3mL)	性质	LC-18 (500mg/3mL)	ENVI-18 (500mg/3mL)
硅胶基质	不定形，酸洗	不定形，酸洗	比表面积（m^2/g）	475	475
平均粒径（μm）	45	45	封尾情况	封尾	封尾
平均孔径（A）	60	60	含碳量（%）	10	17
总孔体积（cm^3/g）	0.8	0.8			

ENVI-18 小柱比 LC-18 有更高的含碳量（17%），增强了保留能力，从而可得更高的回收率，特别适合于从水样中净化、萃取和富集污染物，较高的含碳量同时还可提高填料对极端 pH 的耐受力。

2）固相萃取方法和步骤

试验所采用的固相萃取方法其步骤如下。

①样品的制备及水样的采集

原水水样由容积为 1L 的棕色试剂瓶采集，事前先将试剂瓶浸泡于铬酸洗液中，然后用自来水、去离子水冲洗，在 200℃下烘干 4h。水样采集之后，保存在 4℃条件下，并以尽可能快的速度进行检测分析。由于邻苯二甲酸酯类物质为塑料产品的增塑剂，为避免来自溶出的污染物，采样过程中均不使用任何塑料制品。原水水样经玻璃纤维滤纸过滤，并调节 pH 值为 3.0。

②器具的清洗

为避免污染，将全部玻璃仪器，如采样瓶、洗脱液接受器等，用重铬酸钾洗液浸泡 24h，再用自来水和去离子水冲洗，最后用乙腈淋洗 3 次，烘干备用。

③SPE 小柱的预处理

首先用 5mL 乙腈和 10mL 甲醇冲洗，活化萃取柱，然后用 10mL 去离子水冲洗，将柱壁及柱内残余的有机溶剂淋洗干净，以免影响萃取效果。SPE 小柱的出口端与真空泵相联，进口端与聚四氟乙烯采样管（大体积采样器）密封联接，采样管的另一端浸入到样品溶液中。使用前用甲醇清洗整套固相萃取装置。

④水中痕量内分泌干扰物的固相萃取

使用硫酸溶液调节水样 pH 值为 3.0 左右，取一定体积的水样以 3～5mL/min 的速度通过小柱对目标化合物进行富集，水样全部通过后，使用真空泵抽真空以除去柱中残留的水分。然后用适量体积的乙腈洗脱目标待测物，旋转浓缩淋洗液至一定体积，并加入无水硫酸钠脱水，HPLC 测定淋洗液。

3.2.3 加标回收试验

内分泌干扰物在饮用水中微量存在，而且水基质中的多种有机物及各种离子，会对测试过程产生影响，因此测定的校准工作非常重要。必须首先进行各种物质的加标回收试验，检验固相萃取过程及检测方法的精确度和可靠性。对多种内分泌干扰物进行了去离子水和原水的加标回收实验，去离子水和原水中目标待测物的加标浓度选用与原水中该物质实际浓度较为接近的量（5μg/L 和 10μg/L），测定次数 n 为 3。通过对加标回收率的比较，考察固相萃取－高效液相色谱法检测原水及饮用水中内分泌干扰物的方法是否可以得到可信的结果。

去离子水加标回收试验的回收率计算见式（3.1）。

$$\text{回收率 } P=\text{加标测定值}/\text{加标量}\times 100\% \tag{3.1}$$

原水加标回收试验的回收率按式（3.2）计算：

$$\text{回收率 } P=[(\text{加标测定值}-\text{本底原水测定值})]/\text{加标量}\times 100\% \tag{3.2}$$

3.2.4 主要分析仪器和设备

试验研究的邻苯二甲酸酯类、烷基酚和部分农药类内分泌干扰物、有机物指标、臭氧浓度、紫外光强、pH 值、浑浊度等测定方法分别如表 3.3 所示。

试验中各指标分析方法 **表 3.3**

序号	项目	方法	序号	项目	方法
1	臭氧浓度	碘量法（CJ/T 3028.2—9）	6	pH	玻璃电极法（GB 6920—1986）
2	TOC	TOC-VCPH（岛津）			
3	UV_{254}	紫外可见分光光度计 UV755B，1cm 石英比色皿	7	温度	温度计法（GB 13195—1991）
4	UV 扫描	紫外可见分光光度计 UV2550（岛津）	8	邻苯二甲酸酯类	高效液相色谱仪 LC-2010AHT（岛津）
5	紫外光强	紫外光度计	9	烷基酚类	高效液相色谱仪 LC-2010AHT（岛津）

部分内分泌干扰物采用高效液相色谱法（HPLC）进行分析和测定，设备如图 3.7 所示。不同物质分别采用不同流动相和配比、不同 UV 检测波长进行分析。高效液相色谱仪型号为岛津 Shimadzu LC-2010AHT 型，配备双恒流泵（0.001～5mL/min）、shim-pack VP-ODS 色谱柱（150mm×4.6mm i.d.）、自动进样器（0.1～100μL）、UV 检测器（190～600nm）和色谱工作站。总有机炭（TOC）测定仪和 UV 测定仪如图 3.8 和图 3.9 所示，臭氧浓度测定用气体流量计见图 3.10。

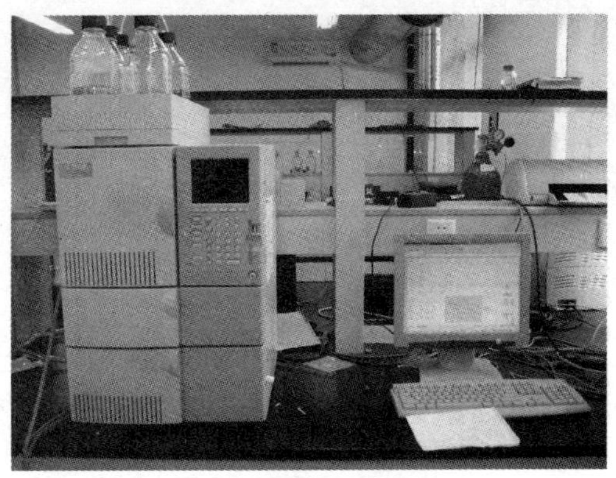

图 3.7　岛津 HPLC-2010AHT 型高效液相色谱仪

试验研究的六氯苯和滴滴涕等采用气相色谱仪 GC2010（岛津），带电子捕获检测器（ECD），进行分析和测定，见图 3.11。色谱柱：HP-5 毛细管柱，30m 长，内径 0.25mm。对硫磷及其超声副产物的测定采用气相色谱仪/质谱仪（岛津 GC/MS-QP2010）测定，见图 3.12。砷、镉等重金属类内分泌干扰物的测定采用原子荧光光谱（AFS）测定，见图 3.13。

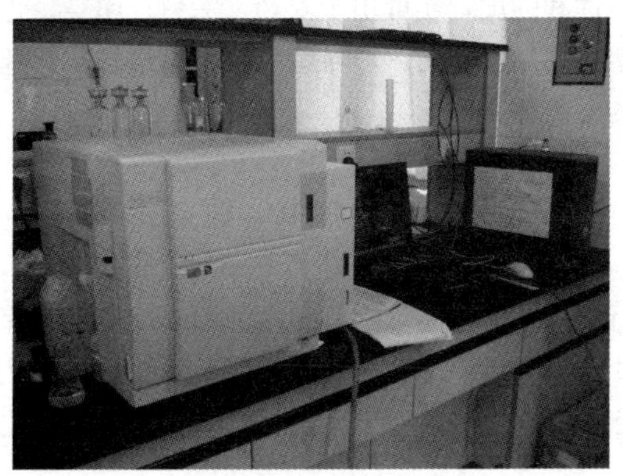

图 3.8　岛津 TOC-VCPH 测定仪

图 3.9　岛津 UV2250 测定仪

图 3.10　臭氧浓度测定用气体流量计

图 3.11　岛津 GC2010 测定仪

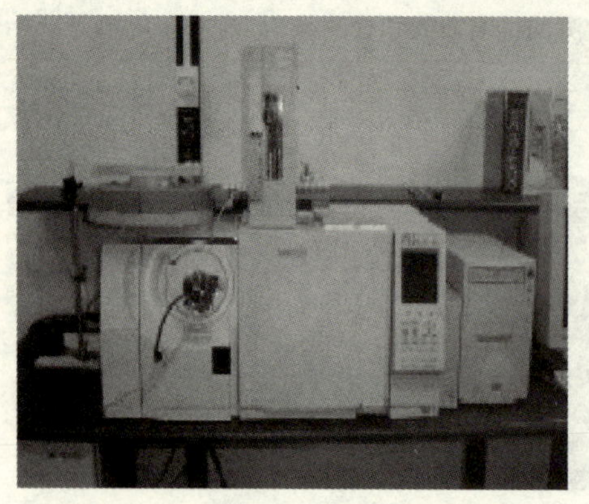

图 3.12 岛津 GC/MS-QP2010

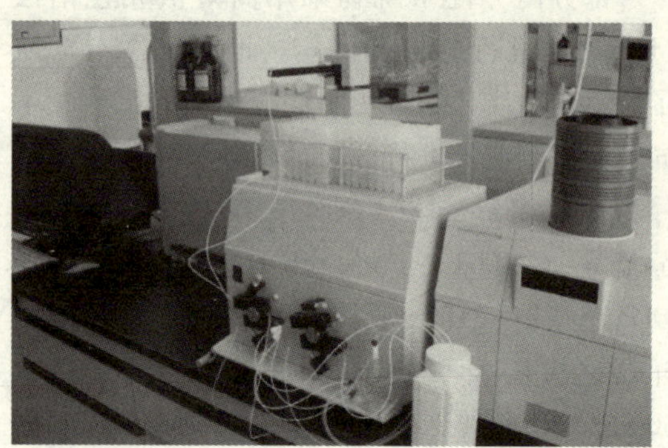

图 3.13 原子荧光光谱（AFS）

3.3 内分泌干扰物测定方法

3.3.1 邻苯二甲酸酯类

邻苯二甲酸酯（PAEs，又称酞酸酯）是内分泌干扰物中的一类化合物，它主要用作增塑剂，即塑料的一种改性添加剂，以增大塑料的可塑性和强度，还可用于农药、涂料、印染、化妆品和香料等的生产。近年来，随着工业生产和塑料制品的使用，塑料垃圾的大量增加，邻苯二甲酸酯不断进入水中，已成为全球性的最普遍的一类污染物。

（1）7 种邻苯二甲酸酯类物质混合标样

试验用标准物质 DMP、DEP、DBP、DPP、DCHP、DOP 和 DEHP，购置于 Riedel-de Haen、Aldrich 或 Sigma 公司，均为色谱纯试剂；HPLC 级流动相甲醇为 Fish 和 Sigma 产品。邻苯二甲酸酯混合标样测定采用梯度洗脱方式进行分析，流动相为甲醇和水的不同配比。其梯度洗脱条件为：0～8min 甲醇体积 85%，水 15%；8～10min 甲醇梯度升高到 100%，水从 15%降低到 0%；10～20min 保持流动相配比不变。在该色谱条件下，7 种邻苯二甲酸酯类化合物的色谱图如图 3.14 所示。

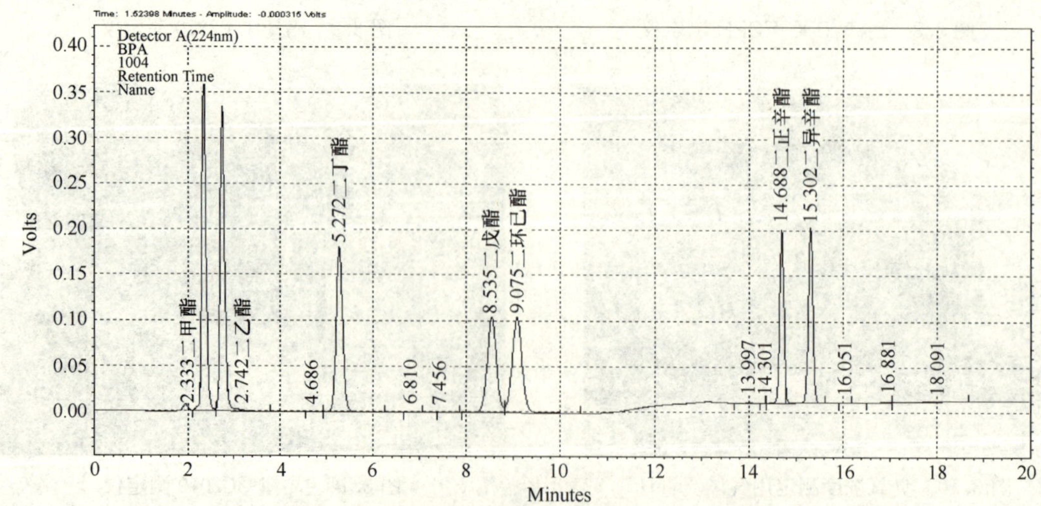

图 3.14 7 种 PAEs 的高效液相色谱分析图

7 种邻苯二甲酸酯类化合物同时检测的标准曲线和检测限　表 3.4

化合物	标准曲线	相关系数 R^2	范围（mg/L）	LOD（μg/L）	LOQ（μg/L）
DMP	$Y=4.27326\times10^{-5}X$	0.999	0.25～10	0.5	1.7
DEP	$Y=2.98323\times10^{-5}X$	0.997	0.25～10	0.5	3.3
DBP	$Y=5.66976\times10^{-5}X$	0.996	0.25～10	0.5	1.7
DPP	$Y=6.91613\times10^{-5}X$	0.999	0.25～10	0.5	1.7
DCHP	$Y=6.51885\times10^{-5}X$	0.998	0.25～10	1	1.7
DOP	$Y=8.74517\times10^{-5}X$	0.998·	0.25～10	1	1.7
DEHP	$Y=7.14251\times10^{-5}X$	0.980	0.25～10	1	1.7

注：LOD、LOQ 分别为最低检出限和最低定量限。

从表 3.4 可以看出：应用 HPLC 检测邻苯二甲酸酯类物质，通过调整不同的色谱条件，可有效分离各种物质，且峰型较好，各物质标准曲线相关系数的平方均在 0.99 以上（DEHP 为 0.98），其检测限可达到 μg/L 级。通过一定的前处理，可做到快速高效分析地表水中的该类物质。

（2）邻苯二甲酸二甲酯（DMP）和乙酯（DEP）的单独检测

考虑到在混合标样中邻苯二甲酸二甲酯和乙酯出峰时间早，分析时所受干扰较大，另外不利于判断在降解过程中产物峰的出现，因而本课题试验过程中针对邻苯二甲酸二甲酯和乙酯分别采用其他色谱分析条件，建立标准分析方法。

邻苯二甲酸二甲酯（DMP）的色谱条件为：流量为 0.8mL/min；流动相为醇和水；分析时间，5min；单独邻苯二甲酸二甲酯的色谱分析图如图 3.15 所示；标准曲线方程和检测限如表 3.5 所示。

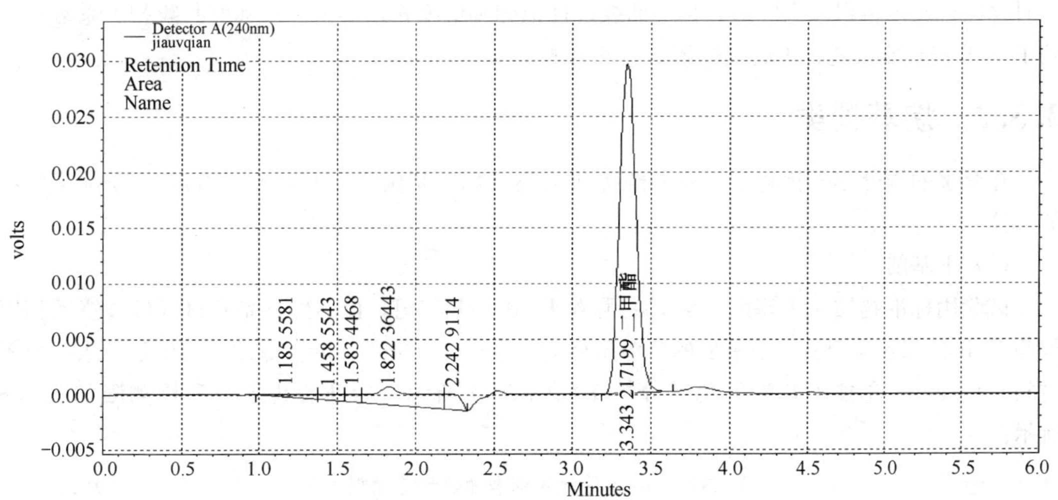

图 3.15　DMP 的高效液相色谱分析图

DMP 和 DEP 单独检测的标准曲线和检测限　表 3.5

化合物	标准曲线	相关系数 R^2	范围（mg/L）	LOD（μg/L）	LOQ（μg/L）
DMP	$Y=5.26408\times10^{-5}X$	0.9999	0.02～10	0.1	1.2
DEP	$Y=5.82172\times10^{-5}X$	0.9999	0.03～3	0.2	1.5

注：LOD（limit of determination）为检出限；LOQ（limits of quantitation）定量限。

从表 3.5 可以看出，采用改进后的单独检测方法，DMP 响应值更高，相应检测限可以适当降低，同时标准曲线线性范围扩大，曲线相关系数达到 0.9999。

邻苯二甲酸二乙酯（DEP）的色谱条件为：流量为 0.8mL/min；流动相为甲醇和水；分析时间，8min；单独邻苯二甲酸二乙酯的色谱分析图如图 3.16 所示；标准曲线方程和检测限如表 3.5 所示。

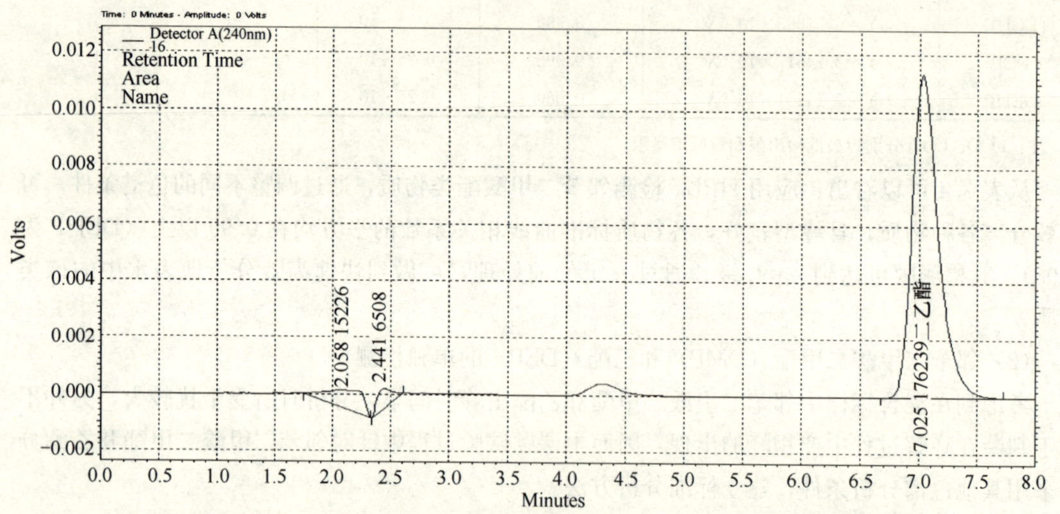

图 3.16 DEP 的高效液相色谱分析图

从图 3.16 和表 3.5 可以看出，DEP 测定时，可有效和前面杂峰分离，且基线非常平稳，同时相应检测限可以大大降低，标准曲线线性范围和甲酯相差不大，其标准曲线相关系数也达到了 0.9999，非常适合于后续降解试验的分析。

3.3.2 烷基酚类

在众多的内分泌干扰物中，烷基酚类化合物（如壬基酚、辛基酚）和双酚 A 受到了广泛的关注。

（1）壬基酚

试验用标准物质 4-壬基酚（4-NP）购置于 Aldrich 公司，色谱纯试剂；HPLC 级流动相甲醇为 Fish 和 Sigma 产品。壬基酚的色谱条件为：流量：0.9mL/min；流动相为甲醇和水；分析时间，4.5min；单独壬基酚的色谱分析图如图 3.17 所示；标准曲线方程和检测限如表 3.6 所示。

NP 和 BPA 检测的标准曲线和检测限 **表 3.6**

化合物	标准曲线	相关系数 R^2	范围（mg/L）	LOD（μg/L）	LOQ（μg/L）
NP	$Y=1.9622\times10^{-4}X$	0.999	0.05～5	0.2	8
BPA	$Y=0.0256623X$	0.9999	0.02～6	5	17

（2）双酚 A

试验用标准物质双酚 A（BPA）购置于 Aldrich 公司，色谱纯试剂；HPLC 级流动相乙腈为 Fish 和 Sigma 产品；降解试验用分析纯试剂购自国药集团上海化学试剂公司。双酚 A 测定

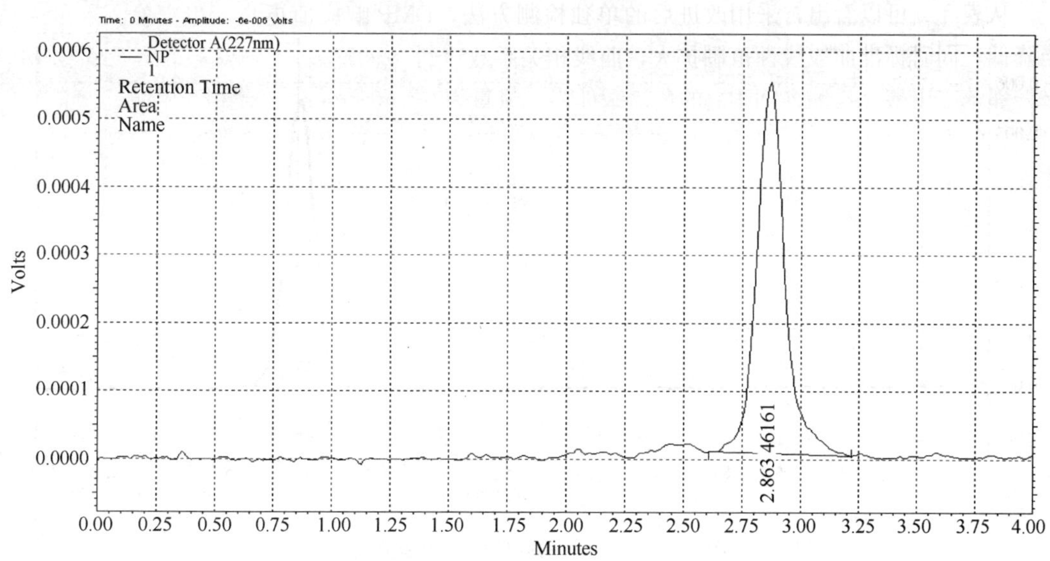

图 3.17　NP 的高效液相色谱分析图

时的色谱条件为：流量为 0.8mL/min；流动相为乙腈和水；分析时间，7.5min；单独双酚 A 的色谱分析图如图 3.18 所示；标准曲线方程和检测限如表 3.6 所示。

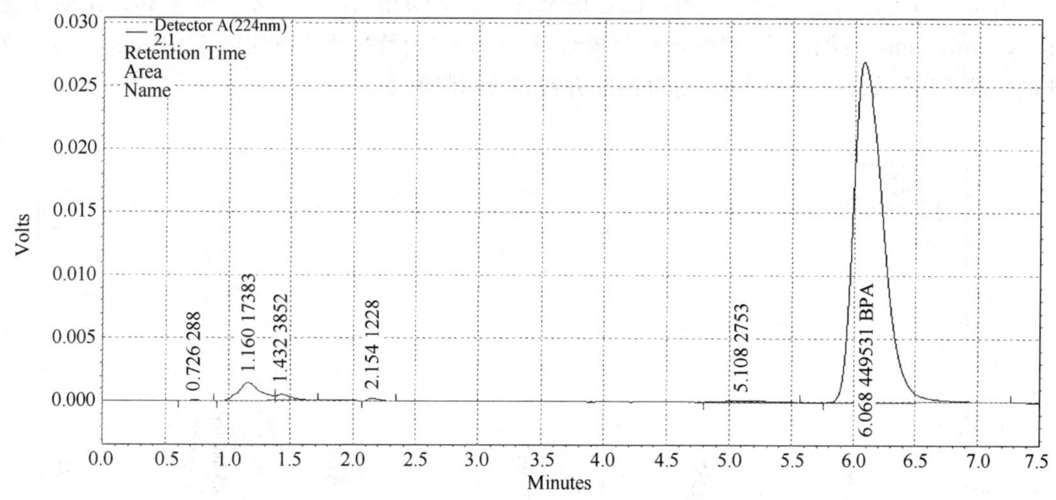

图 3.18　BPA 的高效液相色谱分析图

（3）4-叔丁基苯酚（4-TBP）

采用 HPLC 测定，色谱柱为 250mm×4.6mm i.d.，设定 4-TBP 测定时的色谱条件为：流动相流量 0.8mL/min；流动相为乙腈/水＝80/20；检测波长 278nm；分析时间 13min；单独 4-TBP 的色谱分析图如图 3.19 所示；标准曲线方程和检测限如表 3.7 所示。

4-TBP 检测的标准曲线和检测限　　**表 3.7**

化合物	标准曲线	R^2	范围（mg/L）	LOD（μg/L）	LOQ（μg/L）
4-TBP	$Y=0.0354731X$	0.9999	0.02～5	3	15

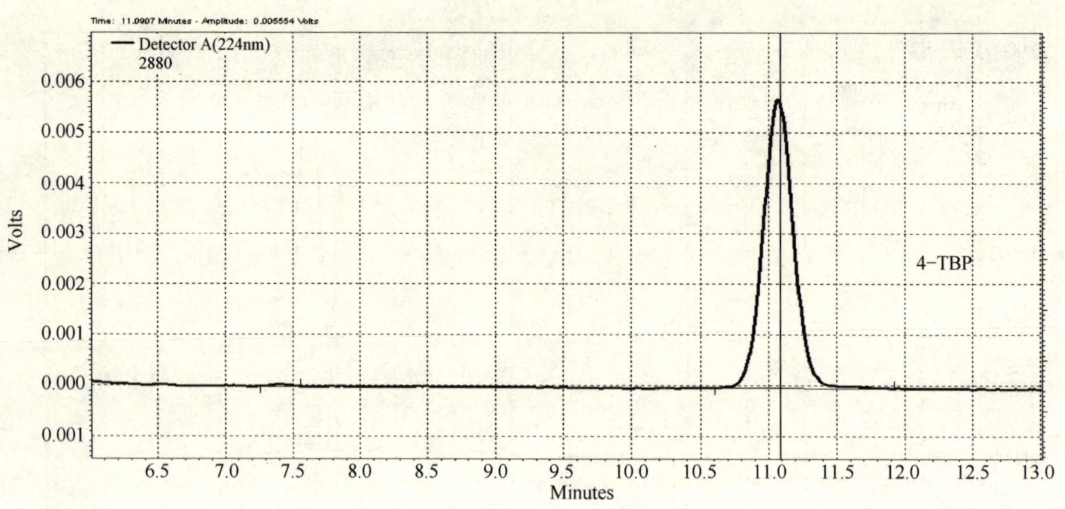

图 3.19 4-TBP 的高效液相色谱分析图

3.3.3 农药类

（1）阿特拉津

采用 HPLC 测定，阿特拉津测定的色谱条件为：流动相为乙腈∶水＝60∶40；流动相流速：0.8mL/min；检测波长：220nm；分析时间：6min（阿特拉津出峰时间 5.01min）。阿特拉津的标准色谱图如图 3.20 所示。标准曲线方程和检测限如表 3.8 所示。

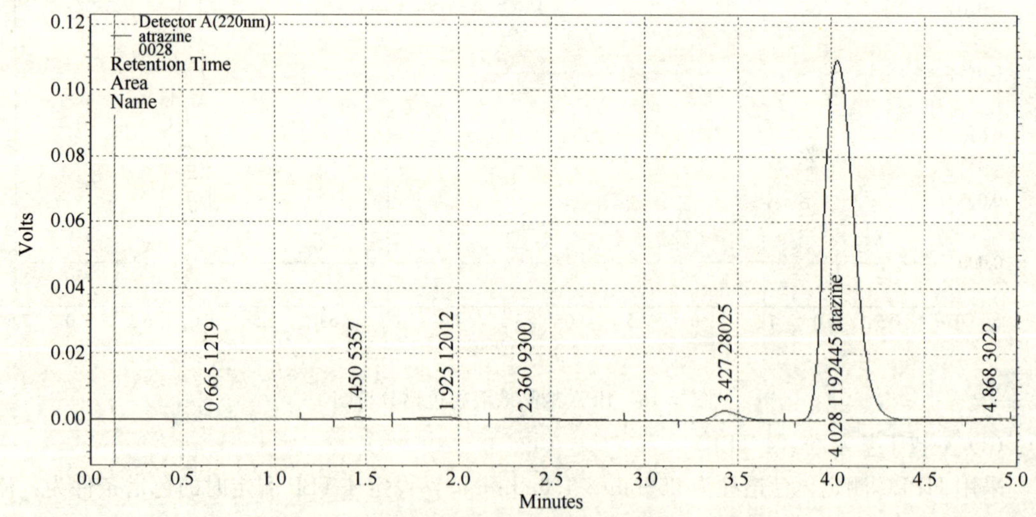

图 3.20 阿特拉津标准色谱分析图

阿特拉津检测的标准曲线和检测限 表 3.8

化合物	标准曲线	R^2	范围（mg/L）	LOD（μg/L）	LOQ（μg/L）
阿特拉津	$Y=0.0256623X$	0.9999	0.06～6	4	17

（2）西玛津

西玛津分析色谱条件为：流量0.8mL/min；流动相为乙腈/水=70/30；检测波长220nm；分析时间5min；色谱分析图如图3.21所示；标准曲线方程和检测限如表3.9所示。

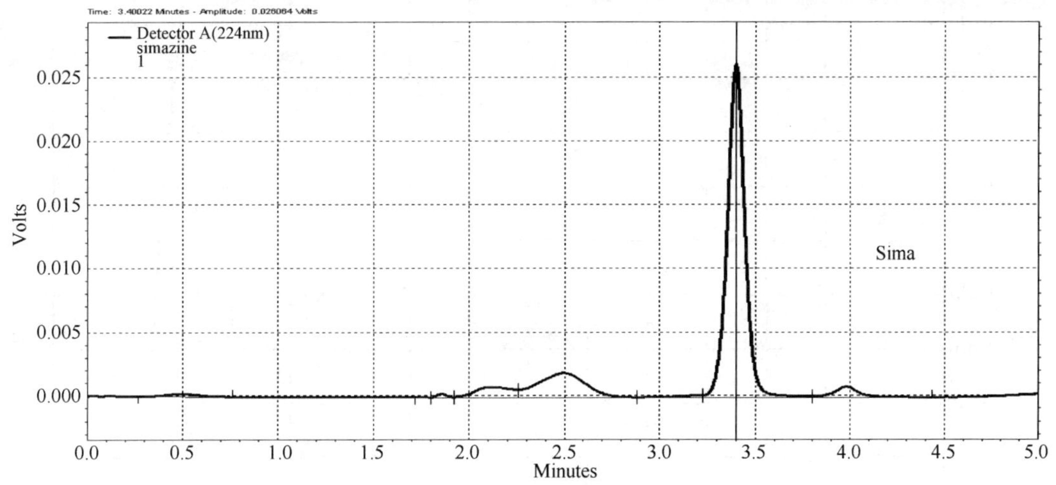

图3.21 西玛津的高效液相色谱分析图

西玛津检测的标准曲线和检测限 表3.9

化合物	标准曲线	R^2	范围（mg/L）	LOD（μg/L）	LOQ（μg/L）
西玛津	$Y=0.0235267X$	0.9999	0.08～7	5	16

（3）莠灭净

采用HPLC测定，设定莠灭净测定时的色谱条件为：流动相流量：0.8mL/min；流动相：乙腈/水=60/40（体积比）；检测波长：240nm；分析时间：7.5min。莠灭净的HPLC色谱分析图如图3.22所示；标准曲线方程和检测限如表3.10所示。

莠灭净检测的标准曲线和检测限 表3.10

化合物	标准曲线	R^2	范围（mg/L）	LOD（μg/L）	LOQ（μg/L）
莠灭净	$Y=1.39417\times10^{-2}X$	0.999997	0.05～15	1	1.7

（4）敌草隆

采用HPLC测定，设定敌草隆测定时的色谱条件为：流动相流量：0.8mL/min；流动相：乙腈/水=60/40（体积比）；检测波长：240nm；分析时间：9.0min。敌草隆的HPLC色谱分析图如图3.23所示；标准曲线方程和检测限如表3.11所示。

敌草隆检测的标准曲线和检测限 表3.11

化合物	标准曲线	R^2	范围（mg/L）	LOD（μg/L）	LOQ（μg/L）
敌草隆	$Y=1.2204\times10^{-4}X$	0.998749	0.02～12	1	1.7

（5）2,4-D

采用HPLC测定，2,4-D测定的色谱条件为：流动相为乙腈：水=70：30；流动相流速：0.8mL/min；检测波长：284nm；分析时间：9min（2,4-D出峰时间1.90min）。2,4-D的标准色谱图如图3.24所示。

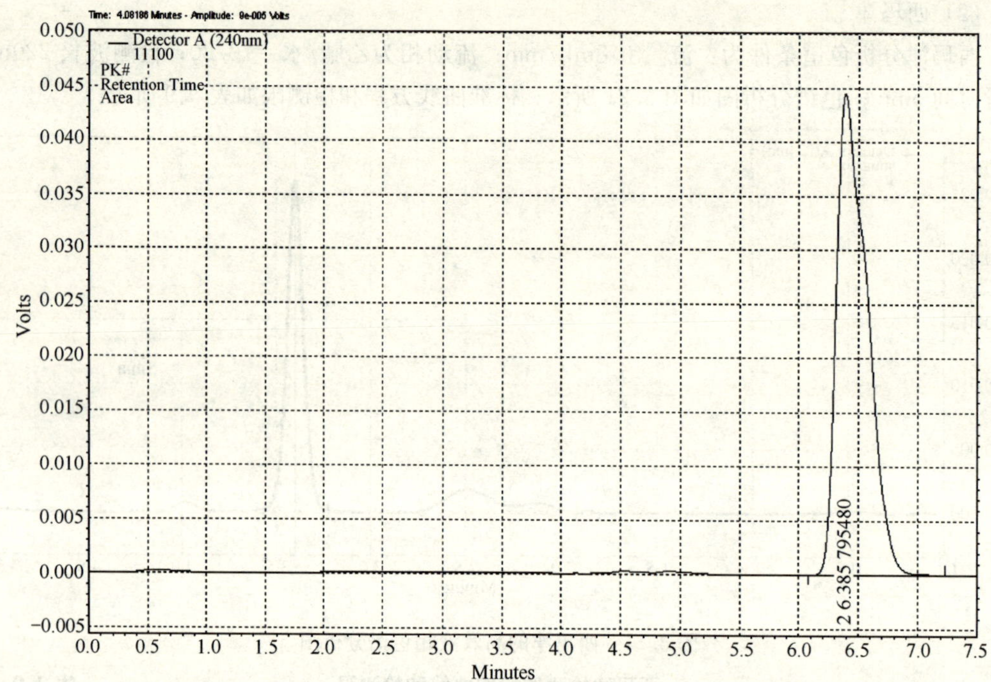

图 3.22　莠灭净的高效液相色谱分析图

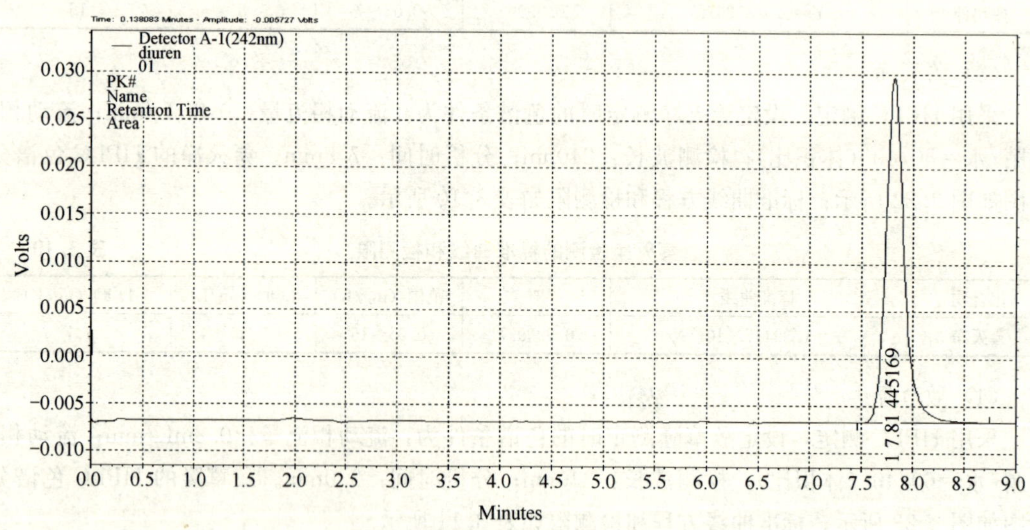

图 3.23　敌草隆的高效液相色谱分析图

（6）六氯苯

采用气相色谱仪，GC2010（岛津），带电子捕获检测器（ECD）；色谱柱为 HP-5 毛细管柱，30m 长，内径 0.25mm。萃取方法：萃取剂为正己烷（分析纯）。液一液萃取：取 20mL 水样，在其中加入 3mL 正己烷，1g 无水硫酸钠，萃取时间为 10min。测定时的色谱条件如下：气化室温度：240℃；柱温 100℃（2min）→10℃/min→250℃（4min）；检测器温度为 290℃；载气流速：氮气 2.0mL/min；分流比为 1∶10。出峰时间 6.473min，色谱图如图 3.25 所示。

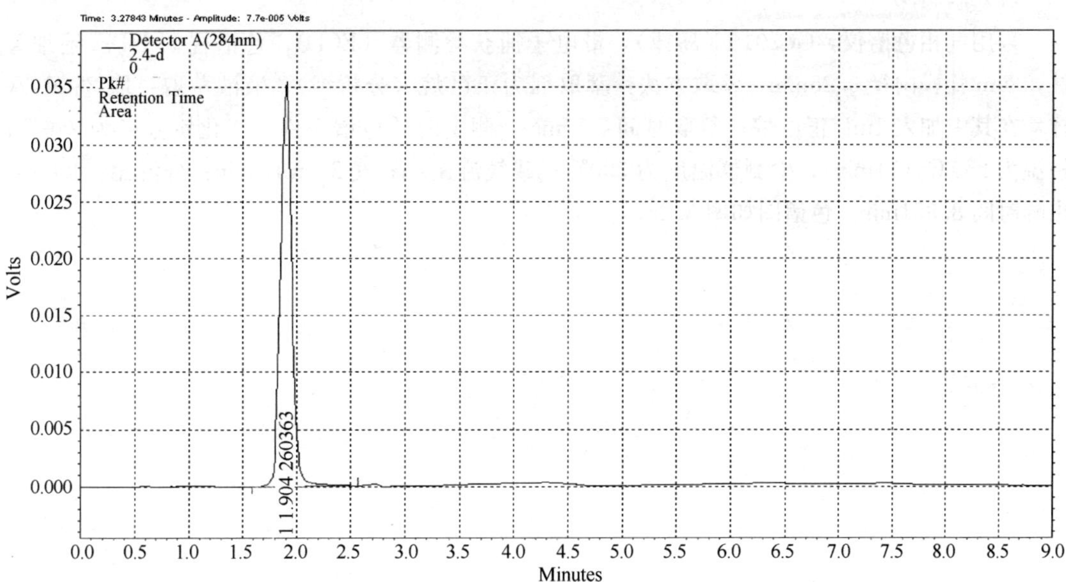

图 3.24　2,4-D 标准色谱分析图

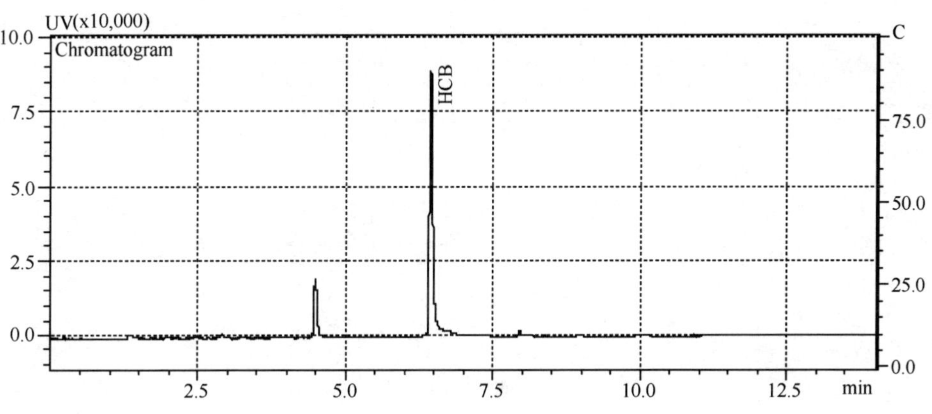

图 3.25　HCB 的色谱分析图

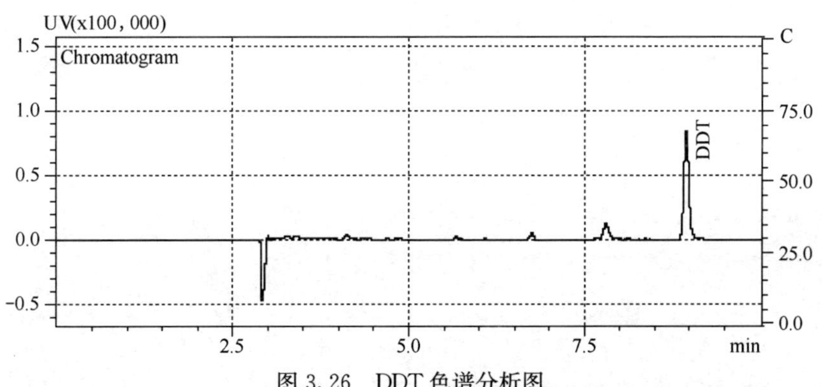

图 3.26　DDT 色谱分析图

(7) 滴滴涕

采用气相色谱仪，GC2010（岛津），带电子捕获检测器（ECD）；色谱柱为 HP-5 毛细管柱，30m 长，内径 0.25mm。萃取方法：萃取剂为正己烷（分析纯）；液液萃取：取 25mL 水样，在其中加入 1mL 正己烷；萃取时间：10min。测定时的色谱条件：气化室温度为 240℃；柱温为 250℃（11min）；检测器温度为 300℃；载气流速：氮气 2.0mL/min；分流比：1∶10。出峰时间 8.951min，色谱图如图 3.26。

第4章　饮用水常规处理和氧化工艺对内分泌干扰物的去除

4.1　概述

4.1.1　饮用水处理工艺

饮用水处理的目的是将含有各种有机和无机杂质的地表水（江河、湖泊、水库）或地下水，经过处理后，符合我国饮用水水质标准，安全可靠地供给居民使用。

未受污染的地表水和地下水源与污染水源的水处理厂采用的工艺不同，原水水质越好，水处理工艺越可以简化，例如，在水源污染较少的地区，采用常规处理工艺就可以满足饮用水要求。但如水源遭受污染，水中有毒有害物质增多，水处理工艺就趋于复杂。所以饮用水处理工艺的发展取决于三种因素：新污染物的发现，新水质标准的发布和实施，以及经济条件，其中水源的水质污染程度起着重要作用。随着水源的污染与引发的疾病增加，饮用水的水质标准必须根据新污染物的出现而不断进行修订，而为了满足新的饮用水水质标准，必须开发新的水处理工艺。

随着工农业发展和人口的增加，水源污染相应加剧，有毒有害物质，如三致（致癌、致畸、致突变）物质和内分泌干扰物等不断检出，同时饮用水水质标准也在提高，常规处理工艺已不再能满足要求，需作相应改进或增添新的处理工艺，如增加预处理和深度处理等。饮用水处理工艺可用表4.1表示。

饮用水处理工艺　　　　**表4.1**

预处理	常规处理	深　度　处　理
生物预处理 化学预处理（如 O_3、Cl_2 和 $KMnO_4$ 等） 粉末活性炭吸附	混凝、沉淀（澄清、气浮）、过滤、消毒	活性炭吸附（颗粒活性炭）和生物降解（生物活性炭） 膜过滤技术（反渗透、纳滤） 高级氧化法（化学氧化法、光化学氧化和光催化氧化法、声化学氧化法等）

（1）常规处理

常规处理是国内外以地表水为水源的水厂应用最多的水处理工艺，有长期的设计和运行经验，一般包括混凝、沉淀（澄清、气浮）、过滤、消毒等，主要去除水中的悬浮物、胶体和微生物，使水的浑浊度、色度、细菌等指标符合饮用水的要求，但对有机物尤其是溶解有机物的去除率不高。以地下水为水源时，因水经过地层过滤，其中所含悬浮物、胶体和有机物较少，作为饮用水通常只须加氯或臭氧进行消毒处理。

1）混凝

地表水中的胶体，如黏土、大分子有机物、藻类、病毒和细菌等，因颗粒微小，在布朗运动作用下能对抗重力而长期处于悬浮状态，其沉降极慢，在水中基本上是稳定的，无法在较短的时间内沉淀下来。另一方面，这些胶体颗粒没有自动结合成为较大颗粒的能力，因为天然水中的胶体颗粒通常带负电荷，表面具有电动电位，即ζ电位，使相同电荷的胶体相互排斥而不是相互吸引，因此无法结合在一起成为易沉的较大颗粒。要使微小胶体很快沉淀下来，首先必须消除或降低胶体的ζ电位，以减少颗粒之间的排斥力，另外还要使胶体颗粒有机会相互碰撞，才可结合成大颗粒而沉淀。

所谓混凝就是在混合池内投入适量的混凝剂。混合池的作用是使药剂和水快速混合，例如将混凝剂投加在进水泵站的吸水井内或水泵的吸水管中，利用水泵叶轮旋转达到快速混合目的，也有建造机械混合池，池内安装搅拌器将水和药剂均匀混合，为颗粒相互接触创造条件。目前应用的无机混凝剂主要是铁盐、铝盐及其聚合物，如硫酸铝、三氯化铁、硫酸亚铁、聚合氯化铝等，其余如有机高分子絮凝剂则使用较少。

铁盐和铝盐投加后，水中铁、铝等正离子数增加，可以中和胶体的负电荷，使胶体的ζ电位降低，失去原有的稳定性，在水流作用下，胶体颗粒相互碰撞时能合并结大，成为肉眼可见的絮体，俗称矾花。而高分子絮凝剂溶于水中后呈线形结构，这种结构可以吸附水中的胶体颗粒，最终结大成为肉眼可见的絮体。

絮凝池的作用是形成大而易沉的絮体。絮凝池有很多型式，主要可分为水力搅拌池（如隔板絮凝池、网格絮凝池、折板絮凝池等）和安装搅拌器的机械絮凝池。在絮凝过程中，内分泌干扰物容易吸附在絮体上。絮体可在后续的沉淀、过滤工艺中去除。

2）沉淀

沉淀池、澄清池或气浮池的作用是分离絮凝池出水中的絮体，使其在池中沉淀下来或在气浮池中上浮成为污泥而排除。

城市自来水厂采用最多的是平流式沉淀池和斜管（板）沉淀池。平流沉淀池是长方形水池，斜管（板）沉淀池是在池内放置斜管或斜板，以增加沉淀效果。

澄清池可以同时完成混合、絮凝、絮体分离的作用。原水进入池内后，和池中的悬浮泥渣结合，形成絮体，多余泥渣从水中分离排出池外。目前较常用的是机械搅拌澄清池。

气浮池适用于去除比重接近于水的悬浮颗粒。该工艺是向水中通入微小气泡，使其粘附在絮体颗粒上以降低颗粒密度，当颗粒密度小于水的密度时，絮体能上浮于水面成为浮渣排除，澄清水则由池底处排出，送往滤池过滤。气浮池较多用于低温低浊水和含藻水的处理。

3）过滤

过滤是在滤池内放置滤料层（如石英砂、无烟煤或活性炭等），以截留沉淀池来水中的悬浮杂质，降低水的浑浊度以符合饮用水标准。一般，滤后水的浑浊度越低，其他有机或无机污染物的含量也越少。滤池有很多形式，如普通滤池、无阀滤池、移动冲洗罩滤池、V型滤池等。

4）消毒

消毒的目的是杀灭致病微生物，包括细菌、病毒和原生动物孢囊等，以预防传染病的发生。混凝、沉淀和过滤工艺在去除悬浮物和降低浑浊度的同时，可去除部分粘附在悬浮颗粒上的微生物，如再经消毒处理，更可保证饮用水的安全可靠。消毒过程中，在去除致病微生物的同时，还有减少水中的铁、锰、嗅味、色度、有机物等的效果。

国内常用的消毒剂、以氯（Cl_2）应用最广，氯胺（NH_2Cl，$NHCl_2$）、二氧化氯（ClO_2）和臭氧次之，小型水厂或特殊情况下则采用紫外线（UV）辐照、次氯酸钠（NaOCl）等。

投加氯、臭氧等氧化性强的消毒剂，可将一些天然有机物转化为低分子量、更易于生物降解的化合物。

各种消毒剂的优缺点如下：

①氯消毒

氯消毒经济有效，使用方便，应用广泛，历史最久。

优点是：

a. 杀菌能力强；

b. 给水管网中有低浓度的余氯，可以保证较长时间的消毒效果。

缺点是：

a. 消毒剂与水需有较长的接触时间，约需15～30min才可见效；

b. 灭活贾第虫和隐孢子虫卵囊的效率较低；

c. 加氯量少时只能消灭大肠杆菌，对灭活芽孢、孢囊和某些病毒的效果很差。

氯消毒时，产生有毒有害氯化消毒副产物是一个严重的问题，副产物的前质主要是腐殖质，它是溶解有机碳（DOC）的主要成分，是三卤甲烷（THM）和其他氯化副产物产生的原因。氯化消毒副产物如亚氯酸盐离子（ClO_2^-）、卤乙酸（$Cl_2CHCOOH$、Cl_3CCOOH）、二氯乙腈（Cl_2CHCN）、三卤甲烷（THMs：$CHCl_3$、$CHBrCl_2$、$CHBr_2Cl$、$CHBr_3$）等，有害于人体健康和环境。

减少氯化消毒副产物的方法有：

采用消毒副产物生成量和毒性少的消毒剂，例如可用二氧化氯、臭氧、氯胺、高锰酸钾和紫外光辐照等代替加氯消毒。

在投加氯之前，先经沉淀、过滤以减少有机物前质，防止氯化副产物的产生，这是通常在滤后水中加氯的原因。

可以采用活性炭工艺去除已生成的消毒副产物，去除高度挥发性的消毒副产物时可用空气吹脱法。

②臭氧消毒

臭氧（O_3）既是消毒剂又是氧化剂，它是淡蓝色有强烈刺激性的气体，易溶于水，浓度高时有高度毒性，因此臭氧消毒时产生的尾气必须处理后再行排放到大气中。

臭氧是在现场用臭氧发生器加工生产，以空气或纯氧为气源，产生的臭氧化空气通过微孔扩散器形成微小气泡，进入臭氧接触池，与所处理的水充分混合，迅速杀灭细菌和病毒。臭氧发生设备投资较大，运行费用较高，目前国内水厂中应用较少。

臭氧在水中不稳定，易于分解成为稳定的O_2，为保持给水管网内的杀菌作用，往往在进入给水管网之前的水中再投加少量氯、二氧化氯或氯胺，以保证饮用水的安全性。

臭氧的优点是杀菌和氧化能力大于氯，但不像氯那样会和有机物反应产生有毒的副产物，如三卤甲烷和卤乙酸等。

臭氧的处理效果受到温度的影响，水温宜高于5℃，当水温变化较大时，可考虑臭氧和活性炭相组合的处理工艺。

臭氧消毒时，臭氧和有机物之间可由两种途径进行反应。在酸性条件下靠本身的氧化性，有选择地与有机物发生亲电反应，氧化速度较慢，例如饮用水处理时与芳香族化合物（苯酚、苯二酚）和简单的胺类物质进行的反应。在中性和碱性条件下，经臭氧分解后生成羟基自由基（·OH），·OH是极强的氧化剂，可无选择地与有机物较快地发生氧化反应。

当水中存在碳酸盐和酸式碳酸盐时，可和·OH反应生成其他基团而降低氧化能力。臭氧很难将有机污染物完全矿化，因此往往在水中会有中间产物。臭氧和有机物反应的结果，可使有机物分子质量变小，极性增强，可生化性提高。臭氧可氧化表面活性剂，并可部分降解其分子，使洗涤剂功能消失，高锰酸盐指数降低，氧化产物易于生物降解。

③紫外线（UV）消毒

紫外线消毒在国内水厂中较少应用，它的特点是杀菌作用快，不向水中投加化学药剂，不会产生消毒副产物，但在给水管网中无剩余消毒作用，必须在出厂水中另行投加其他消毒剂，才可进入给水管网以供饮用。

UV消毒的优点是：

a 在适当光照强度下，只需几秒钟的接触时间，就可有效杀灭多种病菌以及原生动物和隐孢子虫；

b 性能好，安全可靠；

c 占地省；

d 处理后水中不会增加嗅味，很少产生有害于人体或水生物的副产物；

e 易于实现自动化，运行安全可靠。

UV消毒的缺点是：

a 水中较多的悬浮固体和浑浊度等会影响处理效果和所需UV剂量，因此只能对处理后的清净水进行紫外线消毒；

b 须防止UV管外面的石英套管结垢，以免降低杀菌效果；

c 水中硝酸盐离子（NO_3^-）浓度高时，在强烈的UV－C辐照下，可生成致癌的亚硝酸盐离子（NO_2^-），特别是应用中压汞灯时。

（2）预处理

预处理是指水源受到微污染后，在水厂常规处理之前所采用的化学氧化或生物降解的处理工艺。

随着城市人口的增长和工农业的发展，加以污水处理设施的不足，或污水厂排出水的水质未能完全符合排放标准，既给地表水源带来了无毒污染物，也带来了有毒污染物。如合成有机物、农药、除草剂、杀虫剂，其中包含内分泌干扰物。据统计资料，全国在城市段的河流，约有69%已受到不同程度的污染，如上海黄浦江水中检出的内分泌干扰物有多氯联苯、多环芳烃、邻苯二甲酸酯等。有害有机物的特点是在环境中会残留一定浓度，不易在环境中降解，可通过食物链而生物积累，且有致突变性、致癌性，损害人体健康。

生活污水中含有氮、磷、有机碳等营养物质，还有表面活性剂和各种病原菌，在排入地表水中后，会消耗水中的溶解氧，使水体的溶解氧降低，水生物特别是蓝藻和绿藻等浮游生物大量繁殖，最终导致水体的富营养化，容易产生严重的嗅味。上述污染物通常难以通过水厂常规处理完全去除，这时可考虑预处理。目前采用的有下列预处理方法：

a　化学氧化法；

b　生物预处理；

c　粉末活性炭吸附法。

1）化学氧化法

化学氧化法是应用各种氧化剂，如氯（Cl_2）、高锰酸钾（$KMnO_4$）、臭氧（O_3）等氧化或分解水中的污染物，去除微量有机物、藻类、嗅味、消毒副产物等，还可破坏有机物对胶体的保护作用，促进混凝。

①氯

预氯化是常用于污染水源的处理方法，即在常规处理工艺之前投加高于消毒时所需的氯量，以氧化水中的氨氮，这时所需加氯量较大，通常称为折点加氯。

水中有氨氮时，如加氯量逐渐增加，除了消耗于水中有机和无机杂质外，还会和氨发生化学反应形成氯胺（图4.1），氯胺为化合性余氯，其消毒能力不及游离余氯。加氯量一直增加到开始下列反应，氨即完全氧化：

$$2NH_3+3Cl_2=N_2+6HCl \qquad (4.1)$$

随着加氯量增大，直到余氯不再是化合性余氯，而成为游离余氯时，氧化效果比化合性余氯为好，理论上即为折点加氯量，它对于污染水源的预处理有明显效果，可以降低水的色度、去除嗅味、降低有机物含量，还能提高常规处理的混凝效果。但是折点加氯的问题是游离氯会和水中有机物发生反应，生成三卤甲烷（THMs）和其他许多消毒副产物，因此不能算是一种好的预处理工艺。

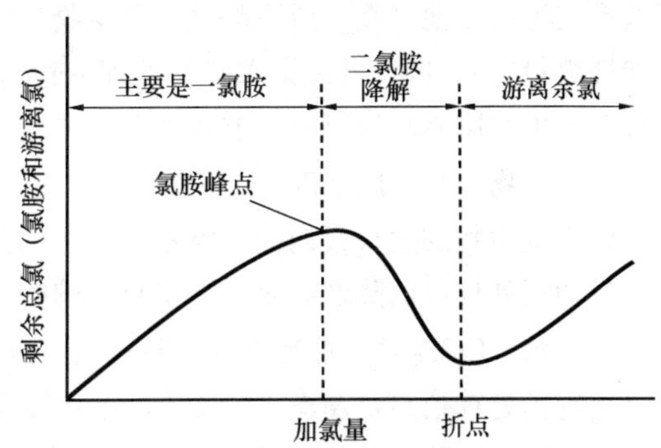

图4.1　折点加氯图

②臭氧预氧化

预臭氧化时，高分子量腐殖质可以氧化成低分子量、较易生物降解的有机物，提高其可生化性。预臭氧化可有效地灭活藻类和浮游生物，提高后续工艺对它的去除率。臭氧消失很快，在给水管网中并无剩余消毒作用，因此水厂最后出水中须加少量其他消毒剂。

臭氧可氧化水中铁、锰成为沉淀物，在沉淀、过滤时去除，也可将水中的氨氧化为硝酸盐（NO_3^-）而去除。

臭氧对若干内分泌干扰物的氧化作用如下：

a　可在pH4～5条件下几分钟内氧化多环芳烃类（PAHs）中的苯并（*a*）芘和苯并(ghi)苝；

b　有机磷杀虫剂如马拉硫磷、甲基对硫磷容易被臭氧氧化降解；臭氧可以减少水中的TOC和COD_{Mn}约20%，色度为44%，浑浊度为11%；

c　臭氧可部分去除三卤甲烷、总有机卤化物、三氯乙酸和二氯乙酸；

d　臭氧化（2～3mgO_3/L，10min接触时间）时，可去除80%以上的艾氏剂和七氯，对乐果、敌草隆、马拉硫磷、甲氧基氯的去除效果不到80%，对狄氏剂、DDT、多氯联苯和硫丹则无去除效果。

水中溴化物浓度在50～100μg/L时，因臭氧可和溴化物反应生成氢溴酸，而氢溴酸可和有机物反应生成具有致癌作用的溴酸盐（BrO_3^-），因此预臭氧化不宜用于溴离子浓度高的原水，以免产生有害的臭氧氧化副产物。

2）生物预处理

水源的污染主要来自城市生活污水和工业废水，并以有机物为主，工业发达城市附近的水源，污染较为突出，这种水源称为微污染水源，污染特点是：①氨氮（NH_3-N）浓度高；②化学需氧量（COD）、生化需氧量（BOD）、总有机碳（TOC）等指标升高。总之，污染水源不符合《地面水环境质量标准》中作为给水水源应有的水质，并因此增加给水处理的难度。

微污染水源的水质虽较差，但在污染物的种类和浓度方面都比城市排出的生活污水低得多，而两者的可生物处理性应是相近的，因此国内个别水厂借鉴污水处理的生物膜法经验，采用淹没式生物滤池（曝气或不曝气）和生物接触氧化池等工艺，池内放置填料（如陶粒、塑料丝弹性填料等），进行微污染水源的处理。运行时，填料上逐渐生长生物膜，当水中污染物与填料上的生物膜不断接触时，有机物和氮等营养物质被生物膜中的微生物群所吸收和氧化，从而降低污染物浓度。因水温、pH值、溶解氧、有机污染物浓度、填料种类、水力负荷等不同，都会影响微生物的生长代谢而影响不同工艺的处理效果。

生物预处理可以降低氨氮、有机物、嗅味、浑浊度和藻类等，同时表示有机物的指标如高锰酸盐指数（COD_{Mn}）、总有机碳（TOC）、三卤甲烷生成潜力（THMFP）等均有所降低。

生物预处理效果：藻类去除50％～90％，氨氮去除80％～90％，COD_{Mn}去除15％～30％，但对内分泌干扰物的去除效果少见报道。

（3）深度处理

当常规处理不能使某些污染物指标达到饮用水水质标准时，所采取的水处理工艺称为深度处理。

深度处理的内容较广，例如水的曝气、除铁除锰、除氟、离子交换等均属此范畴，但在去除其他污染物的同时能有效降低内分泌干扰物浓度的深度处理工艺主要是活性炭吸附、高级氧化法和膜过滤技术，以后几章将深入介绍这三种工艺去除内分泌干扰物的效果。

4.1.2 水源水质和饮用水水质指标

（1）我国水源水质现状

水是人类生活和生产活动中不可缺少的重要物质，又是不可替代的重要自然资源。随着经济发展、人口增长和人们物质文化生活水平的提高，世界各地对水的需求日益增长，一些国家和地区在20世纪60年代开始发生了水危机，水的问题引起了当代世界各国的普遍关注。目前世界上有80个国家约15亿人口面临淡水不足，其中26个国家约3亿人生活在缺水状态。水量短缺和由于水污染导致的水质型缺水问题将严重制约着本世纪的经济和社会的发展。

在我国，大量未经处理的生活污水以及未达标排放的工业废水排入江河湖海，导致了水体的严重污染。据环保部门监测，全国90％以上的城市水域受到严重的污染，约50％重点城市的水源不符合饮用水水源标准。根据我国《地面水环境质量标准》（GB 3838—2002）的规定，全国近60％以上的地表水水质降为Ⅳ类以下，已完全失去直接作为饮用水水源的功能。与此同时，我国湖泊、水库水的富营养化程度加剧，全国有97％大、中城市地下水受到污染。2004

年我国主要地表水水质污染情况见表 4.2。

2004 年我国主要江河水系水质分类和主要污染指标　表 4.2

	长江	黄河	珠江	淮河	海河	辽河	内陆河流	太湖
Ⅰ类（%）	11.5	0	15.2	0	3.1	0	25.0	0
Ⅱ类（%）	42.3	9.1	51.5	4.7	10.4	24.3	39.3	0
Ⅲ类（%）	18.3	27.3	12.1	15.1	11.9	8.1	25.0	0
Ⅳ类（%）	15.4	25.0	12.1	30.2	13.4	10.8	10.7	19
Ⅴ类（%）	2.9	9.1	3.0	17.4	4.5	18.9	0	23.9
劣Ⅴ类（%）	9.6	29.5	6.1	32.6	56.7	37.9	0	57.1
	主要污染指标							
石油类	✓	✓	✓	✓	✓	✓	✓	
氨氮	✓	✓	✓	✓				
COD_{Mn}		✓		✓	✓	✓		
BOD_5	✓		✓	✓	✓	✓		
总磷								✓
总氮								✓

2004 年我国七大水系的 412 个水质监测断面中，Ⅰ～Ⅲ类、Ⅳ～Ⅴ类和劣Ⅴ类水质的断面比例分别为：41.8%、30.3%和 27.9%。一般Ⅳ类、Ⅴ类和劣Ⅴ类水质不能直接作为饮用水水源，而目前我国主要水系这三类水所占的比重达到 49.4%，这表明我国水源水质呈现严重污染的状况。

从目前的状况来看，我国水资源环境污染严重，受污染的水源范围日益扩大。近年来，虽然我国在水污染防治方面做了许多工作，但不少江河湖泊的水质仍在逐渐变差，并呈发展势头，工业发达地区水域的污染尤为严重。在 47 个重点城市中，饮用水源地水质达标率为 100%、99.9%～80%、79.9%～60%、59.9%～0.1%和 0 的城市分别为 25 个、8 个、3 个、10 个和 1 个，有一半左右重点城市水源不能完全达到饮用水水源的要求，水源水质难以在短时间内得到根本的改善，在我国淡水资源本来就十分紧缺的情况下，我国自来水厂不得不面临着使用更多的不符合水质要求的受污染原水作为生活饮用水和其他用途的水源。因此对于受污染原水的净化处理已成为一项重要和迫切需要解决的任务。

（2）水质标准（部分有关内分泌干扰物指标）

饮用水标准的建立只是根据现有对人体健康影响的信息，选择若干种污染物，订出可以接受并且可以达到的浓度标准。它是在已知污染物风险的情况下订出的，可是多数内分泌干扰物是尚须深入研究才能确定其风险的污染物。随着污染物分析测试技术的进展以及水质对人体健康影响的了解，饮用水水质指标在内分泌干扰物方面将会不断得到修改和补充。

世界卫生组织的饮用水水质标准中，已列入目前认为是内分泌干扰物的一些影响健康的有机物，其中很多是农药，如西玛津（指标为 2μg/L）、2～4 滴（90μg/L）、阿特拉津（2μg/L）等。

美国环境保护署于 1998 年实施的饮用水水质标准中，在有机物一栏已经列入了一些目前已认为是内分泌干扰物或可能是内分泌干扰物的物质，其中农药占很大比例，见表 4.3。

表 4.3 中，MCL 表示允许的最大污染物浓度，属于强制性指标；MCLG 表示允许的最大污染物浓度目标，属于保证饮用水安全的非强制性指标。

美国饮用水水质指标中部分有关内分泌干扰物的指标 表 4.3

水质指标	MCLG (mg/L)	MCL (mg/L)	对健康影响	污染物来源
阿特拉津	0.003	0.003	乳腺癌	玉米和非农作物的除草剂径流
氯丹	0	0.002	致癌	防白蚁药剂从土壤渗滤
2,4-滴	0.07	0.07	对肝脏和肾脏有损害	小麦、玉米、绿地和牧场等的除草剂径流
七氯	0	0.004	致癌，对肝脏和神经系统有损害	防白蚁药剂的渗滤液
环氧七氯	0	0.0002	致癌	七氯水解产物
林丹	0.0002	0.0002	损害肝、肾、神经系统、免疫系统和循环系统	伐木场、花园和牲畜除虫剂
甲氧氯	0.04	0.04	损害肝、肾、发育和神经系统	果树、菜蔬、牲畜和宠物的除虫剂
五氯苯酚	0	0.001	致癌；损害肝、肾	木材防腐剂、杀虫剂、冷却塔废水
多氯联苯	0	0.0005	致癌	变压器的冷却油、增塑剂
毒杀芬	0	0.005	致癌	牲畜、棉花、大豆等除虫剂
二恶英	0	3×10^{-8}	致癌	化工副产品、除草剂中的杂质
异狄氏剂	0.002	0.002	损害肝、肾和心脏	杀灭昆虫、鼠和鸟类的农药
六氯苯	0	0.001	致癌	生产除虫剂的副产物沥青涂层、有机物和矿物燃料燃烧
苯并（a）芘	0	0.002	致癌、有遗传毒性	草皮、农作物、水藻等的除草剂
西玛津	0.004	0.004	致癌	饮用水加氯消毒副产物
总三卤甲烷（TTHMs）	0	0.1	致癌	

4.2 常规处理工艺对内分泌干扰物的去除

国内外城市自来水厂普遍采用常规处理工艺，其流程如图 4.2 所示。常规处理工艺只能有效地去除水中悬浮物、胶体物质和细菌等，根据国内外的试验研究和生产实践，在水源水质受到有机物污染时，常规水处理工艺对有机物的去除率仅在 20%～30%之间，且不能有效去除分子量小的溶解有机物。

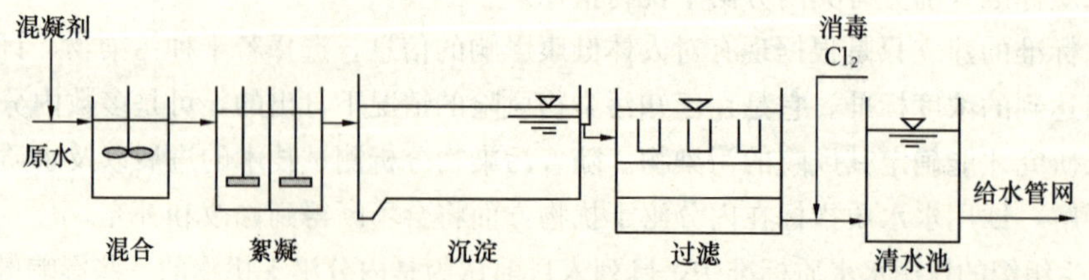

图 4.2 饮用水常规处理工艺流程示意图

Mirapapetrovic 等人对西班牙巴塞罗那 Sant Joan Despy′水厂饮用水处理过程中的壬基酚、壬基酚聚氧乙烯醚类（NP_1EO 和 NP_2EO）、壬基酚聚氧乙烯羟酸酯类（NP_1EC 和 NP_2EC）化合物及其氯化和溴化衍生物的浓度变化进行调查，结果显示预氯化工艺可以去除 25%～35%短链的 NPEO 和约 90%的壬基酚（NP），但同时转化成氯化物。后续混凝、沉淀和砂滤仅能去除7%的壬基酚类化合物。

Sara Rodriguez-Mozaz 等人调查了西班牙 Desp Sant Joan 水处理厂中雌激素类和杀虫剂的去除情况，原水中双酚 A（BPA）的浓度为0.065～0.295μg/L，经砂滤后浓度下降为0.006～0.046μg/L。原水中西玛津和阿特拉津的浓度分别为0.008～2.218μg/L和0.007～0.020μg/L，经混凝、沉淀和砂滤后其浓度分别降低为0.009～2.231μg/L和0.007～0.022μg/L，可见常规处理对西玛津和阿特拉津基本上没有去除效果。

Glen R. Boyd 等人对美国路易斯安娜和加拿大安大略水厂的调查也发现水厂出水中可检出双酚 A，同时发现常规处理工艺不能有效去除微量的抗生素类药物。研究表明，常规处理可以去除90%以上的壬基酚聚氧乙烯醚（NPEOs），但壬基酚（NP）的去除率只有60%左右。对类固醇雌激素有较好的去除效果，去除率达到83%。混凝沉淀阶段也可生成新的内分泌干扰物，这可能由于投加混凝剂后，释放出了原来被富里酸吸附的小分子有机物。水厂的常规处理工艺对邻苯二甲酸二丁酯有较好的去除作用，但有的水厂出厂水中邻苯二甲酸二丁酯的浓度反而高于原水。

城子水厂以永定河水为水源，在原水中共检出52种有机物，其中包括阿特拉津、5种邻苯二甲酸酯、多种烷基酚等有机物和内分泌干扰物计29种，经过常规处理（未加氯消毒）后的出水中检出有机物38种，阿特拉津、邻苯二甲酸酯及烷基酚仍然存在，没有去除。

日本研究饮用水处理过程中去除类固醇雌激素（E1、E2、E3和EE2）的效果是，氯化只能去除约20%～40%的类固醇雌激素，无论是预氯化或后氯化，对类固醇的去除效果无明显差别。投加硫酸铝混凝时，主要去除的是吸附在颗粒上的污染物，去除率约为20%～50%。E1、E2、E3和EE2等4种化合物的logKow虽然不同，但去除率无明显差别。混凝时只有相当高Kow的化合物（例如>10^5）才可较多地去除。过滤可以去除92%～98%的类固醇雌激素，但去除E3的效果较差。以无烟煤作为滤料时，平均去除率为97%～98%，主要原因是有机物吸附在无烟煤颗粒上，而不是因过滤而去除附着在颗粒上的有机污染物。活性炭是雌激素化合物的良好吸附剂。常规水处理全过程包括混凝、沉淀、过滤和消毒，E1、E2和EE2的去除率为88%～94%，而E3去除率较低。常规水处理可去除微量级类固醇雌激素，如浓度较高则去除不完全，特别是亲水的E3。

同济大学对上海某自来水厂原水和处理过程中的内分泌干扰物进行调查，结果是原水中的检出物为邻苯二甲酸二乙脂（DEP）、邻苯二甲酸二辛脂（DBP）、双酚A（BPA）、壬基酚（NP）、阿特拉津、西玛津、扑草净，其浓度范围分别为0～0.71μg/L、0.37～17.70μg/L、0.17～3.52μg/L、0～1.38μg/L、0～0.54μg/L、0.24～0.73μg/L和0.2～0.65? g/L。其中DBP在原水中的浓度远高于欧洲国家的检测结果，经过$KMnO_4$和氯预氧化、絮凝沉淀和过滤后，NP的去除率可达50%，双酚A的去除率可达50%～83%，氯预氧化和常规处理对西玛津的去除率可达40%，扑草净的去除率约为20%，而对阿特拉津基本没有去除效果。

常规处理不能有效地去除内分泌干扰物，而且处理后的降解产物可能比原始物质具有更大的危害，因此如何有效去除饮用水中此类物质是需要研究和解决的问题。

4.2.1　黄浦江原水和饮用水中内分泌干扰物的浓度调查

考虑到水中内分泌干扰物含量极低，原水中有机物非常复杂，这些有机物质对内分泌干扰物的检测干扰非常大，因此较难直接采用高效液相色谱（HPLC）进行检测。通过分析比较本课题采用固相萃取富集原水中内分泌干扰物，再利用洗脱液进行 HPLC 分析。同时，不同的内分泌干扰物具有不同的化学性质，导致在相同的 ENVI-18 固相萃取柱上的保留性能不同，因此需要进行加标回收试验以检验方法的准确性。一般，加标的对象主要包括空白和被测定水样等。本试验采用的加标对象为：超纯水、黄浦江上游取水口原水和经 40km 管渠输送的上海市杨树浦水厂进水。黄浦江原水取水口和杨树浦水厂位置如图 4.3 所示。

(1) 超纯水加标回收

各类内分泌干扰物的加标浓度分别为 5μg/L 和 10μg/L，富集水样体积为 200mL，洗脱剂

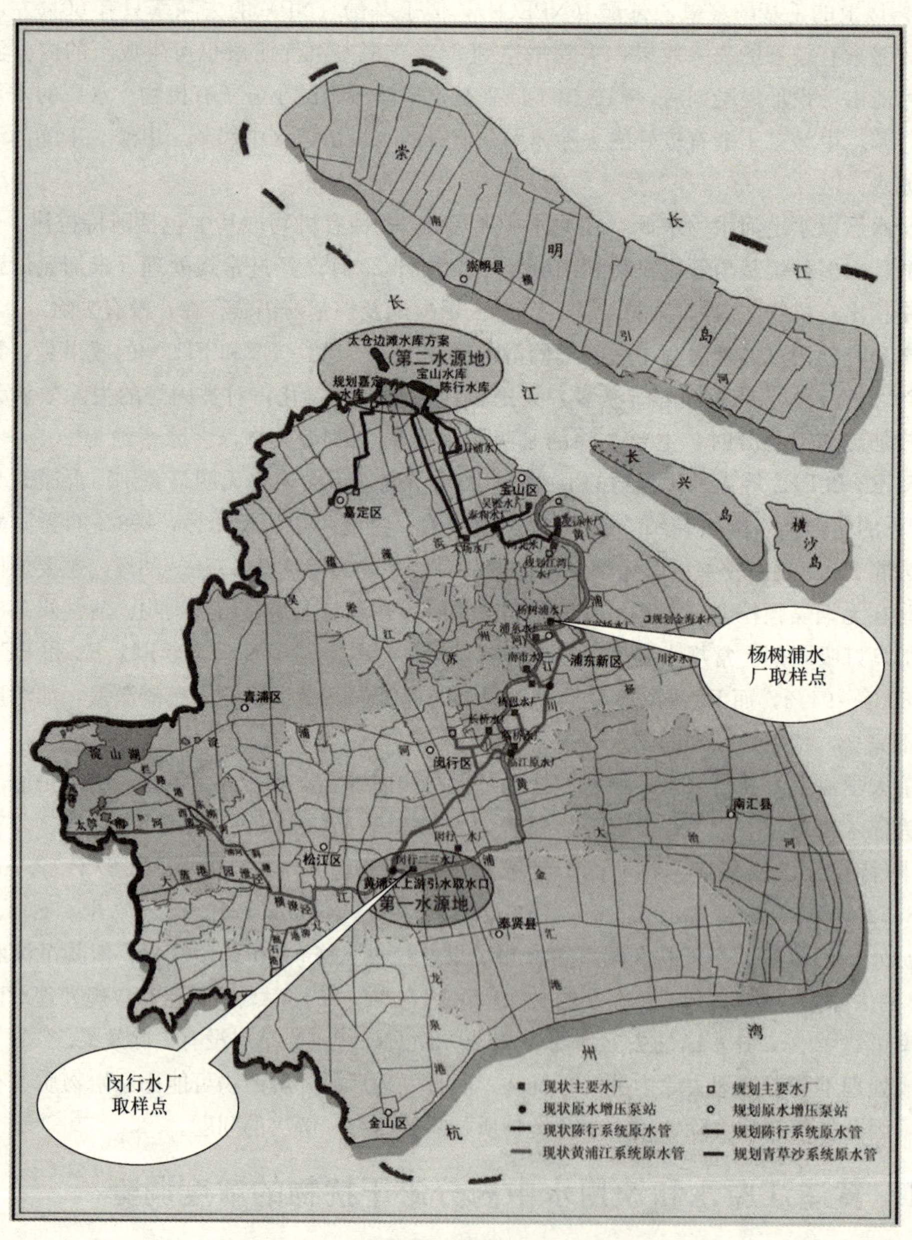

图 4.3 闵行水厂和杨树浦水厂位置图

6mL，旋转蒸发浓缩至 2mL，即富集倍数为 100 倍，平行样测定三次（n=3），平均回收率和相对标准偏差见表 4.4。

几种内分泌干扰物的超纯水加标回收　　表 4.4

目标物名称	单标加标浓度（μg/L）	回收率（%）	n	RSD（%）	混标加标浓度（μg/L）	回收率（%）	n	RSD（%）
邻苯二甲酸二甲酯	5	79.1	3	1.3	5	81.3	3	15.3
	10	83.1	3	2.7	10	78.3	3	13.5
邻苯二甲酸二丁酯	5	98.7	3	3.9	5	100.5	3	11.3
	10	110.7	3	8.6	10	104.6	3	5.9
壬基酚	5	108.1	3	18	5	95.3	3	3.1
	10	98.4	3	7.6	10	89.5	3	6.7
双酚 A	5	99.2	3	5.3	5	92.1	3	2
	10	100.5	3	7.7	10	86.3	3	6
阿特拉津	5	105.4	3	9.1	5	105.6	3	2.4
	10	119.3	3	5.8	10	109.2	3	7.7
西玛津	5	83.4	3	7.4	5	108.3	3	2.1
	10	110.1	3	8.9	10	105.9	3	6.3
扑草净	5	94.2	3	3.0	5	91.3	3	3.8
	10	92.4	3	2.9	10	105.4	3	4.6

由表 4.4 可知，对每种内分泌干扰物进行超纯水单独加标测定时，邻苯二甲酸二甲酯回收率均值为 79.1%～83.1%，RSD 小于 5%；二丁酯的回收率可达 98.7%～110.7%；壬基酚、双酚 A 和阿特拉津的回收率分别为 98.4%～108.1%，99.2%～100.5%，105.4%～119.3%，RSD 均小于 10%。将几种污染物同时加入一定量的超纯水中，进行富集检测时，即测定混标时，邻苯二甲酸二甲酯、邻苯二甲酸二丁酯、双酚 A、壬基酚和阿特拉津的回收率分别可达 78.3% ～ 81.3%、100.5% ～ 104.6%、86.3% ～ 92.1%、89.5% ～ 95.3%、105.6% ～ 109.2%、RSD 小于 15%。单标加标回收率在美国环境保护署规定的可接受范围（70%～120%）之内，说明所选用的固相萃取柱，洗脱液是可行的，能够获得较为准确的检测结果。混标加标测定良好的回收率说明几种内分泌干扰物可以得到较好的分离效果，进行检测时物质互相之间的影响很小。超纯水加标实验证明固相萃取—高效液相色谱法检测纯水中目标内分泌干扰物的方法是准确的。

（2）原水加标回收

上海市杨树浦水厂以黄浦江水为水源，水厂生产能力为 140 万 m^3/d，是上海市主要的自来水厂之一。其原水取自黄浦江上游取水口，由原水公司供给（图 4.3），经过长达 40km 的输水管渠输送到厂区。原水的有机物和浑浊度指标如表 4.5 所示。

杨树浦水厂原水水质　　表 4.5

水质指标	TOC（mg/L）	COD_{Mn}（mg/L）	浑浊度（NTU）	UV_{254}（cm^{-1}）
测定值	6～8	5～7	50～80	0.100～0.115

各类内分泌干扰物的加标浓度分别为5μg/L和10μg/L，富集水样体积为200mL，洗脱剂6mL，旋转蒸发浓缩至2mL，即富集倍数为100倍，测定各内分泌干扰物的回收率见表4.6。

杨树浦水厂原水中的内分泌干扰物测定加标试验结果 **表4.6**

目标物名称	加标浓度（μg/L）	回收率（%）	n	RSD（%）	加标浓度（μg/L）	回收率（%）	n	RSD（%）
邻苯二甲酸二甲酯	5	78.5	3	6.1	10	76.62	3	3.3
邻苯二甲酸二丁酯	5	84.6	3	3.9	10	113.4	3	3.9
壬基酚	5	88.6	3	13.5	10	102.1	3	10.0
双酚A	5	89.9	3	12.0	10	98.0	3	8.1
西玛津	5	75.9	3	9.7				
扑草净	5	82.3	3	5.4				
阿特拉津	5	80.4	3	5.3				

注：RSD为相对标准偏差；n为加标试验次数。

由表4.6可知，原水加标时各物质加标回收率均大于70%，其中，邻苯二甲酸二丁酯、壬基酚、双酚A和阿特拉津的回收率分别高于80%，RSD均小于15%。

闵行水厂位于上海市闵行区，以黄浦江水为原水，采用常规饮用水处理工艺，生产能力为55万m^3/d，供水区域较大，是上海市规模较大的水厂之一。与杨树浦水厂不同，其进厂原水未经过任何预处理或长距离输送过程，试验期间原水水质常规指标见表4.7。

闵行水厂原水水质 **表4.7**

水质指标	TOC（mg/L）	COD_{Mn}（mg/L）	浑浊度（NTU）	UV_{254}（cm^{-1}）
测定值	7～10	6～8	50～90	0.120～0.130

各类内分泌干扰物的加标浓度分别为5μg/L和10μg/L，测定各内分泌干扰物的加标回收率，见表4.8所示。

闵行水厂原水内分泌干扰物测定加标试验结果 **表4.8**

目标物名称	加标浓度（μg/L）	回收率（%）	n	RSD（%）	加标浓度（μg/L）	回收率（%）	n	RSD（%）
邻苯二甲酸二甲酯	5	81.7	3	14.5	10	74.95	3	11.4
邻苯二甲酸二丁酯	5	102.4	3	1.8	10	109.0	3	9.3
双酚A	5	77.5	3	8.4	10	94.7	3	3.4
壬基酚	5	79.6	3	6.1	10	104.06	3	1.9
阿特拉津	5	102.7	3	5.3	10	80.43	3	11.3

由表4.8可知，闵行水厂原水加标时，邻苯二甲酸二甲酯、邻苯二甲酸二丁酯、双酚A和阿特拉津的回收率均高于70%，RSD均小于15%。原水加标回收说明原水中基体物质，如腐殖酸等对各种内分泌干扰物回收的影响较小，对检测的干扰在容许范围内，说明原水中内分泌干扰物的检测可以得到较为准确的结果。

通过表4.4、表4.6和表4.8的比较可见，几种内分泌干扰物的回收率相差较大，邻苯二甲酸二甲酯的回收率明显低于其他物质，主要与其在水中的溶解度较大（5g/L）有关，另外，邻苯二甲酸二甲酯的辛醇－水分配系数比较小（1.6），在固相萃取柱中保留性能不好，也是造成其回收率较低的原因。

对于上述几种内分泌干扰物，在不同水样中的回收率有较大差别，基本顺序为：p（超纯水）＞p（原水）。造成这种现象的原因是水样中天然有机物的含量和水样 pH 值的影响，天然有机物在固相萃取柱上的竞争吸附以及在色谱图中的出峰位置和峰面积大小均有可能影响目标化合物的定量。

杨树浦水厂原水和闵行水厂原水加标试验说明几种内分泌干扰物的回收率均可达到良好的效果，尽管闵行水厂原水与杨树浦水厂原水相比，水质稍差，基质浓度更高，但是试验所得回收率表明：各种目标检测物均可以得到良好的分离和定量。本试验所建立的分析内分泌干扰物的方法用于检测上海市饮用水水源是准确可行的。

4.2.2　上海闵行水厂试验

上海地区主要以地表水为饮用水水源，饮用水处理厂多采用黄浦江（约 70%）和长江（约 30%）水作为原水。由于地表水受工业废水、生活污水以及冲刷农田的暴雨径流所污染，黄浦江原水水质较差，体现为有机物和氨氮超标，常年水质保持在Ⅲ～Ⅳ类之间。

闵行水厂以黄浦江水为原水，采用预氧化工艺，先投加 $KMnO_4$，投加量为 0.6mg/L，而后投加氯气，投加量为 4mg/L。预氧化之后采用混凝、沉淀、过滤和消毒常规工艺，其工艺流程见图 4.4。采用固相萃取-高效液相色谱（SPE-HPLC）方法对该厂处理工艺流程中的内分泌干扰物如邻苯二甲酸二甲酯、邻苯二甲酸二乙酯、邻苯二甲酸二丁酯、双酚 A、壬基酚、阿特拉津、西玛津和扑草净等进行了检测，初步分析了上述几种内分泌干扰物在水处理过程中的浓度变化。

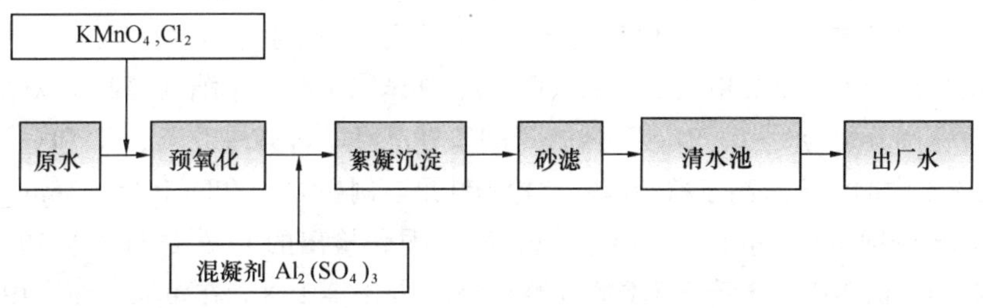

图 4.4　闵行水厂常规处理工艺流程及采样点分布

（1）闵行水厂原水、沉淀水和出厂水的常规指标

检测期间（2005 年 3～6 月），黄浦江原水水质变化很小，除水温外，COD_{Mn} 和 UV_{254} 随水温的升高略有下降，其它指标如电导、浑浊度、pH 等变化不大。常规工艺对各项指标的去除率见表 4.9。

闵行水厂原水、沉淀水和滤后出厂水的水质常规指标　　表 4.9

指标	原水	沉淀水		出厂水	
	测定值	测定值	去除率（%）	测定值	去除率（%）
电导率（μS/cm）	792.3	793.7	—	790.7	—
浑浊度（NTU）	50.8～89.4	0.328～0.527	99.0～9.6	0.097～0.357	99.3～99.9
UV_{254}（1/cm）	0.128～0.148	0.102～0.108	27.0～31.1	0.097～0.110	25.7～34.5
COD_{Mn}（mg/L）	6.904～8.14	3.168～4.305	47.1～61.1	2.653～4.030	50.5～67.4

(2) 原水、沉淀水和滤后水中的EDCs浓度

2005年3～6月对该水厂进行了为期四个月的取样分析，检测结果见表4.10。

2005年3～6月闵行水厂水样中内分泌干扰物的平均浓度（μg/L） **表4.10**

月份	水样	DMP	DEP	DBP	NP	BPA	阿特拉津	西玛津	扑草净
3月	原水	ND	ND	17.70	3.52	ND	0.55	0.53	0.42
	沉淀水	ND	1.68	3.24	2.16	0.50	0.54	0.43	0.40
	出厂水	ND	1.56	1.48	1.08	0.58	0.47	0.42	0.20
4月	原水	ND	0.71	0.37	0.17	1.92	0.70	0.24	1.25
	沉淀水	0.055	1.94	0.012	0.34	0.32	0.73	0.22	1.16
	出厂水	ND	2.09	ND	0.3	0.43	0.70	0.25	0.54
5月	原水	ND	ND	2.81	—	1.38	0.30	0.15	0.45
	沉淀水	ND	ND	0.86	—	ND	0.31	0.13	0.36
	出厂水	ND	0.63	3.18	—	ND	0.26	0.14	0.24
6月	原水	ND	0.24	14.56	2.25	0.71	0.65	0.28	0.30
	沉淀水	ND	0.23	19.07	1.27	0.39	0.66	0.24	0.25
	出厂水	ND	0.23	17.99	1.18	0.14	0.61	0.23	0.18

注：ND表示未检出。

由表4.10可知，在4月份的沉淀水中检出了0.055μg/L邻苯二甲酸酯类物质DMP，其余月份的原水、沉淀水和出厂水中均未检出，说明黄浦江原水中DMP的污染和浓度都很低。该水厂的原水、沉淀水和出厂水中，DEP的检出率为50%；DBP的检出率为75%；烷基酚类物质壬基酚（NP）和双酚A（BPA）均有检出。检出的内分泌干扰物浓度较大，且具有波动性。原水中主要的检出物为邻苯二甲酸二乙酯（DEP）、邻苯二甲酸二丁酯（DBP）、双酚A和壬基酚等，其浓度范围分别为0～0.71μg/L、0.37～17.70μg/L、0.17～3.52μg/L和0～1.38μg/L，其中DBP在原水中的浓度远高于欧洲国家的检测结果，例如波兰的DEP为0.16μg/L，DBP为0.64μg/L；德国分别为0.20μg/L、0.38μg/L。3～6月份检出的BPA量与日本1999～2000年的检测结果相当，而NP含量低于日本的检测结果。2004年1月，在黄浦江原水中检出的NP高达26μg/L。阿特拉津、西玛津和扑草净的浓度均高于日本1996年对Shinano河流的调查结果，即分别为0.028～0.17μg/L、0.016～0.18μg/L和0.012μg/L。

DBP的检出浓度较高，沉淀水中最高时可达19.07μg/L，DBP是塑料增塑剂的主要成分，其高含量说明污染的严重性，不仅影响到饮用水水源的水质，也影响到水厂的出厂水水质。在6月份DBP突然升高的原因可能是工业污染源的排放量突然进入或增大。

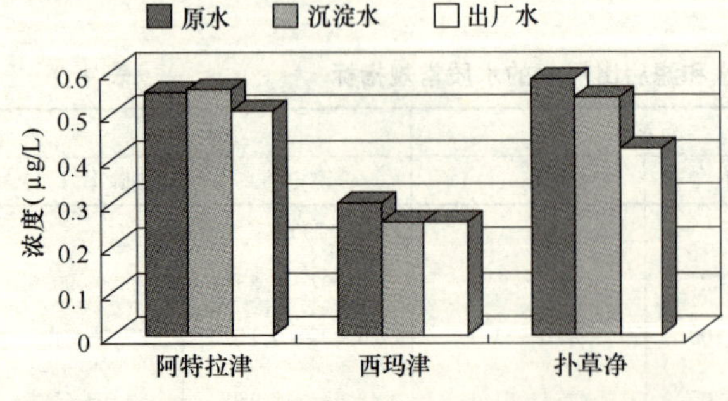

图4.5 闵行水厂常规处理工艺对三种农药浓度的变化

各种内分泌干扰物浓度随季节变化不明显（3、4月份为春季，5、6月份为夏季），因为这4个月中降雨量变化很小，对水源的稀释作用可以忽略，因此各物质浓度基本保持稳定。由于双酚A（BPA）的可生物降解性较强，在6月份的含量明显低于其他各月份。

(3) 预氧化和常规处理对内分泌干扰物的去除效果

闵行水厂采用预氧化和常规处理工艺，进水中投加 $KMnO_4$ 和氯对原水进行预氧化；选用硫酸铝为混凝剂，投加量约为 40mg/L；滤池为普通快滤池，采用石英砂滤料。

1）农药的去除

闵行水厂的原水和常规工艺处理的出厂水中，阿特拉津、西玛津和扑草净的去除情况如图 4.5 所示。

由图 4.5 可以看出，原水、沉淀水和出厂水中阿特拉津的平均浓度分别为 0.55μg/L、0.56μg/L 和 0.51μg/L，西玛津的平均浓度分别为 0.30μg/L、0.26μg/L 和 0.26μg/L，沉淀水和出厂水中阿特拉津和西玛津的浓度与原水基本接近，表明预氯化、预高锰酸钾氧化、混凝沉淀及砂滤工艺难以去除阿特拉津和西玛津。

原水、沉淀水和出厂水中扑草净的平均浓度分别为 0.58μg/L、0.54μg/L 和 0.42μg/L，虽然扑草净的浓度有逐渐减少的趋势，但去除率仅为 27.6%。

2）邻苯二甲酸酯类的去除

邻苯二甲酸酯类 DEP、DBP 的检测结果分别如图 4.6 和图 4.7 所示。

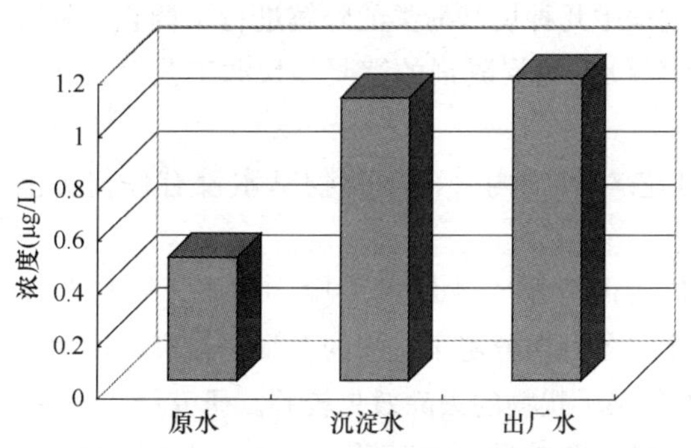

图 4.6　常规处理工艺中 DEP 浓度变化

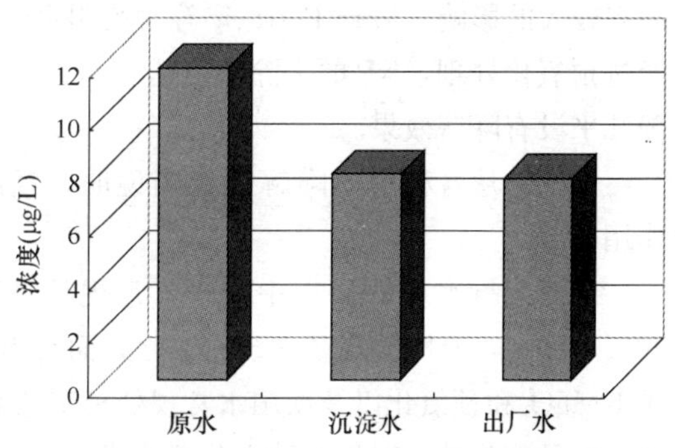

图 4.7　常规处理工艺中 DBP 浓度变化

从图 4.6 可以看出，DEP 在预氧化和常规工艺中没有被去除，反而有升高的现象。在 3 月和 5 月的原水测定中未检出 DEP，但在出厂水中却检出较高含量；4 月份原水中虽然有检出，但是沉淀水和滤后出厂水的浓度高于原水浓度，这种现象可能与水处理设备中邻苯二甲酸酯（PAEs）的溶出有关。

由图 4.7 可知，预氧化处理、絮凝沉淀和过滤过程对于某些内分泌干扰物具有一定的去除作用，如 DBP 的去除率可达 40%，甚至更高。在 3 月份取样调查时发现，原水中 DBP 的浓度高达 17.70μg/L，经过预氧化、混凝沉淀后降至 1.62μg/L。然而 6 月份 DBP 的浓度也很高，但是常规处理工艺对其没有任何去除，由此可见常规处理工艺对痕量内分泌干扰物的去除效果具有不稳定性。

3）烷基酚类的去除

2005 年 3～6 月常规处理中，水中常见的内分泌干扰物壬基酚（NP）和双酚 A（BPA）的检测结果分别如图 4.8 和图 4.9 所示。

经过 $KMnO_4$ 和氯预氧化、混凝沉淀、过滤后，水中 NP 的去除率可达 50%，BPA 的去除率可达 50%～83%（3 月份除外），可见预氧化对烷基酚具有较好的去除效果。对于烷基酚类内

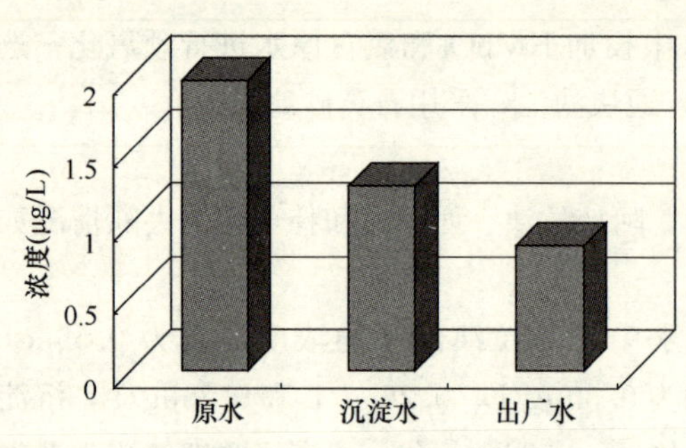

图 4.8 常规处理工艺中壬基酚浓度变化

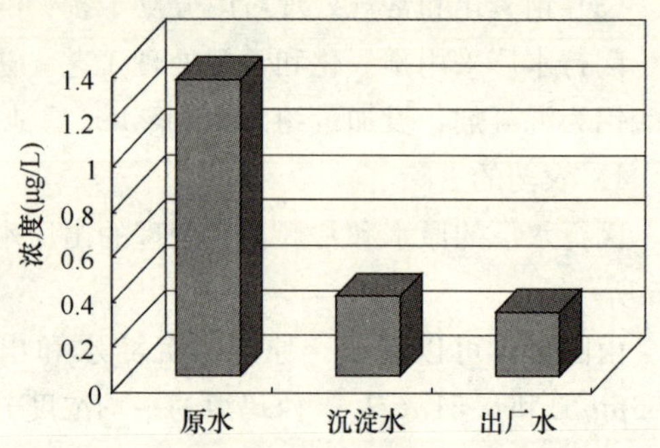

图 4.9 常规处理工艺中双酚 A 浓度变化

分泌干扰物，Hu. J. Y 等人研究表明，在 pH 值为 7.5，氯浓度为 1.30～1.46mg/L 时，BPA、NP 能够迅速降解，反应时间为 10min 时，测定 BPA 的去除率可达 80%，NP 的去除率可达 84%。Marie Deborde 的研究表明，当加氯量为 1～4mg/L，接触时间为 15min 时，废水中 NP 的去除率仅为 27%；若要达到 95%，需要保证接触时间为 140min，说明接触时间对 NP 去除率有较大的影响。Mira Petrovic 等对饮用水处理过程中几种烷基酚类的降解进行了调查，发现经过预氧化处理，NP 的去除率可达 90%；以 $Al_2(SO_4)_3$ 为混凝剂的絮凝和快滤工艺对于烷基酚几乎没有降解效果。

另外，从各种物质降解柱状图说明，过滤工艺对各种内分泌干扰物基本没有任何去除作用。

从对闵行水厂的研究中发现，常规处理工艺对内分泌干扰物的去除率较低，一般低于 40%～50%，有时甚至基本没有去除，而且出厂水中各种内分泌干扰物的含量仍较高，说明采用 $KMnO_4$ 和预氯化以及饮用水常规处理工艺对内分泌干扰物的去除效果较差。研究结果表明，水厂的预氧化处理对于多种内分泌干扰物可有一定的去除效果，而混凝、沉淀、过滤等常规工艺则去除很少。

4.2.3 上海杨树浦水厂试验

杨树浦水厂以黄浦江水为水源，厂内有 7 条制水生产线，其中包括 11 座沉淀池，7 座 64 格快滤池。供应近 200 万居民的生活用水和工业用水，约占上海供水总量的四分之一左右，其处理工艺和 2 个采样点位置见图 4.10。

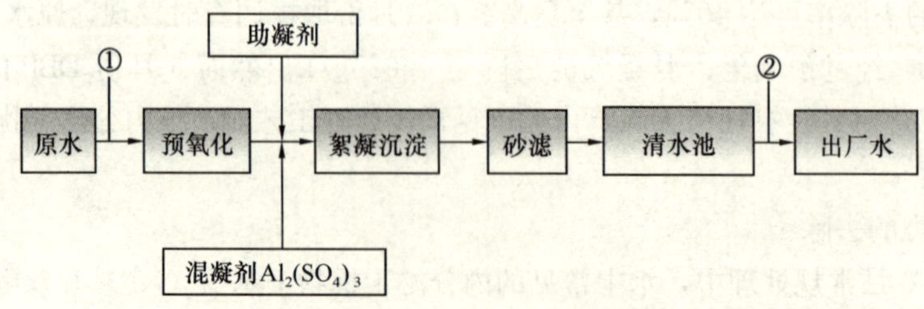

图 4.10 杨树浦水厂常规处理工艺流程及采样点分布

杨树浦水厂原水水质如表 4.11 所示。

杨树浦水厂原水水质　**表 4.11**

常规指标	TOC (mg/L)	COD_{Mn} (mg/L)	浑浊度 (NTU)	UV (cm^{-1})
范　围	6～8	5～7	50～80	0.100～0.115

(1) 原水和出厂水的内分泌干扰物浓度

2005 年 1～4 月和 2005 年 7～10 月对杨树浦水厂进水和出厂水中典型内分泌干扰物含量进行了检测，其浓度变化范围如表 4.12 所示。

杨树浦水厂原水和出厂水中内分泌干扰物浓度 (单位：μg/L)　**表 4.12**

内分泌干扰物	进　水	出　水	内分泌干扰物	进　水	出　水
邻苯二甲酸二甲酯 (DMP)	ND	ND	邻苯二甲酸二辛酯 (DOP)	0.26～0.42	0.34～0.41
邻苯二甲酸二乙酯 (DEP)	0.54～0.61	0.43～0.66	双酚 A (BPA)	1.32～1.72	1.37～1.54
邻苯二甲酸二丁酯 (DBP)	0.47～2.34	0.59～1.20	壬基酚 (NP)	0.73～0.95	0.71～0.96

注：ND 未检出。

从表 4.12 可以看出：经过 40km 原水输送管，水厂进水中内分泌干扰物含量低于闵行水厂，但多数内分泌干扰物在处理过程中均不能得到有效降解，甚至某些指标的出厂水浓度高于进水浓度值。

(2) 闵行水厂和杨树浦水厂研究小结

闵行水厂和杨树浦水厂的研究结果归纳如下：

原水中检出浓度较高的邻苯二甲酸酯类、烷基酚类和农药等内分泌干扰物，说明黄浦江原水受工农业污染较为严重，内分泌干扰物污染问题较为突出。

水厂的预氧化处理对于多种内分泌干扰物有一定的去除效果，而混凝、沉淀、过滤等常规工艺对其去除的影响较小。

经长距离输水管内的生物降解作用，原水中部分内分泌干扰物的浓度有一定的降低。

两个水厂出厂水中含有的目标化合物浓度仍然较高。

4.2.4　水厂中试试验去除内分泌干扰物

中试试验研究多种水处理工艺对内分泌干扰物的去除效果，采用的处理工艺流程如图 4.11 所示，既可以进行常规处理效果研究，也可以进行生物活性炭处理效果的试验。

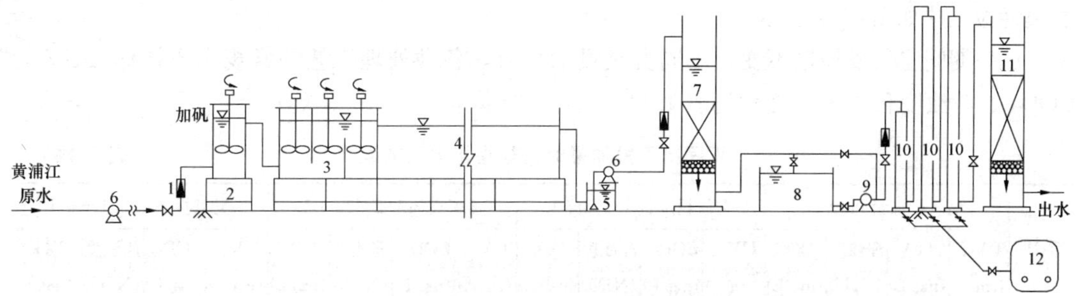

图 4.11　饮用水常规和深度处理中试工艺流程图

1—流量计；2—混合池；3—垂直轴式机械絮凝池；4—平流式沉淀池；5—吸水池；6—水泵；7—砂滤柱；8—清水箱；9—提升泵；10—臭氧曝气接触塔；11—生物颗粒活性炭柱；12—臭氧发生器

水厂内的中试试验设备及主要控制参数如表 4.13 所示。

中试试验设备及主要控制参数 **表 4.13**

序号	名　称	数量	型号、规格
1	混合池	1	直径 300mm，高 0.7m
2	垂直轴式机械絮凝池	1	2.4×0.8×0.9m（长×宽×高），有效水深 0.6m
3	平流式沉淀池	1	4.5×0.4×0.5m（长×宽×高），有效水深 0.45m
4	均粒滤料砂滤柱	2	内径 300mm，砂层高 1.16m，承托层高 20cm，滤料粒径分布 0.9～1.0mm
5	清水箱	2	直径 1000mm，高 0.7m
6	臭氧发生器	1	臭氧投加量 2mg/L
7	臭氧曝气接触塔	3	三级串联，直径 160mm，长度分别为 1.5m，3m 和 3m
8	颗粒活性炭柱	1	高 3m；直径 300mm；炭层高 1.8m

中试规模的设备安装在上海杨树浦水厂内，原水经 40km 的输水渠道后到达试验地点。设备材料为有机玻璃，设计流量为 1.8m^3/h。常规处理包括混凝、沉淀和过滤单元，混凝剂（硫酸铝）的投加量为 40～50mg/L。深度处理工艺为臭氧活性炭和微曝气活性炭两套平行工艺，流量均为 0.7m^3/h。臭氧接触塔和微曝气接触塔的材料为不锈钢，曝气接触塔采用空气曝气，塔底部安装微孔曝气头曝气。臭氧或空气与水接触时间均为 11min，臭氧投加量根据工况要求改变，投加空气时的气水比为 1/2。臭氧发生器以空气为气源。活性炭柱的材料为有机玻璃，其中承托层高 20cm，炭层高度 180cm，在炭层高度为 60cm 和 120cm 处各开两个取样口。活性炭柱的空床停留时间为 11min。活性炭采用山西煤质颗粒破碎活性炭，粒径为 0.6～2.36mm，碘值为 1035mg/g，亚甲基蓝值为 195mL/g，灰分 10.03%。

(1) 对常规水质指标的处理效果

为了了解内分泌干扰物的处理效果与常规水质指标处理效果的宏观相关性，首先对处理常规水质指标效果做中试试验。

试验期间水温为 17～18.5℃，试验时中试装置已运行达一年之久，臭氧活性炭和微曝气活性炭柱内生物膜均已挂膜成熟，运行稳定。试验期间对活性炭进行显微镜扫描分析表明，两根炭柱上的微生物均比较丰富。测定了臭氧活性炭柱和微曝气活性炭柱距表层 60cm 处活性炭上生物膜中磷脂-磷含量，分别为 70.43nmolP/g 和 68.17nmolP/g 干填料重量，由于磷脂-磷含量可以近似地表示活性生物量，可知试验的臭氧活性炭柱和微曝气活性炭柱上生物量相近。生物膜镜检照片如图 4.12 所示。

试验期间空气投加量不变，不同臭氧投加量时，各种处理工艺的常规水质指标（UV_{254}、COD_{Mn}、浑浊度和 TOC）变化见表 4.14。

不同臭氧投加量时常规指标去除效果 **表 4.14**

水样	臭氧投加量 0mg/L				臭氧投加量 1.37mg/L				臭氧投加量 2.23mg/L				臭氧投加量 3.19mg/L			
	UV_{254} (cm^{-1})	COD_{Mn} (mg/L)	浑浊度 (NTU)	DOC (mg/L)	UV_{254} (cm^{-1})	COD_{Mn} (mg/L)	浑浊度 (NTU)	DOC (mg/L)	UV_{254} (cm^{-1})	COD_{Mn} (mg/L)	浑浊度 (NTU)	DOC (mg/L)	UV_{254} (cm^{-1})	COD_{Mn} (mg/L)	浑浊度 (NTU)	DOC (mg/L)
原水	0.137	6.65	56.7	7.12	0.131	6.45	59.9	7.12	0.135	6.35	64.5	7.207	0.131	6.2	55.3	7.811
沉淀水	0.115	5.21	4.26	6.231	0.113	5.01	4.97	6.231	0.112	5.12	4.18	6.369	0.118	5.07	5.44	5.745
砂滤水	0.113	4.43	0.235	5.363	0.108	4.36	0.205	5.363	0.108	4.37	0.194	5.434	0.107	4.39	0.327	5.01

续表

水样	臭氧投加量 0mg/L				臭氧投加量 1.37mg/L				臭氧投加量 2.23mg/L				臭氧投加量 3.19mg/L			
	UV_{254} (cm^{-1})	COD_{Mn} (mg/L)	浑浊度 (NTU)	DOC (mg/L)	UV_{254} (cm^{-1})	COD_{Mn} (mg/L)	浑浊度 (NTU)	DOC (mg/L)	UV_{254} (cm^{-1})	COD_{Mn} (mg/L)	浑浊度 (NTU)	DOC (mg/L)	UV_{254} (cm^{-1})	COD_{Mn} (mg/L)	浑浊度 (NTU)	DOC (mg/L)
臭氧氧化水	0.111	4.41	0.162	5.36	0.089	4.01	0.174	5.345	0.074	3.79	0.214	5.334	0.060	3.43	0.336	4.488
臭氧活性炭柱	0.092	4.02	0.139	4.751	0.072	3.41	0.154	4.451	0.060	3.01	0.197	4.111	0.051	2.51	0.327	3.326
微曝气水	0.107	4.32	0.201	5.352	0.102	4.26	0.17	5.352	0.102	4.19	0.224	5.324	0.105	4.20	0.348	4.989
微曝气活性炭柱	0.096	3.99	0.186	4.675	0.098	3.96	0.165	4.675	0.090	3.84	0.172	4.687	0.100	3.89	0.325	4.576

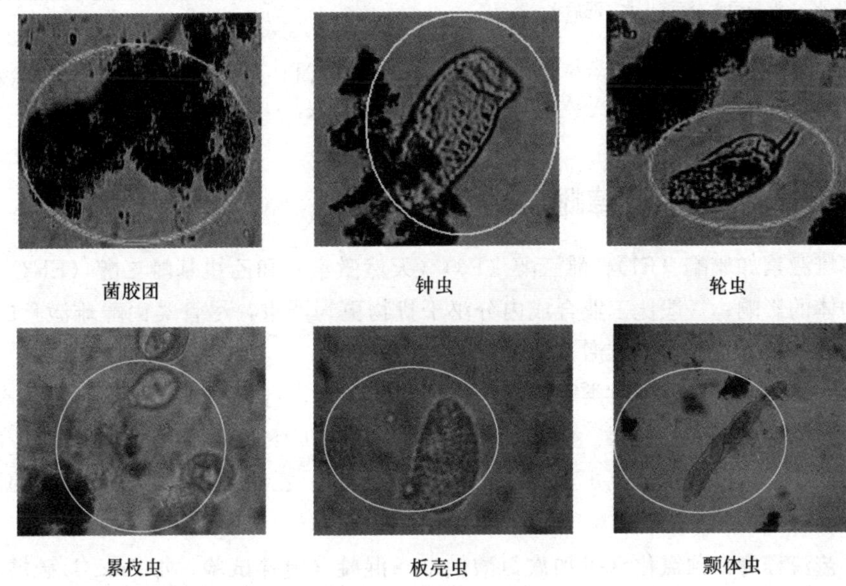

图 4.12 生物膜镜检结果

从表 4.14 可以看出：中试时常规处理工艺对浑浊度的去除效果非常好，但对有机物的去除效果不明显。深度处理（臭氧活性炭、微曝气活性炭）对有机物去除效果很好，尤其是臭氧活性炭工艺，臭氧投加量为 3.19mg/L 时，UV_{254} 去除率达到 52.34%。

分析表 4.14 结果可以得出，总体上臭氧活性炭工艺对有机物的去除率优于微曝气活性炭工艺，与微曝气相比，投加臭氧一方面可部分去除有机物，另一方面臭氧改变有机物的可吸附性和可生化性，更有利于提高后续活性炭工艺的去除效果。

（2）对 BPA 和 DMP 的去除效果

原水中 BPA 和 DMP 的投加浓度为 200～300μg/L，经中试工艺的机械絮凝池、平流式沉淀池和砂滤柱处理后，BPA 和 DMP 浓度变化如图 4.13、图 4.14 所示。

由图 4.13 和图 4.14 可知，饮用水常规处理对 BPA 和 DMP 的去除效果非常有限，经过混凝、沉淀和砂滤后，BPA 和 DMP 的去除率分别只有 25.65%和 13.26%，其中，BPA 和 DMP 在砂滤单元上分别去除了 13.87%和 5.78%，砂滤的去除效果大于混凝沉淀工艺。同时，由于中试试验时没有预氯化工艺，经镜检发现，砂滤柱中的砂表面已经形成生物膜，因此在砂滤工艺中的生物降解作用不可忽视。

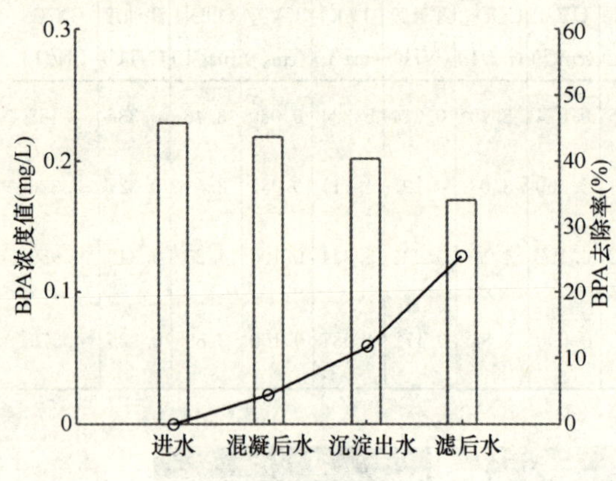

图 4.13　中试工艺对 BPA 的去除效果

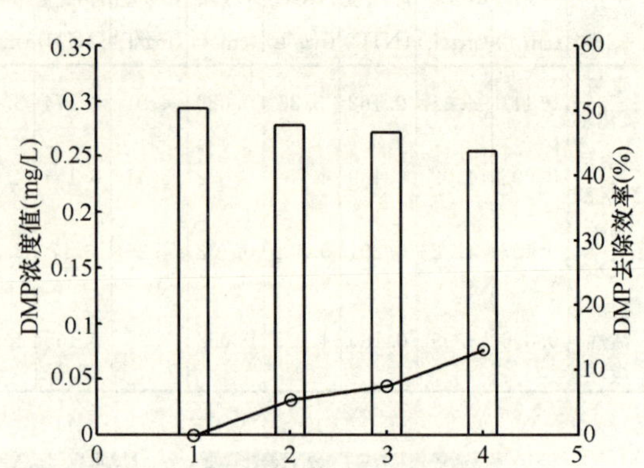

图 4.14　中试工艺对 DMP 的去除效果

1—进水；2—混凝后水；3—沉淀出水；4—滤后水

4.2.5　水厂去除类固醇雌激素

类固醇雌激素如雌酮（E1）、雌三醇（E3）（天然激素）和乙炔基雌二醇（EE2）（合成激素）对生物体的影响，一般比工业合成内分泌干扰物更为严重，尽管类固醇雌激素的浓度低，但有较高的内分泌干扰能力或雌激素活性。

为了研究饮用水常规处理对类固醇雌激素去除的效果，台北市自来水厂对原水进行试验，以研究去除类固醇雌激素的效果。应用高流量固相萃取（C18 吸附剂）和液相色谱/串联质谱测定雌酮（E1）、雌三醇（E3）、17β-雌二醇（E2）和 17α-乙炔基雌二醇（EE2）的浓度，检测限低于 1ng/L。

水厂工艺流程为：预氯化（投加次氯酸钠）→混凝（搅拌试验，加 5mg/L 硫酸铝）→絮凝（30min）→沉淀（30min）→快滤（无烟煤-砂双层滤料，滤速 15m/h）→后氯化（游离余氯 0.5～0.7mg/L）。

(1) 原水中类固醇雌激素浓度

原水受到严重污染，其中类固醇雌激素浓度见表 4.15。

严重污染河水中的雌激素浓度（ng/L，n=10）　　**表 4.15**

目标化合物	最小值	最大值	平均值
E1	22.4	66.2	31.1
E2	1.40	33.9	14.5
EE2	7.53	27.4	14.1
E3	12.4	73.6	58.1

河水中 E1 和 E3 的浓度高于 E2 和 EE2。E1 是 E2 和 EE2 主要代谢产物之一，它在环境中可缓慢降解为 E3，而人体每天从尿液中会排出 E1、E2 和 E3，所以 E1 和 E3 浓度较高。河水的污染程度高于日本和欧洲国家，原因可能是城市人口拥挤，居住密度高，并且部分未处理的

生活污水和家畜饲养场废水排入水源所致。

（2）饮用水处理过程去除类固醇雌激素的效果

类固醇雌激素检测时，采用 1L 过滤后水样加 100ng 或 500ng 目标化合物和 50ng 同位素内标进行测定。

1）氯化效果

加氯不能有效降解雌激素，氯化只去除约 20％～40％的类固醇雌激素。尽管经过混凝、沉淀和过滤，水中有机物有所减少，但预氯化或后氯化对类固醇去除效果无明显差别。除了 E2 外，目标化合物去除率也无多大差别。

2）混凝和沉淀效果

饮用水处理过程中对雌激素的去除率详见表 4.16。硫酸铝混凝时，可去除吸附在颗粒上的内分泌干扰物，去除率约为 20％～50％。4 种目标化合物的 lgKow 虽有所不同，但去除百分率并无明显差别。此外，试验时的初始浓度并不影响去除率，只是 E2 稍有例外。增加硫酸铝量并未提高去除率，据其他资料报道，污染物浓度在 10～250ng/L 范围内时，去除率没有变化。

饮用水处理过程的雌激素去除百分率（均值±SD，$n=4$）　　**表 4.16**

处理工艺	初始浓度（ng/L）	雌酮（E1）（％）	17β-雌二醇（E2）（％）	17α-乙炔基雌二醇（EE2）（％）	雌三醇（E3）（％）
预氯化	100	33.4±9.2	19.1±16.5	23.7±5.1	28.0±7.0
	500	34.8±5.6	39.5±4.8	28.3±10.7	23.2±6.0
混凝/沉淀	100	37.3±14.9	52.1±4.1	17.3±15.3	26.7±9.2
	500	29.8±3.0	35.7±10.8	27.1±7.9	20.0±7.5
快滤	100	94.1±5.6	96.3±5.5	94.9±5.4	92.4±4.1
	500	98.1±2.26	98.7±1.0	98.4±1.7	83.6±7.6
后氯化	100	27.7±17.2	22.4±14.4	44.0±5.8	31.5±4.8
	500	25.3±10.1	35.9±12.1	16.7±10.2	22.3±8.4
处理全过程	100	94.2±4.8	88.4±10.1	92.9±4.3	84.7±6.3
	500	90.5±6.7	89.3±3.6	93.3±1.7	64.4±2.9

3）过滤效果

过滤可去除多数类固醇雌激素，去除效果比混凝、沉淀好，约可去除 92％～98％，但 E3 在高浓度时去除率较低。滤池平均去除率为 97％～98％，原因是过滤时有机物吸附在无烟煤上，而不是去除已经吸附在颗粒上的污染物。砂滤料时去除率为 34％～46％。

4）常规水处理全过程的处理效果

整个水处理过程可去除 88％～94％的 E1、E2 和 EE2，在 500ng/L 浓度时 E3 去除率远低于其他化合物。自来水厂处理后水中未检出类固醇雌激素。

常规处理应可去除水源中低浓度类固醇雌激素，有时不排除因水源中无类固醇雌激素而处理后水中不能检出的原因。

常规自来水厂可去除微量类固醇雌激素，但较高浓度时去除不完全，特别是较亲水的 E3。

4.3　氧化（Cl、O_3、UV）工艺去除内分泌干扰物

根据上海黄浦江原水的实际情况，对上海的自来水厂普遍采用的预氯化工艺去除水中典型内分泌干扰物的效果进行试验研究。同时也对 O_3 和 UV 去除内分泌干扰物的效果进行试验。

4.3.1 预氯化去除内分泌干扰物效果

(1) 预氯化去除4-叔丁基苯酚(4-TBP)效果

1) 氯投加量的影响

采用浓度约为1mg/L的4-TBP溶液，在pH=7、t=25±1℃时投加不同的氯量，有效氯浓度分别为1mg/L、2mg/L、3mg/L、5mg/L、8mg/L，研究各种加氯量对4-TBP的去除效果，结果见图4.15。由图4.15可知，各种加氯量下的4-TBP均能快速被降解，其中HOCl初始浓度为3mg/L时，10min后4-TBP的去除率已达到70%左右；当HOCl初始浓度增加到8mg/L时，发现30min时4-TBP已降解了95%，60min后已经检测不到。

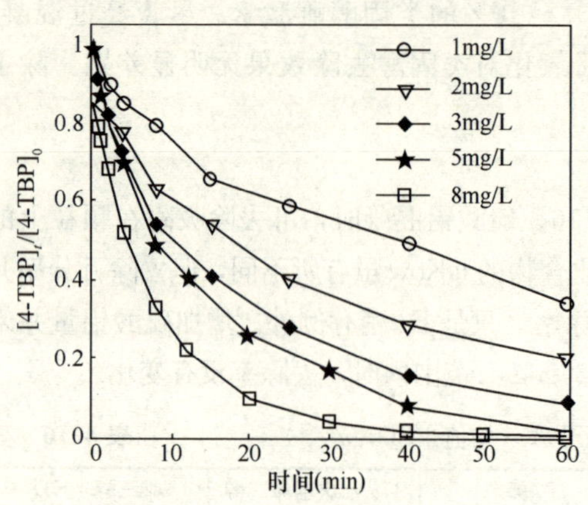

图4.15 不同氯投加量下4-TBP的去除效果

由于4-TBP是羟基芳香族化合物，能够和HOCl发生典型亲电子取代反应，所以能在预氯化工艺中快速降解。

随着HOCl初始浓度的增加，[4-TBP]的降解速率加快，并且$\ln([4\text{-TBP}]_t/[4\text{-TBP}]_0)$始终保持线性关系，说明在不同$[HOCl]_0$条件下，拟一级反应能够准确描述HOCl与4-TBP的反应。

2) pH的影响

在$[HOCl]_0$=42.17μmol/L、$[4\text{-TBP}]_0$=5.66μmol/L时，试验研究了pH=3～10的范围内4-TBP的氯化反应，见图4.16和图4.17。当pH为6和4，反应时间达到160min时，分别有20%和46.7%的4-TBP仍未反应；pH=9，反应时间为25min时，溶液中只残留5.3%的4-TBP，而40min时已经检测不到4-TBP。pH为4和6时，4-TBP的拟一级反应速率常数分别为0.0030和0.0094min^{-1}，而pH为9和10时的k_{obs}分别为0.1185和0.0534min^{-1}，可见在弱酸性水环境下4-TBP的氯化反应比较缓慢，相反地在弱碱条件下反应要快得多。

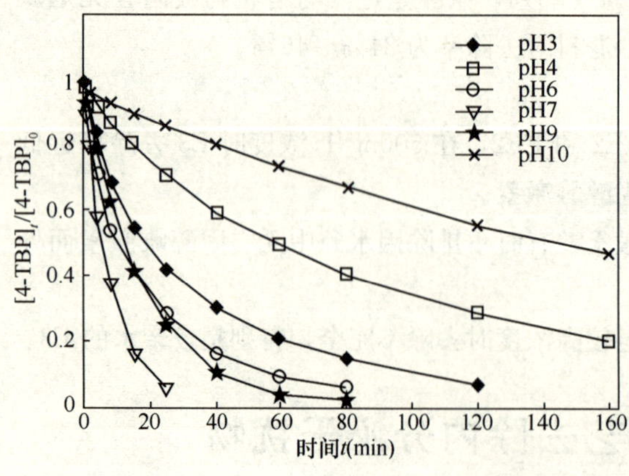

图4.16 pH对4-TBP氯化反应的影响

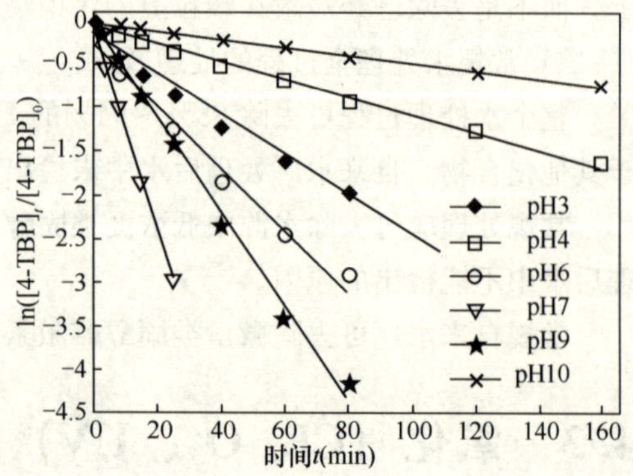

图4.17 pH对4-TBP氯化拟一级动力学曲线影响

分析其原因，在酚类亲电子取代反应中，反应速率与亲电子试剂的阳电性以及芳香烃的形式有关，离子态的酚类物质与氯的反应速率是分子态的 10^4～10^5 倍，也就是说当 O^- 变成 OH 时，氯化反应速率将大大降低。当 pH 为 4～6，氯化反应速率主要由 HOCl 和分子态酚类物质决定，此时 p*K*a 较小，反应较慢；在 pH 变高时，酚类部分电离成为离子态，从而与氯反应迅速。

3）温度的影响

采用去离子水配制浓度为 0.9mg/L 的 4-TBP 溶液，在 $[HOCl]_t=3$mg/L，pH=7 的条件下，研究反应温度对氯化降解 4-TBP 的影响，结果见图 4.18。

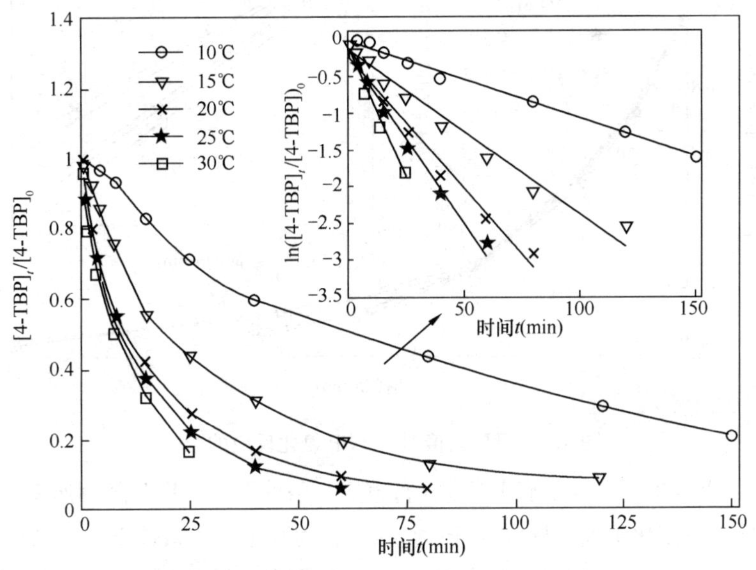

图 4.18　温度对 4-TBP 氯化反应的影响

由图 4.18 可见，当反应温度为 10℃时，氯化反应缓慢，0.9mg/L 的 4-TBP 溶液经预氯化 150min 分钟后仍有 20％残余，而当反应温度为 30℃时，氯化反应 25min 后，溶液中只有 16.4％的 4-TBP 残余。同时，随着温度的升高，$\ln([4\text{-TBP}]_t/[4\text{-TBP}]_0)$ 和反应时间 t 始终保持线性关系，R^2 值分别为 0.9949、0.9953、0.9715、0.9778 和 0.9826，并且直线斜率不断增大，说明随着反应温度的增加 4-TBP 在预氯化工艺中降解的速率也随之增大。因此提高反应温度，有利于 4-TBP 的氯化降解。

4）本底有机物的影响

确定水中本底有机物对预氯化工艺去除4-TBP效果的影响，对于不同的地域水质有现实意义。用去离子水配置硼酸钠缓冲溶液（pH=9.1），并用缓冲溶液配置腐殖酸母液，然后对母液进行稀释（稀释液为硼酸钠缓冲溶液），得到一系列不同浓度的腐殖酸溶液，测定 UV_{254}，得到腐殖酸浓度与 UV_{254} 的关系，见图 4.19。同时得出腐殖酸溶液

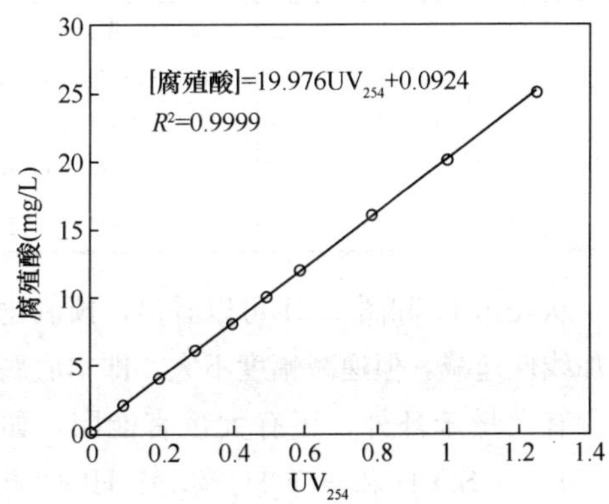

图 4.19　腐殖酸浓度与 UV_{254} 之间的关系曲线

的 UV_{254} 与 DOC 之间的关系式为：

$$DOC=17.827UV_{254}+0.5991\ (R^2=0.9804) \tag{4.2}$$

采用同样方法配置不同浓度的腐殖酸溶液，以腐殖酸为背景溶液进行 4-TBP 的预氯化试验，考察不同本底有机物对 4-TBP 降解的影响。氯投加量为 3mg/L，4-TBP 的初始浓度约为 0.9mg/L，不同 UV_{254} 值本底条件下预氯化工艺去除 4-TBP 的效果如图 4.20 所示。

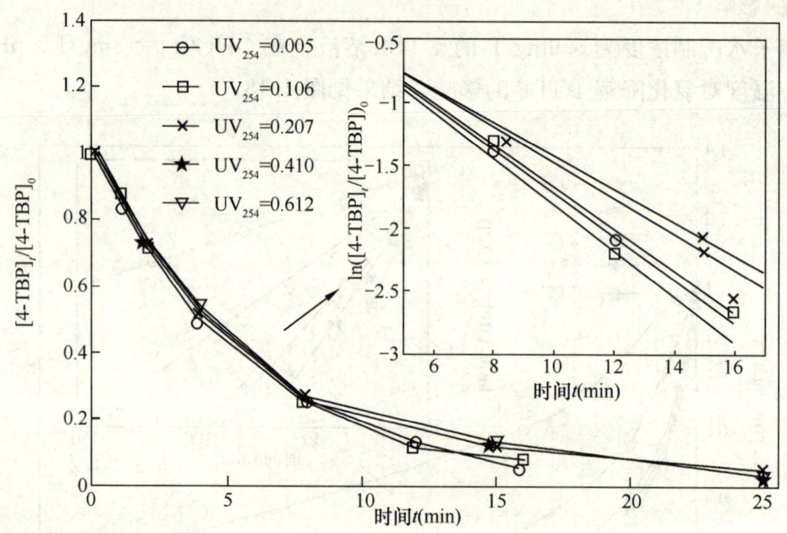

图 4.20 UV_{254} 值对 4-TBP 氯化反应的影响

从图 4.20 可以看出，不同本底 UV_{254}（腐殖酸）条件下，4-TBP 降解速率随着本底 UV_{254} 的增大略有降低，但变化不大。反应 8min 时，UV_{254} 为 0.106 的条件下，4-TBP 的降解速率为 75.4%，只比 UV_{254} 为 0.612 时的去除率提高 1.9%。另外，随着 UV_{254} 的增大，ln($[4\text{-TBP}]_t/[4\text{-TBP}]_0$) 和反应时间 t 始终保持线性关系，R^2 值分别为 0.9974、0.9967、0.9934、0.9974 和 0.9929，并且直线斜率 k 随着 UV_{254} 的增大略有降低，见表 4.17。斜率与本底 UV_{254} 的拟合关系见图 4.21。

不同 UV_{254} 条件下的 ln($[4\text{-TBP}]_t/[4\text{-TBP}]_0$) 值与时间 t 的线性方程式　　表 4.17

编号	初始本底 UV_{254} 值(cm^{-1})	线性方程式	$k(min^{-1})$	R^2
①	0.005	$\ln([4\text{-TBP}]_t/[4\text{-TBP}]_0)=-0.1835t-0.0254$	0.1835	0.9974
②	0.106	$\ln([4\text{-TBP}]_t/[4\text{-TBP}]_0)=-0.1721t-0.0015$	0.1721	0.9967
③	0.207	$\ln([4\text{-TBP}]_t/[4\text{-TBP}]_0)=-0.1672t-0.0013$	0.1672	0.9934
④	0.410	$\ln([4\text{-TBP}]_t/[4\text{-TBP}]_0)=-0.1416t-0.0609$	0.1416	0.9989
⑤	0.612	$\ln([4\text{-TBP}]_t/[4\text{-TBP}]_0)=-0.1322t-0.1095$	0.1322	0.9988

从表 4.17 和图 4.21 可以看出，预氯化降解 4-TBP 的反应速率常数 k 随着本底 UV_{254} 值的增加线性递减，但递减幅度不大，即本底腐殖酸对 4-TBP 降解影响较小。分析其原因，腐殖酸除含有大量苯环外，还有大量官能团，如 $-OH$、$-COOH$、$>C=O$、$-PO_3H_2$、$-NH_2$、$-CH_3$、$-SO_3H$ 和 $-OCH_3$ 等，而 HOCl 能够和腐殖酸反应生成消毒副产物，即从理论上水中的腐殖酸能降低 4-TBP 的氯化速率，但是由于在本试验条件下氯投加量较大，在有限的反应

时间内腐殖酸和 4-TBP 的竞争作用不明显，造成了 4-TBP 的降解速率随着腐殖酸浓度的增加略有降低但变化不大的结果。

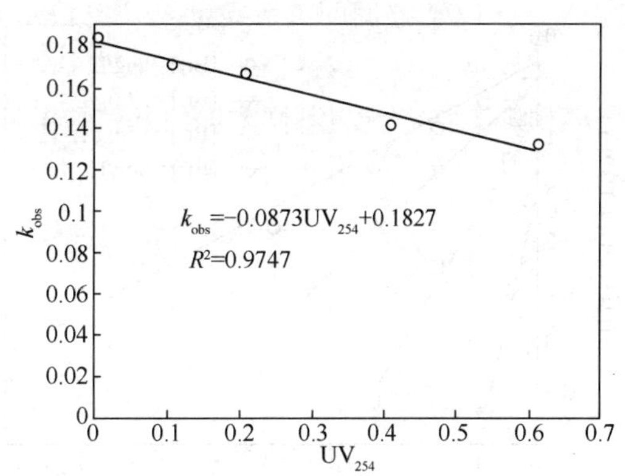

图 4.21 K 与本底 UV_{254} 值的关系

5）无机离子的影响

天然水体中成分复杂，一般都含有多种无机离子，例如我国东北地区水质较硬，含有较多的钙、镁等离子，而沿海地区地表水大多含有较多的卤素离子，因此研究无机离子对预氯化工艺去除 4-TBP 过程的影响。

①Br^- 的影响

水中含有 Br^- 时会与次氯酸反应生成氧化能力更强的 HOBr，即存在反应：$Br^- + HOCl \rightarrow HOBr + Cl^-$

HOBr 会以比 HOCl 更快的速度与有机物反应，并且 HOBr/HOCl 的比率对于溴代消毒副产物的生成量起了非常重要的作用。所以水样经预氯化后会生成大量的溴代消毒副产物，而这些溴代消毒副产物往往具有比氯代消毒副产物更大的毒性。由于许多地区尤其是沿海地带的地表水和地下水中往往含有较多的 Br^-，而目前预氯化还广泛地在饮用水处理中使用。因此以 Br^- 为背景溶液研究内分泌干扰物在预氯化工艺中的变化。

在去离子水中加入 KBr，使 Br^- 的浓度分别达到 0mg/L、0.2mg/L、0.5mg/L 和 1mg/L，在溶液温度为 20±2℃的条件下进行预氯化试验，其中氯投加量为 3mg/L，4-TBP 的初始浓度约为 0.85mg/L，试验不同 Br^- 浓度条件下预氯化工艺去除 4-TBP 的效果，结果如图 4.22 所示。

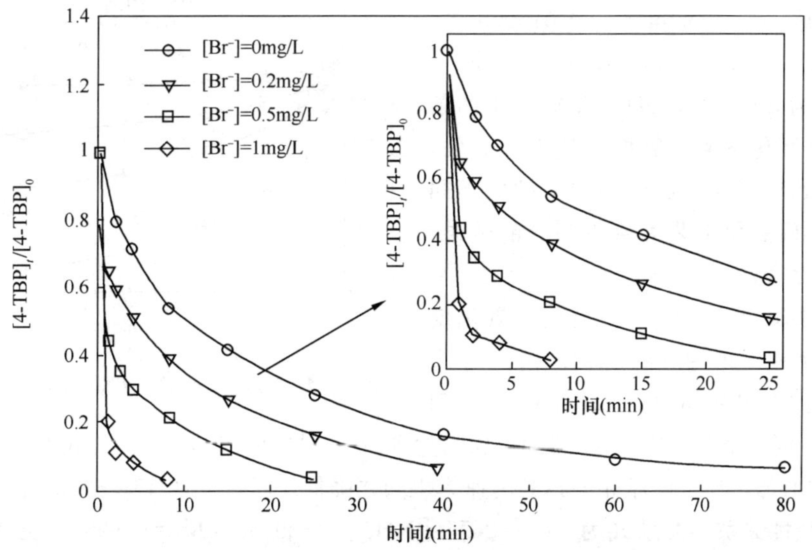

图 4.22 Br^- 浓度对 4-TBP 氯化反应的影响

从图 4.22 可以看出，当溶液中没有 Br^- 时，预氯化反应 1min 后 4-TBP 降解了 20.9%，60min 后 4-TBP 还有 8.6%残留；而当 Br^- 浓度为 0.2mg/L、0.5mg/L 和 1mg/L 时，预氯化反

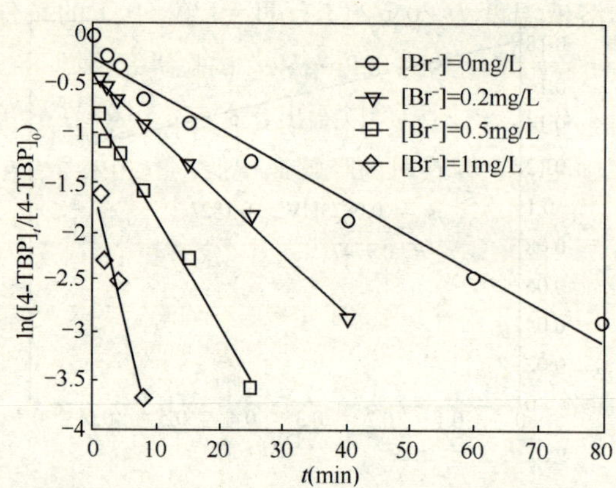

图 4.23 Br^-浓度对 4-TBP 氯化反应一级动力学关系的影响（$t>1min$）

应 1min 后 4-TBP 分别降解了 35.8%、56.0% 和 79.8%，其中［Br^-］=1mg/L 的条件下氯化反应 8min 后就检测不到 4-TBP。由此可见，随着 Br^-浓度的增大，4-TBP 的降解速率不断加快，说明 HOBr 作为亲电子试剂比 HOCl 更有效地取代 4-TBP 苯环上的氢原子。

另外，3 种有 Br^-存在的工况下，$[4\text{-TBP}]_t$ 在 1min 内便有大幅度地降低，而 1min 后的反应与时间 t 呈对数关系，见图 4.23。随着［Br^-］的增大，ln（$[4\text{-TBP}]_t$/$[4\text{-TBP}]_0$）和反应时间 t（>1min）始终保持线性关系，R^2 分别为 0.9974、0.9934 和 0.9569，其一级动力学拟合线性方程见表 4.18。

不同［Br^-］条件下的 ln（$[4\text{-TBP}]_t/[4\text{-TBP}]_0$）值与时间 t 的线性方程式　　表 4.18

编号	［Br^-］(mg/L)	线性方程式	k_{obs} (min^{-1})	R^2
①	0	$\ln([4\text{-TBP}]_t/[4\text{-TBP}]_0)=-0.0358t-0.2431$	0.0358	0.9778
②	0.2	$\ln([4\text{-TBP}]_t/[4\text{-TBP}]_0)=-0.0605t-0.4126$	0.0605	0.9974
③	0.5	$\ln([4\text{-TBP}]_t/[4\text{-TBP}]_0)=-0.11t-0.7481$	0.11	0.9934
④	1	$\ln([4\text{-TBP}]_t/[4\text{-TBP}]_0)=-0.2733t-1.4807$	0.2733	0.9569

②NH_4^+的影响

在去离子水中加入 NH_4Cl，使 NH_4^+ 的浓度分别达到 0mmol/L、0.01mmol/L、0.02mmol/L、0.03mmol/L 和 0.04mmol/L，在溶液温度为 20±2℃，pH=7.0±0.1 的条件下进行预氯化试验。氯投加量为 3mg/L，4-TBP 的初始浓度约为 0.85mg/L，研究不同 NH_4^+ 浓度时预氯化工艺去除 4-TBP 的效果，结果如图 4.24 所示。

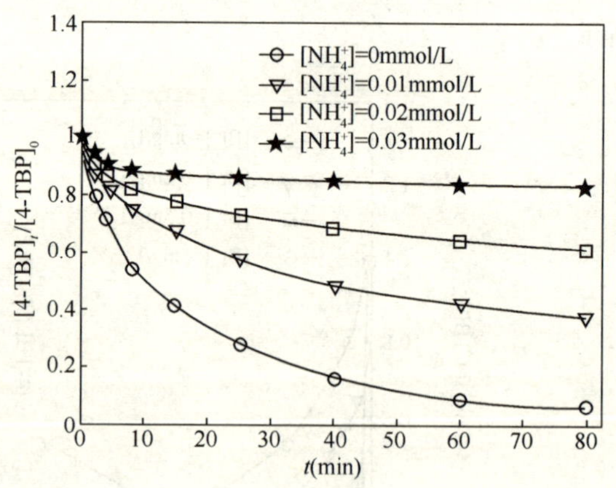

图 4.24　NH_4^+ 浓度对 4-TBP 氯化反应的影响

由图可知，当［NH_4^+］=0 时，氯化反应 60min 后 4-TBP 去除了 91.4%，而当［NH_4^+］为 0.01mmol/L、0.02mmol/L 和 0.03mmol/L 时，氯化反应 60min 后 4-TBP 的去除率分别为 62.7%、38.7%和 16.9%，即随着 NH_4^+ 浓度的增加，预氯化降解 4-TBP 的速率也随之降低。同时发现反应 60min 后的去除率与［NH_4^+］呈线性关系，关系式为 $y=-2475[NH_4^+]+89.55$（$R^2=0.996$），见图 4.25。在［NH_4^+］=0.03mmol/L 时，15min 后反应溶液中 4-TBP 的浓度几乎保持不变，说明水中 NH_4^+ 的存在对预氯化去除 4-TBP 的影响很大。

③Na^+的影响

在去离子水中加入 NaCl，使 Na^+ 的浓度分别达到 0mmol/L、0.001mmol/L、

0.005mmol/L、0.01mmol/L 和 0.04mmol/L，在溶液温度为 20±2℃，pH=7.0±0.1 的条件下进行预氯化试验，氯投加量为 3mg/L，4-TBP 的初始浓度约为 0.9mg/L，试验研究不同 Na^+ 浓度条件下的预氯化工艺去除 4-TBP 的效果（图 4.26）。从图中可以看出，在有 Na^+ 存在的预氯化试验中 4-TBP 的降解速率变化不大，并且略比无 Na^+ 存在时的降解速率低，但相差无几。

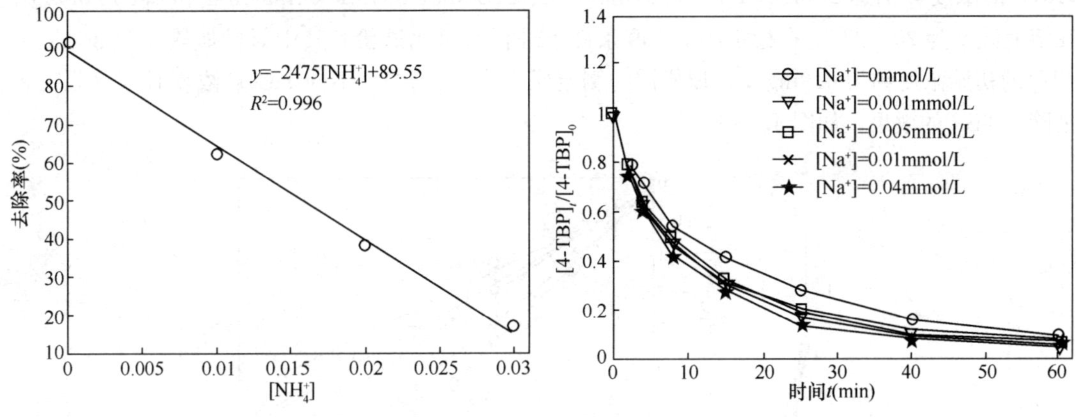

图 4.25　NH_4^+ 浓度与 4-TBP 去除率（t=60min）的关系

图 4.26　Na^+ 浓度对 4-TBP 氯化反应的影响

由上可知，Na^+ 对预氯化工艺去除 4-TBP 效果的影响不明显。

④Ca^{2+} 的影响

在去离子水中加入 $CaCl_2$，使 Na^+ 的浓度分别达到 0mmol/L、0.001mmol/L、0.005mmol/L、0.01mmol/L 和 0.04mmol/L，在溶液温度为 20±2℃，pH=9.6±0.1 的条件下进行预氯化试验，其中氯投加量为 3mg/L，4-TBP的初始浓度约为 0.9mg/L，研究不同 Na^+ 浓度条件下的预氯化工艺去除 4-TBP 的效果如图 4.27 所示。

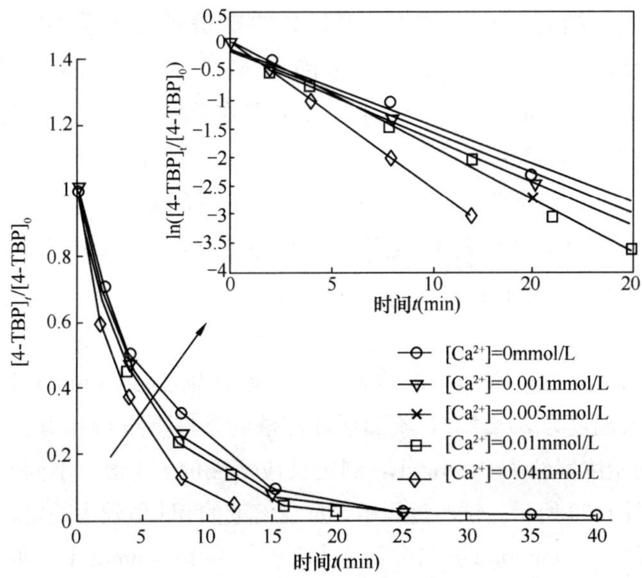

图 4.27　Ca^{2+} 浓度对 4-TBP 氯化反应的影响

从图中可以看出，在预氯化试验中，随着 Ca^{2+} 浓度的增大，4-TBP 的降解速率逐渐略有变大，但增大的幅度不明显。

⑤HCO_3^- 的影响

由于 Na^+ 几乎不对预氯化降解 4-TBP 产生影响，所以在去离子水中加入 $NaHCO_3$，使 HCO_3^- 的浓度分别达到 0mmol/L、0.01mmol/L、0.02mmol/L、0.04mmol/L 和 0.06mmol/L，在溶液温度为 20±2℃，在稳定的 pH 值条件下进行预氯化试验，其中氯投加量为 3mg/L，4-TBP 的初始浓度约为 0.9mg/L，取样同时测定反应溶液的 pH。不同 HCO_3^- 浓度时预氯化工艺去除 4-TBP 的效果，如图 4.28 所示。

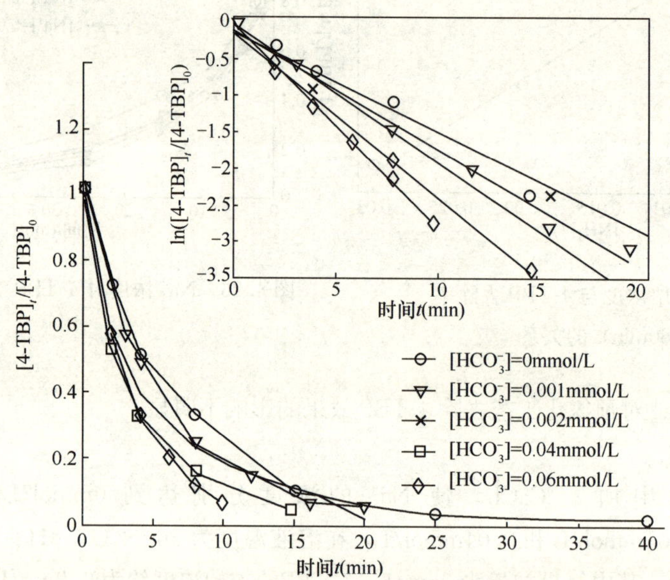

图 4.28　HCO_3^- 浓度对 4-TBP 氯化反应的影响

从图中可以看出，随着 HCO_3^- 增大，4-TBP 的降解速率逐渐增大：当［HCO_3^-］=0mmol/L时，氯化反应 8min 后，4-TBP 只去除了 67.3%，而［HCO_3^-］为 0.01mmol/L、0.02mmol/L、0.04mmol/L 和 0.06mmol/L 时，4-TBP 在反应 8min 后的去除率分别为 76.6%、77.8%、85.3%和 88.4%，其中当［HCO_3^-］=0.06mmol/L 时，反应 10min 后溶液中已检测不到4-TBP。同时，从ln（［4-TBP］$_0$/［4-TBP］$_t$）与反应时间 t 的一级动力学关系曲线可以看出，随着［HCO_3^-］的增大，直线斜率 k_{obs} 从 0.1315 逐渐增大到 0.2708，可见水中存在 HCO_3^- 可以促进预氯化工艺对 4-TBP 的去除。

⑥CO_3^{2-} 的影响

在去离子水中加入 Na_2CO_3，使 CO_3^{2-} 的浓度分别达到 0mmol/L、0.01mmol/L 和 0.04mmol/L，在溶液温度为 20±2℃，不加缓冲溶液的条件下进行预氯化试验。氯投加量为 3mg/L，4-TBP 的初始浓度约为 0.9mg/L，测定反应溶液的 pH 值。不同 CO_3^{2-} 浓度条件下去除 4-TBP 的效果如图 4.29 所示。试验过程中，反应溶液的 pH 值较为稳定，各工况下的 pH 值分别为 9.68（［CO_3^{2-}］=0mmol/L)、10.74（［CO_3^{2-}］=0.01mmol/L）和 11.3（［CO_3^{2-}］=0.04mmol/L）。

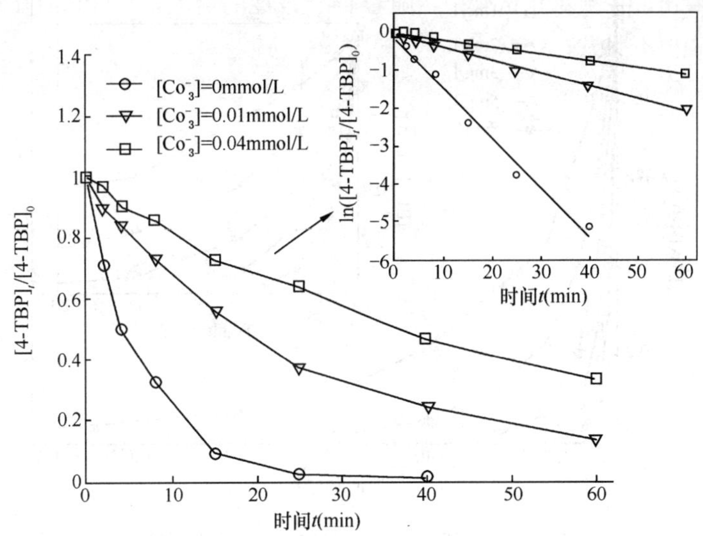

图 4.29　CO_3^{2-} 浓度对 4-TBP 氯化反应的影响

可以看出，与 HCO_3^- 离子促进 4-TBP 氯化反应相反，CO_3^{2-} 抑制了 4-TBP 氯化反应：当反应进行到 25min，［CO_3^{2-}］为 0.01mmol/L 和 0.04mmol/L 时，对 4-TBP 的去除率分别达到 63%和 36.3%，低于［CO_3^{2-}］＝0mmol/L 时的 97.7%4-TBP 去除率（t＝5min）。同时，从 ln（［4-TBP］$_0$/［4-TBP］$_t$）与反应时间 t 的关系曲线可以看出，在 CO_3^{2-} 存在下 4-TBP 的氯化反应仍是拟一级动力学反应，并且随着［CO_3^{2-}］的增大，拟一级动力学常数 k_{obs} 从 0.1315 减小到 0.0336 和 0.0184，可见水中存在 CO_3^{2-} 可以抑制预氯化工艺对 4-TBP 的去除。

综上所述，在预氯化工艺中，一定量的 HCO_3^- 能够促进 4-TBP 的氯化反应；相反，CO_3^{2-} 却会降低 4-TBP 的降解速率。

（2）预氯化去除双酚 A 效果

1）氯投加量的影响

采用浓度约为 1mg/L 的双酚 A（BPA）溶液，在 pH＝7，T＝25±1℃条件下投加不同 HOCl 初始浓度（有效氯浓度分别为 1mg/L、2mg/L、3mg/L、5mg/L、8mg/L），研究不同加氯量对 BPA 去除效果的影响，结果见图 4.30。由图 4.30 可知，各种条件下 BPA 均能快速被降解，其中 HOCl 初始浓度为 3mg/L（即［HOCl］$_t$＝42.3μmol/L）时，10min 后 BPA 的去除率已达到 80%左右，40min 后检测不出；当 HOCl 初始浓度增加到 8mg/L（即［HOCl］$_t$＝112.8μmol/L）时，经过 8min 后已检测不到 BPA。

在当前污水消毒工艺中，氯投加量一般为 1～4mg/L，2mg/L 的氯投加量能在最小接触时间（15min）内将 1mg/L 的 BPA 去除 77.5%；而在饮用水消毒中，氯投加量一般为 1～3mg/L，接触时间为 15～30min，按照氯投加量为 3mg/L，接触时间为 30min 来计算，初始浓度为 1mg/L 的 BPA 经过预氯化工艺后已被完全降解。

2）pH 的影响

在［HOCl］$_0$＝42.17μmol/L，［BPA］$_0$＝4.55μmol/L 时，试验研究了 pH＝3～10 的范围内 BPA 的氯化反应，结果见图 4.31 和图 4.32。当 pH 为 4 时，反应时间 160min 有 35.8%的

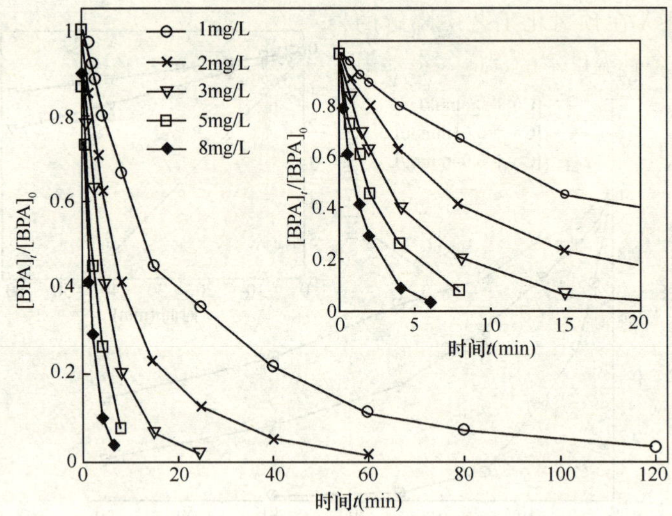

图 4.30 不同氯投加量下 BPA 的去除效果

BPA 仍未反应；当 pH＝9，反应时间达到 8min 时，溶液中只残留 4.9％的 BPA，而大于 12min 时已经检测不到 BPA。pH 为 4 时，BPA 的拟一级反应速率常数为 0.0056min^{-1}，而 pH 为 9 和 10 时的 k_{obs} 分别为 0.2444min^{-1} 和 0.2138min^{-1}，可见在弱酸性水环境下，BPA 的氯化反应比较缓慢，相反在弱碱条件下反应要快得多。另外，随着 pH 从 4 降低到 3，k_{obs} 增大到 0.1692min^{-1}，而 pH＝10 时的 k_{obs} 又较 pH＝9 时小。

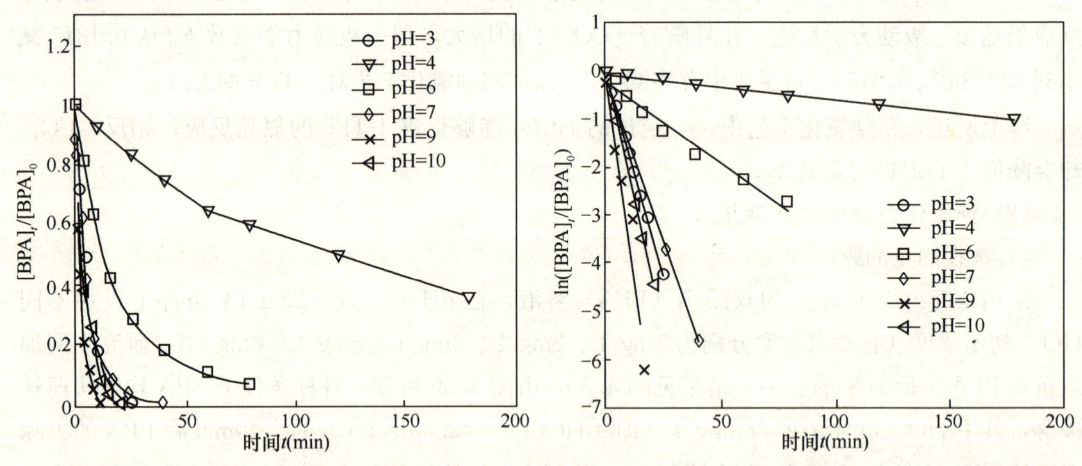

图 4.31 pH 对 BPA 氯化反应的影响

图 4.32 pH 对 BPA 氯化拟一级动力学曲线影响

3）温度的影响

采用去离子水配制浓度相近的 1mg/L 的 BPA 溶液，在［HOCl］$_0$＝3mg/L，pH＝7 的条件下，研究反应温度对氯化降解 BPA 的影响，结果见图 4.33。

由图 4.33 可见，当反应温度为 8℃时，氯化反应相对缓慢，1mg/L 的 BPA 溶液经预氯化 25min 后仍有 16.3％残余，而当温度为 30℃时，氯化反应 8min 后溶液中只有 9.2％的 BPA 残余。同时，随着温度的升高，ln（［BPA］$_t$/［BPA］$_0$）和反应时间 t 始终保持线性关系，其 R^2 分别为 0.9900、0.9856、0.9904、0.9782 和 0.9845，并且直线斜率 k_{obs} 不断增大，说明随着反应温度的增加，BPA 在预氯化工艺中降解的速率也随之增大。各种温度下的反应一级动力学方程见表 4.19。

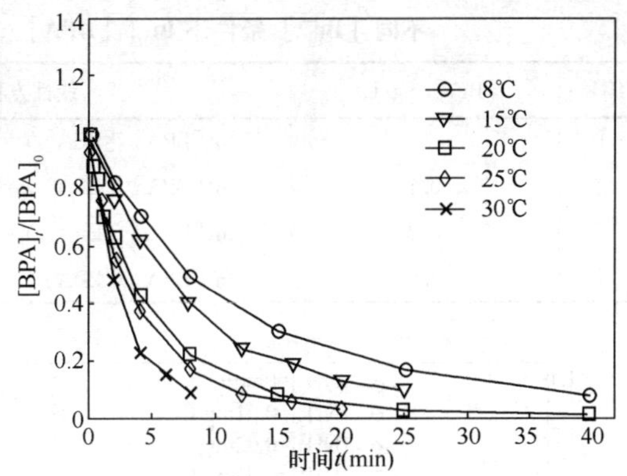

图 4.33 温度对 BPA 氯化反应的影响

4）无机离子的影响

①Br^- 的影响

在去离子水中加入 KBr，使 Br^- 的浓度分别达到 0mg/L、0.1mg/L、0.2mg/L、0.5mg/L 和 1mg/L，在溶液温度为 25±2℃的条件下进行预氯化试验，其中氯投加量为 3mg/L，BPA 的初始浓度约为 1mg/L，试验不同 Br^- 浓度条件下，预氯化工艺去除 BPA 的效果，结果如图 4.34 所示。

不同温度条件下的 ln（$[BPA]_t/[BPA]_0$）值与时间 t 的线性方程式 **表 4.19**

编号	初始本底 T(℃)	线性方程式	k_{obs}(min^{-1})	R^2
①	8	$\ln([4\text{-TBP}]_t/[4\text{-TBP}]_0)=-0.065t-0.1075$	0.065	0.9900
②	15	$\ln([4\text{-TBP}]_t/[4\text{-TBP}]_0)=-0.0965t-0.0971$	0.0965	0.9865
③	20	$\ln([4\text{-TBP}]_t/[4\text{-TBP}]_0)=-0.1372t-0.2408$	0.1372	0.9904
④	25	$\ln([4\text{-TBP}]_t/[4\text{-TBP}]_0)=-0.1694t-0.2131$	0.1694	0.9989
⑤	30	$\ln([4\text{-TBP}]_t/[4\text{-TBP}]_0)=-0.2972t-0.1007$	0.1322	0.9845

从图 4.34 可以看出，当溶液中没有 Br^- 时，预氯化反应 1min 后 BPA 降解了 38.3%，20min 后 BPA 还有 2.4%残留，而当 Br^- 浓度为 0.1mg/L、0.2mg/L、0.5mg/L 和 1mg/L 时，预氯化反应 1min 后 BPA 分别降解了 69.3%、72.9%、82.4% 和 98.1%，其中 $[Br^-]$ = 1mg/L的条件下氯化反应 8min 后溶液中就检测不到 BPA 的存在。由此可见，随着 Br^- 浓度的增大，BPA 的降解速率不断加快。

另外，当 Br^- 浓度为 0.1mg/L、0.2mg/L 和 0.5mg/L 时，$[BPA]_t$ 在 1min 内大幅度的降低，而 1min 后的反应与时间 t 呈对数关系，见图 4.35。随着 $[Br^-]$ 的增大，ln($[BPA]_t/[BPA]_0$）和反应时间 t（>1min）始终保持线性关系，R^2 分别为 0.9973、0.9981 和 0.9570，其一级动力学拟合关系见表 4.20。

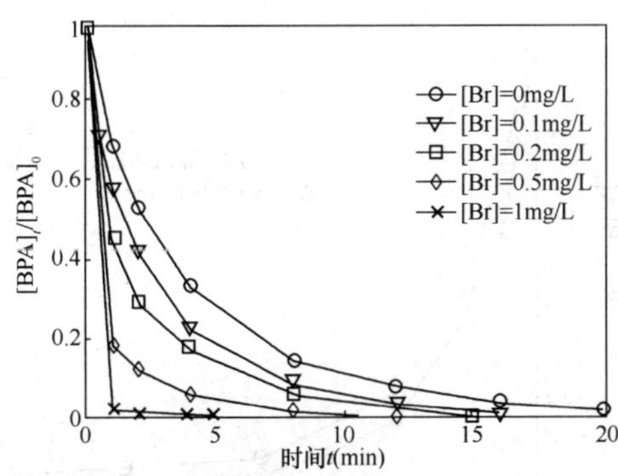

图 4.34 Br^- 浓度对 BPA 氯化反应的影响

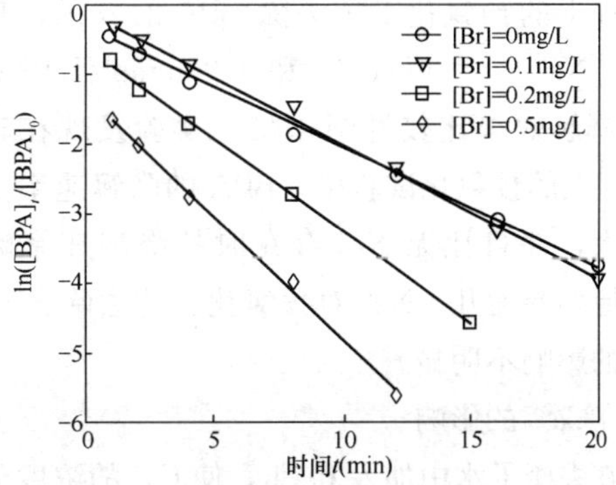

图 4.35 Br^- 浓度对 BPA 氯化反应一级动力学关系的影响（t>1min）

不同［Br^-］条件下 ln（［BPA］$_t$/［BPA］$_0$）值与时间 t 的线性方程式　　表 4.20

编号	［Br^-］(mg/L)	线性方程式	k_{obs} (min^{-1})	R^2
①	0	$\ln([BPA]_t/[BPA]_0)=-0.1813t-0.2322$	0.1813	0.9903
②	0.1	$\ln([BPA]_t/[BPA]_0)=-0.1911t-0.1096$	0.1911	0.9973
③	0.2	$\ln([BPA]_t/[BPA]_0)=-0.2643t-0.6346$	0.2643	0.9981
④	0.5	$\ln([BPA]_t/[BPA]_0)=-0.3517t-1.3235$	0.3517	0.9970

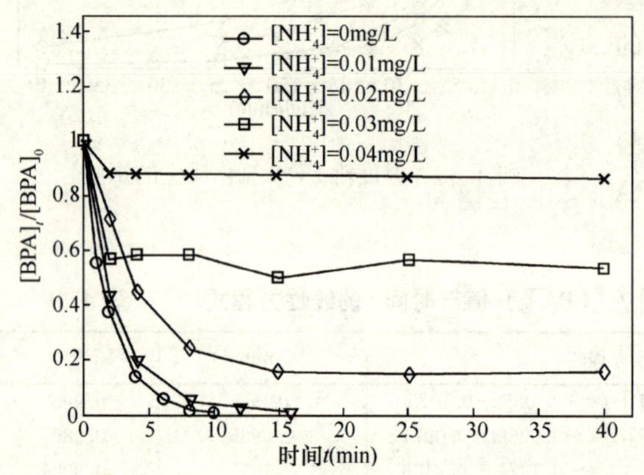

图 4.36　NH_4^+ 浓度对 BPA 氯化反应的影响

②NH_4^+ 的影响

在去离子水中加入 NH_4Cl，使 NH_4^+ 的浓度分别达到 0mmol/L、0.01mmol/L、0.02mmol/L、0.03mmol/L 和 0.04mmol/L，在溶液温度为 29±1℃，pH＝7.0±0.1 的条件下进行预氯化试验，其中氯投加量为 3mg/L，BPA 的初始浓度约为 1mg/L，试验研究不同 NH_4^+ 浓度条件下，预氯化工艺去除 BPA 的效果，结果如图 4.36 所示。

由图 4.36 可知，当［NH_4^+］＝0 时，氯化反应 10min 后 BPA 去除了 99.3%，而当［NH_4^+］为 0.01mmol/L、0.02mmol/L、0.03mmol/L 和 0.04mmol/L 时，氯化反应 15min 后 BPA 的去除率分别为 90.1%、84.1%、38.7%和 16.9%，即随着 NH_4^+ 浓度的增加，预氯化降解 BPA 的速率也随之降低。同时当［NH_4^+］为 0.03mmol/L 和 0.4mmol/L 时，氯化反应 2min 后 BPA 的浓度几乎不再发生变化，即溶液中的 HOCl 已经完全被消耗，说明水中的 NH_4^+ 对预氯化去除 BPA 的影响很大。

③Na^+ 的影响

在去离子水中加入 NaCl，使 Na^+ 的浓度分别达到 0mmol/L、0.001mmol/L、0.005mmol/L、0.01mmol/L 和 0.04mmol/L，在溶液温度为 28±1℃，pH＝7.0±0.1 的条件下进行预氯化试验。氯投加量为 3mg/L，BPA 的初始浓度约为 1mg/L，试验研究不同 Na^+ 浓度条件下的预氯化工艺去除 BPA 的效果，其中当［Na^+］＝0mmol/L 和 0.01mmol/L 时的 BPA 降解效果比较见图 4.37。实验发现在有 Na^+ 存在的预氯化试验中，BPA 的降解速率变化不大，并且比无 Na^+ 存在时的降解速率略低，但相差无几。Na^+ 对预氯化工艺去除 BPA 效果的影响不明显。

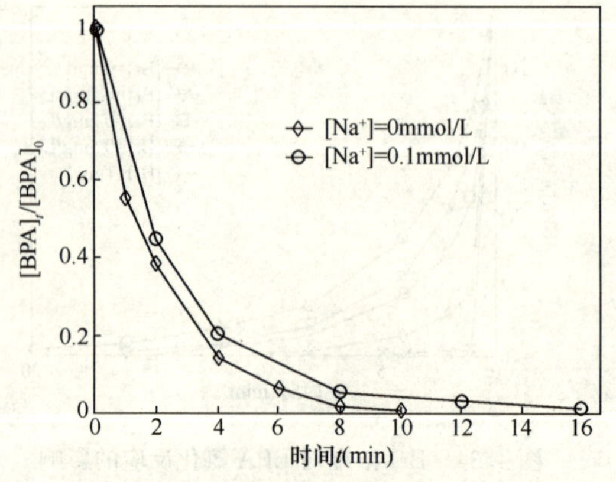

图 4.37　Na^+ 浓度对 BPA 氯化反应的影响

④Ca^{2+} 的影响

在去离子水中加入 $CaCl_2$，使 Ca^+ 的浓度分别达到 0mmol/L、0.005mmol/L、0.01mmol/L、0.015mmol/L 和 0.02mmol/L，在溶液温度为 29

±1℃，pH=9.6±0.1 的条件下进行预氯化试验。氯投加量为 3mg/L，BPA 的初始浓度约为 1mg/L，试验研究不同 Na^+ 浓度条件下的预氯化工艺去除 BPA 的效果，结果如图 4.38 所示。

从图中可以看出，在预氯化试验中，随着 Ca^{2+} 浓度的增大，BPA 的降解速率逐渐变大，但增大的幅度不明显。其中［Ca^{2+}］= 0.02mmol/L，氯化反应 3min 时，BPA 已经去除了 95.3%，而不加 Ca^{2+} 的试验中氯化反应 6min 时 BPA 才降解了 93.7%。

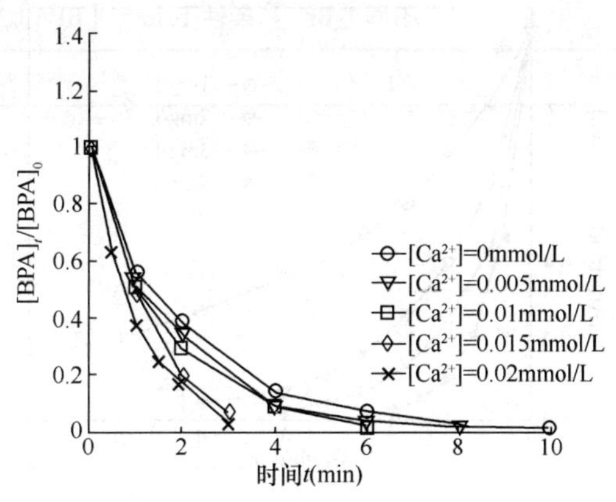

图 4.38　Ca^{2+} 浓度对 BPA 氯化反应的影响

⑤HCO_3^- 的影响

由于 Na^+ 几乎不对预氯化降解 BPA 产生影响，所以在去离子水中加入 $NaHCO_3$，使 HCO_3^- 的浓度分别为 0mmol/L、0.005mmol/L、0.01mmol/L、0.015mmol/L 和 0.02mmol/L，在溶液温度为 29±1℃，不加缓冲溶液的条件下进行预氯化试验，氯投加量为 3mg/L，BPA 的初始浓度约为 1mg/L，取样同时测定反应溶液的 pH。不同 HCO_3^- 浓度条件下预氯化工艺去除 BPA 的效果如图 4.39 所示。

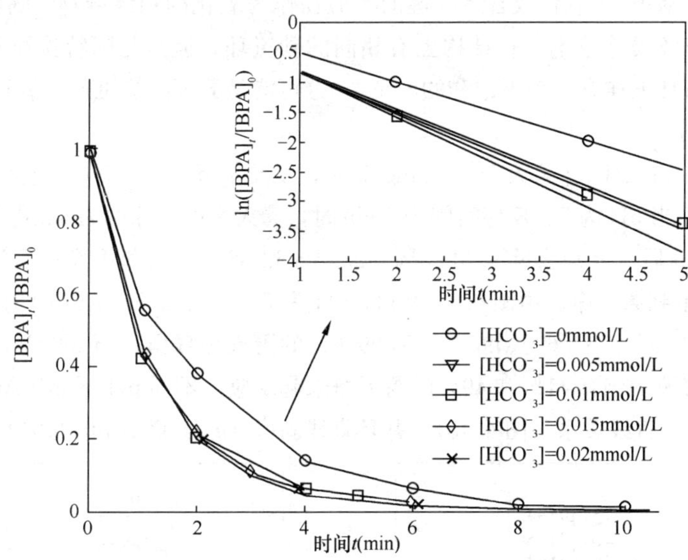

图 4.39　HCO_3^- 浓度对 BPA 氯化反应的影响

从图 4.39 可以看出，随着 HCO_3^- 的增大，BPA 在预氯化工艺中的降解速率逐渐增大：当［HCO_3^-］= 0mmol/L 时，氯化反应 4min 后，BPA 的去除率为 86.2%，而［HCO_3^-］为 0.005mmol/L、0.01mmol/L、0.015mmol/L 和 0.02mmol/L 时，BPA 在反应 4min 后的去除率分别为 94.3%、94.2%、94.1%和 95.5%，可见［HCO_3^-］的存在能够促进 BPA 的去除，但是含［HCO_3^-］的 4 种工况下 BPA 的降解速率变化不明显。

(3) 预氯化去除阿特拉津、西玛津和莠灭净效果

在溶液 pH7.0±0.1 的条件下，向阿特拉津浓度约 65μg/L 的溶液中分别投加不同量的

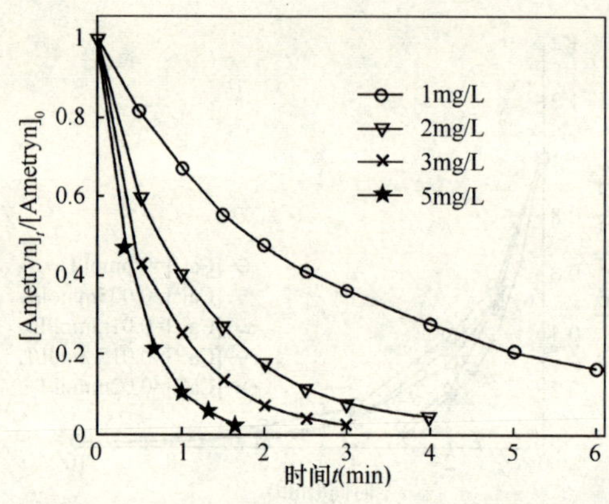

图 4.40　不同氯投加量下莠灭净的去除效果

NaClO溶液，使初始有效氯浓度为 1mg/L、2mg/L、3mg/L、5mg/L、8mg/L。反应 30min 和 24h 后取样分析，发现阿特拉津浓度几乎没有变化，即预氯化工艺不能降解阿特拉津。在对西玛津的氯化试验中也发现不能被氯降解。这主要是因为阿特拉津和西玛津的化学性质稳定，而 HOCl 的氧化电位相对较低，还不能降解这些物质。

以下对莠灭净进行试验。采用浓度约为 1mg/L 的莠灭净溶液，在 pH=7，T=25±1℃，投加不同 HOCl 初始浓度（有效氯浓度分别为 1mg/L、2mg/L、3mg/L、5mg/L、8mg/L）的情况下，研究不同加氯量对莠灭净去除效果的影响，结果见图 4.40。由图 4.40 可知，各种条件下的莠灭净均能快速被降解，其中 HOCl 初始浓度为 3mg/L 时，3min 后莠灭净的去除率已达到 98%左右；当 HOCl 初始浓度增加到 5mg/L 时，发现 100s 后已经检测不到莠灭净。

氯是强氧化剂，化学性质活泼，能与有机物发生氧化反应或取代反应。分子中存在不饱和键的杀虫剂，很容易被 Cl_2 氧化成含=O 键的类似物作为氧化的初级产物。阿特拉津、西玛津和莠灭净都属于三嗪类除草剂，在结构上有相同的碳氮环，但是与阿特拉津和西玛津不同的是，莠灭净的碳氮环上连有一个不饱和的—S—，这可能是莠灭净能迅速被氯氧化的原因。

1）pH 的影响

在 $[HOCl]_0$=2mg/L、$[莠灭净]_0$=1mg/L 时，试验了 pH=4～10 的范围内莠灭净的氯化反应，见图 4.41，当 pH 为 7、反应时间为 2min 时，莠灭净的去除率为 82.7%；pH 为 5、5.5 和 6 时，反应 2min 后，分别去除了 95.3%、93.2%和 88.0%的莠灭净；而当 pH=4、反应 2min 后已经检测不到莠灭净。由图 4.42 可知，pH 为 7.5、8、8.5、9 和 10 时，反应 2min 后，分别有 34.5%、62.9%、84.6%、95.6%和 99.6%的莠灭净残留；当 pH 为 9 和 10 时，氯化反应 20min 后，溶液中仍有 41%和 49%的莠灭净未起反应。不同 pH 下 ln($[Ametryn]_t$/ $[Ametryn]_0$）与 t 始终呈直线关系（图 4.43），并且直线斜率（k_{obs}）随着 pH 的增大而逐渐减小。由

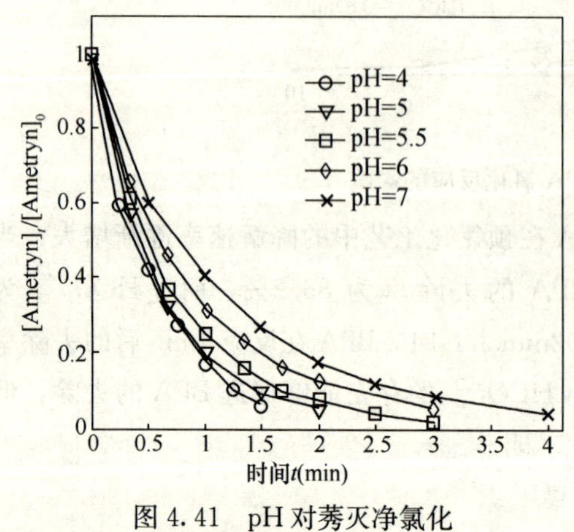

图 4.41　pH 对莠灭净氯化反应的影响（pH=4～7）

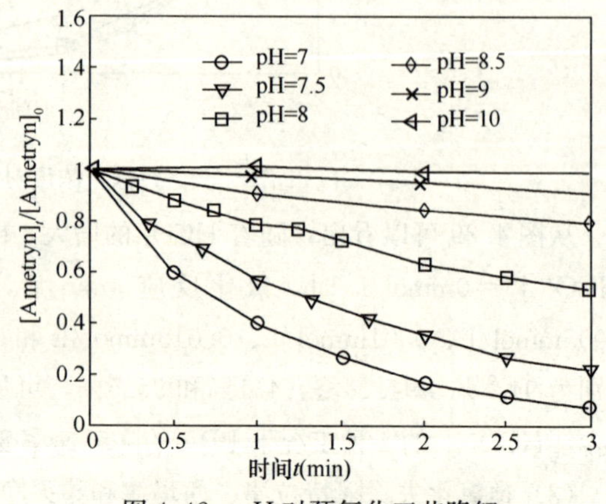

图 4.42　pH 对预氯化工艺降解莠灭净的影响（pH=7～10）

此可以得到结论：pH对莠灭净的去除影响很大；在酸性溶液中莠灭净的氯化反应加快，并且pH越低，氯化反应速率越大；在碱性溶液中莠灭净的氯化反应受到抑制，并且pH越高，氯化反应速率越小。

2）温度的影响

采用去离子水配制莠灭净溶液，在$[HOCl]_0=3mg/L$，pH=7的条件下，温度对预氯化降解莠灭净的影响见图4.44。

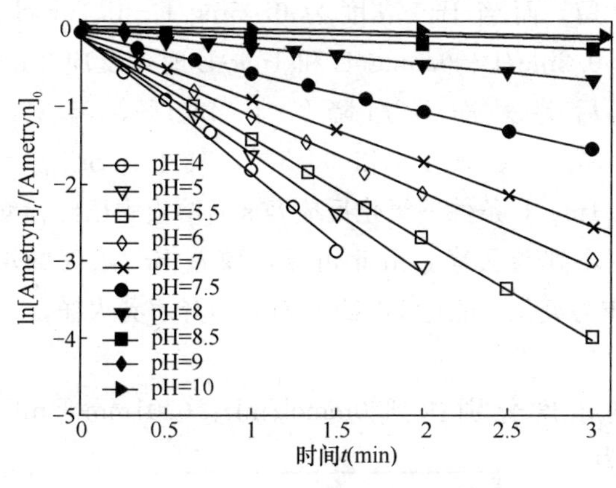

图4.43 pH对莠灭净氯化反应拟一级动力学曲线的影响

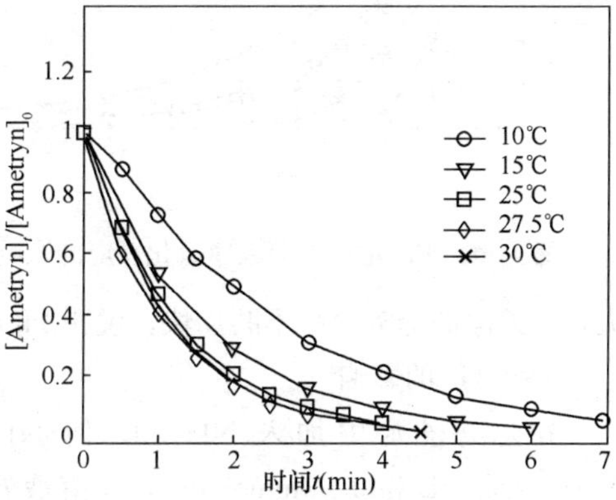

图4.44 温度对预氯化工艺降解莠灭净的影响

由图可知，当温度$T=4℃$（277K）时，氯化反应相对缓慢，1mg/L的莠灭净溶液经预氯化5min后仍有12.8%残余，而当反应温度为30℃时，反应4min后去除了96.2%的莠灭净。说明随着反应温度的增加，莠灭净的降解速率也随之增大。

3）本底有机物的影响

用去离子水配置硼酸钠碱性缓冲溶液（pH=9.1），并用缓冲溶液配置腐殖酸母液，然后对母液进行稀释（稀释液为硼酸钠缓冲溶液），得到一系列不同浓度的腐殖酸溶液，测定其UV_{254}。以腐殖酸为背景溶液进行莠灭净的预氯化试验，考察不同本底有机物对莠灭净降解的影响。氯投加量为2mg/L，莠灭净的初始浓度约为1mg/L，不同UV_{254}值本底条件下预氯化工艺去除莠灭净的效果如图4.45所示。

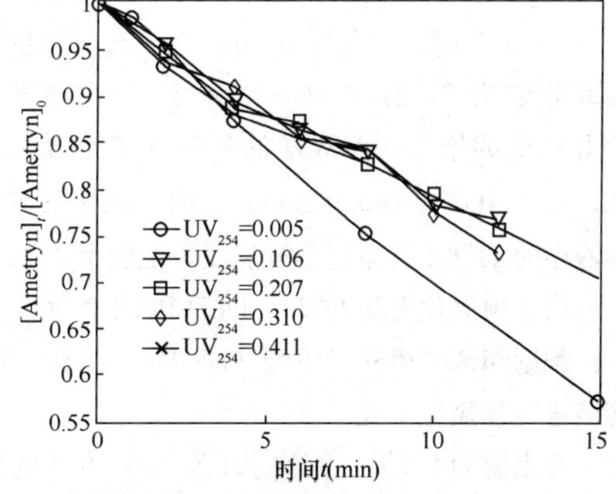

图4.45 UV_{254}值对莠灭净氯化反应的影响

从图4.45可以看出，反应8min后，UV_{254}为0.005时的莠灭净降解速率为75.1%，而UV_{254}为0.106、0.207、0.310和0.411条件下，相应去除率分别为84.3%、82.7%、84.0%和82.8%，可见本底UV_{254}（腐殖酸）增大后，莠灭净的降解速率略有降低，但变化不大。

4）Br^-的影响

在去离子水中加入KBr，使Br^-的浓度分别达到0mg/L、0.1mg/L、0.2mg/L、0.5mg/L

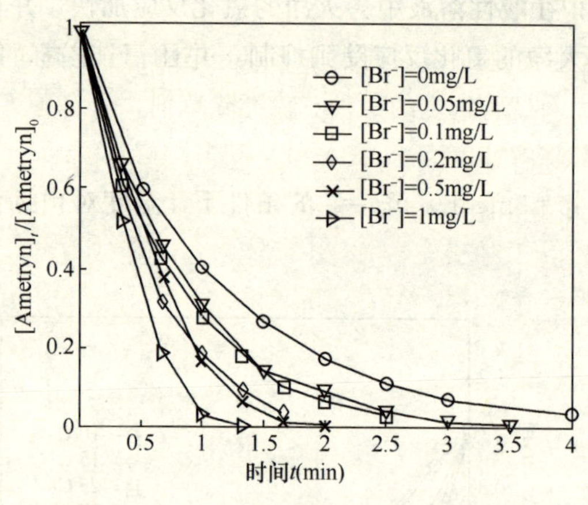

图 4.46 Br^- 浓度对莠灭净氯化反应的影响

和 1mg/L，在溶液温度为 28±1℃的条件下进行预氯化试验。氯投加量为 2mg/L，莠灭净的初始浓度约为 1mg/L，不同 Br^- 浓度条件下的预氯化工艺去除莠灭净的效果如图 4.46 所示，当溶液中没有 Br^- 时，预氯化反应 1min 后莠灭净降解了 60%，4min 后莠灭净还有 3.8%残留，而当 Br^- 浓度为 0.05mg/L、0.1mg/L、0.2mg/L、0.5mg/L 和 1mg/L 时，反应 1min 后莠灭净分别降解了 42.1%、55.3%、87.6%、84.1% 和 96.3%，其中［Br^-］＝1mg/L 条件下氯化反应 80s 后溶液中已经检测不到莠灭净。由此可见，随着 Br^- 浓度的增大，莠灭净的降解速率不断加快，说明 HOBr 作为氧化剂能比 HOCl 更有效地降解莠灭净。

5）NH_4^+ 的影响

在去离子水中加入 NH_4Cl，使 NH_4^+ 的浓度分别达到 0mmol/mL、0.01mmol/mL、0.02mmol/mL 和 0.03mmol/mL，在溶液温度为 29±1℃，pH＝7.0±0.1 的条件下进行预氯化试验。氯投加量为 2mg/L，莠灭净的初始浓度约为 1mg/L，不同 NH_4^+ 浓度条件下去除莠灭净的效果如图 4.47 所示。

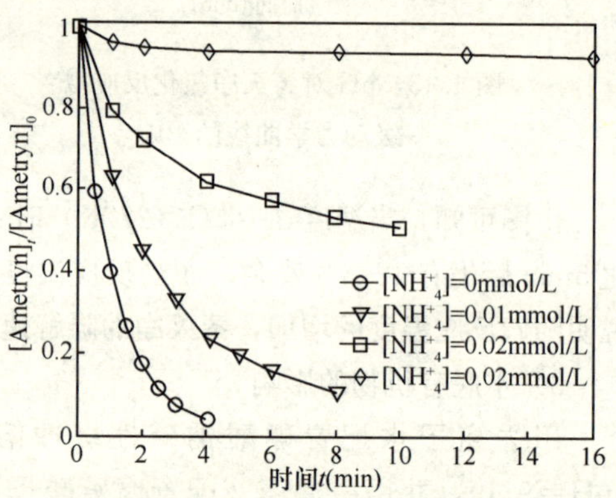

图 4.47 NH_4^+ 浓度对莠灭净氯化反应的影响

由图 4.47 可知，当［NH_4^+］＝0 时，氯化反应 4min 后莠灭净去除了 96.2%，而当［NH_4^+］为 0.01mmol/mL、0.02mmol/mL 和 0.03mmol/L 时，氯化反应 8min 后，莠灭净的去除率分别为 89.2%、46.6% 和 6.4%，即随着 NH_4^+ 浓度的增加，莠灭净的降解速率也随之降低。当［NH_4^+］为 0.03mmol/L 时，氯化反应 2min 后，莠灭净的浓度几乎不再发生变化，即溶液中的 HOCl 已经完全被消耗，说明水中 NH_4^+ 的存在对预氯化去除莠灭净的影响很大。

（4）预氯化去除 DMP、DEP 和 DBP 效果

配制邻苯二甲酸二甲酯（DMP）、邻苯二甲酸二乙酯（DEP）和邻苯二甲酸二丁酯（DBP）溶液进行预氯化试验。

在水温为 8.5℃、溶液 pH 为 7.0±0.1 的条件下，向 DMP 浓度为 259μg/L 的溶液中分别投加不同量的 NaClO 溶液，使初始有效氯（Cl_2）浓度为 1mg/L、3mg/L、5mg/L、8mg/L、10mg/L。在反应 30min 和 24h 后取样分析，DMP 浓度几乎没有变化，即预氯化工艺不能降解 DMP。在对 DEP 和 DBP 的消毒试验中也发现这两种邻苯二甲酸酯类物质不被氯降解。

（5）预氯化对内分泌干扰物去除效果小结

1）烷基酚类 EDCs 苯环上由于带有羟基，在羟基的邻、对位上可以形成活性位，而这些活性基容易受到氯亲电子取代剂的攻击，所以容易在预氯化工艺中产生质和量的变化。而 BPA

分子中含有的活性位比 4-TBP 多，所以比 4-TBP 更易降解。

2）氯对不同农药的降解能力差别很大，这主要是因为农药类的 EDCs 结构复杂，有的含有不饱和的化学键，有的具有很强的抗氧化能力。试验选定的三种三嗪类除草剂，只有莠灭净分子中含有不饱和键，所以才能被氧化，并且其降解速度大于 BPA 和 4-TBP。

3）对选定 EDCs 的预氯化试验结果表明，邻苯二甲酸酯类中的 DMP、DEP 和 DBP 分子结构中由于没有不饱和键，苯环上也没有活性位，以致在预氯化试验中不能被氯氧化或取代，即预氯化工艺不能去除 DMP、DEP 和 DBP。

4.3.2　臭氧去除内分泌干扰物的效果

臭氧是一种强氧化剂，可和有机物发生亲电反应，或靠产生·OH 而间接氧化有机物。臭氧能够氧化许多有机物，如蛋白质、氨基酸、有机胺、链型不饱和化合物、芳香族、木质素和腐殖酸等有机物。经臭氧氧化作用，大分子有机物一般会转化成小分子有机物，生成物主要有甲醛、丙酮酸、丙酮醛和乙酸等。臭氧化难以将有机物完全矿化，但能使 TOC 值稍有降低。

臭氧氧化试验的工艺流程如图 4.48 所示。

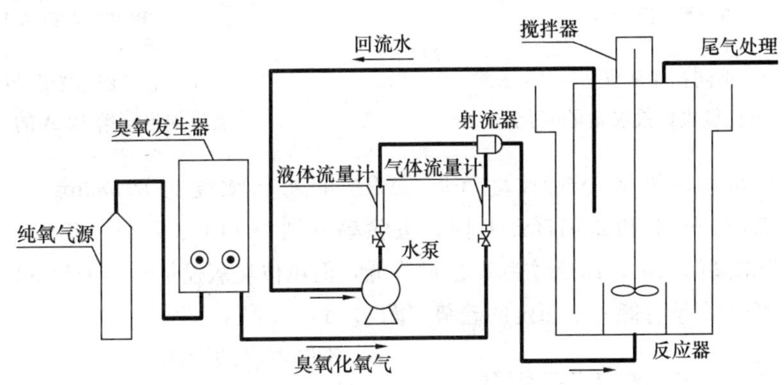

图 4.48　臭氧氧化试验工艺流程图

试验设备采用完全混合间歇式反应器，反应器内放入双酚 A 溶液，利用循环泵和反应器内的搅拌器使溶液充分混合。臭氧发生器产生的臭氧通过内循环管路上的射流器均匀吸入水中，臭氧投加量通过臭氧管路上的流量计精确计量，臭氧尾气由活性炭装置吸附后排出。

（1）臭氧对双酚 A 的去除效果

1）臭氧投加量的影响

反应器中 BPA 初始浓度约为 1.0mg/L，间歇流条件下，利用水泵使反应器中的水进行循环，回流水吸收一定量臭氧进入反应器。每次试验时，都是在 30min 内向反应器投加 1.0mg/L、1.5mg/L 或 2.0mg/L 臭氧。BPA 去除率随时间的变化如图 4.49 所示。

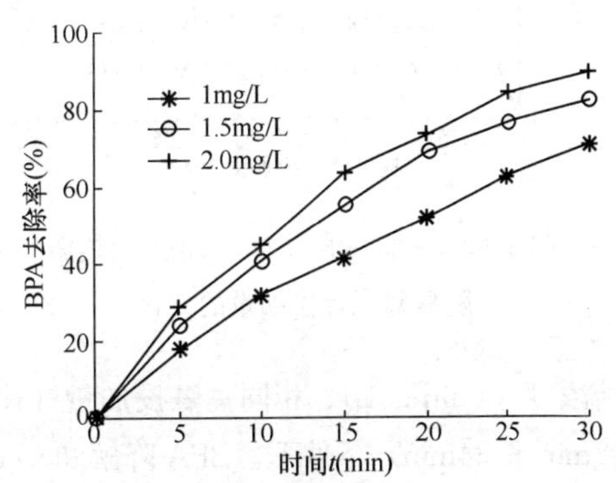

图 4.49　不同臭氧投加量下 BPA 的去除率随 t 的变化

臭氧投加量分别控制在 1.0mg/L、1.5mg/L 和

2.0mg/L，反应 30min 后，BPA 去除率分别为 70%、82%和 90%。随着臭氧投加量增加，BPA 去除率也同时升高，可见臭氧氧化对去除饮用水中 BPA 有较好的效果。

2）不同初始浓度的影响

臭氧对不同 BPA 初始浓度的去除效果不同，30min 内连续均匀投加 1mg/L 臭氧时，不同初始浓度 BPA 随臭氧累计投加量的去除率和单位臭氧投加量的去除率关系分别如图 4.50 和图 4.51 所示。

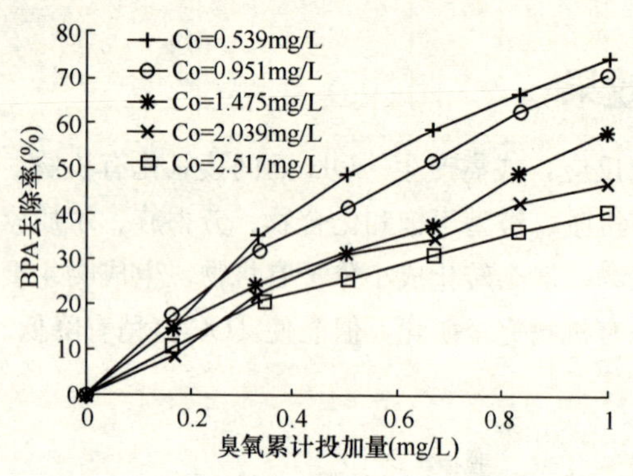

图 4.50 不同初始浓度下 BPA 去除率随臭氧累计投加量的变化

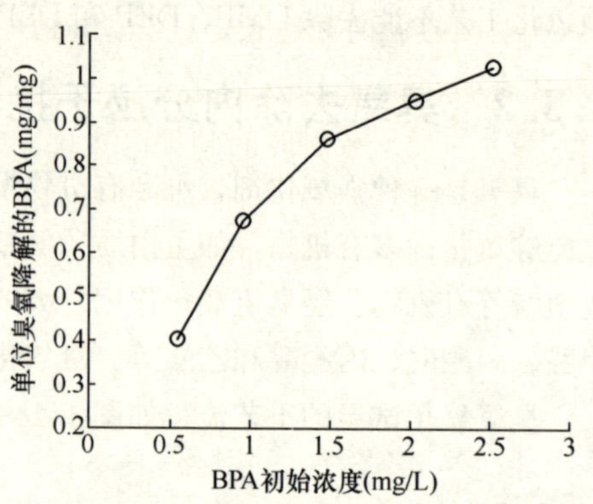

图 4.51 不同初始浓度与单位臭氧投加量降解 BPA 的关系

由图 4.50 可知，投加 1mg/L 臭氧后，BPA 的初始浓度为 0.539mg/L、0.951mg/L、1.475mg/L、2.039mg/L 和 2.517mg/L 时，去除率分别为 74%、71%、58%、47%和 41%。随着 BPA 初始浓度的增大，BPA 去除率反而降低，但单位臭氧投加量的去除率随着 BPA 初始浓度的增加而增大，且有倾向于恒定的趋势（图 4.51）。

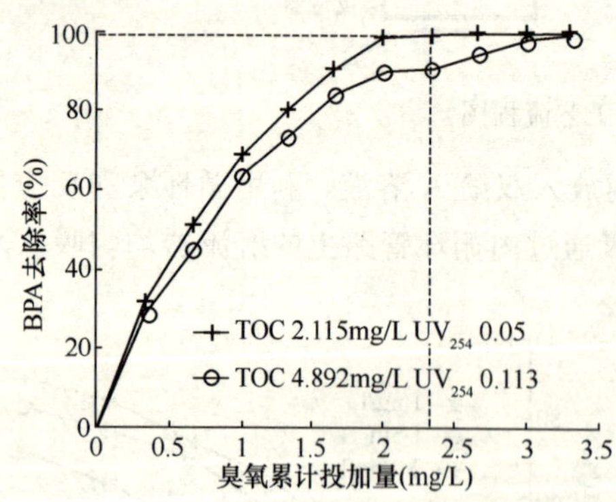

图 4.52 不同本底条件下 BPA 去除率随臭氧累计投加量的变化

3）不同本底的影响

在不同臭氧累计投量条件下，臭氧化对初始浓度为 1.0mg/L 双酚 A 的去除效果如图 4.52 所示。有机物含量（以 TOC 或 UV_{254} 表示）高的水，BPA 去除率达 99%，臭氧累计投加量需 3.5mg/L；有机物含量低的水，BPA 去除率为 99%时，臭氧累计投加量只需 2.5mg/L。自来水中天然有机物及其他竞争反应是造成这一现象的主要原因。

4）臭氧投加时间的影响

试验中臭氧通过射流方式均匀投加，预定的臭氧总投加量由臭氧发生器的开启时间控制，即在规定时间内均匀投加一定量的臭氧。在相同 BPA 初始浓度（1.0mg/L）、相同臭氧投加量（1.0mg/L）、不同臭氧投加时间（7min、9min、12min、17min 和 34min）条件下，BPA 降解和 UV_{254} 变化见图 4.53 和表 4.21。7min 内投加 1.0mg/L 臭氧和 34min 内投加 1.0mg/L 臭氧后，BPA 的降解率相近，几乎不随 BPA 与臭氧接触时间的改变而变化。这一现象表明臭氧降解 BPA 的过程中，BPA 与臭氧的反应活性很高，可以在短时间内降解 BPA，臭氧投加量对 BPA 的降解占主导地位，而 BPA 降解与臭氧接触时间的影响很小。

臭氧接触时间对 BPA 降解影响不大，但 UV_{254}变化与臭氧接触时间有关。分析图 4.53 和表 4.21 中 UV_{254} 的变化，同一臭氧投加量下，BPA 与臭氧接触时间越长，UV_{254} 增加越多。这种现象表明在保证 BPA 降解率不变的情况下，缩短 BPA 与臭氧接触时间和提高水中剩余臭氧浓度，有利于降低 UV_{254} 值的增加速度。

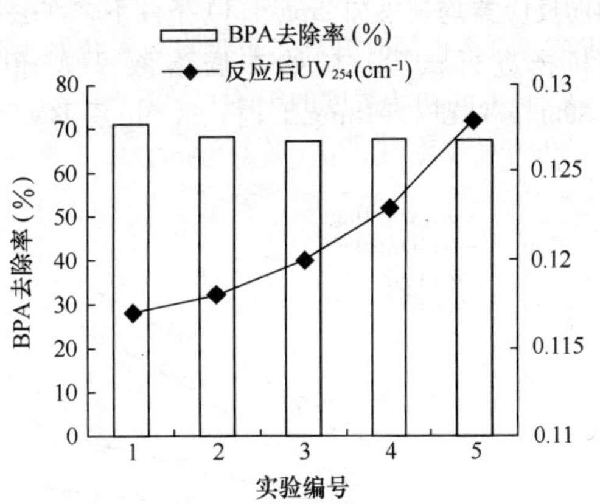

图 4.53　不同臭氧投加时间下 BPA 降解和 UV_{254} 变化

5）臭氧降解双酚 A 的效果小结

臭氧降解 BPA 的效果如下：

①臭氧氧化工艺对饮用水中内分泌干扰物双酚 A 具有良好的去除效果，随着臭氧投加量的增加，BPA 去除率同时增加。在原水 BPA 浓度约为 1.0mg/L，臭氧投加量分别为 1.0mg/L、1.5mg/L 和 2mg/L 条件下，BPA 的去除率分别为 70%、82% 和 90%。

不同臭氧接触时间下 BPA 降解和 UV_{254} 变化情况　　表 4.21

实验编号	1	2	3	4	5
接触时间（min）	7	9	12	17	34
初始浓度（mg/L）	1.109	1.009	1.064	1.048	0.951
终浓度（mg/L）	0.363	0.328	0.35	0.334	0.276
UV_{254} 初始（cm^{-1}）	0.114	0.114	0.114	0.114	0.114
UV_{254} 终值（cm^{-1}）	0.117	0.118	0.12	0.123	0.128

②不同 BPA 初始浓度和相同初始浓度但不同本底条件下对 BPA 的去除率不同，自来水中天然有机物和其他竞争反应物会影响臭氧对 BPA 的氧化效果。

③臭氧直接氧化过程中，如臭氧投加量较小，虽然 BPA 的去除率较高，但不能实现 BPA 的完全矿化，在臭氧氧化 BPA 的同时生成了在 UV_{254} 上易于吸收的产物。在臭氧投加量足够大的情况下，BPA 的产物能部分被臭氧降解。

④臭氧降解 BPA 的过程中，BPA 与臭氧的反应活性较高，可以在短时间内降解 BPA，臭氧投加量对 BPA 的降解占主导地位，而臭氧接触时间的影响很小。同时，缩短 BPA 与臭氧的接触时间，提高水中剩余臭氧浓度可以使降解 BPA 过程中 UV_{254} 值增加变缓。

（2）臭氧对 DMP 的去除效果

自来水（TOC=4.918mg/L）中加入初始浓度为 1.0mg/L 的 DMP，在 30min 内分别向反应器均匀投加 1.0mg/L、2.0mg/L、3.0mg/L 和 4.0mg/L 的 O_3。4 种不同 O_3 投加量条件下，DMP 去除率随时间的变化如图 4.54 所示。在 O_3 连续投加条件下，DMP 的去除率分别为 13.33%、24.06%、43.92% 和 50.67%。当臭氧投加量达到 4mg/L 时，仅能去除约 50% 的 DMP。

为了试验本底有机物对 O_3 氧化 DMP 效果的影响，在 DMP 初始浓度约为 1.0mg/L，30min

内向反应器均匀投加 2mg/L O_3 条件下，在去离子水中投加不同数量腐殖酸，改变不同的本底有机物进行试验。初始本底溶液 TOC 值分别为 0.310mg/L、1.172mg/L、2.332mg/L、3.895mg/L 和 4.918mg/L 时，30min 后 DMP 去除率随反应时间的变化如图 4.55 所示。

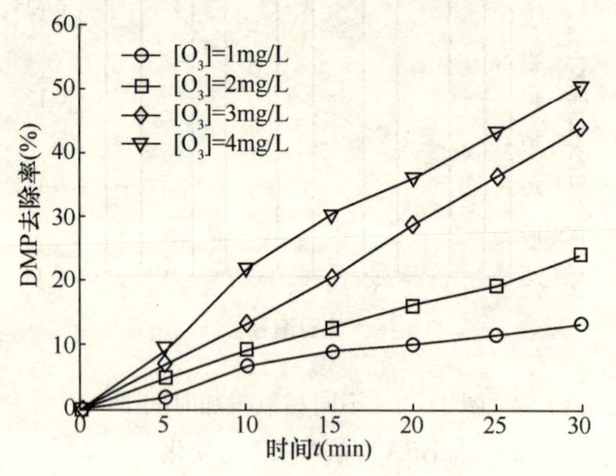

图 4.54　不同臭氧总投加量下 DMP 的去除率变化

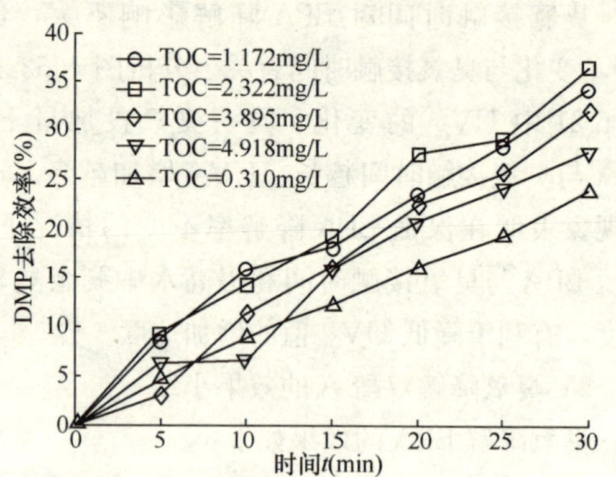

图 4.55　不同本底 TOC 条件下 O_3 工艺氧化 DMP 的去除率变化

臭氧氧化工艺对饮用水中内分泌干扰物 DMP 具有一定的去除效果，与 BPA 的氧化相比，DMP 的臭氧氧化效果明显降低。随着臭氧投加量的增加，DMP 去除率同时升高。在原水浓度为 1.0mg/L 左右，保证 O_3 连续投加条件下（30min 投加量 4mg/L），DMP 去除率可达到 50.67%。本底有机物对 DMP 的去除效果影响不大。

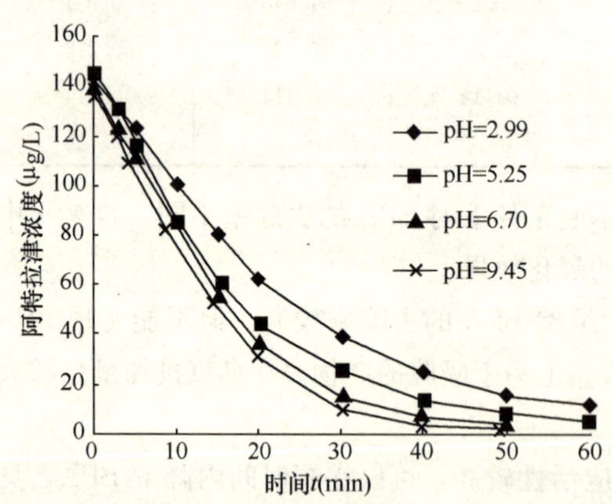

图 4.56　不同 pH 条件下阿特拉津的降解曲线

（3）臭氧去除阿特拉津的效果

1）pH 的影响

采用自来水配制浓度约为 150μg/L 的阿特拉津溶液，臭氧流量为 0.35L/min，臭氧投加量为 3.5mg/min，反应温度 $T=10\pm1$℃。用硫酸（硫酸：水=1：5，v/v）和氢氧化钠调节溶液的 pH，使溶液的初始 pH 分别为 2.99、5.25、6.70 和 9.45，研究 pH 对臭氧氧化阿特拉津效果的影响。不同 pH 时阿特拉津的降解曲线如图 4.56 所示。

从图 4.56 中可以看出，随着 pH 的增加，阿特拉津的降解速率加快（比较不同 pH 条件下阿特拉津降解曲线的斜率可知），在相同处理时间内，阿特拉津去除率升高。在四种 pH 条件下，反应 30min 后，阿特拉津的去除率分别为 73.09%、82.76%、89.38% 和 92.79%。因此，升高溶液的 pH，可以提高阿特拉津的降解速率。

2）阿特拉津降解动力学

在不同 pH 条件下，阿特拉津的降解曲线呈现一级反应动力学的特征，进行一级动力学方程拟合，如图 4.57 所示。可以看出，阿特拉津在不同 pH 条件下的降解过程均很好的符合一级反应动力学模型。

3）阿特拉津初始浓度的影响

应用自来水配制不同浓度的阿特拉津溶液，在相同的反应条件下进行臭氧氧化处理（臭氧气体流量为0.36L/min，臭氧浓度10mg/L，臭氧投加量为3.6mg/min，反应温度$T=10\pm1$℃），考察不同阿特拉津初始浓度时的臭氧氧化效果。不同阿特拉津初始浓度的降解曲线如图4.58所示。可以看出，随着阿特拉津初始浓度的升高，阿特拉津初始反应速率随之升高，在相同的反应时间内，阿特拉津的绝对降解量随之增加。但是，阿特拉津初始浓度越高，在相同的反应时间内去除率越低。当阿特拉津初始浓度为611μg/L、337μg/L、203μg/L和96μg/L时，反应20min后，阿特拉津的去除率分别为57.6%、63.3%、71.9%和75.1%。

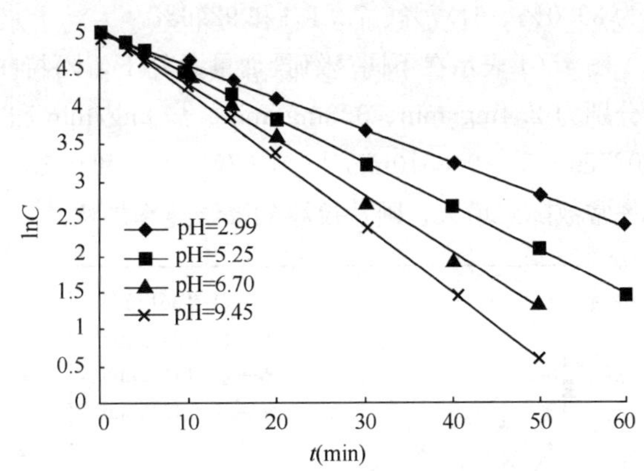

图4.57　不同pH条件下阿特拉津降解一级动力学拟合曲线

对实验数据进行一级反应动力学拟合，结果如图4.59所示。四组不同阿特拉津初始浓度的臭氧氧化反应，均符合一级反应动力学模型。当阿特拉津初始浓度为611μg/L、337μg/L、203μg/L和96μg/L时，一级反应速率常数分别为0.0813min^{-1}、0.0747min^{-1}、0.0664min^{-1}和0.0579min^{-1}。随着阿特拉津初始浓度的减小，一级反应速率常数也逐渐减小，臭氧氧化反应的速率减慢。这可能是由于初始浓度较高时，臭氧氧化阿特拉津的中间产物浓度也就越高，使中间产物的臭氧耗用量增大，阿特拉津的降解受到中间产物的竞争影响，因此降解速率减慢。

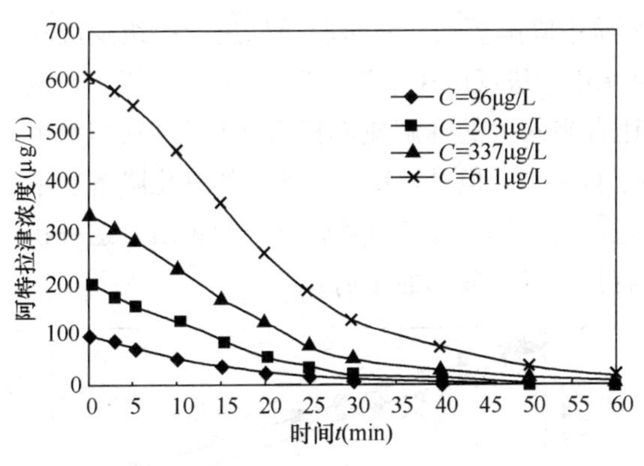

图4.58　不同初始浓度条件下阿特拉津的降解曲线

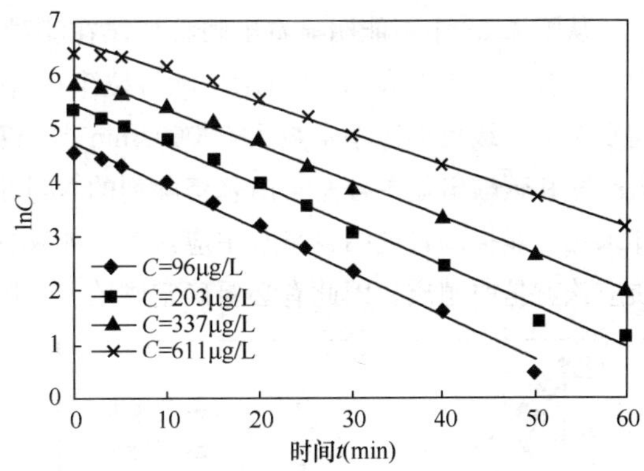

图4.59　不同初始浓度条件下阿特拉津降解一级动力学拟合曲线

4）臭氧投加量的影响

在自来水中配制初始浓度为150μg/L的阿特拉津溶液，pH=7.05，温度$T=10\pm1$℃。不同臭氧投加量条件下阿特拉津的降解曲线如图4.60所示。可以看出，随着臭氧投加量的增加，阿特拉津的降解速率加快，相同处理时间内，阿特拉津的去除率升高。当臭氧投加量分别为2.4mg/min、3.6mg/min、4.8mg/min和7.2mg/min时，反应20min后，阿特拉津的去除率分别为 39.0%、61.7%、72.1%和 92.6%。

图 4.61 表示在不同臭氧投加量条件下，阿特拉津一级反应动力学拟合曲线。当臭氧投加量分别为 2.4mg/min、3.6mg/min、4.8mg/min 和 7.2mg/min 时，一级反应速率常数分别为 0.0257min^{-1}、0.0510min^{-1}、0.0790min^{-1} 和 0.1377min^{-1}。随着臭氧投加量的增加，一级反应速率常数随之增大，阿特拉津的降解速率加快。

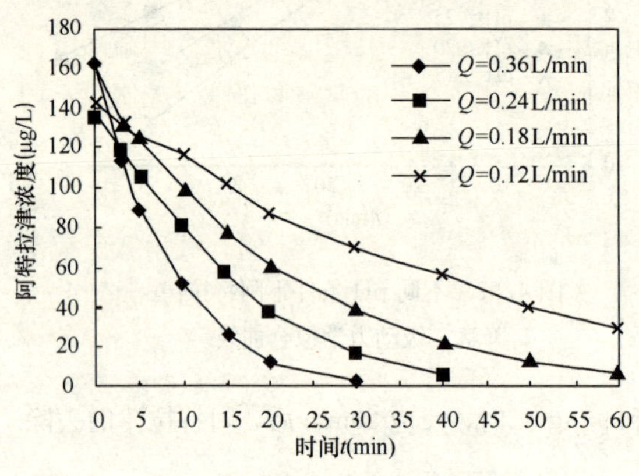

图 4.60 不同臭氧投加量条件下阿特拉津的降解曲线

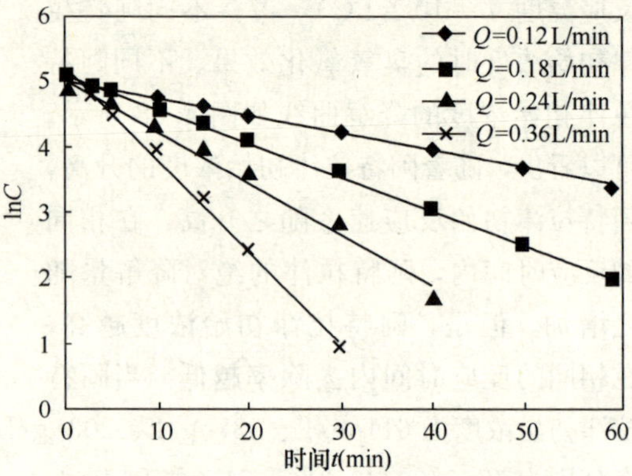

图 4.61 不同臭氧投加量条件下阿特拉津降解一级动力学拟合曲线

5）不同水质的影响

臭氧投加量为 2.8mg/min，T=10±1℃时，对阿特拉津在蒸馏水和在自来水中臭氧氧化的降解速率进行比较。蒸馏水和自来水的 UV_{254} 分别为 0.005cm^{-1} 和 0.123cm^{-1}，在两种水质条件下，阿特拉津的臭氧氧化降解曲线如图 4.62 所示。

从图 4.63 中不能明显看出阿特拉津在哪种水质中降解更快。对试验数据进行一级反应动力学拟合，结果如表 4.22 所示。阿特拉津在自来水中一级反应速率常数为 0.0458min^{-1}，在蒸馏水中的一级反应速率常数为 0.0502min^{-1}，仅比自来水中的降解速率提高 9.6%。蒸馏水中碳酸盐和碳酸氢盐等羟基自由基清除剂的含量小于自来水，但是阿特拉津的臭氧氧化降解速率却未见明显提高，说明自来水中应该存在能够促进阿特拉津进行臭氧氧化反应的物质，这种物质应该就是腐殖质。因此有必要确定腐殖质对阿特拉津臭氧氧化的影响。

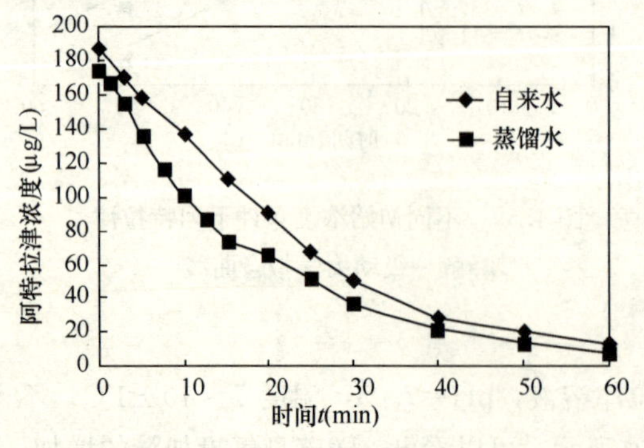

图 4.62 阿特拉津在蒸馏水和自来水中降解曲线

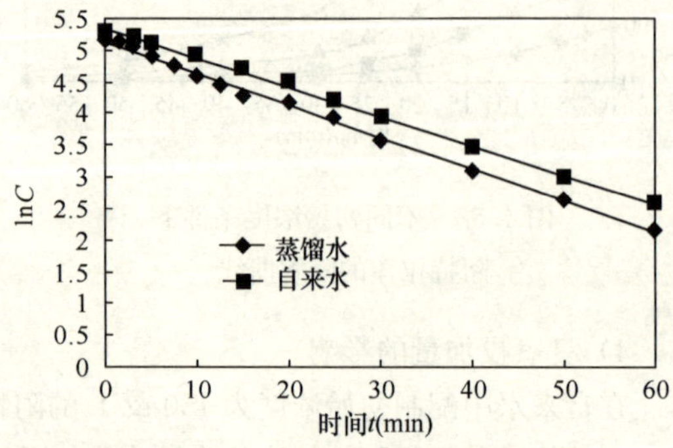

图 4.63 阿特拉津在蒸馏水和自来水中一级反应动力学拟合曲线

阿特拉津在蒸馏水和自来水中降解速率比较　　表 4.22

水质类型	拟合方程	k (min^{-1})	R^2
蒸馏水	$\ln C=-0.0502t+5.1431$	0.0502	0.9971
自来水	$\ln C=-0.0458t+5.3147$	0.0458	0.9940

6）腐殖酸的影响

在碱性溶液中溶解腐殖酸，过夜放置。使用前用蒸馏水稀释，并用滤纸过滤。用硫酸（硫酸：水=1：5；v/v）调节 pH，使其成中性。实验时加入不同体积的腐殖酸母液，配制成不同有机物本底值的溶液，其初始 UV_{254} 值分别为 0.005cm^{-1}（蒸馏水）、0.025cm^{-1}、0.045cm^{-1}、0.089cm^{-1}、0.130cm^{-1}、0.180cm^{-1}和 0.299cm^{-1}。蒸馏水的 pH 为 6.70，加入腐殖酸后，溶液的 pH 基本没有变化。在反应过程中，没有加入缓冲溶液控制 pH。在不同有机物本底值溶液中，阿特拉津的降解曲线如图 4.64 所示。可以看出，随着 UV_{254} 本底值的增加，相同时间内，阿特拉津的去除率随之升高，阿特拉津的降解速率加快。表明腐殖酸对阿特拉津的降解存在促进作用。

进行一级反应动力学拟合，结果如图 4.65 和表 4.23 所示。可以看出，阿特拉津的一级反应速率常数随着本底 UV_{254} 的升高而不断升高。阿特拉津在 UV_{254} 本底值为 0.025cm^{-1} 和 0.299cm^{-1}溶液中，一级反应速率常数分别为 0.0531min^{-1}和 0.2223min^{-1}，使阿特拉津的降解速率提高了近 4 倍，表明腐殖质对臭氧氧化反应具有重要的影响。

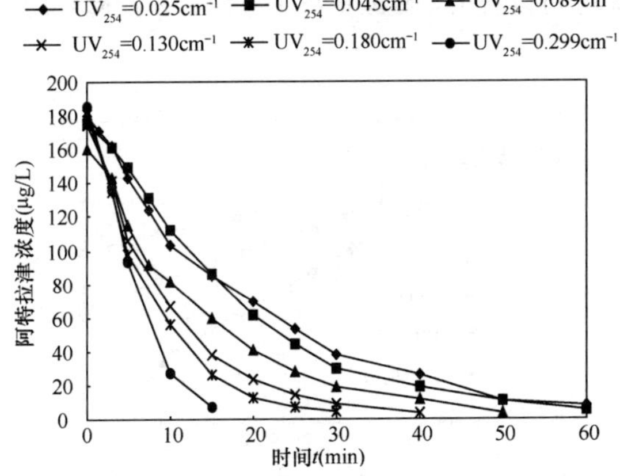

图 4.64　不同 UV_{254} 本底值条件下阿特拉津的降解曲线

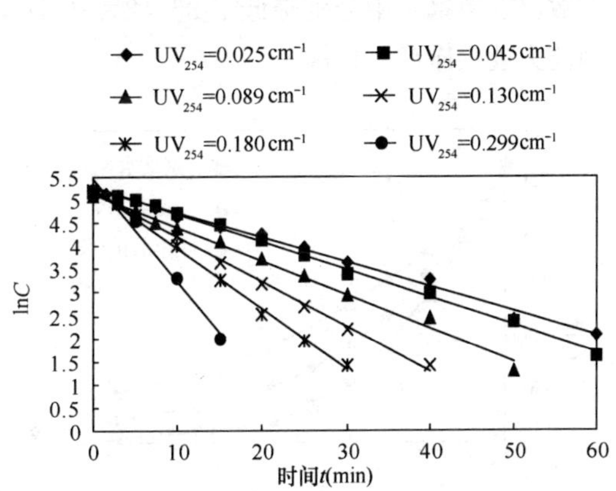

图 4.65　不同 UV_{254} 本底值条件下阿特拉津一级反应动力学拟合曲线

不同 UV_{254} 本底值条件下阿特拉津一级反应动力学参数　　表 4.23

本底 UV_{254} (cm^{-1})	拟合方程	k (min^{-1})	R^2
0.025	$\ln C=-0.0531t+5.2319$	0.0531	0.9950
0.045	$\ln C=-0.0595t+5.2819$	0.0593	0.9968
0.089	$\ln C=-0.0730t+5.1365$	0.0730	0.9914
0.130	$\ln C=-0.0970t+5.1555$	0.0970	0.9977
0.180	$\ln C=-0.1303t+5.2442$	0.1303	0.9979
0.299	$\ln C=-0.2223t+5.4596$	0.2223	0.9827

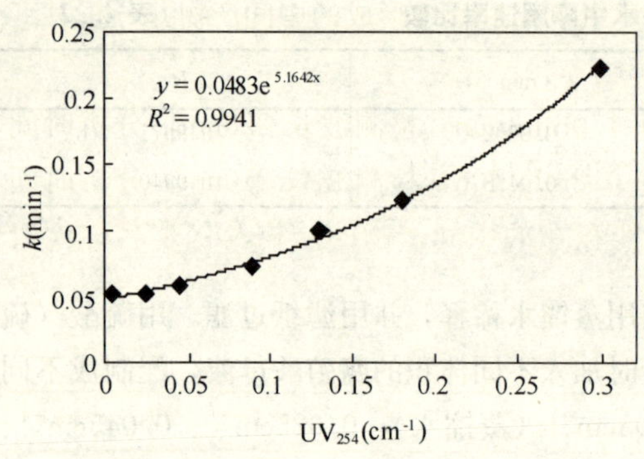

图 4.66 一级反应速率常数与本底 UV_{254} 值的关系

图 4.66 表示本底 UV_{254} 值和阿特拉津一级反应速率常数的关系，可以看出，阿特拉津臭氧氧化一级反应速率常数随 UV_{254} 本底值增加而增加，而且基本上呈现指数上升的关系。

7）阴离子的影响

臭氧投加量为 5.6mg/min，反应温度 $T=10\pm1$℃条件下，在蒸馏水中加入碳酸钠和碳酸氢钠，每种浓度均为 1mmol/L，在碳酸根和碳酸氢根两种阴离子存在的条件下，阿特拉津的降解曲线如图 4.67 所示。可以看出，加入阴离子后，阿特拉津的降解速率明显降低，相同反应时间内，阿特拉津的去除率下降。在蒸馏水中，反应 30min 后阿特拉津的去除率为 92.5%，加入碳酸氢钠和碳酸钠后，反应 30min 后阿特拉津的去除率分别为 79.9%和 65.4%，表明阴离子的存在使阿特拉津的臭氧氧化反应受到了强烈的抑制作用。

一级反应动力学拟合曲线如图 4.68 所示，一级反应动力学拟合参数如表 4.24 所示。阿特拉津在蒸馏水、碳酸氢钠和碳酸钠溶液中的一级反应速率常数分别为 $0.0880min^{-1}$、$0.0542min^{-1}$ 和 $0.0339min^{-1}$。在碳酸氢根和碳酸根离子存在的条件下，阿特拉津的一级反应速率常数比在蒸馏水中分别降低了 36.12%和 61.5%。可以看出，碳酸根离子对阿特拉津降解的抑制能力远大碳酸氢根离子。

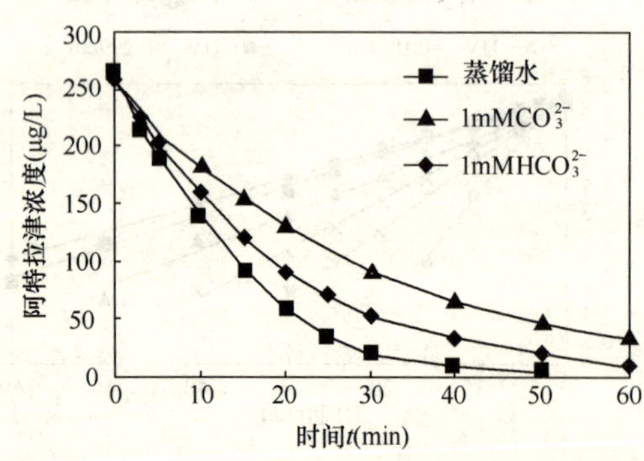

图 4.67 无机阴离子对阿特拉津臭氧氧化反应的影响

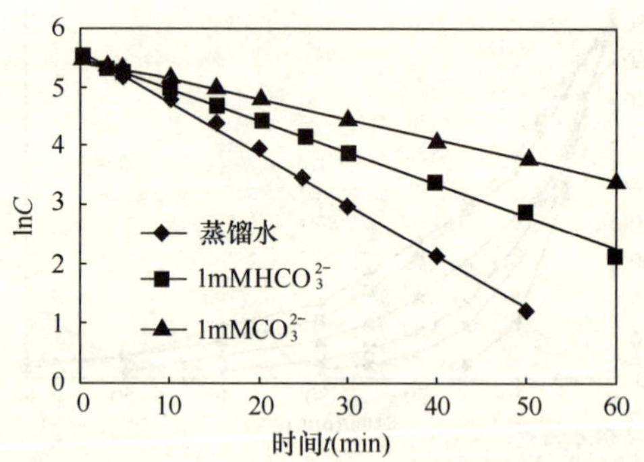

图 4.68 阴离子存在条件下阿特拉津一级反应动力学拟合曲线

阴离子存在条件下阿特拉津一级动力学拟合参数 **表 4.24**

盐类名称	拟合方程	k（min^{-1}）	R^2
蒸馏水	$\ln C=-0.0880t+5.7168$	0.0880	0.9962
$NaHCO_3$	$\ln C=-0.0542t+5.5932$	0.0542	0.9964
Na_2CO_3	$\ln C=-0.0339t+5.5392$	0.0339	0.9984

8）阿特拉津的臭氧氧化机理研究

在去离子水中，配制初始浓度为 1120.5μg/L 的阿特拉津溶液，臭氧发生浓度 10mg/L，臭氧流量 0.28L/min，$T=10\pm1℃$。考察阿特拉津在臭氧氧化过程中形成的中间产物并分析其变化规律，研究阿特拉津的降解机理。

阿特拉津浓度测定采用等度洗脱，流动相流速 1.0mL/min，检测波长 220nm，分析时间 6min。降解产物的测定采用梯度洗脱，流动相流速 0.8mL/min，检测波长 210nm，分析时间 15min。阿特拉津、试验中出现的中间产物以及可能存在的中间产物的结构及化学名称如表 4.25 所示。

阿特拉津及降解产物的分子结构及化学名称　　**表 4.25**

缩写	化　学　名　称	2	4	6	结　构
Atrazine	2-氯-4-乙胺基-6-异丙基胺基-1，3，5-三嗪	Cl	NHR1	NHR2	2 N N 6 N 4
OHA	2-羟基-4-乙胺基-6-异丙基胺基-1，3，5-三嗪	OH	NHR1	NHR2	
DEA	2-氯-4-胺基-6-异丙基胺基-1，3，5-三嗪	Cl	NH_2	NHR2	
DIA	2-氯-4-乙胺基-6-胺基-1，3，5-三嗪	Cl	NHR1	NH_2	
OHDEA	2-羟基-4-胺基-6-异丙基胺基-1，3，5-三嗪	OH	NH_2	NHR2	
OHDIA	2-羟基-4-乙胺基-6-胺基-1，3，5-三嗪	OH	NHR1	NH_2	
OAAT	2-羟基-4，6-二胺基-1，3，5-三嗪	OH	NH_2	NH_2	

注：R1—乙烷基；R2—异丙基。

图 4.69 表示在臭氧氧化工艺中，5 种能够被确定的脱烷基产物的浓度变化。反应开始后，脱烷基产物 DIA 和 DEA（保留时间分别为 8.476min 和 9.754min，±0.05%）浓度迅速增加，并在 15min 时达到最大值，分别为 45.4μg/L 和 110.2μg/L。15min 后，脱烷基产物 DIA 和 DEA 的浓度逐渐降低，60min 后，已经检测不到 DIA 和 DEA。CAAT（保留时间为 6.450min，±0.07%）的浓度在开始反应阶段增加较快，在 20min 时浓度达到 60.7μg/L。在后面的反应时间内，CAAT 浓度继续增加，但浓度增加的速率有所降低。在反应前 10min，羟基化产物 OAAT 的浓度较低，但 15min 后，OAAT 的浓度开始迅速增加，并在 60min 时达到最大值 387μg/L。60min 后，OAAT 的浓度基本保持不变。

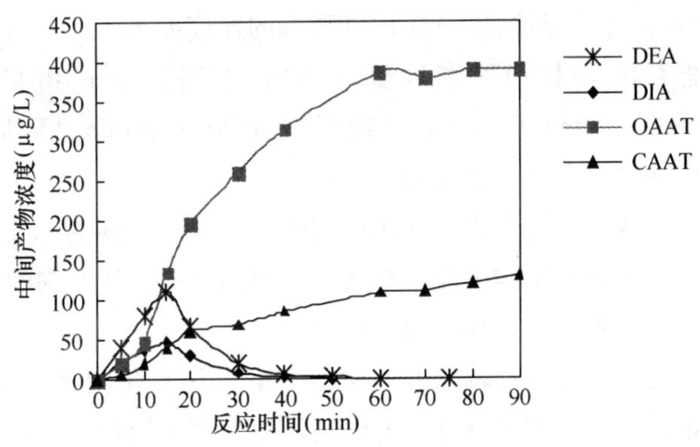

图 4.69　脱烷基产物的变化规律

臭氧氧化过程中，羟基化产物 OHA、OHDIA 和 OHDEA（保留时间分别为 8.572min、5.267min 和 6.994min，±0.2%）的浓度变化如图 4.70 所示。在反应开始后，脱氯产物 OHA 的浓度迅速增加，在 15min 时 OHA 的生成量达到最大值 30.1μg/L，随后 OHA 的浓度逐渐降低，在 60min 后消失。在反应前 10min 内，没有检测到 OHDIA 和 OHDEA。15min 后，OHDIA 和 OHDEA 开始出现，在反应 30min 时，OHDIA 和 OHDEA 的浓度达到最大值，分别为 10.5μg/L 和 8.9μg/L。值得注意的是，检测到的 OHA、OHDIA 和 OHDEA 浓度很小，说明该阶段的脱氯反应很小。上述分析同时表明，在反应开始阶段是以臭氧氧化为主。

在阿特拉津臭氧氧化过程中，出现了一些无法用标准物质和液相色谱定性的中间产物，分别以 U1、U2、U3、U4 表示。其中，U1、U2、U3 和 U4 的保留时间分别为 7.762（±0.15%）、7.012（±0.20%）、7.935（±0.15%）和 6.521min（±0.16%）。在臭氧氧化过程中，只能以其峰面积作为定量的依据，这四种中间产物的变化情况如图 4.71 所示。

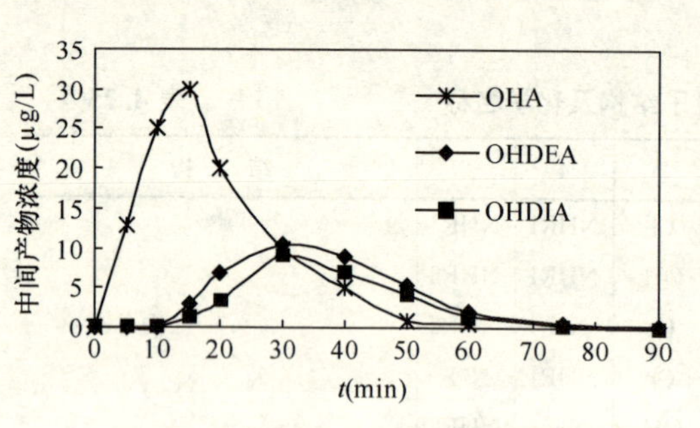

图 4.70 羟基化产物的变化规律

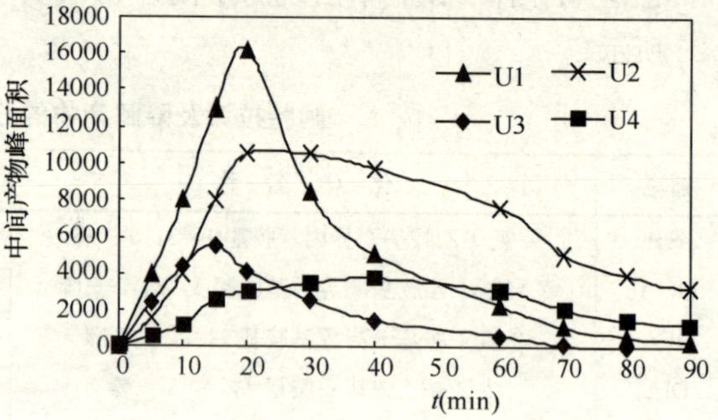

图 4.71 四种中间产物的变化规律

反应开始后，U1 和 U2 浓度迅速增加，U1 的生成量在 20min 左右达到最大值（峰面积 16111），U2 的生成量也在 20min 达到最大值（峰面积为 10605）。随着反应时间的延长，U1 和 U2 的浓度逐渐降低，U1 浓度降低的速度要大于 U2。反应 90min 后，U1 消失，而在反应液中仍然存在少量的 U2。U3 和 U4 的生成量较小，产物 U3 在反应 15min 时达到最大值，然后逐渐降低，80min 后消失。产物 U4 的浓度在 40min 达到最大值，然后缓慢降低，反应 90min 后，反应液中仍存在一定量的 U4。

这四种未知产物在液相色谱柱上的保留时间为 6.5～8min，四种产物依次出现，表明这四种物质的分子结构可能存在某些相似的基团。从产物的保留时间上看，这几种物质很可能是阿特拉津在脱烷基过程中形成的中间过渡产物。

臭氧本身具有较强的氧化性，可直接氧化阿特拉津，同时臭氧会在其他物质（如 OH^-、腐殖质）的作用下分解，生成氧化能力更强的羟基自由基。因此阿特拉津的臭氧氧化过程应该存在两种路径：直接反应路径—臭氧分子直接氧化和间接反应路径—臭氧分解形成羟基自由基氧化，不同的反应路径将产生不同的产物。

直接反应过程主要是通过臭氧分子直接与阿特拉津分子作用，使阿特拉津分子发生氧化反应。臭氧分子具有偶极性、亲核性和亲电性，因此臭氧可同时作为亲电试剂和亲核试剂，分别与阿特拉津发生反应。在臭氧作用下，降解产物中首先出现脱烷基产物 DEA、DIA 和 CAAT。说明臭氧分子首先进攻阿特拉津的侧链官能团：乙胺基和异丙胺基，形成脱烷基产物，同时会形成多种过渡态中间产物。通过对降解产物的分析，胺基集团的降解过程如下：乙胺基在臭氧的作用下，首先发生加成反应—臭氧分子中的一个氧原子加成到乙胺基基团的 α 碳原子上，形成乙醇胺。生成的乙醇胺可能在臭氧或者羟基自由基的作用下，发生抽氢反应：从 α 碳原子上抽取 H，被氧化成乙酰胺。其反应历程如式（4.3）所示。

$$RNH—CH_2CH_3 \xrightarrow{O_3} RNH—CHOH—CH_3 \xrightarrow[OH\cdot]{O_3} RNH—COCH_3 \tag{4.3}$$

由于醇胺的化学结构很不稳定，很容易失去一分子的 H_2O，形成两种具有不饱和键的胺基化合物。这两种化合物可能同时存在，无法确定究竟以哪种产物为主，其反应式见（4.4）。

$$RNH—CHOH—CH_3 \xrightarrow{-H_2O} RN═CH—CH_3 \longleftrightarrow RNH—CH═CH_2 \quad (4.4)$$

（4）臭氧氧化扑草净的效果

1）不同臭氧投加量的影响

采用自来水配制初始浓度约为 150μg/L 的扑草净溶液，臭氧投加量分别为 0.18L/min、0.24L/min和 0.36L/min。不同臭氧投加量条件下扑草净的降解曲线如图 4.72 所示。可以看出，随着臭投加量的增加，扑草净的降解速率明显加快。当臭氧投加量分别为 3.6mg/min、4.8mg/min 和 7.2mg/min，反应 10min 时，扑草净的去除率分别为 73.3%、85.7%和 96.2%。

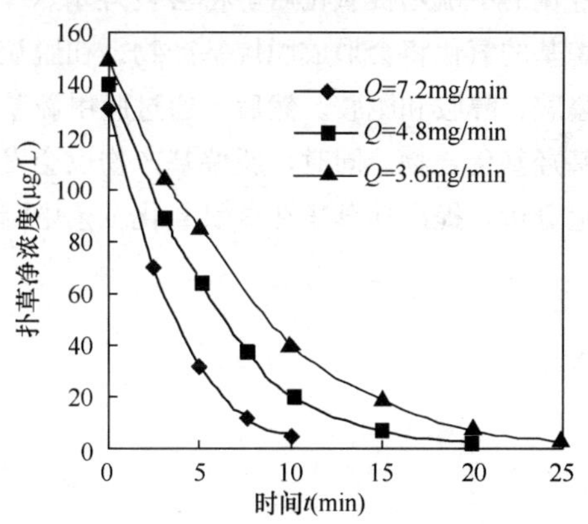

图 4.72　不同臭氧投加量条件下扑草净的降解曲线

对扑草净的降解曲线进行一级反应动力学拟合，结果如图 4.73 所示。表 4.26 为不同臭氧投加量条件下，臭氧氧化扑草净一级反应动力学方程拟合结果，相关系数均在 0.99 以上，因此扑草净的臭氧氧化过程较好的符合一级反应动力学模型。一级反应速率常数随臭氧投加量的增加而线性增加，因此增加臭氧投加量，可以迅速提高扑草净的降解速率。

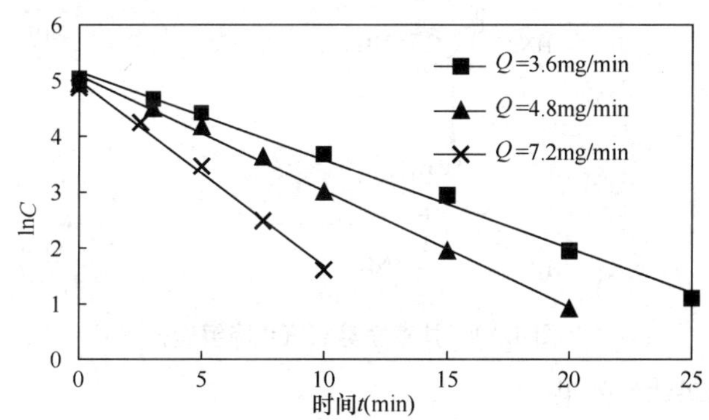

图 4.73　不同臭氧投加量条件下扑草净降解一级动力学拟合曲线

不同臭氧投加量条件下扑草净一级反应动力学参数　　表 4.26

臭氧投加量（mg/min）	拟合方程	k（min^{-1}）	R^2
3.6	$\ln C=-0.1581t+5.1604$	0.1581	0.9939
4.8	$\ln C=-0.2074t+5.0938$	0.2074	0.9960
7.2	$\ln C=-0.3318t+4.9958$	0.3318	0.9938

2）扑草净臭氧氧化机理研究

扑草净分子的 2 号位和 4 号位的取代基分别为甲硫基（$-SCH_3$）和异丙胺基（$-NHCH(CH_3)_2$），阿特拉津 2 号位和 4 号位的取代基分别为（$-Cl$）和乙胺基（$-NHCH_2CH_3$）。虽然它们的侧链取代基团不同，但是它们的分子结构十分相近。因此有理由相信，扑草净的臭氧氧化路径将与阿特拉津的氧化路径相近，只是中间产物不同而已。根据阿特拉津的臭氧化路径，提出扑草净臭氧氧化降解历程：首先是2号位的甲硫基、4号和6号位异丙胺基的氧化。2号位的甲硫基被氧化后，将会被羟基（·OH）取代，形成单羟基化合物。4号和6号位侧链烷基的氧化将会形成脱烷基产物。在脱烷基产物形成过程中，也将形成一些中间过渡产物如：醛胺、醇胺和酮胺。然后，通过脱甲硫基而形成的单羟基化产物将发生脱烷基反应，生成脱烷基羟基化合物。同时，脱烷基产物也会发生羟基化反应，形成最终的氧化产物OAAT。基于以上分析，提出扑草净在臭氧氧化工艺中降解途径，如图4.74所示。

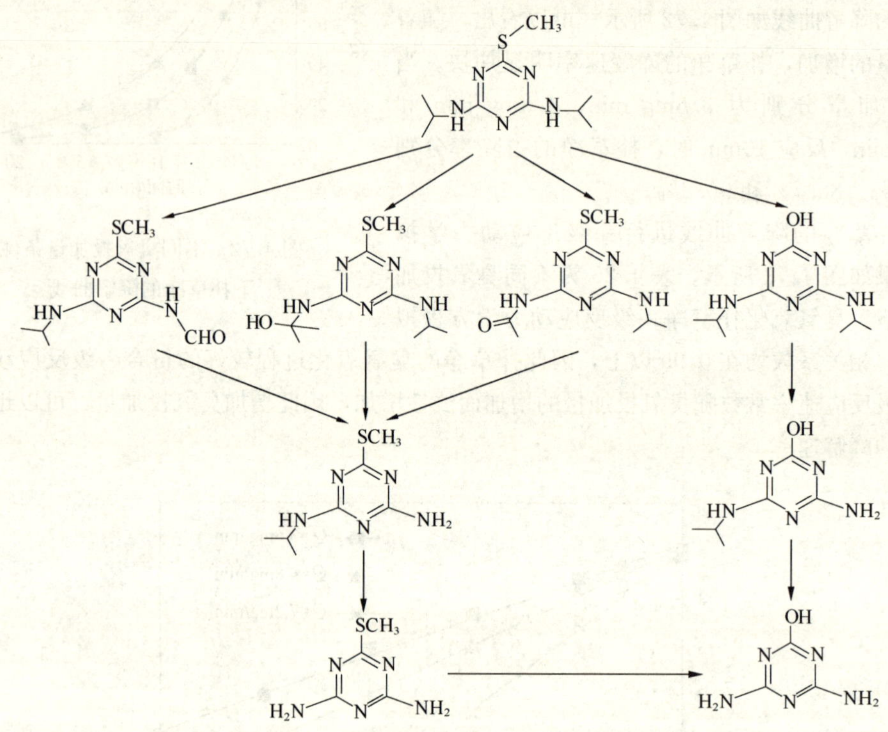

图4.74　扑草净臭氧氧化降解途径

（5）臭氧氧化西玛津的效果

1）臭氧投加量的影响

采用自来水配制浓度约为160μg/L的西玛津溶液，初始pH=7.05，反应温度$T=10\pm1$℃。不同臭氧投加量时西玛津的降解曲线如图4.75所示。可以看出，随着臭氧投加量的增加，西玛津降解曲线的斜率随之增加，表明西玛津的降解速率加快。当臭氧投加量分别为3.6mg/min、4.8mg/min和7.2mg/min时，反应20min后，西玛津的去除率分别为58.1%、65.2%和86.4%。在相同反应时间内，西玛津的去除率随臭氧投加量的增加而升高。

对西玛津的降解曲线进行一级反应动力学拟合，结果如图4.76所示。表4.27表示在不同臭氧投加量条件下，西玛津臭氧氧化一级反应动力学方程拟合结果。当臭氧投加量分别为3.6mg/min、4.8mg/min和7.2mg/min时，西玛津臭氧氧化降解一级反应速率常数分别为$0.0406min^{-1}$、$0.0636min^{-1}$和$0.0966min^{-1}$，一级反应速率常数随臭氧投加量的增加而增加。将不同臭氧投加量时西玛津的一级反应速率常数与臭氧投加量进行拟合，结果如图4.77所示。

可以看出，西玛津一级反应速率常数随臭氧投加量的增加而线性增加。

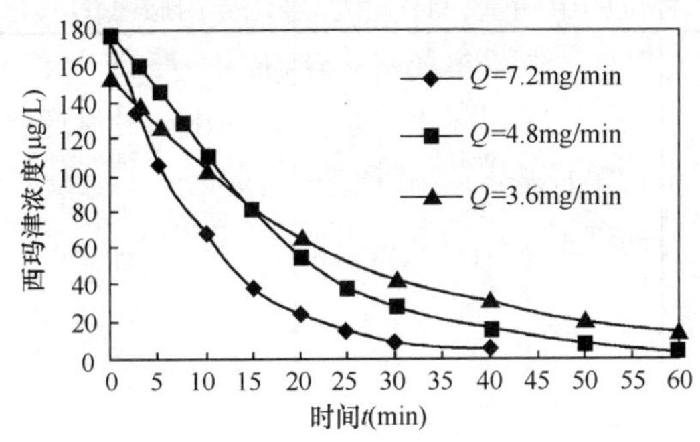

图 4.75　不同臭氧投加量时西玛津的降解曲线

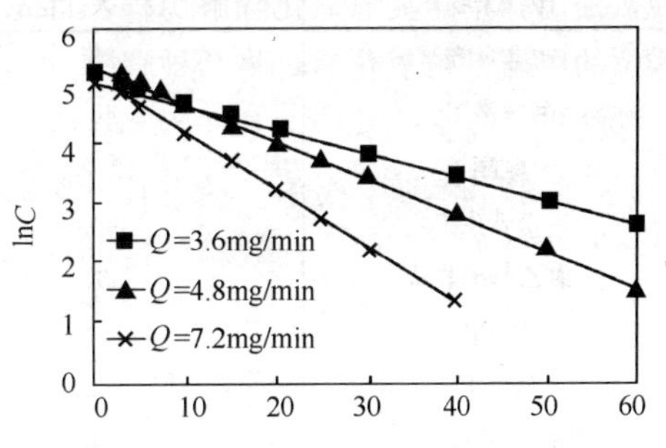

图 4.76　不同臭氧投加量时西玛津降解一级动力学拟合曲线

不同臭氧投加量时西玛津一级反应动力学参数　　表 4.27

臭氧投加量（mg/min）	拟合方程	k（min^{-1}）	R^2
3.6	$\ln C=-0.0406t+5.0325$	0.0406	0.9986
4.8	$\ln C=-0.0636t+5.287$	0.0636	0.9974
7.2	$\ln C=-0.0966t+5.1421$	0.0966	0.9981

2）西玛津的臭氧氧化机理研究

西玛津分子 2 号位的取代基为（—Cl），4 号位和 6 号位的取代基均为乙胺基（$—NHCH_2CH_3$），2 号位和 4 号位的取代基与阿特拉津分子相同，只有 6 号位的取代基与阿特拉津分子不同，西玛津与阿特拉津的分子结构十分相近。因此，西玛津的臭氧氧化途径很可能与阿特拉津的氧化途径相近。根据阿特拉津的臭氧化途径，提出西玛津的臭氧氧化途径，如图 4.78 所示。

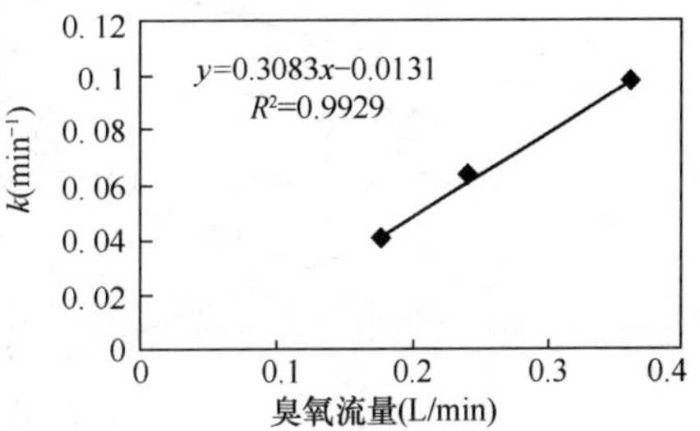

图 4.77　西玛津一级反应速率常数与臭氧投加量的关系

4.3.3　国外应用氧化（Cl_2、O_3）工艺去除饮用水中的微污染物

（1）美国原水和饮用水中微污染物的去除效果

美国原水和经自来水厂处理后水中的微污染物（内分泌干扰物和药物）浓度见表 4.28 和表 4.29。原水中出现频率为 57%的化合物有 11 种，而处理后水中只有 5 种。

原水中的微污染物浓度（n=23，ng/L）　　表 4.28

微污染物	最　大　值	中　　值	频率（%）
苯妥英	40	13	91
甲丙氨脂	73	10	91
新诺明	173	20	91
阿特拉津	1011	44	87
卡马西平	69	19	83

续表

微污染物	最 大 值	中　值	频率（%）
吉非贝齐	38	9.8	78
阿替洛尔	48	10	74
雌酮	2.0	0.4	74
奈普生	44	16	70
2-氯乙基磷酸盐	534	115	65
TCPP	721	175	57
DEET	105	85	48
异丙甲草胺	119	20	48
壬基酚	141	89	48
三氯生	8.8	3.0	43
佳乐麝香	65	36	43
雌激素活性 EEq	6.18	0.091	75

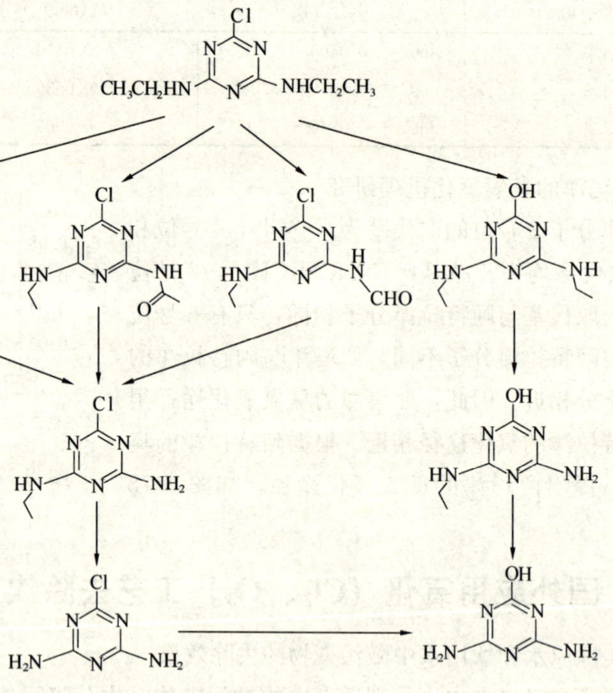

图 4.78　西玛津的臭氧氧化降解途径

处理后水中的微污染物浓度（ng/L）　　**表 4.29**

微污染物	最 大 值	中　值	频率（%）
苯妥英	32	9.4	74
甲丙氨脂	43	9.3	83
新诺明	3.0	0.39	13
阿特拉津	990	26	91
卡马西平	18	5.4	61

续表

微污染物	最 大 值	中 值	频率（%）
吉非贝齐	2.0	1.0	35
阿替洛尔	26	2.8	57
邻苯二甲酸二辛酯	117	82	35
利谷隆	8.1	6.2	17
2-氯乙基磷酸盐	470	121	48
TCPP	508	177	44
DEET	99	79	43
异丙甲草胺	36	17	35
壬基酚	104	84	17
三氯生	1.2	1.1	9
佳乐麝香	34	31	17
雌激素性 EEq	0.077	0.077	5
三羟异黄酮	2.9	2.1	9

（2）氯化去除微污染物的效果

加氯量为 3.5mg/L，经过 24h 接触后，微污染物（内分泌干扰物、药物）去除率见表 4.30。

氯化去除微污染物的效果　　**表 4.30**

去除率<30%	去除率 30%～70%	去除率>70%	去除率<30%	去除率 30%～70%	去除率>70%
睾 酮	布洛芬	雌二醇	DEET		双氯芬酸
黄体酮	吉非贝齐	红霉素	卡马西平		氢可酮
雄烷二酮		雌 酮	阿特拉津		对己酸氨基酚
咖啡因		雌三醇	2-氯乙基磷酸盐		麝香酮
氟西汀		新诺明	佳乐麝香		乙炔基雌二醇
甲丙氨脂		三氯生	碘普胺		
安定		甲氧苄啶	己酮可可碱		
苯妥英		奈普生			

（3）臭氧去除微污染物的效果

臭氧投加量 2.5mg/L 时，微污染物（内分泌干扰物、药物）的去除率见表 4.31。

2.5mg/L 臭氧时微污染物去除效果　　**表 4.31**

去除率<30%	去除率 30%～70%	去除率>70%	去除率<30%	去除率 30%～70%	去除率>70%
麝香酮	甲丙氨脂	睾 酮			双氯芬酸
2-氯乙基磷酸盐（TCEP）	阿特拉津	黄体酮			氢可酮
	碘普胺	雄烷二酮			对己酸氨基酚
		雌三醇			麝香酮
		乙炔基雌二醇			DEET
		雌 酮			苯妥英
		雌二醇			布洛芬
		红霉素			安 定
		新诺明			咖啡因
		卡马西平			氟西汀
		己酮可可碱			异丙甲草胺
		三氯生			佳乐麝香
		甲氧苄啶			吉非贝齐
		奈普生			

第5章 活性炭和生物活性炭处理对内分泌干扰物的去除

活性炭和生物活性炭处理是去除有机或无机污染物的有效措施之一，是饮用水深度处理的重要工艺，其主要作用如下：

(1) 除去水中氯酚类和石油类等化合物产生的嗅味，以及铁、锰和有机物形成的色度；

(2) 去除水中消毒副产物及其前体物——有机物，可降低水中的 UV_{254}、COD_{Mn}、TOC (DOC) 值等；

(3) 去除内分泌干扰物，如农药、芳香族化合物、工业化学品、有毒有害重金属、阴离子表面活性剂和药品以及个人护理品等；

(4) 去除水中三致（致癌、致畸、致突变）污染物，可使出厂水的致突变试验由阳性转变为阴性。

5.1 概述

5.1.1 活性炭制造

水处理所用的活性炭由含碳物质如褐煤和烟煤作为原料制造，少数也有用木质材料制成活性炭。制造过程分两步：第一步，是将原料在高温下加热，称为碳化，其作用是使原材料碳化，形成由碳原子微晶体组成的孔隙构造；第二步是用高温蒸汽或化学脱水进行活化，使活性炭内产生各种形状和大小的空隙，形成完善的空隙结构，增加吸附的比表面积，使其具有良好的吸附性能。

活性炭的孔隙构造随原材料、活化方法、活化条件不同而异，一般活性炭的比表面积为 $500\sim1400m^2/g$。活性炭的孔隙可分为三类：①微孔，直径在 2nm 以下，微孔的比表面积占活性炭总比表面积的 95%以上，呈现出很强的吸附作用，对活性炭吸附容量的影响最大；②中孔（过渡孔），直径为 2～100nm，其比表面积占总比面积的 5%以下，中孔不仅为微污染物提供扩散通道，而且有利于大分子有机物的吸附；③大孔，直径为 100～10000nm，比表面积只有 $0.5\sim2m^2/g$，占总比表面积的比例不足 1%，主要为污染物提供扩散通道。活性炭的结构如图 5.1 所示。

活性炭的原材料和生产制造条件等决定了活性炭的孔隙尺寸分布和其他物化性质，而除污染效果常会受到孔隙尺寸分布的影响。

应用活性炭去除水中有机物时，由于活性炭性质、水中污染物的种类和吸附性能不同，以及污染物之间的竞争吸附，因此须根据具体条件（如进水水质，水质要求和经济条件）进行实验室或半生产性试验。

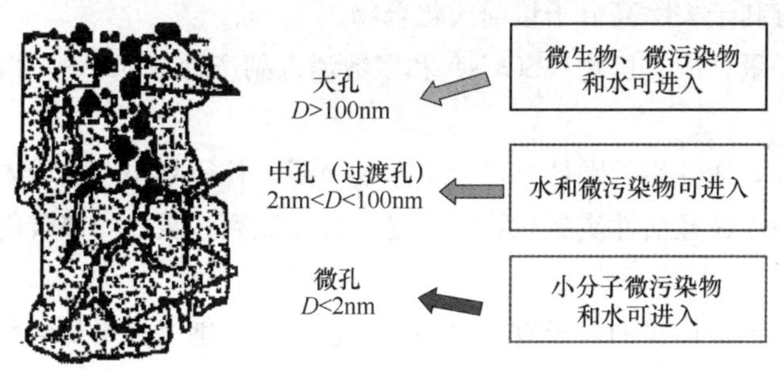

图5.1　活性炭孔隙结构图

5.1.2　活性炭选择

对水处理所用活性炭的要求是比表面积大，微孔数量多，吸附速率（单位重量活性炭在单位时间内所吸附的污染物量）快，吸附容量大，并且机械强度高。

选择活性炭的品种时，常按产品说明书上各种活性炭的性质加以比较，或者通过单组分（即一种有机污染物）的活性炭吸附等温线试验来确定，有时也用高于环境浓度的加标水样进行试验。但是最好的方法是取自来水厂实际水样中的污染物浓度进行试验，根据多种活性炭的试验结果再行选用，这样较能保证所选活性炭与所处理污染物相匹配。选用活性炭时应考虑下列方面：

(1) 孔隙尺寸分布

不同品种活性炭的孔隙尺寸分布变化很大，因此测定孔隙容积和尺寸分布对于决定各种活性炭的性质是很重要的。孔隙尺寸分布之所以重要，在于活性炭最大吸附容量通常发生在与污染物分子相同大小的孔隙内。孔隙小的活性炭，一般具有大的比表面积，适用于吸附气相中相对较小的分子。在水处理中，如炭的孔隙尺寸过小，扩散通道可能会被较大的有机物分子所堵塞，一般宜选用比表面积稍小而孔隙较大的活性炭。

(2) 活性炭物理性质

吸附是有机和无机污染物附着在活性炭表面而去除的现象，是物理、化学或电的作用或三者同时作用的结果。饮用水处理时，因水源中污染物的浓度较低，主要是物理吸附作用。活性炭的多孔结构使吸附现象更为明显，因为有微孔、中孔、大孔等巨大表面积，每克活性炭的总吸附表面积可达 $1000m^2$ 以上。活性炭外表面的不规则形状也很容易附着微生物，这样活性炭除了吸附作用去除污染物外，还有生物去除作用。

颗粒活性炭的物理性质可参阅各活性炭生产厂的产品说明书。根据活性炭的制造原料，其物理性质和吸附性质有很大差别，以褐煤为原料制成的活性炭，平均孔隙半径在3nm以上，而沥青（烟煤）质活性炭平均孔隙尺寸小于2nm。水处理时应用烟煤为原料的活性炭对小分子污染物有较大的吸附容量，而褐煤质活性炭对大分子污染物如消毒副产物前质有较大的吸附容量。烟煤质活性炭可吸附较多的碘、酚类和阿特拉津；褐煤质活性炭可吸附较多的腐殖酸和丹宁酸。

多数活性炭的特征是对低分子量有机物有吸附能力，一般由碘数（标准溶液中吸附碘的能力）表示，孔隙小的活性炭有很大的总表面积，其碘数比较有利于吸附。而糖蜜数表示活性炭的大孔隙直径，较有利于去除高分子量前质化合物。

对于许多低分子量合成有机物（SOCs）和多数消毒副产物（DBPs），应用小孔隙活性炭较为合适。

除了孔隙尺寸外，活性炭的颗粒直径也会影响吸附。粒径越小，如粉末活性炭，去除污染物的速率越快。因为小粒径活性炭颗粒，污染物经过孔隙到达炭粒内部吸附位的距离越近，吸附也就越快。

一般情况下，颗粒活性炭的粒径宜尽量小，但也不应过细以免增加活性炭池的水头损失或引起活性炭滤层堵塞。选择活性炭粒径时也应考虑活性炭池反冲洗时的损耗量，反冲洗时直径小的炭粒往往随水流带出较多，损耗较大。

5.1.3 粉末活性炭吸附

活性炭分粉末活性炭（PAC）和颗粒活性炭（GAC）两种。粉末活性炭的颗粒直径约10～50μm，一般根据需要，间歇地投加在混凝和消毒工艺之前，以消除突发的水源水质事故。如用于去除有机物或藻类滋生的臭味时，也可和混凝剂一起投加在絮凝池内，或在过滤之前的适当部位投加。

粉末活性炭去除TOC、三卤甲烷前质（THMFP）、三卤甲烷和挥发性有机物（VOC）的效果较差，而农药和除草剂等最容易被粉末活性炭所去除。吸附在絮体或杂质颗粒上的有机污染物由沉淀、过滤去除。

粉末活性炭常投加于混凝过程中，以控制水的臭味或去除污染物。粉末活性炭分散于水中后，经过混凝、沉淀和过滤将水中的炭末去除。粉末活性炭有吸附许多有机物的能力，因此可用以去除有机物前质，但以往的试验结果也并不一致，有些效果很好，有些当投加量为5～15mg/L时，效果有限，只有在投加量增大时，效果才有所提高。

有机污染物的分子量分布会影响粉末活性炭的适用性，多数水体中的有机物前质是大分子且分子量高，在活性炭的孔隙中不易扩散移动。因此在粉末活性炭原本可以有效去除多种有机物的情况下，由于先去除了高分子量有机物，影响以后其他有机物的吸附而降低其效果。相反，混凝过程可有效去除高分子量有机物，但对低分子量有机物却没有同样的去除效果。因此水中有机物的分子量分布会影响粉末活性炭和混凝对有机物前质的去除效果。如果大部分有机物前质是在低分子量范围，则粉末活性炭与混凝合用是有利的，因为混凝主要针对高分子量有机物。如活性炭与臭氧联合使用，因臭氧会降低有机物的分子量，可使粉末活性炭的吸附效果更好。

孔隙容量大的粉末活性炭可以改善大分子量有机物在孔隙中的扩散流动性，能较有效地去除有机物前质。

应用粉末活性炭时，须注意几种因素：降低水中pH可以提高污染物的去除率；在混凝之前投加时，活性炭与污染物须有一定的接触时间，使其达到吸附平衡，可节约药剂和提高效果。如活性炭直接投加在絮凝池内，因活性炭和水中污染物的接触时间有限，而且炭粒表面可能被混凝剂或絮体覆盖，往往未能达到其最大吸附容量，而降低活性炭吸附的效果。此外，絮凝池的水力条件和活性炭吸附池的要求不同，前者只需要缓慢搅拌，后者则以强烈搅拌为宜。

原水水质条件、混合强度和接触时间都会对粉末活性炭吸附效果有明显影响。颗粒尺寸也是一个重要因素，研究发现，粉末炭粒径越小，吸附速率可大大增加，活性炭投加的量因此减少。

理论上，粉末活性炭和颗粒活性炭的吸附作用是相同的，只不过粉末活性炭是在悬浮状态和污染物相接触，而颗粒活性炭是放在吸附池内，处于稳定状态，以过滤形式与污染物相接触。粉末活性炭一般投加在水处理池（絮凝池、沉淀池）中，然后在过滤时将粉末去除，粉末活性炭需要连续投加，技术要求较低，但劳动强度较大，成本较高。粉末活性炭适合于短期应用而不是经常连续使用。对于农药业类污染物，因通常在春、夏季节 6 个月内施用，以粉末活性炭消除污染最为合适。但因单位容积水中相接触的活性炭量较少，去除污染物效果不及颗粒活性炭。

5.1.4　颗粒活性炭吸附工艺

颗粒活性炭（GAC）是一种多孔性结构物质，广泛用于去除饮用水中微量有毒有害的有机物，活性炭对有机物的去除主要靠比表面积大的微孔的吸附作用。许多内分泌干扰物可以通过 GAC 吸附有效去除，比如农药类、邻苯二甲酸酯类、烷基酚等。

颗粒活性炭试验时，往往在小型吸附柱中进行，随时将吸附柱的出水水样进行化学分析，以确定活性炭层的吸附效果，及其有效使用期。吸附等温线可作为补充资料，以供筛选活性炭品种之需，但不能作为设计活性炭池的依据。

在饮用水处理时，首先应通过混凝、沉淀、过滤降低水中悬浮物，然后再进入活性炭滤池，以提高其对有机污染物的吸附效果。放在池内的颗粒活性炭，粒径为 0.4～1.0mm，炭层厚度为 1.0～2.5m，滤速为 8～20m/h，空床接触时间至少 7.5min。溶解有机物量、pH 和水温对活性炭滤层去除污染物的效果有很大影响。运行过程中，一旦活性炭层吸附能力耗竭发生污染物穿透时，出水水质逐步变差，污染物去除效率明显下降。活性炭失效后，可从滤池取出，池内换放新炭，废炭送往再生炉中加热再生，以去除活性炭孔隙中的残留污染物，并再次扩大孔隙尺寸，供下次重复应用。

水过滤时，当活性炭表面的吸引力大于有机物溶解于水中的溶解力时，两者就会发生吸附，有机物的溶解度可用来衡量溶解力。一般水中较易溶解的有机物较不易被吸附，而低水溶性、高分子量和中性电荷的有机物较易于吸附。有机物的极性可影响其溶解度。带有净中性电荷的分子，在其分子的不同位置有正电荷和负电荷中心，而有些化合物在其分子的不同位置可能有十分不同的正电荷和负电荷中心，这些化合物即具有极性，例如水就是极性分子。水可以溶解其他极性或离子物质，因为水分子的正、负电荷中心对其他物质分子相反的电荷中心有吸引力。因此极性化合物比非极性化合物容易溶解在水中，由于增加了溶解力，通常较不容易发生吸附。

虽然水中有机物因溶解度低而有利于吸附，但在吸附表面上还有其他吸引力，如电引力（交换吸附），范德华力（物理吸附）以及活性炭和有机物之间的化学反应（化学吸附）。水处理时，多数情况下同时存在上述三种吸附，其中，可能是由于有机物溶解度低的原因，物理吸附对去除许多有机物起很大作用。

吸附过程中，有机物逐渐去除，直到水中的有机物浓度和所吸附的有机物量达到吸附平衡时为止。吸附等温线表示单位重量活性炭吸附的有机物量和水中剩余有机物浓度之间的平衡，如果水中有其他有机物同时竞争吸附位时，将会减少目标化合物的吸附量。吸附时，由于相互竞争的化合物置换了已经吸附的目标化合物，于是出现解吸过程，被置换下来的目标化合物在活性炭池中向下移动，直到在新吸附位上重新附着时为止。最后，活性炭的吸附位全部用尽，解吸的化合物到达活性炭层底部而流出池外，使出水中的污染物浓度越来越高，直到等于进水浓度。在解吸情况下，出水中的污染物浓度有时可以高于进水中的浓度。

实际上，吸附是一种动态过程，水中污染物到达活性炭的吸附位有 3 个过程：

(1) 污染物通过活性炭表面的液膜到活性炭表面，称为液膜扩散；

(2) 污染物在活性炭孔隙内或沿孔隙壁扩散（粒内扩散），进入到吸附位；

(3) 污染物附着在炭孔隙内的吸附位上，完成了吸附过程。

每一过程都有它的速率，各不相同，有可能是一个过程比其他过程慢，因此较慢的过程控制了活性炭的整体吸附速率。多数情况下，有机物吸附在活性炭上的速率由前面 2 个过程控制，而吸附过程很快，通常并不是决定吸附速率的因素。

如果整体吸附由液膜扩散过程所控制，则反应速率正比于水中有机物浓度与平衡浓度的浓度差。另一方面，如果由活性炭的孔隙或毛细管扩散（粒内扩散）控制吸附速率，这时速率不和浓度梯度成线性关系，浓度梯度的影响仍然存在，但情况比较复杂。

活性炭不仅有吸附作用，而且在某些条件下其表面还有生物降解作用，由于炭粒表面的微生物生长，因而去除了可生物降解有机物。

饮用水处理时，多数应用 GAC 的过滤装置都有生物过程以去除某些有机物，正是由于炭表面的生物膜作用，有时称这一活性炭过滤过程为生物活性炭法（BAC）。

5.2 活性炭吸附容量和吸附动力学

5.2.1 吸附容量

活性炭吸附效果常用吸附容量和吸附速率表示。吸附容量是指单位重量活性炭所能吸附的溶质（污染物）量，吸附速率是指单位时间内单位重量活性炭所吸附的溶质（污染物）量，两者均受到活性炭颗粒粒径、被吸附物浓度、pH 和水温的影响。一般宜通过静态和动态试验进行测定。

活性炭吸附时，一方面水中污染物不断吸附在活性炭上，另一方面已经吸附的污染物又会重新回到水中，当活性炭上吸附的污染物与水中的污染物浓度达到平衡时，称为吸附平衡，这时水中的污染物浓度称为平衡浓度，而单位重量活性炭所吸附的污染物重量，即表示活性炭的吸附能力，称为吸附容量。

一般在实验室中以不同的炭投加量对一种目标化合物进行吸附试验，以了解某种活性炭去除目标化合物的吸附容量。

水样容积为 V（L），某一污染物在水中的初始浓度为 C_0（mg/L），投加活性炭量为 m（g），经过一定时间后达到吸附平衡，这时水中的污染物浓度从 C_0 降为 C_e（mg/L），即可按下式算出单位重量活性炭去除的污染物量，即平衡吸附容量：

$$q=\frac{V(C_0-C_e)}{m}(\text{mg/g 炭}) \tag{5.1}$$

平衡吸附容量 q 值受许多因素如活性炭品种、污染物性质、水的 pH 和水温等的影响，同样重量的活性炭，如吸附容量越大，则活性炭所需再生的周期越长，运行费用可以降低。

平衡吸附容量试验需很长时间才能达到吸附平衡，而实际试验往往在数小时内或较短时间内完成，因此得出的吸附容量比实际值往往有所降低。

（1）吸附等温线试验

每一次吸附平衡试验可得到达到平衡时相应的 q 和 C_1 值，如在温度不变的条件下，用同体积和同样污染物浓度的水样，但改变活性炭量重复进行试验，即可根据每一次试验的 q 和 C_1 值，连成一条 q 和 C_1 的关系曲线，如绘在双对数坐标纸上则呈直线，即为吸附等温线。

因为活性炭吸附达到平衡需要较长时间，而且吸附试验时涉及许多因素，必须谨慎从事，以免降低吸附等温线的准确度。

为此，吸附等温线试验时，应注意以下几点：

1）水温和 pH 对吸附容量的影响很大；

2）为了缩短达到吸附平衡的时间，可将颗粒活性炭研碎；

3）水中天然有机物的存在会降低活性炭的吸附容量；

4）单一污染物的吸附等温线试验时，可以固定污染物浓度改变活性炭投加量，也可以保持不变的活性炭投加量，改变污染物的浓度。

（2）吸附等温线模型

目前研究中有多种吸附等温线模型：

Fritz-Schlunder 多组分吸附模型：

$$q_e = \frac{k_s C_e^{b_1}}{1 + a_s C_e^{b_2}} \tag{5.2}$$

Redlich-Peterson 吸附等温线模型：

$$q_e = \frac{k_R C_e}{1 + b_R C_e^{\beta}} \tag{5.3}$$

Langmuir 吸附等温线模型：

$$q_e = \frac{k_L C_e}{1 + a_L C_e} = q_m \frac{a_L C_e}{1 + a_L C_e^{b}} \tag{5.4}$$

Freundlich 吸附等温线模型：

$$q_e = \frac{x}{m} = k_f C_e^{1/n} \tag{5.5}$$

式中　q_e——活性炭对目标化合物的平衡吸附容量，μg/g；

C_e——目标化合物在液相中平衡浓度，μg/L；

k_s——Fritz-Schlunder 吸附等温线常数，(μg/g) · $(\mu g/L)^{-b_1}$；

a_s——Fritz-Schlunder 吸附等温线常数，$(\mu g/L)^{-b_2}$；

b_1，b_2——Fritz-Schlunder 吸附等温线常数；

k_R——Redlich-Peterson 吸附等温线常数，L/μg；

a_R——Redlich-Peterson 吸附等温线常数，$(\mu g/L)^{-\beta}$，β——Redlich-Peterson 吸附等温线常数；

k_L——Langmuir 吸附等温线常数，L/μg；

a_L——Langmuir 吸附等温线常数，L/μg；

$q_m = k_L/a_L$——Langmuir 吸附等温线的最大吸附容量，μg/g；

k_f——Freundlich 吸附等温线常数，(μg/g) $(L/\mu g)^{1/n}$；

$1/n$——Freundlich 吸附等温线常数。

Langmuir 模型和 Freundlich 模型适用于单一溶质，前者有理论基础，后者为经验方程，水处理中两者最为常用，通常 Langmuir 模型表达的吸附数据精确度不及 Freundlich 模型。

Freundlich 等温线模型可线性化为：

$$\lg q_e = \lg k_f + \frac{1}{n}\lg C_e \tag{5.6}$$

将上式中的 q_e 和相应的 C_e 点绘在双对数坐标纸上为直线，其截距为 k_f，斜率为 $1/n$。k_f 值表示活性炭去除污染物的能力，该值越大，活性炭吸附容量越大，$k_f > 200\mu g/g\ (L/\mu g)^{1/n}$ 时比较经济实用。$1/n$ 表示活性炭和污染物之间的吸附力，该值在 0.1～0.5 时容易吸附，大于 2 时难以吸附。

5.2.2 吸附动力学模型

从吸附等温线和吸附动力学可以知道活性炭的吸附性能，由吸附等温线可得出吸附容量，而从吸附动力学可得出吸附速率。

吸附动力学试验时采用容积足够大的间歇式反应器，水样容积和其中单一污染物初始浓度已知，投加一定量的活性炭后，测定污染物浓度随时间的变化，得出相应曲线。

常用于活性炭吸附水中污染物的吸附动力学模型主要有以下几种：

颗粒内扩散模型：

$$\frac{t}{q_t} = \frac{1}{k_p q_e^2} + \frac{t}{q_e}\ln(q_e - q_t) \tag{5.7}$$

拟一级动力学模型：

$$\ln(q_e - q_t) = \ln(q_e) - k_1 t \tag{5.8}$$

拟二级动力学模型：

$$\frac{t}{q_t} = \frac{1}{k_2 q_e} + \frac{t}{q_e} \tag{5.9}$$

式中 q_e——平衡时的固相浓度，μg/g；

q_t——t 时的固相浓度，μg/g；

k_p——内扩散模型的速率常数，$\mu g/(g \cdot min^{-0.5})$；

k_1——拟一级动力学模型的速率常数，min^{-1}；

k_2——拟二级动力学模型的速率常数，$g \cdot \mu g \cdot min^{-1}$。

5.2.3 试验方法

试验的具体步骤说明如下。

(1) 吸附平衡

在 105℃条件下将活性炭烘 3h，然后准确称取不同重量的活性炭放入 250mL 磨口细颈瓶中，并记录实际炭量值。然后在各细颈瓶中分别加入 200mL 用去离子水配制的初始浓度约为

10mg/L 的目标化合物溶液，与空白水样瓶放入恒温摇床［图 5.2（*a*）］中，控温于 25±0.5℃，振荡频率 160 次/min，24h 后，取样高速离心［图 5.2（*b*）］后进行分析。对于不同粒径的活性炭和不同有机物本底实验重复上述实验步骤。

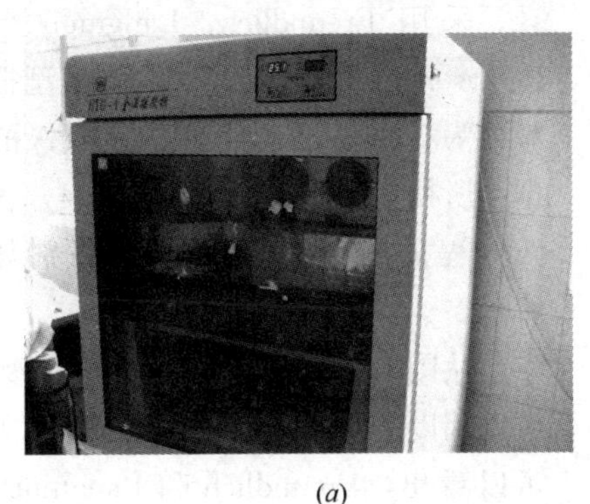

(*a*)

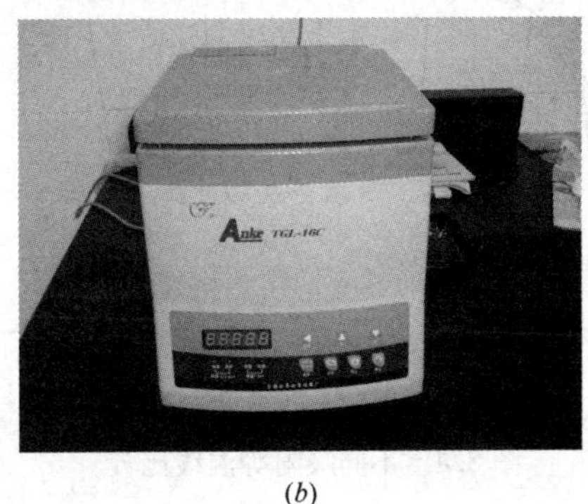

(*b*)

图 5.2　活性炭试验装置

（*a*）HYG-A 恒温摇床；（*b*）安亭 TGL-16C 高速离心机

（2）吸附速率

称取烘干到恒重的 0.1g 不同粒径的颗粒活性炭，分别放入 250mL 磨口细颈瓶中，加入去离子水配制成各种初始浓度的目标化合物溶液，在恒温摇床中控温 25±0.5℃，振荡频率 160 次/min，间隔一定时间取水样，进行测定；然后改变溶液的初始浓度，在相同条件下，重复上述实验，考察不同初始浓度的目标化合物对活性炭吸附速率的影响。

（3）动态吸附试验

动态吸附试验工艺流程如图 5.3 所示。水箱尺寸为直径 800mm，高 1000mm。颗粒活性炭柱内径 29mm，炭层高度 155mm，砂承托层高度 30mm，装炭量 50g。原水样为自来水配制的目标化合物溶液，溶液通过蠕动泵由下而上注入活性炭柱，相应的滤速为 10m/h，空床停留时间为 0.93min。

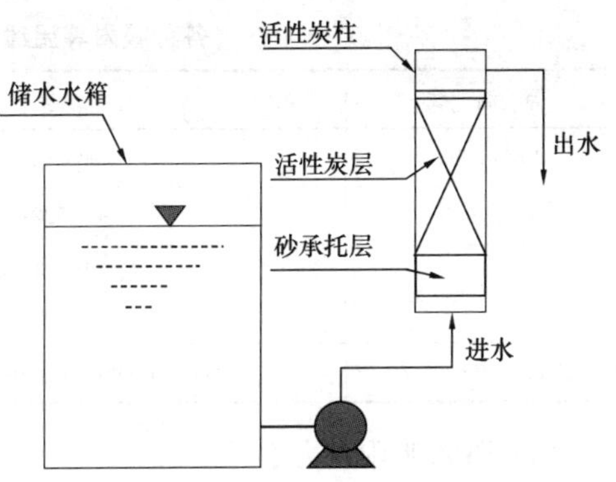

图 5.3　动态吸附试验工艺流程

5.3　粒状活性炭（GAC）对内分泌干扰物的吸附去除

5.3.1　颗粒活性炭对双酚 A（BPA）的吸附

（1）颗粒活性炭性质

试验所用活性炭为水处理用煤质颗粒状活性炭（天津卡尔刚生产，粒径规格 12×40 目），碘值、亚甲蓝值和强度分别为 1092mg/g、225mg/g 和 92.9%。活性炭在使用前筛分，平均粒径分别为 550μm、1000μm、1100μm 和 1150μm，筛分好的活性炭用去离子水清洗干净，在

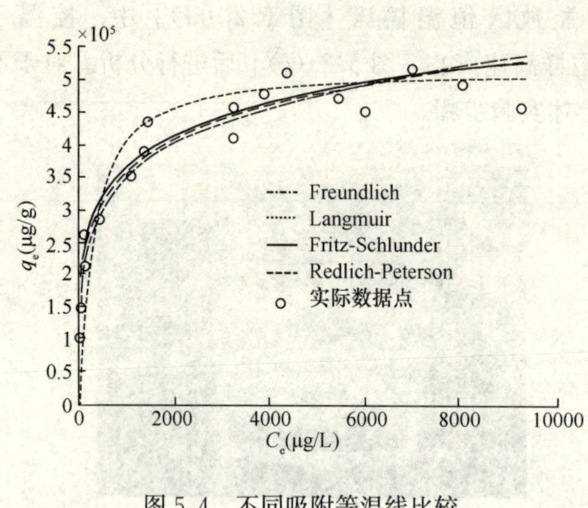

图 5.4　不同吸附等温线比较

105℃下烘干 24h 后放入干燥皿中，供试验用。

(2) BPA 的吸附平衡

采用 Freundlich、Langmuir、Redlich-Peterson 和 Fritz-Schlunder 等模型拟合平均粒径为 550μm 的活性炭吸附 BPA 的实验数据，所得各吸附等温线见图 5.4，各模型曲线方程的参数及相关系数分别如表 5.1 所示。

从图 5.4 可以看出，活性炭吸附 BPA 可以用以上几种模型较好的描述。从表 5.1 可以看出，Freundlich 和 Langmuir 模型对数据的拟合有较高的相关系数，分别为 0.9735 和 0.9855，而 Redlich-Peterson 和 Fritz-Schlunder 模型的相关系数相对较低，分别为 0.9355 和 0.9429。同时 Freundlich 模型的 k_f 和 Langmuir 模型的 q_m 分别为 98659（μg/g）和 52529μg/g，说明这种活性炭对 BPA 有很大的吸附容量，可能是由 BPA 的 $\log K_{OW}$ 值（3.4）所决定，一般来说有机物的 $\log K_{OW}$ 越大，其极性越小，具有较强的疏水性，活性炭对它有更强的吸附能力。

各种吸附等温线的拟合参数和相关系数表　　**表 5.1**

等　温　线	参　　数	R^2
Freundlich	$k_f=98659$；$1/n=0.1861$	0.9735
Langmuir	$q_m=52529$；$a_L=0.0038$	0.9855
Fritz-Schlunder	$k_s=19424$；$b_1=0.1237$ $a_s=1.3786$；$b_2=-0.2514$	0.9429
Redlich-Peterson	$k_R=49990$；$b_R=0.4113$；$\beta=0.8389$	0.9355

(3) BPA 吸附动力学

采用拟一级、拟二级和颗粒内扩散模型拟合吸附初期固相浓度变化，结果见图 5.5，可以看出颗粒活性炭对 BPA 的吸附约在 400min 时基本达到平衡，其中吸附初始阶段为快速吸附过程，经过 200min 后吸附速率明显减慢，400min 后拟一级、拟二级和内扩散模型的速率常数及相关系数如表 5.2 所示，拟一级和拟二级模型均可很好的描述吸附的初始阶段。

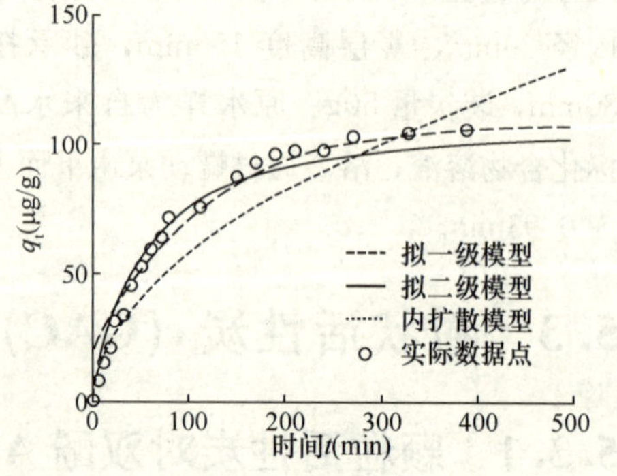

图 5.5　吸附开始时各种动力学模型比较

采用拟一级、拟二级和内扩散模型拟合整个吸附过程中固相浓度变化，结果如图 5.6 所示，速率常数及相关系数如表 5.2 所示，速率常数分别为：0.0060min^{-1}、1.7237×10^{-4} g·μg·min^{-1} 和 4.2432μg/(g·$\text{min}^{-0.5}$)，相关系数分别为 0.9250、0.9986 和 0.7191，由此得出拟二级模型可以很好的描述整个吸附过程，说明活性炭对 BPA 的吸附是以化学吸附为主。而内扩散模型则不能准确描述整个吸附过程。

吸附动力学模型的拟合参数　**表 5.2**

动力学模型	吸附初始阶段		整体吸附阶段	
	速率常数	R^2	速率常数	R^2
一级动力学	$k_p=0.00921/min$	0.9858	$k_p=0.00601/min$	0.9250
二级动力学	$k_2=1.670\times10^{-4}g\cdot\mu g/min$	0.9971	$k_2=1.7237\times10^{-4}g\cdot\mu g/min$	0.9986
内扩散动力学	$k_3=5.8317\mu g\cdot/g\cdot min^{-0.5}$	0.8767	$k_3=4.2432\mu g/g\cdot min^{-0.5}$	0.7191

(4) 本底有机物的影响

活性炭吸附是去除饮用水中微量内分泌干扰物的最有效技术之一，但其吸附效果受到水中有机物、pH、温度以及其他因素的影响。同时，水中有机物为多种有机物的混合物，包括腐殖质、亲水酸类、蛋白质、类脂、碳水化合物、羧酸、氨基酸以及碳氢化合物等，而且不同水域中的有机物的成分也不同，因此有必要研究水中有机物对目标化合物去除效果的影响。

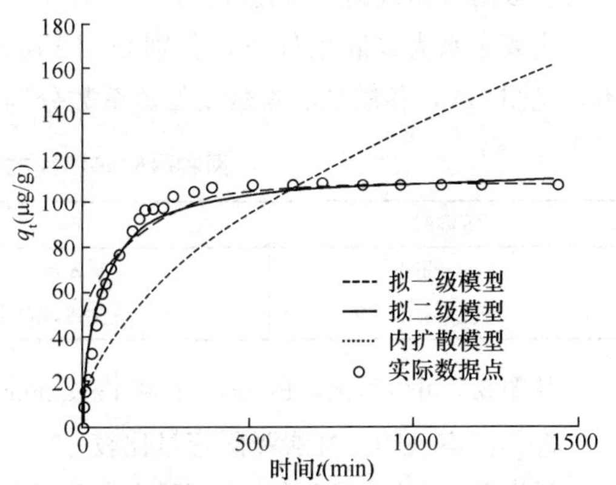

图 5.6　吸附全程各种动力学模型的比较

1) 实验用水的分子量分布特征

实验用水取自上海杨树浦水厂的原水、中试设备砂滤柱出水和臭氧后出水，分别进行吸附等温线试验。

各取样点水样中常规有机物指标如表 5.3 所示，原水、滤后水、臭氧后和活性炭柱后出水的有机物分子量分布如表 5.4 所示。

各种本底的常规指标　**表 5.3**

本　底	DOC (mg/L)	高锰酸盐指数 (mg/L)	浑浊度 (NTU)	UV_{254} (cm^{-1})
原　水	7.172	8.52	36.0	0.198
滤后水	5.552	5.33	0.280	0.151
O_3后出水 (O_3投加量 1.5mg/L)	5.318	4.91	0.206	0.099

不同分子量区间有机物浓度分布　**表 5.4**

本　底	分子量	<1000	1000～3000	30000～10000	10000～30000	>30000	总 DOC
原　水	DOC (mg/L)	2.629	1.146	0.548	2.409	0.443	7.172
	所占比例 (%)	36.61	15.98	7.64	33.59	6.18	
滤后水	DOC (mg/L)	2.598	1.017	0.342	1.381	0.214	5.552
	所占比例 (%)	46.79	19.94	6.16	24.87	2.24	
O_3后出水 (O_3投加量 1.5mg/L)	DOC (mg/L)	3.275	0.818	0.259	0.853	0.113	5.318
	所占比例 (%)	61.58	15.38	4.87	16.04	2.13	

续表

本　底	分子量	＜1000	1000～3000	30000～10000	10000～30000	＞30000	总 DOC
GAC 吸附试验柱出水	DOC（mg/L）	0	0.0789	0.1368	0.2404	0.1054	0.5615
	所占比例（%）	0	14.05	24.36	42.81	18.77	

活性炭柱吸附试验的进水为滤后水，经活性炭柱后，DOC 去除率高达 89.87%，而 1000 以下 DOC 去除率高达 100%，但随着分子量的增大，去除率逐渐下降。

2）吸附平衡

①吸附等温线的拟合比较

去离子水为本底条件下，分别采用 Freundlich、Langmuir 模型来拟合 GAC 对 BPA 的吸附，见图 5.7，各模型的参数及相关系数分别如表 5.5 所示。

两种吸附等温线的拟合参数和相关系数表　　表 5.5

等温线	参　　数	R^2
Freundlich	$k_f=13834$；$1/n=0.1791$	0.9769
Langmuir	$q_m=65437/\mu g \cdot g^{-1}$；$a_L=0.0083$	0.9912

从图 5.7 可以看出，Freundlich 和 Langmuir 吸附等温线均可以很好描述活性炭对 BPA 的吸附。

②不同本底的活性炭吸附容量比较

采用去离子水、滤后水、臭氧后出水和原水配制的 BPA 溶液，在相同条件下进行吸附等温线试验。采用 Langmuir 模型拟合，结果如图 5.8 所示。吸附等温线参数和方程相关系数如表 5.6 所示。

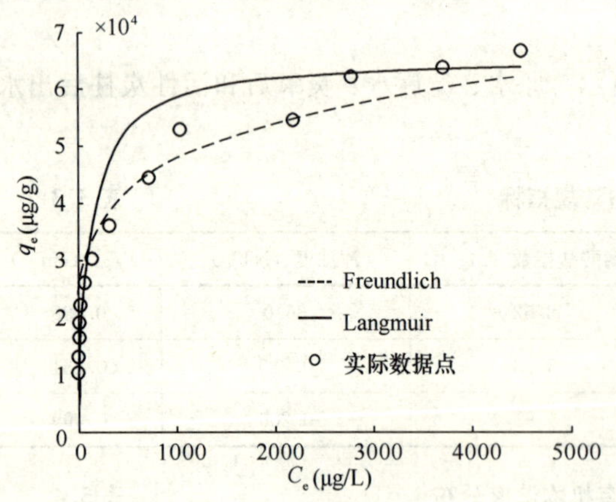

图 5.7　不同本底的等温线比较

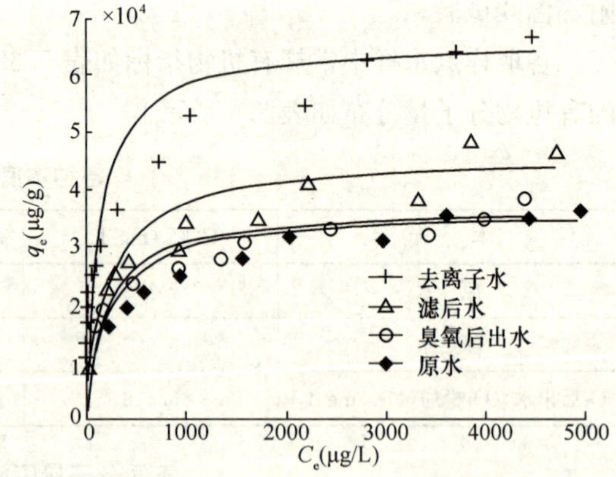

图 5.8　不同本底的 Langmuir 等温线比较

不同本底的 Langmuir 等温线　　表 5.6

本　　底	q_m（$\mu g \cdot g^{-1}$）	a_L（$L \cdot \mu g^{-1}$）	R^2
去离子水	65437	0.0083	0.9912
滤后水	45834	0.0046	0.9892
臭氧后出水	36933	0.0052	0.9884
原　　水	36359	0.0046	0.9919

由于竞争吸附的原因，原水使 GAC 对 BPA 的吸附容量急剧下降，而对臭氧后出水和滤后水的影响逐渐减小。与去离子水中吸附容量相比，水中有机物使 GAC 对 BPA 的吸附容量急剧下降。

3）吸附动力学

①吸附动力学模型的比较

采用拟一级、拟二级动力学模型拟合整个吸附过程中固相浓度变化规律，结果如图 5.9 所示，速率常数及相关系数如表 5.7 所示，可见拟二级模型可以很好的描述整个吸附过程，可以认为活性炭对 BPA 的吸附以化学吸附为主。

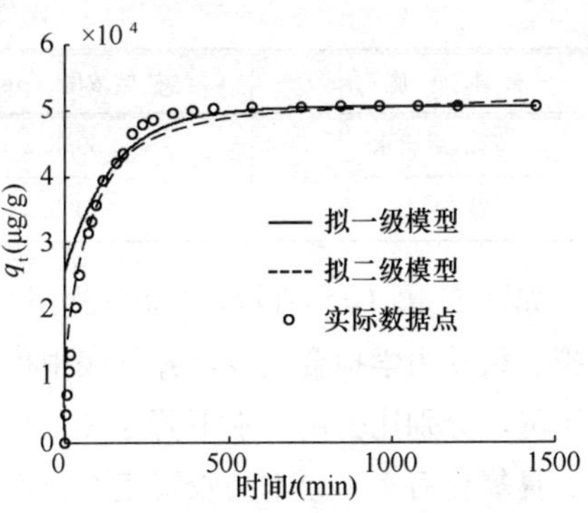

图 5.9　吸附全程各种动力学模型的比较

吸附动力学模型的拟合参数　　**表 5.7**

动力学模型	参数	R^2
拟一级模型	$k_p=0.0067\text{min}^{-1}$	0.9216
拟二级模型	$k_2=4.3435\times10^{-4}$ (g・μg)・min^{-1}	0.9989

②不同本底对吸附动力学影响的比较

采用拟二级模型拟合不同本底 BPA 溶液的固相浓度 q_t 与 t 之间的关系，结果见图 5.10，方程各参数和相关系数如表 5.8 所示。

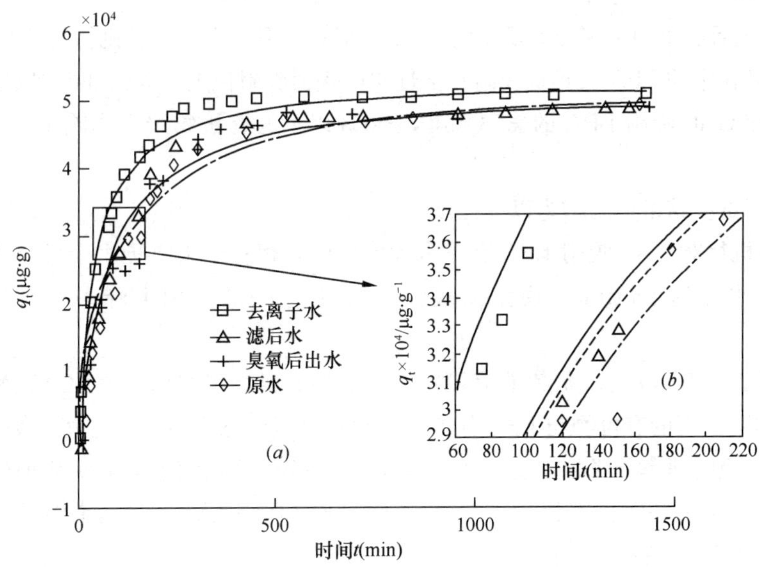

图 5.10　不同本底的动力学模型（拟二级）比较

不同本底的动力学模型（拟二级）的拟合参数　　**表 5.8**

本　底	初始浓度（μg/L）	k_2值 [（g・μg）/min]	R^2
去离子水	5065.3	4.3435×10^{-7}	0.9989
滤后水	5065.3	2.4345×10^{-7}	0.9985

续表

本 底	初始浓度（μg/L）	k_2值［（g·μg）/min］	R^2
臭氧后出水	5065.3	2.1826×10^{-7}	0.9956
原 水	5065.3	1.8945×10^{-7}	0.9981

如图 5.10（*a*）所示，4 条依次下降的曲线分别为去离子水、滤后水、臭氧化后水和原水的拟二级动力学拟合曲线，并从表中得知这四条曲线的相关系数均达到 0.99 以上，而 k_2 值依次下降，分别比去离子水下降了 43.05%、49.75%和 56.38%，说明 GAC 对去离子水、滤后水、臭氧化后水和原水的吸附速率依次下降，与吸附容量下降的结果一致。

③分子量分布对吸附速率的影响

在吸附过程的初始阶段，BPA 分子扩散是 GAC 对 BPA 吸附的主要控制步骤。在 BPA 分子扩散过程中，其他有机物必然在溶液中阻挡 BPA 向 GAC 的扩散，使 BPA 扩散到 GAC 表面的阻力增加，导致吸附速率降低，所以有机物对 BPA 的竞争吸附是使活性炭吸附 BPA 速率下降的原因之一，这个过程中，所有有机物均能阻挡 BPA 的扩散，大分子有机物的影响更明显一些，因而原水为本底条件下 BPA 的吸附速率最小。

在吸附的中期，吸附的控制步骤是 BPA 在孔隙内的扩散，3kDa 以上的有机物堵塞了 GAC 的孔道，使 GAC 对 BPA 的吸附容量下降，而且使 BPA 到达 GAC 微孔吸附位变得困难，也就是在同样的时间内，到达活性炭微孔内的 BPA 分子数量减少，3kDa 以上的有机物堵塞 GAC 的孔道，使其吸附 BPA 的速率下降。

GAC 对臭氧后出水的吸附速率低于滤后水，3kDa 以下的小分子有机物与 BPA 之间的竞争吸附使已到达微孔中的 BPA 很难被吸附在活性炭的表面吸附位上，大量 3kDa 以下的有机物占据了吸附位，使 GAC 吸附 BPA 的速率下降，3kDa 以下的有机物严重影响了 GAC 吸附 BPA 的吸附速率。

综上所述，试验结果可总结为以下几点：

a 水中有机物对 GAC 吸附 BPA 有非常大的影响，相对于去离子水来说，滤后水、臭氧化后水和原水水样的 Langmuir 模型的最大吸附容量 q_m 值分别下降了 29.95%、43.56%和 44.44%。

b 分子量为 3kDa 以上，尤其是 10kDa 以上的的有机物可能堵塞 GAC 的微孔；3kDa 以下、尤其是 1kDa 以下的有机物与 BPA 分子之间存在直接的竞争吸附，这些是使 GAC 对 BPA 的吸附容量以及吸附速率下降的主要原因；另外，有机物在 BPA 到达 GAC 表面的过程中，对 BPA 的阻挡以及 3kDa 以下的有机物被 GAC 吸附后使 BPA 进入 GAC 孔道的阻力增加，这些原因使 GAC 吸附 BPA 变得更加困难。

5.3.2 颗粒活性炭对邻苯二甲酸二甲酯（DMP）的吸附

（1）静态试验

通过吸附等温线分析活性炭对 DMP 的吸附特性，试验中测定吸附等温线方法如下：

试验所用活性炭为水处理用煤质颗粒状活性炭，粒径 12×40 目，碘值、亚甲蓝值和强度分别为 1092mg/g、225mg/g 和 92.9%。

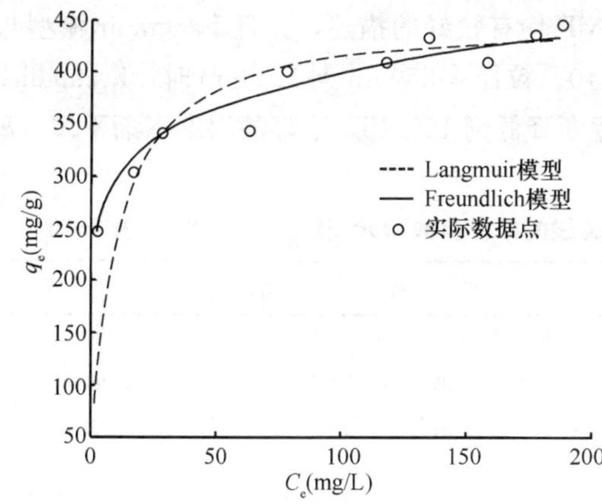

图 5.11　DMP 浓度为 200mg/L 时 2 种吸附等温线的比较

在 105℃条件下将活性炭烘干 5h，在干燥皿中冷却到室温后，准确称取一系列重量的活性炭放于 250mL 磨口细颈瓶中，并记录实际炭量值，然后在各瓶中加入 200mL 浓度约为 10mg/L的内分泌干扰物溶液，与无活性炭的空白样瓶一起放入恒温摇床中，控温于 25±0.5℃，振荡频率 160 次/min，24h 后取水样离心后进行分析。

1）吸附等温线

采用 Freundlich、Langmuir 模型来拟合活性炭（平均粒径为 550μm）吸附 DMP（25℃）的试验数据，各吸附等温线见图 5.11。不同吸附等温线模型的参数及 R^2 如表 5.9 所示。

不同吸附等温线的拟合参数和 R^2　　**表 5.9**

附等温线模型	初始浓度 C_0（mg/L）	参　数	R^2
Freundlich	200	k_f=220.00；$1/n$=7.72	0.9529
Langmuir	200	q_m=450.89；a=0.11	0.9934

从表 5.9 可以看出，在 DMP 浓度为 200mg/L 时，Freundlich 模型的 k_f和 Langmuir 模型的 q_m分别为 220mg/g（L/mg）$^{1/n}$和 450.8948mg/g，说明活性炭对 DMP 有很大的吸附容量。

2）活性炭粒径的影响

采用 Freundlich、Langmuir 模型来拟合 25℃时不同平均粒径（d_p=550、1000、1150 和 1250μm）活性炭吸附 DMP（C_0=200mg/L）的试验数据，各吸附等温线见图 5.12 和 5.13；不同吸附等温线方程的参数及 R^2 如表 5.10 所示。

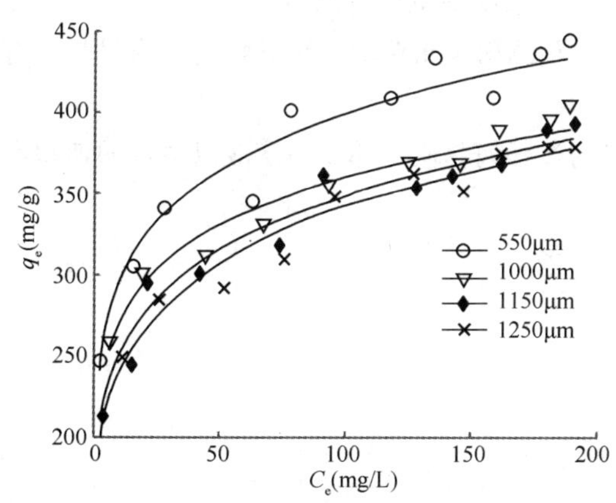

图 5.12　不同 GAC 粒径吸附 DMP 的 Freundlich 吸附等温线

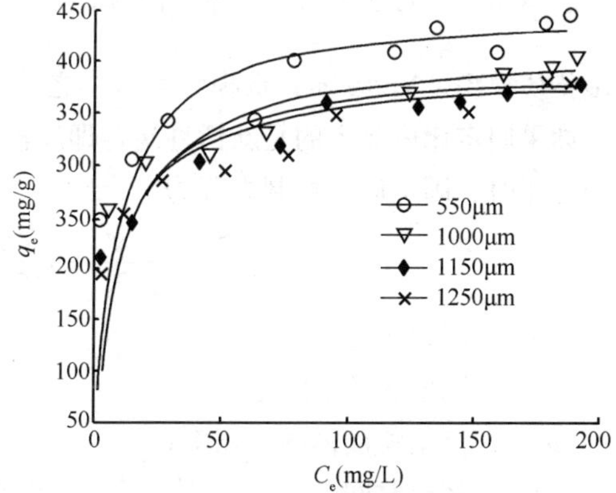

图 5.13　不同 GAC 粒径吸附 DMP 的 Langmuir 等温线

从图 5.12 和图 5.13 可以看出，在 DMP 浓度为 C_0=200mg/L 时，不同 GAC 粒径下，

Langmuir 模型和 Freundlich 模型对活性炭吸附 DMP 均有较好的描述，并且 Langmuir 模型与试验数据的 R^2 普遍高于 Freundlich 模型，见表 5.10。粒径从 550μm 到 1250μm 时，Freundlich 吸附等温线的 k_f 随着 GAC 粒径的增加从 220.00 逐渐降低到 169.45，下降的幅度逐渐平缓。k_f 与 GAC 粒径之间呈线性关系（图 5.14）。

不同 GAC 粒径下各种吸附等温线的拟合参数和 R^2 表　　表 5.10

等温线	活性炭粒径 d_p（μm）	参　数	R^2
Freundlich	550	k_f=220.00；1/n=7.72	0.9529
	1000	k_f=195.39；1/n=8.21	0.9620
	1150	k_f=178.78；1/n=6.88	0.9539
	1250	k_f=169.45；1/n=6.55	0.9837
Langmuir	550	q_m=450.89；a=0.1100	0.9934
	1000	q_m=411.07；a=0.0931	0.9939
	1150	q_m=394.25；a=0.1066	0.9951
	1250	q_m=388.85；a=0.1125	0.9942

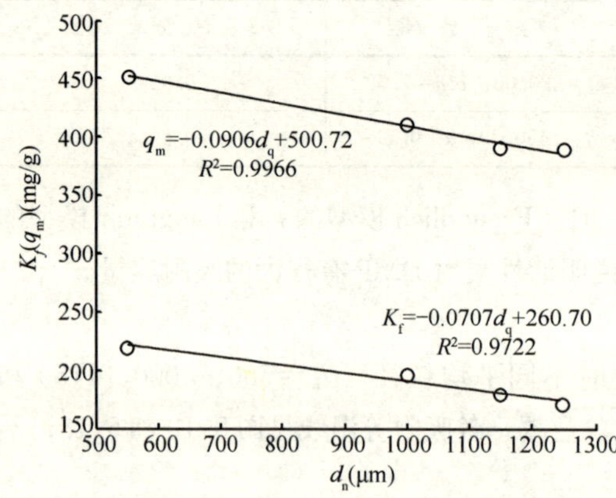

图 5.14　GAC 粒径对 k_f 和 q_m 的影响

从图 5.13 和表 5.10 可以看出，GAC 粒径从 550μm 逐渐上升到 1250μm，其 Langmuir 吸附等温线随之下降，并且下降的幅度逐渐降低，这与 Freundlich 模型一致。Langmuir 模型 q_m 值随着粒径的增加从 450.89mg/g 下降到 388.85mg/g，并与粒径呈线性关系。

GAC 粒径对静态吸附的影响是，随着粒径的减小，GAC 对 DMP 的吸附容量随之增加。

（2）动态试验

1）Yoon-Nelson 模型

预测固定床对水中污染物的吸附过程，有许多传质模型，Yoon-Nelson 模型为其中之一。

如果固定床中放入的是新活性炭，即还没有吸附过任何物质，那么当溶液以恒定的速率经过固定床时，固定床的控制方程为：

$$\varepsilon \frac{\partial C}{\partial t} + u_0 \varepsilon \frac{\partial C}{\partial z} + \rho \frac{\partial q}{\partial t} = 0 \tag{5.10}$$

式中　ρ——固定床密度；

ε——固定床的空隙率；

u_0——流动相液体的空隙率；

t——运行时间；

C，q——分别为吸附质在流动相和固定相中的浓度。

式（5.10）是以非稳态传质平衡为基础，假设条件为：①在吸附过程中没有化学反应发生；②只有传质是重要的影响因素；③轴向和径向的扩散忽略不计；④流动形式是理想的活塞流；⑤固定床内部的温度均匀并且保持恒定不变。

Yoon 和 Nelson 在式（5.10）的基础上认为当水中的污染物经过活性炭时，一部分被吸附，而另一部分则未被吸附，并且污染物被吸附的概率 P 和未被吸附的概率 Q 之间的关系为：

$$P = 1 - Q = C_b / C_i \tag{5.11}$$

式中 C_b 和 C_i 分别为固定床出流浓度（mg/L）和水中污染物浓度（mg/L）。因为吸附速率和污染物分子与活性炭吸附位的碰撞速率成正比，因此可以认为出流浓度 C_b 的变化速率（dC_b/dt）与 C_b 和活性炭的吸附位数量成正比，即：

$$dQ/dt = K'Q(1-Q) \tag{5.12}$$

式中 K' 为速率常数（min^{-1}）。

式 5.12 通过数学处理变形得到：

$$\ln\left(\frac{Q}{1-Q}\right) = K'(T-t) \tag{5.13}$$

式中 T 为 50%穿透所需的时间（Q=0.5）。

式 5.13 进行变形后便可得到穿透时间和固定床进水浓度 c_i 和出水浓度 c_p 之间的关系：

$$t = T + \frac{1}{K'}\ln\left(\frac{c_p}{c_i - c_p}\right) \tag{5.14}$$

式 5.14 中的 K' 等于 $\ln[c_p/(c_i - c_p)]$ 对穿透时间 t 的直线斜率；T 为 $Q=0.5$（即 $c_p = c_i/2$）时的穿透时间。当 K' 和 t 确定后，就可以根据式 5.14 确定各种工况下固定床的穿透曲线。Yoon 和 Nelson 进一步引入了 K' 和 t 的关系：

$$K = K't \tag{5.15}$$

式中 K 为比例常数。

Yoon-Nelson 模型不仅大大简化了以往的固定床穿透模型，并且模型中不涉及污染物的性质、吸附剂的类型和固定床的特点，计算简便有效，在活性炭等吸附固定床的研究中得到了应用。

2）动态吸附容量

应用活性炭柱进行污染物吸附试验，以了解污染物在活性炭柱中的穿透特性，试验一直进行到吸附能力完全耗尽时，可在坐标纸上将运行时间（t）或累计出水量（Q）与出水中污染物浓度（C）的关系，绘出污染物随时间 t 的变化图，得到的曲线称为穿透曲线。将出水中的目标化合物浓度达到允许值时称为穿透点（一般为进水中目标化合物浓度的 5%），对应的时间（或出水量）称为穿透时间（或出水量）。穿透曲线上当出水目标化合物浓度为进水浓度的 95%之点，称为饱和点，这时活性炭柱须再生。活性炭柱的吸附穿透曲线如图 5.15 所示。

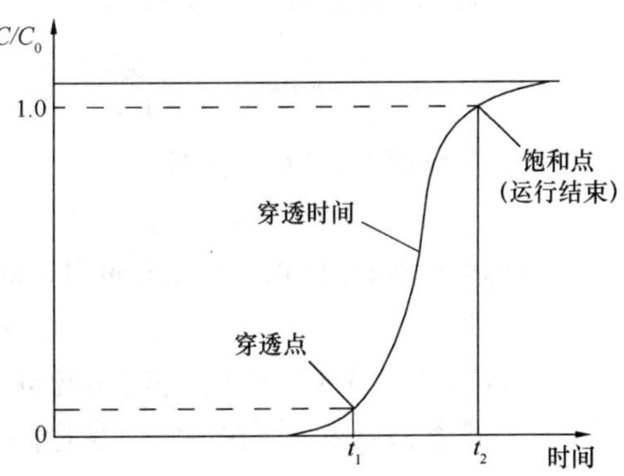

图 5.15　活性炭柱的吸附穿透曲线

在活性炭（d_p=550μm）柱的 DMP 浓度 c_i=200mg/L，流量 V=2mL/min 穿透试验中，$\ln[c_p/(c_i - c_p)]$ 与穿透时间 t 保持着良好的线性关系（c_p 为出水浓度），见图 5.16。采用 Yoon-Nelson 模型对数据进行拟合，以出水浓度达到 50%进水浓度时的时间 T（即 1/2 穿透时间）和

速度常数 K' 为未知变量，得出的穿透预测曲线与试验数据的相关性很好（图 5.17），其 $R^2=0.9585$，并且由拟合得出的 1/2 穿透时间 $T=24.3701\text{h}$，$K'=0.3048\text{h}^{-1}$，与试验得出的 1/2 穿透时间 $T'=24.47\text{h}$ 基本上相同，说明了 Yoon-Nelson 模型能够较好地预测活性炭柱的穿透。当出水浓度达到进水浓度的 5%时即开始穿透（穿透点 t_1），而当出水浓度达到进水浓度的 95%时活性炭达到吸附平衡（平衡点 t_2）。根据 Yoon-Nelson 模型可以得到预测的 t_1 和 t_2 分别为 14.44 和 34.65h，与从试验数据得出的 $t'_1=12.67\text{h}$ 和 $t'_2=36.00\text{h}$ 比较接近。

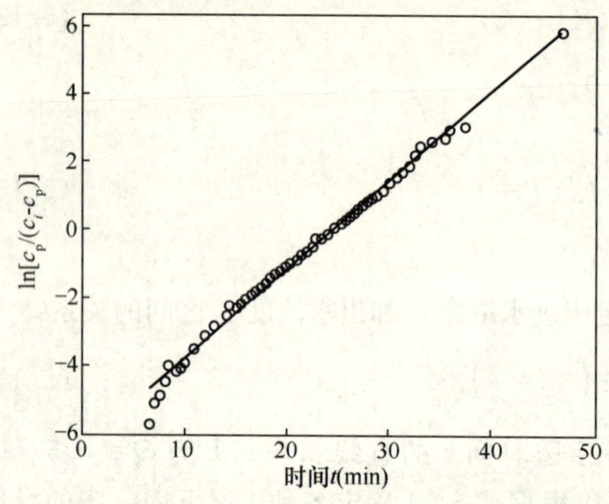

图 5.16　ln $[c_p/(c_i-c_p)]$ 和 t 的关系曲线

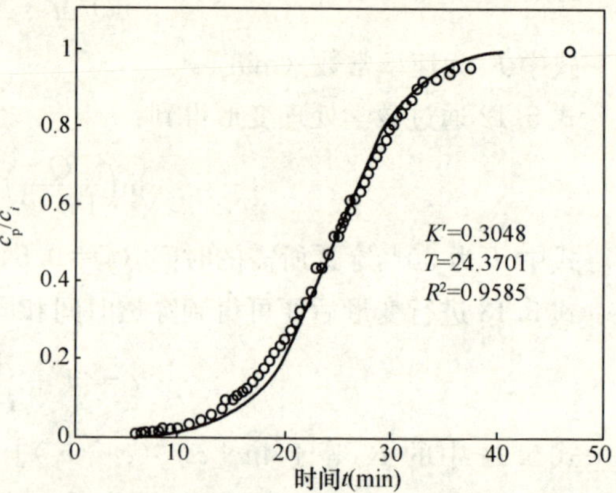

图 5.17　试验和预测的穿透曲线

将 K' 和 T 的值代入式 5.14，变化后得：

$$c_p=\frac{c_i}{1+\exp[-K'(t-T)]}=\frac{200}{1+\exp[-0.3048(t-24.3701)]}=\frac{200}{1+\exp(-0.3048t+7.428)}(\text{mg/L}) \quad (5.16)$$

当吸附达到平衡点时，从活性炭柱流出的 DMP 总质量为：

$$m_1=\int_0^{t_2}0.12\times c_p\text{d}t=\int_0^{34.65}\frac{2\times 60}{1000}\times\frac{200/1000}{1+\exp(-0.3048t+7.428)}\text{d}t=0.2500(\text{g}) \quad (5.17)$$

则活性炭吸附 DMP 的总质量为：

$$m_2=0.2\times 0.12\times t_2-m_1=0.5816(\text{g}) \quad (5.18)$$

由此得出活性炭对 DMP 的动态吸附容量：

$$q=m_2/1.2=0.4846(\text{g/g}) \quad (5.19)$$

说明 GAC 柱对 DMP 的吸附容量 q 比静态吸附容量 $q_m=0.4509$（g/g）略大，但是两者相差不大，说明静态吸附容量在一定程度上能指导动态吸附的研究和应用。

5.3.3　颗粒活性炭对 2,4-D 的吸附

(1) 温度的影响

为研究温度对 2,4-滴（2,4-D）吸附平衡的影响，试验中分别分析了 15℃、25℃及 35℃条件下，7 号炭（20～35 目）吸附 2,4-D 的情况。2,4-D 溶液采用去离子水配制，pH6.28，初始浓度约为 80mg/L。摇床转速恒定为 140r/min。

在一系列 250mL 磨口瓶中分别加入重量已知的颗粒活性炭（7 号炭，20～35 目），注入初

始浓度相同的2,4-D溶液100mL后，放置在摇床中，恒温振荡，72h后取样测定溶液中剩余的2,4-D浓度。试验数据分别按Freundlich和Langmuir模型进行拟合，结果见表5.11。

由图5.18和表5.11可以看出，不同温度下，Freundlich吸附等温拟合方程的R^2均在0.98以上，因此采用Freundlich模型可以描述2,4-D的吸附等温过程。

随着温度增加，活性炭对2,4-D的吸附容量随之增大，在试验温度范围内，2,4-D容易被该颗粒活性炭所吸附（$1/n$在0.1～0.5范围内）。并且随着温度的升高，k_f值增大，即活性炭的吸附容量增大。

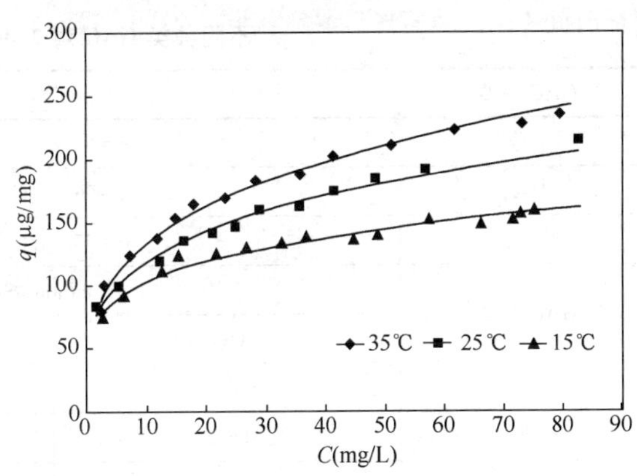

图5.18　不同温度时GAC对2,4-D的吸附等温线

GAC对2,4-D的吸附过程也可以用Langmuir模型进行描述，其拟合的结果同样表明，随着试验温度的升高，最大吸附容量q_m不断增大，在温度为15℃、25℃和35℃的条件下，q_m分别为170.25mg/g、193.91mg/g和213.28mg/g。可见，2,4-D的吸附是一个吸热过程，增加温度会使吸附程度增加。

不同温度下2,4-D吸附等温方程　　表5.11

温度（℃）	Freundlich方程		R^2
35	$q=67.935C^{0.2891}$		0.986
25	$q=66.202C^{0.2571}$		0.982
15	$q=62.025C^{0.2117}$		0.983
温度（℃）	Langmuir方程		R^2
	q_m（mg/g）	b（L/mg）	
35	213.28	0.2461	0.948
25	193.91	0.1678	0.912
15	170.25	0.2957	0.909

（2）不同种类活性炭的影响

试验中选择了破碎炭7号、破碎炭6号、椰壳炭三种活性炭，粒径均为20～35目（1.4～0.85mm）。

2,4-D溶液采用去离子水配制，pH为6.28。摇床转速为140r/min，摇床温度为25℃。

在一系列250mL磨口瓶中，分别加入重量已知的20～35目颗粒活性炭，注入浓度相同的2,4-D溶液100mL后，放置在摇床中，恒温振荡，72h后取样测定溶液中剩余的2,4-D浓度。试验数据按Freundlich和Langmuir模型进行拟合，所得到的结果见表5.12。

破碎炭7号、6号和椰壳炭对2，4-D的吸附都能较好地符合Freundlich模型（R^2均大于0.98），而Langmuir模型（R^2均大于0.91）则其次。

三种炭中，破碎炭7号的Freundlich系数k_f值最大，破碎炭6号次之，椰壳炭最小。在pH6.28，2,4-D初始浓度为80mg/L的条件下，破碎炭7号的平衡吸附容量q为193.96mg 2,4-D/gGAC，破碎炭6号的平衡吸附容量q为168.89mg 2,4-D/gGAC，椰壳炭为147.52mg 2,

4-D/gGAC。三种活性炭的平衡吸附容量 q 相差并不明显，在实际水处理中，选用这三种颗粒活性炭来处理水中 2,4-D 都可行。

不同种类 GAC 对 2,4-D 吸附等温方程 **表 5.12**

GAC 种类	Freundlich 方程		R^2
7 号	$q=66.202C^{0.2571}$		0.982
6 号	$q=66.151C^{0.2139}$		0.982
椰壳	$q=65.097C^{0.1867}$		0.983
GAC 种类	Langmuir 方程		R^2
	q_m（mg/g）	b（L/mg）	
7 号	193.91	0.1678	0.912
6 号	166.82	0.2089	0.951
椰壳	140.26	0.4391	0.922

（3）活性炭粒径的影响

活性炭粒径的大小会对 2,4-D 的吸附产生影响，试验中分别分析了三种不同粒径（14～20 目、20～35 目和 35～120 目，即粒径分别为 1.4～0.85mm、0.85～0.50mm 和 0.50～0.12mm）的 6 号炭对 2,4-D 的吸附情况。2,4-D 溶液采用去离子水配制，pH6.28，初始浓度约为 80mg/L。摇床转速恒定为 140r/min。摇床温度恒定为 25℃。试验数据分别按 Freundlich 和 Langmuir 模型进行拟合，所得到的结果见表 5.13。

可以看出，不同粒径 GAC 对 2,4-D 的吸附都能较好地符合 Freundlich 模型（R^2 均大于 0.95）和 Langmuir 模型（R^2 均大于 0.95），而且 2,4-D 在活性炭各粒径范围内，均属于容易被吸附的范畴（Freundlich 模型系数 $1/n$ 为 0.1～0.5）。

随着 6 号颗粒活性炭粒径的减小，GAC 对 2,4-D 的平衡吸附容量随之增大。

不同粒径下 2,4-D 吸附等温方程 **表 5.13**

粒径（目）	Freundlich 方程		R^2
14～20	$q=52.717C^{0.2549}$		0.958
20～35	$q=66.151C^{0.2139}$		0.982
35～120	$q=73.979C^{0.1962}$		0.998
粒径（目）	Langmuir 方程		R^2
	q_m（mg/g）	b（L/mg）	
14～20	160.27	0.1611	0.966
20～35	166.82	0.2089	0.951
35～120	184.18	0.1356	0.956

（4）pH 的影响

溶液 pH 是影响吸附过程最大的因素之一。在 2,4-D 初始浓度为 65mg/L，25℃恒温振荡 72h 的条件下，研究颗粒活性炭（7 号炭，20～35 目）的吸附平衡随初始 pH 的变化。试验数据分别按 Freundlich 和 Langmuir 模型进行拟合，所得结果见表 5.14。图 5.19 为 GAC 的平衡吸附容量 q（2,4-D 初始浓度为 65mg/L，按 Freundlich 模型计算）随初始 pH 变化的关系曲线。

不同 pH 对 2,4-D 吸附等温方程　表 5.14

pH	Freundlich 方程		R^2
2.01	$q=56.772C^{0.3280}$		0.980
3.46	$q=49.049C^{0.2272}$		0.977
5.73	$q=46.299C^{0.2208}$		0.983
6.98	$q=45.895C^{0.2176}$		0.957
8.09	$q=40.988C^{0.2254}$		0.955
pH	Langmuir 方程		R^2
	q_m（mg/g）	b（L/mg）	
2.01	200.85	0.2425	0.995
3.46	129.43	0.1781	0.917
5.73	118.94	0.2021	0.901
6.98	116.43	0.1175	0.911
8.09	108.16	0.5367	0.905

可以看出，在试验 pH 范围内，GAC 对 2,4-D 的吸附很好符合 Freundlich 等温式（R^2 均大于 0.95），而且 2,4-D 在各 pH 值条件下，均属于容易被该颗粒活性炭所吸附（$1/n$ 在 0.1～0.5 范围内）。pH 越低，k_f 值越大，GAC 对 2,4-D 的吸附效果越显著。pH 为 3.46 时，平衡吸附容量 q 为 126.63mg/g。pH 升高到 8.09，2,4-D 的平衡吸附容量 q 减少至 105.03mg/g。

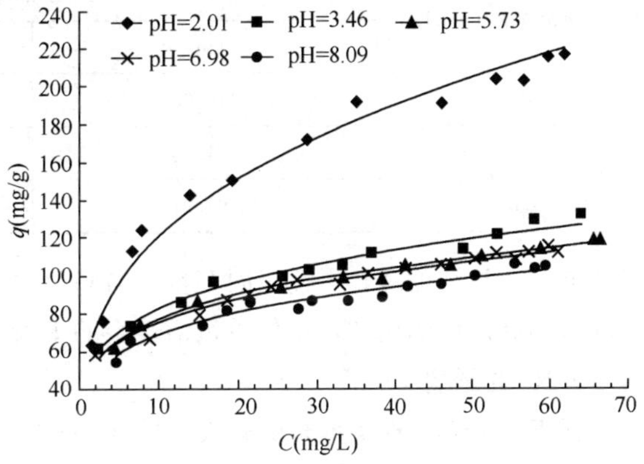

图 5.19　不同 pH 值时 GAC 对 2,4-D 的吸附等温线

（5）不同水质的影响

试验时分别用自来水和去离子水配制初始浓度约为 80mg/L 的 2,4-D 溶液，pH6.25。颗粒活性炭选用 7 号（20～35 目）破碎炭，摇床转速恒定为 140r/min，摇床温度恒定为 25℃，72h 后取样测定。试验数据分别按 Freundlich 和 Langmuir 模型进行拟合，所得到的结果见表 5.15。可以看出，去离子水与自来水中 2,4-D 的吸附容量相差并不明显。在 pH6.25，2,4-D 初始浓度为 80mg/L 的条件下，自来水中破碎炭 7 号的平衡吸附容量 q 为 191.95mg 2,4-D/gGAC，最大吸附容量 q_m 为 193.91mg/g，而在去离子水中，其平衡吸附容量 q 为 204.25mg 2,4-D/gGAC，最大吸附容量 q_m 为 184.77mg/g。

不同水质条件下 2,4-D 吸附等温方程　表 5.15

本底溶液	Freundlich 方程		R^2
去离子水	$q=66.202C^{0.2571}$		0.982
自来水	$q=66.123C^{0.2432}$		0.966
本底溶液	Langmuir 方程		R^2
	q_m（mg/g）	b（L/mg）	
去离子水	193.91	0.1678	0.912
自来水	184.77	0.2164	0.981

(6) 2,4-D浓度的影响

试验时用去离子水配置2,4-D溶液，初始浓度分别为80mg/L、60mg/L和40mg/L，pH6.25，试验7号炭(20～35目)的平衡吸附情况。摇床转速恒定为140r/min，摇床温度恒定为25℃。72h后取样测定。

试验数据分别按Freundlich和Langmuir模型进行拟合，所得结果见表5.16。可以看出，Freundlich模型(R^2均大于0.98)，可以较好地描述2,4-D的吸附过程。吸附容量随着初始浓度的降低而略有增加，但变化并不明显。初始2,4-D浓度为40mg/L、60mg/L、80mg/L时，Freundlich模型系数k_f分别为66.059、65.170和66.202。

不同初始浓度条件下2,4-D吸附等温方程 **表5.16**

2,4-D初始浓度(mg/L)	Freundlich方程		R^2
40	$q=66.059C^{0.2700}$		0.988
60	$q=65.170C^{0.2628}$		0.989
80	$q=66.202C^{0.2571}$		0.982
2,4-D初始浓度(mg/L)	Langmuir方程		R^2
	q_m (mg/g)	b (L/mg)	
40	175.93	0.3179	0.963
60	181.03	0.2808	0.916
80	193.91	0.1678	0.912

不同2,4-D浓度时，平衡吸附容量q与GAC投加量的关系如图5.20所示。可以看出，随着2,4-D初始浓度的增加，单位重量活性炭的平衡吸附容量也在增加。

(7) K^+的影响

应用Freundlich模型拟合破碎炭7号(20～35目)对2,4-D溶液(其中K^+离子浓度分别为0mmol/L、1mmol/L、5mmol/L和10mmol/L)的吸附，结果如图5.21和表5.17所示。

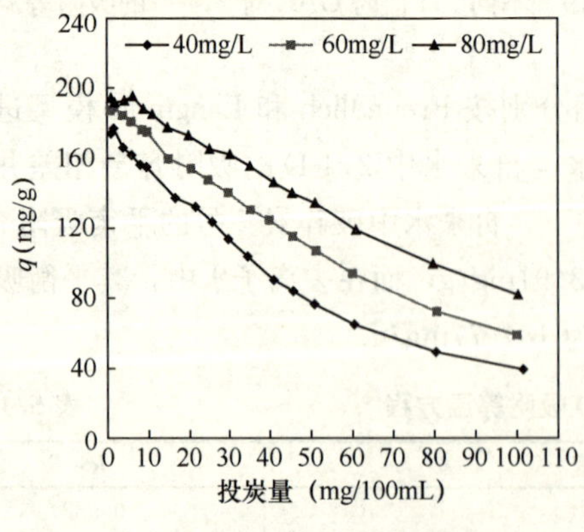

图5.20 不同2,4-D浓度时GAC投加量与平衡吸附容量关系曲线

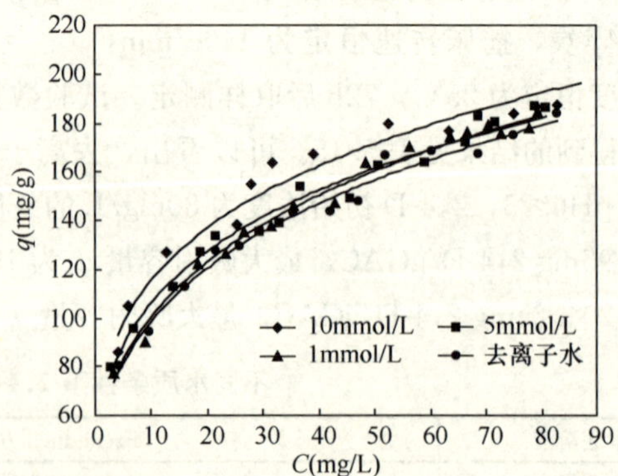

图5.21 不同K^+浓度时GAC对2,4-D的吸附等温线

GAC对2,4-D的吸附较好地符合Freundlich模型(R^2均大于0.96)，而Langmuir模型则较次(R^2均大于0.92)。

不同 K^+ 离子浓度活性炭吸附 2,4-D 的等温方程　　表 5.17

KCl 浓度（mmol/L）	Freundlich 方程		R^2
10	$q=65.887C^{0.2445}$		0.967
5	$q=58.890C^{0.2576}$		0.985
1	$q=52.075C^{0.2873}$		0.986
0	$q=51.401C^{0.2846}$		0.986
KCl 浓度（mmol/L）	Langmuir 方程		R^2
	q_m（mg/g）	b（L/mg）	
10	220.93	0.0737	0.925
5	202.07	0.0853	0.924
1	198.11	0.0902	0.963
0	190.71	0.0957	0.957

随着 K^+ 离子浓度的增大，颗粒活性炭对 2,4-D 的平衡吸附容量随之增大，Freundlich 模型的 k_f 值也随之增大。K^+ 离子浓度为 0mmol/L、1mmol/L 和 5mmol/L 时，三条吸附等温线非常接近，在 pH6.25，2，4-D 初始浓度为 80mg/L的条件下，破碎炭 7 号的平衡吸附容量 q 分别为 178.89mg、183.39mg 和 182.09mg 2,4-D/gGAC。当 K^+ 离子浓度小于或等于 5mmol/L 时，对于 2,4-D 的吸附影响可以忽略。当 K^+ 离子浓度达到 10mmol/L 时，其他条件相同，其平衡吸附容量 q 增至 192.36mg 2,4-D/gGAC，最大吸附容量 q_m 亦增至220.93mg/g，对 2,4-D 的吸附促进作用比较明显。

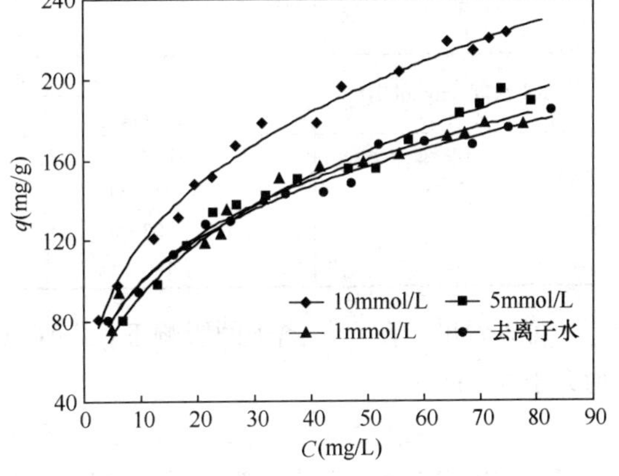

图 5.22　Na^+ 浓度对 GAC 吸附 2,4-D 的 Freundlich 吸附等温线

（8）Na^+ 的影响

应用 Freundlich 模型拟合破碎炭 7 号（20～35 目）对 2,4-D 溶液（其中 Na^+ 离子浓度分别为 0mmol/L、1mmol/L、5mmol/L 和 10mmol/L）的吸附，结果如图 5.22 和表 5.18 所示。

不同 Na^+ 离子浓度时 GAC 对 2,4-D 的吸附等温方程　　表 5.18

NaCl 浓度（mmol/L）	Freundlich 方程		R^2
10	$q=57.344C^{0.3153}$		0.989
5	$q=53.636C^{0.2970}$		0.985
1	$q=50.804C^{0.2931}$		0.975
0	$q=51.401C^{0.2846}$		0.986
NaCl 浓度（mmol/L）	Langmuir 方程		R^2
	q_m（mg/g）	b（L/mg）	
10	225.50	0.1165	0.917
5	196.42	0.1285	0.916
1	179.43	0.1420	0.943
0	190.71	0.0957	0.957

随着 Na^+ 离子浓度的增大，颗粒活性炭对 2,4-D 的平衡吸附容量随之增大，Freundlich 系

数 k_f 也随之增大。Na^+ 离子浓度为 0mmol/L、1mmol/L、5mmol/L 和 10mmol/L 时，在 pH6.25，2,4-D 初始浓度为 80mg/L 的条件下，破碎炭 7 号的平衡吸附容量 q 分别为 178.89mg、183.52mg、197.09mg 和 228.31mg 2,4-D/gGAC。可见，Na^+ 离子只有在浓度较高时，才会对 2,4-D 的吸附产生明显影响。而符合生活饮用水水源水质的原水，一价金属阳离子（K^+ 和 Na^+）对颗粒活性炭吸附 2,4-D 的影响可以忽略不计。

（9）Ca^{2+} 的影响

用 Freundlich 模型拟合破碎炭 7 号对 2,4-D 溶液（其中 Ca^{2+} 离子浓度分别为 0mmol/L、1mmol/L、5mmol/L 和 10mmol/L）的吸附，结果如图 5.23 和表 5.19 所示。

不同 Ca^{2+} 离子浓度时 GAC 对 2,4-D 的吸附等温方程　　　**表 5.19**

$CaCl_2$ 浓度（mmol/L）	Freundlich 方程		R^2
10	$q=87.552C^{0.2337}$		0.984
5	$q=79.981C^{0.2387}$		0.967
1	$q=59.919C^{0.2794}$		0.966
0	$q=51.401C^{0.2846}$		0.986
$CaCl_2$ 浓度（mmol/L）	Langmuir 方程		R^2
	q_m（mg/g）	b（L/mg）	
10	232.93	0.2540	0.914
5	211.33	0.2563	0.906
1	206.08	0.1622	0.972
0	190.71	0.0957	0.957

可以看出，在 Ca^{2+} 离子的影响下，GAC 对 2,4-D 的吸附较好地符合 Freundlich 模型（R^2 均大于 0.96）。

Ca^{2+} 离子浓度为 1mmol/L、5mmol/L 和 10mmol/L 时，在 2,4-D 初始浓度为 80mg/L 的条件下，破碎炭 7 号的平衡吸附容量 q 分别为 203.84mg、227.64mg 和 243.79mg 2,4-D/gGAC，与去离子水中 178.89mg 2,4-D/gGAC 的平衡吸附容量 q 相比，分别增加了 13.9%、27.3%和 36.3%。可见 Ca^{2+} 离子浓度对 2,4-D 吸附容量的影响明显。

（10）Mg^{2+} 的影响

用 Freundlich 模型拟合粒径为 20～35 目的破碎炭 7 号对 2,4-D 溶液（其中 Mg^{2+} 离子浓度分别为 0mmol/L、1mmol/L、5mmol/L 和 10mmol/L）的吸附，结果如图 5.24 和表 5.20 所示。

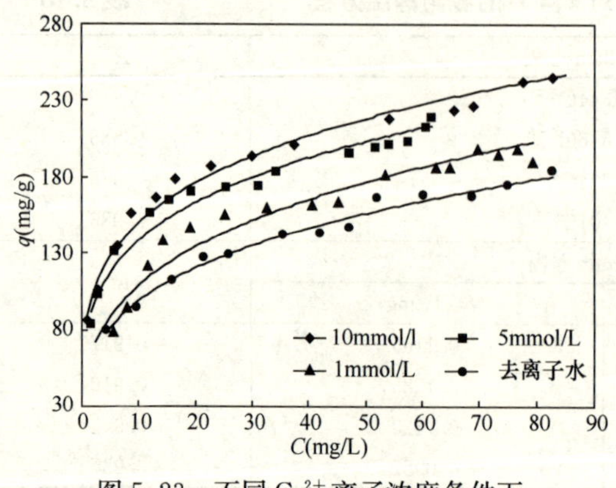

图 5.23　不同 Ca^{2+} 离子浓度条件下 GAC 对 2,4-D 的吸附等温线

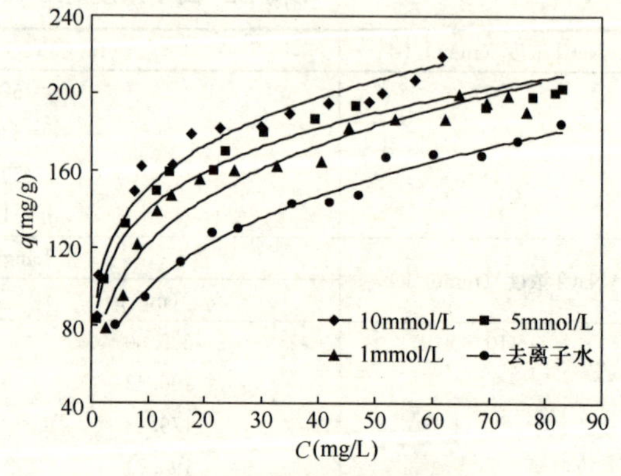

图 5.24　Mg^{2+} 离子浓度对 2,4-D 吸附等温线的影响

不同 Mg^{2+} 离子浓度时 GAC 对 2,4-D 吸附等温方程　表 5.20

$MgCl_2$浓度（mmol/L）	Freundlich 方程		R^2
10	$q=96.375C^{0.1949}$		0.964
5	$q=89.811C^{0.1914}$		0.972
1	$q=67.964C^{0.2532}$		0.946
0	$q=51.401C^{0.2846}$		0.986
$MgCl_2$浓度（mmol/L）	Langmuir 方程		R^2
	q_m（mg/g）	b（L/mg）	
10	218.23	0.2029	0.954
5	201.18	0.2890	0.921
1	191.56	0.2474	0.940
0	190.71	0.0957	0.957

可以看出，在 Mg^{2+} 离子的影响下，GAC 对 2,4-D 的吸附较好地符合 Freundlich 模型（R^2 均大于 0.94）。随着 Mg^{2+} 离子浓度的增大，Freundlich 系数 k_f 随之增大，颗粒活性炭对 2,4-D 的平衡吸附容量 q（或单分子层最大吸附容量 q_m）也随之增大，但与同浓度的 Ca^{2+} 离子相比，增幅要小一些。Mg^{2+} 离子浓度为 0mmol/L、1mmol/L、5mmol/L 和 10mmol/L 时，在 2,4-D 初始浓度为 80mg/L 的条件下，破碎炭 7 号的平衡吸附容量 q 分别为 178.89mg、206.13mg、207.77mg 和 224.40mg 2,4-D/gGAC。

在试验浓度范围内，二价金属离子（Ca^{2+}、Mg^{2+}）存在明显的促进吸附作用。在二价金属离子浓度较低时，对 2,4-D 吸附容量的促进作用已经十分明显，因此水的硬度对 2,4-D 的吸附产生促进作用不容忽视。

（11）Al^{3+} 的影响

用 Freundlich 模型拟合破碎炭 7 号（20～35 目）对 2,4-D 溶液（其中 Ca^{2+} 离子浓度分别为 0mmol/L、1mmol/L、5mmol/L 和 10mmol/L）的吸附，结果如图 5.25 和表 5.21 所示。

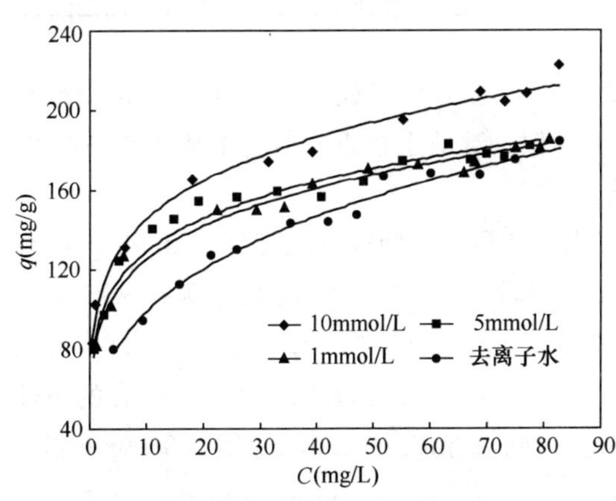

图 5.25　不同 Al^{3+} 离子浓度时 GAC 对 2,4-D 的吸附等温线

不同 Al^{3+} 离子浓度时 GAC 对 2,4-D 吸附等温方程　表 5.21

$AlCl_3$浓度（mmol/L）	Freundlich 方程		R^2
10	$q=96.599C^{0.1785}$		0.991
5	$q=86.791C^{0.1733}$		0.964
1	$q=82.461C^{0.1817}$		0.972
0	$q=51.401C^{0.2846}$		0.986
$AlCl_3$浓度（mmol/L）	Langmuir 方程		R^2
	q_m（mg/g）	b（L/mg）	
10	232.93	0.2540	0.915
5	203.16	0.0963	0.846
1	200.14	0.1255	0.914
0	190.71	0.0957	0.957

可见 GAC 对 2,4-D 的吸附较好地符合 Freundlich 模型（R^2 均大于 0.96）。随着 Al^{3+} 离子浓度的增大，Freundlich 模型的系数 k_f 随之增大，平衡吸附容量 q 也随之增大。Al^{3+} 离子浓度为 0mmol/L、1mmol/L、5mmol/L 和 10mmol/L 时，在 2,4-D 初始浓度为 80mg/L 的条件下，破碎炭 7 号的平衡吸附容量 q 分别为 178.89mg、182.83mg、185.47mg 和 211.19mg 2,4-D/gGAC。

比较各金属离子不同浓度时的 $1/n$ 可知，Al^{3+} 离子比一价和二价金属离子对 2,4-D 的吸附等温线影响最为显著。一价（K^+、Na^+）和二价（Mg^{2+}、Ca^{2+}）离子（1mmol/L）的 Freundlich 系数 $1/n$ 与去离子水中该值相比，变化幅度在 11%之内，而三价金属（Al^{3+}）离子浓度为 1mmol/L 时，$1/n$ 的变化幅度却高达 36.1%。由此可以推断，金属离子对 2,4-D 吸附效果的作用，受金属离子所带电荷的影响十分明显。

（12）SO_4^{2-} 的影响

用 Freundlich 模型拟合破碎炭 7 号（20～35 目）对 2,4-D 溶液的吸附（其中 SO_4^{2-} 离子浓度分别为 0mmol/L、1mmol/L、5mmol/L 和 10mmol/L），结果如图 5.26 和表 5.22 所示。

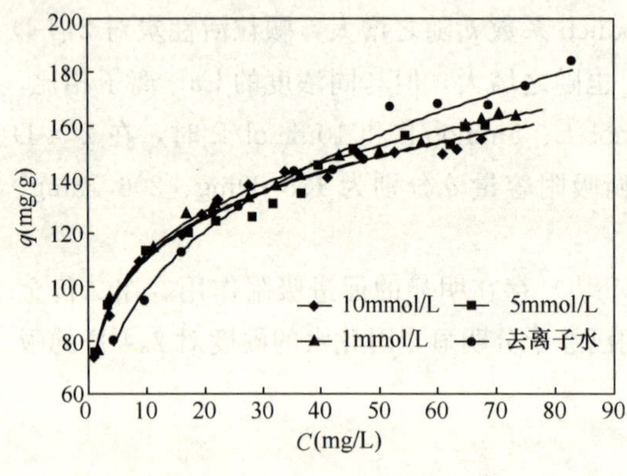

图 5.26 不同 SO_4^{2-} 离子浓度时 GAC 对 2,4-D 的吸附等温线影响

不同 SO_4^{2-} 离子浓度时 GAC 对 2,4-D 吸附等温方程　　表 5.22

Na_2SO_4 浓度 (mmol/L)	Freundlich 方程		R^2
10	$q=73.711C^{0.1811}$		0.987
5	$q=72.441C^{0.1844}$		0.978
1	$q=72.051C^{0.1909}$		0.990
0	$q=51.401C^{0.2846}$		0.986
Na_2SO_4 浓度 (mmol/L)	Langmuir 方程		R^2
	q_m (mg/g)	b (L/mg)	
10	147.11	0.9880	0.970
5	147.41	0.7749	0.931
1	170.48	0.1700	0.922
0	190.71	0.0957	0.957

从图 5.26 可以看出，在不同 SO_4^{2-} 离子浓度（用去离子水配成 1mmol/L、5mmol/L 和 10mmol/L）时，三条 2,4-D 吸附等温线曲线趋势上相似、数值上接近，但与去离子水中的 2,4-D 等温线相比，在曲线趋势上发生了很大的变化。

由表 5.22 可知，在 SO_4^{2-} 离子的影响下，GAC 对 2,4-D 的吸附较好地符合 Freundlich 模型（R^2 均大于 0.97）。随着 SO_4^{2-} 离子浓度的增大，Freundlich 模型的系数 k_f 随之增大，SO_4^{2-} 离子浓度为 0mmol/L、1mmol/L、5mmol/L 和 10mmol/L 时，k_f 值分别为 51.401h^{-1}、72.051h^{-1}、72.241h^{-1} 和 73.711h^{-1}，但平衡吸附容量 q 却随之减少。在 2,4-D 初始浓度为 80mg/L 的条件下，破碎炭 7 号的平衡吸附容量 q 分别为 178.89mg、166.32mg、162.57mg 和 163.00mg 2,4-D/gGAC。

（13）NO_2^- 的影响

用 Freundlich 模型拟合破碎炭 7 号对 2,4-D 溶液的吸附（其中 NO_2^- 离子浓度分别为 0mmol/L、1mmol/L、5mmol/L 和 10mmol/L），结果如图 5.27 和表 5.23 所示。

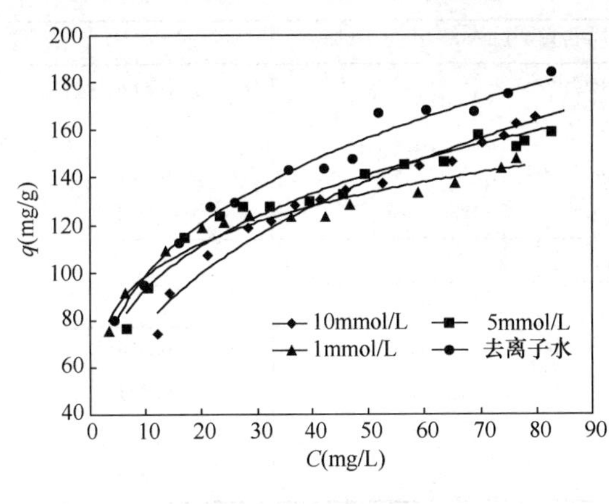

图 5.27　不同 NO_2^- 离子浓度时 GAC 对 2,4-D 的吸附等温线

不同 NO_2^- 离子浓度时 GAC 对 2,4-D 吸附等温方程　表 5.23

$NaNO_2$浓度 (mmol/L)	Freundlich 方程		R^2
10	$q=33.935C^{0.3596}$		0.965
5	$q=51.127C^{0.2594}$		0.957
1	$q=63.989C^{0.1875}$		0.962
0	$q=51.401C^{0.2846}$		0.986
$NaNO_2$浓度 (mmol/L)	Langmuir 方程		R^2
	q_m (mg/g)	b (L/mg)	
10	183.50	0.0667	0.969
5	164.89	0.1282	0.983
1	138.04	0.3479	0.954
0	190.71	0.0957	0.957

从图 5.27 可以看出，在 NO_2^- 离子浓度为 1mmol/L、5mmol/L 和 10mmol/L 时，三条吸附等温线均处于去离子水的 2,4-D 等温线下方，但曲线趋势相差较大，有相交点存在。

从表 5.23 可以看出，在三种浓度的 NO_2^- 离子的影响下，GAC 对 2,4-D 的吸附较好地符合 Freundlich 模型（R^2 均大于 0.95）和 Langmuir 模型（R^2 均大于 0.95）。随着 NO_2^- 离子浓度的增大，Freundlich 系数 k_f 随之降低，NO_2^- 离子浓度为 0mmol/L、1mmol/L、5mmol/L 和 10mmol/L 时，k_f值分别为 51.401、63.989、51.127 和 33.935，而平衡吸附容量 q（或最大吸附容量 q_m）与去离子水中该值相比虽小，但却随着 NO_2^- 离子浓度的增大而增大，在 2,4-D 初始浓度为 80mg/L 的条件下，NO_2^- 离子浓度为 1mmol/L、5mmol/L 和 10mmol/L 时，破碎炭 7 号的平衡吸附容量 q 分别为 166.32mg、159.33mg 和 145.52mg 2,4-D/gGAC；最大吸附容量 q_m 分别为 138.04mg/g、164.89mg/g 和 183.50mg/g。

（14）CO_3^{2-} 的影响

应用 Freundlich 模型拟合破碎炭 7 号对 2,4-D 溶液的吸附（其中 CO_3^{2-} 离子浓度分别为 0mmol/L、1mmol/L、5mmol/L 和 10mmol/L），结果如图 5.28 和表 5.24 所示。

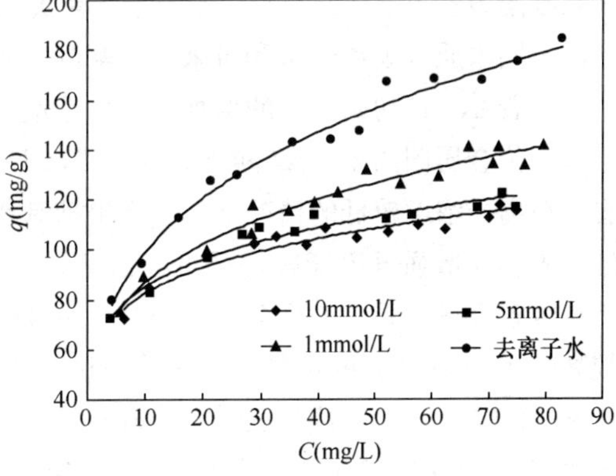

图 5.28　不同 CO_3^{2-} 离子浓度时 GAC 对 2,4-D 的吸附等温线

从图 5.28 可以看出，随着 CO_3^{2-} 离子浓度的增加，吸附等温线不断下移。如表 5.24 所示，在 CO_3^{2-} 离子的影响下，GAC 对 2,4-D 的吸附较好地符合 Freundlich 模型（R^2 均大于 0.94）。

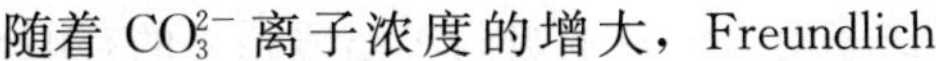
随着 CO_3^{2-} 离子浓度的增大，Freundlich 系数 k_f略有变化，颗粒活性炭对 2,4-D 的平衡吸附容量 q 随之减少。CO_3^{2-} 离子浓度为 0mmol/L、1mmol/L、5mmol/L 和 10mmol/L，在 2,4-D 初始浓度为 80mg/L 时，破碎炭 7 号的平衡吸附容量 q 分别为 178.89mg、141.14mg、122.86mg 和 117.57mg 2,4-D/gGAC。

不同 CO_3^{2-} 离子浓度时 GAC 对 2,4-D 吸附等温方程　表 5.24

Na_2CO_3浓度（mmol/L）	Freundlich 方程		R^2
10	$q=55.695C^{0.1705}$		0.958
5	$q=56.569C^{0.1770}$		0.942
1	$q=50.798C^{0.2332}$		0.967
0	$q=51.401C^{0.2846}$		0.986
Na_2CO_3浓度（mmol/L）	Langmuir 方程		R^2
	q_m（mg/g）	b（L/mg）	
10	116.75	0.3639	0.906
5	118.32	0.2301	0.921
1	138.85	0.1961	0.918
0	190.71	0.0957	0.957

（15）颗粒活性炭吸附 2,4-D 效果小结

颗粒活性炭对 2,4-D 的吸附试验结果如下：

● 颗粒活性炭对 2,4-D 的吸附数据，按 Freundlich 和 Langmuir 模型进行拟合，R^2 都较高。Freundlich 模型系数 $1/n$ 均在 0.1～0.5 的范围内，因此 2,4-D 属于易被 GAC 吸附的物质。

● pH 会对吸附剂表面电荷以及被吸附物的离子化程度和种类产生影响。随着 pH 的降低，由于 2,4-D 的亲水性降低，GAC 的平衡吸附容量 q（或最大吸附容量 q_m）会随之增大。pH 在 2 左右时，由于 2,4-D 带有弱酸性，低于 pKa 值（2.64），会表现出阴离子特性，而表面电荷为正的活性炭会对离子形态的 2,4-D 有强烈吸附，从而使得平衡吸附容量 q（或最大吸附容量 q_m）显著升高。

①颗粒活性炭的粒径越小，初始吸附速率越大，达到吸附平衡所需的时间越短。

②不同种类的颗粒活性炭对 2,4-D 的吸附效率差异很大。破碎炭 7＃无论在初始吸附速率还是在吸附容量方面效果最好，破碎炭 6＃次之，椰壳炭第三。

③不同水质（去离子水和自来水）配制 2,4-D 溶液时，吸附容量相差不大。

④随着 2,4-D 初始浓度的增加，单位重量 GAC 的平衡吸附容量明显增加。

⑤一价金属阳离子（K^+ 和 Na^+）对 2,4-D 的吸附效果有一定的影响，从初始吸附速率上来看，在离子浓度较低的情况下，会产生抑制作用，并且随着离子浓度的升高，这种抑制作用会经历先逐渐增强再逐渐减弱的变化过程，当离子浓度达到 10mmol/L 时，抑制作用基本消失。从吸附容量上看，一价金属离子对 2,4-D 的吸附有促进作用，但这种促进作用要在离子浓度较高（10mmol/L）的情况下才比较明显。符合生活饮用水水源水质要求的原水中，一价金属离子（K^+ 和 Na^+）对颗粒活性炭吸附 2,4-D 的影响可以忽略不计。在试验浓度范围内，二价金属离子（Ca^{2+}、Mg^{2+}）对 2,4-D 初始吸附速率的影响仅存在明显的促进作用。在吸附容量方面，在离子浓度较低时，二价金属离子对 2,4-D 吸附容量的促进作用十分明显。硬度对 2,4-D 吸附产生的促进作用不容忽略。随着 Al^{3+} 离子浓度的增加，初始吸附速率和平衡吸附容量 q 都随之增大。与一价和二价金属离子相比，Al^{3+} 离子对 2,4-D 的吸附等温线趋势的影响最为显著。

● 阴离子（SO_4^{2-}、NO_2^-、CO_3^{2-}）对 2,4-D 的初始吸附速率均有不同程度的抑制作用。NO_2^- 浓度的变化对初始吸附速率的影响最为显著，SO_4^{2-} 浓度的影响最小。吸附容量方面，阴

离子（SO_4^{2-}、NO_2^-、CO_3^{2-}）都使平衡吸附容量 q 比去离子水中有不同程度的降低。平衡吸附容量 q 受 SO_4^{2-} 浓度影响并不显著，但随 NO_2^- 浓度的增加而增加，随 CO_3^{2-} 浓度的增加而减少。

5.3.4　颗粒活性炭对阿特拉津的吸附

（1）阿特拉津初始浓度的影响

自来水中配制不同初始浓度的阿特拉津溶液，考察阿特拉津初始浓度对活性炭吸附的影响。采用 Freundlich、Langmuir 模型的吸附等温线，分别如图 5.29、5.30 和 5.31 所示，吸附等温线拟合方程的参数及相关系数如表 5.25 所示。

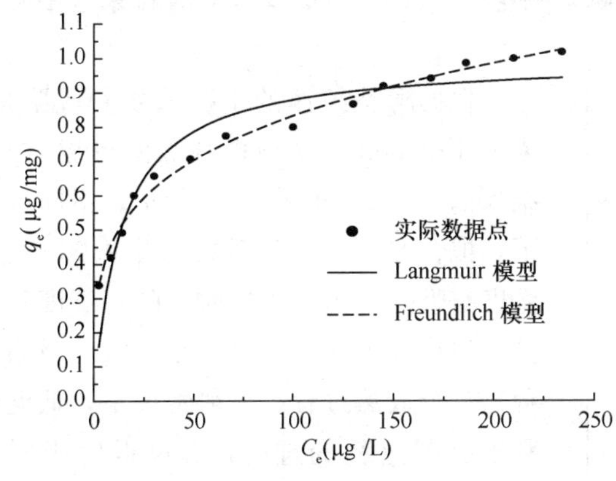

图 5.29　GAC 对自来水中阿特拉津的吸附等温线（C_0=259μg/L）

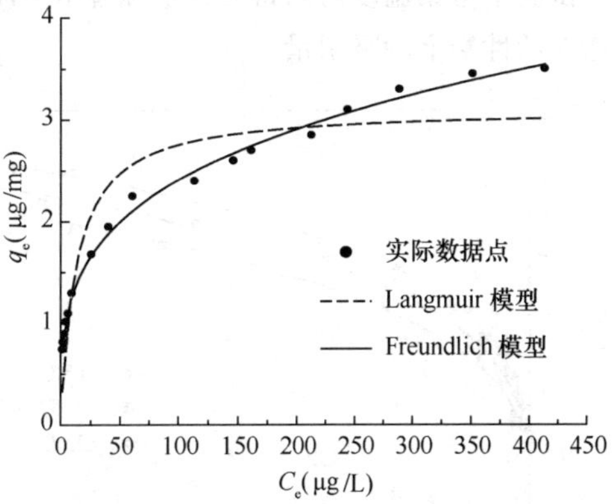

图 5.30　GAC 对自来水中阿特拉津的吸附等温线（C_0=465μg/L）

采用 Freundlich 吸附等温线模型进行实验数据的拟合时，拟合方程的相关系数均在 0.98 以上，而用 Langmuir 模型拟合时相关系数仅为 0.90 左右。因此 Freundlich 模型可以更好的描述阿特拉津在活性炭上的吸附过程。

当阿特拉津的初始浓度分别为 259μg/L、465μg/L 和 940μg/L 时，Freundlich 模型的 k_f 分别为 272.1、692.1 和 1341.7 (μg/g) (L/μg)$^{1/n}$；随着阿特拉津初始浓度的升高，最大吸附容量随之增加。Freundlich 模型的 $1/n$ 值变化不大，在 0.24～0.27 之间，因此阿特拉津较易被活性炭吸附。

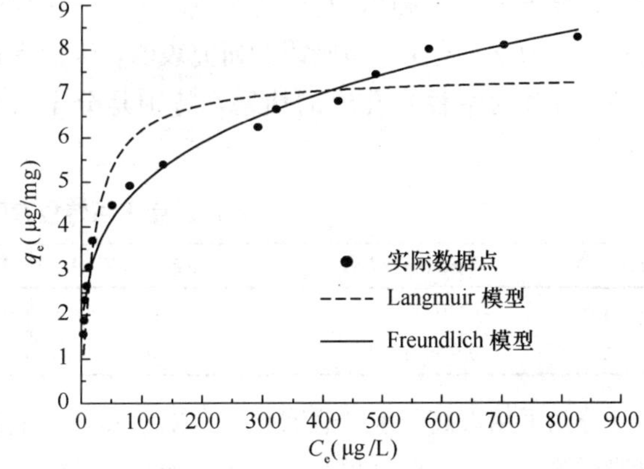

图 5.31　GAC 对自来水中阿特拉津的吸附等温线（C_0=940μg/L）

（2）温度的影响

应用 250mL 磨口小瓶，配制一系列相同初始浓度的阿特拉津溶液 200mL，放入已知重量的粒状活性炭，置于摇床中，恒温振荡，24h 后取样分析阿特拉津浓度，根据吸附前后阿特拉津浓度变化计算出吸附量 q。

两种吸附等温线模型的拟合参数 表 5.25

初始浓度（μg/L）	等温线模型	参数	R^2
259	Freundlich	$k_f=0.2721$；$1/n=0.24299$	0.98885
	Langmuir	$k_l=0.07537$；$a=0.07567$	0.90133
465	Freundlich	$k_f=0.69213$；$1/n=0.27097$	0.98532
	Langmuir	$k_l=0.24401$；$a=0.07857$	0.88689
940	Freundlich	$k_f=1.3417$；$1/n=0.2564$	0.98606
	Langmuir	$k_l=0.37134$；$a=0.05003$	0.91206

试验中考察温度对阿特拉津吸附平衡的影响，测定了 15℃、25℃和 35℃时自来水中阿特拉津在活性炭上的吸附量。

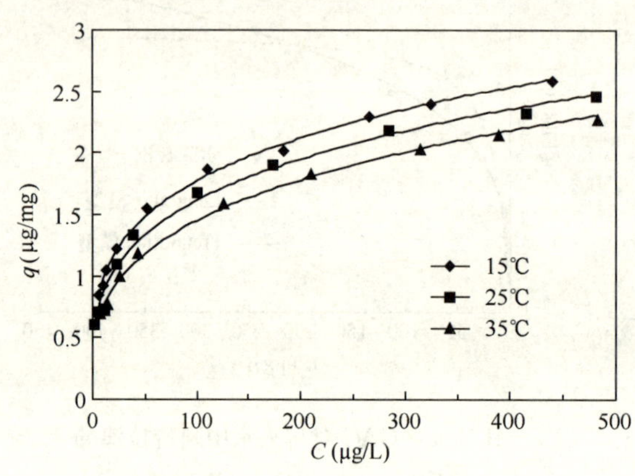

图 5.32 不同温度下 GAC 对阿特拉津的吸附等温线

根据阿特拉津的平衡浓度和吸附量，采用 Freundlich 模型拟合吸附等温方程，结果如表 5.26 和图 5.32 所示。不同温度下，拟合方程的相关系数均在 0.98 以上，温度对吸附平衡产生影响，随着温度的升高，阿特拉津的吸附量减小。由于吸附过程是一个放热过程，一般情况下，低温有利于吸附过程的进行，温度低时吸附容量大。

（3）不同水质的影响

溶解性天然有机物在饮用水水源中广泛存在，浓度不一，是由一系列不同分子大小、分子量、官能团的化合物组成。天然有机物的存在能够严重影响微污染物质的吸附容量和吸附动力学。有关竞争吸附的研究表明，天然有机物与微污染物质的竞争主要是因为对吸附位的争夺和对活性炭孔道的堵塞，特别是分子大小与微污染物质接近的有机物，竞争能力最强。

不同温度下阿特拉津吸附等温方程 表 5.26

温度（℃）	Freundlich 方程	相关系数（R^2）	温度（℃）	Freundlich 方程	相关系数（R^2）
15	$q=0.541C^{0.258}$	0.995	35	$q=0.374C^{0.294}$	0.993
25	$q=0.459C^{0.273}$	0.982			

分别采用去离子水、蒸馏水、自来水和原水配制阿特拉津溶液，在相同条件下进行吸附等温线试验（25℃，振荡频率 160 次/min）。不同本底溶液的常规水质指标如表 5.27 所示。其中原水取自上海市杨树浦水厂，有机物含量较高，水质较差。四种不同本底溶液中有机物的含量差别较大，因此通过比较阿特拉津在不同本底溶液中的吸附等温线，能够反映出有机物对阿特拉津的竞争吸附作用。

采用 Freundlich 模型拟合不同本底条件下 GAC 对阿特拉津吸附等温线的结果如图 5.33 所示。不同本底条件下，吸附等温线参数和方程相关系数如表 5.28 所示。从图 5.33 可见，GAC 对去离子水、蒸馏水、自来水和原水中阿特拉津的吸附等温线位置依次下移。位于图最上方的是 GAC 对去离子水中阿特拉津的吸附等温线，位于其下方的曲线依次为蒸馏水、自来水和原水。由表 5.28 可知，四条吸附等温线的相关系数均在 0.97 以上，说明 Freundlich 模型能够精确的模拟阿特拉津等温吸附过程。GAC 对四种本底溶液中阿特拉津的系数 k_f 分别为 2444、1664、692.1 和 545.1（μg/g）$(L/\mu g)^{1/n}$，活性炭对去离子水和蒸馏水中阿特拉津的吸附容量远大于自来水和原水中阿特拉津的吸附容量，可见有机物对活性炭吸附阿特拉津存在强烈的竞争吸附作用。

各种本底的常规指标　　**表 5.27**

本底溶液	DOC（mg/L）	COD_{Mn}（mg/L）	浑浊度（NTU）	UV_{254}（cm^{-1}）
原水	6.670	7.82	46.01	0.192
滤后水	5.442	5.65	0.24	0.132
蒸馏水	—	—	0	0.006

不同本底条件下 Freundlich 吸附等温线参数　　**表 5.28**

初始浓度（μg/L）	本　底	参　数	R^2
470	去离子水	k_f=2.444；$1/n$=0.2347	0.9856
465	蒸馏水	k_f=1.664；$1/n$=0.2609	0.9723
470	自来水	k_f=0.6921；$1/n$=0.2710	0.9853
465	原水	k_f=0.5451；$1/n$=0.2955	0.9769

（4）阿特拉津的吸附速率

1）摇床转速的影响

采用自来水配制的初始浓度约为 500μg/L 的阿特拉津溶液，温度控制在 25±0.5℃范围内，测定不同摇床转速下阿特拉津的吸附速率，结果如图 5.34 所示。由图可知，当阿特拉津的初始浓度为 460μg/L 时，经 7h 左右可以达到吸附平衡。阿特拉津在自来水中的吸附过程呈现一级反应动力学特征，如图 5.35 所示，拟合参数如表 5.29 所示。

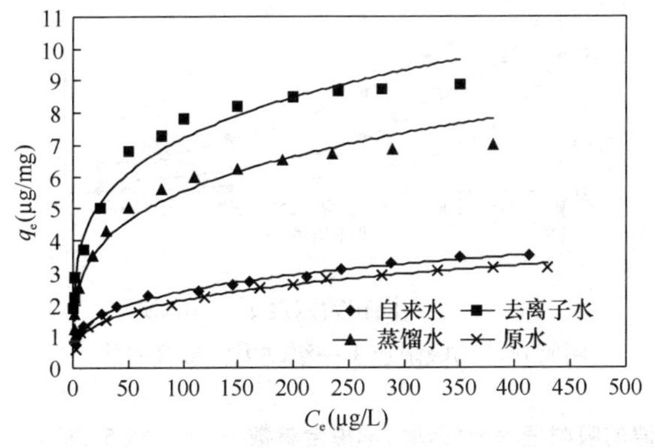

图 5.33　不同本底条件下 GAC 对阿特拉津的吸附等温线

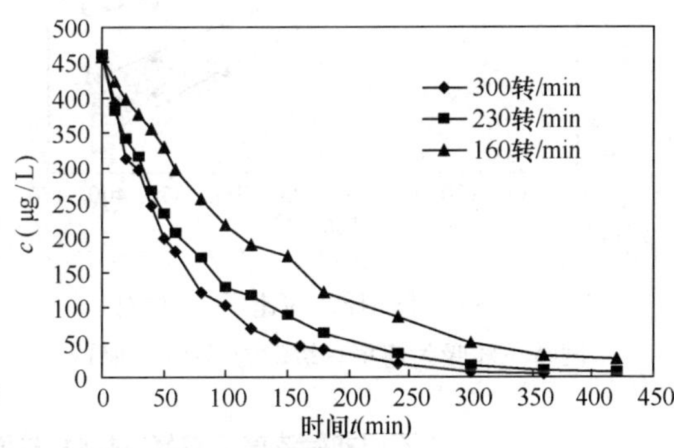

图 5.34　不同摇床转速下 GAC 对阿特拉津的吸附速率曲线

由上可知，当摇床转速分别为 300 转/min、230 转/min 和 160 转/min 时，阿特拉津一级动力学吸附速率常数分别为 0.0072min^{-1}、0.010min^{-1}和 0.0129min^{-1}。随着摇床转速的增加，阿特拉津的吸附速率相应加快。

在液相吸附中，污染物从液相转移到活性炭颗粒表面有 3 个过程，即液膜扩散过程，污染物首先要通过活性炭表面固定的液膜；微孔内扩散过程，即污染物由活性炭表面向活性炭内部微孔迁移；以及微孔内表面吸附过程，即污染物被吸附到活性炭微孔的内表面上。

吸附速率主要取决于液膜扩散速度和微孔内扩散速度。液膜扩散速度与活性炭颗粒周围液体搅动的程度有关，增加液体和颗粒之间的相对速度，可使液膜厚度减小，加速了液膜扩散速度。因此随着摇床转速的增加，阿特拉津的吸附速率随之加快。

不同摇床转速时 GAC 对阿特拉津吸附速率一级动力学拟合参数 **表 5.29**

摇床转速（转/min）	拟合方程	k_f（min^{-1}）	R^2
160	$\ln C=-0.0072t+6.1338$	0.0072	0.9961
230	$\ln C=-0.0100t+5.9818$	0.0100	0.9924
300	$\ln C=-0.0129t+5.9731$	0.0129	0.9908

2）初始浓度的影响

用自来水配制不同浓度的阿特拉津溶液，考察阿特拉津初始浓度对吸附速率的影响。应用一级动力学方程来拟合不同初始浓度下阿特拉津浓度与 t 的曲线，如图 5.36 所示，拟合参数如表 5.30 所示。随着初始浓度的逐渐降低，对应的 C 与 t 的曲线也逐渐下降。由曲线斜率代表的吸附速率可知，在吸附开始阶段，阿特拉津初始浓度大的溶液，吸附速率较快。然而比较阿特拉津在整个吸附过程中的吸附速率常数可以发现，随着初始浓度从 1050μg/L 降低到 460μg/L，吸附速率常数由 0.0055min^{-1} 增加到 0.010min^{-1}。随着初始浓度降低，阿特拉津的吸附速率加快。

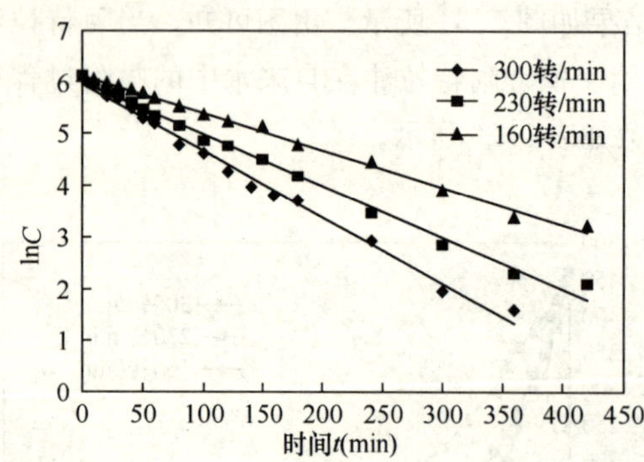

图 5.35 不同摇床转速下 GAC 对阿特拉津吸附速率一级动力学拟合曲线

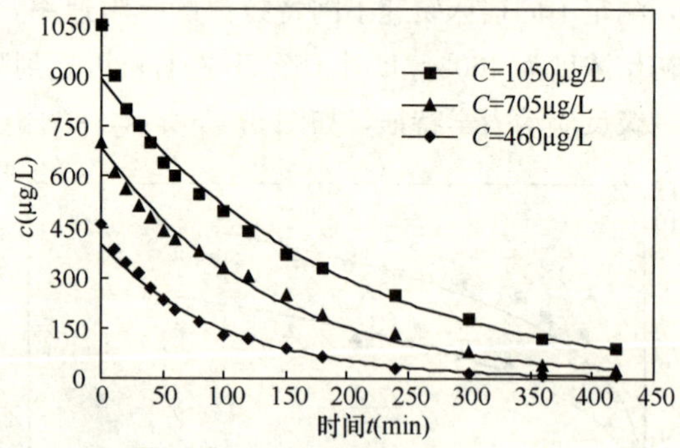

图 5.36 不同初始浓度下 GAC 对阿特拉津的吸附速率一级动力学拟合曲线

不同初始浓度下 GAC 对阿特拉津的吸附速率一级动力学拟合参数 **表 5.30**

初始浓度（μg/L）	拟合方程	k_f（min^{-1}）	R^2
460	$C=396.14e^{-0.010t}$	0.010	0.9924
705	$C=687.85e^{-0.0075t}$	0.0075	0.9933
1050	$C=892.35e^{-0.0055t}$	0.0055	0.9910

3）本底溶液的影响

用去离子水、自来水和原水配制相同初始浓度的阿特拉津溶液，用一级动力学方程来拟合不同本底条件下阿特拉津浓度与 t 的曲线，如图5.37所示，拟合参数如表5.31所示。阿特拉津在去离子水、自来水和原水中一级动力学吸附速率分别 0.0243min^{-1}、0.010min^{-1} 和 0.0076min^{-1}。阿特拉津在去离子水中的吸附速率明显高于在自来水和原水中的吸附速率。

原水和自来水中有机物分子量分布如表5.32和图5.38所示。原水中1～3kDa以及小于1kDa的溶解有机物（DOC）分别占总DOC的21.70%和44.25%。因此，原水中的溶解有机物主要为小分子量的有机物所组成。与原水相比，自来水中分子量大于3kDa的有机物含量明显降低。

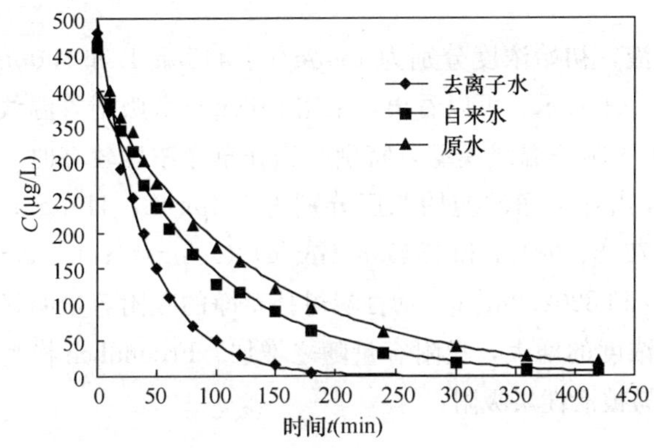

图5.37 不同本底时GAC对阿特拉津吸附速率一级动力学拟合曲线

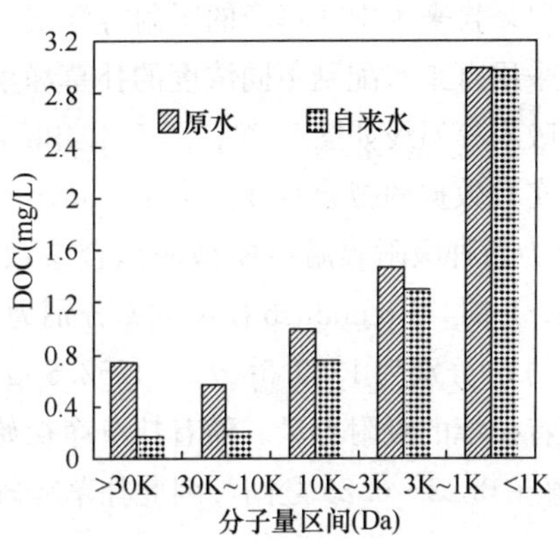

图5.38 溶解性有机物（DOC）的分子量分布

不同本底条件下GAC对阿特拉津吸附速率一级动力学拟合参数 **表5.31**

本底溶液	拟合方程	k_t（min^{-1}）	R^2
去离子水	$C=499.3e^{-0.0243t}$	0.0243	0.9946
自来水	$C=396.14e^{-0.010t}$	0.010	0.9924
原水	$C=404.33e^{-0.0076t}$	0.0076	0.9935

原水和自来水中的有机物分子量分布 **表5.32**

DOC（mg/L）	>30000	30000～10000	10000～3000	3000～1000	<1000	总计
原水	0.741	0.57	0.994	1.469	2.996	6.77
自来水	0.166	0.209	0.749	1.296	2.972	5.392

去离子水中阿特拉津的吸附速率约为自来水中的5倍，自来水中主要以小于3kDa的小分子量有机物为主，说明小分子量有机物严重影响了阿特拉津的吸附过程，使吸附速率大幅度降低。小分子量的有机物与阿特拉津在争夺活性炭的吸附位上存在竞争，导致阿特拉津的吸附速率下降。

阿特拉津在原水中的吸附速率比在自来水中的吸附速率降低了34%。原水中分子量大于3kDa的大分子量有机物明显高于自来水，大分子量有机物对阿特拉津的吸附过程存在抑制作用。大分子量有机物虽然不会与阿特拉津分子竞争吸附位，但是它们能够进入 GAC 的中孔及中孔到微孔的过渡孔，使活性炭的部分孔道堵塞，阿特拉津无法进入活性炭的微孔内部，因此降低了阿特拉津的吸附速率。

GAC 对四种不同本底溶液中阿特拉津的 k_f 分别为 2444、1664、692.1 和 545.1（μg/g）$(L/\mu g)^{1/n}$，活性炭对去离子水和蒸馏水中阿特拉津的吸附容量远大于对自来水和原水中阿特拉津的吸附容量。说明有机物的存在使活性炭对阿特拉津吸附容量急剧下降，有机物对阿特拉津的活性炭吸附存在强烈的竞争吸附作用。

5.3.5 颗粒活性炭对扑草净的吸附

（1）自来水中扑草净的吸附等温线

采用自来水配制不同浓度的扑草净溶液，初始浓度分别为 154μg/L、415μg/L 和 890μg/L 时，吸附等温线如图 5.39、图 5.40 和图 5.41 所示。可以看出，采用 Freundlich 吸附等温线模型对实验数据的拟合精度要高于 Langmuir 吸附等温线模型，特别是当扑草净浓度较高时。表 5.33 为两种吸附等温线模型的拟合参数。当扑草净的初始浓度分别为 154μg/L、415μg/L 和 890μg/L 时，Freundlich 模型的 k_f 分别为 472.8、981.7 和 1845.8（μg/g）$(L/\mu g)^{1/n}$；Langmuir 模型的 q_m 分别为 1369.5μg/g、4752.8μg/g 和 8202.9μg/g。活性炭对扑草净的吸附容量明显大于阿特拉津的吸附容量。随着扑草净初始浓度的增大，吸附容量随之增加。Freundlich 模型的 $1/n$ 值在 0.22～0.25 之间，因此扑草净较易被活性炭吸附。

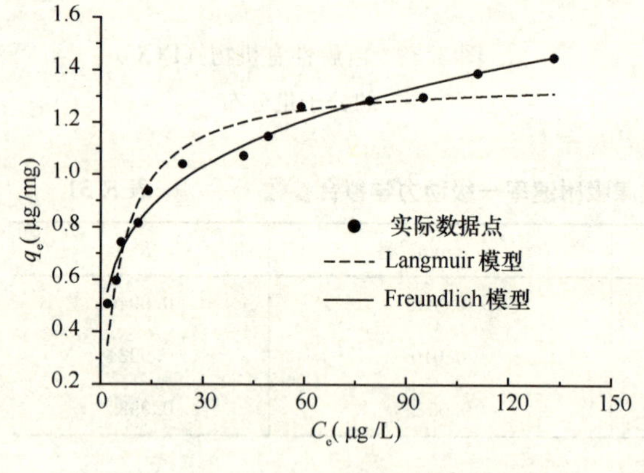

图 5.39 GAC 对自来水中扑草净的吸附等温线（C_0=154μg/L）

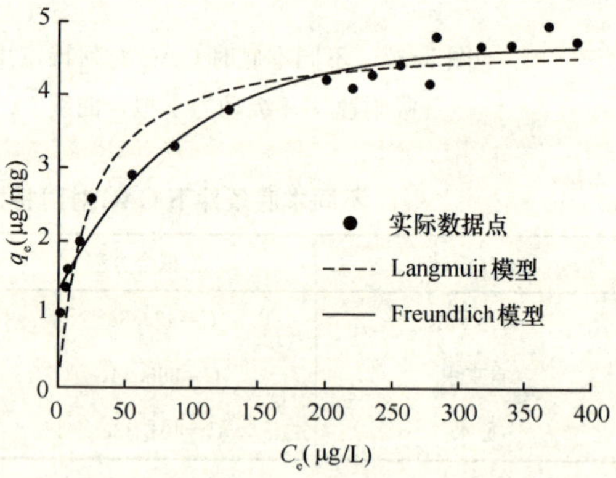

图 5.40 GAC 对自来水中扑草净的吸附等温线（C_0=415μg/L）

两种吸附等温线的拟合参数 表 5.33

初始浓度（μg/L）	等温线模型	参数	R^2
154	Freundlich	k_f=0.47281；$1/n$=0.22922	0.9786
	Langmuir	k_l=0.23407；a=0.17092	0.9204
415	Freundlich	k_f=0.98166；$1/n$=0.2501	0.9861
	Langmuir	k_l=0.22433；a=0.0472	0.9259
890	Freundlich	k_f=1.84578；$1/n$=0.23529	0.9719
	Langmuir	k_l=0.31081；a=0.03789	0.8096

（2）去离子水中扑草净的吸附等温线

采用去离子水配制扑草净溶液，进行吸附等温线测定。扑草净在去离子水中的吸附等温线如图 5.42 所示，拟合方程的参数及相关系数如表 5.34 所示。采用 Freundlich 模型得到的拟合曲线能够很好地与试验数据点吻合，拟合方程的相关系数为 0.9846。

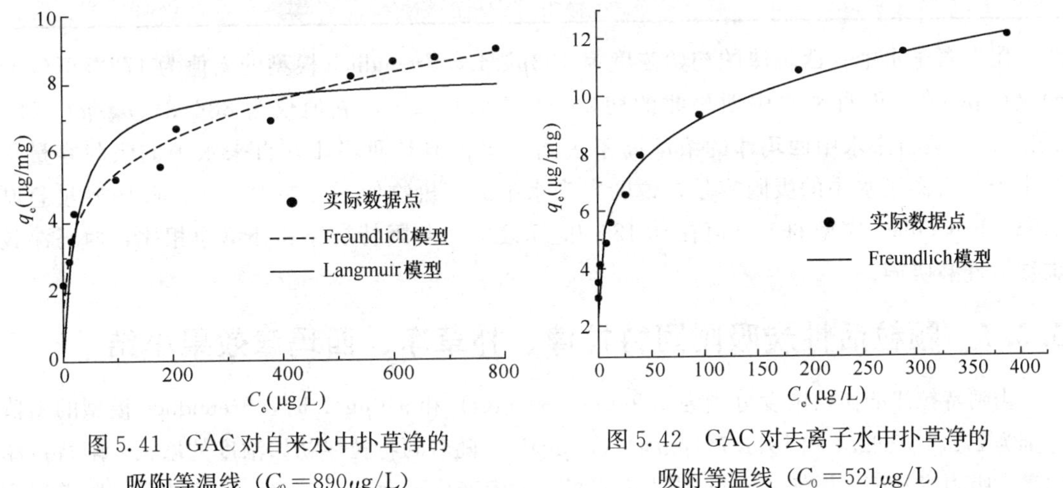

图 5.41　GAC 对自来水中扑草净的吸附等温线（C_0=890μg/L）

图 5.42　GAC 对去离子水中扑草净的吸附等温线（C_0=521μg/L）

GAC 对去离子水中扑草净的 Freundlich 吸附等温线参数　表 5.34

初始浓度（μg/L）	本底溶液	等温线模型	参　数	R^2
521	去离子水	Freundlich	k_f=3.62365；$1/n$=0.20333	0.9846

5.3.6　西玛津的吸附等温线

分别采用去离子水和自来水配制西玛津溶液，初始浓度分别为 493 和 949μg/L，测定的吸附等温线如图 5.43 和图 5.44 所示，吸附等温线拟合方程的参数及相关系数如表 5.35 所示。在自来水和去离子水中，Freundlich 模型拟合方程的相关系数分别为 0.9895 和 0.9931，说明 Freundlich 吸附等温线模型能够较好的描述活性炭对西玛津的吸附过程。

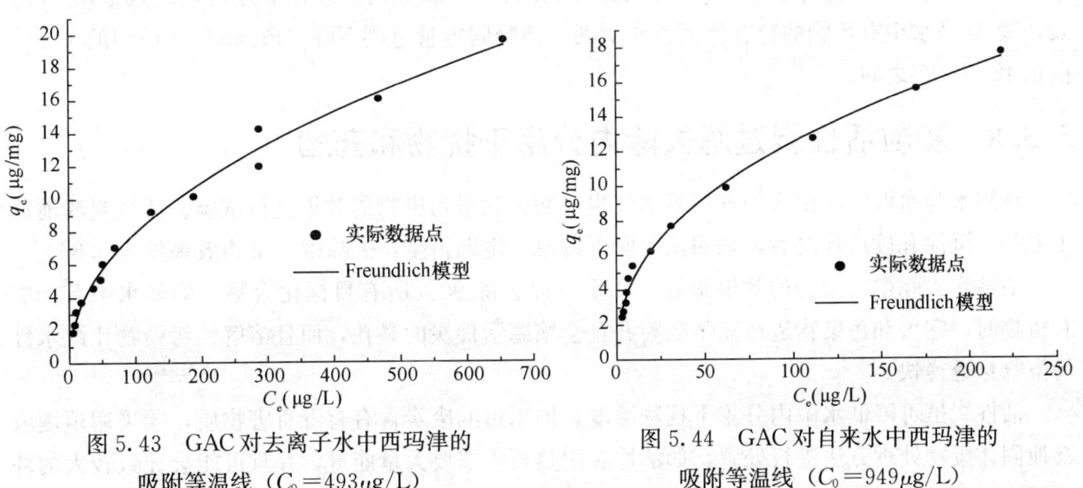

图 5.43　GAC 对去离子水中西玛津的吸附等温线（C_0=493μg/L）

图 5.44　GAC 对自来水中西玛津的吸附等温线（C_0=949μg/L）

不同水质条件下西玛津 Freundlich 吸附等温线参数 表 5.35

初始浓度（μg/L）	等温线模型	参数	R^2
949（自来水）	Freundlich	k_f=0.88677；$1/n$=0.47476	0.9895
493（去离子水）	Freundlich	k_f=1.78278；$1/n$=0.42285	0.9931

在去离子水中，西玛津的初始浓度为 493μg/L，Freundlich 模型的 k_f 值为 1782.8（μg/g）(L/μg)$^{1/n}$，而自来水中西玛津的初始浓度为 949μg/L，k_f 值仅为 886.8（μg/g）（L/μg)$^{1/n}$，虽然自来水中西玛津的浓度高于去离子水，但是西玛津在自来水中的吸附容量仍然小于在去离子水中的吸附容量，说明自来水中的有机物使活性炭对西玛津吸附容量急剧下降。Freundlich 模型的 $1/n$ 值在 0.42～0.47 之间，与阿特拉津和扑草净相比，西玛津较难被活性炭吸附。

5.3.7 颗粒活性炭吸附阿特拉津、扑草净、西玛津效果小结

当阿特拉津的初始浓度分别为 259μg/L、465μg/L 和 940μg/L 时，Freundlich 模型的 k_f 值分别为 272.1、692.1 和 1341.7（μg/g）（L/μg)$^{1/n}$；随着阿特拉津初始浓度的增大，阿特拉津的最大吸附容量随之增加。Freundlich 模型的 $1/n$ 值变化不大，在 0.24～0.27 之间。随着温度的升高，阿特拉津的吸附量减少。

（1）阿特拉津在自来水中的吸附过程符合一级反应动力学模型，增加摇床转速、降低阿特拉津初始浓度，可以提高阿特拉津的吸附速率。去离子水中阿特拉津的吸附速率约为自来水中的 5 倍，原水中的吸附速率比在自来水中的吸附速率降低了 34%。有机物的存在使阿特拉津的吸附速率大幅度降低。

（2）当扑草净的初始浓度分别为 154μg/L、415μg/L 和 890μg/L 时，Freundlich 模型的 k_f 值分别为 472.8、981.7 和 1845.8（μg/g）（L/μg)$^{1/n}$；Freundlich 模型的 $1/n$ 值在 0.22～0.25 之间。

（3）在去离子水中，西玛津初始浓度为 493μg/L 时，Freundlich 模型的 k_f 值为 1782.8（μg/g）（L/μg)$^{1/n}$，而自来水中西玛津初始浓度为 949μg/L 时，k_f 值仅为 886.8（μg/g）（L/μg)$^{1/n}$，自来水中有机物的存在使活性炭对西玛津吸附容量急剧下降。Freundlich 模型的 $1/n$ 值在 0.42～0.47 之间。

5.3.8 颗粒活性炭过滤去除内分泌干扰物和药物

地表水为水源的饮用水处理厂对活性炭过滤去除微污染物的效果进行试验。活性炭滤池位于混凝、沉淀和砂滤池之后，采用从上向下过滤，定期再生，去除微污染物效果见表 5.36。

活性炭去除微污染物的效果很好，几乎可以去除 90% 所有目标化合物，但如水中有天然有机物时，它可和污染物进行竞争吸附并且会堵塞活性炭的微孔，而且溶解性污染物比疏水性污染物穿透得快。

活性炭虽可降低水中内分泌干扰物浓度，但用过的废炭含有有毒有害物质，须采用填埋或其他固体废物处理方法进行处置，如活性炭用热再生需要大量能量，并且可能会导致较大的环境风险，在采用活性炭处理时必须考虑费用和效益平衡问题。

颗粒活性炭过滤试验结果（ng/L）　　表 5.36

化合物	炭池进水浓度	炭池出水浓度	化合物	炭池进水浓度	炭池出水浓度
阿特拉津	650	6.1	吉非贝齐	1.2	<1.0
异丙甲草胺	122	<10	布洛芬	1.1	<1.0
红霉素	1.8	<1.0	碘普胺	3.3	<1.0
咖啡因	17	<10	甲丙胺酯	1.2	<1.0
卡马西平	2.2	<1.0	羟基甲酮	1.0	<1.0
DEET	1.8	<1.0	新诺明	6.0	<1.0
苯妥英	1.8	<1.0			

5.4　粉末活性炭（PAC）对内分泌干扰物的吸附去除

5.4.1　粉末活性炭吸附去除不同种类的内分泌干扰物

（1）粉末活性炭的投加位置

粉末活性炭（PAC）的投加位置分原水吸水井投加、混凝前投加和滤前投加。PAC 投加点的选择至关重要，在原水吸水井处投加粉末活性炭，炭水混合接触时间充分，但存在与后续混凝工艺竞争吸附从而增加 PAC 的使用量，加大处理成本。在混凝前或絮凝过程中投加，有可能存在絮凝体对 PAC 的包裹作用，而 PAC 最优投加点的原则应是与混凝竞争降至最低程度、被絮凝体包裹少和足够的炭水接触时间。滤前投加，不存在吸附与混凝的竞争问题，但应注意粉末活性炭进入滤池后会堵塞滤料层，缩短滤池工作周期。图 5.45 为 PAC 投加位置对禾大壮和莠灭净去除率影响的试验结果。此外，粉末活性炭还有穿透滤层现象，而且吸附时间难以保证。

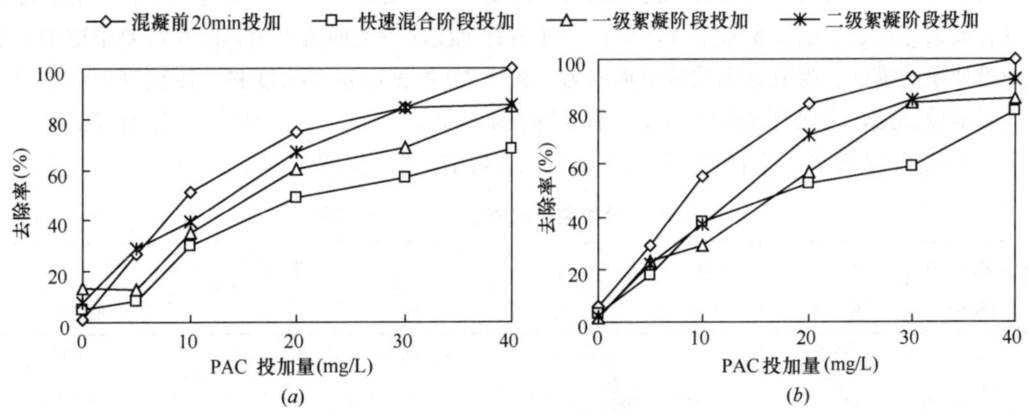

图 5.45　PAC 投加位置对禾大壮和莠灭净去除率的影响

(*a*) 禾大壮；(*b*) 莠灭净

从图中可以看出，对初始浓度均为 195μg/L 的禾大壮与莠灭净，去除效果最好的活性炭投加位置是混凝前 20min，PAC 投加量为 40mg/L 时，将两者全部去除，去除效果最差的投加位置是快速混合阶段。因为，当活性炭与原水充分混合 20min 后已完成了 80%左右的吸附量，混凝后被絮体包裹的影响就较小了。而活性炭在快速混合阶段与混凝剂一起投加，一方面受混凝剂的干扰而影响污染物的吸附速率，另一方面因为接触时间过短难以达到吸附平衡，再者，可被混凝去除的有机物会与污染物竞争吸附。在二级絮凝阶段投加 PAC 时，此时水中已形成细小矾花减少了被包裹的可能性，其效果仅次于混凝前 20min 投加。因此确定粉末活性炭的最佳投加位置是混凝前 20min。国内多数水厂因受工艺流程和场地的限制，粉末活性炭的吸附时间不到 0.5h，达不到吸附平衡所需要的时间，从而造成吸附能力的浪费。另外，吸附时间不够长或水流混合强度不够还会造成粉末活性炭的沉淀，也会浪费部分吸附能力。

（2）粉末活性炭的最佳投加量

PAC 的投加量根据以下两个条件确定：经吸附后能使出厂水的水质指标达到饮用水水质标准；留有充分余地以保证供水水质安全。

1）去除阿特拉津

随着 PAC 投加量的增加，滤后水阿特拉津的去除率也随之增长，但增长不均匀，见图 5.46。PAC 投加量越大，阿特拉津的去除率增长越不明显，以致 PAC＝50mg/L 和 PAC＝60mg/L 时的去除率分别为 98.9％和 99.3％，基本一致。

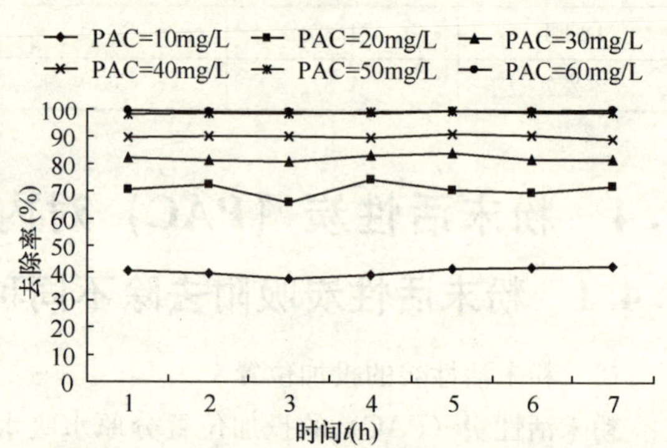

图 5.46　不同 PAC 投加量下滤后水阿特拉津的去除效果

由图 5.47 可以看出，在原水阿特拉津浓度约为 195μg/L 的情况下，投加 40mg/L 的活性炭时，活性炭在与原水混合 20min 后，平均去除率为 82.3％。混凝后阿特拉津达到了平均为 90.4％的最大去除率，沉淀和过滤对去除阿特拉津作用不大。

投加粉末活性炭会影响混凝沉淀出水的浑浊度，特别是活性炭浓度高于 20mg/L 后。原因是没有被絮体包裹的细小粉末活性炭颗粒会随斜管沉淀池的上向流流出，因此需要采取加大混凝剂投加量的措施。为避免沉淀后出水成为“黑水”，根据原水浑浊度和活性炭投加量适当调整混凝剂投加量，将聚合硫酸铁的投加量保持在 10～15mg/L（以 Fe 计）。投加粉末活性炭可加强对 UV_{254} 的去除，一定程度上反映了活性炭去除有机物的效果，见表 5.37。

不同 PAC 投加量下浑浊度和 UV_{254} 的变化　　　　表 5.37

活性炭投加量 (mg/L)	平均浑浊度（NTU）			平均 UV_{254}（cm^{-1}）		
	原　水	沉淀水	滤　后	原　水	沉淀水	滤　后
0	52.7	3.8	0.54	0.047	0.029	0.030
10	47.3	3.8	0.46	0.058	0.018	0.019
20	45.9	3.6	0.63	0.058	0.012	0.012
30	42.5	4.6	0.36	0.048	0.014	0.014
40	58.5	3.9	0.41	0.049	0.010	0.011
50	41.6	4.0	0.33	0.056	0.010	0.011
60	47.2	3.7	0.36	0.043	0	0

2）去除莠灭净

图5.48表示不同PAC投加量下沉淀水的莠灭净去除率，随着PAC投加量的增加去除率增大，当原水莠灭净浓度为135μg/L左右时，10mg/L的投炭量就可去除54.5%的莠灭净。与阿特拉津相似，PAC投加量越大，莠灭净的去除率增长越不明显，直至PAC=40mg/L和PAC=50mg/L时，莠灭净的平均去除率分别达到95.6%和100%。

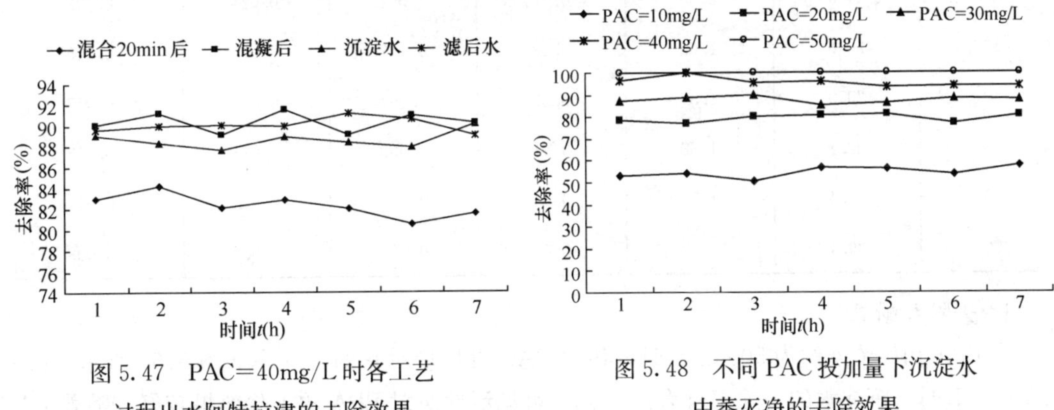

图5.47 PAC=40mg/L时各工艺过程出水阿特拉津的去除效果

图5.48 不同PAC投加量下沉淀水中莠灭净的去除效果

中试时原水浑浊度较低，水温也比阿特拉津中试期间高，在混凝剂投加量均为15mg/L时，沉淀水平均浑浊度均在2.0NTU以下，但是PAC投加量大于20mg/L时，浑浊度还是略有升高。表5.38中滤后水均指炭砂滤柱出水，UV_{254}的去除率滤后水比沉淀水略有提高。

不同PAC投加量下浑浊度和UV_{254}的变化 **表5.38**

活性炭投加量 (mg/L)	平均浑浊度（NTU）			平均UV_{254}（cm^{-1}）		
	原　水	沉淀水	滤后水	原　水	沉淀水	滤后水
0	24.4	1.4	0.35	0.085	0.028	0.027
10	26.4	1.4	0.61	0.053	0.017	0.013
20	14.3	1.7	0.44	0.053	0.017	0.013
30	15.0	1.8	0.49	0.046	0.014	0.011
40	13.9	2.0	0.63	0.043	0.013	0.011
50	20.1	1.7	0.59	0.047	0.010	0.009

3）去除禾大壮

当原水禾大壮浓度为170μg/L时，10mg/L的PAC投加量就可去除65.7%的禾大壮，如图5.49所示。禾大壮的去除率也随PAC投加量的增大而增大。当PAC=40mg/L时，禾大壮的平均去除率达到了100%，这可能因为禾大壮易挥发，在处理过程中会有一定的损失。

中试时浑浊度和UV_{254}在各流程中的变化情况见表5.39，由于原水水温和混凝剂投加量均较高，沉淀水平均浑浊度在2.0NTU以下，UV_{254}的去除率随粉末活性炭投加量的增

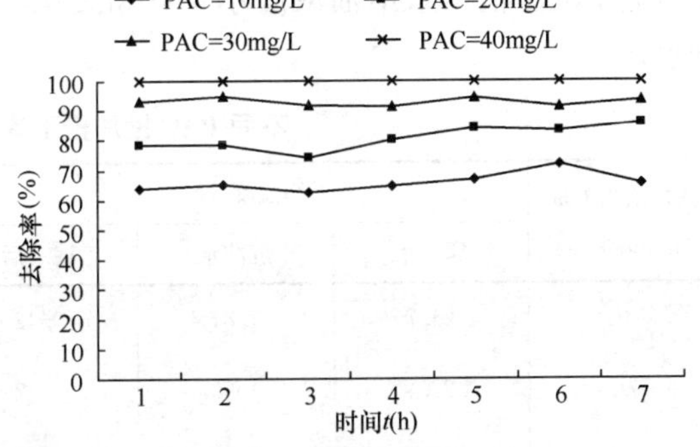

图5.49 不同PAC投加量下禾大壮的去除效果

加而增大，因此粉末活性炭可有效提高出水的安全性。

不同 PAC 投加量下浑浊度和 UV_{254} 的变化 表 5.39

活性炭投加量 (mg/L)	平均浊度（NTU）			平均 UV_{254}（cm^{-1}）		
	原 水	沉淀水	滤 后	原 水	沉淀水	滤 后
0	24.0	2.30	0.32	0.052	0.024	0.022
10	26.6	1.63	0.28	0.057	0.018	0.015
20	20.0	1.57	0.32	0.054	0.015	0.013
30	22.1	1.88	0.41	0.059	0.014	0.013
40	21.4	1.59	0.35	0.049	0.012	0.011
50	29.4	1.92	0.43	0.039	0.009	0.008

4）去除双酚 A

当 BPA 初始浓度约为 500μg/L 时，各种 PAC 投加量对它的去除率如图 5.50 所示。PAC 为 10mg/L 时，沉淀水的去除率就为 61.4%，可见活性炭对 BPA 的去除效果较好。随着 PAC 投加量的增加，去除率缓慢增加，至 PAC 投加量为 50mg/L 时，沉淀水出水 BPA 浓度才降至 10μg/L 以下。60mg/L 的投加量下，BPA 的去除率为 99.3%，与 50mg/L 投加量时相接近。BPA 中试时浑浊度和 UV_{254} 的变化见表 5.40。

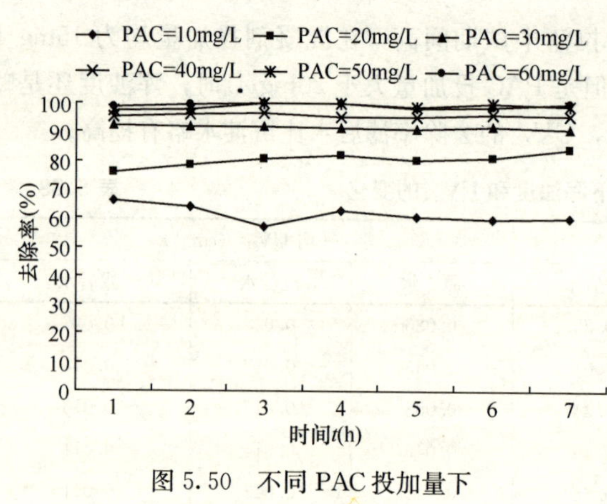

图 5.50 不同 PAC 投加量下沉淀水 BPA 的去除效果

5）去除石油类物质

中试时由于受进水箱体积所限，粉末活性炭与原水最多接触 20min 就进行混凝了，因此活性炭的吸附容量并未得到有效利用，另外活性炭的微孔直径＜2nm，因尺寸排斥作用降低了活性炭对大颗粒油滴的吸附。从图 5.51 可见，投加 PAC 后，沉淀水出水浓度至少需要 4h 才可趋于稳定，PAC＝10mg/L 和 30mg/L 时，甚至在 4h 后还有大幅度下降的趋势。在 PAC 投加量为 40mg/L 时，稳定状态下沉淀池出水中油浓度小于 0.3mg/L，因此为确保安全，40mg/L 应为适宜 PAC 投加量。

不同 PAC 投加量下浑浊度和 UV_{254} 的变化 表 5.40

活性炭投加量 (mg/L)	平均浊度（NTU）			平均 UV_{254}（cm^{-1}）		
	原 水	沉淀水	滤 后	原 水	沉淀水	滤 后
0	24.7	1.81	0.42	0.052	0.023	0.020
10	27.4	1.90	0.47	0.061	0.023	0.022
20	27.6	2.20	0.54	0.072	0.028	0.025

续表

活性炭投加量(mg/L)	平均浊度（NTU）			平均 UV_{254}（cm^{-1}）		
	原　水	沉淀水	滤　后	原　水	沉淀水	滤　后
30	23.4	1.80	0.36	0.042	0.006	0.004
40	23.5	2.14	0.50	0.047	0.007	0.005
50	25.3	2.11	0.51	0.051	0.005	0.004
60	29.9	2.37	0.44	0.038	0.003	0.002

在这几种工况下，对沉淀池出水孔以上的表层水进行油浓度测定，结果发现PAC投加量为0～50mg/L时表层水中的油平均浓度分别为0.78mg/L、0.708mg/L、0.687mg/L、2.73mg/L、0.493mg/L和0.594mg/L，除2.73mg/L油浓度明显高于沉淀水之外（可能是误差所致），其他工况的表层水均与沉淀水浓度相当，这就说明，油类主要是被混凝沉淀去除的，未去除的油并没有形成大量油膜浮于沉淀池表面。

图5.52为沉淀水 COD_{Mn} 随PAC不同投加量而变化的情况，与油浓度变化相似，活性炭投加量越大，COD_{Mn} 就越小，但各PAC投加量下的 COD_{Mn} 值相差并不多，运行初期的 COD_{Mn} 均比后期偏大，还是由于工况达到稳定需要一段时间。

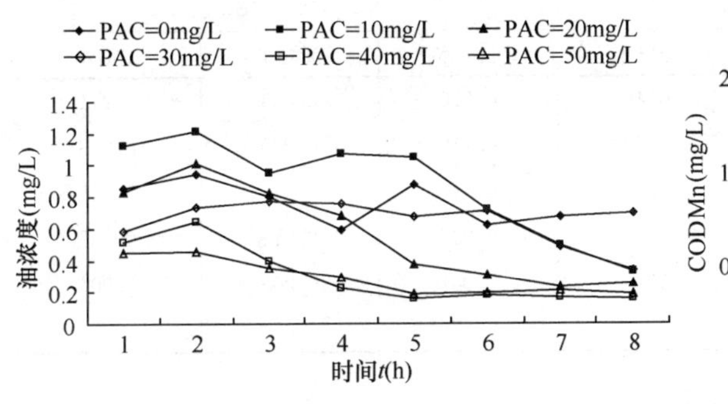

图5.51　不同PAC投加量下沉淀水油浓度的变化

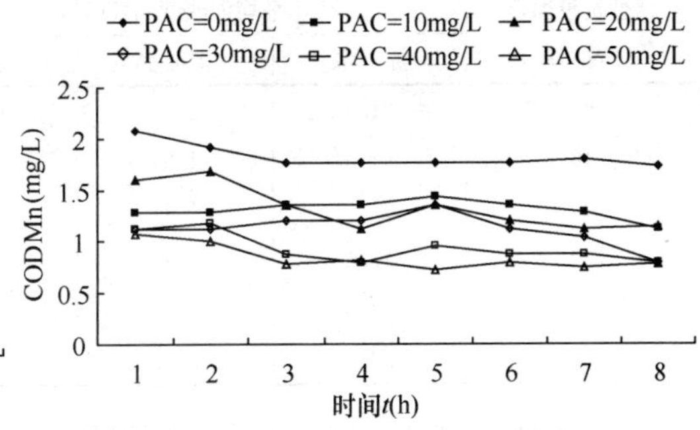

图5.52　不同PAC投加量下沉淀水中 COD_{Mn} 的变化

6）去除硝基苯

当硝基苯初始浓度约为100μg/L时，不同PAC投加量对其的去除率如图5.53所示。PAC为10mg/L时，沉淀水的去除率平均为53.2%，可见粉末活性炭对硝基苯的去除效果也比较好。当PAC投加量分别为20mg/L、30mg/L、40mg/L、50mg/L时，沉淀水硝基苯的平均去除率比较接近，分别为87.6%、91.2%、95.9%和95.1%。因此去除硝基苯的PAC投加量最好是50mg/L以上。

7）去除邻苯二甲酸二乙酯

当DEP的初始浓度约为3.3mg/L时，不同PAC投加量对它的去除率如图5.54所示。如将沉淀水中DEP去除至0.3mg/L以下，则PAC的投加量应为50mg/L，此时PAC对DEP的去除率约为96.4%。

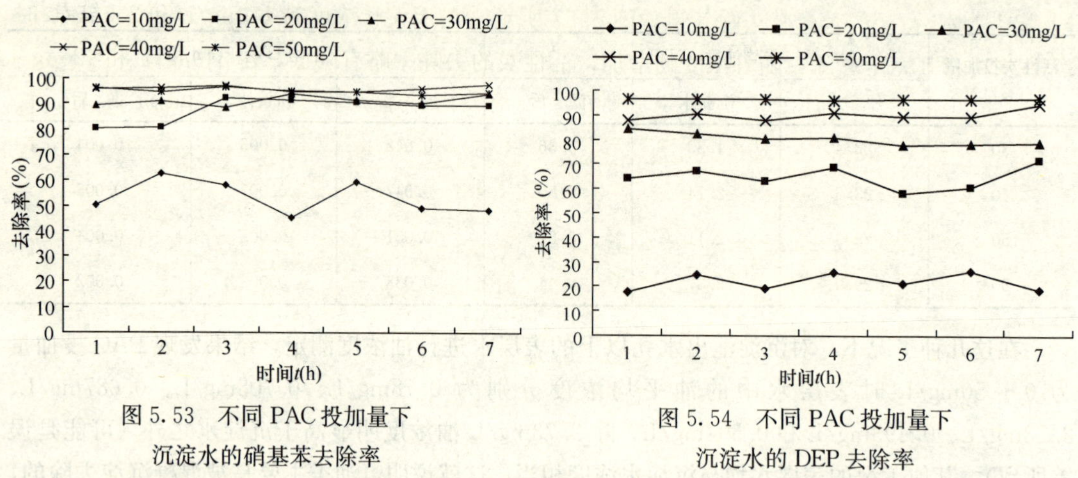

图 5.53 不同PAC投加量下沉淀水的硝基苯去除率

图 5.54 不同PAC投加量下沉淀水的DEP去除率

由于DEP中试期间，长江正值枯水期，原水的浑浊度和UV_{254}均比较高，虽然混凝剂投加量仍为15mg/L，但沉淀水的浑浊度比较高（表5.41），因此增加了滤池的负担，滤池的反冲洗周期可能会缩短。

不同PAC投加量下浑浊度和UV_{254}的变化 **表 5.41**

活性炭投加量 (mg/L)	平均浑浊度（NTU）			平均UV_{254}（cm^{-1}）		
	原水	沉淀水	滤后水	原水	沉淀水	滤后水
0	61.6	2.37	0.48	0.070	0.038	0.011
10	54.8	1.81	0.39	0.112	0.080	0.053
20	51.0	1.47	0.48	0.110	0.035	0.015
30	47.6	2.14	0.46	0.097	0.014	0.007
40	52.0	2.47	0.49	0.087	0.008	0.004
50	56.3	2.82	0.50	0.076	0.003	0

（3）初始污染物浓度对活性炭去除的影响

如图5.55所示，PAC投加量为10～40mg/L时，对两种浓度的阿特拉津去除率有显著差别，但当投加量为50mg/L和60mg/L时，去除率几乎相同。原因可能是PAC投加量在50mg/L和60mg/L时，完全去除了阿特拉津，并且吸附容量尚未饱和，即使阿特拉津的初始浓度在一定范围内有所上升，它的去除率也会保持在此水平。

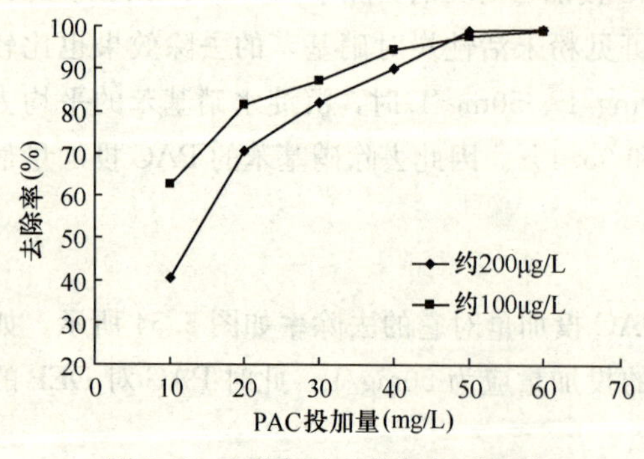

图 5.55 不同PAC投加量对两种初始浓度的阿特拉津去除效果

当活性炭投加量为50mg/L时，对初始浓度为135～338μg/L的莠灭净去除效果如图5.56所示。在莠灭净浓度为202μg/L、270μg/L和338μg/L时，活性炭对其去除率比较接近，平均分别为97.2%、96.7%和96.6%，可以认为在这个投加量范围内，活性炭对莠灭净的去除率不受其初始浓度的影响，当莠灭净浓度为135μg/L时，投加50mg/L的PAC完全可将其去除。

当活性炭投加量为50mg/L时，对初始浓度为 170～425μg/L 的禾大壮去除效果如图 5.57 所示。在禾大壮浓度为 170μg/L 和 250μg/L 时，活性炭可将其完全去除，随着浓度的增加，活性炭的去除率略有降低，在 340μg/L 和 425μg/L

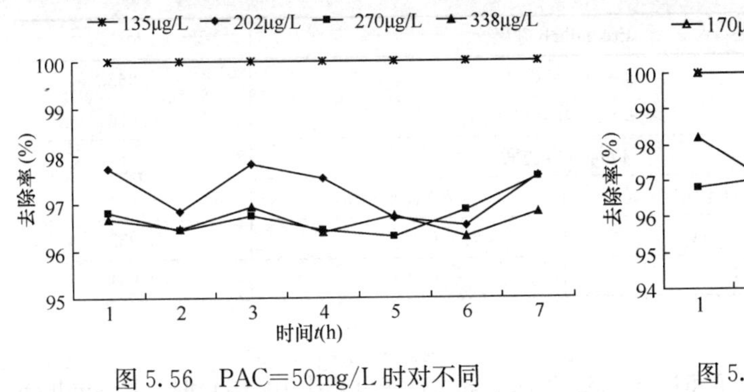

图 5.56　PAC=50mg/L 时对不同初始浓度莠灭净的去除效果

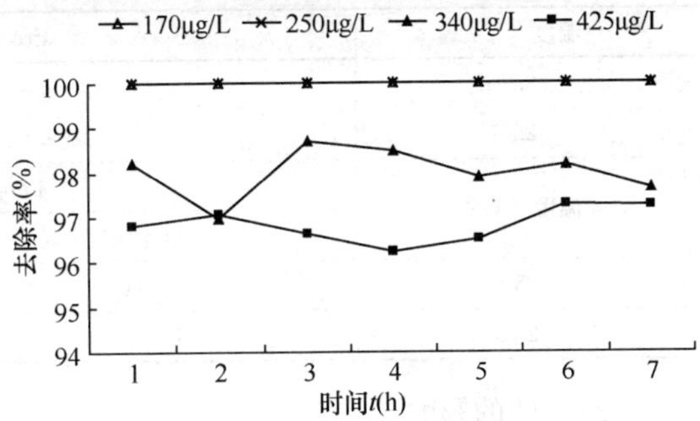

图 5.57　PAC=50mg/L 时对不同初始浓度禾大壮的去除效果

两种浓度下，禾大壮的平均去除率分别为 98%和 96.8%。

当活性炭投加量为 50mg/L 时，对初始浓度为 100μg/L、200μg/L 和 300μg/L 的硝基苯去除效果如图 5.58 所示。在这三种初始浓度下，沉淀水硝基苯的去除率基本相同，平均值分别为 95.1%、94.7% 和 95.5%，在此范围内，硝基苯的初始浓度对活性炭去除率的影响还是比较小的，而在 200μg/L 和 300μg/L 的浓度范围内，活性炭对硝基苯的去除率不受初始浓度的影响。当污染浓度达到 200～300μg/L 时，需增大活性炭的投加量以提高去除率从而保证硝基苯余量的安全性。

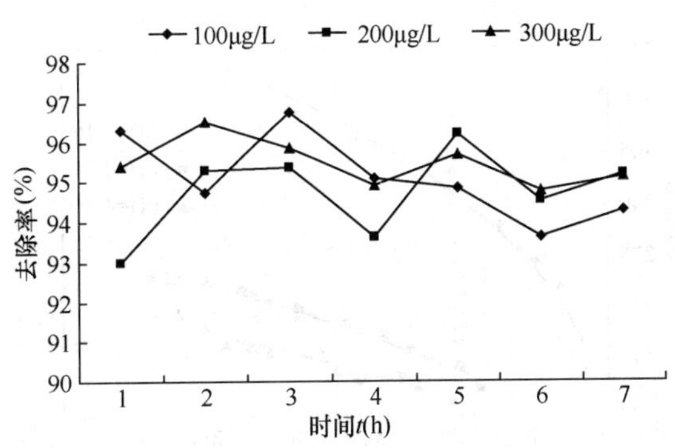

图 5.58　PAC=50mg/L 时对不同初始浓度硝基苯的去除效果

5.4.2　粉末活性炭对 2,4-D 的吸附

(1) 温度的影响

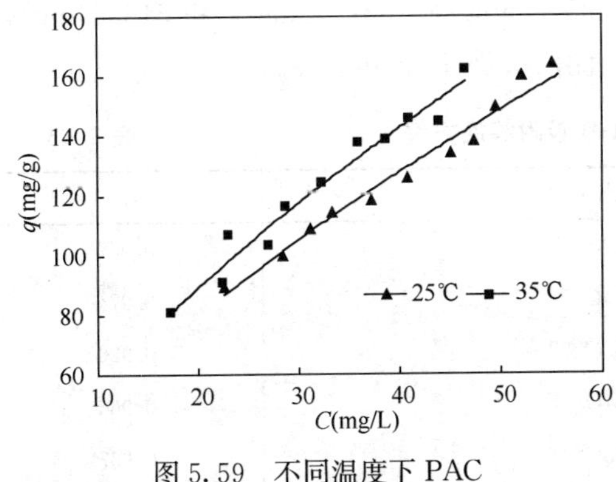

图 5.59　不同温度下 PAC 对 2,4-D 的吸附等温线

PAC 对 2,4-D 的吸附过程可在 6～7h 内达到吸附平衡，与 GAC 相比，吸附平衡时间要缩短 5 倍以上。所以将等温线试验时间定为 24h，以期保证达到吸附平衡。

温度对 2,4-D 吸附容量的影响，分别在 25℃和 35℃条件下进行，实验数据如图 5.59 所示。随着温度的升高，PAC 对 2,4-D 的吸附容量也在增加。分别采用 Freundlich 和 Langmuir 模型进行数据拟合，结果见表 5.42。

从表 5.42 可以看出，实验数据都能较好地拟合 Freundlich 模型和 Langmuir 模型。

不同温度下 2,4-D 吸附等温方程 表 5.42

温度（℃）	Freundlich 方程		R^2
35	$q=11.665C^{0.6787}$		0.963
25	$q=10.484C^{0.6778}$		0.976
温度（℃）	Langmuir 方程		R^2
	q_m（mg/g）	b（L/mg）	
35	355.11	0.0167	0.955
25	344.00	0.0167	0.961

（2）pH 的影响

不同 pH（2.16、3.34、4.36、5.54、6.26、7.53、8.25、9.15 及 10.15）时，Freundlich 模型拟合的结果见图 5.60。对实验数据分别采用 Freundlich 和 Langmuir 模型进行拟合，结果见表 5.43。

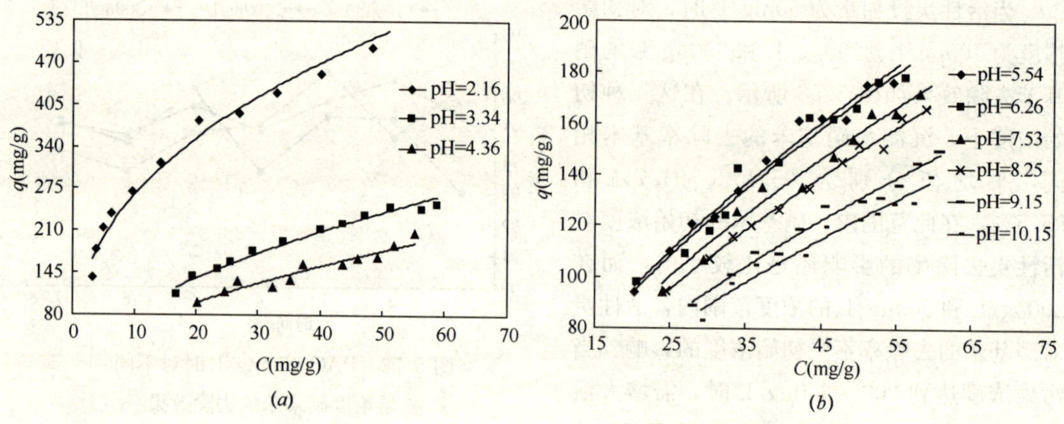

图 5.60 不同 pH 时 PAC 对 2,4-D 的吸附等温线

可以看出，pH 越低，PAC 对 2,4-D 的吸附效果越显著。在试验研究范围内，随着 pH 的降低，2,4-D 的吸附容量逐渐增大。pH 为 2.16、3.34、4.36、5.54、6.26、7.53、8.25、9.15 及 10.15 时，采用 Langmuir 模型得到的 q_m 分别为 533.28mg/g、429.53mg/g、401.46 mg/g、372.09mg/g、370.30mg/g、368.72mg/g、354.96mg/g、322.72mg/g 和 313.54mg/g；采用 Freundlich 模型拟合时，随着 pH 的升高，k_f 值由 10.26 升至 103.39。

不同 pH 时 PAC 对 2,4-D 吸附等温方程 表 5.43

pH	Freundlich 方程	R^2
2.16	$q=103.39C^{0.4105}$	0.967
3.34	$q=22.244C^{0.6067}$	0.974
4.36	$q=14.333C^{0.6461}$	0.926
5.54	$q=13.481C^{0.6467}$	0.966
6.26	$q=13.288C^{0.6488}$	0.967
7.53	$q=12.565C^{0.6160}$	0.959

续表

pH	Freundlich 方程		R^2
8.25	$q=11.799C^{0.6484}$		0.994
9.15	$q=10.653C^{0.6410}$		0.980
10.15	$q=10.260C^{0.6346}$		0.960
pH	Langmuir 方程		R^2
	q_m (mg/g)	b (L/mg)	
2.16	533.28	0.0123	0.971
3.34	429.53	0.0242	0.994
4.36	401.46	0.0169	0.943
5.54	372.09	0.0164	0.959
6.26	370.30	0.0157	0.995
7.53	368.72	0.0149	0.953
8.25	354.96	0.0145	0.992
9.15	322.72	0.0137	0.981
10.15	313.54	0.0130	0.961

（3）Na^+ 的影响

Na^+ 离子浓度分别为 0mmol/L、1mmol/L、5mmol/L 和 10mmol/L 时，PAC 吸附 2,4-D 的 Freundlich 模型拟合结果，如图 5.61 和表 5.44 所示。

不同 Na^+ 离子浓度条件下 PAC 对 2,4-D 吸附等温方程　表 5.44

NaCl 浓度（mmol/L）	Freundlich 方程	R^2
1	$q=4.0952C^{0.9827}$	0.939
5	$q=4.4657C^{0.9986}$	0.971
10	$q=4.7473C^{1.0364}$	0.981
去离子水	$q=10.484C^{0.6778}$	0.976

可以看出，随着 Na^+ 离子浓度的增大，吸附容量随之明显增大。加入 Na^+ 离子后，$1/n$ 由 0.68 增大至 1 左右，这说明，Na^+ 离子的加入，对粉末活性炭吸附 2,4-D 的能力有很大程度的改变。

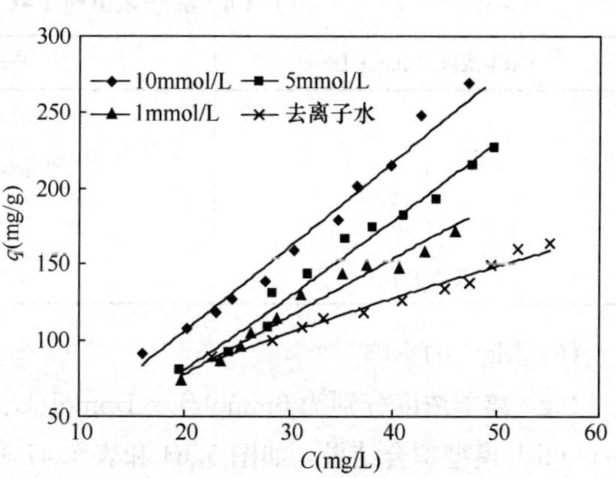

图 5.61　不同 Na^+ 离子浓度条件下 PAC 对 2,4-D 的吸附等温线

（4）K^+ 的影响

K^+ 离子浓度分别为 0mmol/L、1mmol/L、5mmol/L 和 10mmol/L 时，PAC 对 2,4-D 的 Freundlich 模型拟合结果，如图 5.62 和表 5.45 所示。

可以看出，随着 K^+ 离子浓度的增大，粉末活性炭对 2,4-D 的吸附容量随之明显增大。加入 K^+ 离子后，$1/n$ 由 0.68 增大至 1.17 左右，说明 K^+ 离子的加入，对粉末活性炭吸附 2,4-D 的能力有很大的变化。

不同 K^+ 离子浓度条件下 PAC 对 2,4-D 吸附等温方程 **表 5.45**

KCl 浓度（mmol/L）	Freundlich 方程	R^2
1	$q=3.0030C^{1.1684}$	0.968
5	$q=4.9197C^{1.0563}$	0.964
10	$q=5.2247C^{1.0579}$	0.985
去离子水	$q=10.484C^{0.6778}$	0.976

（5）Ca^{2+} 的影响

Ca^{2+} 离子浓度分别为 0mmol/L、1mmol/L、5mmol/L 和 10mmol/L 时，PAC 对 2,4-D 的 Freundlich 模型拟合结果，如图 5.63 和表 5.46 所示。

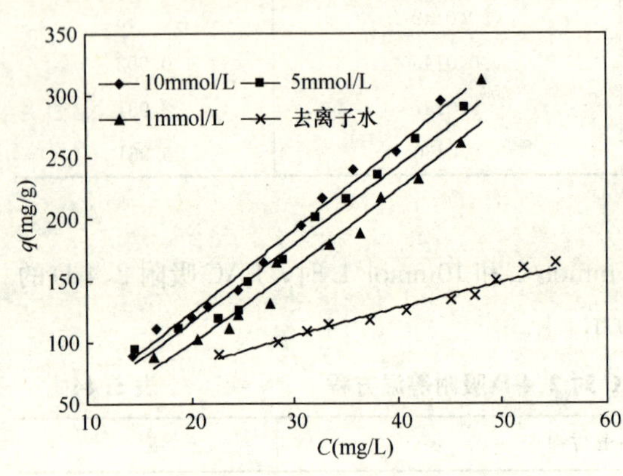

图 5.62 不同 K^+ 离子浓度时 PAC 对 2,4-D 的吸附等温线

图 5.63 不同 Ca^{2+} 离子浓度时 PAC 对 2,4-D 的吸附等温线

随着 Ca^{2+} 离子浓度的增大，粉末活性炭对 2,4-D 的吸附容量随之增大。按 Freundlich 模型拟合试验数据的结果发现，加入 Ca^+ 离子后，$1/n$ 由 0.68 降至 0.34 左右。

不同 Ca^{2+} 离子浓度时 PAC 对 2,4-D 吸附等温方程 **表 5.46**

$CaCl_2$浓度（mmol/L）	Freundlich 方程	R^2
10	$q=56.237C^{0.3835}$	0.989
5	$q=55.321C^{0.3780}$	0.981
1	$q=49.837C^{0.3409}$	0.979
去离子水	$q=10.484C^{0.6778}$	0.976

（6）Mg^{2+} 的影响

Mg^{2+} 离子浓度分别为 0mmol/L、1mmol/L、5mmol/L 和 10mmol/L 时，PAC 对 2,4-D 的 Freundlich 模型拟合结果，如图 5.64 和表 5.47 所示。

可以看出，随着 Mg^{2+} 离子浓度的增大，粉末活性炭对 2,4-D 的吸附容量随之增大。加入 Mg^{2+} 离子后，$1/n$ 降低，从而使得 2,4-D 成为容易被 PAC 吸附的物质。

不同 Mg^{2+} 离子浓度条件下 PAC 对 2,4-D 吸附等温方程　**表 5.47**

$MgCl_2$浓度（mmol/L）	Freundlich 方程	R^2
10	$q=56.679C^{0.3382}$	0.984
5	$q=54.800C^{0.2973}$	0.967
1	$q=53.010C^{0.2761}$	0.959
去离子水	$q=10.484C^{0.6778}$	0.976

（7）Al^{3+} 的影响

Al^{3+} 离子浓度分别为 0mmol/L、1mmol/L、5mmol/L 和 10mmol/L 时，PAC 对 2,4-D 的 Freundlich 模型拟合结果，如图 5.65 和表 5.48 所示。

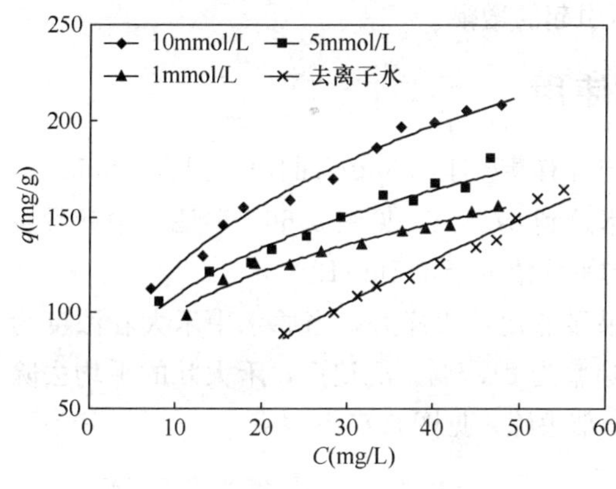

图 5.64　不同 Mg^{2+} 离子浓度时 PAC 对 2,4-D 的吸附等温线

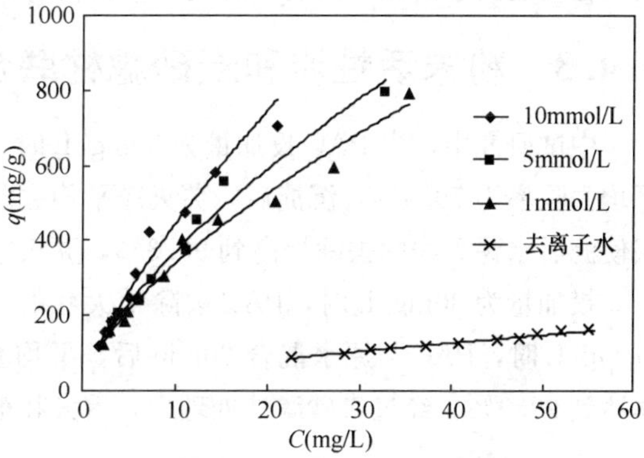

图 5.65　不同 Al^{3+} 离子浓度时 PAC 对 2,4-D 的吸附等温线

可以看出，随着 Al^{3+} 离子浓度的增大，粉末活性炭对 2,4-D 的吸附容量随之明显增大。加入 Al^{3+} 离子后，Freundlich 模型的 $1/n$ 变化幅度极小，k_f 值随着 Al^{3+} 离子浓度的增加而增大。

不同 Al^{3+} 离子浓度条件下 PAC 对 2,4-D 吸附等温方程　**表 5.48**

$AlCl_3$浓度（mmol/L）	Freundlich 方程	R^2
10	$q=78.955C^{0.7508}$	0.979
5	$q=77.614C^{0.6784}$	0.982
1	$q=75.654C^{0.6489}$	0.986
去离子水	$q=10.484C^{0.6778}$	0.976

（8）PAC 工艺对 2,4-D 的去除效果小结

粉末活性炭（PAC）吸附农药类 2,4-D 的研究结果表明：

- 粉末活性炭对 2,4-D 的吸附可以用 Freundlich 和 Langmuir 模型描述。与 GAC 相比，PAC 达到吸附平衡所需的时间大为缩短，后者所需时间仅为前者的五分之一左右，一般只需 6～7h即可达到吸附平衡。
- 2,4-D 的 PAC 吸附是一个吸热过程，温度越高，达到吸附平衡所需的时间越短，平衡吸附容量 q 亦会随之增加。

- 随着 pH 的降低，PAC 的平衡吸附容量 q 随之增大。pH 在 2 左右，低于 pKa 值（2.64）时，平衡吸附容量 q 显著升高。
- 随着一价金属离子（K^+、Na^+）浓度的增加，PAC 对 2,4-D 的平衡吸附容量 q 不断增大。一价金属离子使 $1/n$ 增大。与 Na^+ 离子相比，相同条件下 K^+ 离子使 PAC 的平衡吸附容量增大的幅度更大一些。
- 随着二价金属离子（Mg^{2+}、Ca^{2+}）浓度的增加，PAC 对 2,4-D 的平衡吸附容量 q 不断增大。二价金属离子使粉末活性炭吸附 2,4-D 的能力有很大程度的改变，会引起 $1/n$ 的减小，从而使 2,4-D 成为容易被 PAC 吸附的物质。与 Mg^{2+} 离子相比，相同条件下 Ca^{2+} 离子使 PAC 的平衡吸附容量增大的幅度更大一些。
- 随着三价金属离子（Al^{3+}）浓度的增加，PAC 对 2,4-D 的平衡吸附容量 q 随之增大，增大程度远大于由相同浓度一价或二价金属离子所引起的增幅。

5.4.3 粉末活性炭和炭砂滤柱联合使用

中试研究中，当 PAC 投加量为 30mg/L 时，与含有莠灭净 135μg/L 的原水混合 20min 后，平均去除率为 79.9%，沉淀后，莠灭净平均去除率达到 87.5%，见图 5.66。砂滤池中铺设炭层使滤后水莠灭净的去除提高到 96.3%，莠灭净的平均浓度降至 5μg/L。

投加量为 30mg/L 时，PAC 去除禾大壮的效果显然比莠灭净好，当原水中禾大壮浓度为 170μg/L 时，PAC 与原水混合 20min 后，平均去除率为 81.7%。沉淀后，禾大壮的平均去除率达到 92.9%。经过炭砂滤柱处理后，禾大壮被全部去除，见图 5.67。

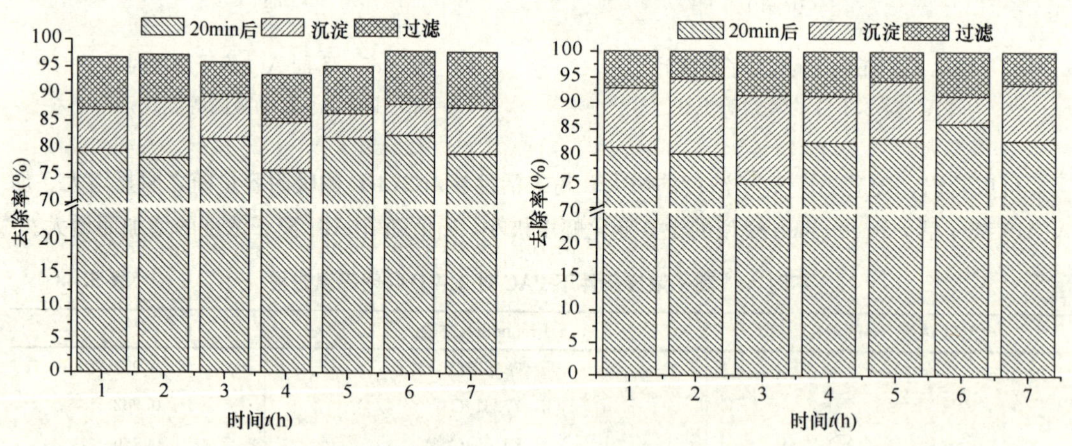

图 5.66 PAC=30mg/L 时不同处理阶段出水中莠灭净的去除效果

图 5.67 PAC=30mg/L 时不同处理阶段出水中禾大壮的去除效果

当原水 BPA 浓度为 500μg/L 时，40mg/L 的 PAC 投加量使沉淀后 BPA 的去除率达到 95.8%，通过炭砂滤柱后，滤后水的 BPA 浓度降至 7.5μg/L，见图 5.68。因此，GAC 层的存在不仅可以减少 PAC 的投加量节约成本，也可降低混凝沉淀除浊的负荷。

当原水硝基苯污染浓度为 100μg/L，PAC 投加量为 10mg/L 时，中试各流程去除硝基苯的效果如图 5.69 所示，原水与 PAC 混合 20min 后，硝基苯的平均去除率和沉淀后硝基苯的平均去除率分别为 60.3%和 53.2%，沉淀水硝基苯浓度比原水高的原因在于：原水萃取前首先要经 0.45μm 膜过滤，由于膜的作用造成水中硝基苯浓度的损失，另外从开始混凝到沉淀出水这一阶段对硝基苯的去除率本身就较为有限。

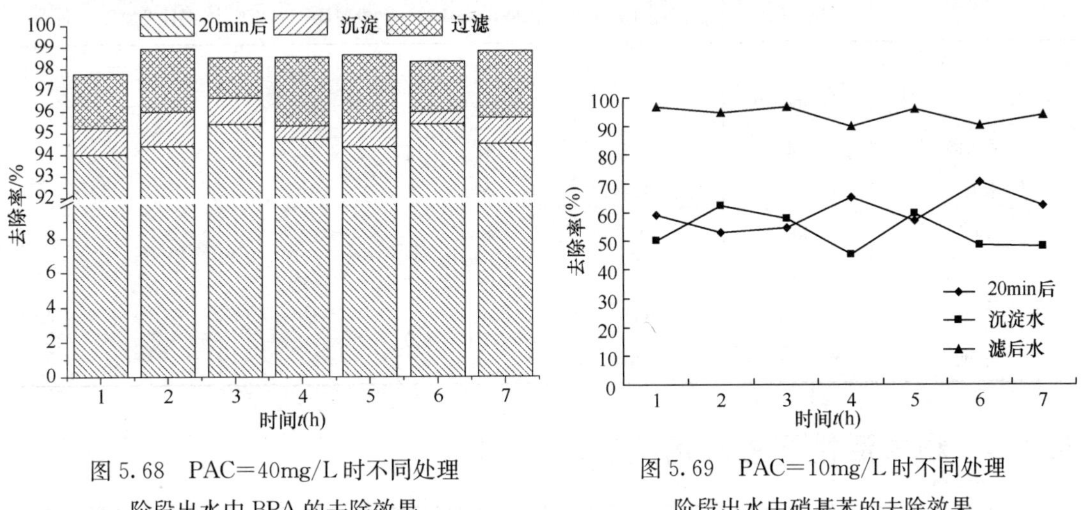

图 5.68　PAC=40mg/L 时不同处理阶段出水中 BPA 的去除效果

图 5.69　PAC=10mg/L 时不同处理阶段出水中硝基苯的去除效果

当 PAC 投加量为 30mg/L 时，各流程去除 DEP 的效果见图 5.70。DEP 初始浓度约为 3.3mg/L，经与 PAC 在进水箱混合 20min 后，平均去除率达到 58.4%，沉淀后 DEP 的去除率为 80.4%，经过炭砂滤柱处理后，DEP 的浓度平均为 0.196mg/L。

当只用炭砂滤柱过滤而未投加活性炭时，由图 5.71 可见，在原水油浓度为 18mg/L 时，沉淀水的油去除率为 94.6%，滤后水油类的去除率为 99.3%，出水浓度平均为 0.12mg/L，因此可以认为炭砂滤柱过滤可有效去除沉淀水中的油类物质，当采用炭砂滤柱过滤时，原水中可不必投加活性炭。

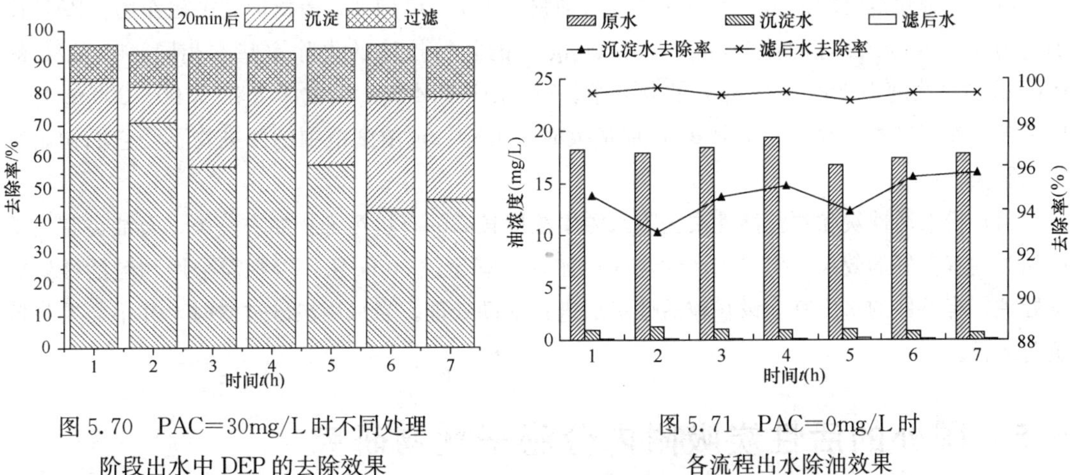

图 5.70　PAC=30mg/L 时不同处理阶段出水中 DEP 的去除效果

图 5.71　PAC=0mg/L 时各流程出水除油效果

表 5.49 为活性炭对各污染物最佳投加量比较。从表中可以看出，中试时的 PAC 投加量比小试略高，说明产水量和反应器不同，活性炭的投加量也会有所变化，在实际生产中所需活性炭的投加量可能比小试和中试的结果都高，所以为达到较好的处理效果，活性炭的投加量可适当偏大。

活性炭对各污染物最佳投加量比较　表 5.49

物质	污染物浓度 (μg/L)	水中限值 (μg/L)	小试 PAC 最佳投加量 (mg/L)	中试 PAC 最佳投加量 (mg/L)	滤池加炭层后 PAC 最佳投加量 (mg/L)
阿特拉津	100	2	40	50	—
	200		40	50	
莠灭净	135	参照阿特拉津	40	50	30
禾大壮	170	参照阿特拉津	40	40	30
BPA	500	10	40	50	40
硝基苯	100	17	50	50	30
邻苯二甲酸二乙酯	3000	300	40	50	30
石油	20000	3000	—	40	0

5.4.4　粉末活性炭去除污染物小结

(1) PAC 的投加位置设在进水箱，以确保原水与 PAC 充分接触 20min 后进行混凝。粉末活性炭去除污染的作用主要在沉淀前，沉淀和砂滤均不能提高去除率。水厂在采用粉末活性炭技术处理应急污染时应尽可能在取水口处投加粉末活性炭，以延长活性炭的吸附时间，充分利用其吸附容量，从而把安全屏障前移。

(2) 污染物的去除率随着活性炭投加量的增加而缓慢增长。粉末活性炭的最佳投加量因污染物的性质、初始浓度和有无后续深度处理工艺而异。砂滤中加 GAC 层后，PAC 的投加量显著降低，有条件的水厂可在应急情况下在砂滤池内铺设颗粒活性炭层进行辅助处理。

(3) 投加粉末活性炭会影响混凝沉淀出水的浑浊度，特别是活性炭投加量高于 20mg/L 后，应采取强化混凝的措施。粉末活性炭可加强对 UV_{254} 和 COD_{Mn} 等指标的去除作用。PAC 投加量为 50～60mg/L 时，对 100μg/L 和 200μg/L 的阿特拉津的去除率基本相同，50mg/L 的 PAC 分别对浓度为 202～338μg/L 的莠灭净、340μg/L 和 425μg/L 的禾大壮、100～300μg/L 的硝基苯去除率基本一致，表明 PAC 投加量大时，去除一定浓度范围的污染物不受它们初始浓度的影响。

(4) 粉末活性炭和颗粒活性炭去除水源中浓度较高的有机污染物如农药类、石油类和化工产品类均有良好的效果，但粉末活性炭的投加量不宜超过 80mg/L，否则需采用颗粒活性炭后续处理。有条件的水厂宜增设颗粒活性炭层进行辅助处理。当采用炭砂过滤时，并不需要降低负荷运行。

5.5　国外的活性炭吸附内分泌干扰物研究

5.5.1　美国饮用水中检测到的内分泌干扰物

2001 年美国环境保护署在《应用饮用水处理工艺去除内分泌干扰物》的技术资料中，根据 Dobbs 和 Cohen 通过 Freundlich 方程和试验得出某些内分泌干扰物的等温吸附线常数，认为表 5.50 中几种从美国饮用水中检测到的目标化合物可用活性炭处理。

吸附等温线常数　表5.50

化合物	等温线常数 k_f 值，mg/g (L/mg)$^{1/n}$	$1/n$	计算 k_f，μg/g (L/μg)$^{1/n}$
α-硫丹	194	0.5	6135
β-硫丹	615	0.83	1990
硫丹硫酸盐	686	0.81	2548
DDT	333	0.5	10499
DDE	232	0.37	18000
邻苯二甲酸二乙脂	110	0.27	17037
邻苯二甲酸二(2-乙基己基)脂(DEHP)	11300	1.5	8308
PCB1221	242	0.7	1922
PCB1232	630	0.73	4067
壬基酚	250	0.37	19406
七氯	1220	0.95	
艾氏剂	651	0.92	
狄氏剂	606	0.51	
氯丹	245	0.38	
氯仿	2.6	0.73	

注：表中计算 k_f 值高于200的化合物可认为是应用活性炭处理的经济实用方法。

活性炭去除内分泌干扰物的适用情况如下：

DDT的 k_f 值为10449μg/g (L/μg)$^{1/n}$，高于200μg/g (L/μg)$^{1/n}$，DDE（DDT的代谢物，有内分泌活性）为18000μg/g (L/μg)$^{1/n}$，易于用活性炭去除。

湖海、河道中的硫丹浓度不宜高于74μg/L。饮用水去除硫丹时采用颗粒活性炭是最佳工艺。

甲氧氯最有效去除的工艺为活性炭吸附，原水浓度为1～25mg/mL时，活性炭工艺可以处理到0.1mg/mL的饮用水水质要求。

多氯联苯类的PCB-1221和PCB-1232的计算 k_f 值分别为1922μg/g (L/μg)$^{1/n}$ 和4067μg/g (L/μg)$^{1/n}$，这二种混合物属于低度氯化的PCBs，分别含21%和32%的氯。相对于其他PCBs混合物而言，较为亲水，因此比商品PCB混合物氯化三联苯1242、1245、1254、1260的 k_f 值为低，后面一类化合物的衍生物是最麻烦的PCBs环境混合物，而颗粒活性炭是去除饮用水中PCBs混合物的最有效方法。

烷基酚（APs）如壬基酚和辛基酚主要用以生产烷基酚聚氧乙烯醚（APEs）表面活性剂。APEs在污水处理厂和环境中并不完全分解。大部分壬基酚聚氧乙烯醚（NPE）易溶于水中。饮用水常以地表水为水源，可能易受烷基酚污染。美国污水处理所去除的NPE为92%～99%，很少受到季节性影响。处理后排出水中的NPE浓度低，约在50～200ng/L之间。颗粒活性炭可以很好去除饮用水中的烷基酚和烷基酚聚氧乙烯醚。实验室中应用活性炭去除壬基酚的试验，在 pH=7 时，k_f值为 19406μg/g（L/μg）$^{1/n}$。

邻苯二甲酸二乙脂（DEP）的 k_f值为 17037μg/g（L/μg）$^{1/n}$，用颗粒活性炭是最佳的处理工艺。

邻苯二甲酸二（2-乙基己基）脂（DEHP）的 k_f 值为 8308μg/g（L/μg）$^{1/n}$，饮用水中的 DEHP 用活性炭去除极为有效。

（1）林丹

应用活性炭去除林丹的效果见表 5.51。

（2）异狄氏剂（杀虫剂）

异狄氏剂是一种氯代烃，为有机杀虫剂。主要用于农作物杀虫剂，常规水处理无法将其去除。饮用水最高允许浓度为 0.0002mg/L。不同处理方法对 10μg/L 浓度的异狄氏剂去除率，见表 5.52。

活性炭去除林丹效果　　表 5.51

处理工艺	林丹去除率（%）
粉末活性炭投加量：	
5mg/L	30
10mg/L	55
20mg/L	80
颗粒活性炭过滤，滤速为：	
0.035L/min/L 炭	>99

注：初始林丹浓度为 0.01mg/L。

异狄氏剂去除率　　表 5.52

处理工艺	去除率（%）
氯化，5mg/LCl_2	<10
混凝和过滤	35
粉末活性炭投加量：	
5mg/L	85
10mg/L	92
20mg/L	94
颗粒活性炭过滤，滤速为：	
0.035L/min/L 炭	>99

（3）2,4-D（二氯苯氧乙酸（除草剂）或 2,4-滴）

饮用水中的最高允许浓度为 0.1mg/L。粉末活性炭可以去除 2,4-D，各种浓度 2,4-D 衍生物降低到饮用水最高允许浓度（0.1mg/L）时所需的活性炭剂量见表 5.53。

2,4-D 浓度降低到饮用水最高允许浓度时所需活性炭量（mg/L）　　表 5.53

初始浓度* mg/L	2,4-D 衍生物			
	钠盐	异丙酯	丁酯	异辛酯
10	306	150	165	179
5	153	74	82	89
3	92	44	49	53
1	31	14	15	16

注：* 以酸当量计。

（4）2,4,5-TP（涕丙酸）

饮用水中的最高允许浓度为 0.01mg/L，分子量：269，嗅阈浓度：0.78mg/L，涕丙酸是一种杀虫剂，用于灌木、水生植物、苗木和一些杂草的除虫。不同处理方法对涕丙酸的去除率见表 5.54。

涕丙酸去除率，初始浓度 0.01mg/L　　表 5.54

处理工艺	涕丙酸去除率,%	处理工艺	涕丙酸去除率,%
氯化，5mg/L Cl_2	＜10	10mg/L	80
混凝和过滤	65	20mg/L	95
粉末活性炭投加量：		颗粒活性炭过滤	＞99
5mg/L	80		

5.5.2　竞争吸附影响

去除农药时，应用活性炭吸附比常规处理或氧化法的效果好。吸附效果除受到水的 pH 和水温的影响外，还取决于：

（1）吸附剂（活性炭）和被吸附物（农药）的浓度；

（2）活性炭和水的接触时间；

（3）是否存在竞争吸附。

竞争吸附可以明显影响活性炭投加量，表 5.55 为蒸馏水中（搅拌试验，粉末活性炭去除蒸馏水中的农药，接触时间 1h）以及河水中（水厂常规处理时投加活性炭去除河水中的农药）的农药去除时所需的活性炭量试验。

蒸馏水及河水中去除农药时的活性炭投加量（mg/L）　　表 5.55

农　药	方　法	初始浓度 10μg/L		初始浓度 1μg/L	
		处理到 1μg/L	处理到 0.1μg/L	处理到 0.1μg/L	处理到 0.05μg/L
涕丙酸	搅拌试验	2.5	17	1.3	3
	水厂处理	14	44	3	5
异狄氏剂	搅拌试验	1.8	14	1.3	2.5
	水厂处理	11	26	11	23
林　丹	搅拌试验	2	12	1.1	2
	水厂处理	29	70	6	9

从表 5.55 可以看出竞争吸附对活性炭用量和农药去除效果的影响。例如，蒸馏水（搅拌试验）中的农药可单独用粉末活性炭去除。而同样浓度的农药，在河水（水厂处理）中须用常规处理加粉末活性炭去除。河水中含有农药，存在竞争吸附时，粉末活性炭投加量比在蒸馏水（无竞争吸附时）中高几倍甚至 10 几倍。

水厂中投加粉末活性炭去除农药或其嗅味时，以分别在多点投加为佳，可取得最大效果。因农药使用有季节性，并不是一年四季在水中出现，采用颗粒活性炭滤池过滤可经常处于运行状态，以消除偶尔可能发生的农药污染。有机氯农药可以强烈地吸附在新使用的活性炭或经过再生的活性炭颗粒上。活性炭滤池去除农药的有效工作时间，可根据农药的嗅味确定，以嗅味穿透作为更换或再生活性炭池的指标。低浑浊度地下水可以直接通过颗粒活性炭池以去除水中的农药。在常规处理或直接过滤的水厂，可用砂—活性炭双层滤料，或在砂滤池后设置单独的活性炭滤池。

5.6 臭氧—生物活性炭工艺去除水中污染物

5.6.1 概述

臭氧—生物活性炭工艺是在常规处理工艺上发展起来的，它是将臭氧氧化、颗粒活性炭吸附和生物降解结合起来以去除微污染物的工艺。我国昆明、北京、常州、深圳、杭州、上海、广州等城市的自来水厂已经或即将采用该项工艺以提高饮用水的水质。

臭氧—生物活性炭工艺最早于1961年在西德杜塞儿道夫市阿姆斯特丹水厂投入使用。从20世纪60年代以后，臭氧—生物活性炭技术已在欧洲、美国、加拿大、日本等国家广泛应用，取得良好的净水效果，其他应用较广的国家有以色列、南非、纳米比亚等。其中有代表性的是德国的不来梅水厂和缪尔海姆水厂、法国的梅里苏瓦茨水厂、瑞士的苏黎世里格湖水厂、美国洛杉矶水厂和日本东京市的金町净水厂和大阪市的柴岛水厂、澳大利亚的爱登普水厂等。

日本的金町净水厂现有供水能力约160万m^3/d，占东京市水道局总供水量的23%，服务人口约250万，原水从Tone河取水。自1972年以来，由于Tone河流域的城市化过程加快，河水受到严重污染，尤其是在夏季，水有很严重的霉味。经过调查，东京市水道局发现引起霉味的主要源物质是二甲基异冰片（2-MIB）。从1984年开始，净水厂试图使用粉末活性炭去除霉味，但是由于原水中二甲基异冰片浓度波动很大，粉末活性炭难以有效去除嗅味。从1984年到1990年，东京市水道局进行深度处理工艺的中试试验研究。1992年6月在金町净水厂建成了一期臭氧—生物活性炭深度处理工艺流程，处理水量为26万m^3/d。水厂将常规处理和深度处理的水混合均匀后对外供应，水质良好没有异味。臭氧—生物活性炭池建在沉淀池之后，滤池的前面，有人认为臭氧—生物活性炭工艺会增加出厂水浑浊度，因此其后增加砂滤以去除浑浊度。臭氧接触池分为5格，有效水深为6.0m，臭氧接触时间12min。根据水质，臭氧最大投加量为3mg/L，一般投加量为1mg/L。臭氧接触池为三段式，各段臭氧化空气投加比率为3∶2∶1。活性炭池炭层高度2.5m，空床接触时间（EBCT）为15min。每三到四天反冲洗一次。采用气水联合反冲洗，一般先气水联合反冲4min，然后用水反冲10min。几年的运行经验证明，臭氧—生物活性炭工艺不仅有效去除了霉味，还可以减低氨氮浓度、UV_{260}值（日本采用UV_{260}作为水中对紫外有吸收峰的有机物量的替代参数）、非离子表面活性剂浓度，以及三卤甲烷前体物（THMFP）浓度。

日本大阪市的柴岛水厂现有供水能力为118万m^3/d，其中，上系为67万m^3/d，下系为51万m^3/d，原水取自源于琵琶湖的淀川。由于近年来水质恶化，嗅味增加，大阪市水道局于1998年3月对下系工程进行改造和扩建。建成后的深度处理工艺主要是在砂滤池后增加了臭氧—生物活性炭工艺，并且在砂滤池前增加了臭氧投加装置。臭氧加注量为0.7mg/L，滤后水臭氧加注量为1.0mg/L。上系还是原来的常规处理工艺。经过对比研究，发现下系的深度处理比上系的常规处理可降低嗅阈值83%，降低DOC33%，降低$KMnO_4$消耗量54%，降低TTHM41%。运行经验表明臭氧—生物活性炭工艺有利于去除氨氮以及降低水中锰含量。

1997年澳大利亚在维多利亚的爱登普建成该国第一个采用臭氧—生物活性炭技术的水厂，处理水量为8000m^3/d，水厂从华来斯湖取水。因该湖长期受到蓝绿藻类的污染，富营养化现象严重，湖水DOC浓度特别高，平均约20mg/L，经过臭氧—生物活性炭深度处理以后，水质达到澳大利亚水质规范的要求。

国内在城市自来水行业中最早将臭氧—生物活性炭技术投入生产实践的是北京田村山水厂，1985年投产。随后在北京燕山石化水厂，九江炼油厂生活水厂，南京炼油厂，大庆石化总厂，昆明自来水公司第六分厂南分厂，周家渡水厂，梅林水厂，浙江杭州南星桥水厂，以及桐乡市果园桥水厂等陆续应用了臭氧—生物活性炭处理工艺。2004年投入生产的广州南洲水厂是我国目前规模最大的臭氧—生物活性炭水厂，日供水规模达100万吨。

北京田村山水厂是我国较早采用臭氧—生物活性炭技术的现代化水厂，处理水量为17万m^3/d，是北京市第一座取用地表水源（官厅水库）的净水厂。由于水源污染较重，嗅味、色度、有机物和氨氮浓度都较高，因此从1984年起原水经常规处理后，又增加了臭氧—生物活性炭深度处理。臭氧的设计投加量为2mg/L，接触反应时间10min，活性炭滤池炭层厚1.5m，滤速为10m/h。出水水质：色度小于5度，无异嗅和异味，浑浊度小于2NTU，NO_2^- N为0.01mg/L，COD_{Mn}为3mg/L左右。

昆明市自来水公司针对滇池水源的低浊高藻特征，1996年底在第六水厂南分厂应用了臭氧—生物活性炭处理工艺，规模10万m^3/d。原水经过混凝、气浮、过滤后，进行臭氧接触反应、生物活性炭过滤。臭氧接触10min，生物活性炭滤池滤速8.27m/h。投产后，出厂水浑浊度低于0.5NTU，色度小于5度，UV_{254}和COD_{Mn}的去除率分别为42%和50%。

2000年上海市对周家渡水厂进行工程改造，建成了两条平行的处理流程，其中一条采用预臭氧＋常规处理＋后臭氧＋活性炭，另一条采用生物陶粒滤池＋常规处理＋后臭氧＋活性炭。水厂2001年7月20日开始连续运行，流量为250m^3/h。预臭氧的加注量控制在0.76～3mg/L，一般在2mg/L左右，接触时间为4min；后臭氧通过管道至接触池中的微孔曝气盘以微气泡形式与水充分接触，接触时间为10min。

深圳梅林水厂是深圳市供水量最大的一座水厂，设计规模为90万m^3/d，2004年投入生产。水源为水库水，属低浊多藻富营养化的水体。臭氧—生物活性炭工艺中，后臭氧投加量设计采用1.5～2.5mg/L，水中余臭氧浓度采用0.2～0.4mg/L，接触时间采用10min，CT值不小于1.6mg/（L·min）。生物活性炭滤池的空床接触时间为12min，炭床厚度采用2.0m，滤速采用10.0m/h。炭池出水浑浊度不大于0.2NTU，COD_{Mn}不大于1.5mg/L，DO不小于5mg/L，THMs小于80μg/L。

杭州市自来水总公司在杭州南星桥水厂采用臭氧—生物活性炭深度处理工艺，在原有混合池前添加预臭氧接触池，在滤池后增加后臭氧接触池和生物活性炭滤池，于2004年10月建成投产，规模为10万m^3/d。预臭氧最大投量按1mg/L设计，总接触时间为5min，有效接触时间为3min；后臭氧最大投量按2mg/L设计，总接触时间为10min，3个接触室的接触时间分别为2min、4min、4min，臭氧分3点并联加入到3个接触室内；活性炭滤层厚度为2m，有效粒径0.65～0.75mm，采用煤质破碎炭。设计空床停留时间为11.55min，相应滤速为10.4m/h，滤池反冲洗采用先气冲后水冲。臭氧—生物活性炭工艺对浑浊度、色度、氨氮、亚硝酸盐氮、COD_{Mn}的平均去除率分别为99.49%、94.76%、75.31%、46.73%、67.49%。

浙江省桐乡市果园桥水厂深度处理工艺采用臭氧—生物活性炭技术，2003年投入生产，水厂规模为8万m^3/d。原水经过生物预处理。生物接触氧化预处理工艺主要去除氨氮，平均去除率达到70%以上，同时去除部分色度，耗氧量等。经过一段时间运行，生物膜成熟以后，臭氧—生物活性炭深度处理工艺对COD_{Mn}、UV_{254}以及氨氮的去除率分别达到40%、63%、79%，出水水质良好并达到饮用水标准。

广州市南洲水厂设计规模为100万m^3/d，采用臭氧—生物活性炭工艺的主要工艺参数如下：预臭氧投加量为0.5～1.5mg/L，接触反应时间不小于4min；主臭氧投加量为1.0～2.5mg/L，接触反应时间不小于10min，主臭氧接触池出水要求剩余臭氧浓度为0.2～0.4mg/L。南洲水厂采用的颗粒活性炭滤料的主要技术指标：亚甲蓝吸附值不小于180mg/g，碘吸附值不小于950mg/g，苯酚吸附值不小于150mg/g，灰分不大于12%；活性炭粒径1.5±0.2mm。生物活性炭池对COD_{Mn}和氨氮的月平均去除率分别为29%和71%。

臭氧—生物活性炭工艺的特点是：

在活性炭滤池之前，向含有溶解有机物的进水中投加臭氧（有时也可用预曝气或预氧化），并在臭氧接触池内进行接触氧化，将水中大部分难生物降解的溶解有机物，如挥发性有机物和一部分农药，转化成为可生物降解的有机物。

水中有机物可分为溶解有机物（DOM）和颗粒有机物（POM），两者的来源可以是天然有机物（NOM）或合成有机物（SOC）。天然有机物包括腐殖酸和富里酸等，合成有机物大多为有毒有机污染物包括内分泌干扰物。

溶解有机碳有些是难生物降解或弱生物降解，有些是可降解的，后者称为可生物降解有机碳（BDOC），其含量越高，越有利于微生物的生长繁殖，加以活性炭外表面的不规则形状，很容易附着微生物，从而提高了炭池的生物活性。

应用颗粒活性炭滤池时，进水如先经臭氧预处理，可以增加水中的溶解氧，使溶解有机物易于被微生物吸收，还有利于好氧菌繁殖，不仅使含碳化合物被生物降解，水中的氨也可在生物硝化过程中转化为硝酸盐。臭氧可将大分子的有机物转化为小分子，使其较易于吸附或较易于生物降解，因此加强了活性炭对有机物的去除效果。在臭氧作用下，减少了水中难降解有机物，因此增加了炭池的吸附容量，延长了炭池的再生周期。同时在炭粒表面会滋长微生物并形成生物膜，由于其生物降解作用而去除有机物。在水厂内进行活性炭中试时，对池内活性炭进行显微镜扫描分析，发现微生物比较丰富，可以提高有机物去除效果。这种臭氧和活性炭结合的工艺称为生物活性炭（BAC）法或臭氧—生物活性炭法。这时活性炭除了物理吸附外，也会有生物降解有机物的作用，即使达到了炭的吸附容量，有机物的生物去除作用还会继续下去，称为稳态去除，因此可以在较长时间内保持稳态的有机物去除率。例如TOC和三卤甲烷生成潜力（THMHF）就是稳态去除的例子。去除程度受到许多因素如有机物性质、所处理的水质、活性炭层厚度、过滤速度和接触时间等的影响，所以对不同有机物有不同的去除率。

应用活性炭池进行生物降解可以有两种做法：①砂—活性炭双层滤料滤池，②砂滤池后另建活性炭池。双层滤料滤池的上层是比重较轻、粒径较粗的活性炭，下层是比重较大、粒径较细的石英砂，上层可起生物活性炭吸附和生物降解作用，下层砂滤料则可去除水中的颗粒杂质，降低出水的浑浊度。

双层滤料滤池因砂滤池和活性炭滤池合建在一起，可以降低基建费用，但应注意：

（1）由于滤料上生长微生物，会加快水头损失增长率，这就需要良好的滤池反冲洗设备，或考虑空气冲洗以提高冲洗效果，但应避免空气冲洗过度而使活性炭颗粒破损或流失；

（2）可能因微生物作用而增加滤层中的泥球，因而需要适当的水和空气冲洗方法；

(3) 活性炭可能会对滤池的金属部件产生腐蚀，因此金属部件须用防腐漆涂层或不锈钢；

(4) 双层滤料中，上层活性炭粒径比下层砂的粒径大，当冲洗时滤料膨胀上浮，相互摩擦，石英砂的尖角可能磨碎活性炭。因此须适当选用砂的粒径，使反冲洗时与活性炭相互分离，减少活性炭磨损的机会。

生产上，当滤池中的活性炭吸附能力耗竭后，及时从池中取出，更换新炭后再行连续使用。而使用过的炭通过加热进行再生，恢复吸附能力，以便循环应用。每经一次再生，活性炭都有损耗，一般新炭经过 10 余次再生后，即行报废。

活性炭池和普通快滤池或压力滤池的构造相同，基本设计参数是滤层高度、水力负荷［单位滤池面积的流量，$m^3/(h \cdot m^2)$］和空床接触时间（EBCT）。空床接触时间如下：去除不同微污染物为 5～30min，去除农药为 15～30min，去除 THMs 和挥发性有机物时约为 10min。反冲洗时有 20%～30%的活性炭滤层膨胀率即可。

5.6.2　臭氧—生物活性炭和微曝气活性炭工艺对 BPA 的去除

本研究针对臭氧—生物活性炭柱和微曝气活性炭柱去除内分泌干扰物 BPA 的性能进行中试试验。

试验期间水温为 17～18.5℃，试验时中试装置运行达一年之久，活性炭柱内生物膜均已挂膜成熟，运行稳定，显微镜扫描分析表明，两根炭柱上的微生物均比较丰富。

原水中投加 BPA 浓度为 200～300μg/L，臭氧投加量分别为 0mg/L、1.37mg/L、2.23 mg/L和 3.19mg/L，保持臭氧接触时间和活性炭空床停留时间均为 11min 条件下，水中 BPA 浓度变化分别如图 5.72～图 5.75 所示。

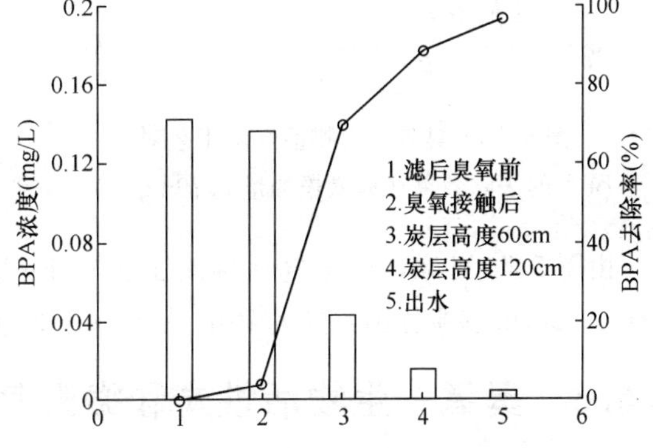

图 5.72　臭氧—生物活性炭工艺对 BPA 的去除效果（臭氧投加量 0mg/L）

由图 5.72～图 5.75 可以看出，臭氧—生物活性炭工艺能有效去除水中 BPA，其中臭氧氧化起较大作用。BPA 为易被臭氧氧化物质，随着臭氧投加量的增加，经接触反应后，BPA 浓度降低。当向水中投加较少量的臭氧（1.37mg/L）

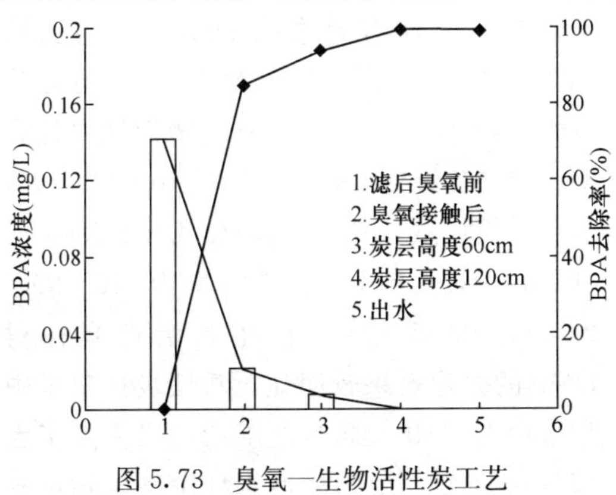

图 5.73　臭氧—生物活性炭工艺对 BPA 的去除效果（臭氧投加量 1.37mg/L）

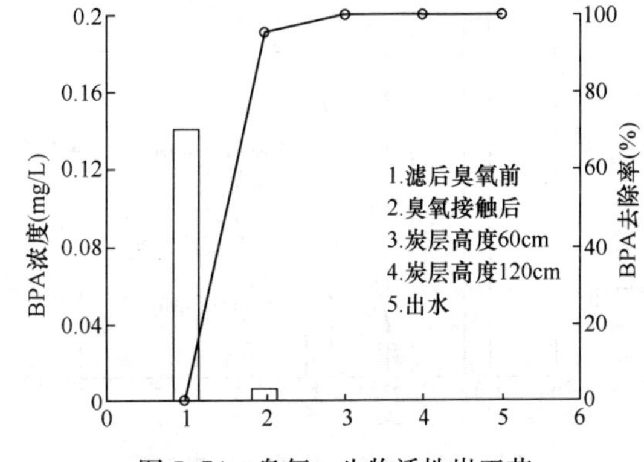

图 5.74　臭氧—生物活性炭工艺对 BPA 的去除效果（臭氧投加量 2.23mg/L）

时，BPA 去除率即达到 85.30%；当臭氧投加量为 3.19mg/L 时，臭氧接触塔出水中的 BPA 就未检出。投加臭氧时，活性炭柱对 BPA 去除起到较大作用；如不投加臭氧，而只以少量曝气来保证水中溶解氧，则臭氧—生物活性炭柱出水中残留 4.2μg/L 的 BPA。由炭层高度为 60cm 和 120cm 处两个取样口所得数据可以看出，在活性炭柱的上层活性炭去除了大部分的 BPA。

微曝气活性炭工艺的气水比为 1/2，空气曝气接触时间和活性炭空床停留时间均为 11min 条件下，水中 BPA 浓度变化如图 5.76 所示。

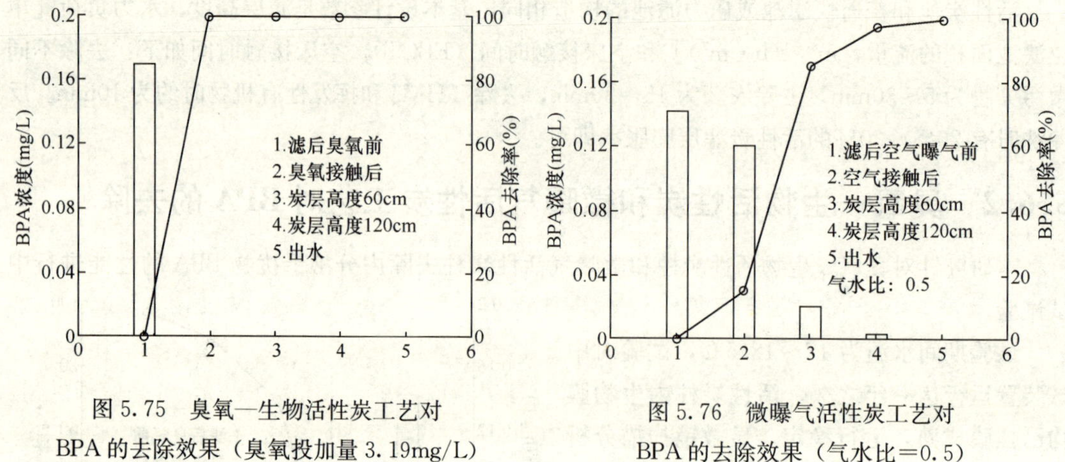

图 5.75 臭氧—生物活性炭工艺对 BPA 的去除效果（臭氧投加量 3.19mg/L）

图 5.76 微曝气活性炭工艺对 BPA 的去除效果（气水比=0.5）

由图 5.76 可知，微曝气活性炭工艺对 BPA 的去除主要靠生物降解的作用，炭层高度 60cm、120cm 和炭柱出水处的 BPA 去除率分别为 82.36%、97.00%和 99.25%。

5.6.3 臭氧—生物活性炭和微曝气活性炭工艺对 DMP 的去除效果

原水中的邻苯二甲酸二甲酯（DMP）浓度为 200～300μg/L，臭氧投加量分别为 0mg/L、1.37mg/L、2.23mg/L 和 3.19mg/L，臭氧接触时间和活性炭空床停留时间均为 11min，不同工艺条件下 DMP 浓度变化分别如图 5.77～图 5.80 所示。

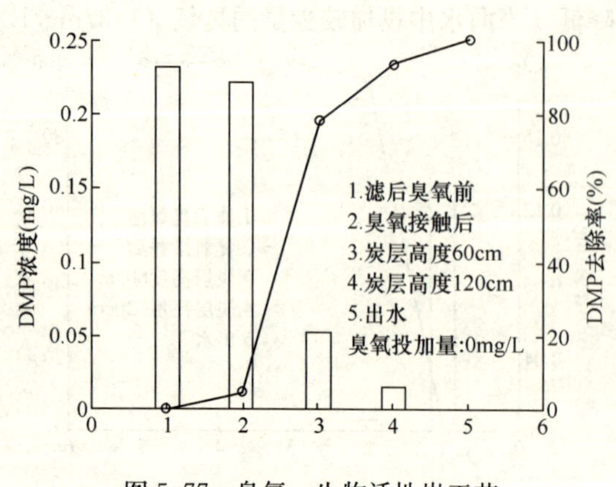

图 5.77 臭氧—生物活性炭工艺对 DMP 的去除效果（臭氧投加量 0mg/L）

由图 5.77～图 5.80 可知，臭氧—生物活性炭工艺能有效去除 DMP，但与去除 BPA 的情况不同，臭氧氧化不再是去除 DMP 的主要因素，而是靠生物活性炭柱去除。单独臭氧氧化对 DMP 的去除效果不好，当臭氧投加量分别为 1.37mg/L、2.23mg/L 和 3.19mg/L 时，去除率为 10.43%、23.51% 和 35.16%。而生物活性炭柱对 DMP 的去除效果较明显，活性炭柱出水中均未检出 DMP，同时上层活性炭去除了大部分的 DMP，生物活性炭柱中微生物可有效降解水中 DMP。

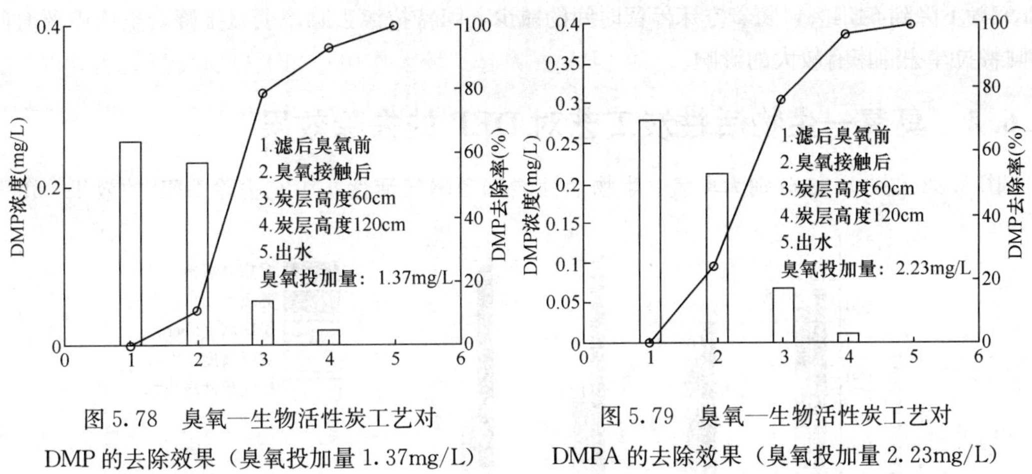

图 5.78　臭氧—生物活性炭工艺对 DMP 的去除效果（臭氧投加量 1.37mg/L）

图 5.79　臭氧—生物活性炭工艺对 DMPA 的去除效果（臭氧投加量 2.23mg/L）

图 5.81 表示微曝气活性炭工艺对 DMP 的去除效果，生物活性炭柱可较好的去除 DMP，出水中并未检出。

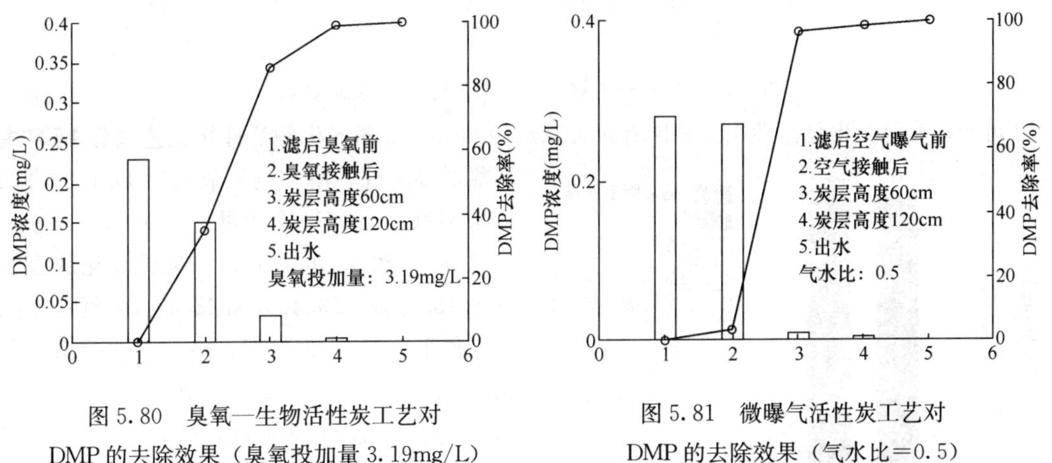

图 5.80　臭氧—生物活性炭工艺对 DMP 的去除效果（臭氧投加量 3.19mg/L）

图 5.81　微曝气活性炭工艺对 DMP 的去除效果（气水比=0.5）

臭氧—生物活性炭和微曝气活性炭工艺去除 BPA 和 DMP 小结如下：

（1）臭氧—生物活性炭工艺能有效去除 BPA 和 DMP，臭氧—生物活性炭工艺对不同的内分泌干扰物的去除特性有所不同，BPA 为较容易被臭氧氧化的物质，经过臭氧氧化后几乎被全部去除，后续的活性炭柱所起作用不大；DMP 则不同，大部分靠后续生物活性炭柱去除。

（2）微曝气活性炭工艺能有效去除 BPA 和 DMP，主要靠微曝气活性炭柱的作用。在微曝气活性炭柱上，上层活性炭去除了大部分的 BPA 和 DMP。

（3）当臭氧—生物活性炭柱的进水阿特拉津浓度为 100μg/L 左右时，出水浓度为 10～15μg/L，去除率稳定在 87%左右，不随臭氧投加量的变化而变化。

（4）当微曝气活性炭工艺的进水流量稳定在 560L/h，阿特拉津的初始浓度在 20～200μg/L 之间时，微曝气活性炭工艺对阿特拉津的去除率保持在 82%左右。微曝气活性炭工艺对阿特拉津的去除率低于臭氧—生物活性炭工艺，大约低 10%左右。

（5）当活性炭空床停留时间由 17.6min 降低到 6.8min，活性炭床对阿特拉津的去除率由

92.97%下降到64.4%，随着空床停留时间的减少，阿特拉津去除率明显下降，空床停留时间对阿特拉津去除率有较大的影响。

5.6.4 臭氧—生物活性炭工艺对DEP的去除效果

图5.82和图5.83分别为臭氧—生物活性炭和微曝气活性炭工艺去除DEP的效果。由图5.82可知，臭氧—生物活性炭工艺能有效去除水中DEP。臭氧—生物活性炭工艺去除DEP主要靠活性炭柱，单独臭氧氧化对DEP的去除效果不好。当臭氧投加量分别为1.37mg/L、2.23mg/L和3.19mg/L时，臭氧氧化的去除率为13.61%、39.46%和48.48%，远小于同等条件下BPA的去除率，略大于同等条件下DEP的去除率。臭氧—生物活性炭工艺对DEP的去除效果较明显，出水中均未检出DEP，由图5.82可知，活性炭柱上层活性炭去除了大部分的DEP。

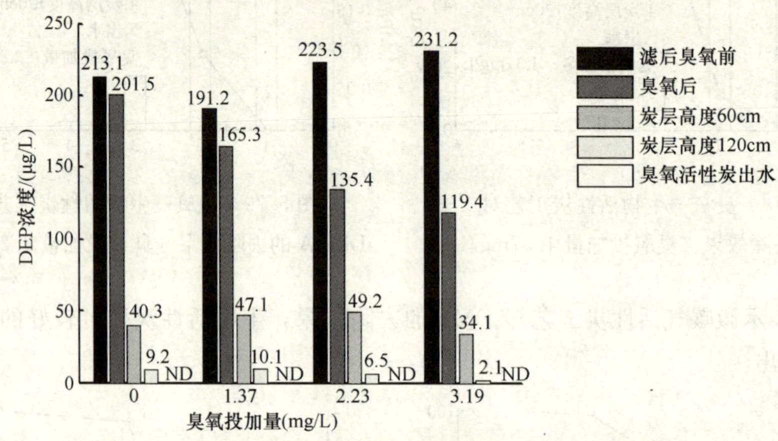

图5.82　臭氧—生物活性炭工艺对DEP去除效果

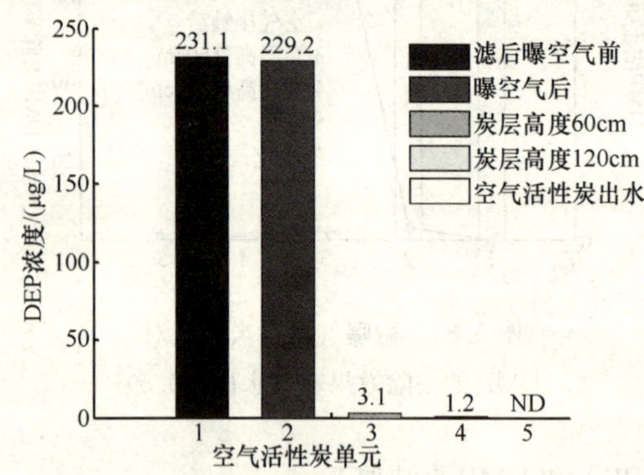

图5.83　微曝气活性炭工艺对DEP去除效果

图5.83表示微曝气活性炭工艺对DEP的去除效果，出水中并未检出DEP。

5.6.5 新炭和旧炭对BPA、DMP和DEP的静态吸附研究

为了考察已运行一年的臭氧—生物活性炭柱和微曝气活性炭柱对BPA、DMP和DEP的吸附效果，将柱内活性炭取出烘干做静态吸附试验。

试验时取三种炭（新炭、臭氧—生物活性炭柱内和微曝气活性炭柱内已使用一年的旧炭）进行BPA、DMP和DEP的吸附等温线试验，通过静态试验分析活性炭吸附容量的变化。

(1) 不同活性炭对BPA的静态吸附

试验采用Langmuir模型拟合上述三种活性炭对BPA的吸附，结果如图5.84所示，对应的吸附等温线参数见表5.56。

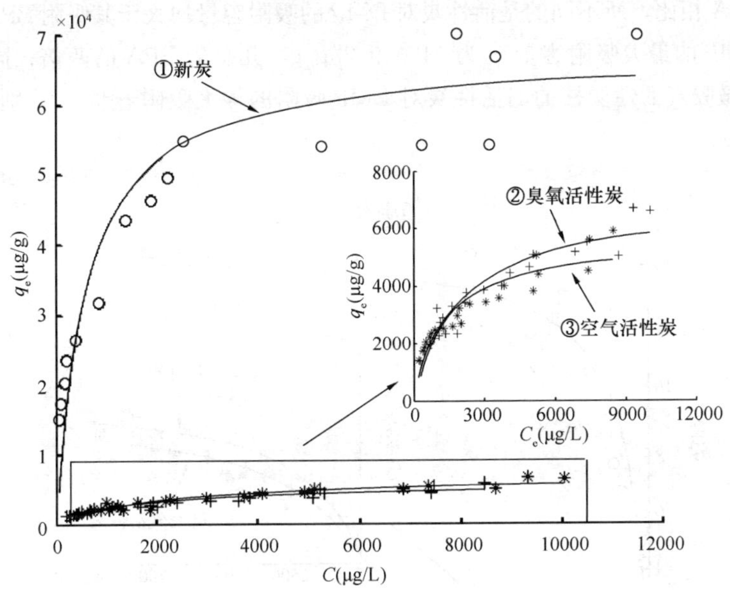

图 5.84　三种活性炭吸附 BPA 的吸附等温线

由图 5.84 及表 5.56 可知，未使用过的新活性炭对 BPA 有较高的吸附容量，最大吸附容量 q_m 为 67385.50μg/g，经过一年的中试运行后，吸附容量大幅度下降。臭氧—生物活性炭柱和微曝气活性炭柱中旧炭的最大吸附容量 q_m 分别为 6957.4μg/g 和 6011.4μg/g，等于新炭吸附容量的 10%左右。其中，臭氧—生物活性炭柱内活性炭吸附容量略高于微曝气活性炭柱。

三种活性炭吸附 BPA 的 Langmuir 吸附等温线参数　　表 5.56

炭　种	q_m（μg/g）	a_L（L/μg）	R^2
新　炭	67385.5	0.0017	0.8966
臭氧—生物活性炭（旧炭）	6957.4	0.0005	0.9146
微曝气活性炭（旧炭）	6011.4	0.0007	0.8849

（2）不同活性炭对 DMP 的静态吸附

应用 Langmuir 吸附等温线拟合三种活性炭对 DMP 的吸附，如图 5.85 所示，对应的吸附等温线参数见表 5.57。

三种活性炭吸附 DMP 的 Langmuir 吸附等温线参数　　表 5.57

炭　种	DMP		
	q_m（μg/g）	a_L（L/μg）	R^2
新　炭	148019.2	0.0025	0.9155
臭氧—生物活性炭（旧炭）	24213.8	0.0005	0.9332
微曝气活性炭（旧炭）	21288.8	0.0004	0.9057

由图 5.85 及表 5.57 可知，未使用过的新活性炭对 DMP 有较高的吸附容量，经过一年的中试运行后，吸附容量大幅度下降。臭氧—生物活性炭柱内活性炭的吸附容量略高于微曝气活

性炭柱。与BPA相比，所不同的是活性炭对DMP的吸附容量均大于其吸附BPA。未使用过的新活性炭对DMP的最大吸附容量 q_m 为 148019.2μg/g，几乎为BPA的两倍；同时，臭氧—生物活性炭柱和微曝气活性炭柱的旧活性炭对DMP吸附的最大吸附容量 q_m 分别为24213.8μg/g和 21288.8μg/g。

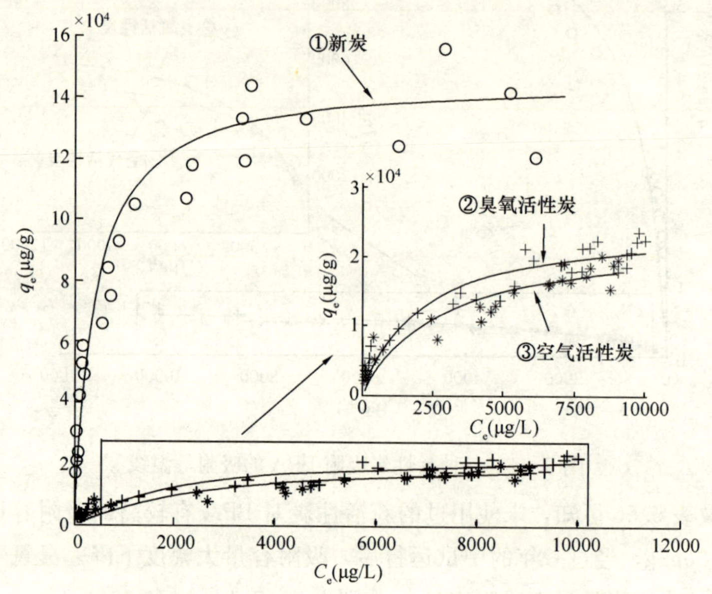

图 5.85　三种活性炭吸附DMP的吸附等温线

（3）不同活性炭对DEP的静态吸附

应用 Langmuir 吸附等温线拟合三种活性炭对DEP的吸附，如图 5.86 所示，对应的吸附等温线参数见表 5.58。

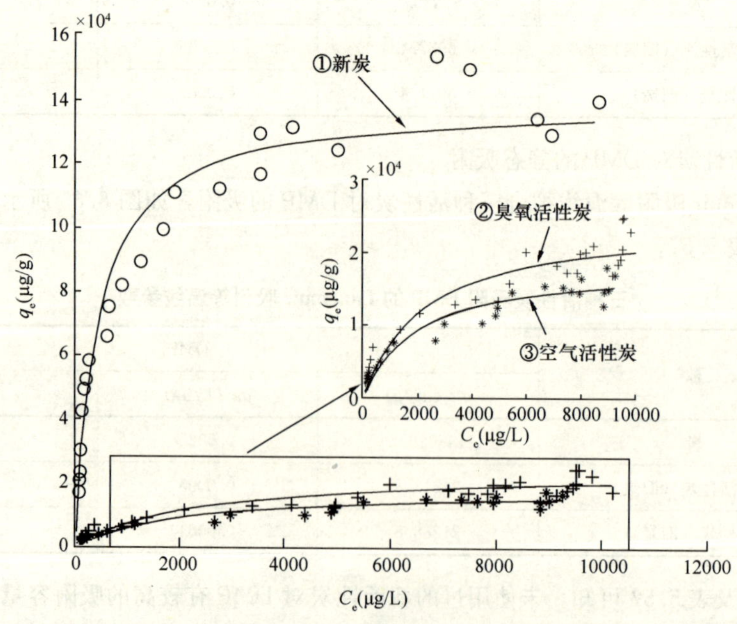

图 5.86　三种活性炭吸附DEP的吸附等温线

由图 5.86 及表 5.58 可知，三种活性炭吸附 DEP 的规律与 DMP 和 BPA 几乎相似，未使用过的新活性炭对 DEP 有较高的吸附容量，经过一年中试运行后的活性炭对 DEP 的吸附容量大幅度下降。臭氧—生物活性炭柱内活性炭吸附容量也略高于微曝气活性炭柱。

三种活性炭吸附 DEP 的 Langmuir 吸附等温线参数 **表 5.58**

炭 种	DEP		
	q_m（μg/g）	a_L（L/μg）	R^2
新 炭	136254.9	0.0024	0.9459
臭氧—生物活性炭（旧炭）	22298	0.0005	0.9107
微曝气活性炭（旧炭）	18722.8	0.0005	0.92814

5.6.6 臭氧—生物活性炭工艺对阿特拉津去除效果

（1）中试试验条件

活性炭柱的空床停留时间（EBCT 值）为 11min。反冲洗周期为一周，反冲洗强度为 10～15L/（m^2·s），反冲洗时活性炭层的膨胀率为 25%～35%。

阿特拉津溶液用自来水配置，浓度为 50～100mg/L，投加量在 14～30mL/min 左右。

试验时以经过生物预处理以及常规处理的自来水厂出水为活性炭柱的进水，进水水质见表 5.59。

试验期间进水水质 **表 5.59**

水质指标	范 围	平均值	水质指标	范 围	平均值
浑浊度（NTU）	0.15～0.52	0.27	UV_{254}（cm-1）	0.096～0.146	0.127
氨氮（mg/L）	0.019～0.260	0.161	COD_{Mn}（mg/L）	4.00～5.46	4.82
亚氮（mg/L）	0.0012～0.0103	0.0032	DOC（mg/L）	5.780～6.393	6.053

（2）不同臭氧投加量的影响

在不同的臭氧投加量时，臭氧—生物活性炭和臭氧—生物活性炭系统对阿特拉津的去除率如图 5.87 所示。阿特拉津经臭氧氧化后，进入活性炭柱时的浓度为 100μg/L，出水的浓度为 10～15μg/L，去除率在 87%左右，基本不随臭氧投加量的变化而变化。中试试验时，进水中阿特拉津的浓度较高，出水浓度超过饮用水水质标准（小于 3μg/L）。一般，原水中的阿特拉津浓度常小于本试验所用浓度，因此该工艺的出水预计会符合饮用水水质标准。

（3）不同炭层高度的阿特拉津浓度变化

进水流量为 560L/h，臭氧投加量为 2mg/L 左右时，在活性炭柱不同炭层高度上取样，考察阿特拉津浓度的变化。活性炭柱上设置取样点 1、2、3，分别在活性炭层表面以下 60cm、120cm 和 180cm 处。由表 5.60 可知，活性炭柱的阿特拉津去除率在 85%～89%之间（相对于臭氧出水），取样点 1、取样点 2 和取样点 3 处的阿特拉津的去除率分别占总去除率的 50%以上、30%左右和 15%左右。因此，阿特拉津大部分是在活性炭柱的上层去除的，这符合一般的过滤规律。

生物活性炭柱中不同炭层深度阿特拉津浓度的变化　　表 5.60

臭氧出水 (μg/L)	取样点 1 (μg/L)	取样点 2 (μg/L)	取样点 3 (μg/L)	活性炭总去除（%）	取样点 1 去除（%）	取样点 2 去除（%）	取样点 3 去除（%）
154.38	80.98	44.76	18.62	87.94	54.07	26.68	19.25
128.51	70.69	31.30	14.63	88.62	50.77	34.59	14.64
95.65	50.36	22.63	12.34	87.09	54.36	33.30	12.34
74.33	39.65	17.13	8.86	88.08	52.97	34.40	12.63
63.99	36.58	18.35	9.44	85.25	50.25	33.42	16.33
40.77	22.19	11.93	5.72	85.97	53.01	29.26	17.73

在不同的阿特拉津进水浓度时，不同炭层高度阿特拉津的去除率如图 5.88 所示。从图中可以看出，在不同初始浓度条件下，三个取样点处阿特拉津的去除率基本保持稳定，活性炭柱对阿特拉津的去除率沿进水方向由上而下逐渐减少。

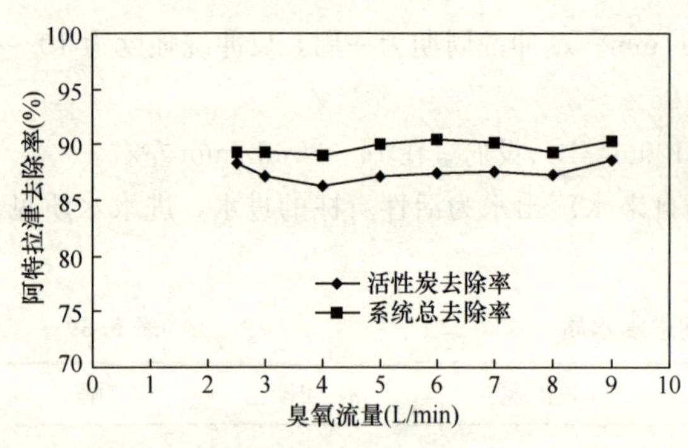

图 5.87　臭氧—生物活性炭单元及系统总去除率

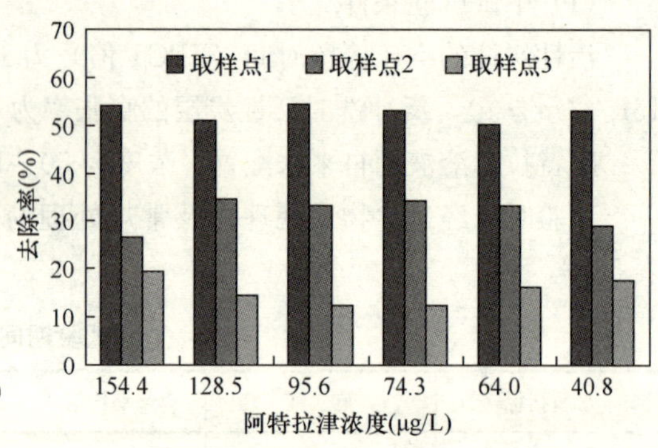

图 5.88　生物活性炭柱不同炭层深度的阿特拉津去除率

5.6.7　生物活性炭去除有机和无机污染物

生物活性炭（BAC）工艺是指在水处理过程中，利用吸附在颗粒活性炭上好氧微生物活性的处理工艺。臭氧—生物活性炭采用臭氧氧化和活性炭滤池联用的方法，将臭氧氧化、活性炭吸附和生物降解技术合为一体。微曝气—活性炭工艺是在活性炭滤池进水中通入空气，以代替臭氧的作用。

在水厂内进行常规处理＋臭氧—生物活性炭和常规处理＋微曝气活性炭工艺的中试试验，研究两者去除水中微污染物的效果并进行对比。

(1) 中试工艺流程

中试试验装置包括常规处理和深度处理两部分。

黄浦江上游原水经 40km 的混凝土渠道和 10km 多的大型管道，到达试验地点，由 2.5m^3/h 的水泵提升至常规处理试验部分。常规处理部分包括混合池、垂直轴式机械絮凝池、平流式沉淀池、加氨高位水箱、匀粒滤料砂滤柱、清水箱。混合池中，混凝剂（硫酸铝）的投加量为 30～40mg/L，通过搅拌器使水和药剂充分混合。随后进入垂直轴式机械絮凝池，絮凝时间为

20min，池内设 3 档搅拌器，并用隔板分开。原水经投药、混合与絮凝后，进入平流式沉淀池，停留大约 20min，完成澄清的作用。

深度处理部分包括两套工艺，一套由臭氧接触塔和活性炭滤柱（BAC1）组成，另一套由微曝气接触塔和活性炭滤柱（BAC2）组成，两者处理水量均为 0.64m^3/h。臭氧投加量约 2.0mg/L，接触时间为 10min，活性炭柱的空床接触时间为 10min；反冲洗周期为一星期，反冲洗强度为 10～15L/（m^2·s），炭层膨胀率为 25%～35%。微曝气—生物活性炭工艺的气水比为 0.75：1，其余运行条件与臭氧—生物活性炭相同。

（2）挂膜期间水质分析

试验从 2004 年 8 月开始，第一阶段进行挂膜，其中臭氧—活性炭柱不通入臭氧，而微曝气—炭柱进行曝气，气水比为 0.75：1。由于原水经过生物预处理，因此活性炭柱进水中氨氮浓度非常低，平均只有 0.152mg/L，导致活性炭柱中的微生物生长缓慢，后期采用人工投加氨的方法，使炭柱进水氨氮浓度提高到约 0.770mg/L，有利于活性炭柱的挂膜。活性炭挂膜时间为 40d，通水倍数达 4633 倍时，活性炭柱对于 COD_{Mn} 和 UV_{254} 的去除率趋于稳定。

1）挂膜期间的去除效果

挂膜期间采用两个活性炭柱，1 个采用臭氧—活性炭工艺，另一个采用微曝气—活性炭工艺。臭氧—生物活性炭柱的平均去除效果见表 5.61，微曝气活性炭柱的去除效果见表 5.62。

挂膜期间臭氧—生物活性炭柱的去除效果　　**表 5.61**

水质参数		活性炭柱进水	活性炭柱出水	平均去除率（%）
浑浊度（NTU）	最大值	0.52	0.37	7.4
	最小值	0.15	0.16	
	平均值	0.27	0.25	
COD_{Mn}（mg/L）	最大值	5.46	3.75	34.10
	最小值	4.00	2.25	
	平均值	4.82	3.18	
UV_{254}（cm^{-1}）	最大值	0.146	0.084	46.28
	最小值	0.096	0.042	
	平均值	0.127	0.068	
DOC（mg/L）	最大值	6.393	4.248	42.10
	最小值	5.780	2.976	
	平均值	6.053	3.505	
（未加氨）氨氮（mg/L）	最大值	0.260	0.231	38.48
	最小值	0.019	0.014	
	平均值	0.161	0.099	
亚硝酸盐氮（mg/L）	最大值	0.0103	0.0220	−87.31
	最小值	0.0012	0.0014	
	平均值	0.0032	0.0060	

续表

水质参数		活性炭柱进水	活性炭柱出水	平均去除率（%）
DO（mg/L）	最大值	7.70	6.72	20.30
	最小值	6.67	4.96	
	平均值	7.24	5.77	
pH	最大值	7.62	7.70	−1.37
	最小值	6.69	7.04	
	平均值	7.31	7.41	
（加氨后）氨氮（mg/L）	最大值	1.686	1.137	64.61
	最小值	0.081	0.015	
	平均值	0.785	0.278	
亚硝酸盐氮（mg/L）	最大值	0.6400	0.2200	68.37
	最小值	0.0000	0.0004	
	平均值	0.1716	0.0543	
DO（mg/L）	最大值	8.00	6.30	21.76
	最小值	2.40	2.19	
	平均值	5.24	4.10	
pH	最大值	7.62	7.70	−1.37
	最小值	6.69	7.04	
	平均值	7.31	7.41	

挂膜阶段微曝气活性炭柱的去除效果 **表 5.62**

水质参数		砂滤柱出水	微曝气接触塔出水	活性炭柱出水	微曝气出水去除率（%）	砂滤出水去除率（%）
浑浊度（NTU）	最大值	0.47	0.52	0.38	−14.29	0.00
	最小值	0.14	0.17	0.17		
	平均值	0.24	0.28	0.24		
COD_{Mn}（mg/L）	最大值	5.46	5.17	3.87	31.57	32.07
	最小值	3.94	3.76	2.13		
	平均值	4.76	4.72	3.23		
UV_{254}（cm^{-1}）	最大值	0.144	0.143	0.086	44.76	44.76
	最小值	0.091	0.092	0.038		
	平均值	0.125	0.125	0.069		
DOC（mg/L）	最大值	6.466	5.979	4.391	41.80	45.66
	最小值	5.089	4.894	1.711		
	平均值	5.814	5.430	3.160		

续表

水质参数		砂滤柱出水	微曝气接触塔出水	活性炭柱出水	微曝气出水去除率（%）	砂滤出水去除率（%）
（未加氨）氨氮（mg/L）	最大值	0.220	0.197	0.208	13.71	29.73
	最小值	0.094	0.019	0.048		
	平均值	0.152	0.124	0.107		
亚硝酸盐氮（mg/L）	最大值	0.0095	0.0095	0.0907	−268.75	−772.70
	最小值	0.0013	0.0010	0.0016		
	平均值	0.0036	0.0032	0.0118		
DO（mg/L）	最大值	8.00	10.15	7.41		32.61
	最小值	6.67	8.37	3.53		
	平均值	7.25	9.17	6.18		
pH	最大值	7.73	8.08	7.84		2.45
	最小值	6.76	7.24	7.17		
	平均值	7.33	7.76	7.57		
（加氨后）氨氮（mg/L）	最大值	1.669	1.522	1.071	58.38	64.18
	最小值	0.124	0.124	0.020		
	平均值	0.777	0.668	0.278		
亚硝酸盐氮（mg/L）	最大值	0.6650	0.5230	0.3040	50.70	60.28
	最小值	0.0000	0.0019	0.0004		
	平均值	0.1503	0.1211	0.0597		
DO（mg/L）	最大值	7.56	10.15	7.41		32.39
	最小值	2.05	8.37	3.53		
	平均值	5.27	9.14	6.18		
pH	最大值	7.73	8.08	7.84		2.45
	最小值	6.76	7.24	7.17		
	平均值	7.33	7.76	7.57		

2）挂膜期间通水倍数的确定

从炭柱对COD_{Mn}，UV_{254}和氨氮的去除效果看来，经过40天运行后，活性炭上微生物已经比较成熟，生物膜已发生生物作用，污染物去除率趋于稳定，试验期间每天反冲洗1h，通水时间为23h，活性炭柱的平均进水量为0.64m^3/h，因此挂膜期间总通水倍数为：

$$n=\frac{40d\times 23h/d\times 0.64m^3/h}{0.0706m^2\times 1.8m}=4633 \tag{4.20}$$

(3）臭氧—生物活性炭对污染物的去除效果

臭氧—生物活性炭柱经过一个多月的挂膜阶段，炭柱上微生物种群比较丰富；亚硝化菌以及硝化菌也已经成熟，开始稳定分布在活性炭表面并稳定降解氨氮。挂膜成功后的一年运行期内，生物膜稳定生长。表5.63为臭氧—生物活性炭工艺对有机和无机污染物的去除效果。

运行期间臭氧—生物活性炭柱的去除效果 表5.63

水质指标		砂滤柱出水	臭氧接触塔出水	活性炭柱出水	臭氧出水去除率（%）	砂滤出水去除率（%）
浑浊度（NTU）	最大值	0.407	0.871	0.643	44.56	10.46
	最小值	0.157	0.201	0.168		
	平均值	0.265	0.427	0.237		
COD_{Mn}（mg/L）	最大值	4.73	4.30	3.49	19.98	27.59
	最小值	3.56	3.24	2.10		
	平均值	4.15	3.75	3.00		
UV_{254}（cm^{-1}）	最大值	0.122	0.111	0.076	29.46	47.42
	最小值	0.075	0.051	0.031		
	平均值	0.103	0.077	0.054		
pH	最大值	7.73	7.99	7.84		
	最小值	6.64	7.01	6.48		
	平均值	7.36	7.58	7.42		
（未加氨）氨氮（mg/L）	最大值	0.288	0.561	0.277	64.14	29.48
	最小值	0.034	0.096	0.010		
	平均值	0.167	0.328	0.118		
亚硝酸盐氮（mg/L）	最大值	0.0016	0.0100	0.0012	58.93	−14.59
	最小值	0.0000	0.0000	0.0000		
	平均值	0.0005	0.0013	0.0005		
DO（mg/L）	最大值	8.18	9.93	8.72		
	最小值	7.06	7.80	6.89		
	平均值	7.76	9.25	7.62		
（加氨后）氨氮（mg/L）	最大值	1.905	2.019	0.902	72.92	68.95
	最小值	0.039	0.071	0.029		
	平均值	0.648	0.743	0.201		
亚硝酸盐氮（mg/L）	最大值	0.0256	0.0294	0.2233	−146.95	−62.23
	最小值	0.0001	0.0001	0.0000		
	平均值	0.0067	0.0044	0.0109		
硝酸盐氮（mg/L）	最大值	4.442	4.616	5.446	−11.48	−15.68
	最小值	2.015	2.098	2.094		
	平均值	3.431	3.560	3.969		
DO（mg/L）	最大值	7.91	10.78	8.93		
	最小值	2.46	7.42	4.99		
	平均值	4.91	9.36	7.18		

(4) 微曝气—活性炭工艺对污染物的去除效果

表 5.64 为微曝气—活性炭工艺的污染物去除效果。

微曝气—活性炭工艺的污染物去除效果　表 5.64

水质指标		微曝气接触塔出水	活性炭柱出水	对炭柱进水平均去除率（%）
浑浊度（NTU）	最大值	0.726	0.378	23.48
	最小值	0.165	0.161	
	平均值	0.288	0.220	
COD_{Mn}（mg/L）	最大值	5.06	3.85	17.58
	最小值	3.69	2.64	
	平均值	4.17	3.44	
UV_{254}（cm^{-1}）	最大值	0.117	0.085	25.37
	最小值	0.073	0.056	
	平均值	0.102	0.076	
（未加氨）氨氮（mg/L）	最大值	0.305	0.208	38.67
	最小值	0.053	0.020	
	平均值	0.117	0.072	
亚硝酸盐氮（mg/L）	最大值	0.0012	0.0011	17.55
	最小值	0.0000	0.0001	
	平均值	0.0005	0.0005	
DO（mg/L）	最大值	9.99	8.34	
	最小值	7.94	7.14	
	平均值	9.18	7.68	
（加氨后）氨氮（mg/L）	最大值	1.938	0.722	80.06
	最小值	0.058	0.008	
	平均值	0.670	0.134	
亚硝酸盐氮（mg/L）	最大值	0.0483	0.1253	58.14
	最小值	0.0003	0.0000	
	平均值	0.0210	0.0088	
硝酸盐氮（mg/L）	最大值	4.367	5.256	−14.43
	最小值	2.106	2.102	
	平均值	3.460	3.959	
DO（mg/L）	最大值	10.75	9.36	
	最小值	5.65	5.42	
	平均值	9.11	7.10	
pH	最大值	8.02	7.86	
	最小值	6.40	6.04	
	平均值	7.55	7.40	

5.6.8 臭氧—生物活性炭和微曝气—生物活性炭工艺比较

本节从臭氧—生物活性炭和微曝气—生物活性炭两种工艺对常规水质指标，DOC、BDOC、AOC、消毒副产物前质的去除，水中UV光谱扫描和分子量分布的变化以及两根炭柱上生物量的检测等对上述两种工艺进行对比。

(1) 臭氧—生物活性炭工艺

1) 去除氨氮的效果

氨氮的去除主要是生物降解、亚硝化和硝化的作用，去除效果受多种因素影响，包括进水氨氮浓度，水中溶解氧浓度，温度，空床接触时间，臭氧投加量或者气水比，浑浊度等；同时氨氮也可能由于有机氮被氧化而升高。本试验中臭氧—生物活性炭工艺对氨氮的去除效果如图5.89所示，炭滤柱进水和出水DO浓度变化如图5.90所示。

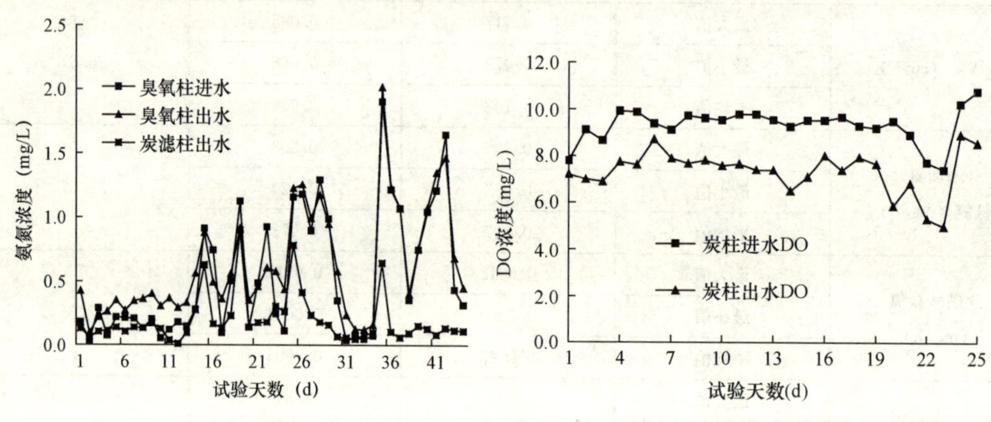

图5.89 臭氧—生物活性炭工艺对氨氮的去除效果

图5.90 炭滤柱进水和出水的DO变化

可以看出，经过臭氧氧化以后，氨氮浓度没有下降反而稍有上升，原因是氨氮与分子臭氧以及羟基自由基（·OH）的反应速率常数很低，分别为$20m^{-1}\cdot s^{-1}$和$9.7\times10^{7}m^{-1}\cdot s^{-1}$，所以臭氧对氨氮的直接去除效果不好。同时臭氧将有机氮氧化成氨氮，导致氨氮浓度经过臭氧处理以后反而有所升高。炭滤柱对于氨氮的去除具有很强的抗冲击负荷能力，每次炭柱进水氨氮浓度的突然升高，炭柱出水氨氮浓度经历了短暂的升高以后，又开始恢复稳定，出水氨氮浓度在0.2mg/L以下。由于臭氧作用，炭柱进水中的溶解氧（DO）稳定在9.0mg/L以上，出水中DO多数情况仍然高于5.0mg/L，满足了炭柱的好氧环境，有利于炭柱对氨氮和有机污染物的降解。

2) 臭氧—生物活性炭对COD_{Mn}的去除效果

臭氧—生物活性炭工艺对于COD_{Mn}的去除效果如图5.91所示。经过臭氧氧化以后，COD_{Mn}从砂滤出水的3.18～6.05mg/L下降到2.88～5.08mg/L，去除率变化范围为1.00%～23.97%，平均12.03%；再经过生物活性炭单元后，出水COD_{Mn}下降到2.10～4.20mg/L，平均为3.01mg/L。臭氧—生物活性炭工艺对COD_{Mn}的去除率为12.92%～45.03%，平均为30.17%。臭氧—生物活性炭工艺对于COD_{Mn}的去除是臭氧单元和生物活性炭单元的协同作用的结果，但以生物活性炭单元对COD_{Mn}的去除为主。

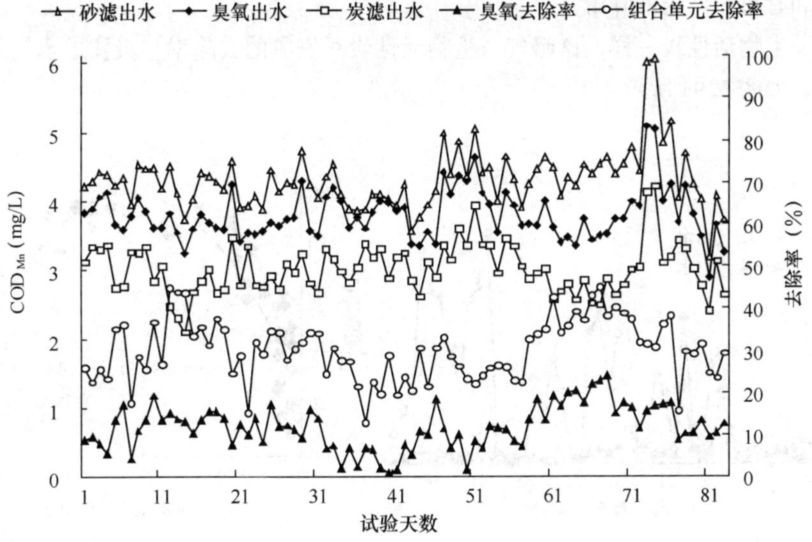

图 5.91 臭氧—生物活性炭工艺对 COD_{Mn} 的去除效果

3）臭氧—生物活性炭对 UV_{254} 的去除效果

臭氧—生物活性炭工艺对 UV_{254} 的去除效果如图 5.92 所示。经过臭氧氧化以后，UV_{254} 从砂滤出水的 0.075～0.157cm^{-1} 下降到 0.051～0.145cm^{-1}，去除率为 3.97%～52.99%，平均 27.76%。再经过生物活性炭工艺后，出水 UV_{254} 下降到 0.031～0.124cm^{-1}，平均为 0.063cm^{-1}。臭氧—生物活性炭工艺对于 UV_{254} 的去除率为 17.88%～68.69%，平均 43.33%。

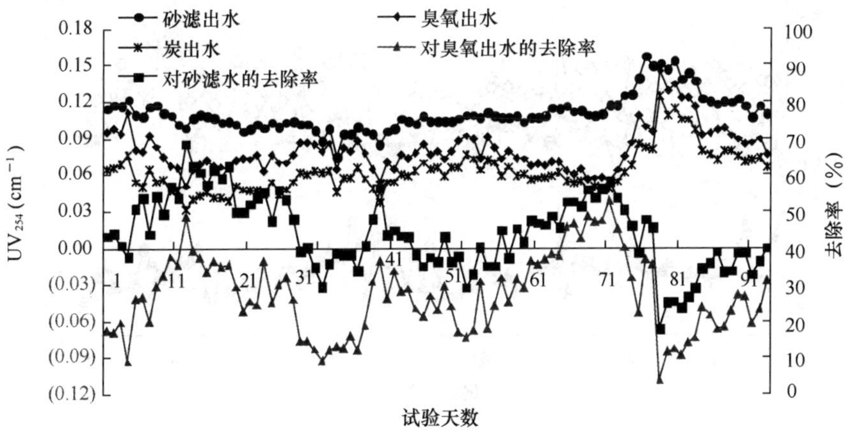

图 5.92 臭氧—生物活性炭工艺对 UV_{254} 的去除效果

（2）微曝气—生物活性炭工艺

1）微曝气—生物活性炭对氨氮的去除效果

微曝气—生物活性炭对氨氮的去除效果如图 5.93 所示。挂膜成功后，微曝气—生物活性炭的去除氨氮能力以及抗冲击负荷能力很强，在人工投加氨水的时候，即使炭柱进水氨氮浓度接近 2.0mg/L，炭柱出水氨氮浓度也低于 0.2mg/L。并且由于曝气充氧的缘故，炭柱进水溶解氧（DO）稳定在 9.0mg/L 以上，炭柱出水的 DO 多数情况仍然满足炭柱的好氧环境，有利于炭柱对氨氮和有机污染物的降解。

与臭氧—生物活性炭一样，微曝气—生物活性炭对氨氮的去除率与炭柱进水氨氮浓度呈二次函数关系，如图 5.94 所示。

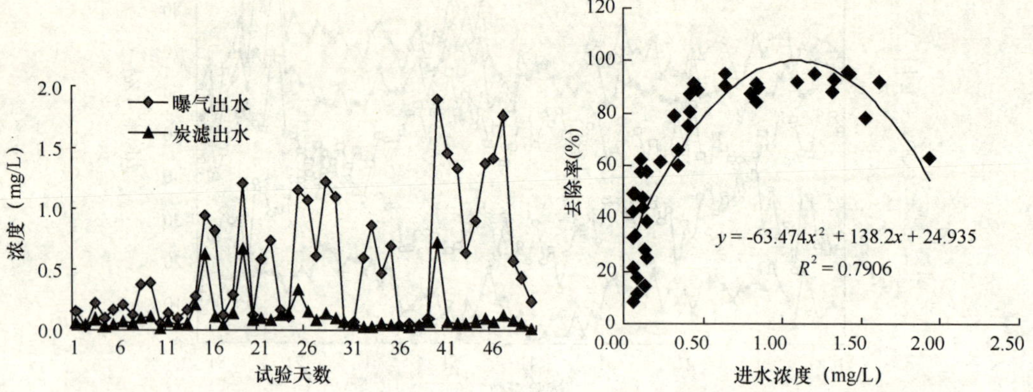

图 5.93　微曝气—生物活性炭对氨氮的去除效果　　图 5.94　进水氨氮浓度与去除率的相关性

2）微曝气—生物活性炭对 COD_{Mn} 的去除效果

微曝气—生物活性炭工艺对于 COD_{Mn} 的去除效果如图 5.95 所示。经过生物活性炭工艺以后，COD_{Mn} 从曝气出水的 3.62～5.92mg/L 下降到 2.64～5.00mg/L，去除率为 8.12%～31.43%，平均去除率为 17.22%。

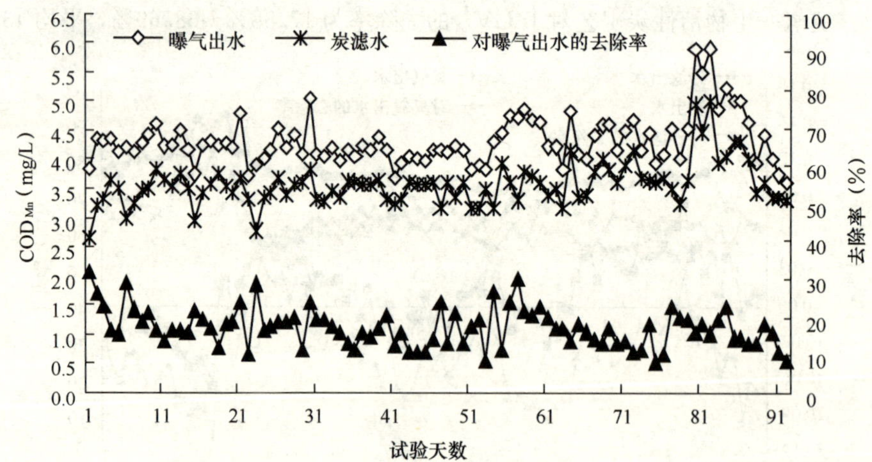

图 5.95　微曝气—生物活性炭工艺对 COD_{Mn} 的去除效果

中试期间，各工艺出水中 COD_{Mn} 浓度月平均值变化曲线见图 5.96。图中 BAC1 为臭氧—生物活性炭，BAC2 为微曝气—生物活性炭。从图 5.96 可知，臭氧—生物活性炭柱出水中有机物浓度明显低于微曝气—生物活性炭柱出水。这主要是由于臭氧单元对水中有机物的去除和氧化作用，臭氧既可直接氧化有机物，也可改变水中有机物分子量分布，提高出水的可生化性，改善后续活性炭工艺对有机物的生物降解作用。中试期间，臭氧单元对砂滤出水 COD_{Mn} 的平均去除率为 12.03%，臭氧—生物活性炭工艺对砂滤出水 COD_{Mn} 去除率为 30.17%，而微曝气—生物活性炭工艺对砂滤出水 COD_{Mn} 的平均去除率为 17.22%。

3）微曝气—生物活性炭对 UV_{254} 的去除效果

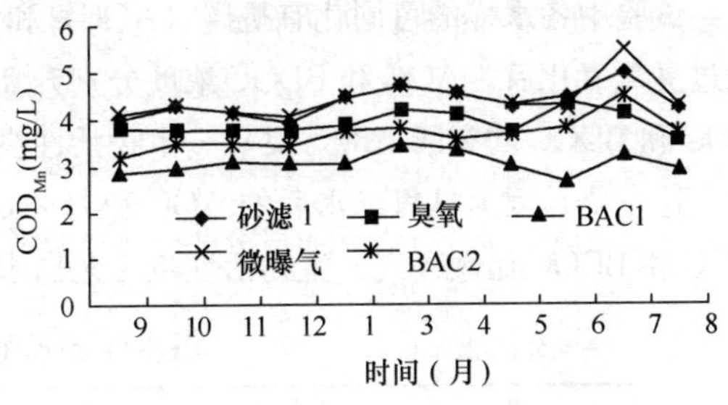

图 5.96　各水样 COD_{Mn} 月平均值曲线

微曝气—生物活性炭工艺对 UV_{254} 的去除效果如图 5.97 所示。经过生物活性炭工艺以后，UV_{254} 从曝气出水的 0.073～0.169mg/L 下降到 0.056～0.145mg/L，去除率为 9.84%～42.16%，平均去除率 20.13%。

中试期间，各工艺出水中 UV_{254} 的月平均值变化曲线如图 5.98 所示。从图可知，BAC1 出水有机物浓度明显低于 BAC2。臭氧单元对砂滤出水 UV_{254} 的平均去除率为 27.76%，臭氧—生物活性炭工艺对砂滤出水 UV_{254} 的平均去除率为 43.33%，而微曝气—生物活性炭工艺对砂滤出水 UV_{254} 的平均去除率为 20.13%。

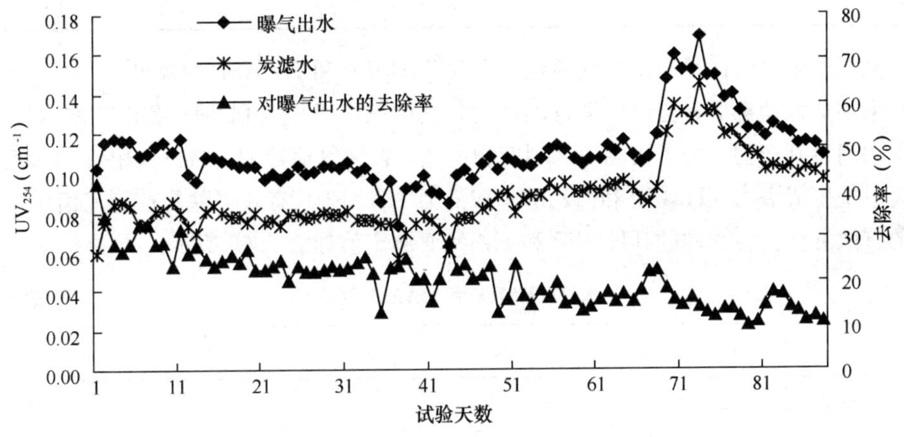

图 5.97　微曝气—生物活性炭工艺对 UV_{254} 的去除效果

（3）臭氧—生物活性炭和微曝气活性炭去除 DOC、BDOC、AOC 的效果

试验中各水样的 DOC 浓度变化如图 5.99 所示，可见臭氧生物活性炭（BAC1）对 DOC 的去除比微曝气—生物活性炭（BAC2）好，臭氧—生物活性炭工艺对 DOC 的平均去除率为 21.43%，而微曝气—生物活性炭工艺对 DOC 的平均去除率为 11.96%。

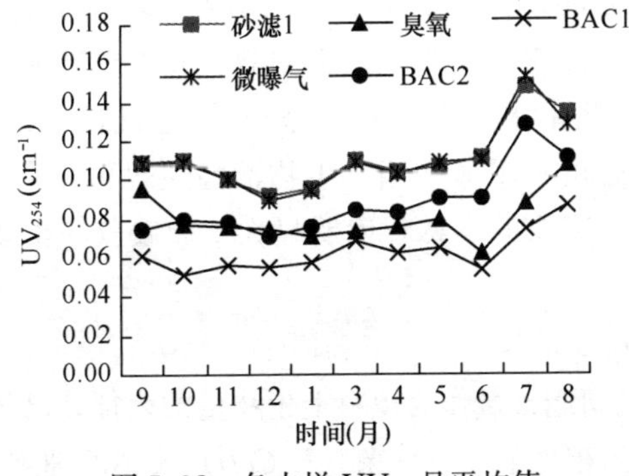

图 5.98　各水样 UV_{254} 月平均值

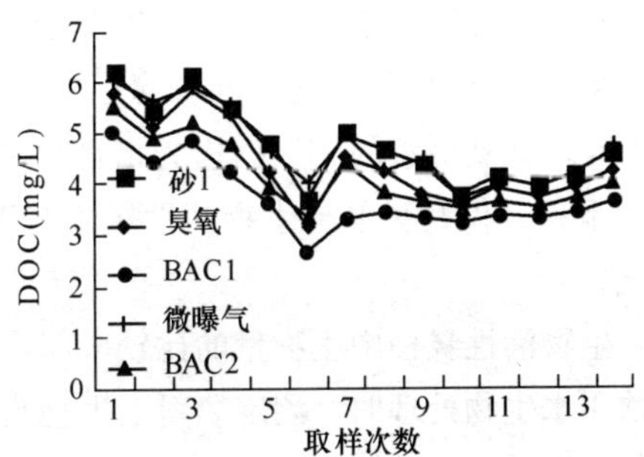

图 5.99　各水样 DOC 浓度变化曲线图

试验中各水样的可同化有机碳（AOC）和可降解有机碳（BDOC）测定值如表 5.65 所示。经过臭氧氧化后，AOC 和 BDOC 浓度分别升高 169.28％和 34.81％，经过生物活性炭柱以后，AOC 和 BDOC 均有所下降。臭氧—生物活性炭出水的 AOC 和 BDOC 比微曝气—生物活性炭要大，这主要是因为臭氧出水后的 AOC 和 BDOC 升高很多，所以臭氧—生物活性炭工艺出水中 AOC 和 BDOC 比微曝气—生物活性炭工艺出水要高。

各水样 AOC 和 BDOC 测定值 **表 5.65**

水　样	砂滤水 1	臭氧出水	臭氧—生物活性炭，BAC1	微曝气出水	微曝气活性炭，BAC2
AOC（μg/L）	153	412	158	210	151
BDOC（mg/L）	0.879	1.185	0.480	0.662	0.312

（4）臭氧一生物活性炭和微曝气活性炭去除 THMFP 和 HAAFP 的效果

水厂采用加氯消毒后，会产生消毒副产物，其中三卤甲烷（THM）和卤乙酸（HAA）是两类主要的消毒副产物。为了控制消毒副产物产生，在加氯消毒前，将三卤甲烷和卤乙酸的前质（三卤甲烷生成潜力 THMFP 和卤乙酸生成潜力 HAAFP）有效去除是控制三卤甲烷和卤乙酸生成的有效方法。各水样的 THMFP 和 HAAFP 测定值如表 5.66 所示。

各水样 THMFP 和 HAAFP 测定值 **表 5.66**

水　　样	砂滤水 1	臭氧出水	BAC1	微曝气出水	BAC2
THMFP（μg/L）	210.82	180.38	135.84	193.79	160.11
HAAFP（μg/L）	244.15	180.09	140.94	192.92	168.02

由表可知，臭氧氧化对 THMFP 和 HAAFP 的去除率分别为 14.44％和 26.24％，臭氧—生物活性炭工艺对 THMFP 和 HAAFP 的去除率分别为 35.57％和 42.27％；微曝气—生物活性炭工艺对 THMFP 和 HAAFP 的去除率分别为 24.05％和 31.18％。

（5）UV 光谱扫描图像比较

UV 吸光度反映了水中能吸收特定波长紫外光的某一类有机物，不同波长反映的有机物类别不一样，比如 UV_{254} 一般用来反映具有芳环结构或双键结构的有机物。UV 扫描则是从广谱的角度反映了水中有机物的含量。对各种工艺出水进行 UV 光谱扫描，扫描结果如图 5.100 所示。臭氧出水的 UV 扫描光谱图像在砂滤出水图像下面，生物活性炭也可以使 UV 光谱图像下移；但是臭氧一生物活性炭工艺对 UV 图像的下移程度明显大于微曝气—生物活性炭工艺。

（6）生物活性炭柱中生物量的比较

在饮用水生物处理时，测定填料上生物膜中的磷脂含量作为填料上生物量的表征，已经被证明是行之有效方法并且得到广泛应用。1nmolP 约相当于大肠杆菌（E. *Coli*）大小的细胞 10^8 个。两根生物活性炭柱的生物量（nmolP/g 填料）检测结果如表 5.67 所示。

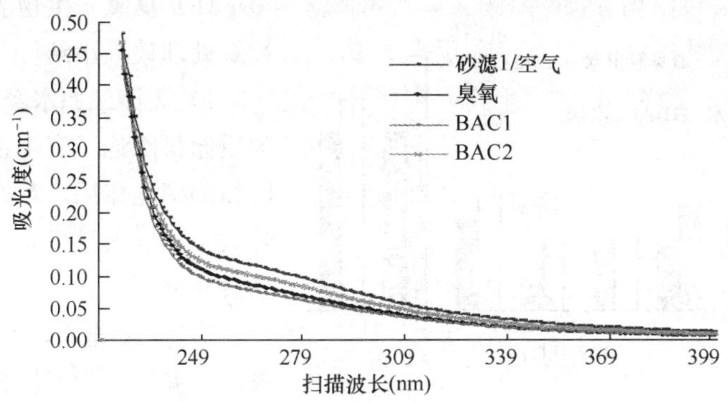

图 5.100　各水样的 UV 光谱扫描图像

两生物活性炭柱中脂磷生物量分布　　**表 5.67**

取样高度（cm）	35	60	95	130
臭氧—生物活性炭 BAC1（nmolP/g 炭）	215.32	168.23	116.32	92.36
微曝气活性炭 BAC2（nmolP/g 炭）	202.79	156.37	105.36	88.63

由表可知，两炭柱上的生物量相差不大，在炭层内随水流方向均呈线性下降趋势。图 5.101 是两活性炭柱上炭的表面形态在 40000 倍照射下的扫描电子显微镜（SEM）图。由图 5.101 可以看出，经过一段时间运行，活性炭微孔结构中都已经生长了致密的微生物。

(*a*)

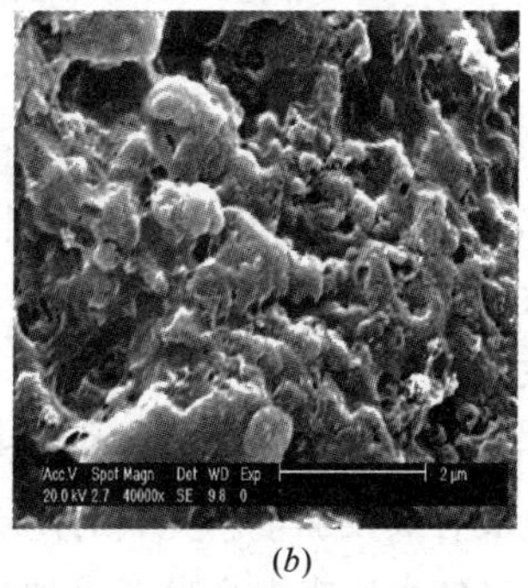

(*b*)

图 5.101　炭表面形态的 SEM 图

（*a*）BAC1；（*b*）BAC2

（7）UV_{254} 分子量分布的变化

各分子量（MW）区间的 UV_{254} 值以及对 UV_{254} 的去除率见图 5.102 和图 5.103。臭氧对 UV_{254} 的去除率为 31.86%。经过臭氧氧化以后，各分子量分布区间的 UV_{254} 均有部分去除，其中分子量为 10～3kDa 区间的 UV_{254} 去除率最大，为 40.91%，其余各区间的去除率均为 30%左右，表明臭氧氧化对 UV_{254} 的去除很明显。臭氧—生物活性炭和微曝气—生物活性炭对 UV_{254} 的去除率分别为 16.88%和 11.82%，其中分子量小于 3kDa 的 UV_{254} 去除率分别为 17.02%和 17.65%，说明生物活性炭对小分子量 UV_{254} 有良好的去除效果。臭氧与生物活性炭组合工艺对有机物的去除有较好的协同作用，提高了有机物的去除效果。

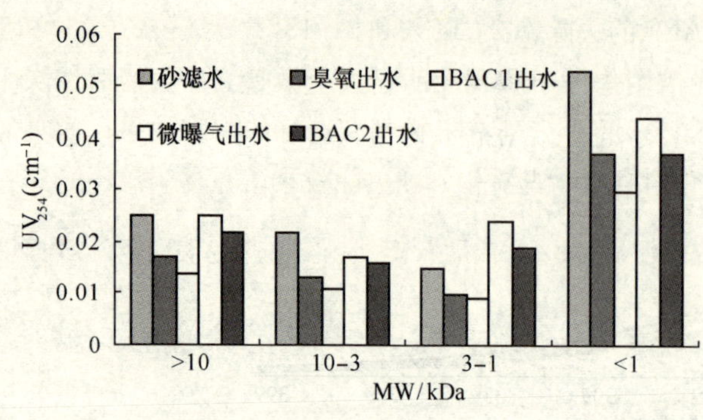

图 5.102 各分子量区间 UV_{254} 变化

(8) 臭氧—生物活性炭和微曝气活性炭处理效果小结

1) 黄浦江原水经过生物预处理后，匀质滤料滤池具有生物滤池的特性，有明显的硝化作用，对氨氮具有较好的去除效果；但是砂滤池对 COD_{Mn} 和 UV_{254} 的去除率不高。

2) 夏天挂膜，由于炭柱进水的氨氮浓度偏低，为了提高炭柱中硝化菌和亚硝化菌的营养基质浓度，可采用人工加氨的方式，提高进水氨氮浓度，促进硝化菌和亚硝化菌的生长。

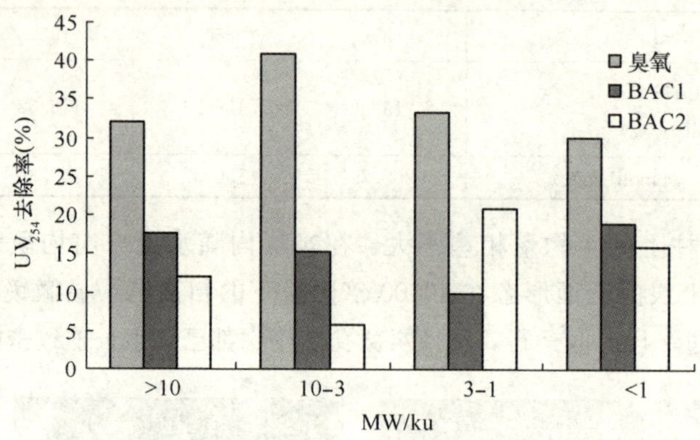

图 5.103 各分子量区间 UV_{254} 去除率

3) 臭氧—生物活性炭对于氨氮的去除受到温度和进水氨氮浓度的影响，进水浓度低，氨氮去除率低，进水浓度高，去除率高，但是有一限值，为了保证出水氨氮浓度低于 0.5mg/L，必须控制进水氨氮浓度低于 1.5mg/L。

4) 臭氧—生物活性炭工艺对于污染物的去除受到多种因素的影响，包括温度、进水浓度、空床接触时间以及臭氧有效投加量。臭氧的传质效率受到气水比以及投加臭氧的质量浓度的影响，如果单纯采用提高气水比来提高臭氧投加量的方法，实际上并不能提高臭氧有效投加量，因此不一定会提高臭氧对有机物的去除效果。

5) 对黄埔江上游原水进行将近一年的臭氧—生物活性炭和微曝气—生物活性炭工艺的中试对比试验发现，臭氧—生物活性炭工艺能够有效提高出水水质，在臭氧最佳有效投加量 2.0mg/L、臭氧接触塔和活性炭柱停留时间均为 10min 的条件下，臭氧—生物活性炭组合工艺对砂滤出水中 COD_{Mn} 和 UV_{254} 的平均去除率为 30.17％和 43.33％，而微曝气—生物活性炭对砂滤出水中 COD_{Mn} 和 UV_{254} 的平均去除率为 17.22％和 20.13％，相对来说，后者去除率较低。

6) 臭氧—生物活性炭组合工艺对 DOC 的平均去除率为 21.43％，而微曝气—生物活性炭对 DOC 的平均去除率为 11.96％，臭氧—生物活性炭比微曝气—生物活性炭对炭柱进水 AOC 和 BDOC 的去除率更高。

7) 臭氧—生物活性炭工艺对 THMFP 和 HAAFP 的去除率分别为 35.57％和 42.47％，高于微曝气—生物活性炭对 THMFP 和 HAAFP 的去除率 24.05%和 31.18%。

8）臭氧—生物活性炭工艺出水 UV 光谱图像的下移程度明显大于微曝气—生物活性炭工艺；微曝气—生物活性炭对于分子量小于 3kDa 的小分子有机物具有良好的去除效果；而臭氧—生物活性炭组合工艺对于不同分子量分布的有机物具有很好的去除效果。

5.6.9 微曝气活性炭工艺对阿特拉津去除效果

（1）阿特拉津初始浓度的影响

微曝气活性炭工艺的进水流量稳定在 560L/h，改变进水中阿特拉津的浓度，考察对阿特拉津去除效率的影响。阿特拉津的初始浓度在 20～200μg/之间变化，微曝气活性炭工艺对阿特拉津的去除效果如图 5.104 所示。从图可以看出，去除率均保持在 82%左右，随着阿特拉津初始浓度的降低，活性炭柱出水的阿特拉津浓度也随之降低。当进水中阿特拉津的浓度为 13.31μg/L 时，出水中阿特拉津的浓度为 4.18μg/L，已超过饮用水水质标准。微曝气活性炭工艺对阿特拉津的去除率低于臭氧—生物活性炭工艺约 10%左右。

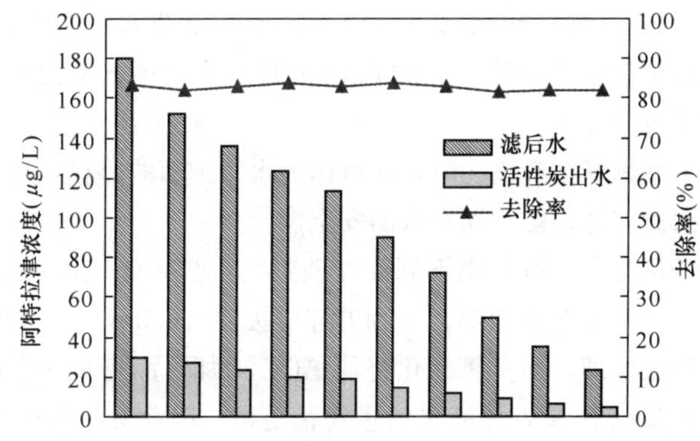

图 5.104 阿特拉津初始浓度对微曝气活性炭工艺去除效果的影响

（2）空床停留时间的影响

微曝气活性炭工艺的进水流量分别稳定在 0.4m³/h、0.48m³/h、0.56m³/h、0.64m³/h、0.72m³/h、0.8m³/h、0.88m³/h 和 1.04m³/h，与此相对应的空床停留时间（EBCT）分别为 17.6min、14.7min、12.6min、11min、9.8min、8.8min、8min、6.8min。在不同空床停留时间下，微曝气活性炭工艺对阿特拉津的去除效果如表 5.68 所示，当空床停留时间由 17.6min 降低到 6.8min，活性炭床对阿特拉津的去除率由 92.97%下降到 64.4%，即随着空床停留时间的减小，阿特拉津去除率明显下降，空床停留时间对阿特拉津去除率有较大的影响。

空床停留时间对阿特拉津去除率的影响 **表 5.68**

Q (m³/h)	0.4	0.48	0.56	0.64	0.72	0.8	0.88	1.04
EBCT (min)	17.6	14.7	12.6	11.0	9.8	8.8	8.0	6.8
活性炭柱进水 (μg/L)	113.94	115.42	127.53	137.58	135.03	58.18	47.61	45.63
活性炭柱出水 (μg/L)	8.01	10.91	15.87	21.93	25.01	14.54	13.45	16.24
去除率 (%)	92.97	90.55	87.56	84.06	81.48	75.01	71.74	64.4

空床停留时间和阿特拉津去除效率的关系如图 5.105 所示。

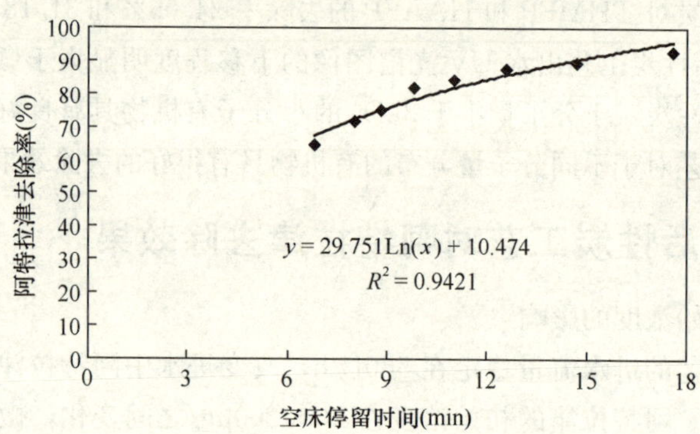

图 5.105　空床停留时间对阿特拉津去除率的影响

5.6.10 臭氧—生物活性炭对 AOC 的去除

生物可同化有机碳（AOC）是常用来衡量饮用水生物稳定性的评价指标。生物稳定性是指饮用水中有机物支持大肠杆菌等异养菌生长的潜力，AOC 和供水管网中异养菌生长潜力有关，因此作为管网水中细菌生长潜力的指标。AOC 测定时基于 2 种试验菌种（荧光假单孢菌 P17 和螺旋菌 NOX）的生物测定。

在管网水中存在可生物降解有机物时，就可作为水中细菌的养料，使其生长繁殖，以致水的细菌学指标超标，水质变坏，影响饮用水的安全性。

根据有机物的分子量分布，可采用不同的处理工艺，常规处理可去除＞10kDa 的有机物；活性炭可较好地去除 1～3kDa 的有机物；生物处理可去除＜0.5kDa 的有机物。AOC 是低分子量有机物，适用于生物法处理，但臭氧氧化将使 AOC 增加，而臭氧—生物活性炭工艺中，将臭氧和活性炭结合，可降低 AOC，提高水的生物稳定性。因此臭氧和生物活性炭相结合的工艺是去除水中可生物降解有机物、提高饮用水生物稳定性的最佳工艺。

AOC 暂无明确的控制标准，一般认为加氯时，饮用水中 AOC 小于 100μg/L 时，水的稳定性较好，AOC 大于 100μg/L 时稳定性较差，AOC 在 100～200μg/L 时，水的生物稳定性处于临界状态。

（1）杨树浦水厂中试去除 AOC

1）混凝沉淀处理时 AOC 的变化

上海杨树浦水厂臭氧—生物活性炭深度处理中试时，混凝沉淀过程中 AOC 的变化见表 5.69，可见混凝沉淀对 AOC 有较好的去除效果。试验期间原水的 AOC 浓度为 145～264μg/L，平均为 198μg/L，沉淀出水中的 AOC 浓度为 86～235μg/L，平均为 152μg/L。混凝沉淀对 AOC 的去除率为 7.6%～53.0%，平均去除率为 24.5%。混凝沉淀处理前后水中 AOC 的组成比例无变化，AOC-P17 占 85.8%～89.8%，AOC-NOX 占 10.2%～14.2%。

混凝沉淀处理过程中 AOC 的变化　　　　**表 5.69**

测定日期	AOC（μg/L）			P17/AOC（%）		NOX/AOC（%）	
	原水	沉淀出水	去除率（%）	原水	沉淀出水	原水	沉淀出水
2005.4.9	198	165	16.7	90.9	88.5	9.1	11.5
2005.4.27	178	104	41.6	87.1	95.2	12.9	4.8

续表

测定日期	AOC（μg/L）			P17/AOC（%）		NOX/AOC（%）	
	原水	沉淀出水	去除率（%）	原水	沉淀出水	原水	沉淀出水
2005.5.26	153	109	28.8	81.0	82.6	19.0	17.4
2005.5.31	263	229	12.9	88.6	86.9	11.4	13.1
2005.6.2	264	235	11.0	84.8	85.5	15.2	14.5
2005.6.16	145	134	7.6	92.4	97.0	7.6	3.0
2005.6.24	183	86	53.0	75.4	93.0	24.6	7.0
平均值	198	152	24.5	85.8	89.8	14.2	10.2

2）砂滤处理时 AOC 的变化

砂滤单元时 AOC 的变化见图 5.106。

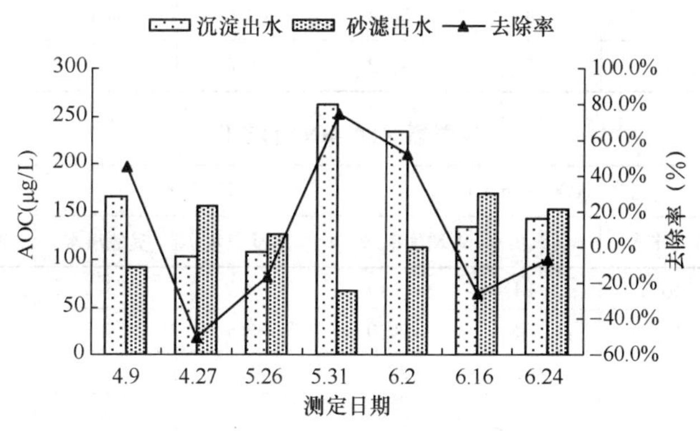

图 5.106　砂滤时 AOC 的变化

由图 5.106 可知，沉淀出水 AOC 浓度为 86～235μg/L，平均值为 152μg/L。经砂滤处理后出水 AOC 浓度为 67～169μg/L，平均值为 125μg/L。砂滤对 AOC 的去除率变化幅度较大，为 −77.9%～70.7%。

依据 AOC 去除率正负值将测定结果分为两组，第一组 AOC 的去除率为负值，第二组 AOC 的去除率为正值，结果列于表 5.70。由表中可知，当沉淀出水 AOC 浓度为 86～134μg/L，平均值为 108μg/L 时，砂滤出水会增加 AOC 浓度，平均增幅为 42.6%；当沉淀出水 AOC 浓度为 165～235μg/L，平均值为 210μg/L 时，砂滤出水的 AOC 平均去除率为 55.8%。由此可见，砂滤对 AOC 的去除效果与进水 AOC 的浓度有密切关系。当进水 AOC 浓度较大时，通过砂滤能有效去除 AOC，当进水 AOC 浓度较小时，砂滤对 AOC 不仅无去除效果，而且会释放部分已吸附的 AOC，致使砂滤出水中 AOC 浓度升高。

3）臭氧氧化时 AOC 的变化

臭氧氧化有机物的同时也会增加水中 AOC 浓度，导致饮用水生物稳定性变差。臭氧氧化时，AOC 的变化见表 5.71。由表中可知，砂滤出水 AOC 浓度为 91～169μg/L，平均值为 135μg/L，臭氧氧化出水 AOC 浓度为 155～412μg/L，平均值为 287μg/L。臭氧氧化使 AOC 平均增加了 122.8%。AOC-P17 占总 AOC 的比例由 80.3%降至 75.5%，AOC-NOX 占总 AOC 的比例由 19.7%升至 24.5%。

砂滤对 AOC 的去除效果 表 5.70

测定日期		AOC（μg/L）			P17/AOC（%）		NOX/AOC（%）	
		沉淀出水	砂滤出水	去除率（%）	沉淀出水	砂滤出水	沉淀出水	砂滤出水
第一组	2005.6.24	86	153	−77.9	93.0	58.2	11.5	41.8
	2005.4.27	104	156	−50.0	95.2	89.1	4.8	10.9
	2005.6.16	134	169	−26.1	82.6	75.6	17.4	24.4
	2005.5.26	109	127	−16.5	86.9	82.1	13.1	17.9
	平均值	108	151	−42.6	89.4	76.3	11.7	23.7
第二组	2005.4.9	165	91	44.8	85.5	79.6	14.5	20.4
	2005.6.2	235	113	51.9	97.0	91.7	3.0	8.3
	2005.5.31	229	67	70.7	86.9	87.6	7.0	12.4
	平均值	210	90	55.8	89.8	86.3	8.1	13.7
总平均值		152	125	13.2	89.8	82.4	10.2	17.6

臭氧氧化时 AOC 的变化 表 5.71

测定日期	AOC（μg/L）			P17/AOC（%）		NOX/AOC（%）	
	砂滤出水	臭氧出水	增加率（%）	砂滤出水	臭氧出水	砂滤出水	臭氧出水
2005.4.9	91	324	256.0	58.2	73.1	41.8	26.9
2005.4.27	156	251	60.9	89.1	75.7	10.9	24.3
2005.5.26	127	155	22.0	75.6	72.9	24.4	27.1
2005.6.2	113	288	154.9	79.6	71.9	20.4	28.1
2005.6.16	169	293	73.4	91.7	85.7	8.3	14.3
2005.6.24	153	412	169.3	87.6	73.5	12.4	26.5
平均值	135	287	122.8	80.3	75.5	19.7	24.5

4）生物活性炭处理时 AOC 的变化

生物活性炭处理对 AOC 的去除效果见图 5.107 和图 5.108。

由图 5.107 可知，臭氧氧化出水 AOC 浓度为 155～412μg/L，平均值为 287μg/L，生物活

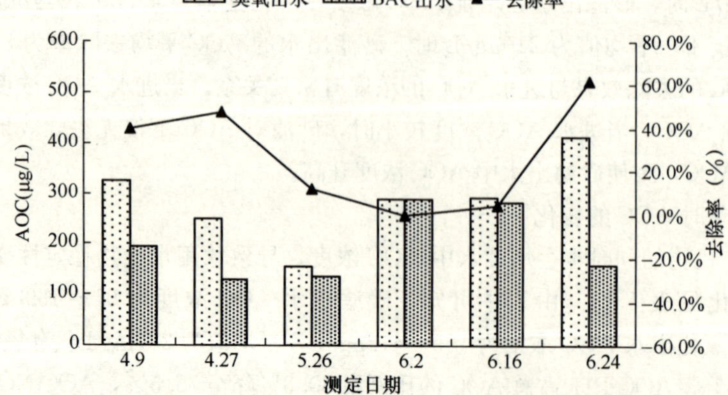

图 5.107 生物活性炭处理时对 AOC 的去除效果

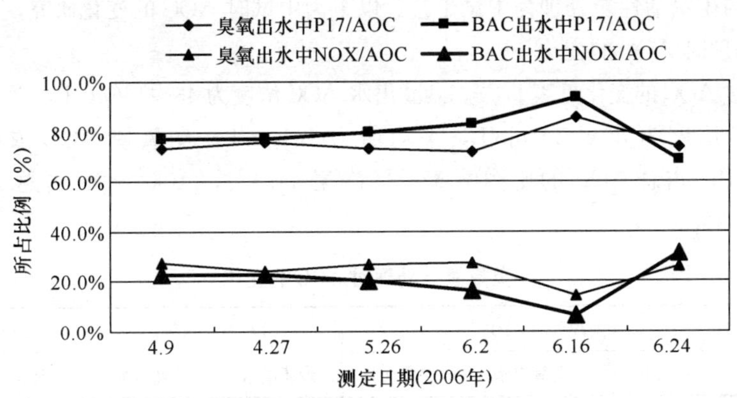

图 5.108　生物活性炭处理时 AOC 组成比例的变化

性炭处理出水 AOC 浓度为 131～288μg/L，平均值为 198μg/L，AOC 的平均去除率为 31%。由图 5.108 可知，生物活性炭处理时 AOC 的组成比例变化较小，AOC-P17 占总 AOC 的比例由 75.5%升至 79.8%，AOC-NOX 占总 AOC 的比例由 24.5%降至 20.2%。

5）臭氧—生物活性炭中试工艺全过程对 AOC 和 DOC 的去除

杨树浦水厂臭氧—生物活性炭中试工艺全过程中 AOC 与 DOC 的变化见表 5.72。

臭氧—生物活性炭深度处理中试工艺中 AOC 与 DOC 的变化　　表 5.72

日期	AOC（μg/L）			DOC（mg/L）		
	原水	工艺出水	去除率（%）	原水	工艺出水	去除率（%）
2005.4.9	198	195	1.5	5.47	3.02	44.8
2005.4.27	178	131	26.4	6.09	3.45	43.3
2005.5.26	153	137	10.5	5.94	4.00	32.7
2005.5.31	263	79	70.0	4.84	2.99	38.2
2005.6.2	264	288	−9.1	5.56	3.00	46.0
2005.6.16	145	281	−93.8	6.32	3.28	48.1
2005.6.24	183	158	13.7	6.47	3.06	52.7
平均值	198	181	2.7	5.81	3.26	44.0

臭氧—生物活性炭中试工艺对 DOC 有明显的去除效果，原水 DOC 平均浓度为 5.81mg/L，出厂水 DOC 平均浓度下降为 3.26mg/L，平均去除率达 44%。而原水 AOC 浓度为 145～264μg/L，工艺全过程出水 AOC 浓度为 79～288μg/L，生物稳定性均较差。臭氧—生物活性炭中试工艺对 AOC 的去除率为−93.8%～70.0%，波动较大，其中有 71.4%的水样 AOC 浓度减少，28.6%的水样 AOC 浓度增加。AOC 浓度的变化主要受 3 个因素影响，一是混凝沉淀和砂滤对 AOC 的去除作用，二是臭氧将大分子有机物氧化成小分子有机物，即氧化成易被微生物分解利用的物质，使 AOC 浓度增加，三是生物活性炭对 AOC 的生物去除作用。

（2）金西水厂臭氧—生物活性炭中试工艺去除 AOC

镇江金西水厂臭氧—生物活性炭中试工艺流程中，混凝沉淀和砂滤为水厂的常规处理工艺，臭氧氧化与生物活性炭处理为中试工艺。以下为中试时 AOC 的变化研究。

1）臭氧处理时 AOC 的变化

臭氧处理时 AOC 的变化见表 5.73。砂滤出水 AOC 浓度为 43～166μg/L，平均值为 94μg/L。臭氧出水 AOC 浓度为 86～221μg/L，平均值为 141μg/L。臭氧使 AOC 浓度平均增加了 32.1%。AOC-P17 占总 AOC 的比例由 53.3%降至 44.1%，AOC-NOX 占总 AOC 的比例由 46.7%升至 55.9%。

臭氧氧化处理时 AOC 的变化 **表 5.73**

测定日期	AOC（μg/L）			P17/AOC（%）		NOX/AOC（%）	
	砂滤出水	臭氧出水	增加率（%）	砂滤出水	臭氧出水	砂滤出水	臭氧出水
2004.6.16	54	95	43.2	55.6	69.5	44.4	30.5
2004.6.26	60	130	53.6	46.7	69.1	53.3	30.9
2004.7.15	94	98	4.5	46.8	57.1	53.2	42.9
2004.7.19	72	214	66.4	58.5	39.9	41.5	60.1
2004.7.29	43	112	61.2	54.0	63.6	46.0	36.4
2004.7.30	116	146	20.0	53.5	32.4	46.5	67.6
2004.8.6	84	166	49.1	57.1	37.0	42.9	63.0
2004.8.7	72	141	48.8	58.2	16.8	41.8	83.2
2004.8.13	164	147	－11.2	71.2	42.9	28.8	57.1
2004.8.27	52	86	39.5	60.3	46.2	39.7	53.8
2004.9.5	89	117	24.0	61.0	47.5	39.0	52.5
2004.10.31	150	221	31.9	36.3	24.5	63.7	75.5
2004.11.3	166	207	19.7	39.2	28.6	60.8	71.4
2004.11.5	97	96	－1.4	48.6	42.2	51.4	57.8
平均值	94	141	32.1	53.3	44.1	46.7	55.9

2）生物活性炭处理时 AOC 的变化

生物活性炭对 AOC 的去除效果见图 5.109。由图中可知，臭氧出水 AOC 浓度为 54～221μg/L，平均值为 138μg/L，生物活性炭处理出水 AOC 浓度为 56～156μg/L，平均值为 97μg/L。生物活性炭处理单元对 AOC 的平均去除率为 24.1%。

3）臭氧—生物活性炭中试工艺去除 AOC

臭氧—生物活性炭中试时 AOC 与 DOC 的变化见表 5.74。原水有机物浓度较低，DOC 平均值为 1.77mg/L，出水 DOC 平均值为 1.26mg/L，臭氧—生物活性炭中试工艺对 DOC 的平均去除率为 28.7%。原水 AOC 浓度为 57～178μg/L，平均值为 108μg/L，出水 AOC 浓度为 56～156μg/L，平均值为 97μg/L，AOC 的去除率为－129.4%～52.8%，波动范围较大，其中有 42.9%的水样 AOC 浓度增加，57.1%的水样 AOC 浓度减少。

对测定结果按 AOC 去除率分组，并对每组 AOC 值由低至高排序后，原水 AOC 浓度与去除率的关系见图 5.110。由图可知，当 AOC 浓度为 57～142μg/L，平均值为 88μg/L 时，工艺

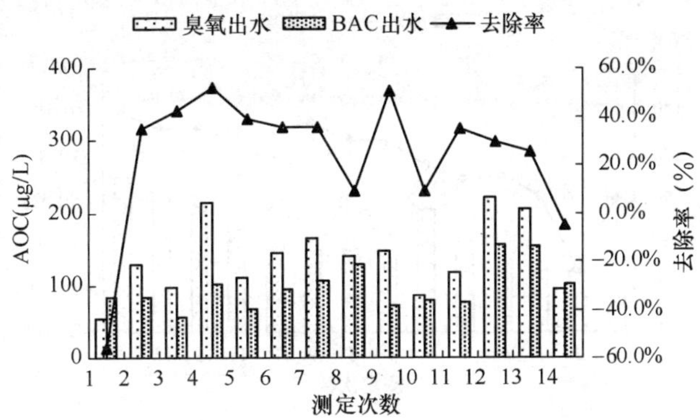

图5.109 生物活性炭处理单元对AOC的去除效果

出水中AOC浓度增加，其增幅为8.5%～129.4%，平均增幅为45.4%；当AOC浓度为94～178μg/L，平均值为123μg/L时，工艺对AOC有较好的去除效果，去除率为19.1%～52.8%，平均去除率为33.7%。出水中AOC占DOC的比例由原水的6.1%增至8.8%。

臭氧—生物活性炭中试工艺时AOC与DOC的变化 表5.74

测定日期	AOC（μg/L）			DOC（mg/L）		
	原水	工艺出水	去除率（%）	原水	工艺出水	去除率（%）
2004.6.16	178	84	52.8	—	—	—
2004.6.26	57	84	−47.4	—	—	—
2004.7.15	94	56	40.4	—	—	—
2004.7.19	71	102	−43.7	1.91	1.59	16.9
2004.7.29	101	68	32.7	1.65	1.01	39.2
2004.7.30	145	94	35.2	2.25	1.04	53.7
2004.8.6	161	107	22.3	1.80	1.07	40.7
2004.8.7	104	128	33.3	1.94	1.84	5.4
2004.8.13	94	73	33.5	—	—	—
2004.8.27	117	78	−23.1	—	—	—
2004.9.3	94	76	19.1	1.50	1.16	22.7
2004.10.31	68	156	−129.4	1.56	1.36	12.5
2004.11.3	142	154	−8.5	1.81	1.19	34.3
2004.11.5	84	101	−20.2	1.49	1.09	26.8
平均值	108	97	−21.4	1.77	1.26	28.7

（3）南星水厂臭氧—生物活性炭工艺去除AOC

1）预臭氧化、混凝沉淀处理过程中AOC的变化

杭州市南星水厂预臭氧化、混凝沉淀处理过程中AOC的变化见表5.75。原水AOC浓度为56～202μg/L，平均值为103μg/L，沉淀出水AOC浓度为32～326μg/L，平均值为138μg/L，

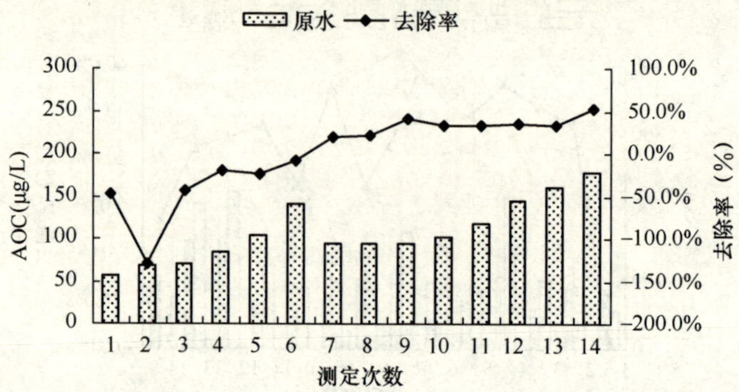

图 5.110　原水 AOC 浓度与去除率的关系

预臭氧、混凝沉淀处理对 AOC 的去除率波动为－141.1%～44.8%，其中有 33.3%的水样沉淀出水 AOC 浓度增加，76.3%的水样沉淀出水 AOC 浓度降低。

由表可知，预臭氧化、混凝沉淀处理过程中，AOC 的组成比例变化幅度较小。沉淀出水中 AOC-P17 占总 AOC 的比例由原水的 77.8%升至 82.9%，AOC-NOX 占总 AOC 的比例由原水的 22.2%降至 17.6%。

预臭氧化、混凝沉淀处理过程中 AOC 的变化　　表 5.75

测定日期	AOC（μg/L）			P17/AOC（%）		NOX/AOC（%）	
	原水	沉淀出水	去除率（%）	原水	沉淀出水	原水	沉淀出水
4.8	127	78	38.6	88.9	79.5	11.1	20.5
4.20	58	32	44.8	94.0	93.8	6.0	6.2
5.12	90	217	－141.1	53.9	75.1	46.1	24.9
5.18	170	326	－91.8	79.5	96.6	20.5	3.4
5.24	202	210	－4.0	96.6	87.1	3.4	13.3
6.15	93	110	－18.3	97.1	94.5	2.9	5.5
7.13	62	59	4.8	57.2	71.2	42.8	28.8
7.20	56	59	－5.4	71.9	66.1	28.1	35.9
7.28	72	150	－108.3	61.1	82.0	38.9	18.0
平均值	103	138	－31.2	77.8	82.9	22.2	17.1

2）砂滤处理的 AOC 变化

南星水厂砂滤处理的 AOC 变化见图 5.111。沉淀出水 AOC 浓度为 32～326μg/L，平均值为 138μg/L，砂滤出水 AOC 浓度为 32～226μg/L，平均值为 93μg/L，砂滤处理对 AOC 的去除率波动较大，为－96.9%～79.5%。砂滤处理中 AOC 的组成比例变化较大，砂滤出水中 AOC-P17 占总 AOC 的比例由沉淀出水的 82.9%降至 61.3%，AOC-NOX 占总 AOC 的比例由沉淀出水的 17.1%升至 38.7%。

3）臭氧氧化处理时的 AOC 变化

南星水厂臭氧氧化处理过程中 AOC 的变化见表 5.76。砂滤出水 AOC 浓度为 32～226μg/L，

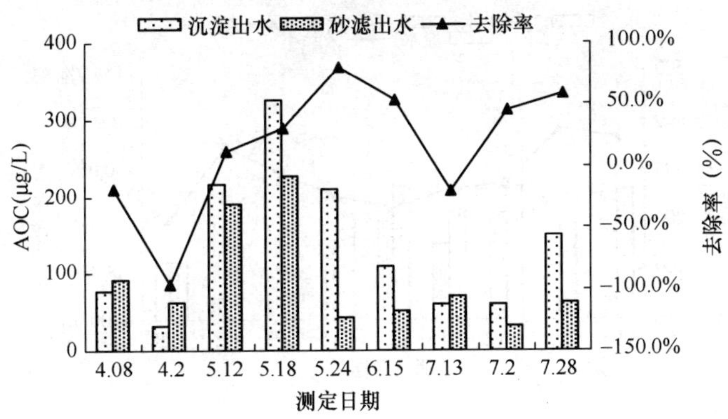

图 5.111　砂滤处理单元对 AOC 的去除效果

平均值为 93μg/L，臭氧氧化出水 AOC 浓度为 116～347μg/L，平均值为 218μg/L，臭氧氧化处理单元出水 AOC 浓度增加幅度为－2.2%～520.9%平均增幅为 217.3%。臭氧氧化处理前后 AOC 组成比例变化较小，臭氧出水 AOC-P17 占总 AOC 的比例由砂滤出水的 64.6%升至 67.5%，AOC-NOX 占总 AOC 的比例由砂滤出水的 35.4%降至 32.5%。

臭氧氧化处理过程中 AOC 的变化　　表 5.76

测定日期	AOC（μg/L）			P17/AOC（%）		NOX/AOC（%）	
	砂滤出水	臭氧出水	去除率（%）	砂滤出水	臭氧出水	砂滤出水	臭氧出水
4.8	93	261	180.6	62.4	66.3	37.6	33.7
4.20	63	193	206.3	31.7	68.9	68.3	31.1
5.12	191	347	81.7	83.2	70	16.8	30
5.18	226	221	−2.2	73.9	67	26.1	33
5.24	43	267	520.9	71.4	73	28.6	27
6.15	52	212	307.7	57.7	84.9	42.3	15.1
7.13	71	183	157.7	57.6	62.3	42.4	37.7
7.20	32	165	415.6	49.2	60.6	50.8	39.4
7.28	62	116	87.1	64.6	54.3	35.4	45.7
平均值	93	218	217.3	61.3	67.5	38.7	32.5

4）生物活性炭处理时的 AOC 变化

南星水厂生物活性炭处理对 AOC 的去除效果见图 5.112。砂滤出水 AOC 浓度为 32～226μg/L，平均值为 93μg/L，臭氧氧化出水 AOC 浓度为 116～347μg/L，平均值为 218μg/L，生物活性炭出水 AOC 浓度为 16～233μg/L，平均值为 120μg/L，生物活性炭处理对 AOC 的去除率为 0.9%～91.7%，平均去除率为 44.7%。生物活性炭处理出水中 AOC-P17 占总 AOC 的比例由臭氧出水的 67.5%降至 53.6%，AOC-NOX 占总 AOC 的比例由臭氧出水的 32.5%升至 46.4%。

5）加氯消毒时 AOC 的变化

南星水厂加氯消毒时 AOC 的变化见表 5.77。生物活性炭出水 AOC 浓度为 16～233μg/L，

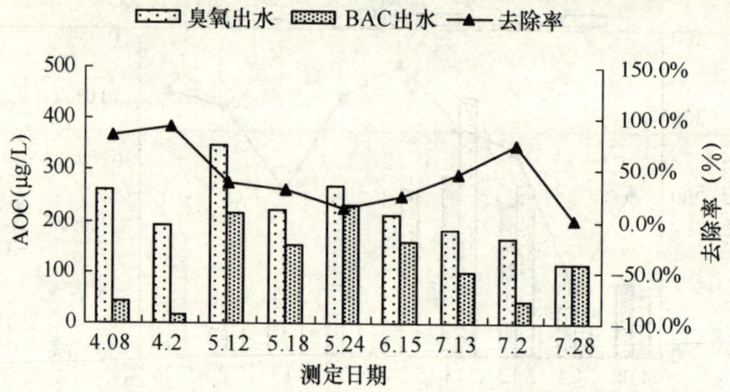

图 5.112　生物活性炭处理对 AOC 的去除效果（2006 年）

平均值为 120μg/L，加氯后出厂水 AOC 浓度为 60～403μg/L，平均值为 166μg/L，加氯消毒时 AOC 的增幅为−6.5%～731.3%，平均增幅为 127.5%。加氯消毒后水中 AOC-P17 占总 AOC 的比例由生物活性炭出水的 53.6%升至 66.2%，AOC-NOX 占总 AOC 的比例由生物活性炭出水的 46.4%降至 33.8%。

加氯消毒后水中 AOC 的变化　　　　**表 5.77**

测定日期	AOC（μg/L）			P17/AOC（%）		NOX/AOC（%）	
	BAC 出水	出厂水	增加率（%）	BAC 出水	出厂水	BAC 出水	出厂水
4.8	44	122	177.3	6.8	70.3	93.2	29.7
4.20	16	133	731.3	0.0	25.8	100.0	74.2
5.12	216	202	−6.5	72.7	77.5	27.3	22.5
5.18	152	204	34.2	68.4	54.2	31.6	45.8
5.24	233	266	14.2	69.5	76.7	30.5	23.3
6.15	160	203	26.9	90.6	92.7	9.4	7.3
7.13	98	221	125.5	71.4	79.3	28.6	20.7
7.20	43	60	39.5	53.5	58.2	46.5	41.8
7.28	115	121	5.2	49.6	61.2	50.4	38.8
平均值	120	170	127.5	53.6	66.2	46.4	33.8

6）臭氧—生物活性炭处理工艺对 AOC 的去除效果

南星水厂臭氧—生物活性炭深度处理工艺对 AOC 与 DOC 的去除效果见表 5.78。原水 DOC 平均值为 2.25mg/L，出厂水 DOC 平均值 1.11mg/L，臭氧—生物活性炭处理对 DOC 的平均去除率为 45.7%。原水 AOC 浓度为 56～202μg/L，平均值为 103μg/L，出厂水 AOC 浓度为 60～266μg/L，平均值为 170μg/L，原水与出厂水均属生物稳定性临界区间。臭氧—生物活性炭处理对 AOC 的去除率为−256.5%～3.9%，其中只有 11.1%的出水 AOC 浓度降低，89.9%的出水 AOC 浓度增加。因此，南星水厂臭氧—生物活性炭处理工艺中 AOC 呈升高趋势，平均增幅为 83.5%。

南星水厂臭氧—生物活性炭处理对 AOC 与 DOC 的去除效果（2006 年）　表 5.78

测定日期	AOC（μg/L）			DOC（mg/L）		
	原水	出厂水	去除率（%）	原水	出厂水	去除率（%）
4.8	127	122	3.9	2.32	1.97	15.1
4.2	58	133	−129.3	2.19	0.69	68.5
5.12	90	202	−124.4	2.52	0.77	69.4
5.18	170	204	−20.0	1.70	0.41	75.9
5.24	202	266	−31.7	2.03	1.01	50.2
6.15	93	203	−118.3	1.80	1.00	44.4
7.13	62	221	−256.5	3.44	1.33	61.3
7.2	56	60	−7.1	3.25	1.64	49.5
7.28	72	121	−68.1	0.98	1.21	−23.5
平均值	103	170	−83.5	2.25	1.11	45.7

图 5.113 显示了南星水厂臭氧—生物活性炭处理工艺中 AOC 组成比例以及 AOC 占 DOC 的比例变化情况。臭氧—生物活性炭处理工艺出水中 AOC-P17 占总 AOC 的比例由原水的 77.8%降至 66.2%，AOC-NOX 占总 AOC 的比例由原水的 22.2%升至 33.8%，升幅为 11.6%，AOC 占 DOC 的比例由原水的 5.3%上升为 19.3%，升幅为 14%。

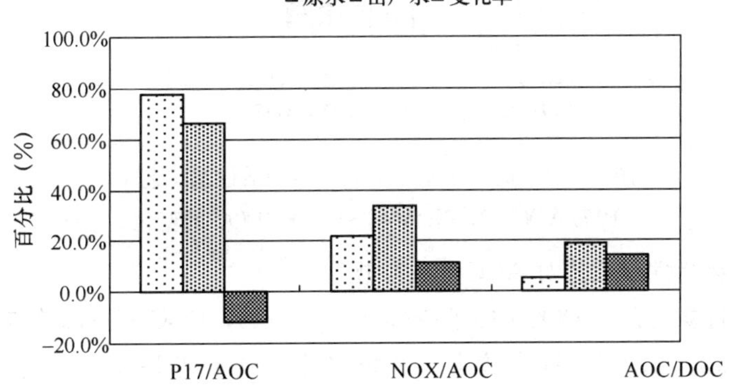

图 5.113　南星水厂臭氧—生物活性炭深度处理工艺中 P17/AOC、NOX/AOC 和 AOC/DOC 的变化

（4）周家渡水厂臭氧—生物活性炭工艺去除 AOC

周家渡水厂臭氧—生物活性炭工艺处理 AOC 与 DOC 的变化见表 5.79。周家渡水厂原水 DOC 平均值为 5.87mg/L，出厂水 DOC 平均值为 3.63mg/L，臭氧—生物活性炭深度处理工艺对 DOC 的平均去除率为 38.3%。原水 AOC 浓度为 51～194μg/L，平均值为 123μg/L，出厂水 AOC 浓度为 152～233μg/L，平均值为 182μg/L，原水与出厂水均属生物稳定性临界区间。周家渡水厂臭氧—生物活性炭深度处理工艺出水 AOC 呈升高趋势，增幅为 2.1%～198.0%，平均增幅为 70.9%。

周家渡水厂臭氧—生物活性炭工艺对 AOC 与 DOC 的去除效果（2006 年） **表 5.79**

日期	AOC（μg/L）			DOC（mg/L）		
	原水	出厂水	去除率（%）	原水	出厂水	去除率（%）
6.2	136	167	−22.8	5.9	3.7	37.3
6.17	194	198	−2.1	6.81	3.84	43.6
6.23	124	233	−87.9	5.42	3.71	31.5
6.30	51	152	−198.0	5.609	3.36	40.1
7.8	112	161	−43.8	5.63	3.52	37.5
平均值	123	182	−70.9	5.87	3.63	38.3

周家渡水厂臭氧—生物活性炭工艺中 AOC 组成比例以及 AOC 占 DOC 的比例见图 5.114。臭氧—生物活性炭工艺出厂水中 AOC-P17 占总 AOC 的比例由原水的 80.2%降至 66.0%，AOC-NOX 占总 AOC 的比例由原水的 19.8%升至 34.0%，增加了 14.2%，AOC 占 DOC 的比例由原水的 2.8%升至 5.0%，增加了 2.2%。

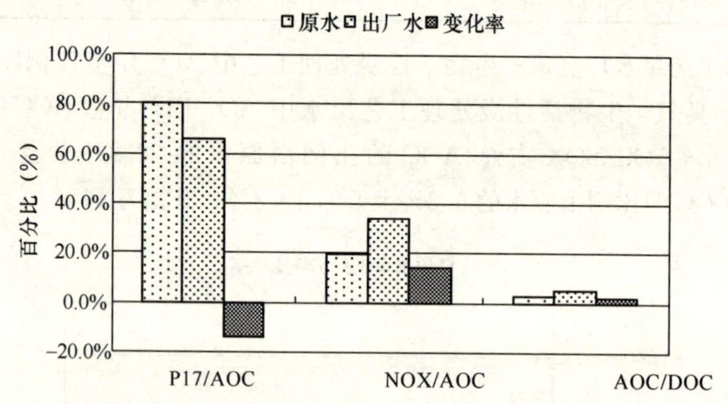

图 5.114 周家渡水厂臭氧—生物活性炭工艺中 P17/AOC、NOX/AOC 和 AOC/DOC 的变化

（5）臭氧—生物活性炭工艺对 AOC 的去除规律

臭氧—生物活性炭工艺对 DOC 的去除效果见图 5.115，DOC 的去除率较高。其中南星水厂 DOC 去除率最高为 45.7%，周家渡水厂和杨树浦中试工艺 DOC 去除率分别为 38.3%和

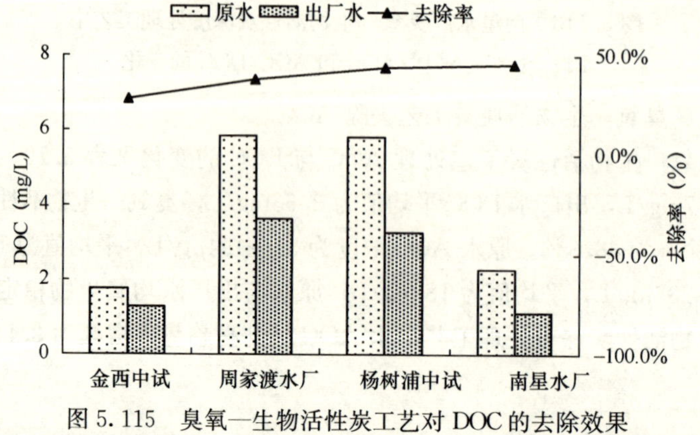

图 5.115 臭氧—生物活性炭工艺对 DOC 的去除效果

44.0%，金西水厂中试工艺DOC去除率最低为28.7%。臭氧—生物活性炭深度处理工艺对DOC的平均去除率为39.2%，去除效果好于常规处理工艺（22.4%）。

臭氧—生物活性炭工艺对AOC的去除效果见表5.80。南星水厂和周家渡水厂臭氧—生物活性炭工艺出水AOC浓度呈现增加趋势，平均增幅分别为83.5%和70.9%。杨树浦水厂和金西水厂中试臭氧—生物活性炭工艺出水AOC浓度略有下降，平均降幅分别为8.6%和10.2%。上述4个水厂，臭氧—生物活性炭工艺出水的AOC均属生物稳定性临界区间。臭氧—生物活性炭工艺出水如经消毒处理，出水AOC浓度可能会呈增加趋势。

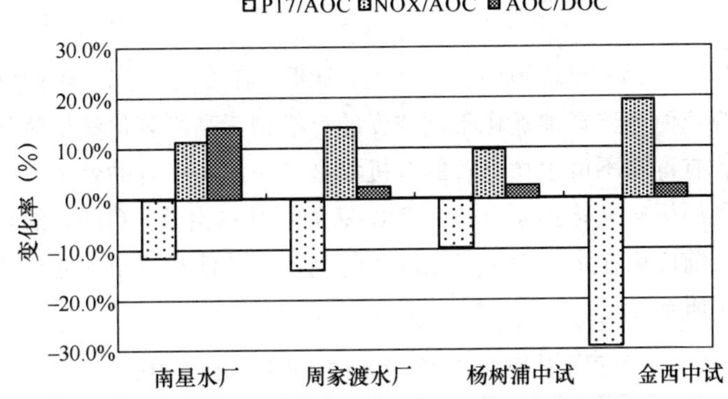

图5.116　臭氧—生物活性炭工艺中P17/AOC、NOX/AOC和AOC/DOC的变化

图5.116比较4个水厂臭氧—生物活性炭处理时AOC组成比例以及AOC占DOC比例的变化。由图5.116可知，4个水厂AOC组成比例的变化趋势相一致，AOC-P17占总AOC的比例降低，AOC-NOX占总AOC的比例升高，其中变动最大的为金西水厂中试工艺，变化率为29.4%，杨树浦水厂中试工艺变化最小为9.8%，南星水厂和周家渡水厂变化率分别为11.6%和14.2%。AOC占DOC的比例呈升高趋势，其中南星水厂增幅最大为14.0%，周家渡水厂、杨树浦水厂中试和金西水厂中试增幅分别为2.2%、2.5%和2.7%。

臭氧—生物活性炭工艺对AOC的去除效果　　表5.80

项　目		南星水厂	周家渡水厂	杨树浦中试	金西中试
原水AOC（μg/L）	范围	56～202	51～194	145～264	57～178
	平均值	103	123	198	108
出水AOC（μg/L）	范围	60～266	152～233	79～288	56～156
	平均值	170	182	181	97
去除率（%）	波动范围	−256.5～3.9	−198～−2.1	−93.8～70.0	−129.4～52.8
	平均值	−83.5%	−70.9%	8.6%	10.2%

综上所述，长三角地区臭氧—生物活性炭工艺对AOC的去除规律为，臭氧—生物活性炭工艺增加AOC浓度，使出水水质生物稳定性变差。臭氧—生物活性炭工艺处理后水中AOC-P17占总AOC的比例下降，AOC-NOX占总AOC的比例上升，AOC占DOC的比例上升。

第6章 高级氧化法对内分泌干扰物的去除

6.1 概述

高级氧化法（Advanced Oxidation Processes，AOP）在20世纪70年代已经开始应用，在给水处理中，用以快速而无选择地氧化不同浓度的有机物。高级氧化法虽然基建和管理费用很高，但对于难降解、有毒和不可生物降解的有机物是一种切实可行的处理方法。

高级氧化法是利用标准氧化还原电位为2.80V的羟基自由基·OH来氧化水中有机物的技术。羟基自由基是目前应用在水处理中最强的氧化剂，与其他常用于水处理的氧化剂标准电极电位的比较如表6.1所示。

饮用水处理中常用氧化剂的标准氧化还原电位 **表6.1**

氧化剂	反　应　式	标准氧化还原电位（V）
F_2	$F_2+2e^-=2F^-$	3.06
·OH	$\cdot OH+H^++e^-=H_2O$	2.80
O_3	$O_3+2H^++2e^-=H_2O+O_2$	2.07
H_2O_2	$H_2O_2+2H^++2e^-=2H_2O$	1.77
MnO_4^-	$MnO_4^-+8H^++5e^-=Mn^{2+}+4H_2O$	1.52
ClO_2	$ClO_2+e^-=ClO_2^-$	1.50
Cl_2	$Cl_2+2e^-=2Cl^-$	1.36

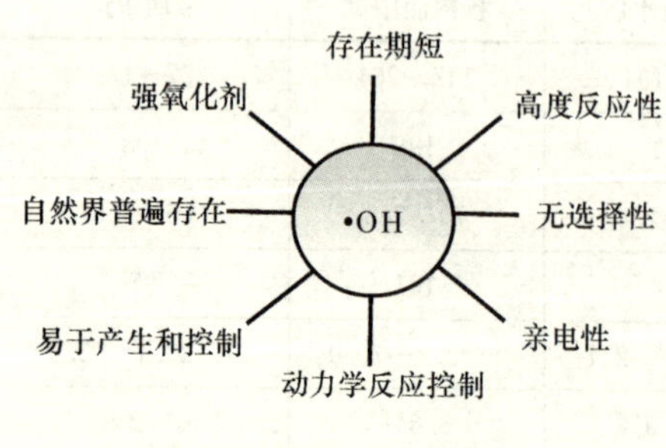

图6.1　羟基自由基的特点

羟基自由基（·OH）是很强的氧化剂，在环境中普遍存在，具有时效短，高反应性和无选择性并易于产生等特点（图6.1），用于高级氧化法时·OH须有足够的浓度。

高级氧化法的特点是：

(1) 通过氧化或矿化作用，高效去除水中微污染物；

(2) 在一定的光子通量（J/m^2）下，可使化学键断裂，有机物完全矿化；

(3) 可以氧化降解微生物、难生物降解的有机化合物以及许多有毒污染物，并可同时降低水的毒性；

(4) 通过部分氧化使微污染物成为无毒和可生物降解的低分子量产物，如醛类、羧酸等；

(5) 可去除持久性有机污染物（POPs）的毒性；

（6）处理时不产生污泥，处理后的废物少，因此无需进一步的废物处理；

（7）有多种氧化剂可以选择，如 H_2O_2、O_3、UV、太阳光等。

虽然水处理中已有应用高级氧化法，但也存在一些问题和制约，例如大规模应用时，初期建设费用通常高于其他技术，并且原水须经预处理，以提高水的透光性质；在运行过程中，紫外灯管及其石英套管会结垢，在管壁上生成紫外光吸收膜，以致明显降低 UV 强度，影响水处理的效果。此外，由于灯管有一定寿命，需要定期更换而增加水处理费用。但在可利用太阳能的地区，高级氧化法有其广阔的使用前景。

6.1.1　氧化剂和催化剂

高级氧化法中所用的氧化剂和催化剂有臭氧（O_3）、过氧化氢（H_2O_2）、紫外光（UV）、二氧化钛（TiO_2）和芬顿（Fenton）试剂等，其性能分别说明如下。

（1）臭氧（O_3）

臭氧是强有力的氧化剂，在浓度高时是有高度毒性的气体。臭氧在水中与有机物以两种途径进行反应，其一是在酸性环境下，完全靠臭氧本身的氧化性，这时氧化速度较慢而且有选择性，主要因为臭氧分子是一种亲电剂，在反应时易于攻击有机物上电子云密度大的部位，与有机物发生亲电反应；其二是臭氧在中性和碱性溶液中，可产生羟基自由基·OH 进行间接氧化，这时氧化速度较快而且无选择性。

臭氧分子相当不稳定，在没有催化剂和可氧化物作用时，臭氧可以在几天内分解成为稳定的 O_2。如水中存在催化剂、温度升高或在紫外光辐射作用下，臭氧加速衰减。由于臭氧分子的不稳定性，须就地生产就地使用。生产臭氧时所消耗的能量和臭氧发生器的类型有关，一般在 12～18kWh/kgO_3 之间。生产实践中，使用的是臭氧化空气，水温 25℃时，臭氧化空气中的臭氧浓度为 3～7mg/L。

（2）过氧化氢（H_2O_2）

过氧化氢是一种强氧化剂，天然水中普遍存在的物质，天然淡水中的 H_2O_2 浓度约为 1～30μg/L，在阳光作用下可以分解，使水自然净化。因浓度低时净水效果差，为提高效果，生产上须投加较高浓度的 H_2O_2。饮用水中允许的 H_2O_2 浓度为 10mg/L。

商品过氧化氢溶液中通常含有稳定剂（约 100～1000mg/L），例如酸式焦磷酸钠（$Na_2H_2P_2O_7$）或锡酸钠（$Na_2SnO_3 \cdot 3H_2O$），以抑制金属离子被过氧化氢催化分解。

过氧化氢的水溶液使用方便，贮存条件和投药设备比较简单，主要用在氧化反应，如漂白、化学合成和水处理中的高级氧化法。在饮用水处理中，过氧化氢用以预氧化有机物以及除铁、除锰。

在紫外光（UV）作用下，H_2O_2 光解后可产生 2 个·OH：

$$H_2O_2 + h\nu \longrightarrow 2 \cdot OH \tag{6.1}$$

臭氧可以光解生成 H_2O_2：

$$O_3 + H_2O \xrightarrow{h\nu} H_2O_2 + O_2 \tag{6.2}$$

H_2O_2 可和臭氧发生反应生成羟基自由基：

$$2O_3 + H_2O_2 \longrightarrow 2 \cdot OH + 3O_2 \tag{6.3}$$

由于过氧化氢的毒理学性质，使用时应注意安全：

1）与皮肤接触时可能发炎和变白，浓度较高时可严重烧伤皮肤；

2）溅入眼内时会产生严重的伤害；

3）过氧化氢蒸汽或烟雾有害于上呼吸道，长期摄入可损伤肺部；

4）意外摄入时会出现胸痛、呼吸困难、肌肉疼痛、神经失调和发烧等症状。

（3）TiO_2 催化剂

光催化氧化法中，采用半导体如 TiO_2、ZnO、WO_3 等为催化剂。TiO_2 是应用最广的半导体之一，主要特点是高的表面活性，对光和腐蚀的稳定性，并且无毒。自然界中 TiO_2 有三种结晶形式：金红石、锐钛矿和板钛矿，以锐钛型最好。TiO_2 不溶于水和稀酸中，但在热硫酸中可缓慢溶解。

通常为使 TiO_2 有高度活性，作为催化剂需经过制备成为超细 TiO_2 粉末，其粒径约在25～35nm 范围。

（4）芬顿（Fenton）试剂

1894 年 J. H. Fenton 发现在水中有铁时，Fe^{2+} 可和 H_2O_2 反应生成羟基自由基（·OH），这种过氧化氢与催化剂 Fe^{2+} 构成的氧化体系通常称为芬顿试剂，早已用在废水处理领域，其氧化原理是，在酸性溶液中过氧化氢被催化分解，生成反应活性很强的羟基自由基，从而引发和传播自由基链反应，加快有机物和还原性物质的氧化。芬顿试剂处理许多种有机物非常有效，特别适用于生物难降解或化学氧化难于奏效的有机物处理，例如，内分泌干扰物一般具有苯环、杂氮环等非常牢固的分子结构，一般氧化剂难于将其破坏的情况。

在 pH 为 3.5 的水中，芬顿试剂氧化时羟基自由基生成速率最大，一般所处理水的 pH 在 2.5～5.0 范围内时，即可得到最大的自由基生成速率。芬顿试剂既可单独使用，也可以和 UV 结合起来使用，进一步提高处理效率。

芬顿试剂与紫外光组合的 UV/芬顿工艺属于均相光催化氧化法，即以 Fe^{2+} 或 Fe^{3+} 和 H_2O_2 为氧化剂，通过 UV 作用生成·OH 以降解水中的污染物。其反应原理是 H_2O_2 在 UV 辐照（波长＜300nm）下产生羟基自由基（·OH），如式（6.1）所示，而 Fe^{2+} 在 UV 光辐射下，可被氧化为 Fe^{3+}，并同时产生·OH。

过氧化氢和 Fe^{2+} 的反应是，Fe^{2+} 被氧化为 Fe^{3+}，并产生·OH。

$$Fe^{2+} + H_2O_2 \longrightarrow Fe^{3+} + HO^- + \cdot OH \tag{6.4}$$

$$Fe^{3+} + H_2O_2 + h\nu \longrightarrow Fe^{2+} + H^+ + \cdot OH \tag{6.5}$$

在 pH 为 5.5 的溶液中，Fe^{3+} 水解成为羟基化的 $Fe(OH)^{2+}$，而后者在紫外光作用下又可转化为 Fe^{2+} 并产生·OH：

$$Fe(OH)^{2+} \longrightarrow Fe^{2+} + \cdot OH \tag{6.6}$$

（5）紫外光（UV）的物理性质

1）紫外光的性质

紫外光的电磁辐射范围在 400nm 和 200nm 之间，可以分成几个区，紫外光的分区大致如下表所示。

紫外光的分区　表6.2

紫外光分区	波长范围（nm）	说明	紫外光分区	波长范围（nm）	说明
UV-A	400～315		UV-C	280～200	主波长254nm
UV-B	315～280	主波长300nm			

水消毒时最重要的紫外光是UV-C。由于病原体对低压汞灯（LP）（辐射波长为254nm）和中压汞灯（MP）有很高的辐射吸光度，最常用于水的消毒。光催化氧化法中可用UV-A。

由于氧化剂或光催化剂吸收UV的光性质不同，必须利用特定的波长，各种高级氧化法的作用波长范围见图6.2。

应用Fe（Ⅲ）草酸盐的光芬顿法，如利用太阳光代替UV灯管，量子产量高，可能最为有利。

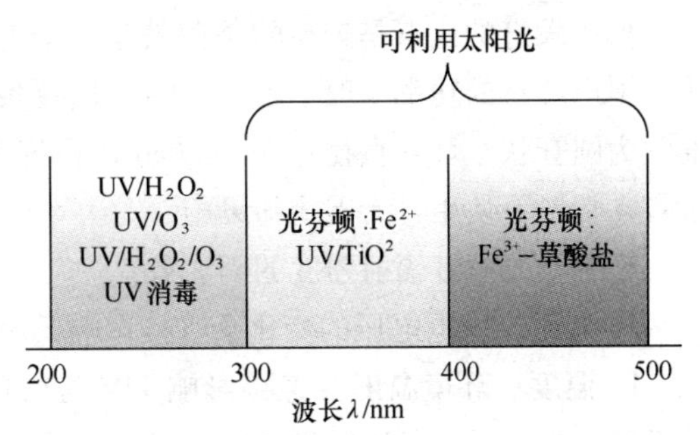

图6.2　各种高级氧化法的作用波长范围

UV光辐射是物理过程，当原子从高能量状态回到低能量状态时即产生UV光。能量变化可表示为：

$$E_1 - E_2 = h\nu \tag{6.7}$$

式中　E_1——高能量状态，J；

E_2——低能量状态，J；

$h\nu$——光子能量。

UV是电磁辐射，其频率、波长和光速之间的关系如下：

$$C = \nu \cdot \lambda \tag{6.8}$$

式中　C——真空中光速，2.998×10^8m/s；

ν——辐射光频率，s^{-1}；

λ——辐射波长，m。

光子能量E的含义如下：

$$E = h\nu = h \cdot C/\lambda \tag{6.9}$$

式中　E——光子能量，J；

h——普朗克常数，6.626×10^{-34}J·s；

从上式可见，当波长λ减少时，光子能量E增大，分子只有吸收了光子能量，才可产生分子激发态。

UV运行时最重要的参数是UV剂量，如UV光照强度保持不变，则UV剂量等于UV光照强度乘以光照时间：

$$D = It \tag{6.10}$$

式中　D——UV剂量，mWs/cm^2（J＝Ws）；

I——水中的UV光照强度，mW/cm^2；

t——光照时间，s。

2）UV 光源

紫外光灯管由石英玻璃制成，灯管在不同的汞蒸汽压力下运行。产生 UV 的低压汞灯，通常是在公称汞气压为 10^2～10^3Pa 下运行，中压汞灯则在 10～30MPa 条件下运行。水处理如消毒或高级氧化法中，高压汞灯应用较少，运行时的汞蒸汽压力高到 10MPa。

①低压汞灯

低压汞灯的优点是较高的杀菌效率，全部功率集中在波长 254nm 处，每一灯管的功率较小，国产灯管的功率一般不超过 40W。因每条灯管的功率小，往往需要较多的灯管。低压汞灯通常为圆管状，灯管直径 0.9～4.0cm，长度 10～160cm。灯的光能随灯管长度而变化，低压汞灯在常温下使用，无需冷却设施。

影响低压汞灯辐射强度的因素有：

a. 电压。供电电压的变化会直接影响低压汞灯的 UV 输出量；

b. 温度。环境温度会直接影响 UV 灯管的输出强度。温度过低则管内的汞蒸汽会冷却，甚至部分会冷凝，以致辐射强度下降。相反，如温度过高，则汞蒸汽压升高，直到超过液汞的压力为止，结果也使辐射强度下降，最佳的温度约为 30～40℃。为此，一般在灯管外设有石英套管，并且套管上端开口，使空气易于流通，以减轻管外的水所产生的冷却作用，特别是处理地下水时因水温较低，更显重要。

c. 灯管使用期限。灯管老化的主要原因是管壁材料的曝光，通常光学玻璃比石英玻璃更快老化，此外因电极上沉积氧化物而使灯管变黑。正常情况下性能良好的低压汞灯可以使用一年。

②中压汞灯

中压汞灯在 UV-C 范围内的幅照强度高，一般为 10～15WUV-C/cm 到30WUV-C/cm。该光源为多色光，即以几种波长辐射，至少有 40%～50%的光可直接用以消毒。灯管在高温下工作，灯管外表温度可达 400～800℃，会加速结垢，因此中压汞灯外须有石英套管和冷却系统。灯管在较高电压下（3～5kV）运行，需有变压器。中压汞灯的灯管和套管材料比低压汞灯老化得快。优点是每一灯管的功率较高，可减少灯管数，反应器可较小。

③高压汞灯

高压汞灯不适用于水的消毒或特定的光化学反应，水处理时很少应用。

6.1.2 高级氧化法

高级氧化法主要是靠强氧化剂·OH 对有机物的氧化作用，以达到去除目的。羟基自由基和水中有机物的反应如下：

$$\cdot OH + R{-}H \longrightarrow R^{*} + H_2O \quad (脱氢反应) \tag{6.11}$$

$$\cdot OH + R_2C = CR_2 \longrightarrow \cdot CR_2 - C(OH)R_2 \quad (亲电叠加反应) \tag{6.12}$$

$$\cdot OH + M^{n} \longrightarrow M^{n+1} + HO^{-} \quad (电子转移反应) \tag{6.13}$$

卤化物离子和·OH 生成中间产物的反应即为电子转移反应：

$$\cdot OH + X^{-} \longrightarrow HOX^{*\cdot} \tag{6.14}$$

此外，·OH 基可被碳酸盐或碳酸氢盐所清除，通常也认为是电子转移反应：

$$\cdot OH + CO_3^{2-} \longrightarrow HO^{-} + CO_3^{-} \quad k_{\cdot OH,M} = 3.9 \times 10^{8} L/(mol \cdot s) \tag{6.15}$$

$$\cdot OH + HCO_3^- \longrightarrow HO^- + HCO_3^- \quad k_{\cdot OH,M} = 8.5 \times 10^6 L/(mol \cdot s) \tag{6.16}$$

因为上述二级反应速率常数 $k_{\cdot OH,M}$ 相差很大，式（6.15）的·OH清除作用比式（6.16）更为明显。

水的pH降低时，清除作用明显减小。在高级氧化法中，由于氧化过程中可生成有机碳或无机酸，水的pH一般趋于下降。

高级氧化法中可有多种方法产生·OH，如图6.3所示，研究较多并有产品的有以下几种：

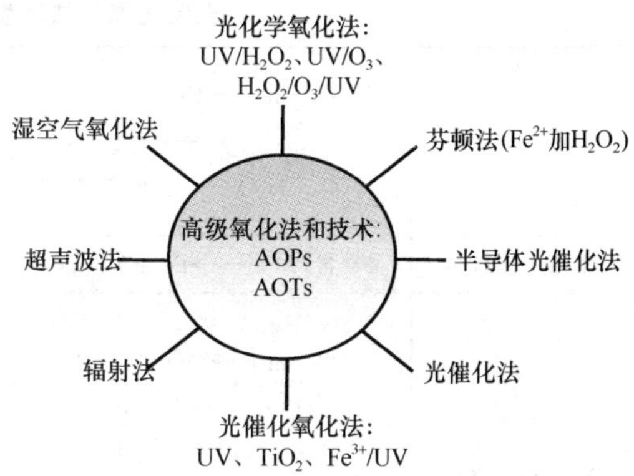

图6.3　高级氧化法种类

● 组合使用 H_2O_2、O_3、UV的光化学氧化法，如 UV/H_2O_2、UV/O_3；

● 应用UV和二氧化钛（UV/TiO_2）或UV和Fenton试剂（$UV/Fe^{2+}/H_2O_2$）的光催化氧化法。

目前应用各种高级氧化法（UV/H_2O_2、UV/O_3、$UV/H_2O_2/O_3$、UV/TiO_2、Fe（Ⅱ）/H_2O_2/UV和 $UV/H_2O_2/TiO_2$ 等）去除农药和持久性有机污染物开展了较多的研究。

（1）光化学氧化法

光化学氧化法是利用 O_3，H_2O_2，O_2 或空气为氧化剂，与UV的化学辐射相结合，产生羟基自由基（·OH），氧化效果优于单独使用UV、H_2O_2 或 O_3 时，该法可以氧化许多难降解的有机物。

应用UV的高级氧化法，如 UV/O_3、UV/H_2O_2，对·OH的一级反应速率随着氧化剂量（H_2O_2、O_3）的增加而增加。UV/H_2O_2 工艺有最佳的 H_2O_2 剂量，超过该剂量时，因为 H_2O_2 是·OH的清除剂，反应速率反而会下降。对于 UV/O_3 工艺，如臭氧量过大，则排出的废气中臭氧浓度过高，必须消除后才可排放到环境中。光化学氧化法产生羟基自由基的原理如表6.3所示。

光化学氧化法产生羟基自由基的原理　　表6.3

光氧化工艺	羟基自由基产生原理	光氧化工艺	羟基自由基产生原理
UV/O_3	$O_3+H_2O \xrightarrow{h\nu} O_2+H_2O_2$ $O_3+H_2O \xrightarrow{h\nu} O_2+gOH$ $H_2O_2 \xrightarrow{h\nu} 2gOH$	UV/H_2O_2	$gOH+HOO^- \longrightarrow gHOO+OH^-$ $2gHOO \longrightarrow H_2O_2+O_2$ $2gOH \longrightarrow H_2O_2$ $gHOO+gOH \longrightarrow H_2O+O_2$
UV/H_2O_2	$H_2O_2 \xrightarrow{h\nu} 2gOH$ $H_2O_2 \xrightarrow{h\nu} HOO^- +H^+$ $gOH+H_2O_2 \longrightarrow gHOO+H_2O$	$UV/H_2O_2/O_3$	$H_2O_2+H_2O \longrightarrow H_3O^+ +HO_2^-$ $O_3+H_2O_2 \longrightarrow O_2+gOH+HO_2g$ $O_3+HO_2^- \longrightarrow gOH+O_2^- +O_2$ $O_3+O_2^- \longrightarrow O_3^- +O_2$ $O_3^- +H_2O \longrightarrow gOH+HO^- +O_2$

(2) 光催化氧化法

光催化氧化法是快速发展的领域，它利用UV光辐射或太阳光辐射中的UV波的能量，产生反应物。光催化氧化法应用半导体吸收光子作为产生·OH基时的催化剂，·OH基可以氧化有机物，使有机物分子分解为CO_2、H_2O和矿物酸，成为终端产物。应用光催化氧化法产生羟基自由基的原理见表6.4。

光催化氧化法产生羟基自由基的原理 **表6.4**

UV/TiO_2	$TiO_2+h\nu \longrightarrow TiO_2\ (e^-+h^+)$ $e^-+O_2 \longrightarrow O_2^- g$ $h^++H_2O_2 \longrightarrow gOH+H^+$	$UV/H_2O_2/TiO_2$	$2HO_2 g \longrightarrow H_2O_2+O_2$ $H_2O_2+O_2^- \longrightarrow gOH+OH^-+O_2$ $H_2O_2 \longrightarrow 2gOH$
Fe(Ⅲ)/UV	Fe(Ⅲ)$+h\nu \longrightarrow$Fe(Ⅱ)$+gOH$	Fe(Ⅱ)$/H_2O_2/UV$	$Fe^{2+}+H_2O_2+h\nu \longrightarrow$ $Fe^{3+}+gOH+OH^-$ Fe(Ⅱ)$C_2O_4+H_2O_2+h\nu \longrightarrow$ Fe(Ⅱ)$(C_2O_4)^++gOH+OH^-$ $H_2O_2+h\nu \longrightarrow 2gOH$
$UV/H_2O_2/TiO_2$	$TiO_2+h\nu \longrightarrow TiO_2\ (e^-+h^+)$ $H_2O_2 \longrightarrow H^++OH^-$ $h^++OH^- \longrightarrow gOH$ $h^++H_2O \longrightarrow gOH+H^+$ $e^-+O_2 \longrightarrow O_2^-$ $O_2^-+H^++2e^- \longrightarrow HO_2 g$	Fe(Ⅲ)$/H_2O_2/UV$	Fe(Ⅲ)$+h\nu \longrightarrow$Fe(Ⅱ)$+gOH$ Fe(Ⅱ)$+H_2O_2 \longrightarrow$ Fe(Ⅲ)$+gOH+OH^-$ $H_2O_2+h\nu \longrightarrow 2gOH$

1) UV/TiO_2工艺

当半导体如TiO_2经过能量高于带隙的紫外光照射时，形成孔穴h^+和电子e^-：

$$TiO_2+h\nu \longrightarrow TiO_2(h^+)+TiO_2(e^-) \tag{6.17}$$

一般，UV-A，UV-B，UV-C光范围的所有波长均可产生以上反应，因此该工艺可用中压汞灯辐射的UV光。

孔穴h^+是非常强的氧化剂，电子e^-是还原剂，光催化氧化法的原理是，孔穴能与水反应生成·OH基，电子可以还原水中的分子氧、过氧化氢或其他氧化剂。

应用半导体催化剂TiO_2氧化有机物有很大潜力，因为可以用较长的UV波长作为能源。TiO_2比其他半导体如ZnO，ZnS，CdS，Fe_2O_3和WO_3的反应速率快并且极为稳定，溶液中最佳的TiO_2浓度为0.5～1.0g/L。

TiO_2的粒径在25～35nm之间，要将纳米级的颗粒从水中分离出来再行循环使用，实际上是有困难的，因此须研究在各种基质（如玻璃管、瓷片）上制备固定的TiO_2薄膜，并保持其光催化活性的方法。

2) 反应动力学

有机混合物的光氧化反应动力学很复杂，因为其中一种化合物的反应速率会抑制或促进另一种化合物的反应速率。

水处理时，绝大多数高级氧化法对污染物浓度随时间变化都是一级反应动力学，不是一级反应动力学的化合物，其量子产量大于1。

光氧化降解速率受到下列因素影响：UV光照强度、氧化剂类型、水中的氧浓度、pH、以及无机离子和有机物量等而定。按照Langmuir-Hinsellwood动力学模型，降解速率为：

$$-\frac{dC}{dt}=\frac{k_1k_2C}{1+k_2C} \tag{6.18}$$

式中　C——本体溶液浓度；

k_1——反应速率常数；

k_2——平衡吸附常数；

t——反应时间。

如果常数 k_1 和 k_2 已经求出，而其他因素视为不变时，则反应物的衰减率即可估算。

浓度 C 低时，上式可写成拟一级反应，如下：

$$-\frac{dC}{dt}=k_1k_2C=kC \tag{6.19}$$

一般，污染物的浓度约在 mg/L 级时，就可用上式来表示。

光氧化法处理污染物时，如所有其他因素不变，反应速率常数 k 可由实验求得，间歇式或推流反应器的污染物浓度衰减率可用下式估计：

$$C=C_0e^{-kt} \tag{6.20}$$

式中　C——出水中的污染物浓度，μg/L；

C_0——进水中的污染物浓度，μg/L；

k——一级反应速率常数，min^{-1} 或 s^{-1}；

t——平均水力停留时间，min 或 s。

（3）辐射法和超声法

1）辐射法

对许多有机物来说，单独应用 O_3 或 H_2O_2 不能使其完全矿化，并且中间产物有时可能比原始化合物更具毒性。电磁辐射如 UV、γ-辐射、电子束、以及高速声波振动如超声辐射，通常也可产生·OH，通过吸收辐射（如 UV 辐射）和热解（超声波）使有机物的键断裂而将污染物直接降解。

2）超声化学氧化法

超声化学氧化法主要是超声波产生的空穴气泡所显示的水处理效果，形成空穴气泡的超声范围，通常是在低频率区，主要是 20～40kHz。空穴气泡产生和破裂时会加强化学和物理变化。

超声法是利用空穴效应以去除水或污水中生物或化学污染的一种工艺，主要是由于气泡内部的热分解或在气-液界面处生成了·H 和·OH 自由基的氧化和还原反应，达到去除污染物的效果。

热分解是指气泡破裂时，局部会产生高温和高压，因而在气泡内或界面处产生化学效应，使挥发性有机物在高温下降解。自由基反应是指在气-液界面处生成了氧化能力很强的羟基自由基，然后与有机物发生反应。

超声化学氧化法在去除水中污染物时具有生物作用和化学作用。在生物作用方面，由于直接或间接机械作用，可使细胞破裂或使细菌群分离，或增加杀菌剂对细胞的渗透性。在化学作用方面，超声化学氧化法可和臭氧或 UV 结合使用以氧化各种化学污染物和农药的残余。

但是单独用超声法（US）处理内分泌干扰物，非但效果不佳，并且所需能耗较高，因此目前着眼于超声波和其他光氧化技术的联合应用，如超声和 UV/O_3（US/UV/O_3）、超声和

UV（UV/US）、超声和 UV/TiO_2（US/UV/TiO_2）等。

超声和臭氧联合作用时，有三种来源生成·OH 自由基：

①水的超声化学分解；

②臭氧的化学分解；

③臭氧在超声空穴气泡中的热分解。

应用 UV/O_3/US 去除腐殖酸和三卤甲烷前质最有效果。去除水中 1，1，1-三氯乙烷时，应用 US/UV 比两种方法单独使用时的效果好。光催化氧化法与超声波工艺曾用于破坏废水中的多氯联苯。

（4）高级氧化法对进水水质要求

为了高级氧化法的有效使用，须注意进水的水质以及运行条件。水的 pH 值很重要，因为水中的·OH 浓度和 pH 有关，并且 pH 控制水中碳酸盐、碳酸氢盐和碳酸之间的平衡。碳酸盐和碳酸氢盐可分别以 3.9×10^8L/（mol·s）和 8.5×10^6L/（mol·s）的速率常数将·OH 清除，因此碳酸盐和碳酸氢盐碱度（＞400mg/L，$CaCO_3$）高的水，并不适合于产生·OH，而是以酸性 pH 的水较好。但是 pH 对各种工艺的影响不同，一般，在酸性 pH 时用 UV/H_2O_2 较有效，而稍显碱性的水以 UV/O_3 较好。根据污染物种类，原始污染物浓度可以影响处理效果，例如，COD 高于 5000mg/L 的污水，可以选择 UV/Fenton 氧化法进行处理。

采用 UV 的氧化工艺，所处理的水应有良好的透光性，高浊度水或废水会引起干扰，降低水处理效果。采用 UV/H_2O_2 时，对浑浊度的要求高于 UV/O_3，但是浑浊度不会影响污染物被 H_2O_2 或 O_3 的直接氧化。原水的悬浮固体量大于 300mg/L 时需进行预处理，以降低水的浑浊度，便于透过紫外光进行氧化。

应用 UV 氧化法处理的水所含重金属离子应小于 10mg/L，且不宜含有不溶解的油脂，以减少石英套管的结垢。水中油脂浓度在 50mg/L 以上时，会降低处理效率。有些水当 pH 稍有变化时，溶解的无机物如钙、铁、锰会发生沉淀。重金属被·OH 氧化后可能会产生新的问题，如氧化后生成的 Cr^{6+} 比 Cr^{3+} 更具毒性。

·OH 清除剂可能影响污染物的分解效率，化学氧化剂投加过量也可以成为清除剂。水中的碳酸盐、碳酸氢盐、亚硝酸盐、亚硫酸盐和氯离子，都可以是·OH 清除剂，因而会降低有机物的降解速率。天然水中其他常见的清除剂有乙二胺四乙酸（EDTA）、腐殖酸、溴化物和氰化物，均须加以预处理以提高光氧化效果。

含高浓度天然有机物（NOM）的水中，高级氧化法效果较差，因为微污染物的浓度以 μg/L 计，而天然有机物的浓度常以 mg/L 计，因此宜有适当的预处理工艺以减少 NOM 浓度。

（5）高级氧化法降解内分泌干扰物的研究情况

应用高级氧化法去除内分泌干扰物方面的有关研究情况见表 6.5。

高级氧化法降解内分泌干扰物的研究 **表 6.5**

内分泌干扰物	应用工艺	研究结果和结论
2,4-DCP	UV、UV/H_2O_2	在 2,4-DCP 初始浓度 100mg/L 条件下，单独 UV 光降解 2h 仅能降解 9%，在加入 H_2O_2 250mg/L 后，去除率升高为 37%，降解过程均符合一级反应方程，k 值分别为 $0.3\pm0.2h^{-1}$ 和 $1.56\pm0.5h^{-1}$

续表

内分泌干扰物	应用工艺	研究结果和结论
2,4-D	Fe(Ⅱ)/H_2O_2/UV Fe(Ⅲ)/H_2O_2/UV	Fe(Ⅲ)/H_2O_2/UV 工艺降解 2,4-D 的速率快于 Fe(Ⅱ)/H_2O_2/UV，同时随 H_2O_2 投加量从 1mM 增加到 3mM，去除速率将分别升高 1.9 和 1.3 倍
4-CP 2,4-DCP 2,4,6-TCP 2,3,4,6-TeCP	UV、H_2O_2，UV/H_2O_2	降解过程均符合拟一级反应，UV 工艺的 k 值（$\times 10^3$）分别为：4-CP，564min^{-1}；2,4-DCP，38min^{-1}，2,4,6-TCP，26min^{-1}，2,3,4,6-TeCP，21min^{-1} UV/H_2O_2 工艺的 k 值（$\times 10^3$）分别为：4-CP，601min^{-1}；2,4-DCP，44min^{-1}；2,4,6-TCP，33min^{-1}，2,3,4,6-TeCP，29min^{-1}
2,4-D	UV，UV/H_2O_2	UV/H_2O_2 的反应速率可以达到 UV 处理的 20 倍，TOC 降解效果随 H_2O_2 浓度的增加而逐渐增加
艾氏剂	UV/H_2O_2 UV/Fenton Fenton UV/Fe^{2+}	考察了在高岭土和活性炭载体上艾氏剂的高级氧化降解效果，几种工艺的氧化能力排序为：UV/Fenton＞UV/H_2O_2＞Fenton＞UV/Fe^{2+}
呋喃	UV/H_2O_2	UV 单独降解其一级反应常数为：$k=3.3\times10^4 s^{-1}$ 在 H_2O_2 浓度分别为 5×10^{-4}M 和 5×10^{-3}M 条件下，k 值分别为：$7.1\times10^4 s^{-1}$ 和 $43.5\times10^4 s^{-1}$
2,4-D	UV/H_2O_2	在［H_2O_2］/［2,4-D］的变化范围从 0.05mg/L 增加到 12.5mg/L，2,4-D单位光强降解产率从 4.86×10^{-6} 升高到 1.3×10^{-4}。但是当［H_2O_2］太大时将抑制反应，其主要原因是 H_2O_2 过高将消耗羟基自由基
硝基苯	UV/TiO_2 UV/H_2O_2	考察了不同催化剂投加量、不同波长、不同水中阴离子、pH 及催化剂种类等对硝基苯降解的效果。通过与 UV/H_2O_2 工艺的比较发现，光催化工艺对硝基苯的处理效果远高于光化学氧化工艺
阿特拉津	UV Fenton UV/Fenton	三种工艺对阿特拉津的降解过程均可以用拟一级反应表示，UV/Fenton 工艺极大地提高了阿特拉津的降解速率，同时从羟基自由基产生机理方面详细分析了三种工艺的处理效果
阿特拉津	UV/H_2O_2 Fe(Ⅲ)/UV Fe(Ⅲ)/UV/H_2O_2 Fenton Fe(Ⅲ)/H_2O_2	在阿特拉津初始浓度为 0.1mg/L 和 pH 3 条件下，Fe(Ⅲ)/UV 工艺的降解速率明显大于 UV/H_2O_2 工艺；同时 Fe(Ⅲ)/UV/H_2O_2 对有机物的矿化度明显高于其他工艺
阿特拉津	UV UV/TiO_2	UV 工艺可有效降解阿特拉津，其 $t_{1/2}\leqslant$5min；UV/TiO_2 工艺的 $t_{1/2}$ 大约为 20min
嘧啶	UV/TiO_2	在降解嘧啶过程中，最佳的催化剂量为 50mg/40mL，同时可采用拟一级反应和 Langmuir-Hinshewood 方程拟合降解方程

续表

内分泌干扰物	应用工艺	研究结果和结论
双酚 A	UV/TiO_2 UV/镀铂 TiO_2	BPA 的矿化程度受 pH 的影响较大，酸性条件下，20mg/LBPA 在光照 120min 后完全矿化，而碱性条件下仅为 20%；同时考察了降解过程中产物毒性的变化，酸性明显好于碱性；镀铂催化效果明显好于未处理的 TiO_2 工艺
林丹 p,p′-DDT 甲氧 DDT	UV/TiO_2/O_2	降解反应均符合一级反应方程，在 TiO_2 为催化剂时，林丹、p,p′-DDT、甲氧 DDT 的 k 值分别为 $0.028S^{-1}$、$0.09S^{-1}$ 和 $0.3S^{-1}$
乐果	UV/TiO_2 UV/ZnO UV/H_2O_2/TiO_2	各工艺的降解反应均符合一经反应方程，TiO_2 催化效果优于 ZnO，同时 UV/TiO_2 和 UV/ZnO 不能有效矿化乐果，只有 UV/H_2O_2/TiO_2 可有效去除产物毒性
硝基苯	UV UV/H_2O_2	UV/H_2O_2 可有效降解硝基苯，同时可矿化该物质；该工艺受 H_2O_2 投加量的影响较大，反应过程将生成酚类和无机酸类物质；同时反应过程符合假零级方程，反应常数为 $1.36\times10^{-7}MS^{-1}$，并随起始浓度的变化而变化
双酚 A	UV/TiO_2	BPA 主要受·OH 和·OOH 攻击，最终生成醛、羟基酸和 CO_2 等
双酚 A	UV/TiO_2	分析了不同 TiO_2 固定方法、pH、光强等因素对工艺的影响效果；反应采用一级反应方程表示；k 值随 pH 值从碱性到酸性而逐渐增大
利谷隆	UV/TiO_2	考察了不同种类 TiO_2 催化剂的去除效果，并从降解机理和产物方面进行了分析
艾氏剂	太阳光/H_2O_2 太阳光/TiO_2	采用集中式和非集中式太阳光辐照/TiO_2 处理艾氏剂，在无辐照条件下，艾氏剂将被 TiO_2 吸附。同时加入 H_2O_2 可提高该工艺的处理效果；反应的中间产物为狄氏剂、12-羟基-狄氏剂、六氯
烷基酚 4-t-OP NP,4-OP 4-t-OP	Fe(Ⅲ) /UV	均相光催化降解 10^{-4}mol/L4-t-OP，400min 降解约 50%，TiO_2 薄膜，100μg/LNP,4-OP 和 4-t-OP 反应符合一级反应，速率常数分别为 0.055、0.14 和 $0.069min^{-1}$
DBP DEHP	UV/TiO_2	热水处理技术改变柱型 TiO_2 粘土矿的结晶形态，从改善疏水性内分泌干扰物在 TiO_2 光催化剂上的吸附性能入手，提高 DBP 和 BPA 的光降解效率
DBP	Fe(Ⅲ) /UV	对 3×10^{-5}mol/L 的 DBP 进行均相光催化降解，120min 可去除 90%左右，阳光照射 40min 可去除 90%左右。光降解的主要产物是羟基、二羟基和羟酸衍生物。延长光照时间至 4d，DBP 及其光降解产物可被矿化
E2	UV/TiO_2	固定化 TiO_2，对浓度为 0.05～3μmol/L 的 E2 进行光降解，一级反应速率常数为 $0.0157min^{-1}$
E2 El EE2	UV/TiO_2	TiO_2 薄膜，雌激素浓度为 100μg/L，一级反应速率常数分别为 0.015、0.058 和 $0.050min^{-1}$

续表

内分泌干扰物	应用工艺	研究结果和结论
DEP	Fe(Ⅲ)/太阳光	随着羟基自由基的持续产生，可达到矿化 DEP 的目的
DBP	UV	通过 1h 的 UV 照射，可降解 90%的 DBP，在不同 pH 条件下 DBP 降解途径不同，主要的降解机理为光解首先断开酯链的 α 或 β 位置的 C，形成带苯环的羟基衍生物
DEP	UV/TiO_2	考察了不同 pH、本底、催化剂浓度、催化剂类型、不同电子受体等对 DEP 的降解和矿化程度；DEP 的降解受加入电子受体的影响较小，但对 TOC 的降解影响很大；同时分析了降解途径和产物
双酚 A	UV/Fenton	对于起始浓度为 10mg/L 的 BPA，在优化工艺条件下，9min 可以完全降解；降解过程中有 CO_2 形成，在 UV 光照射 36h 后，其矿化度可以达到 9%；降解过程中发现 6 种降解产物
涕灭威 阿特拉津 西玛津	UV/Fenton	在起始浓度约为 2×10^{-4} M 条件下，涕灭威在 10min，阿特拉津和西玛津在 30min 之后，基本降解完全
草不绿 阿特拉津 敌草隆 异丙隆 五氯酚	UV/Fenton/O_3 UV/TiO_2/O_3	两种工艺对难降解农药类内分泌干扰物非常有效，反应基本符合零级和一级反应动力学方程，对于前一个工艺，速率常数的变化范围为：$2.2\times10^3\sim6.2\times10^3S^{-1}$，后一个工艺变化范围为：$1.5\times10^3\sim29\times10^3S^{-1}$；除了前两种物质外，其余物质在 3h 内可达到矿化
阿特拉津	Fenton	该处理方法可快速有效处理阿特拉津，同时反应受 H_2O_2 和铁离子浓度影响很大，当两者消耗完毕后，反应也相应停止；在各种影响因素中铁离子影响更大
敌草隆 2,4-D 丁噻隆	UV/Fenton	采用 FeO_x 为亚铁离子的来源；在优化工艺条件下，20min 内可矿化 93%的 2,4-D 和 90%的敌草隆，同时这两样物质 10min 内就会发生脱氯反应；丁噻隆为最为难于降解的物质，在 1min 反应条件下，只剩 2%的其他两种物质时，仅降解 15%；Fe^{2+} 的浓度对反应影响的程度最大
杀螟硫磷	Fe(Ⅲ)/H_2O_2/UV Fe(Ⅲ)/UV H_2O_2/UV	考察了不同工艺在纯水和天然水条件下对该物质的去除效果；研究表明在河水和纯水中，对该物质降解能力顺序为：Fe(Ⅲ)/H_2O_2/UV＞Fe(Ⅲ)/UV＞H_2O_2/UV；Fe(Ⅲ)/H_2O_2/UV 产生羟基自由基的浓度速率最快，其矿化物质能力最强，且工艺受铁离子和 H_2O_2 浓度影响较大
双酚 A	Fe(Ⅲ)/Ox/Hg 灯	在 pH＝3.5 和 Fe(Ⅲ)/Ox 浓度为 10.0/120.0μmol/L 条件下，去除效率最高；初始降解速率受起始浓度影响较大，在 10mg/L 以上达到最大起始降解速率

6.2 光氧化法去除内分泌干扰物

6.2.1 单独紫外光（UV）去除内分泌干扰物效果

（1）紫外光（UV）降解4-叔丁基苯酚效果

在光反应装置（图6.4）中进行试验，反应器中心点近水面处UV光强为153.9μW/cm²，分别研究UV辐射下，不同初始4-叔丁基苯酚（BP）浓度的降解和相同初始浓度不同pH时BP溶液的降解，本试验采用蒸馏水配制BP。

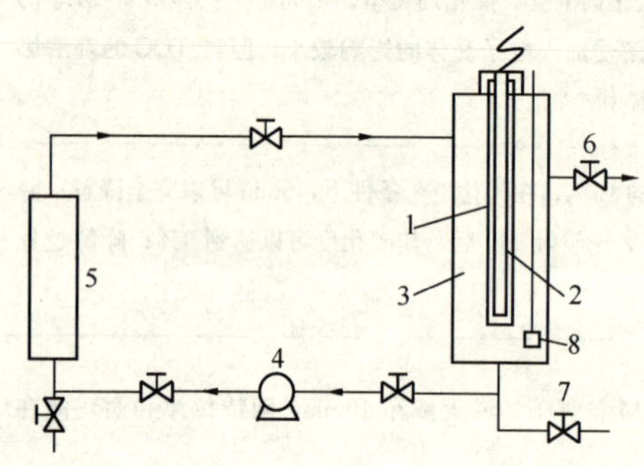

图6.4 光反应器示意图

1—石英套管；2—紫外灯；3—反应器；4—循环水泵；5—储水罐；6—取样口；7—放空阀；8—曝气头

1）初始浓度的影响

在恒定光强为153.9μW/cm²条件下，对不同初始浓度（1053μg/L、691μg/L、338μg/L和169μg/L）的4-叔丁基苯酚（BP）进行降解，经过90min降解后，BP的去除率分别为73.2%、53.7%、52.95%和50.1%，可见UV降解BP的效果很差。

用拟一级反应动力学来拟合 $\ln(C/C_0)$ 随反应时间的变化，如图6.5所示，表观速率常数 k_1 及相关系数 R^2 如表6.6所示，结合表4.28可以看出，随着BP初始浓度的降低，k_1 逐渐降低，发现在高浓度（691～1053μg/L）时，BP降解速率下降较慢，而在低浓度（169～691μg/L）时，BP降解速率下降较快；在BP浓度范围为169～1053μg/L内考察BP初始浓度与 k_1 关系，对二者拟合发现 k_1 与BP初始浓度的倒数成直线关系（$R^2=0.9913$），如图6.6所示，其关系式如下：

$$k_1=-1.5468C_{[\mathrm{BP}]0}+0.0156 \tag{6.21}$$

不同初始浓度时UV降解BP的拟一级动力学模型的拟合参数　　表6.6

初始浓度 C_0（μg/L）	k_1（min^{-1}）	R^2	初始浓度 C_0（μg/L）	k_1（min^{-1}）	R^2
1053	0.0153	0.9977	338	0.0115	0.9943
691	0.0144	0.9977	169	0.0076	0.9953

2）pH对UV降解BP的影响

在恒定光强为153.9μW/cm²下，试验pH对UV降解BP的影响，BP初始浓度约为338μg/L，用拟一级动力学来拟合 $\ln(C/C_0)$ 随反应时间 t 的变化，结果如图6.7所示，表观速率常数 k_1 及相关系数 R^2 如表6.7所示。

从图6.7及表6.7可以看出，在80min内pH为5.21的弱酸性环境中，BP降解速率最快，pH由6.85升高到8.53时，BP的降解速率逐渐下降，相对于pH为5.21的弱酸性环境中，pH为3.11和2.37的强酸环境下，BP的降解速率分别下降了65.8%和48.1%，总体看来，在弱酸到弱碱的环境下可以加快BP的降解速率，而强酸环境非常不利于UV降解BP。

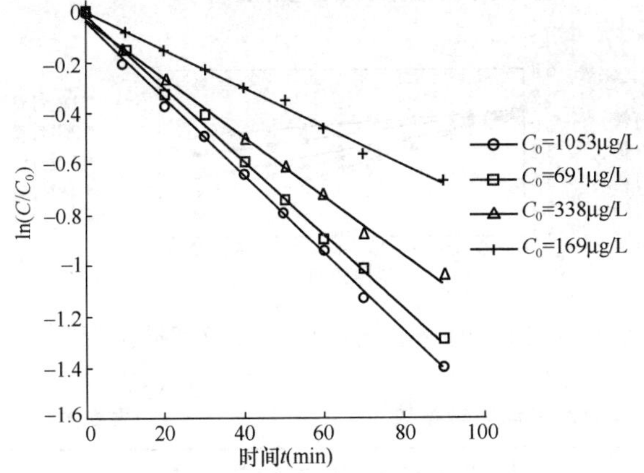

图 6.5 BP 初始浓度对 UV 降解 BP 的影响

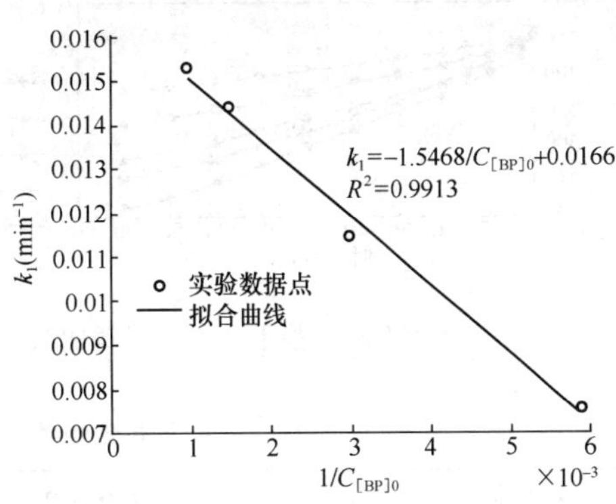

图 6.6 BP 初始浓度与一级动力学反应常数 k_1 的关系

不同 pH 的单独 UV 降解 BP 的拟一级动力学模型的拟合参数 **表 6.7**

初始 pH	k_1（min^{-1}）	R^2	初始 pH	k_1（min^{-1}）	R^2
2.37	0.0054	0.9900	6.85	0.0119	0.9943
3.11	0.0082	0.9934	8.53	0.0116	0.9914
5.21	0.0158	0.9971			

（2）紫外光降解 2,4-D 效果

1）光强的影响

采用自来水配制初始浓度约 450μg/L，pH=6.49 的 2,4-D 水样，在完全混合间歇流方式下试验。通过控制紫外灯管开关数来控制紫外光照射强度，测定反应器内 2,4-D 浓度的变化，考察光强对 2,4-D 光解效果的影响。图 6.8 表示在不同强度紫外光照射下，反应器内 2,4-D 浓度随反应时间变化的情况。

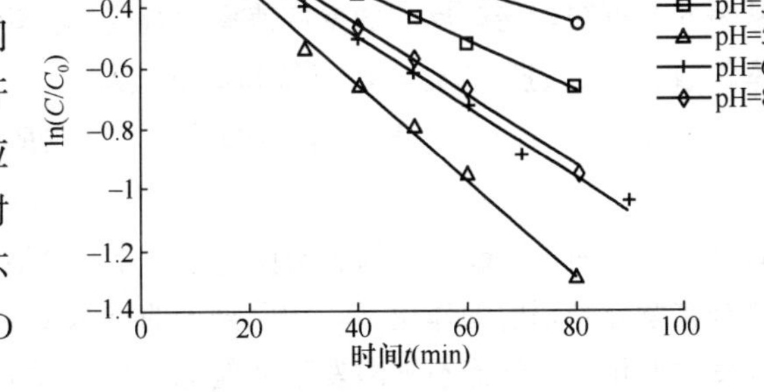

图 6.7 pH 对 UV 降解 BP 的影响

从图 6.8 可以看出，紫外光解对 2,4-D 的去除效果，尤其是在光强较低的条件下，并不十分明显。在开一根灯管条件下（光强为 205μW/cm^2）时，2,4-D 的初始浓度为 449μg/L，30min 后浓度降为 419μg/L，90min 后，浓度降为 378μg/L，去除率仅为 16％。

随着光强的增加，降解速率加快，在相同处理时间内，水样中 2,4-D 去除率升高。在五种光强条件下，光解 90min 后，2,4-D 的去除率分别为 16％、27％、37％、46％和 53％。

不同光强条件下，2,4-D 的光解曲线同时呈现出零级和一级反应动力学的特征，分别进行零级和一级动力学方程拟合。一级动力学结果如图 6.9 所示，表 6.8 为不同光强条件下，2,4-D 光解零级和一级反应动力学方程拟合结果。可以看出，零级反应动力学（R^2 大于 0.98）和一级反应动力学（R^2 大于 0.99）均可以描述 2,4-D 在不同光强条件的光解反应。

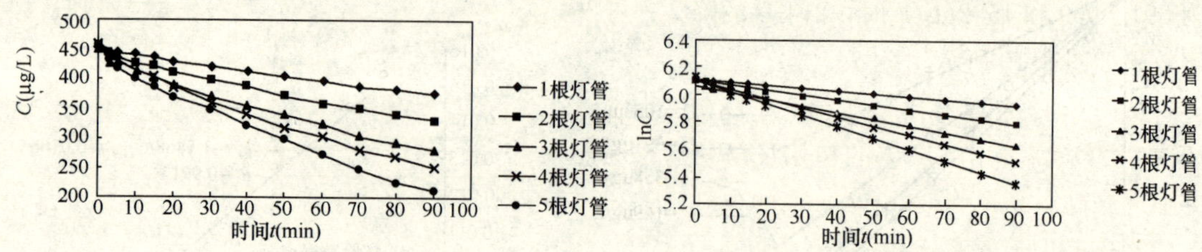

图 6.8 不同光强下 2,4-D 光解曲线

图 6.9 不同光强下 2,4-D 光解拟合曲线

不同光强条件下 2,4-D 反应动力学参数 **表 6.8**

光强	拟合方程		k（min^{-1}）	R^2	$t_{1/2}$（min）
205	零级	$C=-0.812t+446.88$	0.812	0.992	
	一级	$\ln C=-0.00197t+6.104$	0.00197	0.995	351.9
412	零级	$C=-1.324t+442.51$	1.324	0.984	
	一级	$\ln C=-0.00342t+6.096$	0.00342	0.992	202.7
632	零级	$C=-1.717t+428.09$	1.717	0.980	
	一级	$\ln C=-0.00484t+6.067$	0.00484	0.991	143.2
850	零级	$C=-2.237t+442.51$	2.237	0.980	
	一级	$\ln C=-0.00651t+6.098$	0.00651	0.995	106.5
1033	零级	$C=-2.597t+432.76$	2.597	0.987	
	一级	$\ln C=-0.00818t+6.093$	0.00818	0.997	84.7

从表 6.8 可知，光解反应的反应速率常数受光强影响较大。将不同光强 I 时零级和一级反应速率常数 k_0、k_1 进行拟合，可以得到如下关系：

$$k_0 = 1.806I^{0.713}\times 10^{-2}(R^2 = 0.9971) \tag{6.22}$$

$$k_1 = 7.851I\times 10^{-6}(R^2 = 0.9914) \tag{6.23}$$

式（6.22）和式（6.23）都表明反应速率常数随着 UV 辐射量的增加而增加。分子吸收光的本质是在紫外光辐射的作用下，物质分子的能态发生了改变，即分子的转动、振动、或者电子能级发生变化，由低能态被激发至高能态（即活化），进而发生各种反应。增加光强实质上提高单位反应体积内的光子流量，其增加会使单位时间内被活化的物质分子数增加，反应速率也会随之提高。

虽然可以通过增加紫外照射光强，来提高光氧化降解的效率，但由于 2,4-D 的紫外光降解效率并不显著（1000μW/cm^2，降解 90min，去除率仅为 50%左右），单纯依靠提高光强来提高降解效率，相应的运行费用必定较高，应考虑与其他工艺联用，例如 UV/H_2O_2，来提高降解效率，达到满意的 2,4-D 去除效果。

2）2,4-D 初始浓度的影响

采用自来水配制不同浓度的 2,4-D 反应液（pH=6.98），在相同的反应条件下进行紫外光解处理（光强均为 632μW/cm^2，T=20±1℃），考察不同初始浓度对 2,4-D 光解效果的影响。

紫外光解90min，2,4-D的初始浓度分别为591、969和1552μg/L时，2,4-D的降解效果如图6.10所示。

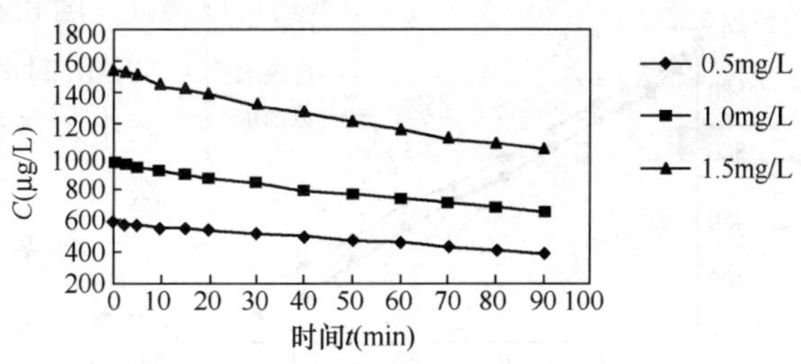

图6.10　不同初始浓度条件下2,4-D的光解曲线

从图6.10可以看出，随着2,4-D初始浓度的升高，光解反应的初始反应速率随之升高。光强为632μW/cm^2的条件下，2,4-D初始浓度为591μg/L、969μg/L和1552μg/L，紫外光降解50min后，去除率分别为19%、22%和21%，光解90min后，去除率分别为34%、33%和32%。这说明，不同初始浓度的2,4-D，在光解时间相同的情况下，去除率基本相同。

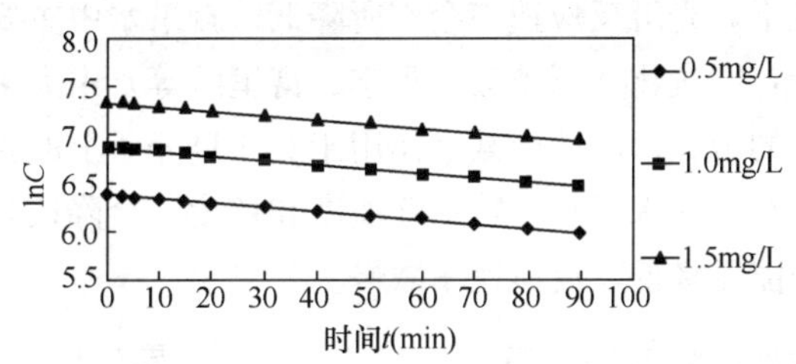

图6.11　不同初始浓度条件下2,4-D光解拟合曲线

试验数据同时呈现出零级反应动力学和一级反应动力学的特点。对其进行一级反应动力学拟合，结果如图6.11所示。在光强为632μW/cm^2条件下，三组不同2,4-D初始浓度的降解反应均符合一级反应动力学模型（R^2均大于0.99），三条拟合曲线几乎平行。

表6.9列出了在不同2,4-D初始浓度条件下，分别按零级反应动力学方程和一级反应动力学方程拟合的结果。从表中可知，零级反应速率常数受初始浓度影响较为明显，将不同初始浓度C_0的零级反应速率常数k_0进行拟合，可以得到如下关系：

$$k_0 = 0.003623C_0(R^2 > 0.9999) \tag{6.24}$$

当2,4-D初始浓度为591、969和1552μg/L时，一级反应速率常数分别为0.004368min^{-1}、0.004375min和0.004370min^{-1}。在试验误差范围内，可以认为这三个数值相同。也就是说在试验浓度范围内，可以为2,4-D初始浓度对一级光解反应基本没有影响。这说明，虽然初始降解速率是一个重要的评价指标，但只用它来评价2,4-D的降解过程会产生误导，增大初始浓度虽然会使初始降解速率增大，但对2,4-D的降解程度或降解百分比没有影响。

不同初始浓度2,4-D反应动力学参数　　表6.9

初始浓度（μg/L）	拟合方程		k（min^{-1}）	R^2
591	零级	$C=-2.135t+584.3$	2.135	0.998
	一级	$\ln C=-0.004368t+6.378$	0.004368	0.995
969	零级	$C=-3.515t+950.64$	3.515	0.983
	一级	$\ln C=-0.004375t+6.863$	0.004375	0.993
1553	零级	$C=-5.625t+432.76$	5.625	0.983
	一级	$\ln C=-0.004370t+7.334$	0.004370	0.993

3）水质的影响

分别采用自来水和蒸馏水配制浓度接近的2,4-D反应液，在相同的反应条件（光强均为632μW/cm^2，$T=20\pm1$℃）进行光解处理，考察水质对2,4-D光解反应的影响。

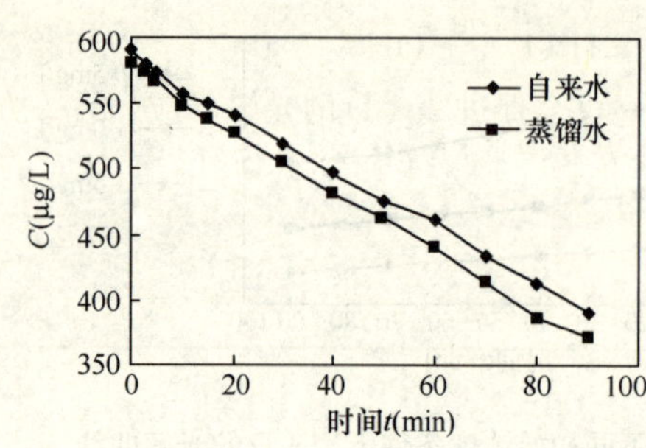

图 6.12 不同水质时 2,4-D 光解拟合曲线

图 6.12 为不同水质条件下，2,4-D 在紫外光解 90min 时的浓度变化曲线，可以看出，无论是在自来水中，还是在蒸馏水中，降解曲线都同时呈现出零级和一级反应动力学特征。

对光解曲线分别进行零级和一级动力学拟合，结果如表 6.10 所示。可以看出，2,4-D 在自来水中的紫外光解反应速率常数要小于在蒸馏水中的光解常数（零级反应常数分别为 2.135min^{-1} 和 2.319min^{-1}；一级反应动力学常数分别为 0.004368min^{-1} 和 0.004894min^{-1}）。

这说明当水中存在有机物及多种离子的情况下，光解反应速率会有所降低。自来水中主要的干扰因素为有机物，有机物的影响主要体现为：有机物（腐殖酸、丹宁、富里酸等）中大多存在芳环、双键等不饱和结构，对紫外光有强烈的吸收，因此会减小作用于 2,4-D 分子上的光子流量，这应是主要的影响因素。而且有机物的存在使水具有一定的浑浊度和色度，会降低紫外光的透射率，从而使 2,4-D 所吸收的有效光子能量降低，反应速率减慢。

不同水质时 2,4-D 光解反应动力学参数 **表 6.10**

水体类型	初始浓度	拟合方程		k (min^{-1})	R^2
自来水	591μg/L	零级	$C=-2.135t+584.3$	2.135	0.998
		一级	$\ln C=-0.004368t+6.378$	0.004368	0.995
蒸馏水	582μg/L	零级	$C=-2.319t+577.1$	2.319	0.998
		一级	$\ln C=-0.004894t+6.368$	0.004894	0.996

4）pH 的影响

采用自来水配制浓度接近的 2,4-D 反应液约 450μg/L，光强均采用 632μW/cm²，$T=20\pm1$℃。用硫酸（硫酸：水=1：5，v/v）和氢氧化钠调节反应液的 pH，使初始 pH 分别为 3.24、5.19、6.39 和 8.28，研究 pH 值对 2,4-D 光解效果的影响。

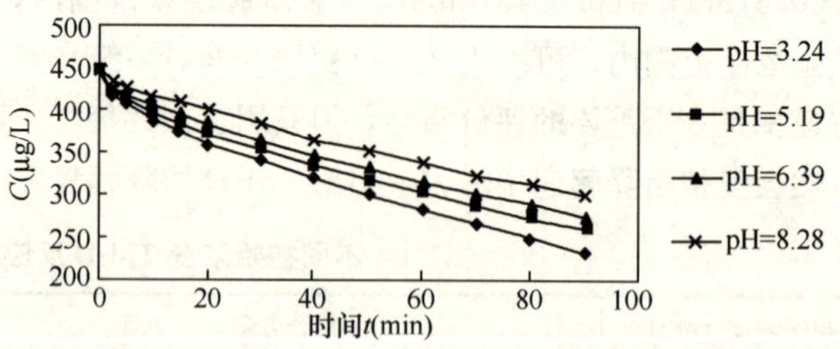

图 6.13 不同 pH 时 2,4-D 光解拟合曲线

图 6.13 表示不同 pH 时的 2,4-D 光解曲线。表 6.11 列出了不同 pH 条件下，2,4-D 光解零级和一级反应动力学拟合方程。从中可以看出，2,4-D 的光降解受 pH 值的影响较大。

对不同 pH 时的零级和一级反应速率常数进行拟合，可以得到：

$$k_0 = 3.158\text{pH}^{-0.713}(R^2 = 0.957) \tag{6.25}$$

$$k_1 = 1.102\text{pH}^{-0.426} \times 10^{-2}(R^2 = 0.978) \tag{6.26}$$

可以看出，随着 pH 的降低，无论是零级速率常数还是一级速率常数均逐渐升高。这表明水体中的 2,4-D 在酸性条件下光解反应速率比碱性条件下稍快。根据资料，水体中溶解氧在酸性条件下，光解可产生 H_2O_2，进而形成·OH，其反应过程如式（6.27）所示。

$$O_2 \xrightarrow{\text{腐殖质、光}} O_2^- \xrightarrow{H^+} HO_2 \cdot \longrightarrow H_2O_2 \xrightarrow{\text{光}} OH \quad (6.27)$$

虽然通过这种反应产生的·OH数量可能较少，但这也会促进2,4-D的光解反应。另一方面，由于酸催化作用，在酸性介质中生成的2,4-D质子化物，较之未质子化物具有更强的反应性。

不同pH条件下2,4-D光解反应动力学参数　　**表6.11**

pH值	初始浓度(μg/L)	拟合方程		k (min^{-1})	R^2
3.24	446	零级	$C=-2.137t+416.0$	2.137	0.970
		一级	$\ln C=-0.006569t+6.044$	0.006569	0.990
5.19	450	零级	$C=-1.918t+422.2$	1.918	0.967
		一级	$\ln C=-0.005600t+6.054$	0.005600	0.987
6.39	456	零级	$C=-1.794t+426.6$	1.794	0.976
		一级	$\ln C=-0.005102t+6.064$	0.005102	0.990
8.28	442	零级	$C=-1.571t+434.0$	1.571	0.989
		一级	$\ln C=-0.004368t+6.079$	0.004368	0.996

综合式(6.22)、式(6.24)和式(6.26)可以得到，紫外光降解2,4-D的零级反应速率常数表达式为：

$$k_0 = 7.053\text{pH}^{-0.317} I^{0.713} C_0 \times 10^{-5} \quad (6.28)$$

综合式(6.23)和式(6.25)可以得到紫外光降解2,4-D的一级反应速率常数表达式为：

$$k_1 = 1.743\text{pH}^{-0.426} I \times 10^{-5} \quad (6.29)$$

综上所述，UV光解对2,4-D有一定的降解效果，但并不十分显著(中性溶液，光强1000μW/cm^{2}的条件下，光解90min，去除率仅为50%左右)。

在试验条件(光强205～1033μW/cm^2，pH 3.24～8.28，初始浓度1.5～0.45mg/L，温度20±1℃)范围内，紫外光辐射对2,4-D的降解曲线同时呈现出零级反应动力学和一级反应动力学的特征，两种动力学方程都可以很好地描述其降解过程。

在UV光解工艺中，提高光强，可以提高2,4-D的去除率。反应速率常数与光强有以下关系：$k_0 = 1.806I^{0.713} \times 10^{-2}$；$k_1 = 7.851I \times 10^{-6}$；自来水中的有机物及多种离子的存在，会降低2,4-D的光解速率；2,4-D初始浓度与零级反应速率常数呈线性关系：$K_0 = 0.003623C_0$，但对一级反应速率常数没有任何影响。推断反应属于表面催化反应，增大初始浓度虽然会使初始降解速率增大，但对2,4-D的降解程度或降解百分比没有影响；低pH有利于光解反应的进行，零级和一级反应速率常数分别满足：$k_0 - 3.158\text{pH}^{-0.713}$和$k_1 = 1.102\text{pII}^{-0.426} \times 10^{-2}$。

在试验条件范围内，UV光解2,4-D的零级反应速率常数与初始浓度、溶液初始pH值及照射光光强有关：$k_0 = 7.053\text{pH}^{-0.317} I^{0.713} C_0 \times 10^{-5}$；UV光解2,4-D的一级反应速率常数与溶液初始pH值及照射光光强有关，与初始浓度无关：$k^1 = 1.743\text{pH}^{-0.426} I \times 10^{-5}$。

(3) 降解BPA效果

在BPA初始浓度约为1.0mg/L，反应器中心点近水面处UV光强分别为21.2μW/cm^2、50.1μW/cm^2、77.2μW/cm^2、107.6μW/cm^{2}和133.9μW/cm^{2}的条件下，BPA去除率随UV光

照射时间的变化如图 6.14 所示。

由图可知，随着 UV 光强的增大，经相同时间处理的水样中 BPA 去除率升高。在 BPA 初始浓度约为 1.0mg/L，不同 UV 光强下，60min 后 BPA 去除率分别为 22.2%、31.2%、37.1%、37.8%和 38.0%，BPA 浓度随着光照时间的增加变化非常缓慢。如 UV 光强 133.9μW/cm² 时，前 20minBPA 去除率为 29%，后 40min 去除率只有 8%，60min 后水中 BPA 浓度为 0.755mg/L。从实验结果可以看出，UV 光照射对 BPA 有一定去除效果，但去除效果有限。

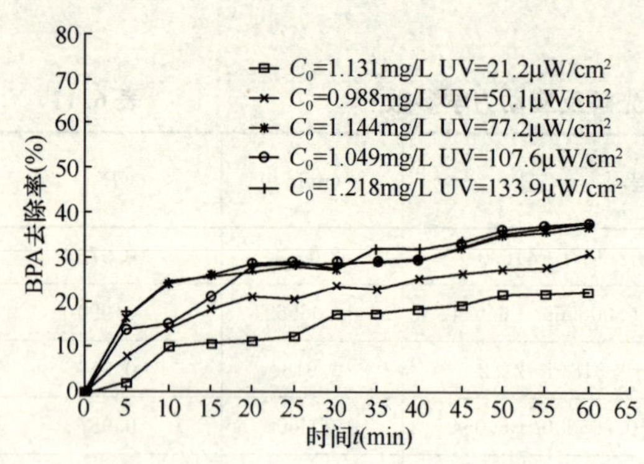

图 6.14 UV 光降解 BPA 的效果

(4) 紫外光降解阿特拉津效果

1) 光强的影响

采用自来水配制初始浓度相近的阿特拉津水样，在完全混合间歇流方式下进行试验。通过控制紫外灯管开关数来控制紫外光照射强度，测定反应器内阿特拉津浓度的变化，考察光强对阿特拉津光解效果的影响。图 6.15 表示不同强度紫外光照射条件下，反应器内阿特拉津浓度随反应时间的变化。

从图 6.15 可以看出，紫外光解对阿特拉津的去除效果相当明显。在开一根灯管条件下（光强为 205μW/cm²），阿特拉津的初始浓度为 105μg/L，60min 后浓度降为 30μg/L，120min 后浓度降为 8μg/L，去除率为 92.38%。

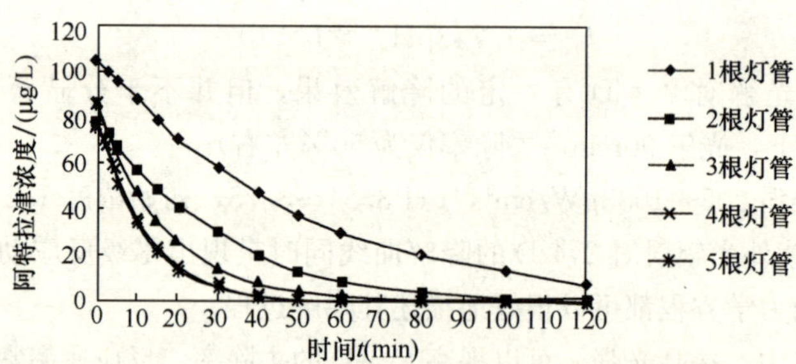

图 6.15 不同光强条件下阿特拉津光解曲线

随着光强增加，降解速率加快（比较不同光强条件下降解曲线的斜率可知），在相同处理时间内，水样中阿特拉津去除率升高。在五种光强条件下，光解 60min 后，阿特拉津的去除率分别为 71.43%、89.10%、97.70%、99.5%和 100%。

不同光强条件下，阿特拉津的光解曲线呈现一级反应动力学的特征，进行一级动力学方程拟合，如图 6.16 所示。可以看出，阿特拉津在不同光强时的光解反应均符合一级反应动力学模型。表 6.12 为不同光强条件下，阿特拉津光解一级反应动力学方程拟合结果。从表中可知，光解反应的一级反应速率常数受光强影响较大。将不同光强 I 下的一级反应速率常数 k 进行拟合，可以得到如下关系：

$$k = 10^{-4} I + 0.001 (R^2 = 0.991) \tag{6.30}$$

这表明反应速率常数随着 UV 辐射量的增加而线性增加。因此，可以通过增加紫外照射光

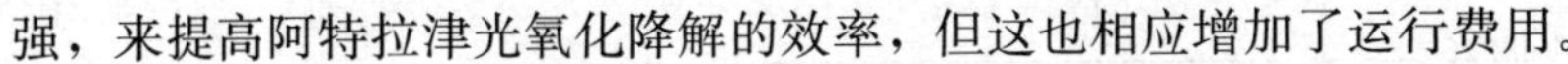

强，来提高阿特拉津光氧化降解的效率，但这也相应增加了运行费用。

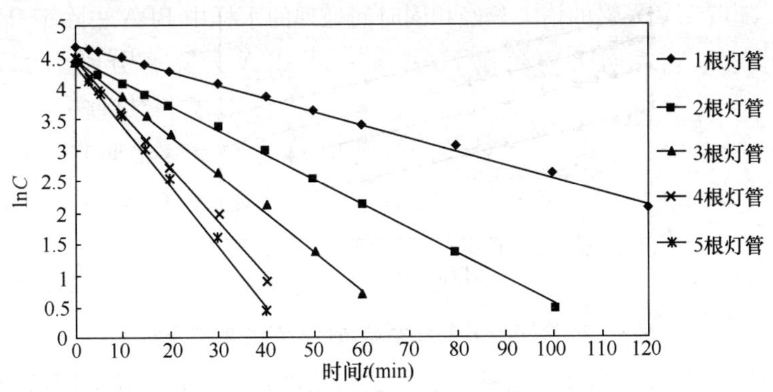

图 6.16　不同光强时阿特拉津光解拟合曲线

不同光强时阿特拉津一级反应动力学参数　　**表 6.12**

光强（μW/cm²）	拟合方程	k（min^{-1}）	R^2	$t_{1/2}$（min）
205	$\ln C=-0.021t+4.6782$	0.021	0.998	33.0
412	$\ln C=-0.0389t+4.4553$	0.0389	0.995	17.8
632	$\ln C=-0.0619t+4.4868$	0.0619	0.998	11.2
850	$\ln C=-0.0842t+4.3761$	0.0842	0.997	8.2
1033	$\ln C=-0.1005t+4.5264$	0.1005	0.997	6.9

2）阿特拉津初始浓度的影响

采用自来水配制不同初始浓度的阿特拉津溶液，分别为 182μg/L、105μg/L、53μg/L 和 22μg/L，在相同的反应条件下进行紫外光解处理（光强均为 205μW/cm²，$T=15\pm1$℃），紫外光解 2h，阿特拉津的降解效果如图 6.17 所示。可以看出，随着阿特拉津初始浓度的升高，光解反应的初始反应速率随之升高。

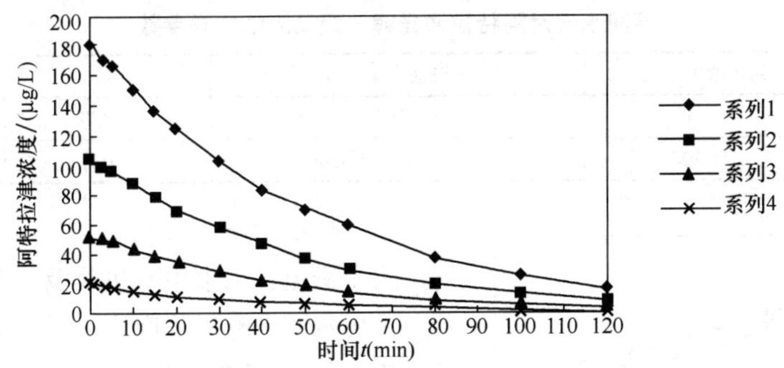

图 6.17　不同阿特拉津初始浓度时的光解曲线

对实验数据进行一级反应动力学拟合，结果如图 6.18 所示。在光强为 205μW/cm² 条件下，四组不同初始浓度阿特拉津的紫外光解反应，均符合一级反应动力学模型。

表 6.13 列出了在不同阿特拉津初始浓度条件下，一级光解反应动力学方程拟合结果。阿特拉津初始浓度为 182μg/L、105μg/L 和 53μg/L 时，一级反应速率常数分别为 0.020min^{-1}、0.021min^{-1}和 0.0202min^{-1}。在试验误差范围内，可以认为这三个数值相同。初始浓度为

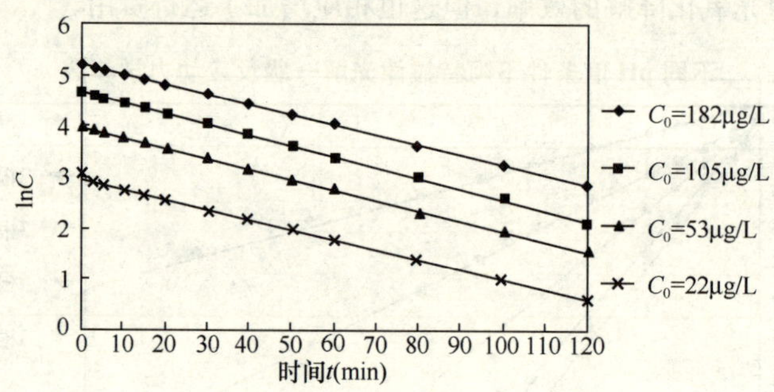

图 6.18　不同阿特拉津初始浓度时的光解拟合曲线

22μg/L 的条件下，一级反应速率常数略小。在试验浓度范围内，可认为阿特拉津初始浓度对光解反应基本没有影响。

不同初始浓度阿特拉津一级反应动力学参数　　表 6.13

初始浓度（μg/L）	一级动力学方程	k（min^{-1}）	R^2
182	$\ln C=-0.02t+5.2206$	0.020	0.998
105	$\ln C=-0.021t+4.6782$	0.021	0.997
53	$\ln C=-0.0202t+3.968$	0.0202	0.984
22	$\ln C=-0.0191t+2.9319$	0.0191	0.991

3）不同水质的影响

分别采用自来水和蒸馏水配制浓度接近的阿特拉津反应液，在相同的反应条件下（光强均为 205μW/cm²，$T=15\pm1$℃）进行光解处理。对光解曲线进行一级动力学拟合，结果如表 6.14 所示。可以看出，阿特拉津在自来水中的紫外光解一级反应速率常数要小于在蒸馏水中，两者分别为 0.021min^{-1} 和 0.0272min^{-1}。说明当水中存在有机物及多种离子的情况下，光解反应速率会有所降低。

不同水质时阿特拉津光解一级反应动力学参数　　表 6.14

水质类型	初始浓度（μg/L）	一级动力学方程	k（min^{-1}）	R^2
蒸馏水	97	$\ln C=-0.0272t+4.6408$	0.0272	0.991
自来水	105	$\ln C=-0.021t+4.6849$	0.021	0.997

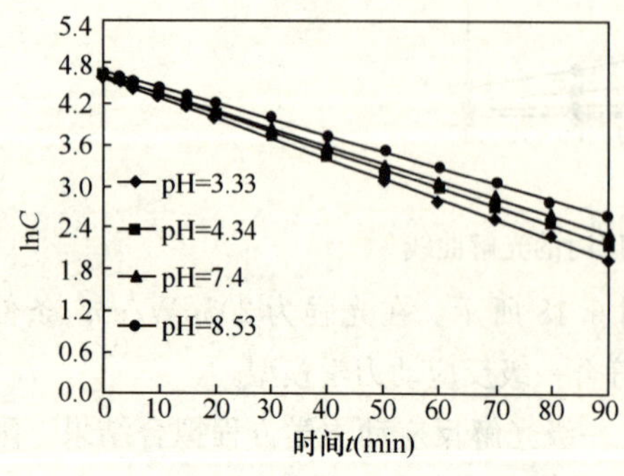

图 6.19　不同 pH 条件下阿特拉津光解拟合曲线

4）pH 的影响

为了避免自来水中有机物及一些金属离子的干扰，采用蒸馏水配制浓度为 110μg/L 的阿特拉津溶液，光强均采用 205μW/cm²，$T=15\pm1$℃。初始 pH 分别为 3.33、4.34、7.4 和 8.53，研究 pH 对阿特特拉津光解效果的影响。图 6.19 显示了不同 pH 条件下，阿特拉津光解一级反应动力学拟合曲线。表 6.15 列出了不同 pH 条件下，阿特拉津光解一级反应动力学拟合方程。对不同 pH 时的反应速率系数进行拟合，得下式：

$$k = -0.0011\text{pH} + 0.0324 \quad (R^2 = 0.944) \tag{6.31}$$

不同 pH 值条件下阿特拉津光解一级反应动力学参数　　表 6.15

初始 pH 值	一级动力学方程	k (min^{-1})	R^2
3.33	$\ln C = -0.0293t + 4.5906$	0.0293	0.987
4.34	$\ln C = -0.0269t + 4.5942$	0.0269	0.989
7.40	$\ln C = -0.0249t + 4.5838$	0.0249	0.997
8.53	$\ln C = -0.0228t + 4.6426$	0.0228	0.998

可以看出，随着 pH 值的降低，一级反应速率系数逐渐增大。这表明阿特拉津在酸性条件下光解反应速率比碱性条件下稍快。

（5）紫外光氧化降解扑草净效果

1）光强的影响

采用自来水配制初始浓度相近的扑草净水样，在完全混合间歇流方式下进行试验。测定反应器内扑草净浓度的变化，考察光强对扑草净光解效果的影响。图 6.20 表示在不同强度紫外光照射下，扑草净浓度随反应时间的变化。

从图 6.20 可以看出，紫外光解对扑草净的去除效果相当明显。在光强为 205μW/cm² 时，扑草净的初始浓度为 55μg/L，60min 后浓度降为 8μg/L，去除率为 85.45%。随着光强的增加，降解速率加快，在相同处理时间内，扑草净去除率增大。

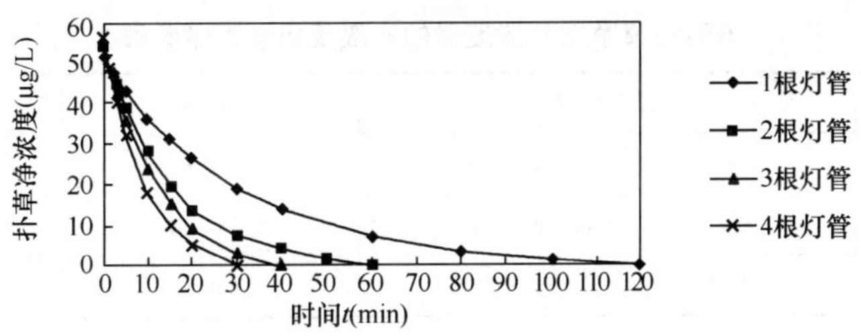

图 6.20　不同光强下扑草净光解曲线

不同光强时，扑草净的光解曲线呈现一级反应动力学的特征，如图 6.21 所示。可以看出，扑草净在不同光强条件的光解反应均符合一级反应动力学模型，见表 6.16，可见光解反应的一级反应速率常数受光强影响较大。将不同光强下的一级反应速率常数进行拟合，可以得到下式：

$$k = 1.55 \times 10^{-4} I \quad (R^2 = 0.9951) \tag{6.32}$$

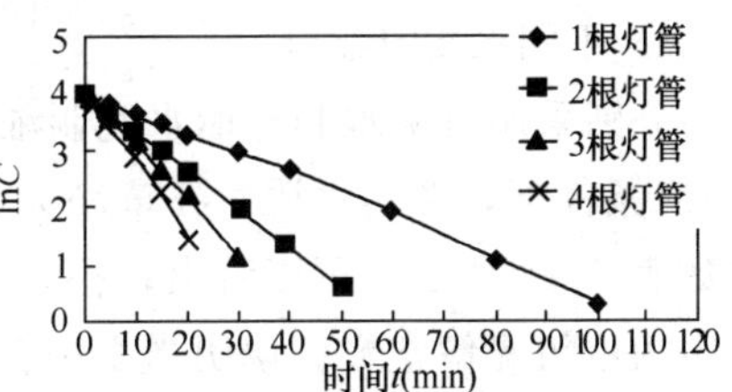

图 6.21　不同光强条件下扑草净光解拟合曲线

不同光强条件下扑草净一级反应动力学参数　　表 6.16

光强（μW/cm²）	拟合方程	k (min^{-1})	R^2	$t_{1/2}$ (min)
205	$\ln C = -0.0366t + 3.9944$	0.0366	0.9956	18.90
412	$\ln C = -0.0680t + 4.0185$	0.0680	0.9946	10.19
632	$\ln C = -0.0959t + 4.0685$	0.0959	0.9955	7.23
850	$\ln C = -0.1294t + 4.0657$	0.1294	0.9986	5.36

2）扑草净初始浓度的影响

采用蒸馏水配制不同浓度的扑草净反应液，在相同的条件下进行紫外光解处理。扑草净的初始浓度分别为102μg/L、63μg/L和30μg/L，不同初始浓度的扑草净降解效果如图6.22所示。可以看出，随着扑草净初始浓度的升高，光解反应的初始反应速率随之增大。

对实验数据进行一级反应动力学拟合，结果如图6.23所示。在光强为205μW/cm^{2}条件下，四组不同扑草净初始浓度的紫外光解反应，均符合一级反应动力学模型。

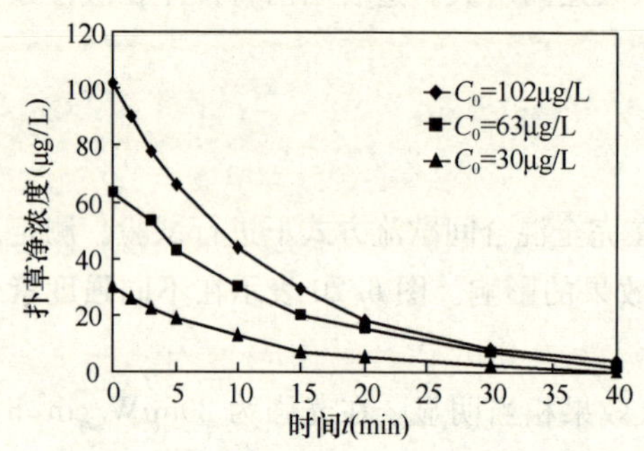

图6.22　不同扑草净初始浓度时的光解曲线

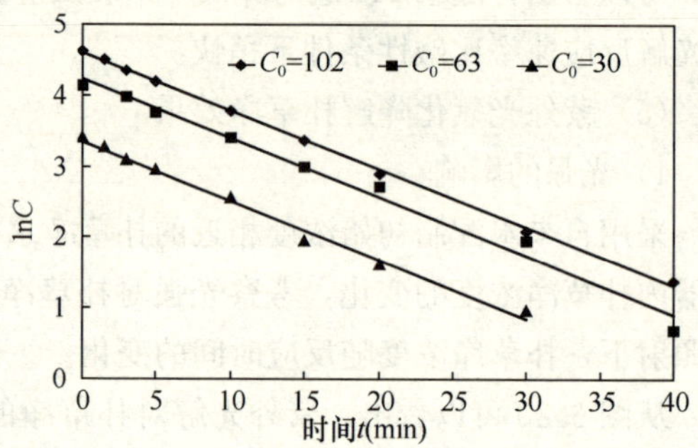

图6.23　不同扑草净初始浓度时的光解拟合曲线

不同扑草净初始浓度时的一级反应动力学参数　　　　表6.17

初始浓度（μg/L）	拟合方程	k（min^{-1}）	R^2
102	$\ln C=-0.0822t+4.6017$	0.0822	0.9987
63	$\ln C=-0.0828t+4.2248$	0.0828	0.9875
30	$\ln C=-0.0831t+3.3444$	0.0831	0.9915

表6.17为不同扑草净初始浓度时，一级光解反应动力学方程拟合结果。在试验误差范围内，可以认为这三个数值相同，因此可以认为扑草净初始浓度对光解反应基本没有影响。

3）不同水质的影响

分别采用自来水和蒸馏水配制浓度接近的扑草净溶液，在光强为205μW/cm^2，$T=15\pm1$℃条件下，考察水质对扑草净光解反应的影响。对光解曲线进行一级动力学拟合，结果如表6.18所示。可以看出，扑草净在自来水中的紫外光解一级反应常数要小于在蒸馏水中的一级光解常数。说明当水中存在有机物及多种离子的情况下，光解反应速率会有所降低。

不同水质条件下扑草净光解一级反应动力学参数　　　　表6.18

水体类型	初始浓度（μg/L）	一级动力学方程	k（min^{-1}）	R^2
蒸馏水	107	$\ln C=-0.0432t+4.6408$	0.0432	0.9951
自来水	108	$\ln C=-0.0355t+4.6849$	0.0355	0.9967

4）pH的影响

采用自来水配制浓度约80μg/L的扑草净溶液，光强均为205μW/cm^2，$T=15\pm1$℃。初始

pH 分别为 5.55、7.28 和 8.50，研究 pH 对阿特特拉津光解效果的影响。图 6.24 表示不同 pH 条件下，扑草净光解一级反应动力学拟合曲线。表 6.19 为不同 pH 条件下，扑草净光解一级反应动力学拟合方程。

可以看出，随着 pH 的降低，一级表观反应系数逐渐增大，表明扑草净在酸性条件下光解反应速率比碱性条件下稍快。

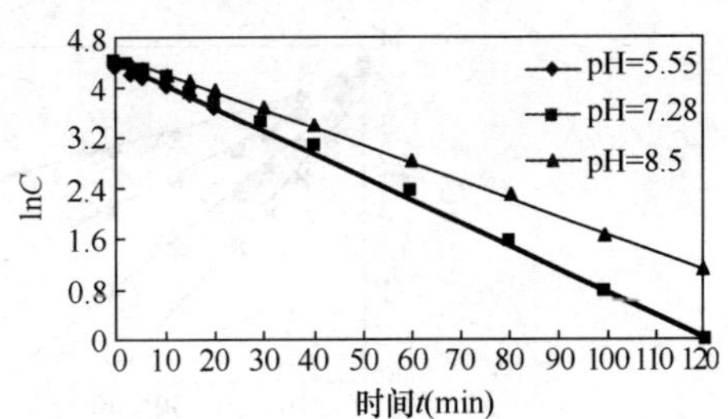

图 6.24　不同 pH 条件下扑草净光解拟合曲线

不同 pH 条件下扑草净光解一级反应动力学参数　**表 6.19**

初始 pH	拟合方程	k (min^{-1})	R^2
5.55	$\ln C=-0.0368t+4.4284$	0.0368	0.9939
7.28	$\ln C=-0.0366t+4.4664$	0.0366	0.9975
8.5	$\ln C=-0.0277t+4.4541$	0.0277	0.9982

（6）紫外光降解西玛津效果

1）光强的影响

采用自来水配制初始浓度相近的西玛津水样，测定反应器内扑草净浓度的变化，考察光强对西玛津光解效果的影响。图 6.25 表示在不同强度紫外光照射下，反应器内残余西玛津浓度随反应时间的变化。

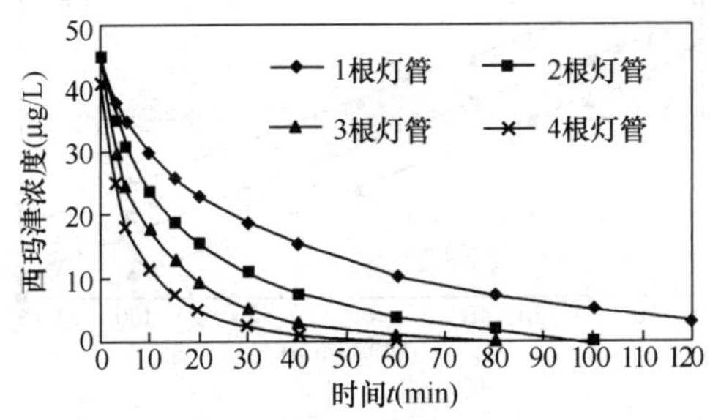

图 6.25　不同光强条件下西玛津光解曲线

从图 6.25 可以看出，紫外光解对西玛津的去除效果相当明显。在光强为 205μW/cm^2 时，扑草净的初始浓度为 45μg/L，60min 后浓度降为 10μg/L，120min 后，浓度降为 4μg/L，去除率达 92.38%。

随着光强的增大，西玛津的降解速率加快，在相同处理时间内，水样中西玛津去除率升高。

不同光强下，西玛津的光解曲线呈现一级反应动力学的特征，进行一级动力学方程拟合，如图 6.26 所示。可以看出，西玛津在不同光强条件下的光解反应均符合一级反应动力学模型。表 6.20 为不同光强条件下，西玛津光解一级反应动力学方程拟合结果。从表 6.20 可知，光解反应的一级反应速率常数受光强影响较大。

不同光强条件下西玛津一级表观反应常数　**表 6.20**

光强 (μW/cm^2)	拟合方程	k (min^{-1})	R^2	$t_{1/2}$ (min)
205	$\ln C=-0.0206t+3.6346$	0.0206	0.9915	33.65
412	$\ln C=-0.0375t+3.6022$	0.0375	0.9896	18.48
632	$\ln C=-0.0613t+3.5602$	0.0613	0.9910	11.31
850	$\ln C=-0.0844t+3.4214$	0.0844	0.9826	8.21

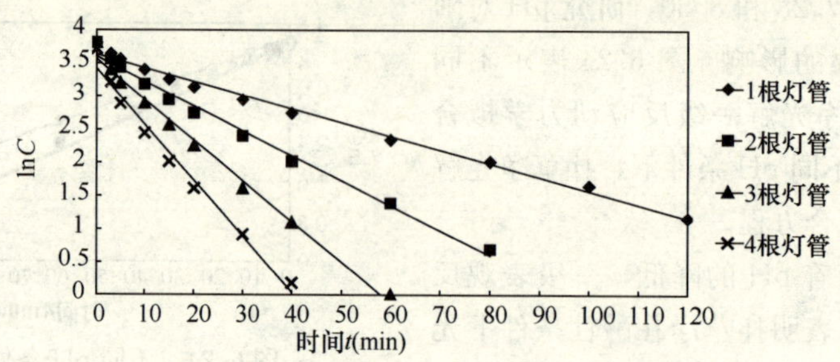

图 6.26 不同光强条件下西玛津光解拟合曲线

将不同光强 I 条件下一级反应速率常数 k 进行拟合，得出下式：

$$k = 1\times10^{-4} I - 0.0015 \quad (R^2 = 0.9964) \tag{6.33}$$

2）西玛津初始浓度的影响

采用蒸馏水配制不同浓度的西玛津溶液，在光强为 205μW/cm²，$T=15\pm1$℃条件下，考察不同初始浓度对西玛津光解效果的影响。西玛津的初始浓度分别为 102μg/L、63μg/L 和 30μg/L，不同初始浓度条件下西玛津的降解效果如图 6.27 所示。可以看出，随着西玛津初始浓度的增大，反应速率常数随之升高。对实验数据进行一级反应动力学拟合，结果如图 6.28 所示。在光强为 205μW/cm² 时，不同西玛津初始浓度的紫外光解反应，均符合一级反应动力学模型。

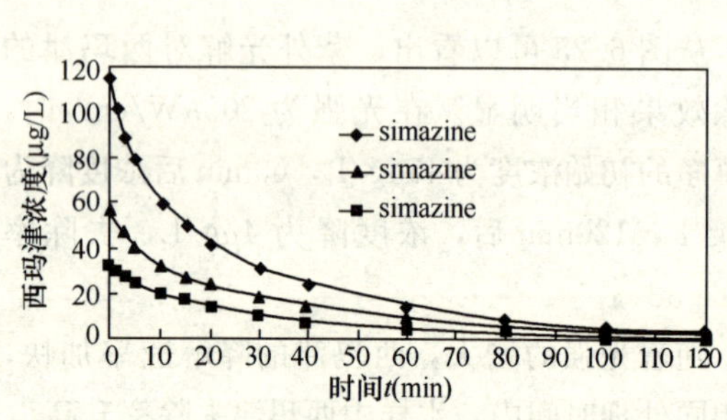

图 6.27 蒸馏水中不同西玛津初始浓度的光解曲线

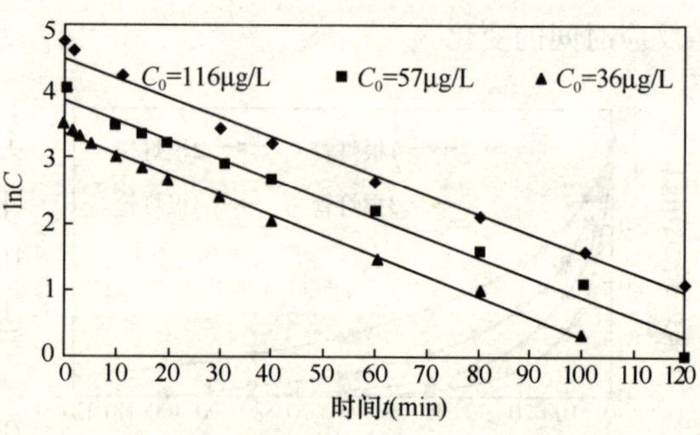

图 6.28 蒸馏水中不同西玛津初始浓度的一级动力学拟合曲线

西玛津初始浓度为 116μg/L、57μg/L 和 36μg/L 时，蒸馏水中不同西玛津初始浓度下的一级动力学拟合曲线见图 6.28，一级反应速率常数分别为 0.0294min^{-1}、0.0299min^{-1} 和 0.0306min^{-1}。因此可以认为在试验误差范围内，这三个数值相同，并且在试验浓度范围内，西玛津初始浓度对光解反应基本没有影响。

3）pH 的影响

采用自来水配制浓度约 70μg/L 的西玛津溶液，光强均采用 205μW/cm²，$T=15\pm1$℃。初始 pH 分别为 5.55、7.28 和 8.50，研究 pH 值对西玛津光解效果的影响。图 6.29 和图 6.30 表示不同 pH 时，西玛津光解曲线和一级反应动力学拟合曲线。

西玛津在三种 pH 条件下，一级反应速率常数分别为 0.0197min^{-1}、0.0194min^{-1} 和

0.0139min^{-1}。西玛津在碱性条件下的降解速率稍慢，在中性和酸性的条件下，降解速率基本相等。

4）紫外光降解阿特拉津、扑草净和西玛津效果小结

①紫外光解对阿特拉津、扑草净和西玛津有较好的去除效果，三种物质的降解过程均符合一级反应动力学模型。在光强为 205$\mu W/cm^2$ 时，阿特拉津、扑草净和西玛津的初始浓度分别为 105$\mu g/L$、55$\mu g/L$ 和 45$\mu g/L$，60min 后浓度分别降低为 30$\mu g/L$、8$\mu g/L$ 和 12$\mu g/L$，去除率分别为 71.43%、85.45%和 73.33%。扑草净的初始浓度为 55$\mu g/L$，60min 后浓度降为8$\mu g/L$，去除率为 85.45%。扑草净的降解速率最快，阿特拉津和西玛津的降解速率基本相等。通过提高照射光强，可以在短时间内提高三种物质的去除率。

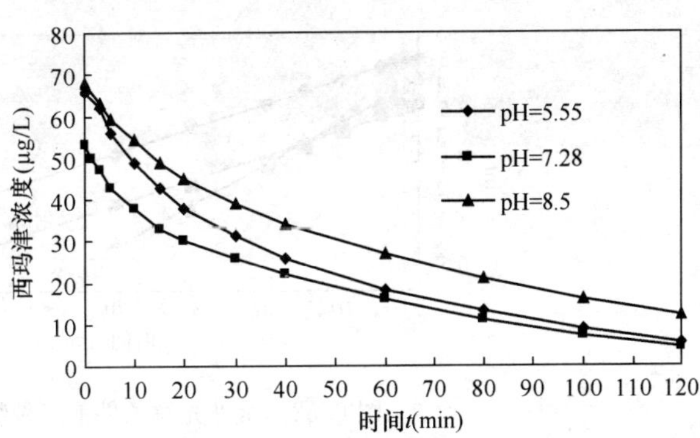

图 6.29　不同 pH 时西玛津光解曲线

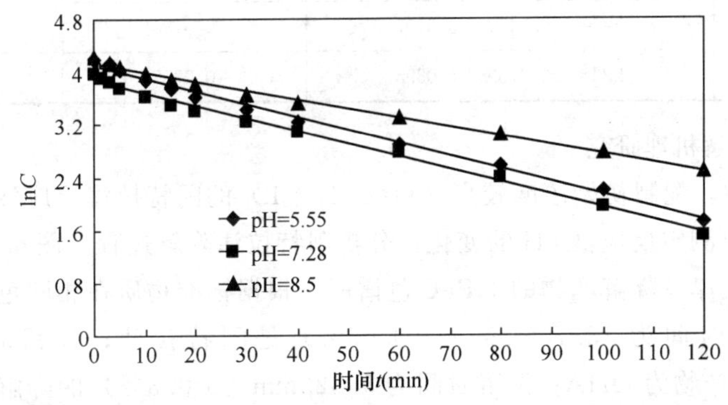

图 6.30　不同 pH 时一级反应动力学曲线

②自来水中的有机物及多种离子的存在，会降低三种内分泌干扰物的光解速率。溶液较低的 pH 有利于光解反应的进行。三种物质的初始浓度对光解反应没有影响

（7）紫外光辐照下阿特拉津、西玛津和扑草净的降解速率比较

在自来水中同时加入阿特拉津、西玛津和扑草净，初始 pH 为 6.93，光强为 412$\mu W/cm^2$，进行紫外光解处理，比较三种物质的降解速率。图 6.31 表示三种物质在紫外光解条件下的降解曲线。对三种物质的光解曲线进行一级动力学方程拟合，如图 6.32 所示，扑草净的一级反应动力学拟合直线的斜率最大，表明扑草净的紫外光解速率最快，而阿特拉津和西玛津的一级反应动力学拟合直线几乎平行，说明两者的降解速率接近。

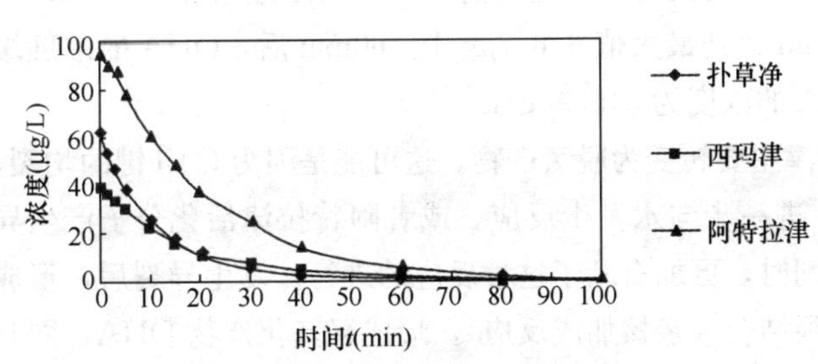

图 6.31　三种物质紫外光解曲线

表 6.21 表示三种物质紫外光解一

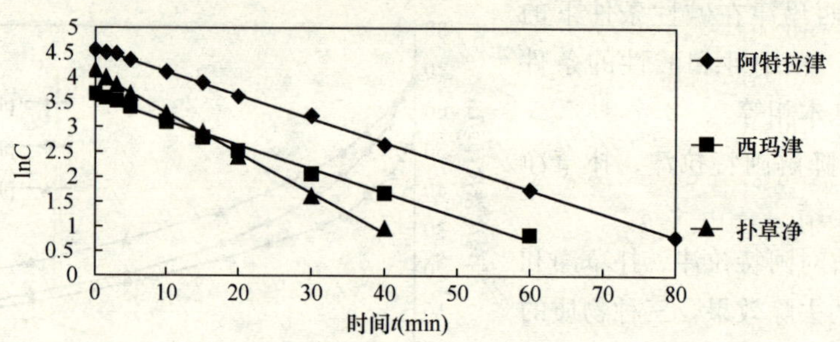

图 6.32 紫外光解条件下三种物质降解速率比较

级反应动力学方程拟合结果。在光强为 412μW/cm² 的条件下，阿特拉津、西玛津和扑草净的一级反应速率常数分别为 0.0475min^{-1}、0.0480min^{-1} 和 0.0759min^{-1}，因此三种物质紫外光解的速率关系为：扑草净＞阿特拉津≈西玛津。

三种物质紫外光解一级反应动力学参数 表 6.21

物质名称	拟合方程	k（min^{-1}）	R^2
阿特拉津	$\ln C=-0.0475t+4.5893$	0.0475	0.9993
西玛津	$\ln C=-0.0480t+3.6007$	0.0480	0.9924
扑草净	$\ln C=-0.0759t+4.0395$	0.0759	0.9959

（8）紫外光降解机理研究

在去离子水中，配制初始浓度较高（1185.1μg/L）的阿特拉津反应液，考察降解产物的变化规律，同时测定反应液 pH 的变化，分析阿特拉津降解过程。图 6.33 表示不同时间的光解后，阿特拉津及降解产物的 HPLC 色谱图。根据标准物质在相同色谱条件下的保留时间，确定保留时间为 13.705min（±0.05%）是阿特拉津；保留时间为 8.527min（±0.2%）的降解产物为 OHA；保留时间为 5.323min（±0.3%）的降解产物为 OHDIA；保留时间为 7.002min（0.1%）的降解产物为 OHDEA。由图中可以看出，羟基化合物——OHA是单独紫外光解工艺主要的中间产物。OHDEA、OHDIA 也在试验中出现，但是浓度很低。

阿特拉津及 OHA 在光解过程中浓度的变化如图 6.34 所示。阿特拉津的初始浓度为 1185.1μg/L，在光解反应的前 20min 内，阿特拉津迅速降解，30min 后，降解速率逐渐降低，在光解反应进行 120min 后，反应液中已经检测不到阿特拉津。OHA 的形成过程与阿特拉津的降解过程呈现出很好的对应关系。OHA 的浓度在光解反应的前 20min 内迅速增加，30min 后，生成速率逐渐降低，OHA 的浓度在 60min 达到最大值 616.7μg/L。60min 后，OHA 的浓度缓慢降低，光解反应进行 180min 后，OHA 的浓度为 545.9μg/L。

在 253.7nm 紫外光照射下，阿特拉津主要转变为脱氯产物。这可能是因为 C-Cl 键的均裂，然后一个电子由 C 转移到 Cl 自由基上，进一步与水发生反应。或者阿特拉津活化分子产生异裂，特别是在由强极性物质－水作为溶剂时，更加有利于这种反应的进行。发生异裂后，形成阿特拉津正电离子，可以与水中的氢氧根结合（亲核加成反应），形成羟基化产物 OHA，同时也应形成氯离子。其反应过程如式（6.34）。

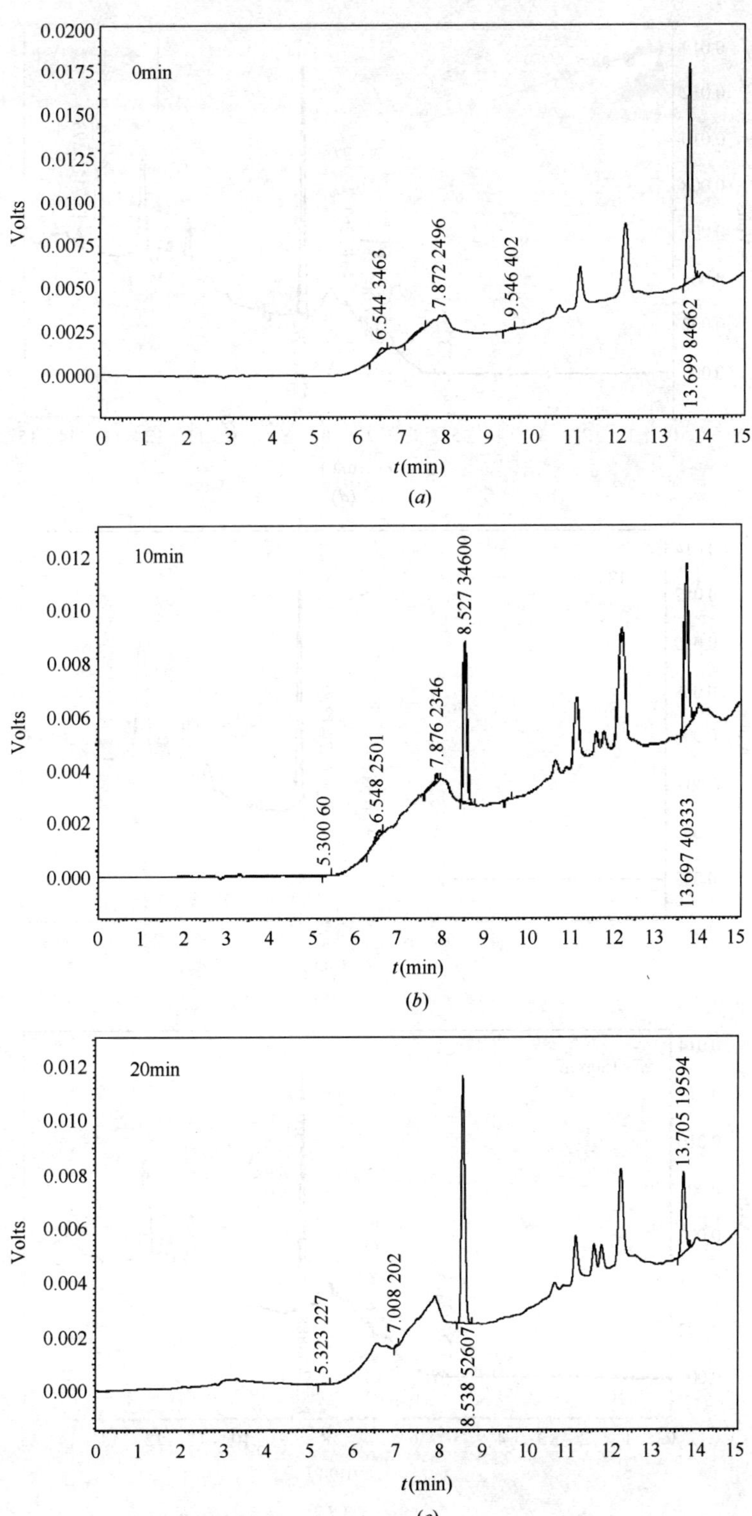

图 6.33 阿特拉津及中间产物在不同光解时间内 HPLC 色谱图（一）

(a) 0min；(b) 10min；(c) 20min

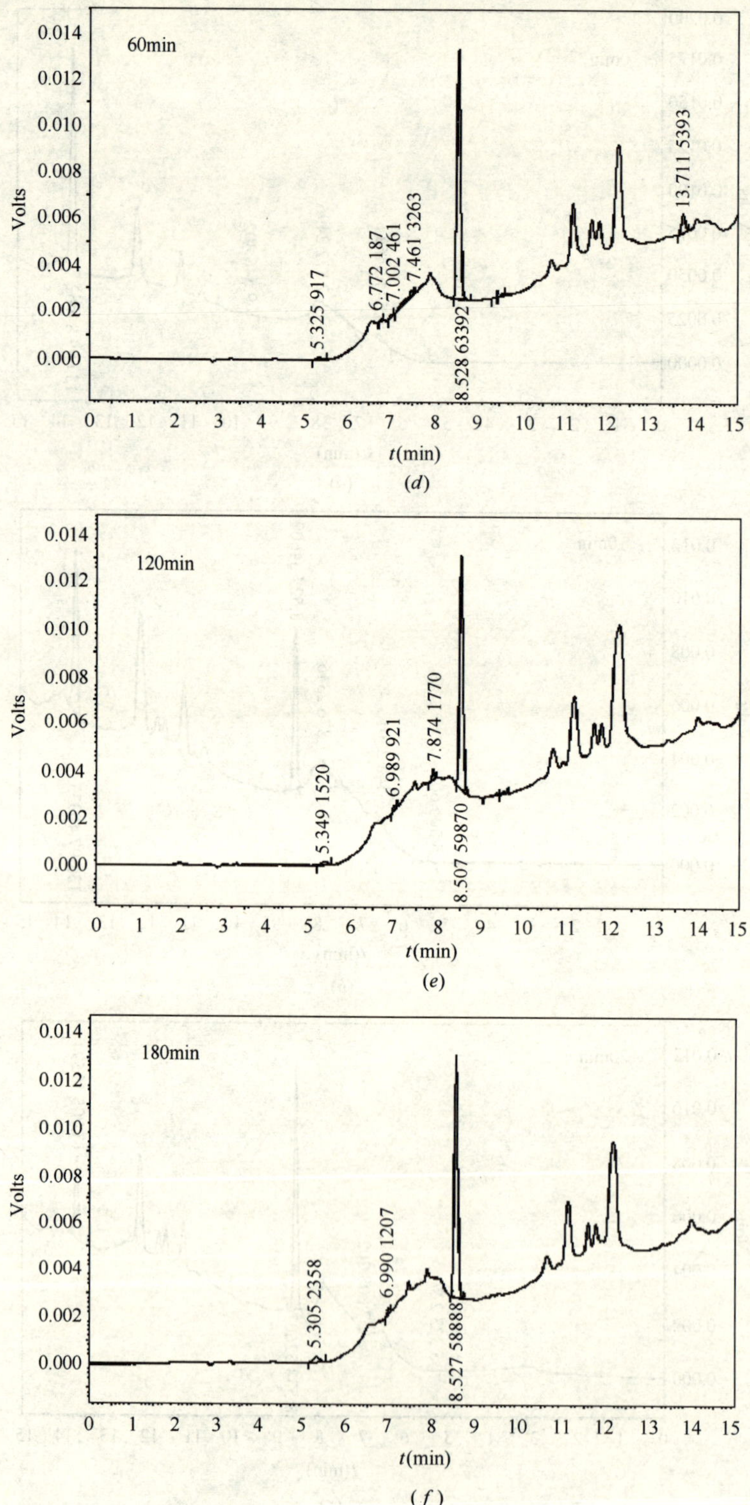

图 6.33 阿特拉津及中间产物在不同光解时间内 HPLC 色谱图（二）

(*d*) 60min；(*e*) 120min；(*f*) 180min

$$\text{Cl-三嗪环}(NH_2)_2 \xrightarrow{UV} \text{C}^{+}\text{-三嗪环}(NH_2)_2 + Cl^{-} \xrightarrow{OH^{-}} \text{OH-三嗪环}(NH_2)_2 \quad (6.34)$$

其中 R_1 代表乙烷基，R_2 代表异丙基。

由于形成的阿特拉津正电离子与氢氧根的反应属于单分子亲核加成反应，决定反应速率的一步是在紫外光作用下形成碳正离子，而不是氢氧根离子的亲核进攻。因而可以预见，反应液的 pH（即溶液中氢氧根离子浓度）对光解反应速率的影响应该较小。

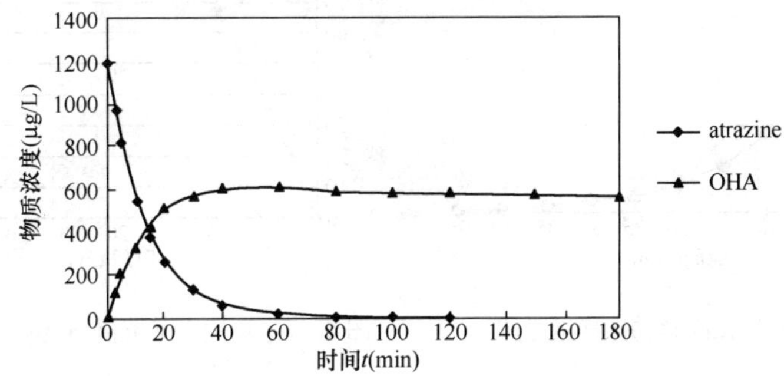

图 6.34　阿特拉津和 OHA 在光解过程中的浓度变化曲线

中间产物 OHDEA 和 OHDIA 在光解过程中浓度的变化如图 6.35 所示。在反应的前 5min 内，没有检测到它们的存在。在光解反应进行 10min 后，OHDEA 和 OHDIA 才开始出现。表明 OHDEA 和 OHDIA 的产生要滞后于 OHA 的形成。因此可以推断 OHDEA 和 OHDIA 可能是 OHA 继续光解的产物。在整个光解反应过程中，OHDEA 和 OHDIA 的浓度基本上呈线性增加，但是浓度很小。在光解反应进行 180min 后，OHDIA 和 OHDEA 的浓度分别为17.7μg/L和 9.3μg/L。说明在紫外光降解条件下，OHA 可以进一步发生脱烷基反应，但反应速率非常缓慢。

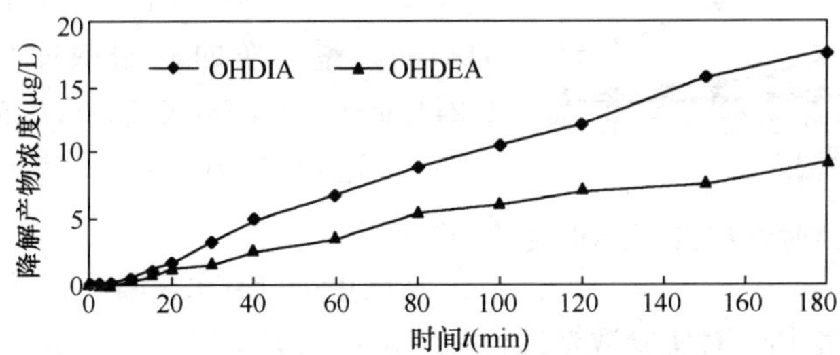

图 6.35　OHDIA 和 OHDEA 光解生成曲线

再比较两者的产量，可以发现 OHDIA 的生成量要大于 OHDEA，表明在紫外光降解条件下，脱异丙基的反应要比脱乙烷基反应容易进行。OHA 在紫外光照射下，异丙胺基和乙胺基中的 C-N 键都可能发生断裂，从而形成烷基自由基和 OHA 的胺基自由基。自由基中心碳原子由于未成对电子的存在，具有强烈的取得电子的倾向，这就是自由基的活泼性。甲基集团具有给电子的诱导效应，它的给电子性增加了中心碳原子上的电子云密度，减低自由基的活泼性，也就是增加了自由基的稳定性。甲基数目越多，给电子性越强，自由基的稳定性就越大。所以仲碳自由基（脱异丙基自由基）的稳定性大于伯碳自由基（乙烷基自由基）。而自由基反应总是倾向于获得更稳定的自由基，所以脱异丙基的反应要比脱乙烷基的反应容易进行，因而表现出 OHDIA 的生成量要大于 OHDEA。虽然两者的产量很少，但足以说明问题。

（9）紫外光降解莠灭净效果

采用自来水配制莠灭净初始浓度约为 1.0mg/L 的反应液，在 UV 光强为 85.7$\mu W/cm^2$ 的作用下进行光解试验，考察 UV 工艺对水中莠灭净的降解效果，见图 6.36 和图 6.37。

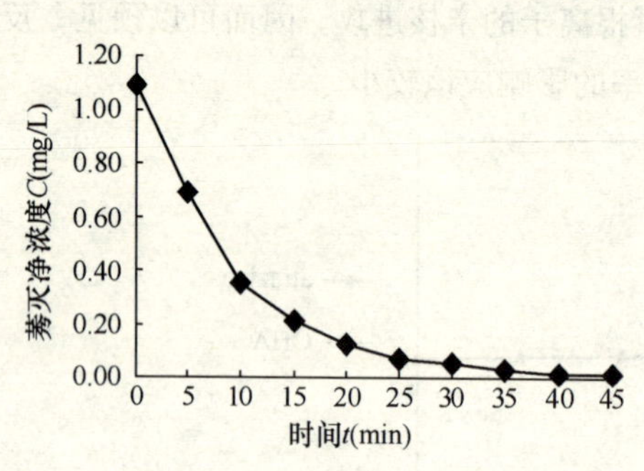

图 6.36 UV 光降解莠灭净的效果

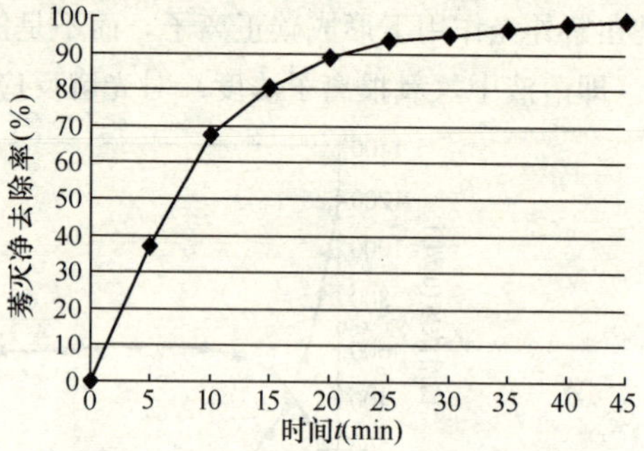

图 6.37 单独 UV 光降解莠灭净的去除率

从图中可以看出，UV 光对莠灭净的去除效果非常明显。当莠灭净的初始浓度为 1.089mg/L 时，反应 25min 后浓度降为 0.072mg/L，去除率为 93.36%。反应 45min 时，莠灭净的浓度降为 0.012mg/L，去除率高达 98.92%。可见，UV 光照可以达到去除水中莠灭净的目的。

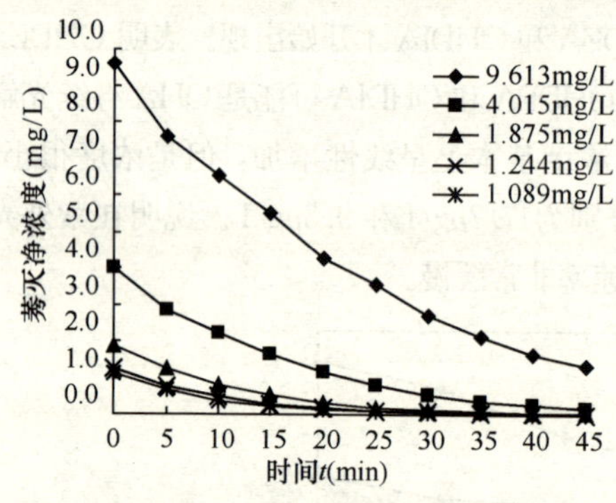

图 6.38 不同初始浓度时莠灭净的光解曲线

1）莠灭净初始浓度的影响

采用自来水配制不同初始浓度的莠灭净反应液，在相同的反应条件下（UV 光强为 85.7$\mu W/cm^2$，T=20±1℃），考察不同初始浓度对莠灭净光解效果的影响。莠灭净的初始浓度分别为 1.089mg/L、1.244mg/L、1.875mg/L、4.015mg/L 和 9.613mg/L，UV 光照时间为 45min，莠灭净的降解效果如图 6.38 所示。

从图中可以看出，随着莠灭净初始浓度的升高，初始反应速率也随之增加。对实验数据进行一级反应动力学拟合，结果如图 6.39 所示，莠灭净浓度的对数 ln$C$ 与反应时间 t 呈直线关系，且相关性较好。所以五组不同初始浓度莠灭净的紫外光解反应，均符合拟一级反应动力学模型。

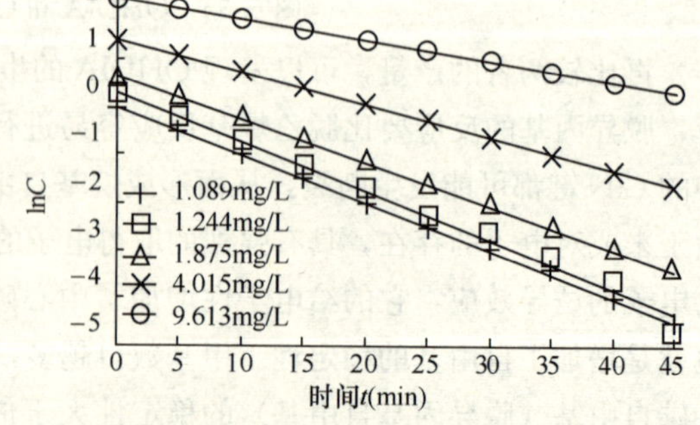

图 6.39 不同初始浓度条件下莠灭净光解拟合曲线

表 6.22 列出了在不同莠灭净初始浓度条件下，拟一级反应动力学方程拟合结果。当莠灭净初始浓度为 1.089mg/L 时，拟一级反应速率常数 k 为 0.1002min^{-1}。而当莠灭净初始浓度为 9.613mg/L 时，常数 k 降为 0.0439min^{-1}。在试验

浓度范围内，莠灭净光解反应的速率常数随莠灭净初始浓度增加而下降。而且莠灭净的初始浓度对光解反应速率的影响较大。

不同初始浓度莠灭净一级反应动力学参数 **表 6.22**

初始浓度（mg/L）	一级动力学方程	k（min^{-1}）	R^2
9.613	$\ln C=-0.0439t+2.3041$	0.0439	0.9969
4.015	$\ln C=-0.0694t+1.4539$	0.0694	0.9974
1.875	$\ln C=-0.0920t+0.6599$	0.0920	0.9959
1.244	$\ln C=-0.1035t+0.2988$	0.1035	0.9796
1.089	$\ln C=-0.1002t+0.0154$	0.1002	0.9964

2）pH 的影响

采用自来水配制相同浓度的莠灭净反应液，在相同的反应条件下（UV 光强为 85.7$\mu W/cm^2$，$T=20\pm1$℃），莠灭净的降解效果如图 6.40 所示。

在不同 pH 时，莠灭净光解拟一级反应动力学拟合曲线见图 6.41。表 6.23 中列出了不同 pH 条件下，莠灭净光解的一级反应动力学拟合方程。

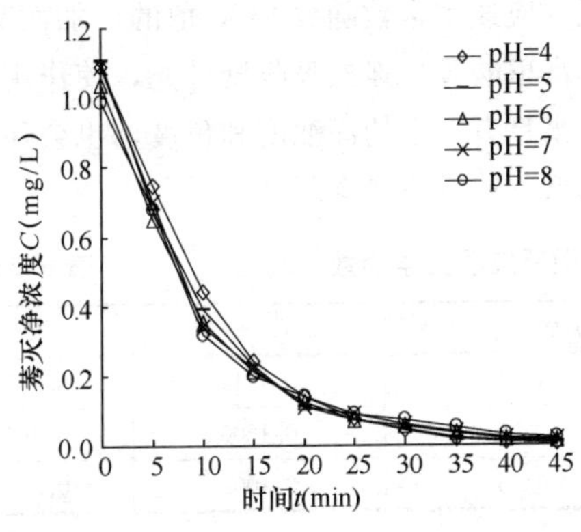

图 6.40 不同 pH 时莠灭净的光解曲线

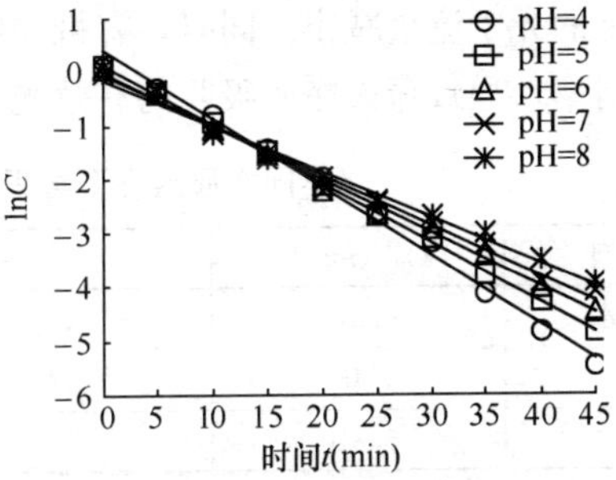

图 6.41 不同 pH 条件下莠灭净光解拟合曲线

随着 pH 的降低，拟一级反应速率常数逐渐升高。即水中的莠灭净在酸性条件下光解反应速率比碱性条件下稍快。根据资料，水体中溶解氧在酸性条件下光解可产生 H_2O_2，进而形成少量的羟基自由基，促进莠灭净的光解反应进行。

不同 pH 条件下莠灭净光解一级反应动力学参数 **表 6.23**

初始 pH	一级动力学方程	k（min^{-1}）	R^2
4	$\ln C=-0.1265t+0.3817$	0.1265	0.9915
5	$\ln C=-0.1104t+0.1297$	0.1104	0.9987
6	$\ln C=-0.0992t-0.0165$	0.0992	0.9971
7	$\ln C=-0.0935t-0.0464$	0.0935	0.9890
8	$\ln C=-0.0847t-0.1574$	0.0847	0.9884

3）水质的影响

分别采用去离子水、蒸馏水和自来水配制浓度接近的莠灭净反应液，在相同的反应条件（光强均为 85.7μW/cm²，T=20±1℃）下进行 UV 光解，紫外光对莠灭净的去除效果如图 6.42 所示。用拟一级反应动力学方程拟合实验数据结果，所得拟合曲线如图 6.43 所示，拟合直线的方程、斜率和 R^2 如表 6.24 所列。

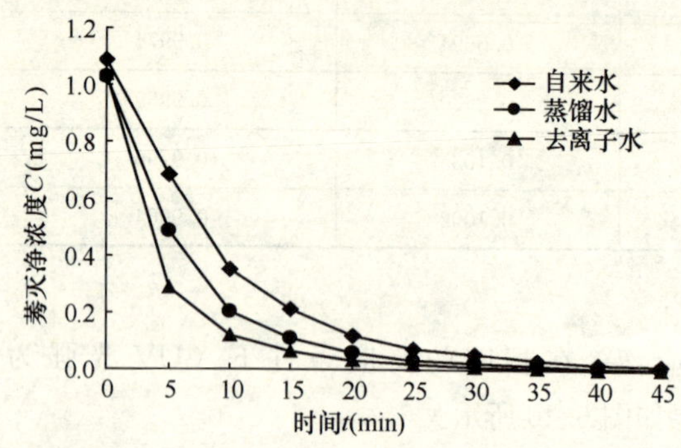

图 6.42 不同 DOC 值条件下莠灭净的光解曲线

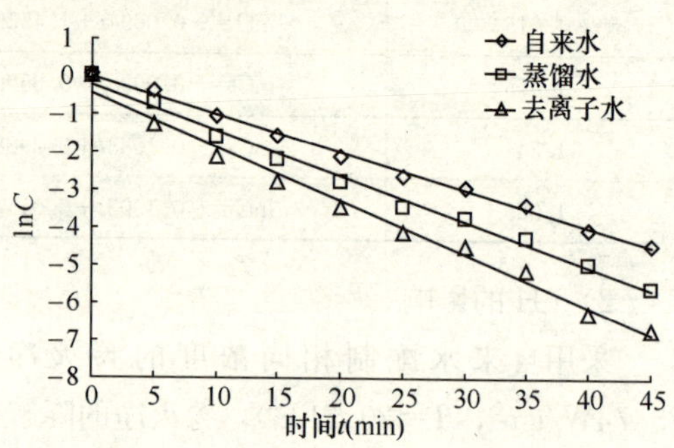

图 6.43 不同 DOC 值条件下莠灭净光解拟合曲线

莠灭净在自来水、蒸馏水和去离子水中的拟一级反应速率常数随着 DOC 值的增加而减小，这种现象的主要原因是水中有机物（腐殖酸、丹宁、富里酸等）强烈吸收紫外光，使作用于莠灭净分子上的光子流量减小。同时，有机物的存在使水具有一定的浑浊度和色度，也会降低紫外光的透射率，导致莠灭净所吸收的有效光子能量降低，使反应速率降低。

不同水质条件下莠灭净光解一级反应动力学参数 **表 6.24**

水体类型	DOC（mg/L）	一级动力学方程	k（min^{-1}）	R^2
去离子水	0.310	$\ln C=-0.1414t-0.4361$	0.1414	0.9870
蒸馏水	1.457	$\ln C=-0.1200t-0.0226$	0.1200	0.9924
自来水	5.810	$\ln C=-0.1002t+0.0154$	0.1002	0.9964

4）莠灭净光解时的中间产物

采用自来水配制初始浓度为 1.182mg/L 的莠灭净溶液，在光强为 85.7μW/cm² 的条件下进行 UV 光解试验。经过不同反应时间后，莠灭净及降解产物的 HPLC 色谱图见图 6.44。根据莠灭净标准物质在相同色谱条件下的保留时间，可知保留时间为 6.356min（±0.05%）的是莠灭净。从而确定保留时间为 1.977min（±0.2%）、2.387min（±0.3%）和 3.179min（±0.3%）的物质为莠灭净的降解产物。由图可知，随着反应时间增加，莠灭净的浓度逐渐减少，而降解产物的浓度随之增加。

（10）紫外光降解敌草隆效果

采用自来水配制敌草隆溶液，在 UV 光强为 85.7μW/cm² 的条件下进行光解试验。在不同时间取水样，测定反应器内敌草隆的浓度变化，考察 UV 工艺对水中敌草隆的降解效果，见图 6.45。

从图 6.46 可以看出，UV 光解对敌草隆的去除效果明显。当敌草隆的初始浓度为 0.949mg/L 时，反应 25min 后浓度降为 0.096mg/L，去除率为 91.15%；反应时间 45min 后，敌草隆的浓度降为 0.032mg/L，去除率达 97.08%。可见，使用 UV 可以达到去除水中敌草隆的目的。

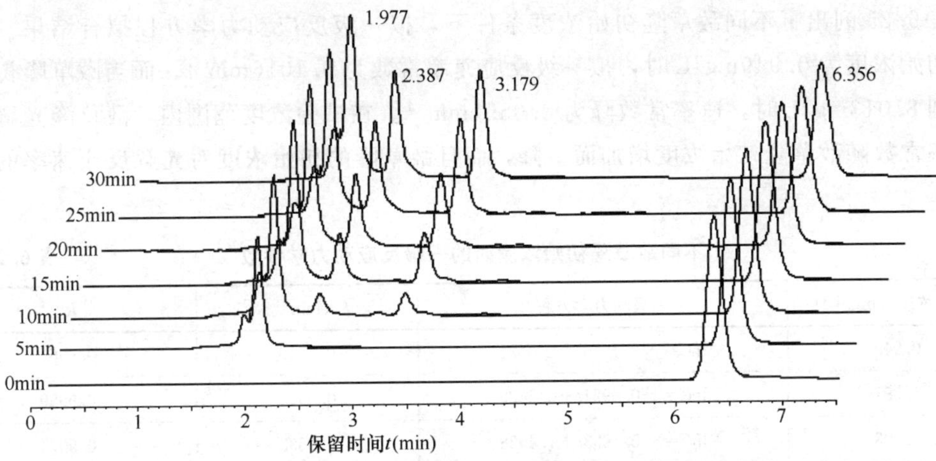

图 6.44　莠灭净及中间产物在不同光解时间的 HPLC 色谱图

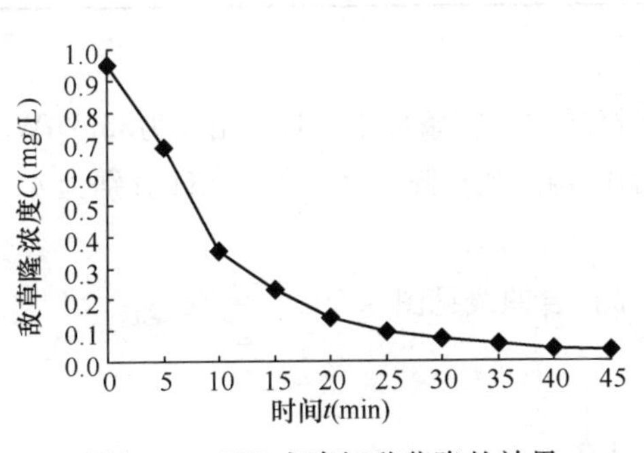

图 6.45　UV 光降解敌草隆的效果

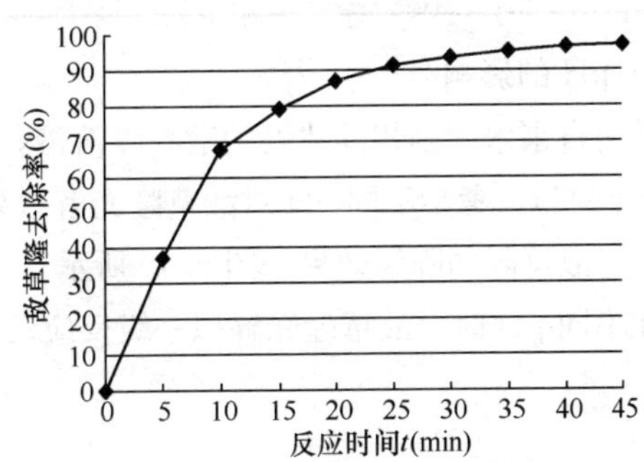

图 6.46　UV 光降解敌草隆的去除率

1）敌草隆初始浓度的影响

采用自来水配制不同初始浓度的敌草隆溶液，在相同反应条件下（UV 光强为 85.7μW/cm²，$T=20\pm1$℃），考察不同敌草隆初始浓度时的光解效果。敌草隆的初始浓度分别为 0.949mg/L、1.891mg/L、4.003mg/L 和 8.013mg/L，UV 光照时间为 45min，敌草隆的降解效果如图 6.47 所示。随着敌草隆初始浓度的增大，光解反应的初始反应速率也随之增加。对实验数据进行一级反应动力学拟合，结果如图 6.48 所示，五组不同敌草隆初始浓度的紫外光解反应，均符合拟一级反应动力学模型。

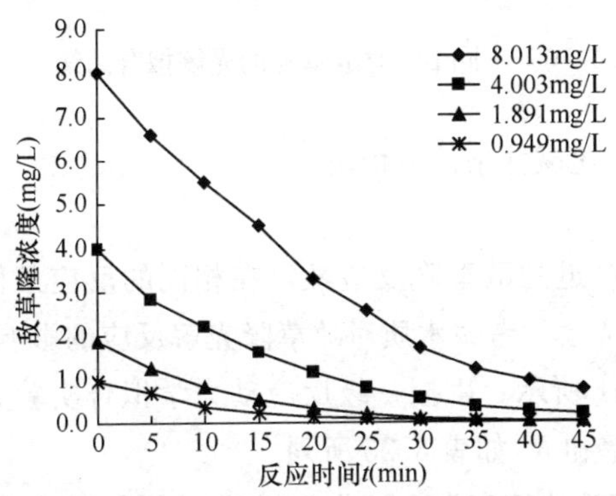

图 6.47　不同敌草隆初始浓度时的光解曲线

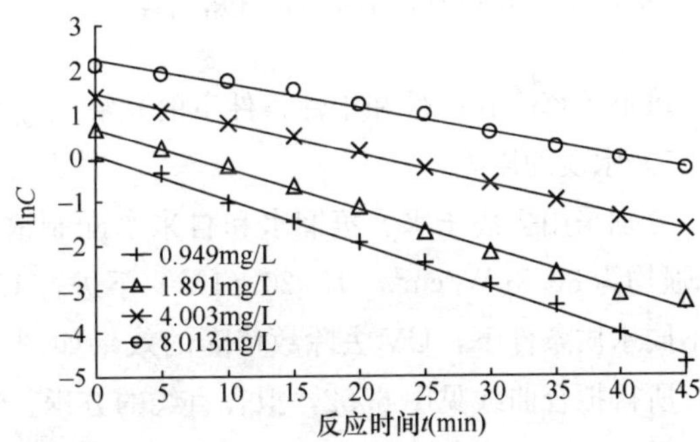

图 6.48　不同敌草隆初始浓度时的光解拟合曲线

表 6.25 列出了不同敌草隆初始浓度条件下，拟一级反应动力学方程拟合结果。当敌草隆初始浓度为 0.949mg/L 时，拟一级反应速率常数为 0.1016min^{-1}。而当敌草隆初始浓度达到 8.013mg/L 时，速率常数降为 0.0551min^{-1}。在试验浓度范围内，敌草隆光解反应的速率常数随敌草隆初始浓度增加而下降，而且敌草隆的初始浓度对光解反应速率的影响较大。

不同敌草隆初始浓度时的一级反应动力学参数 **表 6.25**

初始浓度（mg/L）	一级动力学方程	k（min^{-1}）	R^2
0.949	$\ln C=-0.1016t+0.0521$	0.1016	0.9963
1.891	$\ln C=-0.0921t+0.6629$	0.0921	0.9959
4.003	$\ln C=-0.0693t+1.4528$	0.0693	0.9974
8.013	$\ln C=-0.0551t+2.2135$	0.0551	0.9901

2）pH 的影响

采用自来水配制相同浓度的敌草隆溶液，在相同的反应条件下（UV 光强为85.7$\mu W/cm^2$，$T=20\pm1$℃），考察不同 pH 对敌草隆光解效果的影响。敌草隆溶液的初始 pH 分别为 4、6、7 和 8 时，敌草隆的降解效果如图 6.49 所示。

在不同 pH 时，敌草隆光解拟一级反应动力学拟合曲线见图 6.50。

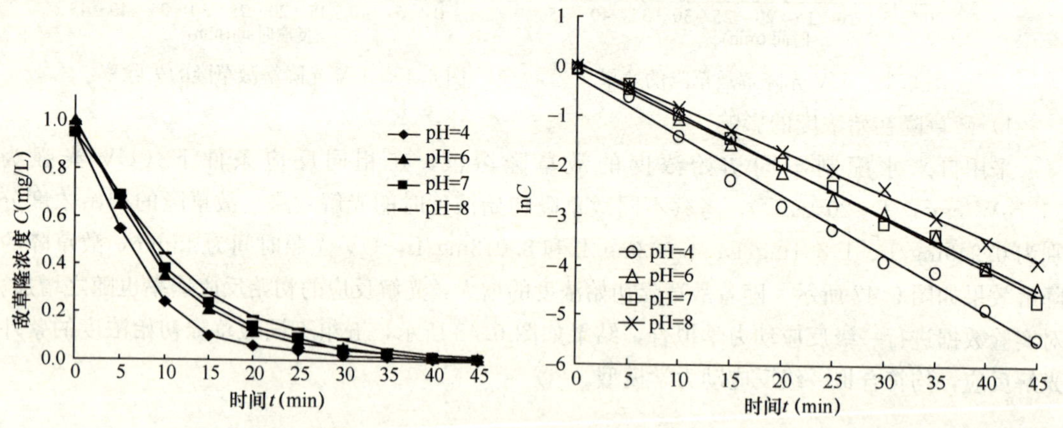

图 6.49 不同 pH 时敌草隆的光解曲线　　图 6.50 不同 pH 时敌草隆的光解拟合曲线

可见敌草隆在酸性和中性条件下的光解反应速率比碱性条件下稍快。

3）水质的影响

分别采用去离子水、蒸馏水和自来水配制浓度接近的敌草隆反应液，在相同的反应条件（光强均为 85.7$\mu W/cm^2$，$T=20\pm1$℃）下进行 UV 光解，考察水质对敌草隆光解反应的影响。在不同水质条件下，UV 去除敌草隆的效果如图 6.51 所示。用拟一级反应动力学拟合实验数据，所得拟合曲线见图 6.52，拟合直线的方程、斜率和 R^2 如表 6.26 所列。

敌草隆在自来水、蒸馏水和去离子水中的拟一级反应速率常数随着 DOC 值的增加而减小。即当水中存在有机物和多种离子的情况下，敌草隆降解速率会有所降低。

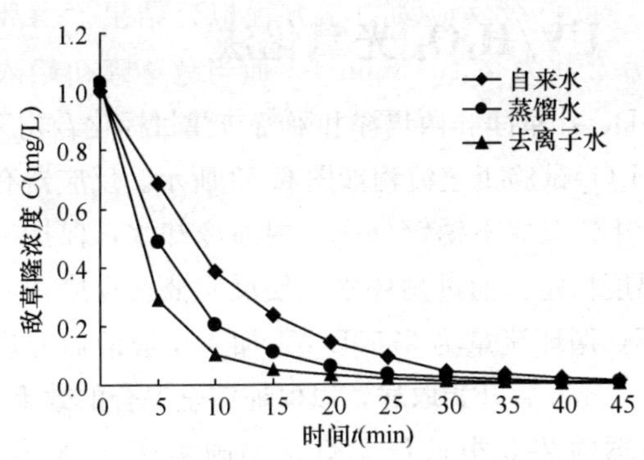

图 6.51　不同 DOC 值条件下敌草隆的光解曲线

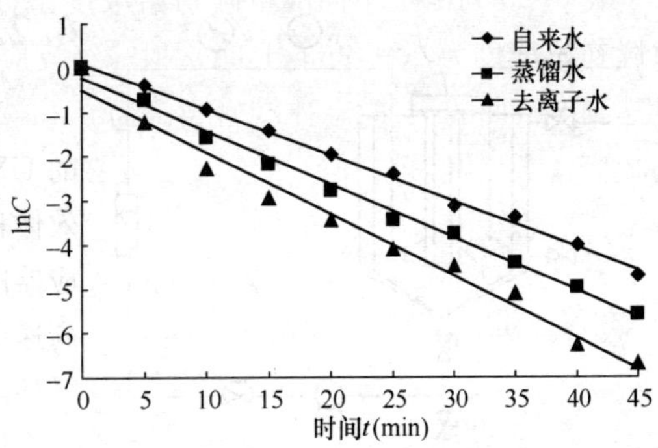

图 6.52　不同 DOC 值条件下敌草隆光解拟合曲线

不同水质条件下敌草隆光解一级反应动力学参数　**表 6.26**

水体类型	DOC (mg/L)	一级动力学方程	k (min^{-1})	R^2
去离子水	0.310	$\ln C=-0.1397t-0.5095$	0.1397	0.9818
蒸馏水	1.457	$\ln C=-0.1209t-0.0206$	0.1209	0.9934
自来水	5.810	$\ln C=-0.1035t+0.0931$	0.1035	0.9966

(11) 国外应用 UV 去除微污染物的效果

在 UV 剂量 $40mWs/cm^2$ 条件下，微污染物去除效果见表 6.27。

UV 去除微污染物效果　**表 6.27**

去除率	去除率<30%	去除率 30%～70%	去除率	去除率<30%	去除率 30%～70%
微污染物品种	睾酮（雄激素类药）	新诺明（磺胺类抗菌药）	微污染物品种	氟西汀（抗抑郁药）	
	黄体酮（孕激素类药）	三氯生（消毒防腐药）		甲丙氨脂（镇静药）	
	雄烷二酮	双氯芬酸（消炎镇痛药）		安定（抗焦虑药）	
	雌酮（E1）	对己酸氨基酚（解热镇痛药）		苯妥英（抗癫痫药）	
	乙炔基雌二醇（EE2）			卡马西平（镇痛药）	
	雌三醇（E3）			DEET	
	雌二醇（E2）			阿特拉津	
	红霉素			佳乐麝香	
	Timethoprim			TCEP	
	奈普生（消炎镇痛药）			碘普胺（诊断用药）	
	氢可酮（止咳药）			己酮可可碱（扩张血管药）	
	布洛芬（消炎镇痛药）			吉非贝齐（降血脂药）	
	咖啡因（中枢兴奋药）			麝香酮	

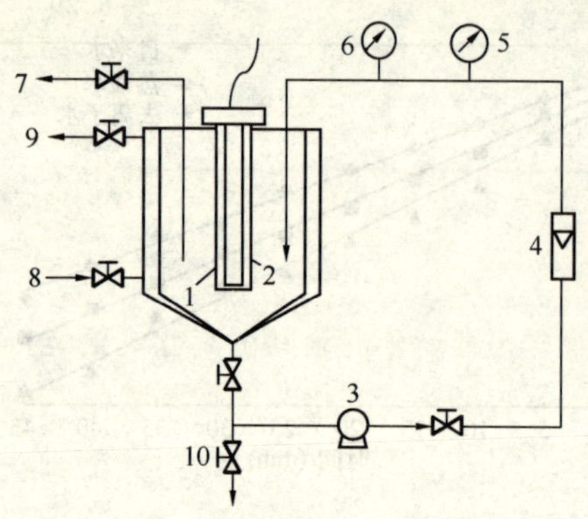

图 6.53　试验工艺流程图

1—石英套管；2—紫外灯；3—循环水泵；4—循环水流量计；5—压力表；6—温度表；7—取样口；8—冷却水进水口；9—冷却水出水口；10—放空阀

6.2.2　UV/H_2O_2 光氧化法

2,4-D、扑草净、西玛津和阿特拉津目标化合物的 UV/H_2O_2 试验工艺流程如图 6.53 所示。反应器有效体积 20L，双层不锈钢外壳，内通冷却水，保持反应器内温度恒定。通过循环水泵使反应液在反应器内高速循环，循环流量为 2750L/h。加入反应液后开启循环泵，15min 后开始取样，以保证完全混合的效果。

反应器内装 5 根低压汞灯（美国生产），型号：GPH287T5L/4P。紫外灯主波长为 253.7nm，通过控制紫外灯管开关数来控制紫外光照射强度。光强的测定采用北京师范大学光电仪器厂生产的紫外测光仪，测定点为反应器顶部中心点（反应器内无水）。光强和对应的灯管数如表 6.28 所示。

灯管数及对应光强　　表 6.28

灯管数（根）	1	2	3	4	5
光强（$\mu W/cm^2$）	205	412	632	850	1033

莠灭净、敌草隆、BPA、DMP 和 DEP 目标化合物的试验工艺流程如图 6.54 所示。试验采用不锈钢制反应器，体积为 140L，在容器内壁环状均匀布置紫外灯管（上海金光产），单根紫外灯功率为 30W，管外有石英套管。紫外灯主波长为 253.7nm。开启不同紫外灯管数时，测定点 A（图 6.54）的光强和对应的灯管数如表 6.29 所示。

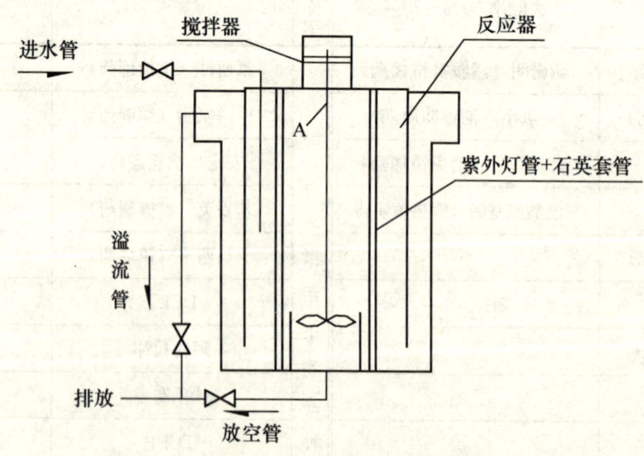

图 6.54　UV/H_2O_2 单独和联用氧化试验工艺流程图

在反应开始时一次性投加计量好的 H_2O_2，通过控制 UV 灯管的开关来控制 UV 照射强度。在反应器内配置试验所需的物质浓度，利用内搅拌器使溶液充分混合，搅拌速度为 100r/min。试验过程中间隔不同时间取样，采用高压液相色谱法（HPLC）测定各种物质在降解过程中的浓度变化。

紫外灯管光强测试值 **表 6.29**

开灯管数（根）	1	2	3	4	5	6	7	8	10
光强（$\mu W/cm^2$）	15.5	21.2	42.3	50.1	68.0	77.2	85.7	107.6	133.9

（1）UV/H_2O_2 工艺去除农药 2,4-滴

1）光强的影响

采用自来水配制初始浓度相近的 2,4-滴（2,4-D）水样，在完全混合间歇流方式下运行。通过控制紫外灯管开关数来控制紫外光照射强度，测定 2,4-D 的浓度变化，考察光强对 2,4-D 降解效果的影响。图 6.55 表示在不同强度紫外光照射条件下，反应器内残余 2,4-D 浓度随反应时间的变化。

从图 6.55 中可以看出，UV/H_2O_2 工艺对 2,4-D 的去除效果相当明显。在光强为 205$\mu W/cm^2$，H_2O_2 浓度为 20mg/L 条件下，2,4-D 的初始浓度为 372$\mu g/L$，20min 后浓度降为 251$\mu g/L$，60min 后，浓度降为 116$\mu g/L$，去除率为 69%。

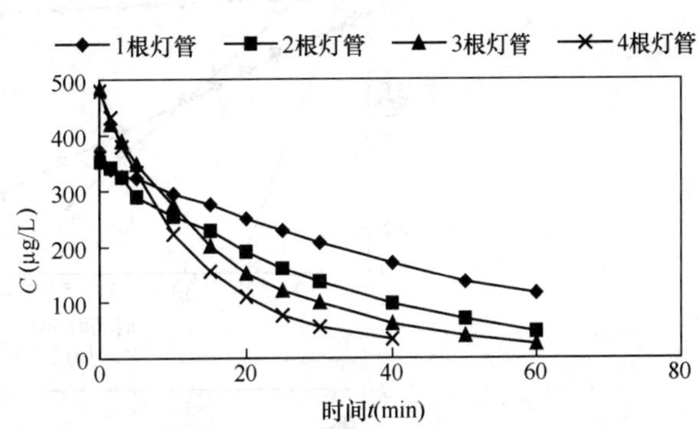

图 6.55 不同光强条件下 2,4-D 降解曲线

随着光强的增加，降解速率加快（比较不同光强条件下降解曲线的斜率可知），在相同处理时间内，2,4-D 去除率升高。在四种光强条件下，反应 40min 后，2,4-D 的去除率分别为 54%、72%、87%和 93%。因此，通过增加紫外光强，可以在很大程度上提高 2,4-D 的降解率。

不同光强条件下，2,4-D 的降解曲线呈现一级反应动力学的特征，进行一级动力学方程拟合，如图 6.56 所示。可以看出，2,4-D 在不同光强条件下的降解反应均很好的符合一级反应动力学模型。

2）H_2O_2 浓度的影响

采用自来水配制浓度相近的 2,4-D 反应液（pH7.29），在相同的条件下进行 UV/H_2O_2 工艺处理（光强均为 412$\mu W/cm^2$，$T=25\pm1$℃），考察不同 H_2O_2 浓度对 2,4-D 降解效果的影响。H_2O_2 初始浓度分别为 0mg/L、20mg/L、40mg/L、60mg/L、90mg/L、120mg/L、150mg/L、180mg/L、210mg/L、250mg/L 和 300mg/L。图 6.57 为不同 H_2O_2 浓度条件下，2,4-D降解一级反应动力学拟合曲线。

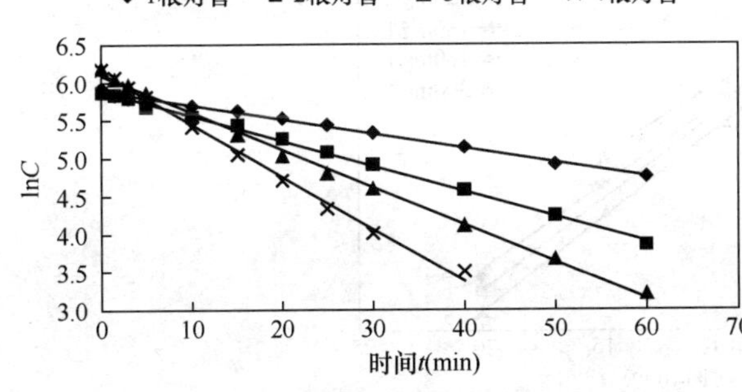

图 6.56 不同光强条件下 2,4-D 降解拟合曲线

从图 6.57 中可以看出，在光强均为 412$\mu W/cm^2$、不同 H_2O_2 投加量的条件下，2,4-D 的降解曲线均很好符合一级反应动力学方程。降解速率随 H_2O_2 初始浓

度的增加，呈先增加后减少的变化规律。H_2O_2 初始浓度为 0mg/L、20mg/L、40mg/L、60mg/L、90mg/L、120mg/L、150mg/L、180mg/L、210mg/L、250mg/L 和 300mg/L 时，降解 15min 后，2,4-D 的去除率分别为 8%、35%、52%、87%、88%、90%、91%、92%、93%、92%、87%。

3）2,4-D 初始浓度的影响

采用自来水配制不同浓度的 2,4-D 反应液，在相同的条件下进行 UV/H_2O_2 工艺处理（光强均为 632μW/cm²，T=25±1℃，H_2O_2 浓度为 20mg/L），考察不同 2,4-D 初始浓度对降解效

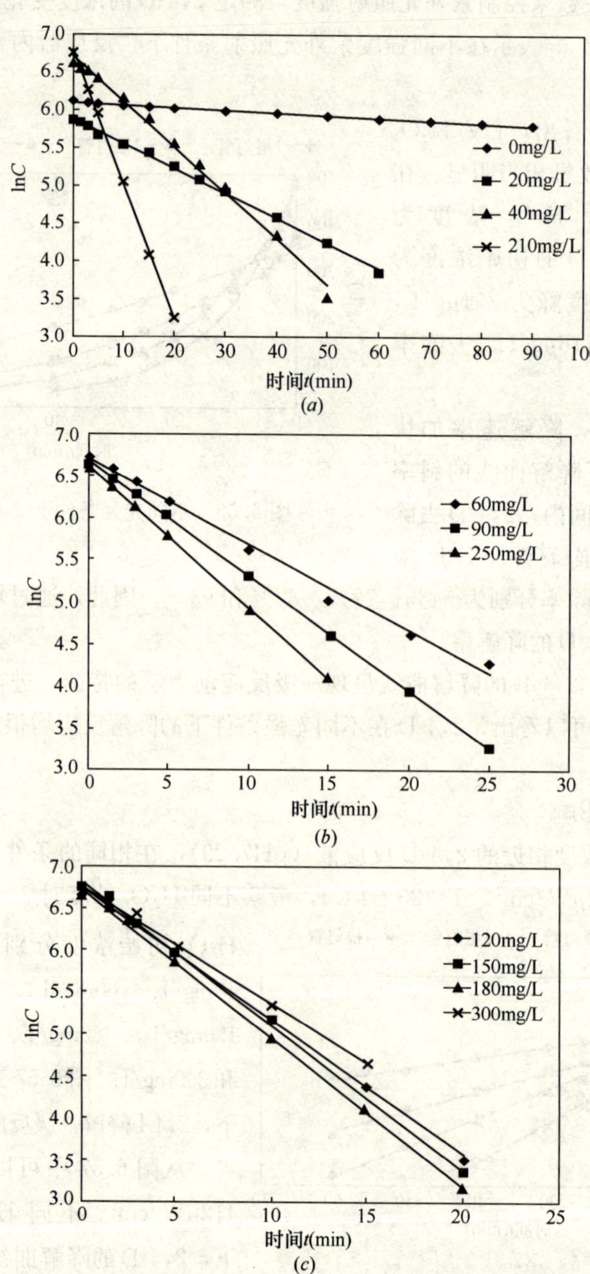

图 6.57 不同 H_2O_2 浓度下 2,4-D 降解拟合曲线

果的影响。

2,4-D的初始浓度分别为0.3mg/L、0.6mg/L和1.2mg/L，60min内间隔一定的时间取样，降解效果如图6.58所示。可以看出，随着2,4-D初始浓度的升高，降解反应的初始反应速率随之升高。对试验数据进行一级反应动力学拟合，结果如图6.59所示。三组不同2,4-D初始浓度的降解反应均很好的符合一级反应动力学模型，三条拟合曲线几乎平行。2,4-D初始浓度为304μg/L、642μg/L和1258μg/L时，一级反应速率常数分别为0.04326、0.04322和0.04322。在试验误差范围内，可以认为这三个数值相同，即初始浓度对2,4-D的一级反应速率常数的影响可以忽略不计。

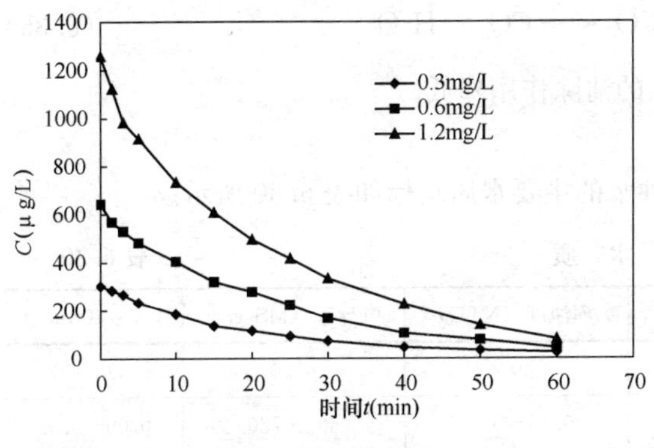

图6.58 不同初始浓度条件下2,4-D的降解曲线

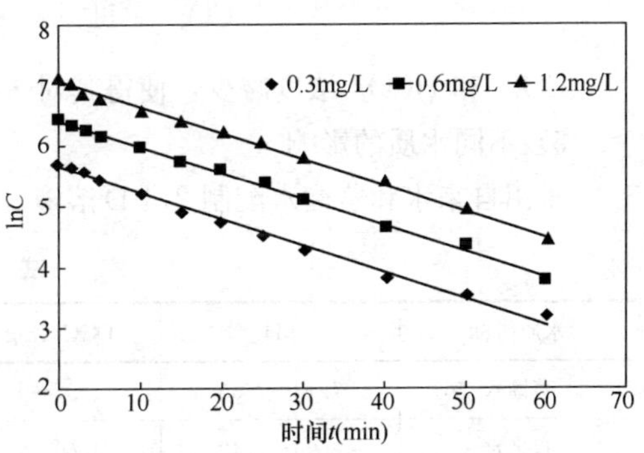

图6.59 不同初始浓度条件下2,4-D降解拟合曲线

4）pH的影响

采用自来水配制浓度约为800μg/L的2,4-D溶液，光强均采用632μW/cm^2、$T=25\pm1$℃、H_2O_2浓度为80mg/L。初始pH分别为3.29、5.20、6.93和8.79，研究pH对UV/H_2O_2工艺降解2,4-D效果的影响。

图6.60为不同pH条件下，2,4-D降解一级反应拟合曲线。

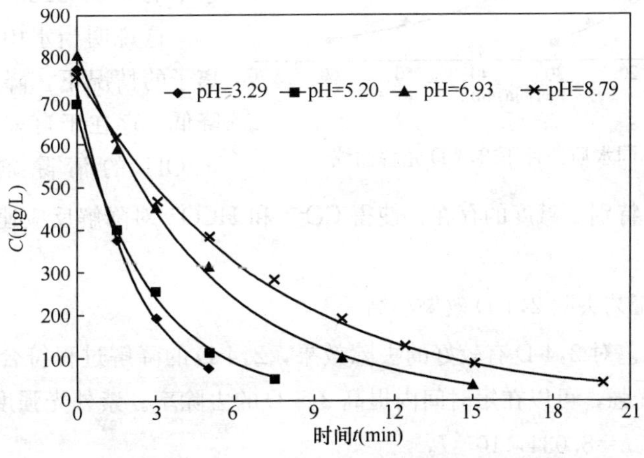

图6.60 不同pH值条件下2,4-D解拟合曲线

可以看出，当pH为碱性时，降解速率比中性pH时略有降低；当pH为酸性时，2,4-D的降解速率明显增大。

在碱性条件下，·OH的产生受到抑制。H_2O_2 离解生成的 HO_2－对·OH有较强的消除作用。另外，在UV/H_2O_2 工艺中，2,4-D降解产生的 CO_2，在碱性溶液中转化为 CO_3^{2-} 和 HCO_3^-，它们对·OH反应速率常数均很大（CO_3^{2-}：$k=3.9\times10^8$L/（mol·cm），HCO_3^-：$k=8.5\times10^6$L/（mol·cm）），都为·OH清除剂。

在pH较低时，2,4-D的降解速度明显提高，这是由于酸催化作用，生成的2,4-D质子化产物，较之未质子化物具有更强的反应性。另外在此条件下，水中碳酸平衡右移：

$$CO_3^{2-}+H^+ \longleftrightarrow HCO_3^- \longleftrightarrow CO_2+H_2O \qquad (6.35)$$

CO_3^{2-} 和 HCO_3^- 浓度减少，使得其对·OH的清除作用降低。

5）不同水质的影响

采用自来水和蒸馏水配制2,4-D溶液，两种水的主要水质指标如表6.30所示。

试 验 水 质 **表6.30**

水质指标	pH	DOC（mg/L）	浑浊度（NTU）	电导率（MS/cm）	UV_{254}（cm^{-1}）
蒸馏水	7.13～7.56	1.37～1.67	0	＜20	＜0.006
自来水	6.95～7.43	4.60～7.02	0.15～0.45	606～720	0.09～0.12

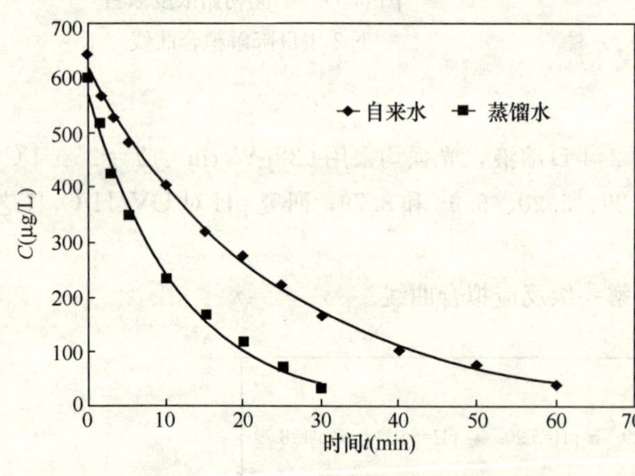

图6.61 不同水质条件下2,4-D光解曲线

在相同的反应条件（光强均为632μW/cm^2，$T=25\pm1$℃，H_2O_2 浓度为20mg/L），考察不同水质对2,4-D降解反应的影响，如图6.61所示。

对降解曲线进行一级动力学拟合，2,4-D在蒸馏水中的降解反应速率常数为0.08692min^{-1}，明显地大于在自来水中的0.04322min^{-1}。

这说明当水中存在有机物及多种离子的情况下，降解反应速率会有所降低。存在于自来水中的干扰因素为·OH的清除剂（CO_3^{2-}、HCO_3^-、HPO_4^{2-} 及 Cl^- 等），特别是碱度的存在，使得 CO_3^{2-} 和 HCO_3^- 对降解反应速率的影响变得尤为重要。

6）UV/H_2O_2 工艺去除2,4-D效果小结

①UV/H_2O_2 工艺对2,4-D有较好的去除效果，2,4-D的降解过程符合一级反应动力学模型。通过提高照射光强，可以在短时间内提高2,4-D的去除率。紫外光强度I与一级反应速率常数 k 呈线性关系：$k=8.034\times10^{-5}I$。

②在UV/H_2O_2 工艺中，H_2O_2 对2,4-D的降解过程具有促进和抑制的双重作用，存在最佳投加量。当 H_2O_2 浓度低于90mg/L时，2,4-D一级反应速率常数随 H_2O_2 浓度增加而线性增

加。当 H_2O_2 浓度大于 120mg/L 时，2,4-D 的反应速率常数增加趋于缓慢。当 H_2O_2 浓度大于 210mg/L 时，2,4-D 的降解受到明显抑制。

③2,4-D 初始浓度对 UV/H_2O_2 工艺降解过程没有影响。增大初始浓度虽然会使初始降解速率增大，但对 2,4-D 的降解效果没有影响。

④自来水中存在·OH 清除剂（CO_3^{2-}、HCO^{3-}、Cl^- 等）和有机物，会明显降低 UV/H_2O_2 工艺对 2,4-D 的降解速率。

(2) UV/H_2O_2 工艺去除莠灭净

应用自来水配制初始浓度约为 1.0mg/L 的莠灭净溶液，H_2O_2 投加量为 5mg/L，在 UV 光强为 85.7μW/cm² 条件下进行试验。在不同反应时间抽取水样，测定反应器内莠灭净的浓度变化，考察 UV/H_2O_2 工艺对水中莠灭净的降解效果，见图 6.62。

从图 6.62 和图 6.63 中可以看出，UV/H_2O_2 对莠灭净的去除效果非常明显。当莠灭净的初始浓度为 0.901mg/L 时，反应 25min 后浓度降为 0.067mg/L，去除率为 92.56%。反应时间为 40min 时，莠灭净的浓度降为 0.021mg/L，去除率达 97.68%。

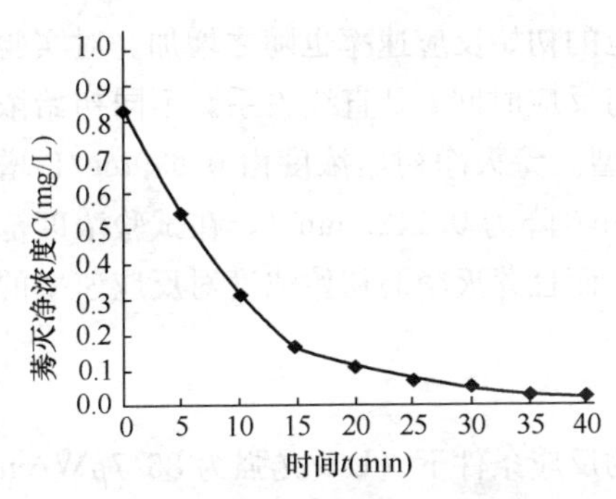

图 6.62　UV/H_2O_2 降解莠灭净的效果

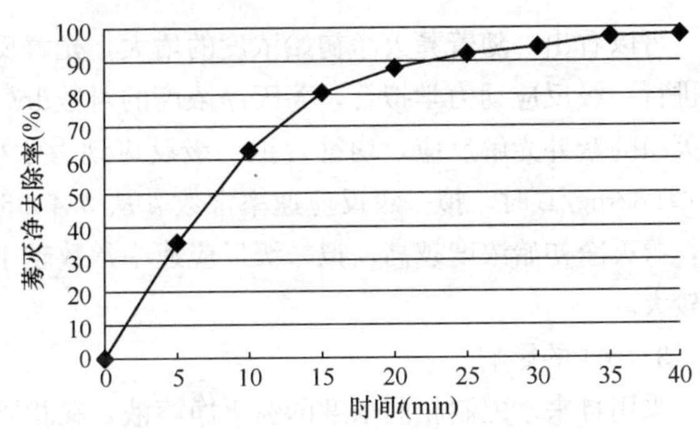

图 6.63　UV/H_2O_2 对莠灭净的去除率

1) H_2O_2 投加量的影响

采用自来水配制浓度约为 10mg/L 的莠灭净溶液，UV 光强为 85.7μW/cm²，H_2O_2 投加量分别为 15mg/L、30mg/L、60mg/L、120mg/L 和 150mg/L 时，反应器内莠灭净的浓度变化见图 6.64。

由图 6.64 可知，在 UV 光强相同时，随着 H_2O_2 投加量的增大，莠灭净降解速率随之增加。同时，随着反应时间的增加，莠灭净的浓度降低，莠灭净去除率见图 6.65。用拟一级反应动力学拟合实验数据，反应速率常数 k 随 H_2O_2 投加量增大而增加，H_2O_2 浓度为 15mg/L 时，k 值为 0.0597min^{-1}，H_2O_2 浓度为 150mg/L 时，k 值为 0.164min^{-1}。

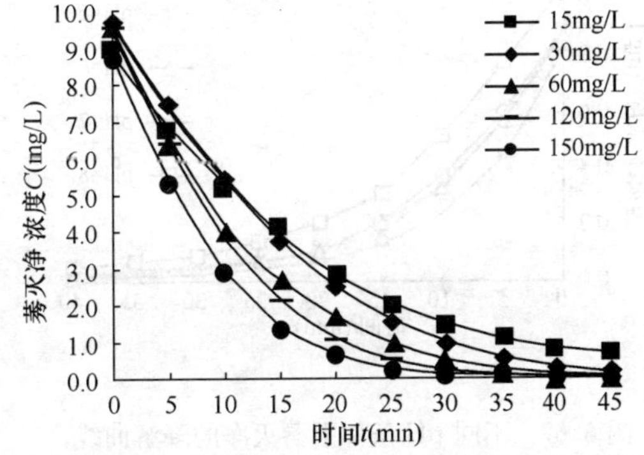

图 6.64　不同 H_2O_2 投加量对莠灭净的浓度变化

2) 莠灭净初始浓度的影响

采用自来水配制不同初始浓度的莠灭净溶液，在相同条件下（UV 光强为 85.7μW/cm²，H_2O_2 初始投加量为 5mg/L，T=20±1℃），考察不同莠灭净初始浓度对去除效果的影响。莠灭净的初始浓度分别为 0.959mg/L、1.884mg/L、3.014mg/L、3.932mg/L 和 4.982mg/L，UV 光照时间为 16min，莠灭净的降解效果如图 6.66 所示。

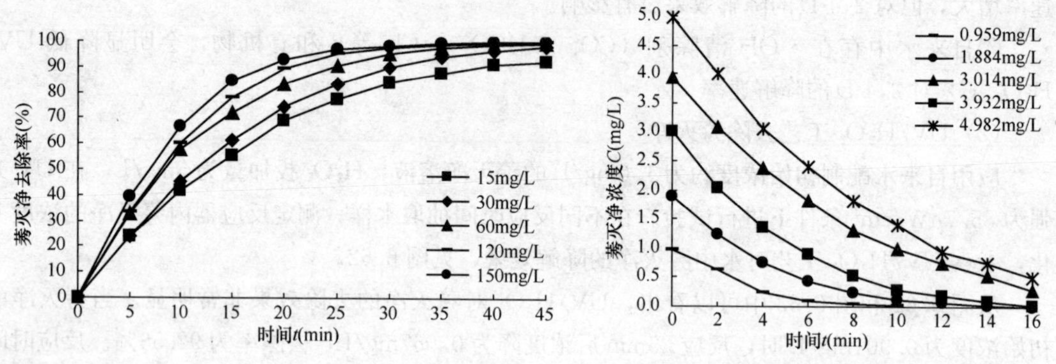

图 6.65 不同 H_2O_2 投加量时莠灭净的去除率　　图 6.66 不同初始浓度时莠灭净的降解曲线

可以看出，随着莠灭净初始浓度的增大，光解反应的初始反应速率也随之增加。对实验数据进行一级反应动力学拟合，莠灭净浓度的对数 ln$C$ 与反应时间 t 呈直线关系。不同初始浓度莠灭净的紫外光解反应，均符合拟一级反应动力学模型。莠灭净初始浓度由 0.959mg/L 增加到 4.982mg/L 时，拟一级反应速率常数 k 从 0.4096min^{-1} 降为 0.1429min^{-1}。在试验浓度范围内，莠灭净初始浓度越高，拟一级反应速率常数越小，而且莠灭净的初始浓度对反应速率的影响较大。

3）pH 的影响

采用自来水配制相同浓度的莠灭净溶液，在相同的反应条件下（UV 光强为 $85.7\mu W/cm^2$，H_2O_2 投加量为 5mg/L，$T=20\pm1$℃），考察不同 pH（4、5、6、7 和 8）对莠灭净去除效果的影响。莠灭净的降解效果如图 6.67 所示。

在不同 pH 时，莠灭净一级反应降解动力学拟合曲线见图 6.68。表 6.31 为不同 pH 条件下的拟一级反应动力学拟合方程。

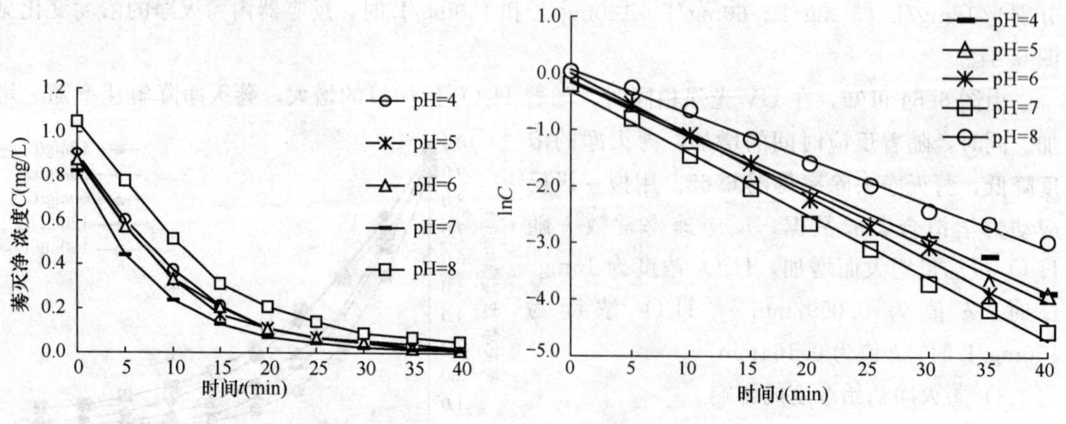

图 6.67 不同 pH 条件下莠灭净的降解曲线　　图 6.68 不同 pH 条件下莠灭净降解拟合曲线

不同 pH 条件下莠灭净降解一级反应动力学参数　表 6.31

初始 pH	一级动力学方程	k (min^{-1})	R^2
4	$\ln C=-0.0939t-0.1263$	0.0939	0.9888
5	$\ln C=-0.0969t-0.1664$	0.0969	0.9929
6	$\ln C=-0.1094t-0.0149$	0.1094	0.9943
7	$\ln C=-0.1100t-0.3161$	0.1100	0.9955
8	$\ln C=-0.0786t+0.0614$	0.0786	0.9944

由图 6.68 可见，莠灭净在酸性溶液中的降解速率与中性条件下相近，而在碱性溶液中的降解速率最慢。因为 H_2O_2 在碱性条件下离解生成的 HO_2^- 对 ·OH 有较强的抑制作用。总的看来，莠灭净在较宽的 pH 范围内都可以有效地被降解，而中性或弱酸性条件有利于降解反应。

4）阴离子的影响

采用蒸馏水配制浓度约为 1mg/L 的莠灭净反应液，并在其中加入无机盐类，考察在相同的反应条件（UV 光强为 85.7μW/cm²，$T=20\pm1$℃，H_2O_2 初始投加量为 5mg/L）下，水中阴离子对 UV/H_2O_2 工艺对去除莠灭净的影响。试验时，分别在反应液中加入相同浓度的碳酸钠、碳酸氢钠、氯化钠和硫酸钠，莠灭净的降解效果如图 6.69 所示。

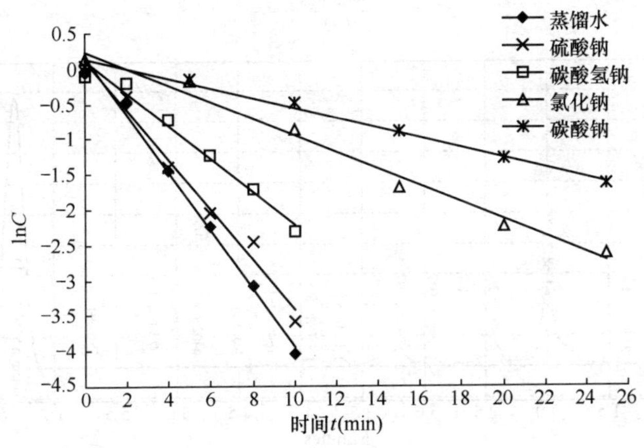

图 6.69　阴离子对莠灭净降解的影响

从表 6.32 可以看出，碳酸根离子对反应抑制作用最大，其次为碳酸氢根离子，再次为氯离子，硫酸根离子对莠灭净的降解过程基本没有影响。

蒸馏水中各种阴离子存在条件下的莠灭净一级反应动力学参数　表 6.32

盐类名称	浓度（mmol/L）	拟合方程	k (min^{-1})	R^2
Na_2CO_3	1	$\ln C=-0.0703t+0.1420$	0.0703	0.9909
NaCl	1	$\ln C=-0.1189t+0.2440$	0.1189	0.9860
$NaHCO_3$	1	$\ln C=-0.2315t+0.1099$	0.2315	0.9764
Na_2SO_4	1	$\ln C=-0.3529t+0.1089$	0.3529	0.9805

5）UV/H_2O_2 工艺氧化莠灭净的产物分析

采用去离子水中配制初始浓度为 10.012mg/L 的莠灭净反应液，UV 光强为 85.7μW/cm²，

$T=20\pm1$℃，H_2O_2 初始投加量为 15mg/L，进行莠灭净降解试验。图 6.70［（一）～（四）］为莠灭净经 UV/H_2O_2 工艺氧化后的 HPLC 图谱。

从图 6.70 可以看出，莠灭净降解过程中生成产物的浓度（以色谱峰面积表示）随着反应时间的增长呈现先增加后减少的变化。这些产物峰可能是莠灭净在 UV/H_2O_2 工艺中的降解产物，而在反应过程中部分中间产物继续氧化产生新的产物。由于各产物的生成速率和降解速率各不相同，所以宏观表现为产物峰变化规律的不同步。

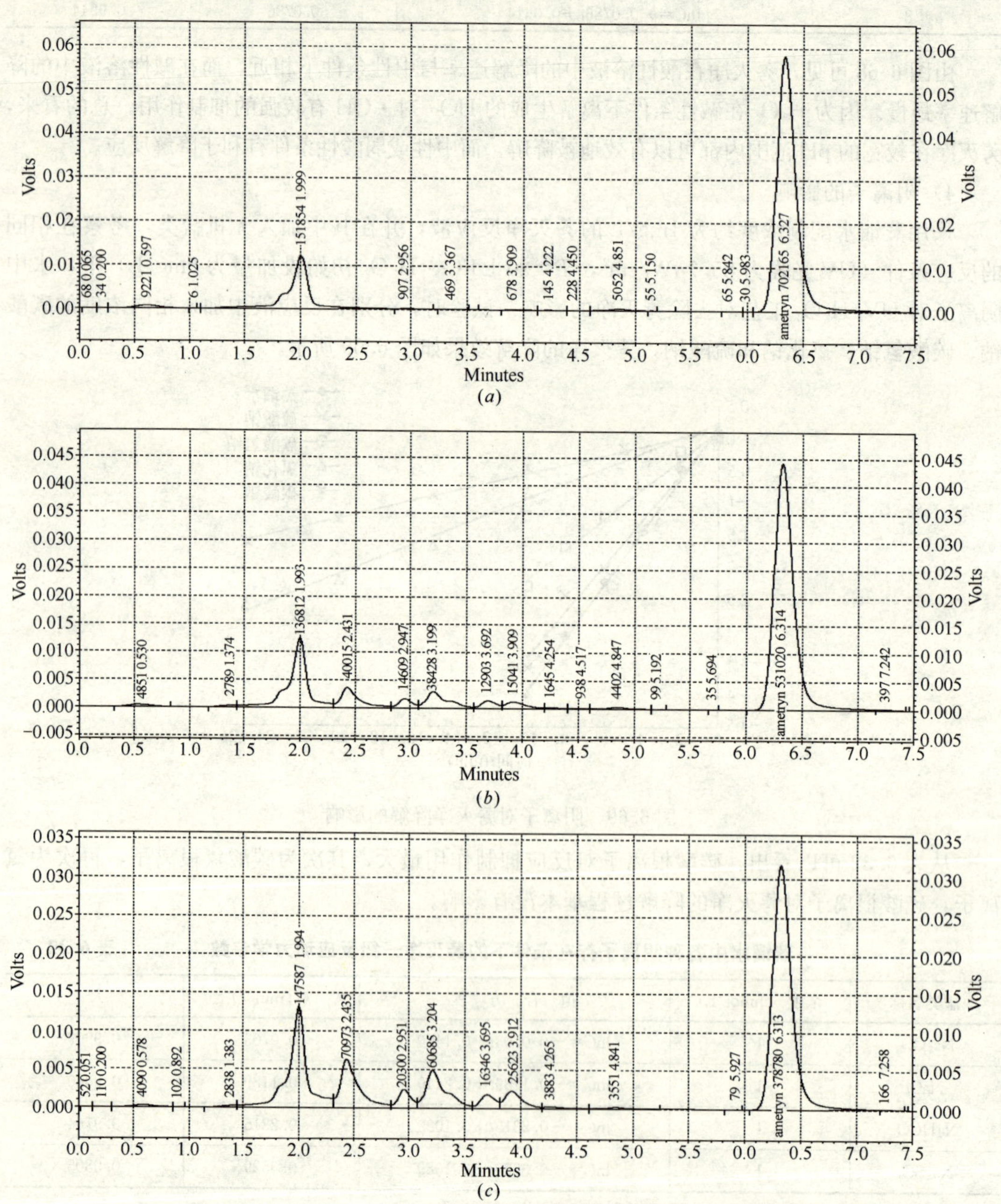

图 6.70 UV/H_2O_2 工艺氧化莠灭净过程的 HPLC 色谱图（一）

(*a*) 0min；(*b*) 5min；(*c*) 10min

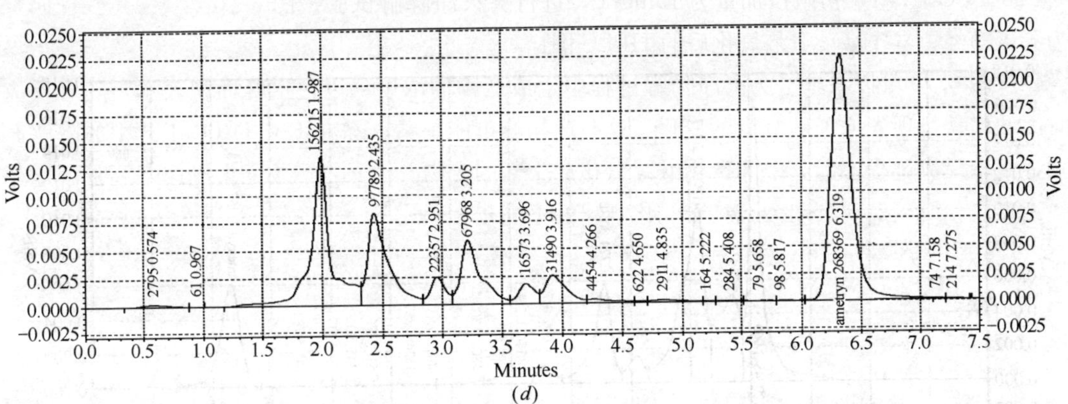

(*d*)

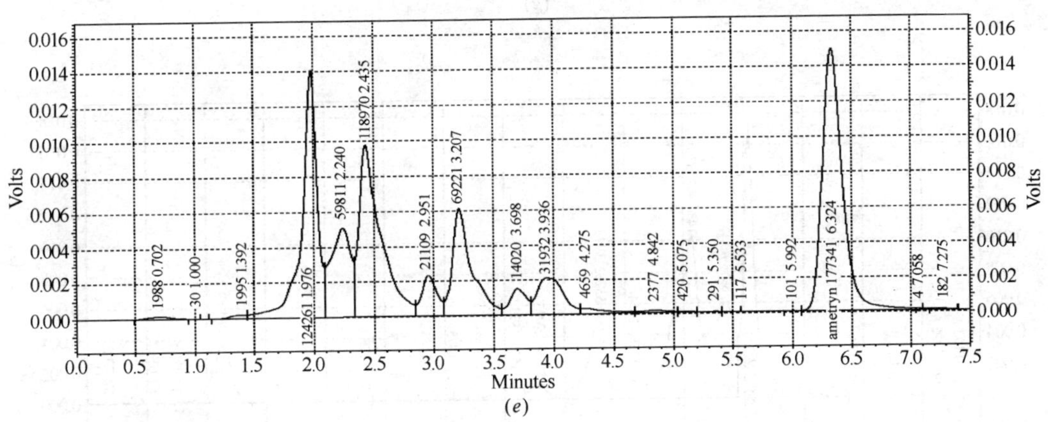

(*e*)

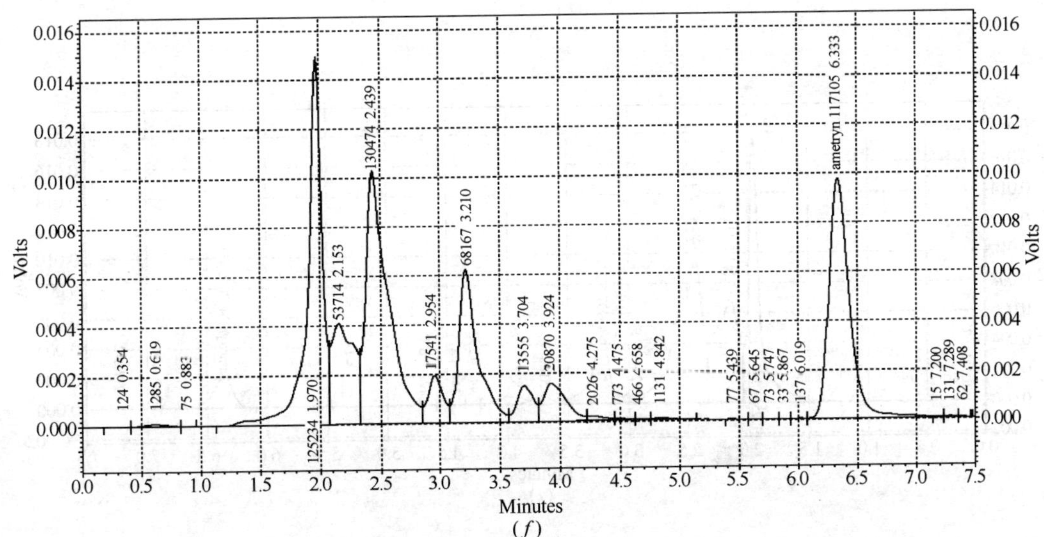

(*f*)

图 6.70　UV/H_2O_2 工艺氧化莠灭净过程的 HPLC 色谱图（二）

（*d*）15min；（*e*）20min；（*f*）25min

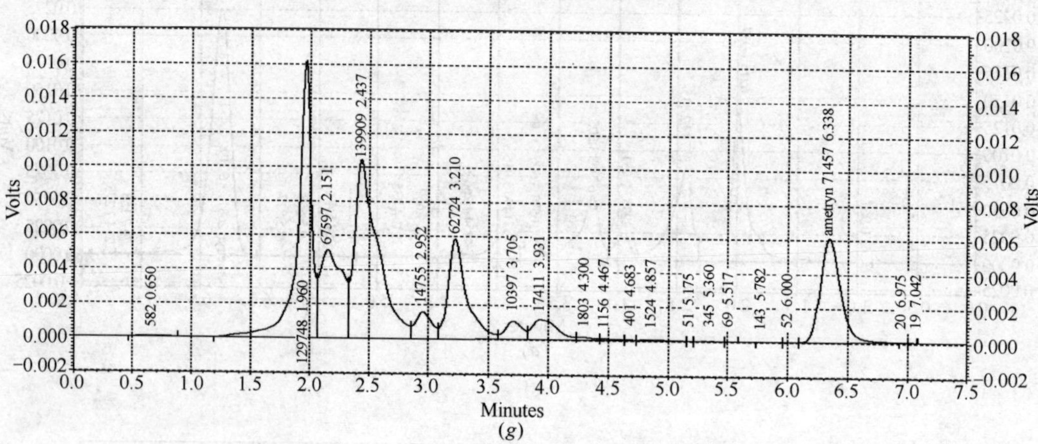

(*g*)

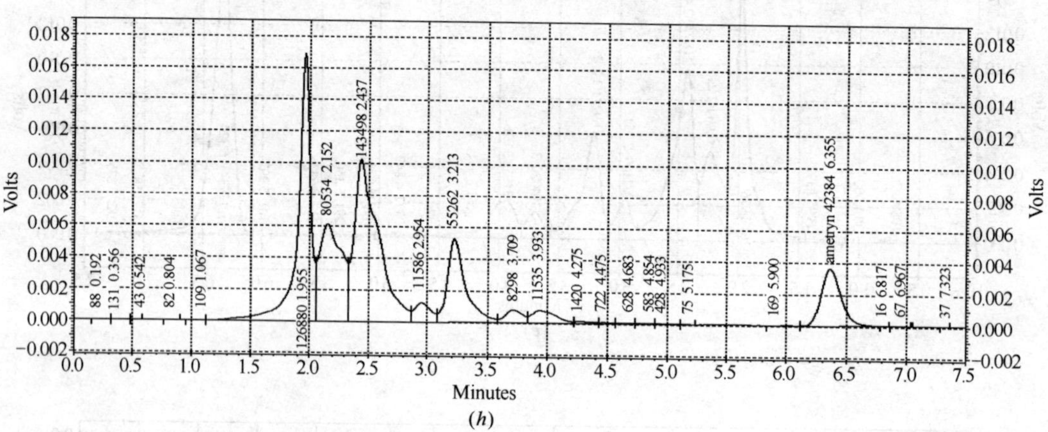

(*h*)

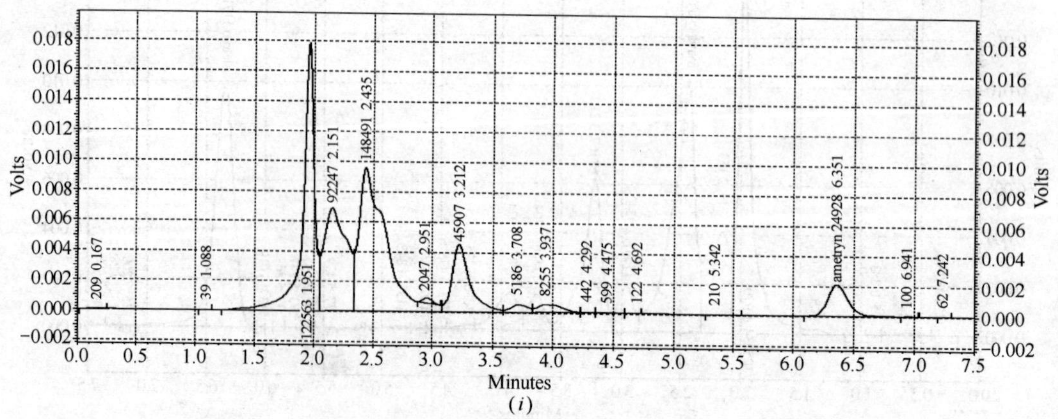

(*i*)

图 6.70 UV/H_2O_2 工艺氧化莠灭净过程的 HPLC 色谱图（三）

（*g*）30min；（*h*）35min；（*i*）40min

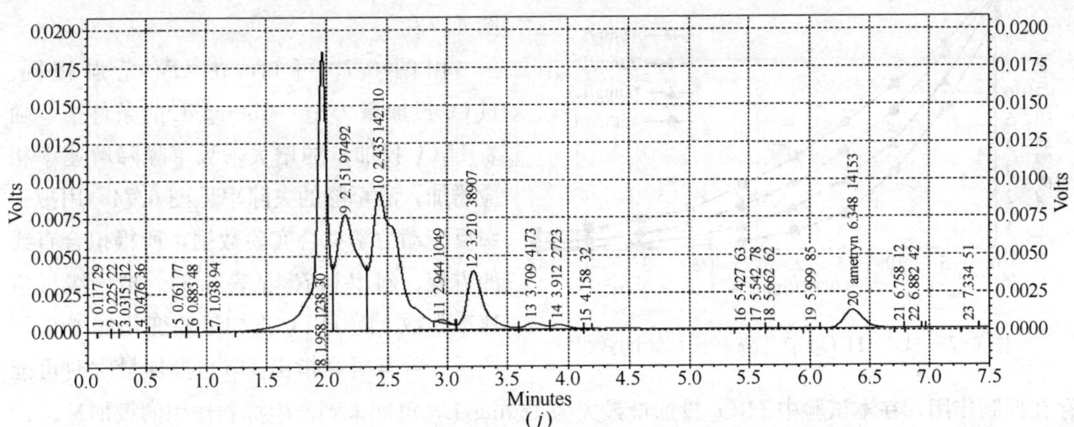

图 6.70 UV/H_2O_2 工艺氧化莠灭净过程的 HPLC 色谱图（四）

（j） 45min

6）UV/H_2O_2 工艺去除莠灭净的效果小结

● UV/H_2O_2 工艺对水中莠灭净具有良好的去除效果。用自来水配制的浓度为 0.901mg/L 的莠灭净溶液，在 UV 光强为 85.7μW/cm² 、H_2O_2 投加量为 5mg/L 的条件下，反应 25min 后去除率在 90%以上；反应时间延长至 40min 时，莠灭净的浓度降为 0.021mg/L，去除率达 97.68%。

● 在 UV/H_2O_2 工艺去除水中莠灭净的过程中，H_2O_2 投加量、莠灭净浓度和水质对去除效果均有较大影响。

（3）UV/H_2O_2 工艺去除敌草隆

采用自来水配制浓度为 0.998mg/L 的敌草隆溶液，投加浓度为 5mg/L 的 H_2O_2，在 UV 光强为 85.7μW/cm² 的条件下进行试验。在不同反应时间采取水样，测定反应器内敌草隆的浓度变化，UV/H_2O_2 工艺对水中敌草隆的降解效果见图 6.71。图 6.72 为敌草隆的去除率。

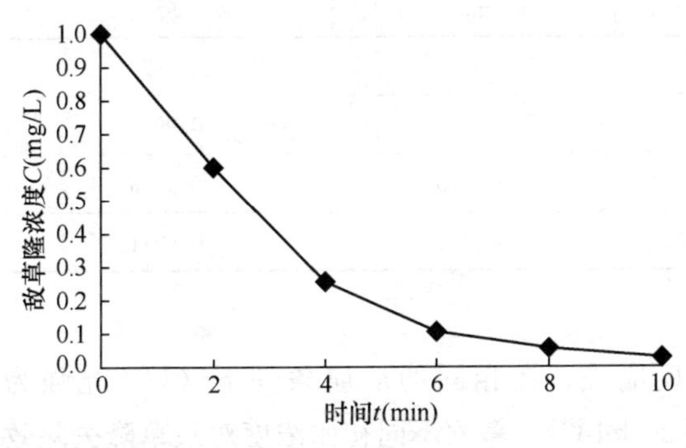

图 6.71 UV/H_2O_2 工艺降解敌草隆的效果

图 6.72 UV/H_2O_2 对敌草隆的去除率

从图 6.71 和图 6.72 中可以看出，UV/H_2O_2 工艺对敌草隆的去除效果非常明显。当敌草隆的初始浓度为 0.998mg/L 时，反应 10min 后，去除率达 97.14%。

1）H_2O_2 投加量的影响

采用自来水配制浓度约为 10mg/L 的敌草隆溶液，在反应器中心点近水面处的 UV 光强为 85.7μW/cm² 条件下，考察 H_2O_2 投加量为 15mg/L、30mg/L、60mg/L 和 150mg/L

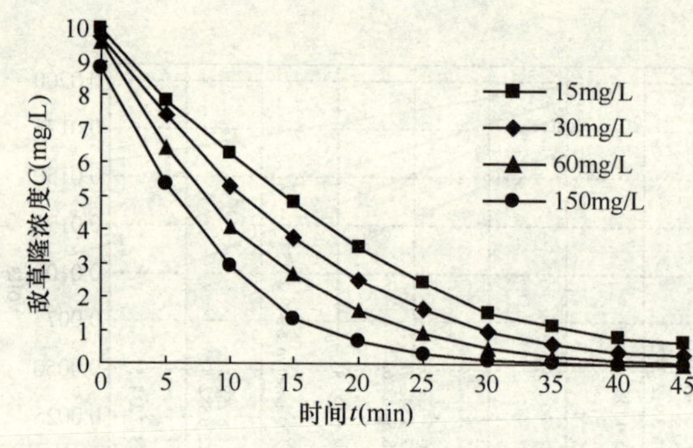

图 6.73 UV/H_2O_2 工艺降解敌草隆的效果

时，反应器中敌草隆的浓度变化，结果见图 6.73。

由图 6.73 可知，在 UV 光强相同、H_2O_2 投加量为 15～150mg/L 的条件下，随着 H_2O_2 投加量的增大，敌草隆降解速率相应增加，敌草隆的去除率见图 6.74。用拟一级反应动力学拟合实验数据，所得拟合直线的方程、斜率和 R^2 见表 6.33。拟一级反应速率常数 k 随 H_2O_2 投加量的变化如图 6.75 所示。曾有研究指出 H_2O_2 投加量大时可能存在抑制作用，在本试验中 H_2O_2 投加量最大为 150mg/L，可能未到产生抑制作用的投加量。

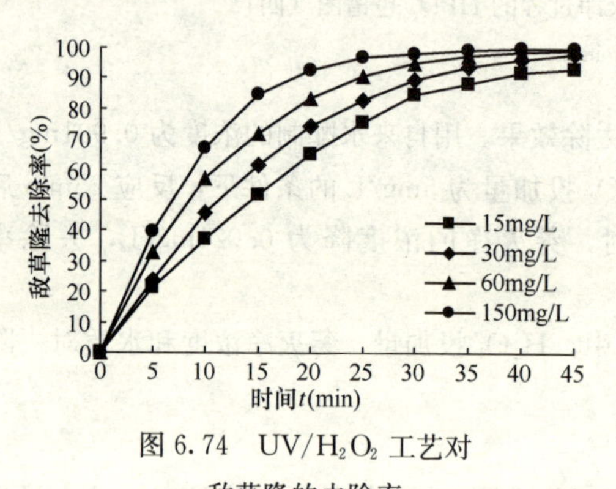

图 6.74 UV/H_2O_2 工艺对敌草隆的去除率

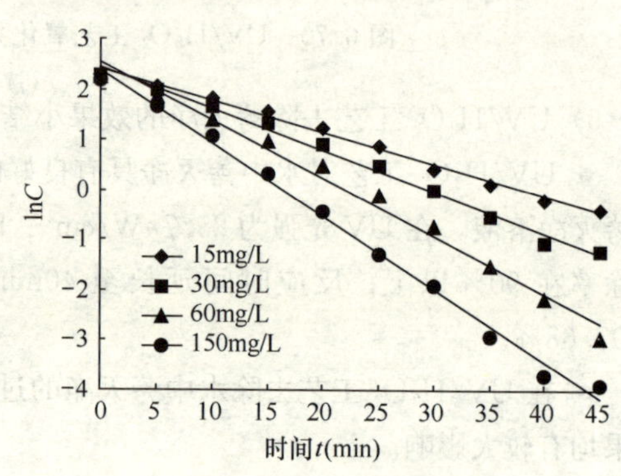

图 6.75 不同 H_2O_2 浓度条件下敌草隆一级动力学拟合曲线

不同 H_2O_2 浓度条件下敌草隆一级反应动力学参数 **表 6.33**

H_2O_2 浓度（mg/L）	一级动力学方程	k（min^{-1}）	R^2
15	$\ln C=-0.0635t+2.4097$	0.0635	0.9923
30	$\ln C=-0.0825t+2.4425$	0.0825	0.9915
60	$\ln C=-0.1173t+2.5034$	0.1173	0.9946
150	$\ln C=-0.1452t+2.3727$	0.1452	0.9941

2）初始浓度的影响

采用自来水配制不同初始浓度的敌草隆反应液，在相同的反应条件下（UV 光强为 85.7$\mu W/cm^2$，H_2O_2 初始投加量为 5mg/L，$T=20\pm1$℃），考察不同初始浓度对敌草隆去除效果的影响。敌草隆的初始浓度分别为 0.999mg/L、1.984mg/L、3.005mg/L 和 5.081mg/L，UV 光照时间为 16min，敌草隆的降解效果如图 6.76 所示。

从图 6.76 中可以看出，随着敌草隆初始浓度的升高，光解反应的初始反应速率也随之增加。对实验数据进行一级反应动力学拟合，结果如图 6.77 所示。可以看出，敌草隆浓度 C 的对数 $\ln C$ 与反应时间 t 呈直线关系，且相关性较好，所以不同初始浓度敌草隆的紫外光解反应，均符合拟一级反应动力学模型。

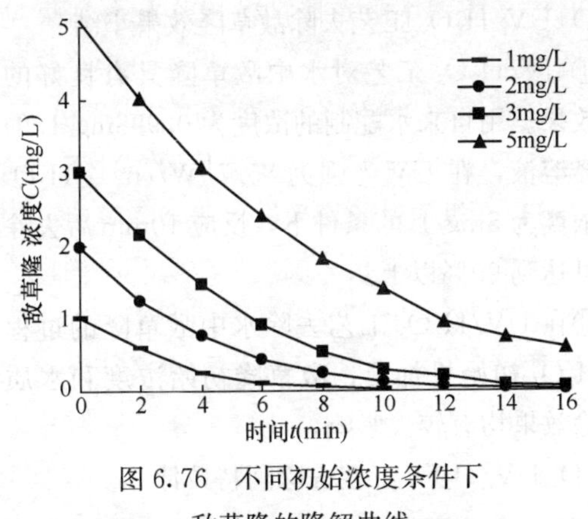

图 6.76　不同初始浓度条件下敌草隆的降解曲线

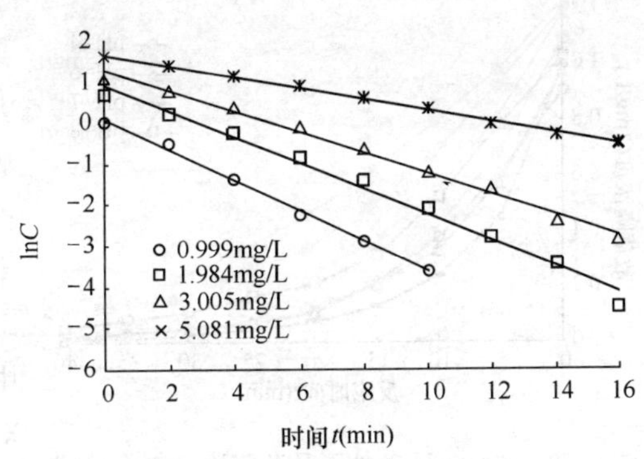

图 6.77　不同初始浓度条件下敌草隆降解拟合曲线

表 6.34 列出了在不同敌草隆初始浓度条件下，一级光解反应动力学方程拟合结果。从表中可知，敌草隆初始浓度由 0.999mg/L 增加到 5.081mg/L 时，拟一级反应速率常数 k 从 0.3714min^{-1} 降为 0.1380min^{-1}。在试验浓度范围内，敌草隆初始浓度越高，拟一级反应速率常数越小，而敌草隆的初始浓度对反应速率的影响较大。

不同初始浓度敌草隆的一级反应动力学参数　表 6.34

初始浓度（mg/L）	一级动力学方程	k（min^{-1}）	R^2
0.999	$\ln C=-0.3714t+0.0903$	0.3714	0.9958
1.984	$\ln C=-0.3174t+0.9284$	0.3174	0.9883
3.005	$\ln C=-0.2530t+1.2976$	0.2530	0.9920
5.081	$\ln C=-0.1380t+1.6675$	0.1380	0.9972

3）pH 的影响

采用自来水配制相同浓度的敌草隆反应液，用稀硫酸和氢氧化钠溶液调节反应液的 pH，在相同的反应条件下（UV 光强为 $85.7\mu W/cm^2$，H_2O_2 初始投加量为 5mg/L，$T=20\pm1$℃），考察不同 pH 值对敌草隆去除效果的影响。敌草隆溶液的初始 pH 分别为 4、6、7 和 8 时，敌草隆的降解效果如图 6.78 所示。

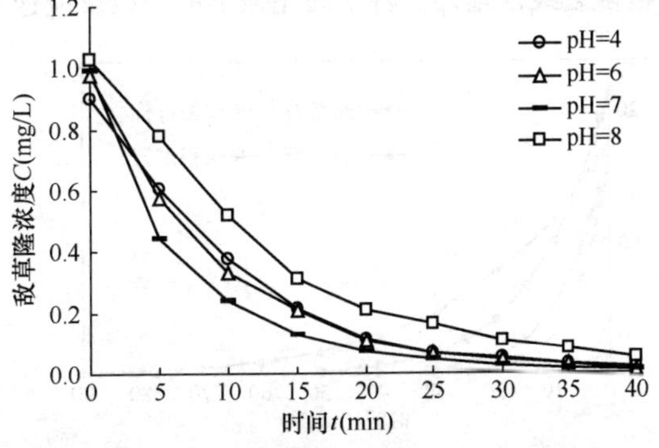

图 6.78　不同 pH 条件下敌草隆的降解曲线

在不同 pH 条件下，敌草隆降解拟一级反应动力学拟合曲线见图 6.79。当 pH 为 4、6、7、8 时，反应速率常数 k 值分别为 0.0971、0.1068、0.1125 和 0.0775，由此可见，敌草隆在酸性和碱性条件下的降解速率都比中性条件下要慢，而在碱性条件下的降解速率最慢。因为 H_2O_2 在碱性条件下离解生成的 HO_2^- 对羟基自由基有较强的抑制作用。但总体来看，敌草隆在较宽的 pH 范围内均可有效去除，而中性或弱酸性条件更有利于降解反应的进行。

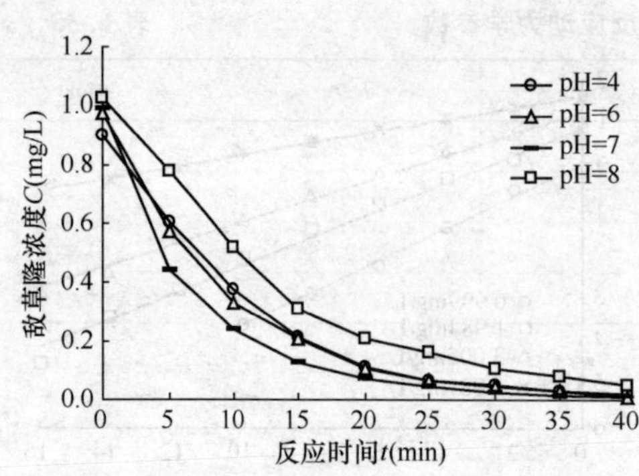

图 6.79　不同 pH 条件下敌草隆降解拟合曲线

4）UV/H_2O_2 工艺去除敌草隆效果小结

①UV/H_2O_2 工艺对水中敌草隆具有良好的去除效果。用自来水配制的浓度为 0.998mg/L 的敌草隆溶液，在 UV 光强为 85.7μW/cm^2、H_2O_2 投加浓度为 5mg/L 的条件下，反应 10min 后去除率即可达到 90%以上。

②在 UV/H_2O_2 工艺去除水中敌草隆的过程中，H_2O_2 初始投加量、敌草隆初始浓度和水质对去除效果均有较大影响。

（4）UV/H_2O_2 工艺去除阿特拉津

1）光强的影响

采用自来水配制的初始浓度相近的阿特拉津水样，H_2O_2 浓度为 20mg/L，反应器在完全混合间歇流方式下运行。测定反应器内阿特拉津的浓度变化，考察光强对阿特拉津降解效果的影响。图 6.80 为不同强度紫外光照射下，反应器内阿特拉津浓度随反应时间的变化。

UV/H_2O_2 工艺对阿特拉津的去除效果相当明显。在开一根灯管（光强为 205μW/cm^2），H_2O_2 浓度为 20mg/L，阿特拉津初始浓度为 102μg/L 条件下，20min 后浓度降为 46μg/L，90min 后，浓度降为 1.5μg/L，去除率达到 98.5%。

随着光强的增加，降解速率加快，在相同处理时间内，阿特拉津去除率升高。在四种光强条件下，反应 20min 后，阿特拉津的去除率分别为 54.90%、80.48%、92.06%和 96.61%。因此，通过增加紫外光强，可以提高阿特拉津的降解速率。

不同光强条件下，阿特拉津的降解曲线呈现一级反应动力学的特征，进行一级动力学方程拟合，如图 6.81 所示。可以看出，阿特拉津在不同光强条件下的降解反应均很好的符合一级反应动力学模型。表 6.35 为不同光强条件下，阿特拉津降解一级反应动力学拟合方程及拟合参数。阿特拉津一级反应速率常数受光强影响较大，随着光强的增加，阿特拉津一级反应速率常数随之线性增加。将不同光强下的一级反应速率常数进行拟合，可以得到如下关系：

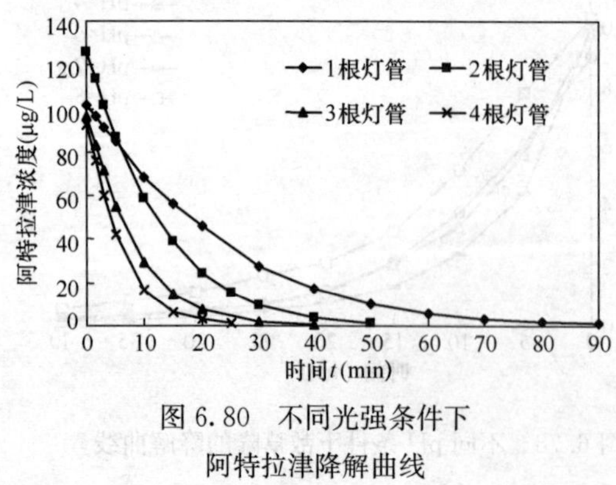

图 6.80　不同光强条件下阿特拉津降解曲线

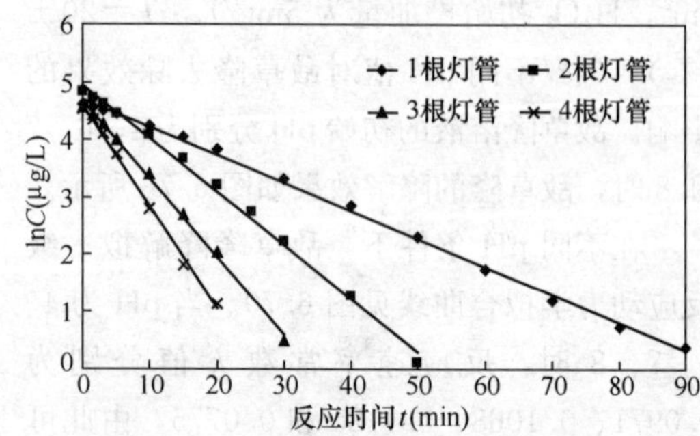

图 6.81　不同光强条件下阿特拉津一级反应动力学拟合曲线

$$k = 2.21 \times 10^{-4} I \quad (R^2 = 0.998) \tag{6.36}$$

式中　k——一级反应速率常数，1/min；

I——照射光强，μW/cm^2。

不同光强时阿特拉津一级反应动力学参数　表 6.35

光强（$\mu W/cm^2$）	拟 合 方 程	k（1/min）	R^2	$t_{1/2}$（min）
205	$\ln C=-0.0487t+4.7058$	0.0487	0.998	14.2
412	$\ln C=-0.0930t+4.9536$	0.0930	0.996	7.5
632	$\ln C=-0.1356t+4.6639$	0.1356	0.997	5.1
850	$\ln C=-0.1890t+4.5791$	0.1890	0.998	3.7

2）H_2O_2 浓度的影响

采用自来水配制浓度相近的阿特拉津反应液，在相同的条件下进行 UV/H_2O_2 工艺处理（开 2 根灯管，光强为 $412\mu W/cm^2$，$T=25\pm1$℃），考察不同 H_2O_2 浓度对阿特拉津降解效果的影响。H_2O_2 初始浓度分别为 0mg/L、5mg/L、20mg/L、40mg/L、60mg/L、80mg/L、100mg/L、120mg/L、150mg/L 和 200mg/L。图 6.82 表示在不同 H_2O_2 浓度条件下，阿特拉津降解一级反应动力学拟合曲线。表 6.36 列出不同 H_2O_2 浓度条件下，阿特拉津一级反应动力学拟合方程。

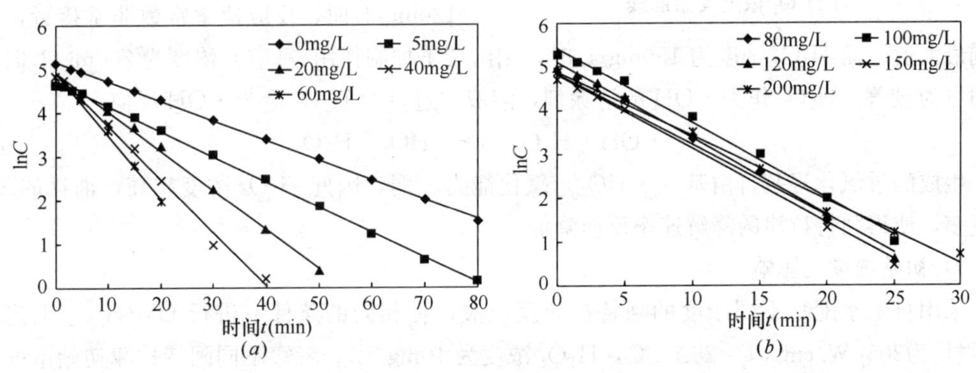

图 6.82　不同 H_2O_2 浓度条件下阿特拉津降解一级动力学拟合曲线

不同 H_2O_2 浓度条件下阿特拉津一级反应动力学参数　表 6.36

H_2O_2 浓度（mg/L）	拟 合 方 程	k（min^{-1}）	R^2	$t_{1/2}$（min）
0	$\ln C=-0.0447t+5.1588$	0.0447	0.999	15.51
5	$\ln C=-0.057t+4.7024$	0.0570	0.999	12.16
20	$\ln C=-0.0889t+4.9062$	0.0889	0.998	7.80
40	$\ln C=-0.1215t+4.9103$	0.1215	0.994	5.70
60	$\ln C=-0.1436t+4.9232$	0.1436	0.995	4.83
80	$\ln C=-0.1592t+4.8169$	0.1532	0.991	4.35
100	$\ln C=-0.1711t+5.4273$	0.1711	0.995	4.05
120	$\ln C=-0.1744t+5.1248$	0.1744	0.994	3.97
150	$\ln C=-0.1688t+4.8207$	0.1688	0.990	4.11
200	$\ln C=-0.1465t+4.9024$	0.1465	0.994	4.73

从表中可以看出，H_2O_2 浓度较小（≤60mg/L）时，一级反应速率常数随 H_2O_2 投加量的增加而明显增大，如图 6.82（a）所示，当 H_2O_2 浓度大于 60mg/L 后，速率常数增加的速度变得非常缓慢；当 H_2O_2 浓度大于 120mg/L 后，速率常数随着 H_2O_2 投加量的增加反而降低。

图 6.83 表示 H_2O_2 浓度与阿特拉津一级反应速率常数 k 的关系，将两者拟合可以得到下式：

$$y = -7.51\times10^{-6}x^2 + 1.97\times10^{-3}x + 0.0497 (R^2 = 0.992) \tag{6.37}$$

H_2O_2 在 UV/H_2O_2 工艺降解阿特拉津时具有双重作用，一方面，当 H_2O_2 投加量较小时，式（6.37）中的第一项影响较弱，可以忽略，一级反应速率常数随 H_2O_2 投加量的增加基本呈现线性增加的趋势，这是由于 H_2O_2 在 UV 照射下能分解成具有强氧化性的 · OH，增大 H_2O_2 浓度会导致有更多 · OH 产生，从而使得阿特拉津降解速度明显提高。另一方面，当 H_2O_2 增加到一定浓度（80mg/L）后，阿特拉津的降解速率随 H_2O_2 浓度的变化已不明显。H_2O_2 浓度为 100mg/L 和 120mg/L 时，反应速率常数非常接近，基本达到最大值。而 H_2O_2 浓度为 150mg/L 时，则出现了抑制作用，H_2O_2 浓度为 200mg/L 时抑制作用更为显著。H_2O_2 作为 · OH 的清除剂，溶液中过量的 H_2O_2 会与 · OH 反应：

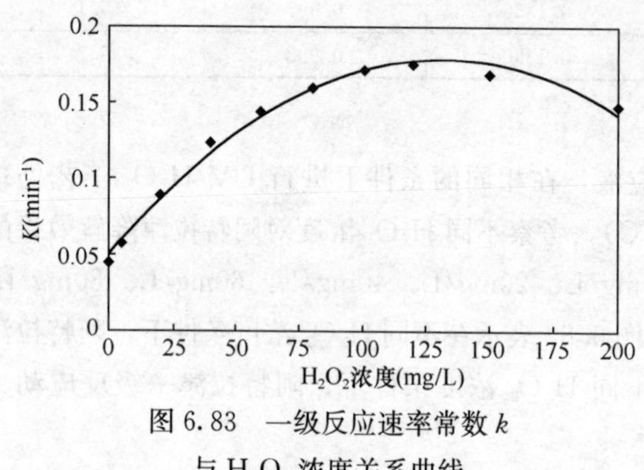

图 6.83 一级反应速率常数 k 与 H_2O_2 浓度关系曲线

$$\cdot OH + H_2O_2 \longrightarrow \cdot HO_2 + H_2O \tag{6.38}$$

生成的过氧化羟基自由基（· HO_2）氧化能力较弱，因此 H_2O_2 浓度越高，消耗的 · OH 就越多，使得阿特拉津的降解速率反而降低。

3）初始浓度的影响

采用自来水配制不同浓度的阿特拉津反应液，在相同的条件下进行 UV/H_2O_2 工艺处理（光强均为205μW/cm^2，T=25±1℃，H_2O_2 浓度为 10mg/L），考察不同阿特拉津初始浓度对降解效果的影响。

阿特拉津的初始浓度 C_0 分别为 151μg/L、97μg/L 和 34μg/L 时，降解效果如图 6.84 所示。可以看出，随着阿特拉津初始浓度的升高，降解反应的初始反应速率随之升高。对试验数据进行一级反应动力学拟合，结果如图 6.85 所示。三组不同阿特拉津初始浓度的降解反应均符合一级反应动力学模型，三条拟合曲线几乎平行。

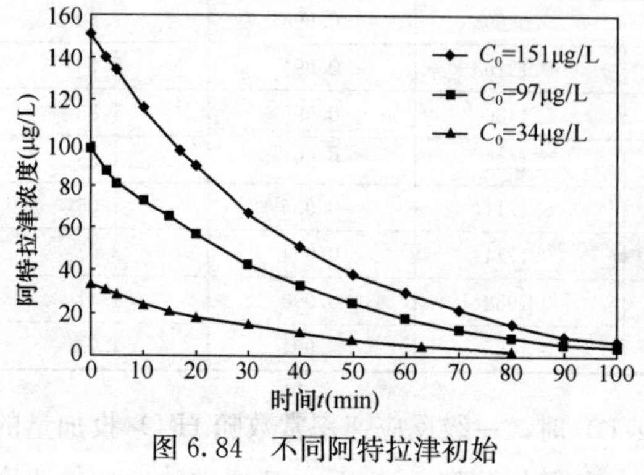

图 6.84 不同阿特拉津初始浓度的降解曲线

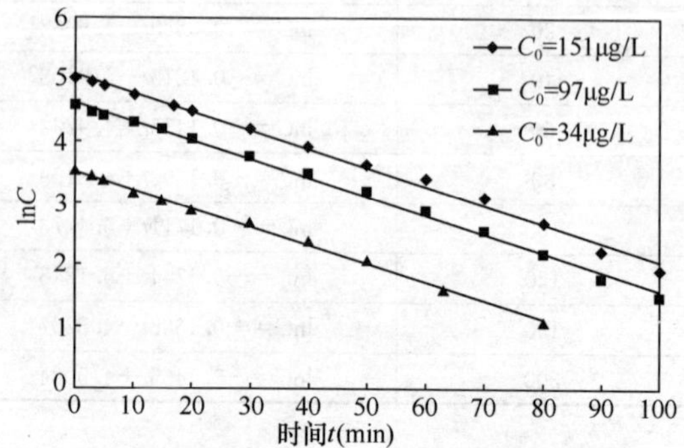

图 6.85 不同阿特拉津初始浓度时的一级反应动力学拟合曲线

阿特拉津初始浓度为 151μg/L、97μg/L 和 34μg/L 时，一级反应速率常数分别为 0.0301min^{-1}、0.0302min^{-1}和 0.0298min^{-1}。在试验误差范围内，可以认为这三个数值相同，即初始浓度对阿特拉津一级反应速率常数的影响可以忽略不计。这说明，增大初始浓度虽然会使初始降解速率增大，但对阿特拉津的降解程度或降解百分率没有影响。

4）不同水质的影响

分别采用自来水和蒸馏水配制阿特拉津反应液，在相同的反应条件（光强均为 205μW/cm^2，T=25±1℃，H_2O_2 浓度为 5mg/L）下，考察水质对阿特拉津降解反应的影响。对降解曲线进行一级动力学拟合，结果如表 6.37 所示。可以看出，阿特拉津在蒸馏水中的降解反应速率常数（0.0866min^{-1}），约为自来水中（0.0262min^{-1}）的 3.3 倍，说明当水中存在有机物及多种离子的情况下，降解反应速率会有所降低。自来水中主要的干扰因素为·OH 的清除剂（CO_3^{2-}、HCO_3^-、HPO_4^{2-} 及 Cl^- 等），特别是碱度的存在，使 CO_3^{2-} 和 HCO_3^- 对降解反应速率的影响变得尤为重要，另外，有机物（腐殖酸、富里酸等）会与阿特拉津竞争获得·OH，降低与目标化合物反应的·OH 浓度，而且它们对紫外光有强烈的吸收，会减小作用于阿特拉津上的光子流量。

不同水质条件下阿特拉津一级反应动力学参数　**表 6.37**

水体类型	初始浓度（μg/L）	一级动力学方程	k（min^{-1}）	R^2
蒸馏水	87	$\ln C=-0.0866t+4.483$	0.0866	0.998
自来水	99	$\ln C=-0.0262t+4.5532$	0.0262	0.994

5）pH 的影响

采用自来水配制浓度约为 90μg/L 的阿特拉津反应液，光强均采用 412μW/cm^2，T=25±1℃，H_2O_2 浓度为 20mg/L。用硫酸（硫酸：水＝1：5，v/v）和氢氧化钠调节反应液的 pH 值，使初始 pH 分别为 3.49、7.04 和 8.19，研究 pH 对 UV/H_2O_2 工艺降解阿特特拉津效果的影响。图 6.86 表示在不同 pH 条件下，阿特拉津降解一级反应动力学拟合曲线。表 6.38 列出不同 pH 值条件下，阿特拉津降解一级反应动力学拟合方程。

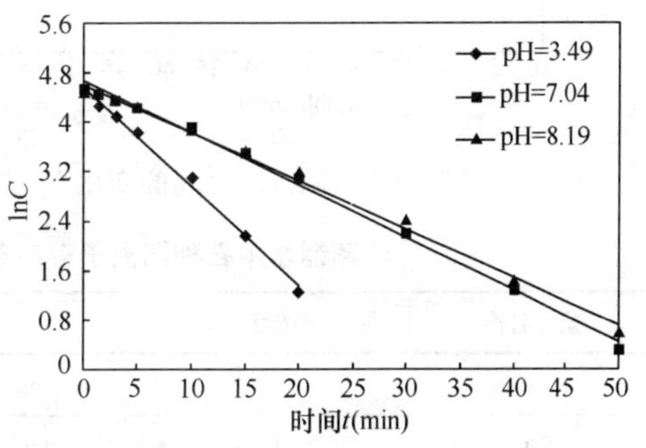

图 6.86　不同 pH 条件下阿特拉津降解拟合曲线

可以看出，在碱性 pH 范围时，阿特拉津的降解速率比在 pH 为中性时的降解速率略有降低；当 pH 在酸性范围时，降解速率明显增大。

不同 pH 条件下阿特拉津降解一级反应动力学参数　**表 6.38**

初始 pH	拟 合 方 程	k（min^{-1}）	R^2
3.49	$\ln C=-0.1604t+4.5576$	0.1604	0.9950
7.04	$\ln C=-0.0843t+4.6557$	0.0843	0.9961
8.19	$\ln C=-0.0778t+4.6020$	0.0778	0.9944

6）阴离子的影响

在蒸馏水中加入各种盐类，研究不同阴离子对 UV/H_2O_2 工艺去除阿特拉津的影响，同时考察反应液中 UV_{254} 的变化。试验条件为：开两根灯管（光强为 412μW/cm²），一次性加入 20mg/L H_2O_2。蒸馏水的 UV_{254} 为 0.003cm⁻¹，加入 20mg/L H_2O_2 后，测定的 UV_{254} 为 0.014cm⁻¹，说明 H_2O_2 在 254nm 紫外波长下有一定的吸收，在总的吸光度中扣除有机物的吸光度，即为 H_2O_2 吸光度，H_2O_2 在 0min 时的吸光度为：0.014－0.003＝0.011cm⁻¹。加入阿特拉津后，UV_{254} 为 0.016cm⁻¹，UV_{254} 略有增加。

图 6.87 表示反应过程内 UV_{254} 随反应时间的变化，在 60min 反应时间内，UV_{254} 值下降非常缓慢。阿特拉津在反应 10min 后已经完全去除，如果扣除阿特拉津和 H_2O_2 对 UV_{254} 下降所起的作用，有机物 UV_{254} 在整个反应过程中的下降速率将会变得更加缓慢。

在蒸馏水中加入的盐类包括：碳酸钠、氯化钠、碳酸氢钠和硫酸钠，各种阴离子浓度均为 1mmol/L。试验中对溶液的 pH 未进行调整，蒸馏水的 pH 为 6.25，加入碳酸钠、氯化钠、碳酸氢钠、硫酸钠后，溶液的 pH 分别为 8.52、6.24、7.52 和 6.25。加入阴离子后，阿特拉津的降解过程如图 6.88 所示，一级动力学拟合方程如表 6.39 和表 6.40 所示。

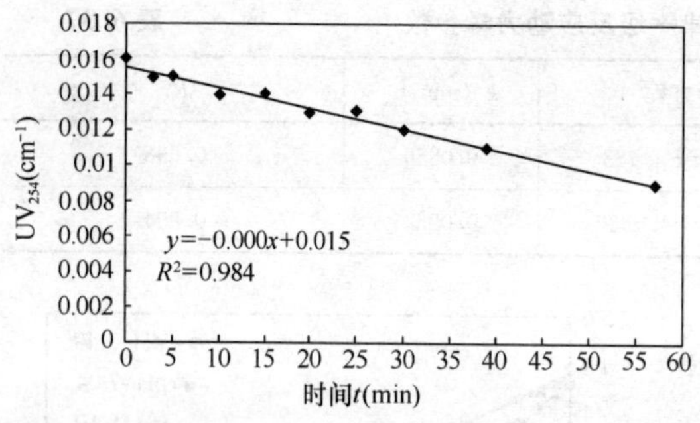

图 6.87 UV_{254} 随反应时间的变化

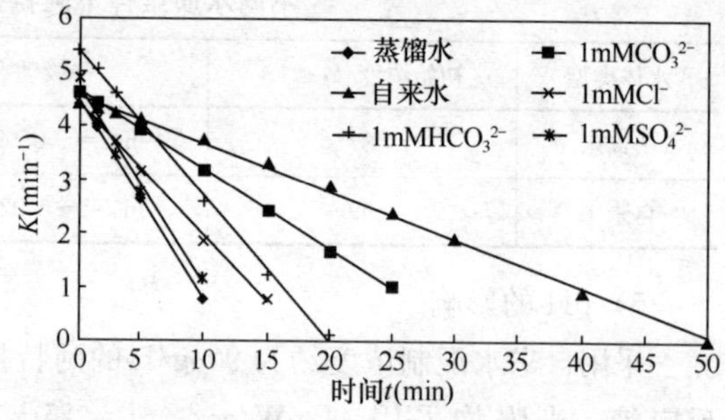

图 6.88 阴离子对阿特拉津光氧化反应的影响

蒸馏水中各种阴离子存在条件下阿特拉津一级反应动力学参数 表 6.39

盐类名称	阴离子浓度（mg/L）	拟合方程	k（min⁻¹）	R^2
Na_2CO_3	60	$\ln C=-0.1457t+4.625$	0.1457	0.9996
NaCl	35.5	$\ln C=-0.2477t+4.4203$	0.2477	0.9979
$NaHCO_3$	61	$\ln C=-0.2684t+5.369$	0.2684	0.9985
Na_2SO_4	96	$\ln C=-0.3667t+4.7306$	0.3667	0.9913

阿特拉津在蒸馏水和自来水中的一级反应动力学参数 表 6.40

水质类型	拟合方程	k（min⁻¹）	R^2
蒸馏水	$\ln C=-0.3676t+4.4877$	0.3676	0.9968
自来水	$\ln C=-0.0886t+4.5460$	0.0886	0.9964

7）有机物的影响

在蒸馏水中加入腐殖酸和丹宁酸，配制不同有机物本底值的反应液，考察有机物对阿特拉津降解效果的影响。由于这两种有机物都含有芳环结构，在紫外波长下有强烈的吸收，它们的

浓度与 UV_{254} 有很好的相关性，因此采用 UV_{254} 来表征它们的含量。

①丹宁酸的影响

将丹宁酸溶解到蒸馏水中，配制成 5g/L 的母液，向反应器内加入不同体积的母液，使反应液的初始 UV_{254} 值分别为 0.047cm^{-1}、0.090cm^{-1}、0.163cm^{-1}、0.254cm^{-1} 和 0.337cm^{-1}，其他反应条件保持相同（光强均为 412μW/cm^2，H_2O_2 投加量为 20mg/L，T=25±1℃），研究丹宁酸对阿特拉津降解效果的影响。在不同丹宁酸投加量条件下，反应液的 UV_{254} 随时间的变化情况如图 6.89 所示。可以看出，UV_{254} 随反应时间延长而降低。

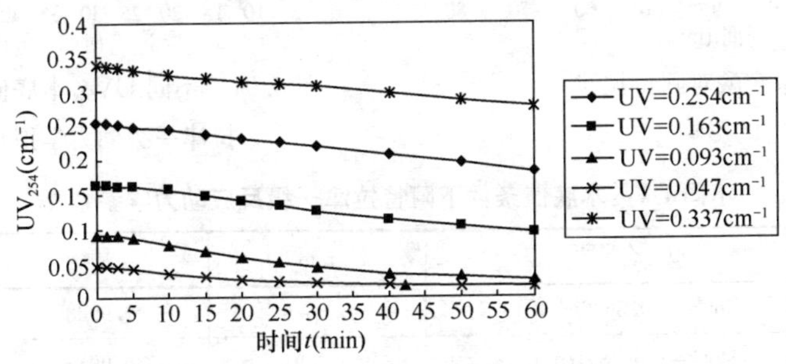

图 6.89　不同丹宁酸投加量条件下 UV_{254} 的变化

降解曲线呈现零级反应动力学形式，将试验数据进行零级反应方程拟合，结果如表 6.41 所示，相关系数较高。在反应液的初始 UV_{254} 值分别为 0.047cm^{-1}、0.090cm^{-1}、0.163cm^{-1}、0.254cm^{-1} 和 0.337cm^{-1} 条件下，UV_{254} 降解的零级反应速率常数分别为 0.009min^{-1}、0.0012min^{-1}、0.0012min^{-1}、0.0012min^{-1} 和 0.0010min^{-1}。在试验误差范围内，可以认为有机物在不同本底值条件下，UV_{254} 的降解速率相同。

不同丹宁酸投加量条件下 UV_{254} 零级反应动力学参数　　表 6.41

初始 UV_{254}（cm^{-1}）	拟合方程	k（min^{-1}）	R^2
0.047	$C=-0.0090t+0.0456$	0.0090	0.9753
0.090	$C=-0.0012t+0.0875$	0.0012	0.9458
0.163	$C=-0.0012t+0.1652$	0.0012	0.9888
0.254	$C=-0.0012t+0.2538$	0.0012	0.9986
0.337	$C=-0.0010t+0.3336$	0.0010	0.9926

在不同 UV_{254} 本底值下，阿特拉津的降解效果如图 6.90 所示，随着 UV_{254} 本底值的增加，相同时间内，阿特拉津的去除率随之降低，阿特拉津的降解速率减慢，表明丹宁酸对阿特拉津的降解存在抑制作用。

在不同 UV_{254} 本底值条件下，阿特拉津的降解曲线呈现一级反应动力学形式，进行一级反应动力学拟合，结果如图 6.91 和表 6.42 所示。当 UV_{254} 本底值分别为 0.047cm^{-1}、0.090cm^{-1}、0.163cm^{-1}、0.254cm^{-1} 和 0.337cm^{-1} 时，阿特拉津的一级反应速率常数分别为 0.2891min^{-1}、0.1572min^{-1}、0.0857min^{-1}、0.0492min^{-1} 和 0.0327min^{-1}。随着 UV_{254} 本底值的增加，阿特拉津一级反应速率常数随之降低。

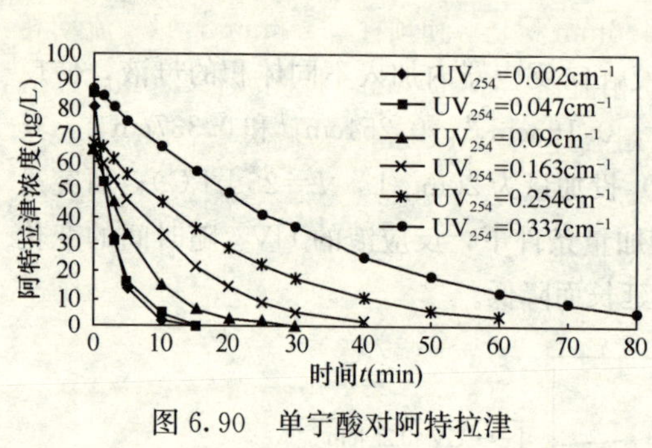

图 6.90 单宁酸对阿特拉津降解的影响

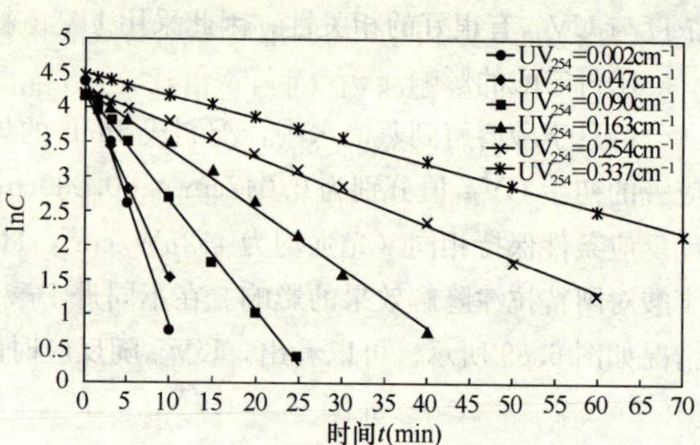

图 6.91 不同 UV_{254} 本底值条件下阿特拉津一级动力学拟合曲线

不同 UV_{254} 本底值条件下阿特拉津一级反应动力学参数 表 6.42

初始 UV_{254} (cm^{-1})	拟合方程	k (min^{-1})	R^2	$t_{1/2}$ (min)
0.002	$\ln C=-0.3676t+4.4877$	0.3676	0.9968	1.89
0.047	$\ln C=-0.2891t+4.372$	0.2891	0.9944	2.40
0.090	$\ln C=-0.1572t+4.2283$	0.1572	0.9978	4.41
0.163	$\ln C=-0.0857t+4.268$	0.0857	0.9948	8.09
0.254	$\ln C=-0.0492t+4.282$	0.0492	0.9974	14.08
0.337	$\ln C=-0.0327t+4.5103$	0.0327	0.9974	21.20

②腐殖酸的影响

在碱性溶液中溶解腐殖酸，过夜放置。使用前用蒸馏水稀释，并用滤纸过滤，除去颗粒及沉淀物。调节 pH 成中性。加入不同体积的腐殖酸母液，配制成不同 UV_{254} 本底值的反应液，初始 UV_{254} 值分别为 0.002cm^{-1}（蒸馏水）、0.065cm^{-1}、0.12cm^{-1}、0.186cm^{-1} 和 0.211cm^{-1}，其他反应条件保持相同（光强均为 412$\mu W/cm^2$，H_2O_2 投加量为 20mg/L，$T=25\pm1$℃），研究腐殖酸对阿特拉津降解效果的影响。在不同腐殖酸 UV_{254} 本底值条件下，阿特拉津的降解效果如图 6.92 所示。从图中可以看出，随着 UV_{254} 本底值的增加，相同时间内，阿特拉津的去除率随之降低，阿特拉津的降解速率减慢。

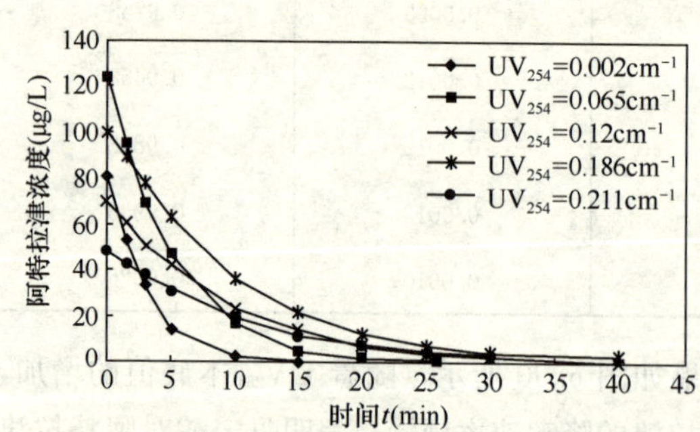

图 6.92 不同 UV_{254} 本底值时阿特拉津的降解曲线

在不同 UV_{254} 本底值条件下，进行一级反应动力学拟合，当 UV_{254} 本底值分别为 0.065cm^{-1}、0.12cm^{-1}、0.186cm^{-1} 和 0.211cm^{-1}时，阿特拉津的一级反应速率常数分别为 0.2242cm^{-1}、0.1259cm^{-1}、0.1092cm^{-1} 和 0.00908min^{-1}。随着 UV_{254} 本底值的增加，阿特拉津一级反应速率常数随之降低，表明腐殖酸对阿特拉津的降解也存在抑制作用。

8) UV/H_2O_2 工艺降解阿特拉津的机理研究

①阿特拉津及中间产物的测定

阿特拉津及中间产物的浓度采用高效液相色谱仪（岛津 LC-2010AHT）测定，带有紫外检测器；使用 shim-packVP-ODS 色谱柱（150mm×4.6mm i. d.）和预柱（4.6mm i. d）。流动相：乙腈和水。阿特拉津浓度测定采用等度洗脱，流动相流速 1.0mL/min，检测波长 220nm，分析时间 6min。中间产物的测定采用梯度洗脱，流动相流速 0.8mL/min，检测波长 210nm，分析时间 15min。

②UV 光与 H_2O_2 在阿特拉津降解过程中的协同作用

在去离子水中配制较高浓度的阿特拉津反应液，分别进行阿特拉津紫外光解和 UV/H_2O_2 工艺试验，考察阿特拉津在不同工艺中的降解规律。图 6.93 表示阿特拉津在不同处理工艺中的降解曲线。在紫外光解工艺中，阿特拉津的初始浓度为 1169.9μg/L，降解 60min 后，浓度降为 18.9μg/L，去除率为 98.39%。在 UV/H_2O_2 工艺中，H_2O_2 的初始浓度为 30mg/L，阿特拉津的初始浓度为 1242.6μg/L，反应 10min 后，阿特拉津浓度已降至 15.9μg/L，去除率高达 98.72%。可以看出，加入 H_2O_2 后，阿特拉津的降解速率明显加快。而在同时进行的 H_2O_2 氧化试验中，H_2O_2 对阿特拉津没有任何去除效果。

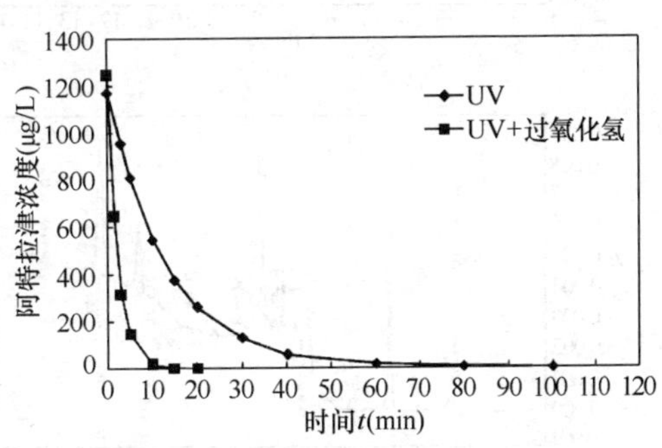

图 6.93　不同工艺条件下阿特拉津的降解曲线

在两种处理工艺中，阿特拉津的降解过程均符合一级反应动力学模型，拟合结果如表 6.43 所示。

UV 及 UV/H_2O_2 工艺中阿特拉津一级反应动力学参数　　**表 6.43**

工艺类型	拟合方程	k（min^{-1}）	R^2	$t_{1/2}$（min）
UV	$\ln C=-0.0659t+6.9487$	0.0659	0.9973	10.52
UV/H_2O_2	$\ln C=-0.4199t+7.0744$	0.4199	0.9992	1.65

从表 6.43 可知，阿特拉津在 UV/H_2O_2 工艺中的一级反应常数比在紫外光解工艺中提高了近 6.5 倍，H_2O_2 的加入极大地提高了阿特拉津的降解速率。

阿特拉津在两种处理工艺中的降解机理有所不同：在紫外光光解工艺中，阿特拉津主要在紫外光辐射的作用下，通过分子直接吸收光子能量，使分子的能态发生改变，由低能态被激发至高能态（即活化），进而发生各种反应。在 UV/H_2O_2 工艺中，除了存在直接光解作用，还有羟基自由基的作用。过氧化氢在紫外光的作用下分解产生羟基自由基，羟基自由基能够与阿特拉津分子发生多种反应，其反应过程如式 6.39 所示：

$$H_2O_2+hv\xrightarrow{\lambda<380mm}2\cdot OH+\text{阿特拉津}\longrightarrow\text{产物} \qquad (6.39)$$

羟基自由基比其他常用的氧化剂具有更高的氧化电极电位，对目标污染物的氧化能力极强，因此反应速率非常快。

③UV/H_2O_2 工艺中阿特拉津降解产物的变化规律

在去离子水中，配制 1242.6μg/L 的阿特拉津反应液，加入 30mg/L 的 H_2O_2，研究阿特拉津在 UV/H_2O_2 工艺中形成的中间产物并分析其变化规律。图 6.94 表示经过不同的反应时间

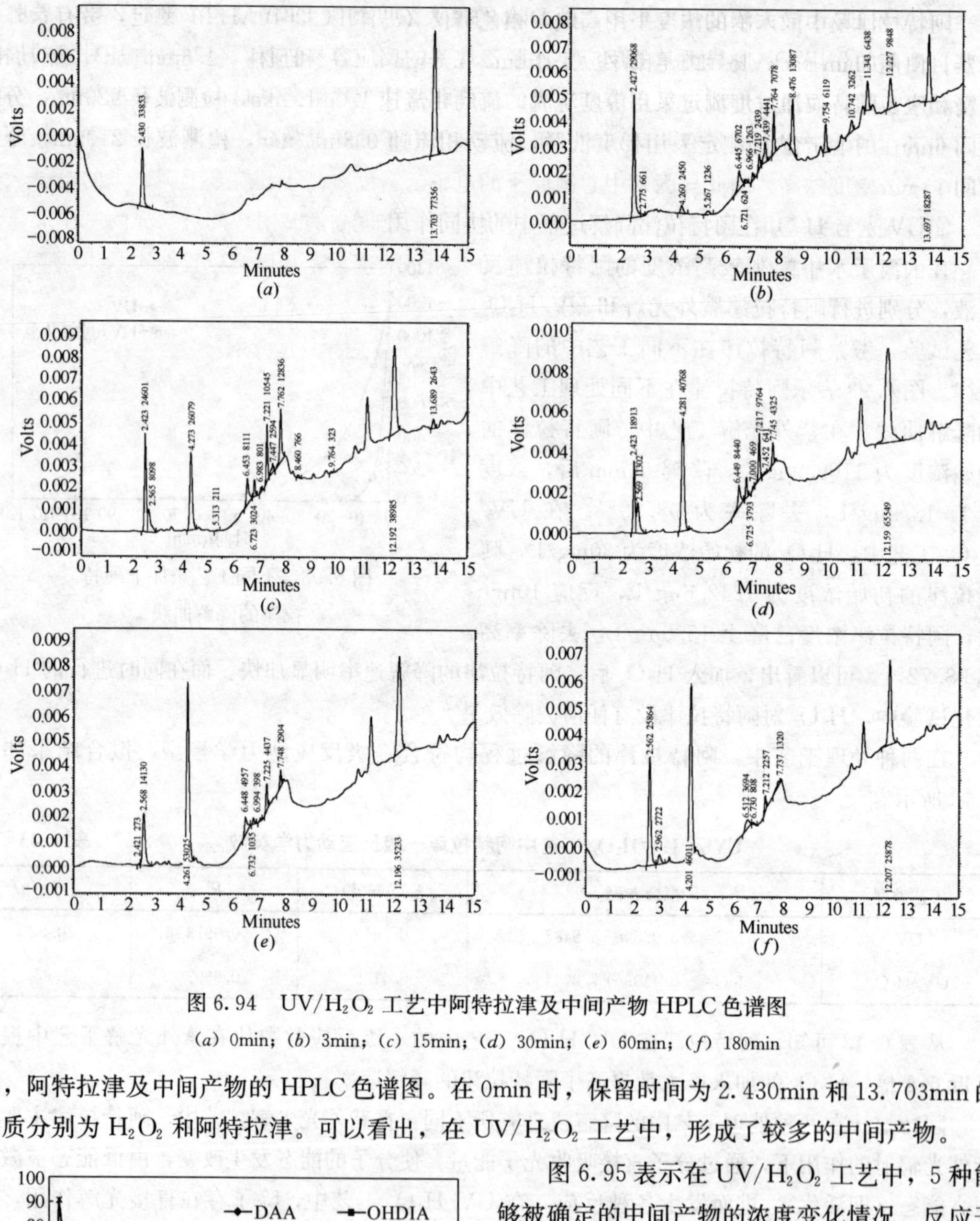

图 6.94 UV/H_2O_2 工艺中阿特拉津及中间产物 HPLC 色谱图

(*a*) 0min；(*b*) 3min；(*c*) 15min；(*d*) 30min；(*e*) 60min；(*f*) 180min

后，阿特拉津及中间产物的 HPLC 色谱图。在 0min 时，保留时间为 2.430min 和 13.703min 的物质分别为 H_2O_2 和阿特拉津。可以看出，在 UV/H_2O_2 工艺中，形成了较多的中间产物。

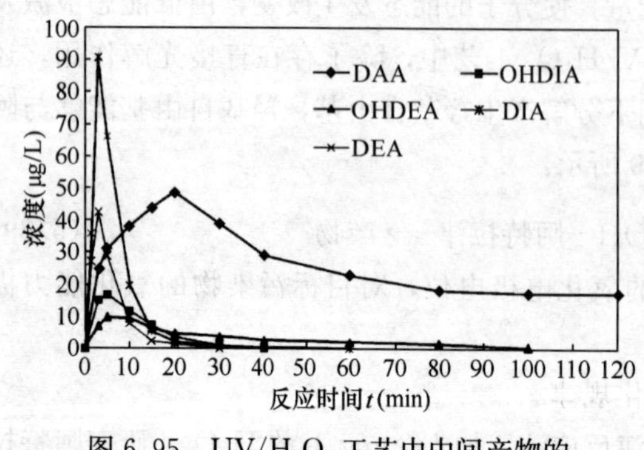

图 6.95 UV/H_2O_2 工艺中中间产物的形成和降解过程

图 6.95 表示在 UV/H_2O_2 工艺中，5 种能够被确定的中间产物的浓度变化情况。反应开始后，脱烷基产物 DIA 和 DEA（保留时间分别为 8.476min 和 9.754min，±0.05%）浓度迅速增加，在 5min 均已达到最大值，分别为 90.5μg/L 和 42.2μg/L。5min 后 DIA 和 DEA 的浓度迅速降低，二者分别在 40 和 30min 后消失。DAA（保留时间为 6.450min，±0.07%）的浓度在 20min 达到最大值 48.5μg/L，然后逐渐降低。

DEA 和 DAA 最大浓度相差不多，而 DIA 的最大浓度约为 DEA 最大浓度的 2 倍。表明在羟基自由基的作用下，脱异丙基的反应要比脱乙烷基的反应容易进行。羟基自由基对氢的提取是慢反应步骤，而通过形成过氧自由基与氧的反应非常快。尽管羟基自由基没有选择性，实际上，在潜在的攻击位上，是有些区别的。甲基具有供电子的诱导效应，甲基越多，中心碳原子上的电子云密度越高，因此异丙基中心碳原子的电子云密度要高于乙烷基上碳原子的电子云密度。而羟基自由基是很强的亲电试剂，容易进攻电子云密度高的基团，即对与异丙基中心碳原子相连的氢原子的进攻要易于对与乙烷基相连的氢原子的进攻，其反应过程如式 6.40 所示：

$$RNH-\overset{\overset{H}{|}}{\underset{\underset{CH_3}{|}}{C}}-CH_3 \xrightarrow{OH\cdot} RNH-\overset{\bullet}{\underset{\underset{CH_3}{|}}{C}}-CH_3 \xrightarrow{O_2} RNH-\overset{\overset{OO^{\cdot}}{|}}{\underset{\underset{CH_3}{|}}{C}}-CH_3 \xrightarrow{RNH_2}$$

$$RNH-\overset{\overset{H}{|}}{\underset{\underset{H}{|}}{C}}-CH_3 \xrightarrow{OH\cdot} RNH-\overset{\bullet}{\underset{\underset{H}{|}}{C}}-CH_3 \xrightarrow{O_2} RNH-\overset{\overset{OO^{\cdot}}{|}}{\underset{\underset{H}{|}}{C}}-CH_3 \xrightarrow{RNH_2} \tag{6.40}$$

另一方面，当羟基自由基提取烷基基团的氢原子后，会形成烷基自由基。烷基自由基中心碳原子由于未成对电子的存在，具有强烈的得电子倾向，这就是自由基的活泼性。甲基集团具有给电子的诱导效应，它的给电子性增加了中心碳原子上的电子云密度，减低自由基的活泼性，也就是增加了自由基的稳定性。甲基数目越多，给电子性越强，自由基的稳定就越大。所以仲碳自由基（异丙基自由基）的稳定性大于伯碳自由基（乙烷基自由基）。而自由基反应总是倾向于获得更稳定的自由基，因此脱异丙基的反应要比脱乙烷基的反应容易进行，从而表现出 DIA 的浓度大于 DEA 的浓度。

OHDIA 和 OHDEA（保留时间分别为 5.267min 和 6.994min，±0.2%）在 5min 左右生成量达到最大值，分别为 16.7μg/L 和 9.7μg/L。值得注意的是，在试验过程中并没有检测到 OHA，因此 OHDIA 和 OHDEA 不应是 OHA 继续发生脱烷基反应的产物，这一点与单独紫外光氧化过程完全不同。本研究在同时进行的单独紫外光解试验中发现 OHA 是主要的降解产物，其降解途径是在紫外光的作用下，首先发生 C—Cl 键的断裂，通过脱氯反应形成羟基化产物 OHA。然后 OHA 再以很慢的速度发生脱烷基反应，形成少量脱烷基产物 OHDIA 和 OHDEA。而在 UV/H_2O_2 光激发氧化过程中，首先是在羟基自由基的作用下，迅速发生脱烷基反应，形成脱烷基产物 DIA 和 DEA，然后部分 DIA 和 DEA 继续发生脱氯反应，形成少量 OHDIA 和 OHDEA。此时的脱氯反应过程应包括羟基自由基的作用，也包括直接光解作用。OHDIA 和 OHDEA 浓度很小，说明该阶段的脱氯反应进行程度很小。上述分析同时表明，在反应的开始阶段，是以羟基自由基的氧化为主。

在试验过程中，发现了一些无法确定其化学结构及分子式的中间产物，只能以它们的峰面积作为定量的依据，分别以 U1、U2、U3、U4、U5 和 U6 来表示。其中 U1、U2、U3 和 U4 的保留时间分别为 7.762min（±0.16%）、7.219min（±0.15%）、7.447min（±0.18%）和 6.723min（±0.13%）。在 UV/H_2O_2 工艺过程中，这四种中间产物的变化如图 6.96 所示。

U1 和 U2 生成量较高，反应开始后，U1 和 U2 浓度迅速增加，U1 的生成量在 15min 左右达到最大值（峰面积 15985），U2 的生成量在 20min 达到最大值（峰面积为 10545）。随着反应时间的延长，两者的浓度逐渐降低。U3 和 U4 的生成量较小，两者分别在 5min 和 30min 达到最大值，最大峰面积分别为 5528 和 3793。从产物的保留时间及产物峰面积随反应时间的变化来判断，这几种物质很可能是在形成 DIA、DEA 和 DAA 过程中的中间过渡产物。另外，从脱烷基反应方程式看，当烷基基团形成过氧化物自由基后，接下来的自由基反应将会非常复杂，既存在羟基自由基的氧化作用，也存在 UV 光解作用。但有一点可以肯定，烷基基团不会直接脱去，在脱烷基之前，将会形成一系列中间过渡产物。

另外还有两种生成量较大的未知产物 U5 和 U6，保留时间分别为 4.258min（±0.35%）和 2.565min（±0.11%），它们在反应过程中的变化情况如图 6.97 所示。U5 在反应开始 10min 后才出现，它的产量在前 40min 迅速增加，在 60min 达到最大值，然后缓慢降低。U6 在反应过程中一直增加，但在 20min 后，增加的速率较慢。

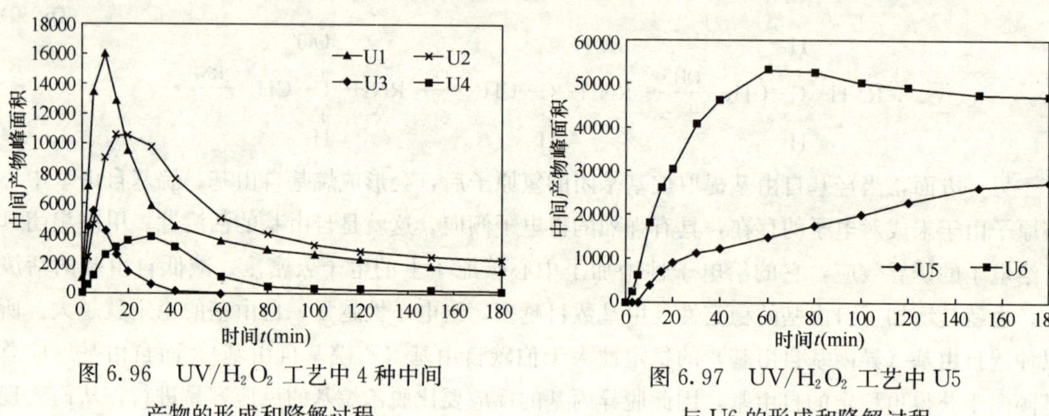

图 6.96　UV/H_2O_2 工艺中 4 种中间产物的形成和降解过程

图 6.97　UV/H_2O_2 工艺中 U5 与 U6 的形成和降解过程

在试验过程中没有检测到直接脱氯产物 OHA，可能是 OHA 的生成量较低，无法在液相色谱柱上得到很好的分离。但是阿特拉津在 UV/H_2O_2 工艺降解过程中必然存在直接光解作用。直接光解作用会使 C—Cl 键断裂，从而形成羟基化产物，其反应过程如式 6.41 所示：

Cl, N, N, N, H_2N, NH_2 $\xrightarrow{UV}$ C^+, N, N, N, H_2N, NH_2 $+Cl^-$ $\xrightarrow{OH^-}$ OH, N, N, N, H_2N, NH_2　　(6.41)

从上面分析的反应机理来看，首先是通过羟基自由基的作用形成脱烷基产物 DIA、DEA 和 DAA，然后脱烷基产物在羟基自由基及紫外光的作用下应进一步发生羟基化反应，这三个中间产物共同的羟基化产物首先应该是 OAAT。另外，从保留时间上看，含有羟基越多的化合物，其极性应该越强，在色谱柱上出峰时间越早，由此可以判断 U5 和 U6 分子中均应含有羟基集团，而且 U6 分子中所含的羟基要多于 U5，因此 U5 很可能就是单羟基化合物 OAAT，而 U6 则是 OAAT 进一步羟基化的产物 OOAT 或 OOOT。

从上述分析可知，阿特拉津在 UV/H_2O_2 工艺过程中，首先发生的反应是 4 号和 6 号位侧链烷基的氧化，主要的降解产物是脱烷基产物 DIA、DEA 和 DAA。接下来的反应是脱去 2 号位上的氯，形成单羟基化合物 OHDIA、OHDEA 和 OAAT。最后羟基可能继续取代胺基，形成多羟基化合物 OOOT。基于以上分析，提出阿特拉津在 UV/H_2O_2 工艺中的降解途径，如图 6.98 所示。

(5) UV/H_2O_2 工艺去除扑草净

1) 光强的影响

采用自来水配制的浓度约为100μg/L的扑草净溶液，在反应器内一次性加入浓度为20mg/L的 H_2O_2，在完全混合间歇流方式下运行。通过控制紫外灯管开关数来改变紫外光照射强度，考察光强对扑草净降解效果的影响。图6.99表示在不同光强条件下扑草净的降解曲线，可以看出，随着光强的增加，扑草净的降解速率加快。在四种光强条件下，反应10min后，扑草净的去除率分别为42.3%、65.4%、82.5%和91.5%。因此，通过增加紫外光强，可以使扑草净的降解速率加快。

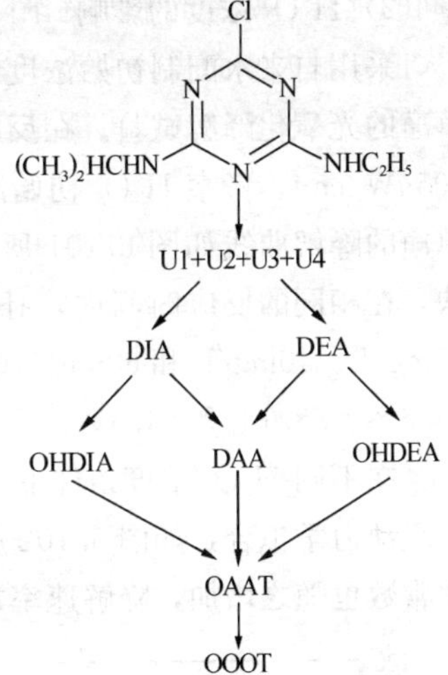

图6.98　阿特拉津在 UV/H_2O_2 工艺中的降解途径

将不同光强条件下扑草净的降解曲线进行一级动力学方程拟合，如图6.100所示。可以看出，扑草净在不同光强条件下的降解反应均很好的符合一级反应动力学模型。表6.44为不同光强条件下，扑草净降解一级反应动力学方程拟合结果。从表6.44中可知，当紫外光强分别为205μW/cm²、412μW/cm²、632μW/cm²和850μW/cm²时，扑草净一级反应速率常数分别为0.0624min⁻¹、0.1214min⁻¹、0.1797min⁻¹和0.2472min⁻¹。随着光强的增加，扑草净一级反应速率常数随之增加。

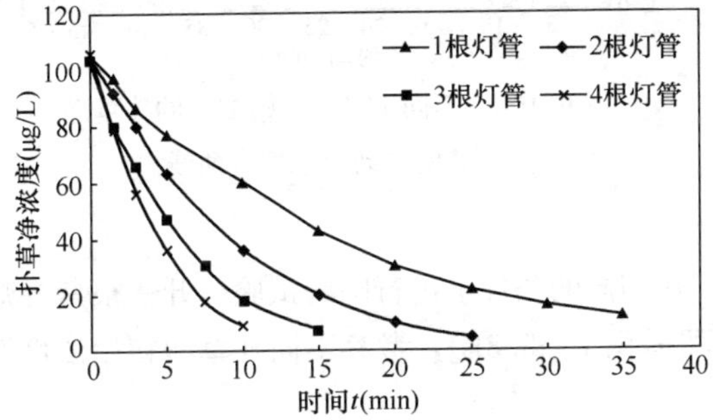

图6.99　不同光强条件下扑草净的降解曲线

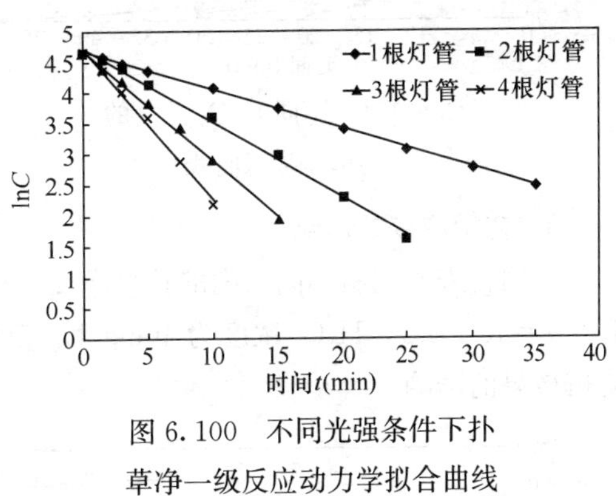

图6.100　不同光强条件下扑草净一级反应动力学拟合曲线

从上面分析中可以看出，扑草净的光氧化速率受光强影响较大，将不同光强下的一级反应速率常数进行拟合，可以得到以下关系：

$$k = 3 \times 10^{-4} I \quad (R^2 = 0.9987) \tag{6.42}$$

可见，扑草净的一级反应速率常数随光强的增加而线性增加。

不同光强条件下扑草净一级反应动力学参数　**表6.44**

光强（μW/cm²）	拟合方程	k（min⁻¹）	R^2
205	lnC=−0.0624t+4.6633	0.0624	0.9991
412	lnC=−0.1214t+4.7289	0.1214	0.9968
632	lnC=−0.1797t+4.6915	0.1797	0.9971
850	lnC=−0.2472t+4.7327	0.2472	0.9958

2）H_2O_2 浓度的影响

采用自来水配制初始浓度约 110μg/L 的扑草净反应液，在体积为 5.8L 的反应器中进行扑草净的光氧化降解试验。在反应器内一次性投加不同浓度的 H_2O_2，开一根紫外灯管，光强为 205μW/cm²，考察 H_2O_2 初始浓度对扑草净降解效果的影响。在不同 H_2O_2 投加量条件下，扑草净的降解曲线如图 6.101 所示。可以看出，随着 H_2O_2 浓度的增加，阿特拉津降解速率加快，在相同的反应时间内，扑草净的去除率升高。当 H_2O_2 投加量分别为 0mg/L、10mg/L、20mg/L、40mg/L 和 60mg/L 时，反应 15min 后，扑草净的去除率分别为在 72.9%、81.9%、84.6%、88.1%和 94.5%。

在不同 H_2O_2 浓度条件下，扑草净的降解曲线呈现一级反应动力学特征，对降解曲线进行一级动力学拟合，如图 6.102 所示。可以看出，随着 H_2O_2 投加量的增加，扑草净一级反应速率常数也随之增加，降解速率加快。

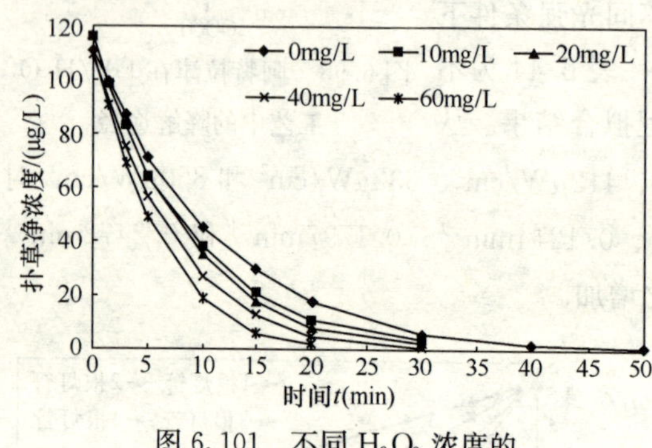

图 6.101　不同 H_2O_2 浓度的扑草净降解曲线

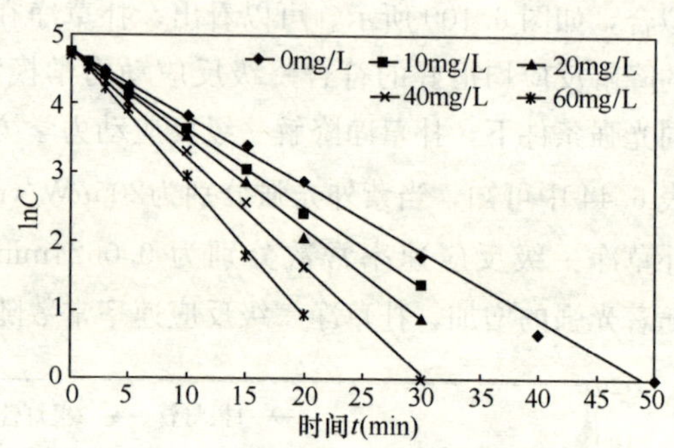

图 6.102　不同 H_2O_2 初始浓度的扑草净一级反应动力学拟合曲线

3）初始浓度的影响

采用自来水配制不同浓度的扑草净反应液，在相同的条件下进行降解试验（开一根紫外灯管，T=15±1℃，H_2O_2 浓度为 40mg/L，反应器体积 V=5.8L），考察不同扑草净初始浓度对降解效果的影响。

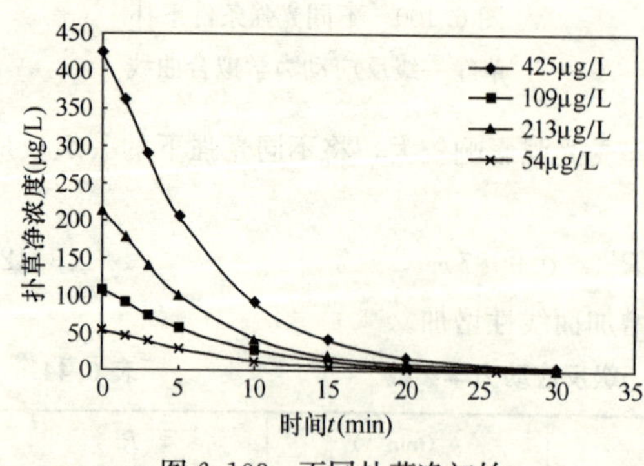

图 6.103　不同扑草净初始浓度时的降解曲线

在不同扑草净初始浓度条件下，扑草净的降解曲线如图 6.103 所示。可以看出，随着扑草净初始浓度的增加，初始反应速率随之增大。反应 15min 后，扑草净的去除率分别为 88.2%、89.9%、88.1%和 88.3%。因此，扑草净的初始浓度对扑草净的去除率基本没有影响。

对试验数据进行一级反应动力学拟合，结果如图 6.104 所示。四组不同扑草净初始浓度的一级动力学拟合直线几乎平行，说明在不同初始浓度条件下，扑草净的降解速率基本相同。

4）不同水质的影响

分别采用自来水和蒸馏水配制浓度接近的扑草净反应液，在相同的反应条件（开 2 根紫外灯管，光强为 412μW/cm^2，T=15±1℃，H_2O_2 浓度为 20mg/L)，考察水质对扑草净光氧化反应的影响。

在不同水质条件下，扑草净的降解曲线如图 6.105 所示。可以看出，扑草净在蒸馏水中的降解速率明显大于在自来水中的降解速率。

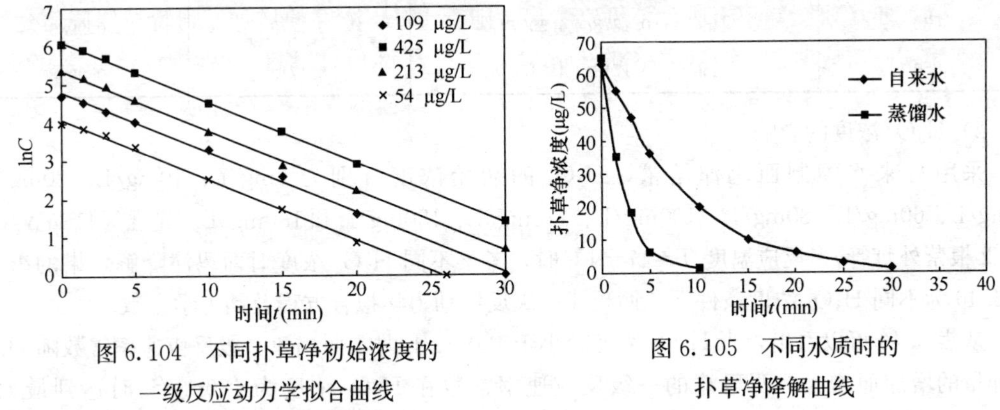

图 6.104　不同扑草净初始浓度的一级反应动力学拟合曲线

图 6.105　不同水质时的扑草净降解曲线

扑草净在蒸馏水和自来水中的一级反应速率常数分别为 0.413min^{-1} 和 0.1271min^{-1}，在自来水中的降解速率明显降低，说明自来水中存在抑制光氧化反应的物质，包括有机物及各种阴离子盐类。

(6) UV/H_2O_2 工艺去除西玛津

1) 光强的影响

采用自来水配制浓度约为 100μg/L 的西马津反应液，加入 20mg/L 的 H_2O_2，在不同的紫外光强条件下进行西玛津的降解试验。图 6.106 表示在不同光强下西玛津的降解曲线，随着光强的增加，扑草净的降解速率明显加快。在四种光强条件下，反应 15min 后，西玛津的去除率分别为 45.7%，66.7%，82.4% 和 93.2%。因此，通过增加紫外光强，可以使西玛津的降解效率得到明显提高。

对西玛津的降解曲线进行一级反应动力学拟合，结果如图 6.107 所示。表 6.45 表示不同光强条件下，西玛津一级反应动力学方程拟合结果。从表中可知，当紫外光强分别为 205μW/cm^2、412μW/cm^2、632μW/cm^2 和 850μW/cm^2 时，西玛津一级反应速率常数分别为 0.0433min^{-1}、0.0841min^{-1}、0.1278min^{-1} 和 0.1713min^{-1}。随着光强的增加，西玛津一级反应速率常数随之增加，西玛津的降解速率加快。

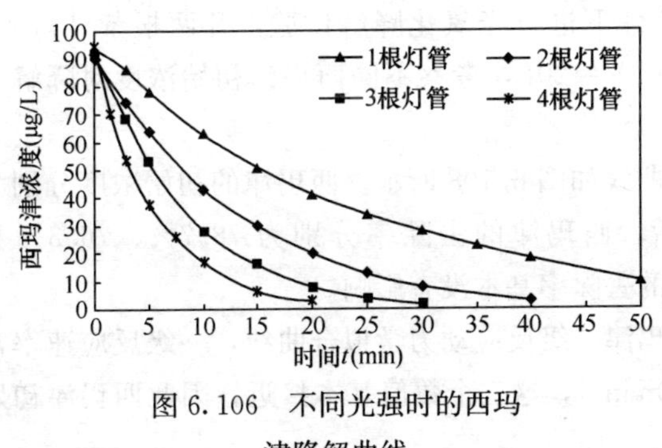

图 6.106　不同光强时的西玛津降解曲线

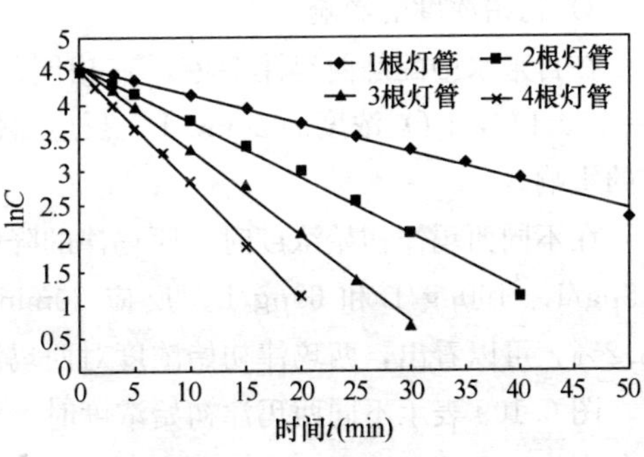

图 6.107　不同光强时的西玛津一级反应动力学拟合曲线

不同光强条件下西玛津一级反应动力学参数 表 6.45

光强（$\mu W/cm^2$）	拟合方程	k（min^{-1}）	R^2
205	$\ln C=-0.0433t+4.584$	0.0433	0.9952
412	$\ln C=-0.0841t+4.5899$	0.0841	0.9956
632	$\ln C=-0.1278t+4.5957$	0.1278	0.9983
850	$\ln C=-0.1713t+4.5154$	0.1713	0.9988

2）H_2O_2 浓度的影响

采用自来水配制西玛津溶液，H_2O_2 的初始浓度分别为 0mg/L、10mg/L、20mg/L、40mg/L、60mg/L、80mg/L、100mg/L、120mg/L、150mg/L 和 180mg/L。光强为412μW/cm²（开 2 根紫外灯管），反应温度 $T=17\pm1$℃时，考察不同 H_2O_2 浓度对西玛津降解效果的影响。表 6.46 为不同 H_2O_2 浓度条件下，西玛津一级反应动力学拟合方程及动力学参数。

从表 6.46 可以看出，当 H_2O_2 浓度较小于 120mg/L 时，西玛津一级反应速率常数随 H_2O_2 投加量的增加而增大，西玛津的一级反应速率常数在 H_2O_2 浓度为 120mg/L 时达到最大值（0.1701min^{-1}）。当 H_2O_2 浓度大于 120mg/L 后，西玛津一级反应速率常数随着 H_2O_2 投加量的增加反而有所降低。

不同 H_2O_2 浓度条件下西玛津一级反应动力学参数 表 6.46

H_2O_2 浓度（mg/L）	拟合方程	k（min^{-1}）	R^2
0	$\ln C=-0.0402t+4.6118$	0.0447	0.9989
10	$\ln C=-0.0610t+4.6035$	0.0610	0.9991
20	$\ln C=-0.0832t+4.5439$	0.0832	0.9978
40	$\ln C=-0.1143t+4.5124$	0.1143	0.9935
60	$\ln C=-0.1406t+4.4918$	0.1406	0.9958
80	$\ln C=-0.1501t+4.5817$	0.1501	0.9941
100	$\ln C=-0.1689t+4.5237$	0.1689	0.9952
120	$\ln C=-0.1701t+4.5249$	0.1701	0.9984
150	$\ln C=-0.1625t+4.6821$	0.1625	0.9980
180	$\ln C=-0.1412t+4.4908$	0.1412	0.9974

3）初始浓度的影响

在自来水中配制西玛津溶液，在相同的条件下进行光氧化降解试验，开两根紫外灯管，$T=15\pm1$℃，H_2O_2 浓度为 20mg/L，反应器体积 $V=20$L，考察不同西玛津初始浓度对降解反应的影响。

在不同西玛津初始浓度时，西玛津的降解曲线如图 6.108 所示。西玛津的初始浓度分别为 315μg/L、190μg/L 和 69μg/L，反应 20min 后，西玛津的去除率分别为 78.7%、76.3% 和 78.2%，可以看出，西玛津初始浓度对西玛津的去除率基本没有影响。

图 6.109 表示不同西玛津初始浓度时，西玛津一级反应动力学拟合曲线，一级反应速率常数分别为 0.0775min^{-1}、0.0784min^{-1} 和 0.0770min^{-1}，这三个数值基本接近，因此西玛津初始浓度对降解反应没有影响。

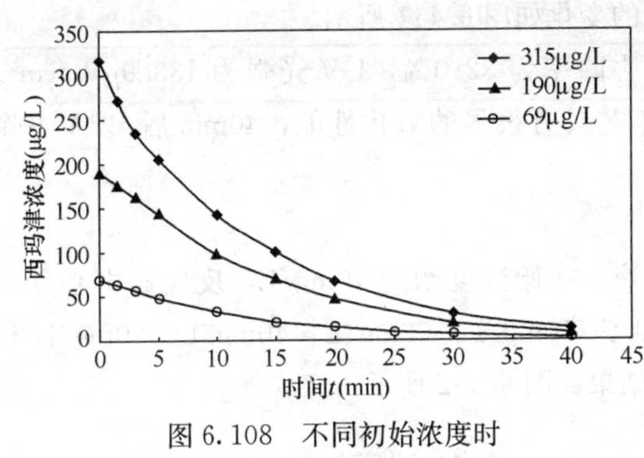

图 6.108　不同初始浓度时的西玛津降解曲线

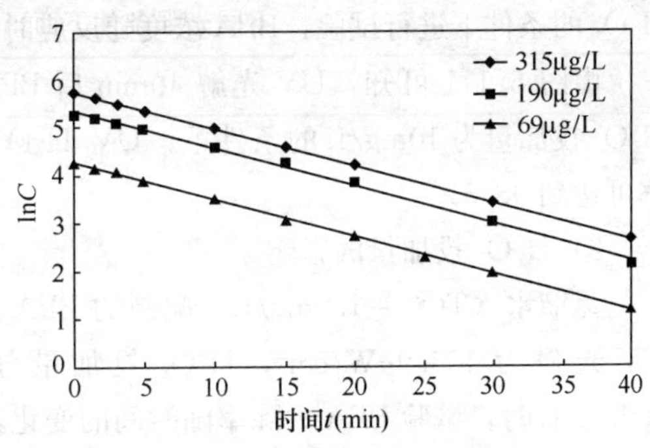

图 6.109　不同初始浓度时的西玛津一级反应动力学拟合曲线

4）不同水质的影响

分别在自来水和蒸馏水中进行西玛津降解试验，考察不同水质对西玛津降解效果的影响。反应条件为：光强为 412μW/cm^2，温度 $T=15\pm1$℃，H_2O_2 浓度为 20mg/L。在不同水质条件下，西玛津的降解曲线如图 6.110 所示。一级反应动力学拟合参数如表 6.47 所示。西玛津在蒸馏水和自来水中的一级反应速率常数分别为 0.2601min^{-1} 和 0.0770min^{-1}，西玛津在自来水中的降解速率明显降低，说明 UV/H_2O_2 工艺受水质影响较大。

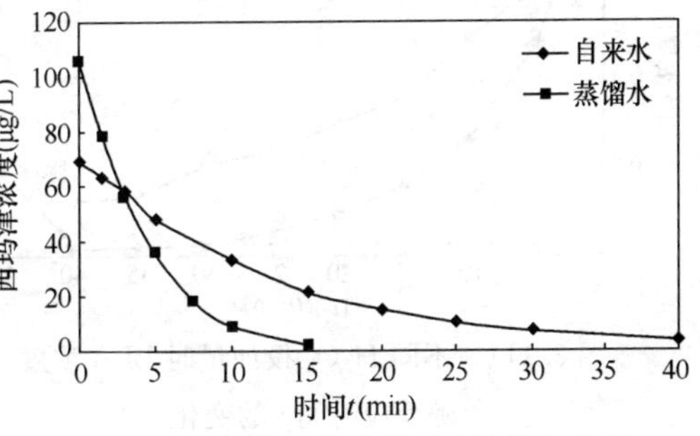

图 6.110　不同水质时的西玛津降解曲线

5）UV/H_2O_2 工艺去除农药效果小结

①UV/H_2O_2 工艺对饮用水中阿特拉津、扑草净、西玛津三种内分泌干扰物有很好的去除效果，降解过程均符合一级反应动力学模型。通过提高紫外光强，降解速率将得到明显提高。

不同水质时的西玛津一级反应动力学参数　**表 6.47**

水体类型	初始浓度（μg/L）	一级动力学方程	k（min^{-1}）	R^2
蒸馏水	105	$\ln C=-0.2601t+4.7759$	0.2601	0.9966
自来水	69	$\ln C=-0.0770t+4.2518$	0.0770	0.9994

②H_2O_2 对阿特拉津的降解过程具有促进和抑制的双重作用，存在最佳投加量。当 H_2O_2 浓度低于 60mg/L 时，阿特拉津一级反应速率常数随 H_2O_2 浓度增加而线性增加。当 H_2O_2 浓度大于 80mg/L 时，阿特拉津的一级反应速率常数的增加速率变得缓慢。当 H_2O_2 浓度大于 120mg/L 时，阿特拉津的降解受到明显抑制。

③阿特拉津、扑草净、西玛津初始浓度对光化学氧化的降解过程没有影响。水中阴离子（CO_3^{2-}、HCO_3^- 和 Cl^-）和有机物（丹宁酸、腐殖酸）都会对降解反应产生强烈的抑制作用。较低的 pH 值有利于降解反应的进行。

（7）UV/H_2O_2 工艺去除 TOC 和双酚 A

1）UV/H_2O_2 工艺降解双酚 A 效果

双酚 A（BPA）初始浓度约为 1.0mg/L，在 UV 光照强度为 133.9μW/cm^2，投加不同量

H_2O_2 的条件下进行试验，BPA 浓度随反应时间的变化如图 6.111 所示。

由图 6.111 可知，UV 光解 40min 后 BPA 去除率为 32.0%，UV 光强为 133.9μW/cm²，H_2O_2 投加量为 10mg/L 的条件下，UV/H_2O_2 工艺具有很强的氧化性能，40min 后 BPA 去除率可达到 98.3%。

2）H_2O_2 投加量的影响

蒸馏水（TOC=1.0mg/L）配制的 BPA 溶液，初始浓度约为 10mg/L，反应器中心点处 UV 光强为 133.9μW/cm²，H_2O_2 投加量分别为 10mg/L、20mg/L、40mg/L、80mg/L 和 100mg/L 时，试验 BPA 去除率随时间的变化，结果如图 6.112 所示。

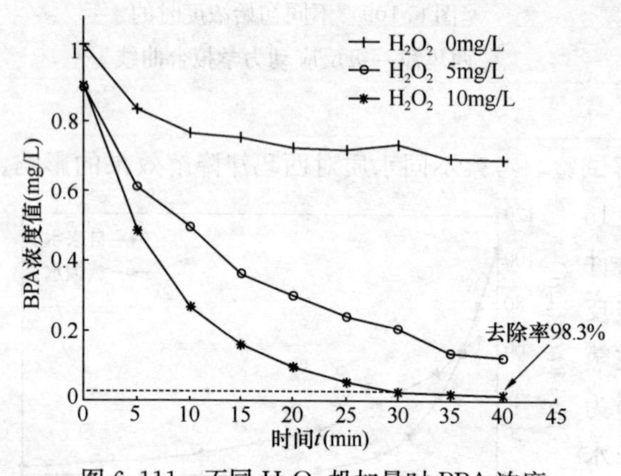

图 6.111 不同 H_2O_2 投加量时 BPA 浓度随反应时间 t 的变化

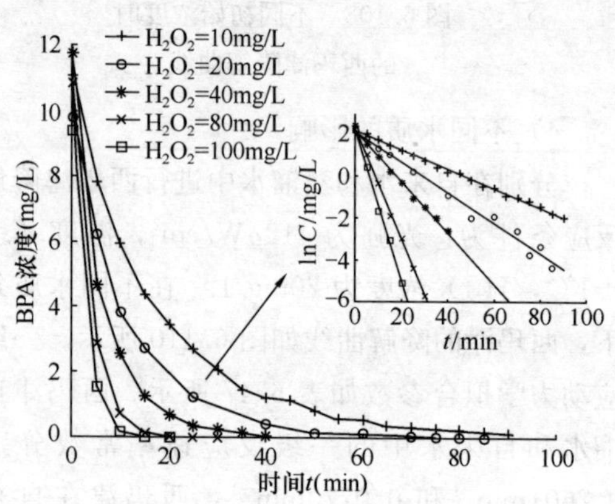

图 6.112 不同 H_2O_2 投加量时 UV/H_2O_2 工艺对 BPA 的去除效果

按照一级反应的特点，BPA 浓度自然对数 $\ln C$—时间 t 曲线如图 6.112 所示，可以看出，$\ln C$ 与 t 呈直线关系，两者具有较好的相关性，BPA 氧化降解过程符合拟一级反应动力学。

用拟一级反应动力学拟合实验数据结果，所得拟合直线的方程、斜率和相关系数见表 6.48。

不同 H_2O_2 条件下 BPA 的 $\ln C$ 值与时间 t 的线性方程式 **表 6.48**

编号	H_2O_2 初始投加量（mg/L）	线性方程式	k（min^{-1}）	R^2
①	10	$\ln C=-0.0469t+2.2123$	0.0469	0.9948
②	20	$\ln C=-0.0733t+2.1304$	0.0733	0.9850
③	40	$\ln C=-0.1231t+2.2119$	0.1231	0.9928
④	80	$\ln C=-0.2702t+2.3597$	0.2702	0.9989
⑤	100	$\ln C=-0.3636t+2.2042$	0.3636	0.9968

由图 6.112 可知，UV/H_2O_2 工艺对 BPA 有较好的去除效果。在同一光强下，随着 H_2O_2 投加量的增大，BPA 降解速率迅速增加。有研究指出，H_2O_2 投加量大时可能存在抑制作用，在本试验中 H_2O_2 投加量最大为 100mg/L，可能未到产生抑制作用的投加量。

3）UV 光强的影响

自来水本底（TOC=5.918mg/L）时，配制 BPA 初始浓度约为 1.0mg/L，H_2O_2 投加量为 20mg/L，反应器中心点处 UV 光强分别为 21.2μW/cm²、50.1μW/cm²、77.2μW/cm²、

107.6μW/cm² 和 133.9μW/cm²，研究 BPA 去除率随 UV 光照时间的变化，结果如图 6.113 所示。用拟一级反应动力学拟合实验数据结果，所得拟合直线的方程、斜率和相关系数如表 6.49 所列。

不同 UV 光强条件下 BPA 的 lnC 值与时间 t 的线性方程式　　表 6.49

编 号	UV 光强（μW/cm²）	线性方程式	k (min^{-1})	R^2
①	21.2	$\ln C=-0.0233t+0.0027$	0.0233	0.9985
②	50.1	$\ln C=-0.0472t+0.0171$	0.0472	0.9992
③	77.2	$\ln C=-0.0674t+0.0358$	0.0674	0.9990
④	107.6	$\ln C=-0.0872t+0.0223$	0.0872	0.9989
⑤	133.9	$\ln C=-0.1048t+0.0472$	0.1048	0.9969

由图 6.113 可知，当其他条件不变时，随着 UV 光强的增大，经相同时间处理的水样中 BPA 去除率升高。BPA 拟一级反应速率常数 k 随 UV 光强 UV 变化规律如图 6.114。

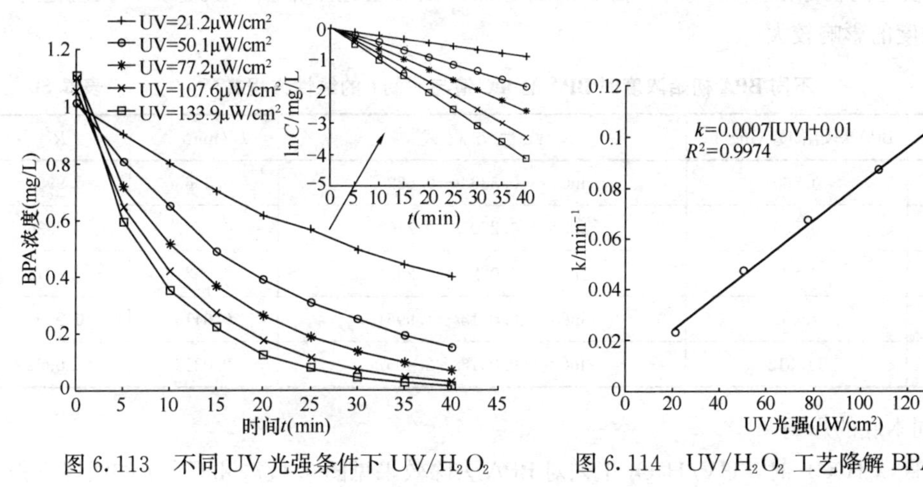

图 6.113 不同 UV 光强条件下 UV/H_2O_2 工艺对 BPA 的去除效果

图 6.114 UV/H_2O_2 工艺降解 BPA 的反应速率常数 k 与 UV 光强的关系

由图 6.114 可看出，随 UV 光强的逐步升高，氧化 BPA 的反应速率常数 k 值也同时逐步上升。可见 UV 光的引入大大提高了 H_2O_2 的处理效果。反应速率常数 k 与 UV 光强在试验工况条件下基本成线性关系，其拟合关系式为 $k=0.0007$ [UV] $+0.01$，相关系数达到 0.9974。

4）初始浓度的影响

在蒸馏水（TOC＝1.0mg/L）中配制初始浓度为 0.5mg/L、0.8mg/L、4.0mg/L、7.0mg/L和 11.0mg/L 的 BPA 溶液进行试验，考察不同初始浓度对反应速率的影响。H_2O_2 投加量为 5mg/L，反应器中心点近水面处 UV 光强为 107.6μW/cm²。BPA 浓度随 UV 光照射时间的变化如图 6.115 所示。用拟一级反应动力学拟合实验数据结果，所得拟合直线的方程、斜率和相关系数见表 6.50。

由表 6.50 可知，BPA 初始浓度由 0.560 增加到 11.312 时，反应速率常数由 0.3363min^{-1} 减少为 0.0316min^{-1}。试验所得反应速率常数 k 与 BPA 初始浓度的关系如图 6.116 所示。

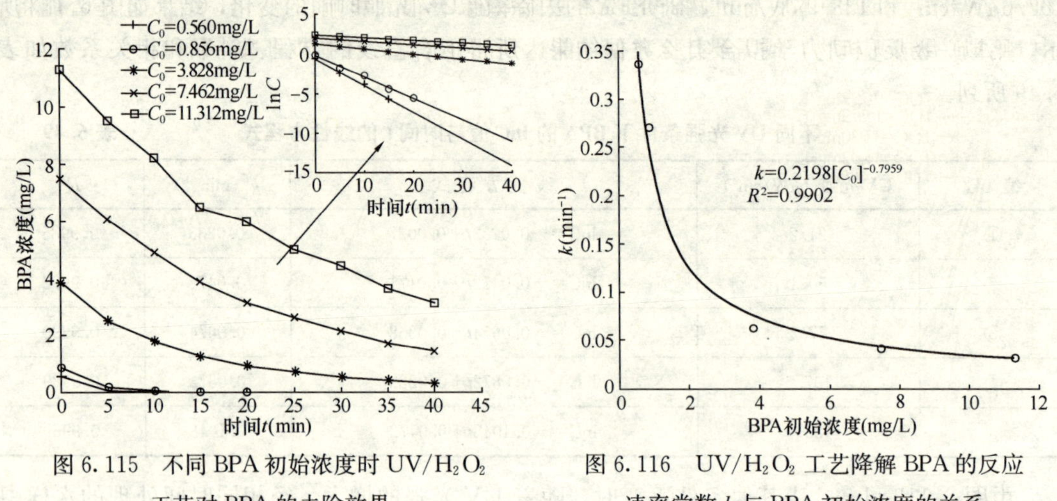

图 6.115 不同 BPA 初始浓度时 UV/H_2O_2 工艺对 BPA 的去除效果

图 6.116 UV/H_2O_2 工艺降解 BPA 的反应速率常数 k 与 BPA 初始浓度的关系

在试验设定的初始浓度范围内，初始浓度越低，拟一级速率常数 k 就越大，反应速率受 BPA 初始浓度的影响较大。

不同 BPA 初始浓度时 BPA 的 lnC 值与时间 t 的线性方程式 **表 6.50**

编 号	BPA 初始浓度（mg/L）	线性方程式	k（min^{-1}）	R^2
①	0.560	$\ln C=-0.3363t-0.6299$	0.3363	0.9954
②	0.856	$\ln C=-0.2709t-0.2102$	0.2709	0.9926
③	3.828	$\ln C=-0.0621t-1.2331$	0.0621	0.9945
④	7.462	$\ln C=-0.0413t-1.9961$	0.0413	0.9992
⑤	11.312	$\ln C=-0.0316t-2.4057$	0.0316	0.9952

5）不同本底的影响

不同本底（TOC）时，UV/H_2O_2 工艺对 BPA 去除效果见图 6.117，$\ln C$ 与 t 的线性方程系数见表 6.51。

不同有机物本底条件下 BPA 的 lnC 值与时间 t 的线性方程式 **表 6.51**

编 号	TOC（mg/L）	线性方程式	k（min^{-1}）	R^2
①	0.772	$\ln C=-0.4062t-0.0193$	0.4062	0.9988
②	1.772	$\ln C=-0.2502t-0.0140$	0.2502	0.9975
③	3.030	$\ln C=-0.1888t-0.2318$	0.1888	0.9953
④	4.002	$\ln C=-0.1342t-0.1150$	0.1342	0.9934
⑤	5.488	$\ln C=-0.0824t-0.0008$	0.0824	0.9988

不同本底时拟一级反应的速率常数与本底 TOC 值的关系见图 6.118，可以看出随着本底 TOC 值的增大，拟一级反应的速率常数 k 变小。

6）UV/H_2O_2 工艺去除 BPA 效果研究

UV/H_2O_2 工艺对水中 BPA 有较好的去除能力，其中，UV 光强、H_2O_2 初始投加量、

BPA 初始浓度和水中本底有机物对 BPA 的去除效果有很大影响。UV/H_2O_2 工艺是否能将水中 BPA 矿化成无机物，或需要什么条件才能达到部分矿化，在本节将进行研究。

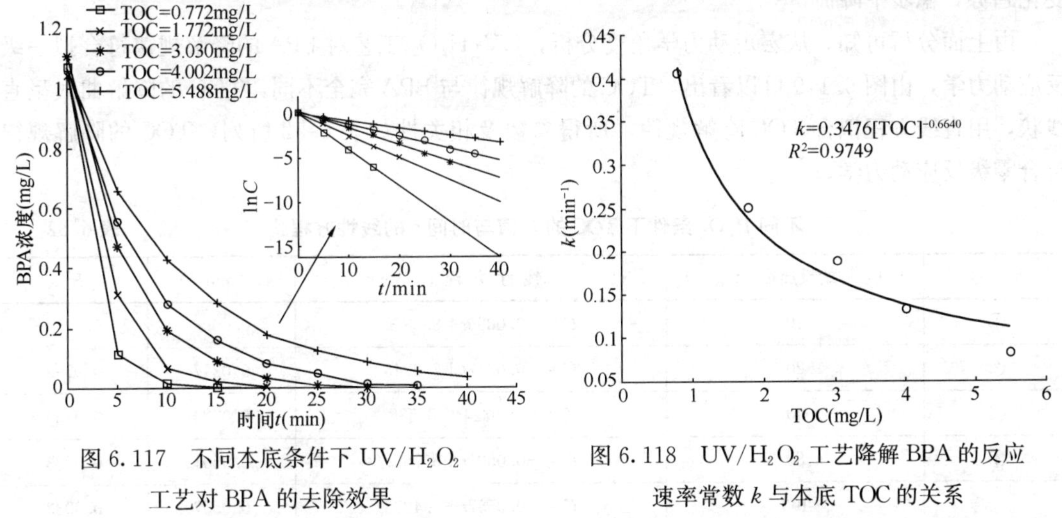

图 6.117　不同本底条件下 UV/H_2O_2 工艺对 BPA 的去除效果

图 6.118　UV/H_2O_2 工艺降解 BPA 的反应速率常数 k 与本底 TOC 的关系

蒸馏水配制初始浓度约为 10.0mg/L 的 BPA 溶液，在反应器中心点近水面处的 UV 光强为 107.6μW/cm^2，H_2O_2 投加量分别为 10mg/L、20mg/L、40mg/L、80mg/L 和 100mg/L 条件下进行试验，除了试验 BPA 的去除效果外，还检测 TOC 的降解情况，结果如图 6.119 所示。

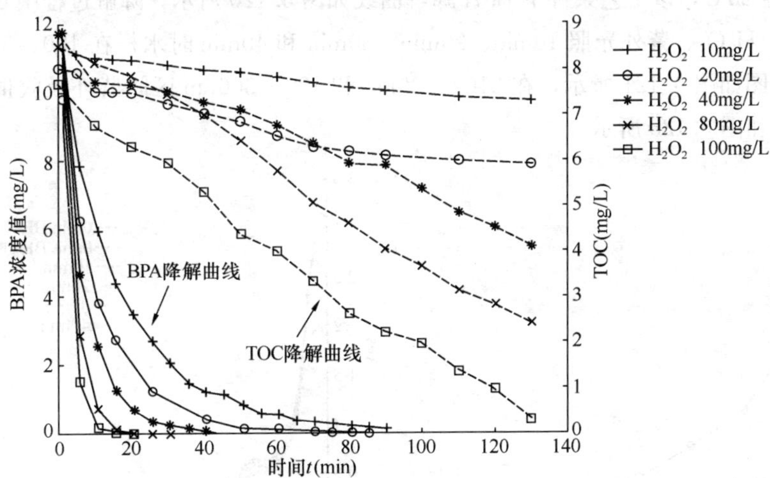

图 6.119　不同 H_2O_2 投加量时 UV/H_2O_2 工艺对 BPA 和 TOC 的去除效果

由图 6.119 可以看出，随着 H_2O_2 初始投加量的增加，BPA 去除效率显著增大。当 BPA 初始浓度约为 10.0mg/L，反应器中心点近水面处 UV 光强为 107.6μW/cm^2，H_2O_2 初始投加量分别为 10mg/L、20mg/L、40mg/L、80mg/L 和 100mg/L 条件下，UV/H_2O_2 工艺去除约 10.0mg/LBPA 所需时间分别为 90min、85min、40min、30min 和 20min。同时，TOC 的变化体现出与 BPA 完全不同的降解规律。

当 H_2O_2 投加量为 10mg/L 时，90min 后 BPA 完全去除，此时 TOC 值仅从 8.383mg/L 降解至 7.512mg/L，有效去除 TOC 值小于 1.0mg/L，可见当 H_2O_2 投加量较小时，UV/H_2O_2 工

艺能迅速去除水中 BPA，但 TOC 值并没有相应显著下降。当 H_2O_2 投加量为 100mg/L 时，BPA 在 20min 内降解完全，TOC 值有部分去除，20min 后 BPA 消失，TOC 值保持 20min 前的变化趋势，稳步下降。

由上面分析可知，从宏观动力学角度分析，UV/H_2O_2 工艺对 BPA 的降解规律符合拟一级反应动力学，由图 6.119 可以看出，TOC 的降解规律与 BPA 完全不同，TOC 的降解曲线呈直线状，用直线方程拟合 TOC 降解规律，所得参数及相关性如表 6.52 所列，TOC 的降解规律符合零级反应动力学。

不同 H_2O_2 条件下 TOC 的 *C* 值与时间 *t* 的线性方程式 表 6.52

编号	H_2O_2 初始投加量（mg/L）	线性方程式	k（min^{-1}）	R^2
①	10	$C=-0.0096t+8.3856$	0.0096	0.9953
②	20	$C=-0.0217t+7.9246$	0.0217	0.9793
③	40	$C=-0.0324t+8.538$	0.0324	0.9766
④	80	$C=-0.0501t+8.7607$	0.0501	0.9933
⑤	100	$C=-0.0557t+7.4233$	0.0557	0.9933

7）UV/H_2O_2 工艺降解 BPA 的产物分析

BPA 初始浓度为 11.011mg/L，工艺工况为：紫外光强 85.7μW/cm²，H_2O_2 投加量 10mg/L，水温 26℃，该工艺条件下 BPA 降解曲线如图 6.120 所示，降解过程中 0min 时 BPA、0min 时 BPA+H_2O_2、紫外光照 10min、20min、30min 和 40min 时水样在 190～390nm 区间紫外吸收值光谱图如图 6.121 所示，在 210～230nm 和 230～300nm 区间紫外吸收值光谱详图分别如图 6.122 和图 6.123 所示。

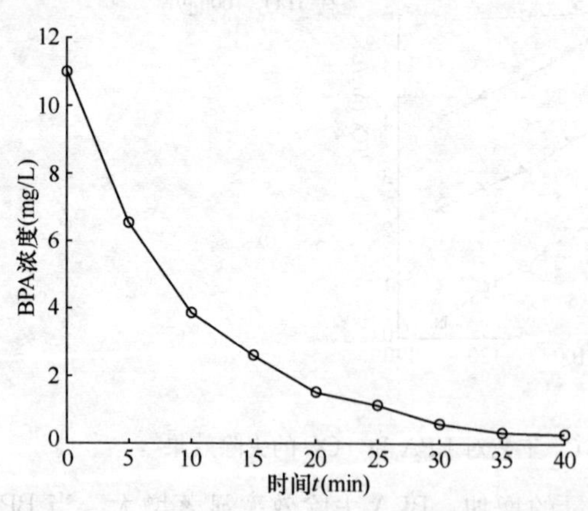

图 6.120 UV 扫描工况的 BPA 降解曲线

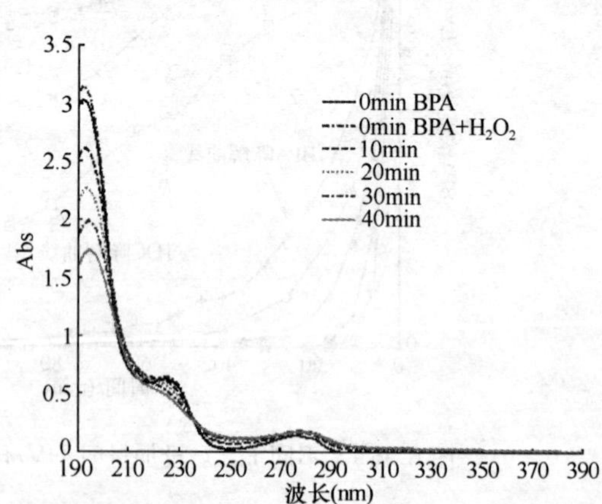

图 6.121 190～390nm 区间紫外扫描光谱图

从图 6.120 可以看出，BPA 在高浓度条件下（约 10mg/L），同样符合拟一级反应动力学，在反应起始阶段迅速降解，随着浓度降低，降解速率逐步下降，30min 后浓度变化不大，去除率达到 97%左右。如图 6.121 所示，由于 H_2O_2 自身具有紫外吸收值，所以在 0min 添加 H_2O_2 后，BPA+H_2O_2 的紫外吸收值在各波长下均有小幅度增长，但由于浓度较低，对 BPA 的紫外吸收值影响不大。BPA 具有三个特征吸收峰，分别发生在 191nm、224nm 和 278nm 处，随降解时间的推移，在前两个特征吸收峰的紫外吸收值均体现随 BPA 浓度降低而迅速降低的规律，但在 278nm 处特征吸收峰出现较大幅度增长。

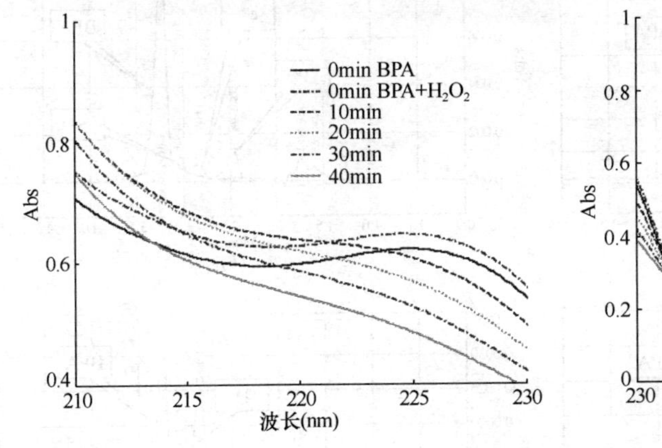

图 6.122　210～230nm 区间紫外扫描光谱图

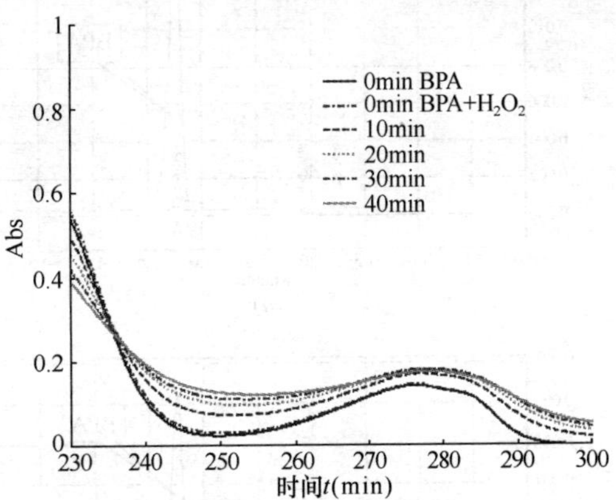

图 6.123　230～300nm 区间紫外扫描光谱图

图 6.122 表示 BPA 在 210～220nm 区间内的紫外吸收值变化，可以发现随降解时间的延长，在 210～220nm 区间，紫外吸收值体现为先迅速增长后逐步降低的规律，而特征吸收峰段体现为逐步降低规律，这说明 BPA 在该工艺条件下，首先在 210～220nm 处具有强烈吸收值的中间产物，之后通过羟基自由基无选择性氧化呈现逐步减低的规律。

图 6.123 表示 BPA 在 240～300nm 区间内的紫外吸收值变化规律，随降解时间的延长，在该段波长范围内的紫外吸收值均表现为逐步上升，而且未见下降的趋势，这说明在该工艺条件和降解时间下，未能达到完全矿化 BPA，而形成了在该段波长范围内具有强烈吸收的中间和降解产物。

8）UV/H_2O_2 工艺降解 BPA 过程 HPLC 图

BPA 初始浓度为 11.011mg/L，紫外光强 85.7μW/cm^2，H_2O_2 投加量 10mg/L，水温 26℃，BPA 降解过程中在反应时间为 0min、10min、20min、30min 和 40min 时的 HPLC 图谱分别见图 6.124。

从图 6.124 可以看出，在 0min 色谱图中仅出现 BPA 峰，且峰型较好；在反应 5min 后，BPA 出峰前出现 3 号、4 号、5 号的新物质峰，3 个物质的保留时间分别为 2.46min、2.81min 和 3.07min；3 号、4 号峰物质分离效果良好，而 5 号峰物质在该色谱条件下，与 BPA 峰向交错，这说明 5 号峰物质与 BPA 性质较相似；反应 10min 后，伴随着 BPA 不断被降解，3 号峰物质被羟基自由基完全氧化，在 HPLC 色谱图中消失，4 号物质峰面积出现减少，这说明 3 号和 4 号峰物质较容易被羟基自由基氧化，同时产生新的 6 号、5 号峰物质，峰面积随 BPA 降解逐步增加；反应 20min 后，BPA 浓度进一步降低，5 号和 6 号峰物质进一步积累，峰面积同时增加，5 号峰物质浓度积累达到最高值，而 4 号峰物质浓度进一步降低；反应 30min 后，先前产生 4 号和 5 号物质均受氧化作用，峰面积逐步减小，而随 4 号物质的不断下降，6 号物质的峰高明显增加；反应 40min 后，降解规律基本与 30min 一致，但保留时间更短（1.0～2.0min）的极性物质将进一步产生；从整体降解过程分析，同样可以得出在羟基自由基氧化 BPA 的条件下，将产生大量极性更强的新的 BPA 氧化中间产物，这些产物同时也能够被羟基自由基所氧化。

9）UV/H_2O_2 工艺去除双酚 A 效果小结

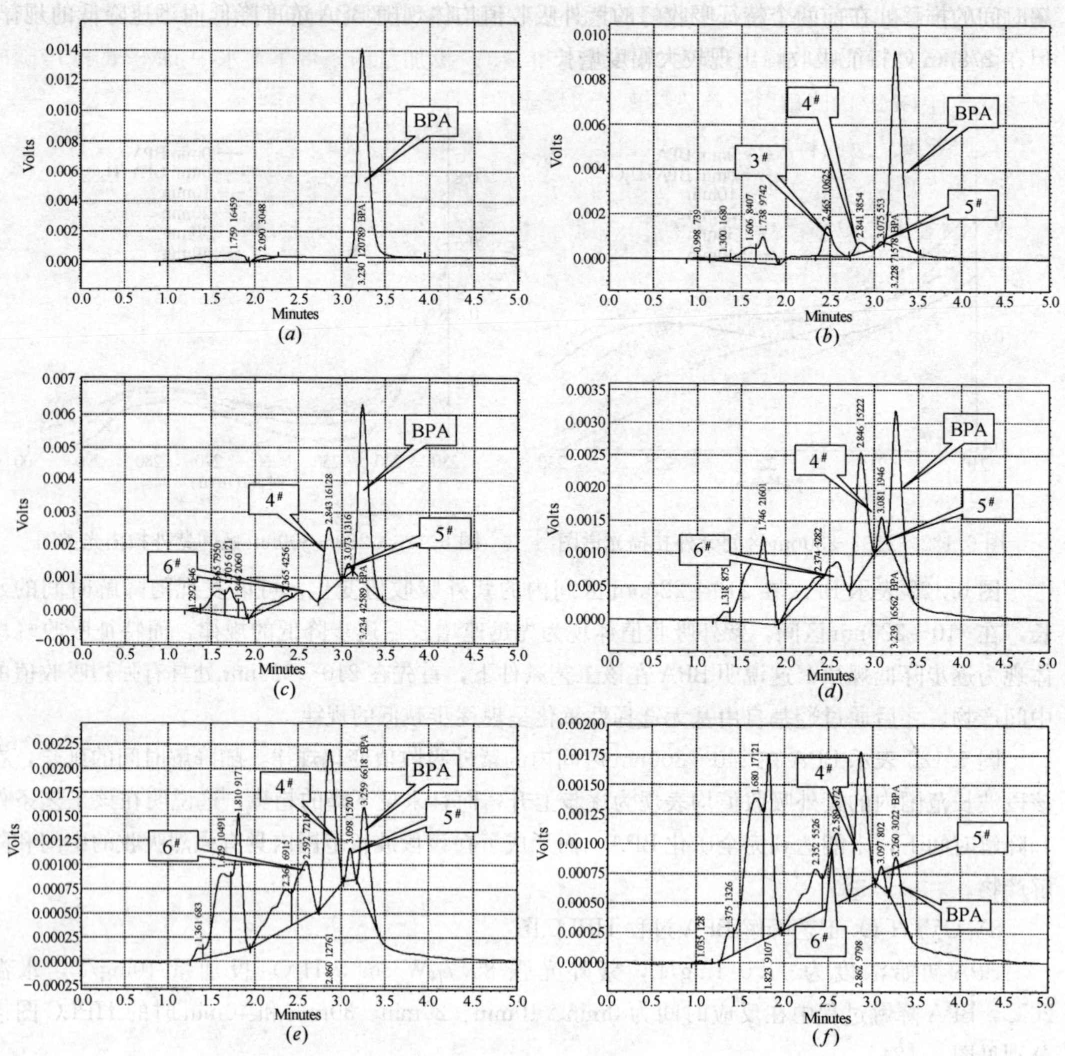

图 6.124　UV/H_2O_2 工艺降解 BPA 随时间变化 HPLC 图

(*a*) 0min；(*b*) 5min；(*c*) 10min；(*d*) 20min；(*e*) 30min；(*f*) 40min

①H_2O_2 不能有效氧化 BPA，在 H_2O_2 投加量 200mg/L 的条件下，反应 60min 后，BPA 的去除率只有 13.35%；UV 光对 BPA 有一定去除效果，但去除效果有限，UV 光强为 133.9μW/cm^2 的条件下，60min 后 BPA 去除率仅为 38.0%。

②UV/H_2O_2 工艺对饮用水中 BPA 具有良好的去除效果。在原水 BPA 浓度为 1mg/L 左右，UV 光强 133.9μW/cm^2，H_2O_2 投加量 10mg/L 和停留时间 40min 条件下，BPA 的去除率达到 98.3%。

③UV/H_2O_2 工艺降解饮用水中 BPA 的过程符合拟一级反应。

(8) UV/H_2O_2 工艺去除邻苯二甲酸二甲脂

1) UV 光强的影响

配制初始浓度约为 1.0mg/L 的 DMP 溶液，H_2O_2 投加量为 40mg/L，开启不同数量的 UV 灯管，使反应器中心点近水面处 UV 光强分别为 21.2μW/cm^2、50.1μW/cm^2、77.2μW/cm^2、

107.6μW/cm^2 和 133.9μW/cm^2，考察 DMP 的去除率随 UV 光照射时间的变化，如图 6.125 所示。

由图 6.125 可知，在一定紫外光照强度和 H_2O_2 投加量的条件下，水中 DMP 的浓度随时间递减，且 DMP 的降解总体趋势呈现一级反应的特征。

按照一级反应的特点，DMP 浓度自然对数 ln$C$—时间 t 之间，所得拟合直线的方程、斜率和相关系数如表 6.53 所列。从表 6.53 可以看出，ln$C$ 与 t 呈线性关系，两者具有很好的相关性，DMP 氧化降解过程符合拟一级反应动力学（图 6.126）。

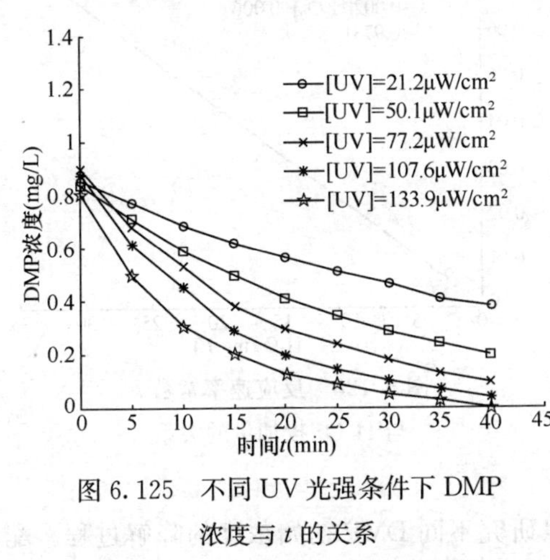

图 6.125　不同 UV 光强条件下 DMP 浓度与 t 的关系

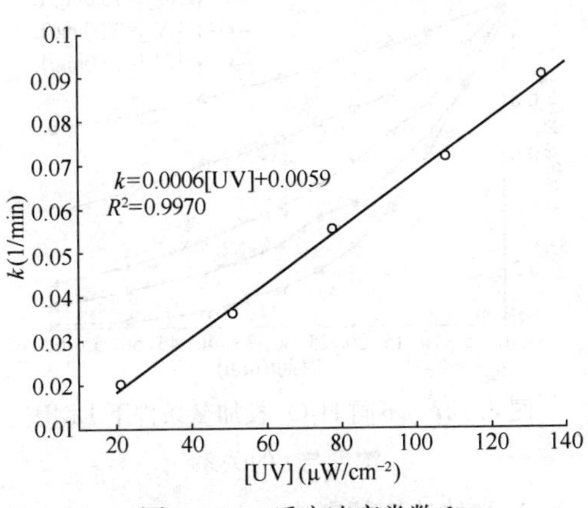

图 6.126　反应速率常数 k 与 UV 光强的关系

不同 UV 光强条件下降解 DMP 的 ln$C$ 值与时间 t 的线性方程式　　**表 6.53**

编　号	UV 光强（μW/cm^2）	线 性 方 程 式	k（min^{-1}）	R^2
①	21.2	ln$C$=−0.0203t−0.1622	0.0203	0.9988
②	50.1	ln$C$=−0.0357t−0.1705	0.0357	0.9996
③	77.2	ln$C$=−0.0553t−0.1116	0.0553	0.9957
④	107.6	ln$C$=−0.0718t−0.1809	0.0718	0.9951
⑤	133.9	ln$C$=−0.0903t−0.2313	0.0903	0.9943

2）H_2O_2 投加量的影响

配制初始浓度约为 1.0mg/L 的 DMP 溶液，反应器中心点近水面处 UV 光强为 133.9μW/cm^2，在不同 H_2O_2 投加量下进行试验。反应器内 DMP 浓度随反应时间 t 的变化如图 6.127 所示。用拟一级反应动力学模型拟合实验数据结果，如表 6.54 所示。

不同 H_2O_2 投加量条件下 DMP 的 ln$C$ 值与时间 t 的线性方程式　　**表 6.54**

编　号	H_2O_2 初始投加量（mg/L）	线 性 方 程 式	k（min^{-1}）	R^2
①	2.5	ln$C$=−0.0075t+0.1086	0.0075	0.9911
②	5.0	ln$C$=−0.0163t+0.0817	0.0163	0.9977
③	10.0	ln$C$=−0.0321t+0.0962	0.0321	0.9998
④	20.0	ln$C$=−0.0424t+0.0482	0.0424	0.9982
⑤	35.0	ln$C$=−0.0760t+0.2245	0.0760	0.9942

由图 6.127 可知，投加 H_2O_2 后 DMP 降解速率迅速增加，反应 60min 后，DMP 去除率分

别达到38.4%、63.1%、85.1%、92.6%和98.6%。可见在同一光强下，随着H_2O_2投加量的增大，DMP降解速率和去除率迅速增加。拟一级反应速率常数k随H_2O_2投加量变化规律如图6.128所示，两者之间关系可以以直线方程形式拟合表达，拟合方程为$k=0.002\,[H_2O_2]+0.006$，相关系数为0.9781。

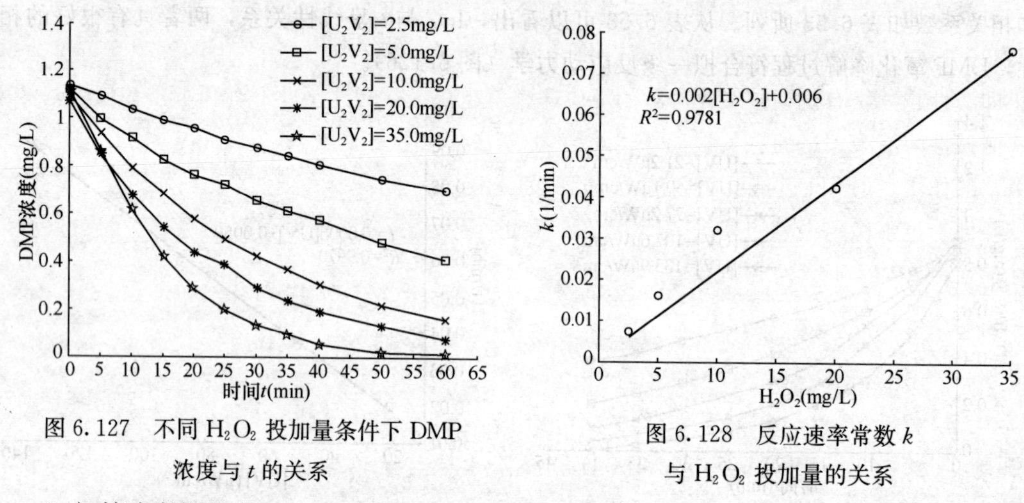

图6.127　不同H_2O_2投加量条件下DMP浓度与t的关系

图6.128　反应速率常数k与H_2O_2投加量的关系

3）初始浓度的影响

由于不同水域受DMP污染的程度不同，所以研究不同DMP初始浓度的降解过程。配制初始浓度为0.365mg/L、0.802mg/L、2.761mg/L、4.248mg/L和8.038mg/L的DMP溶液进行试验，考察不同起始浓度对反应速率的影响。H_2O_2投加量均为40mg/L，反应器中心点近水面处UV光强为133.9μW/cm^2。不同DMP初始浓度时，水中DMP的浓度随UV光照射时间的变化如图6.129所示。

由图6.129可知，随着DMP初始浓度的增大，DMP降解速率明显增加，但DMP去除率呈现降低的趋势。初始浓度为0.353mg/L、0.802mg/L、2.761mg/L、4.248mg/L和8.038mg/L的DMP溶液，其速率常数k分别为0.1031min^{-1}，0.0903min^{-1}，0.0501min^{-1}，0.0415min^{-1}和0.0310min^{-1}，见图6.130。在实验设定的初始浓度范围内，初始浓度越低，反应的拟一级速率常数k就越大，而反应速率受浓度影响，呈现增加的趋势。

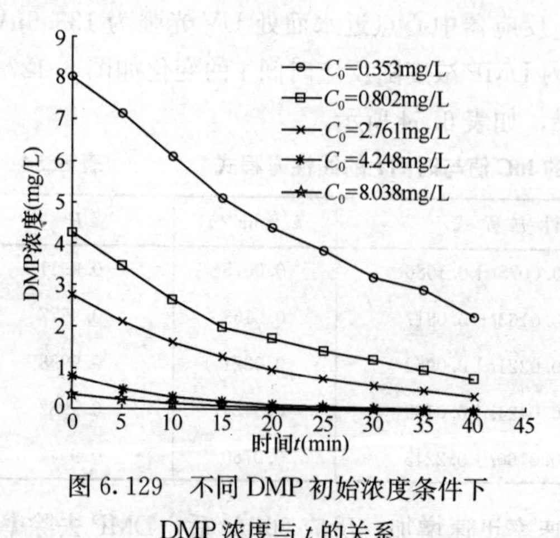

图6.129　不同DMP初始浓度条件下DMP浓度与t的关系

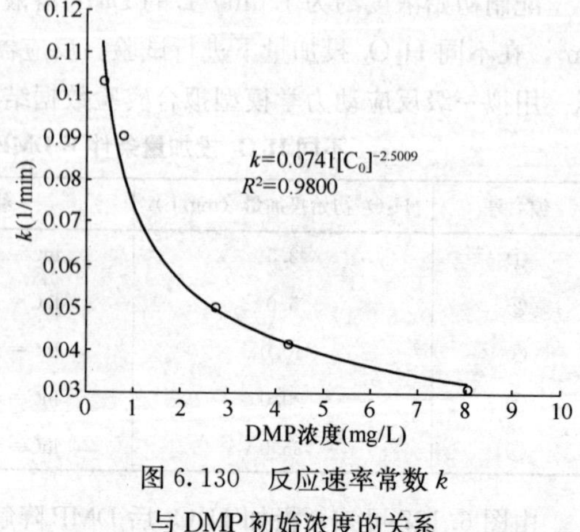

图6.130　反应速率常数k与DMP初始浓度的关系

4）pH 的影响

本研究考察了 5 个 pH 对 UV/H_2O_2 工艺去除 DMP 效果的影响。H_2O_2 投加量为 20mg/L，反应器中心点近水面处 UV 光强 133.9μW/cm²，DMP 初始浓度约为 1.0mg/L，用硫酸或氢氧化钠调整 pH 到 2.51、6.83、8.53 和 11.08 后，进行试验，结果见图 6.131 及表 6.55。

对反应速率常数 k 和 pH 的关系进行拟合，结果如图 6.132 所示，拟合关系式为 $k=0.3582-1.5685/\ln[\mathrm{pH}]+3.4780/[\mathrm{pH}]$，方程相关系数为 0.9810。由图 6.132 可见，pH 越小即酸性越强，有机物被氧化分解的反应速率就越快，在酸性条件下有利于羟基自由基的生成，而碱性溶液中大量的氢氧根离子与水合氢离子，消耗大量 H_2O_2，从而减弱 H_2O_2 与羟基自由基的作用。但 pH 过低反而会使 H_2O_2 的氧化能力降低，因为 H_2O_2 是一种弱酸，它在强酸性条件下过于稳定。总的来看，DMP 在较宽的 pH 范围内都可以有效地降解，而中性或弱酸性环境更有利于 DMP 的降解。

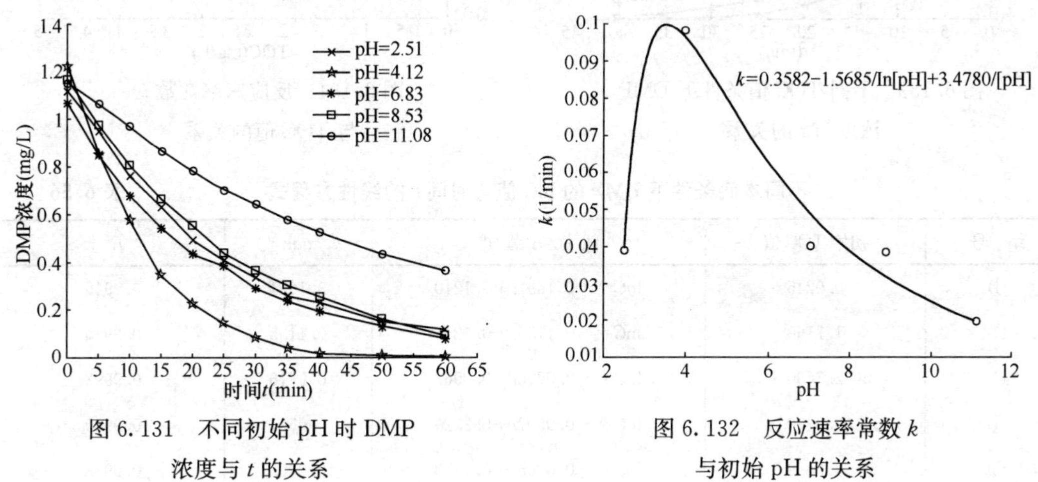

图 6.131　不同初始 pH 时 DMP 浓度与 t 的关系

图 6.132　反应速率常数 k 与初始 pH 的关系

不同初始 pH 条件下 DMP 的 ln$C$ 值与时间 t 的线性方程式　　表 6.55

编号	初始 pH	线性方程式	k（min^{-1}）	R^2
①	2.51	$\ln C=-0.0392t+0.1056$	0.0392	0.9955
②	4.12	$\ln C=-0.0968t+0.3257$	0.0968	0.9909
③	6.83	$\ln C=-0.0424t+0.0962$	0.0424	0.9943
④	8.53	$\ln C=-0.0410t+0.2029$	0.0410	0.9954
⑤	11.08	$\ln C=-0.0195t+0.1478$	0.0195	0.9990

5）不同水质的影响

为考察不同水质的本底条件对 DMP 去除率的影响，试验采用去离子水和自来水以一定比例混合，配制不同 TOC 值的 DMP 溶液，H_2O_2 投加量为 20mg/L，反应器中心点近水面处 UV 光强为 107.6μW/cm²，水温 30℃，DMP 初始浓度约为 1.0mg/L。试验结果如图 6.133 所示。

由图 6.133 可知，随着本底有机物（TOC）的增加，DMP 的去除率降低。而且随着本底有机物含量的增大，拟一级反应的速率常数变小（表 6.56），同时反应速率常数下降的速率减缓。反应速率常数与本底 TOC 值不是线形关系，而呈对数关系（图 6.134），拟合关系式为

$k=0.1699\ [TOC]^{-1.1090}$，相关系数为0.9839。试验结果表明，在本底TOC值低的条件下，本底的有机物含量变化对DMP的去除影响较为明显，尤其在本底有机物浓度较低时对DMP的去除影响更为敏感。

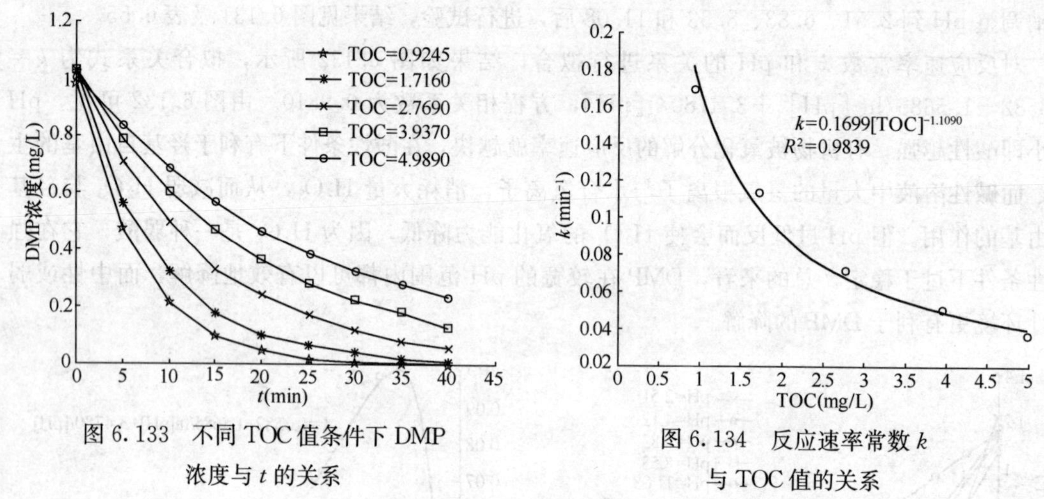

图6.133 不同TOC值条件下DMP浓度与t的关系

图6.134 反应速率常数k与TOC值的关系

不同本底条件下DMP的ln$C$值与时间t的线性方程式 表6.56

编　号	初始TOC值	线性方程式	k (min^{-1})	R^2
①	0.9245	$\ln C=-0.1691t+0.1210$	0.1691	0.9946
②	1.7160	$\ln C=-0.1135t+0.3257$	0.1135	0.9958
③	2.7690	$\ln C=-0.0716t+0.0962$	0.0716	0.9992
④	3.9370	$\ln C=-0.0507t+0.2029$	0.0507	0.9989
⑤	4.9890	$\ln C=-0.0365t+0.1478$	0.0365	0.9988

6）UV/H_2O_2工艺降解DMP动态模拟模型

从UV/H_2O_2降解DMP的试验数据可知，在自来水为本底的溶液中，UV光照强度、H_2O_2投加量、起始DMP浓度和pH等因素，对氧化反应的影响较大。因此应用数学统计方法，对不同影响因素下试验的k值进行多元非线性拟合，选用包含各因子经验拟合公式的指数数学方程进行模拟，方程如式6.43所示，各因子的函数如式（6.44）、式（6.45）、式（6.46）和式（6.47）所示。

$$k=F(X_1,X_2,X_3,X_4)=a\times f_1(X_1)^b\times f_2(X_2)^c\times f_3(X_3)^d\times f_4(X_4)^e \tag{6.43}$$

$$f_1(X_1)=0.0062X_1+0.0059 \tag{6.44}$$

$$f_2(X_2)=0.002X_2+0.006 \tag{6.45}$$

$$f_3(X_3)=0.074X_3^{-2.5009} \tag{6.46}$$

$$f_4(X_4)=0.3582-\frac{1.5685}{\ln(X_4)}+\frac{3.4780}{X_4} \tag{6.47}$$

其中：X_1为UV光强，$\mu W/cm^2$；X_2为H_2O_2投加量，mg/L；X_3为初始DMP浓度，mg/L；X_4为初始溶液pH。a、b、c、d、e值为方程的参数。采用多元非线性进行方程拟合，拟合结果如表6.57所示，所计算出的模型在典型工艺条件下，模型预测值和95%置信区间及其各参数变化范围如图 6.135 所示。

UV/H_2O_2 工艺处理 DMP 的拟一级反应速率常数 k 值经验数学模型参数　　表 6.57

a	b	c	d	e	R^2
37.3508	0.7750	0.6794	0.1402	0.7702	0.9763

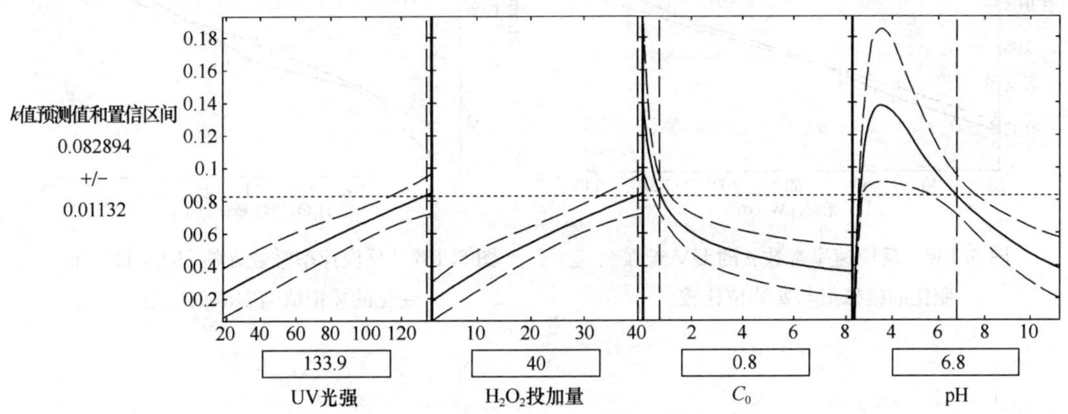

图 6.135　在典型工艺条件下模型预测值和 95%置信度区间以及各参数变化范围

从表 6.57 可以看出，所得出的经验方程与试验数据的 R^2 值达到了 0.9763，与各因素拟合公式的 R^2 值略有差别，但也较好地反映了 UV/H_2O_2 氧化处理 DMP 拟一级反应 k 值的变化规律。比较各参数中的指数大小可以发现，在试验的参数范围内，数学模型参数中 UV 光强对 k 值的影响最大，pH 变化影响次之，再次为 H_2O_2 的投加量，初始 DMP 浓度对 k 值的影响最小。

①动态模拟模型的建立和验证

将拟合出的 k 值经验数学模型代入拟一级反应动力学公式，得出 UV/H_2O_2 工艺处理 DMP 的反应动力学模型如式 6.48 和 6.49 所示。

$$C = C_0 e^{-kt} \tag{6.48}$$

$$\begin{aligned} k = & 37.3508 \times [0.0062X_1 + 0.0059]^{0.7750} \times [0.002X_2 + 0.006]^{0.6794} \\ & \times [0.074X_3^{-2.5009}]^{0.1402} \times \left[0.3582 - \frac{1.5685}{\ln(X_4)} + \frac{3.4780}{X_4}\right]^{0.7702} \end{aligned} \tag{6.49}$$

在自来水为本底条件下，不同影响因素的动力学理论计算 k 值，与试验数据的比较分别如图 6.136、图 6.137、图 6.138 和图 6.139 所示。

从图 6.136～6.139 可以看出，不同工艺条件下的单因素影响试验测量值和模型值比较符合，大多数测量点都是围绕着预测曲线跳动，k 值的模拟值与随 UV 光强变化的实测值、H_2O_2 投加量变化的实测值、DMP 起始浓度变化的实测值均非常符合，而 pH 的变化仅在最大点处有 20%的差别，这说明模型能较好地表示 UV/H_2O_2 工艺降解 DMP 的规律。

②动态模拟模型的应用

设初始 DMP 浓度为 1mg/L 和 pH 为 7，拟一级反应速率常数 k 值随 UV 光强和 H_2O_2 投加量影响的三维网格图如图 6.140 所示。

从图 6.140 可以看出，k 值随 UV 和 H_2O_2 两者的影响，整个图形从左到右呈向高值抬升曲面，UV 光强和 H_2O_2 投加量增加越大，k 值迅速上升。

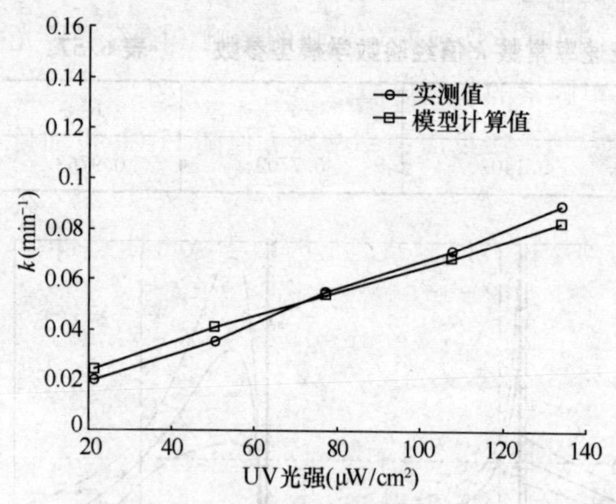

图 6.136 反应速率常数 k 随 UV 光强变化的模拟值与实测值比较

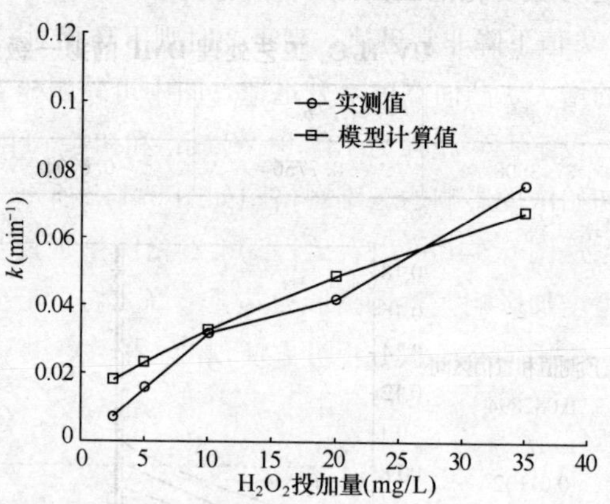

图 6.137 反应速率常数 k 随 H_2O_2 投加量变化的模拟值与实测值比较

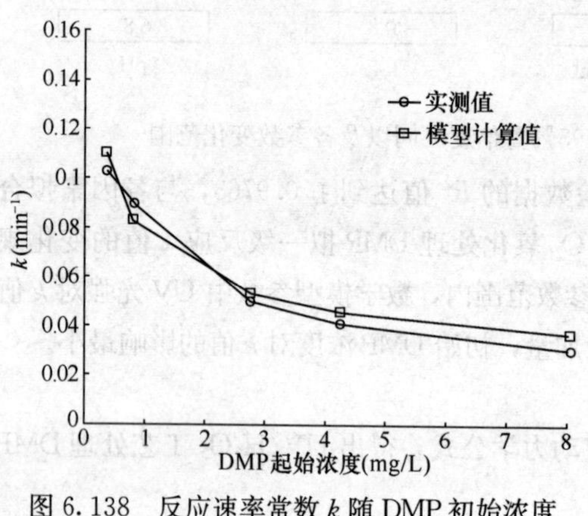

图 6.138 反应速率常数 k 随 DMP 初始浓度变化的模拟值与实测值比较

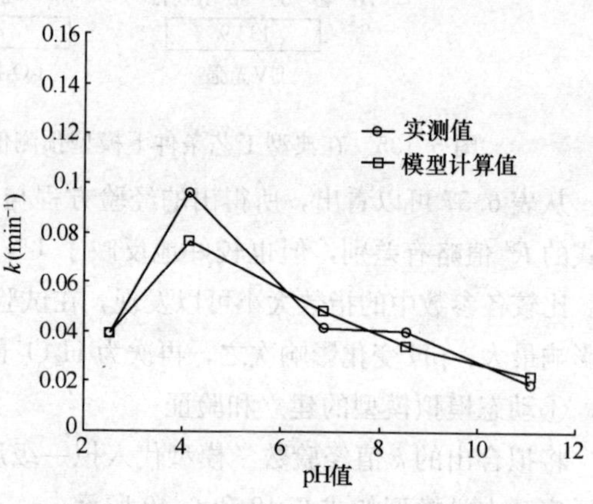

图 6.139 反应速率常数 k 随 pH 变化的模拟值与实测值比较

设定初始 DMP 浓度为 1mg/L 和 H_2O_2 投加量为 20mg/L，拟一级反应速率常数 k 值随 UV 光强和 pH 影响的三维网格图如图 6.141 所示。

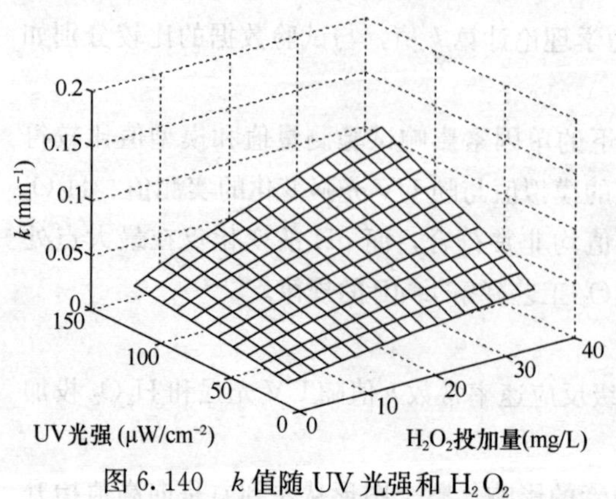

图 6.140 k 值随 UV 光强和 H_2O_2 投加量变化三维网格曲线图

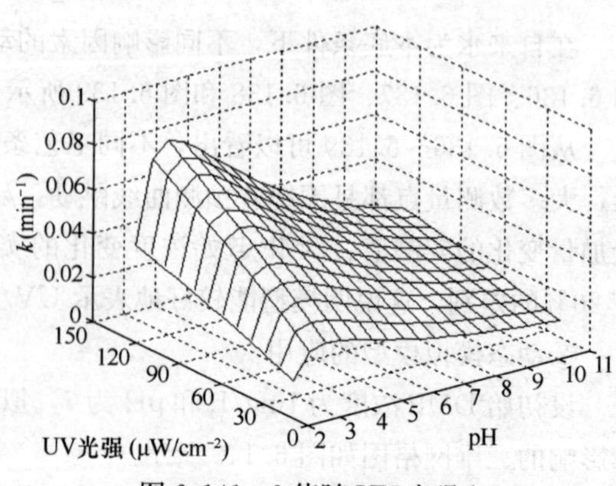

图 6.141 k 值随 UV 光强和 pH 变化三维网格曲线图

从图 6.141 可以明显看出，受 pH 的影响，图形呈现在 pH=3 左右的凸面，而 pH 低于 3 时，k 值下降非常迅速，高于 3 时则下降相对较缓。同时还受到 UV 光强的影响，随着 UV 光强的增大，凸面高度上升迅速，图中可较明显看出单因素的影响规律。

设定 UV 光强为 133.9μW/cm² 和初始 pH 为 7，拟一级反应速率常数 k 值随 H_2O_2 投加量和初始浓度影响的三维网格图如图 6.142 所示。

从图 6.142 可以看出，三维网格图呈现逐步向高浓度方向倾斜向下的趋势，同时受 H_2O_2 浓度增加影响，整体图形为左上最高，右下最低的形状，这与单因素影响结果相一致。

采用动态模拟方程可方便预测 k 的发生规律，对于指导试验有一定的作用。

7）DMP 降解过程中 UV 扫描图谱分析

水温 26℃、初始浓度 10.612mg/L、UV 光强 85.7μW/cm²、H_2O_2 投加量 10mg/L 条件下，去离子水中 DMP 经氧化后，其浓度变化如图 6.143 所示。190～390nm 的紫外吸收光谱图如图 6.144 所示，其中细部 200～250nm 和 250～300nm 的紫外吸收光谱图分别如图 6.145 和图 6.146 所示。

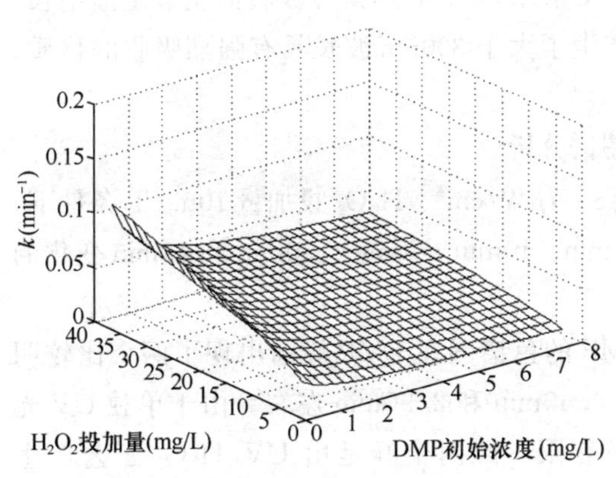

图 6.142　k 值随 H_2O_2 投加量和初始浓度值变化三维网格曲线图

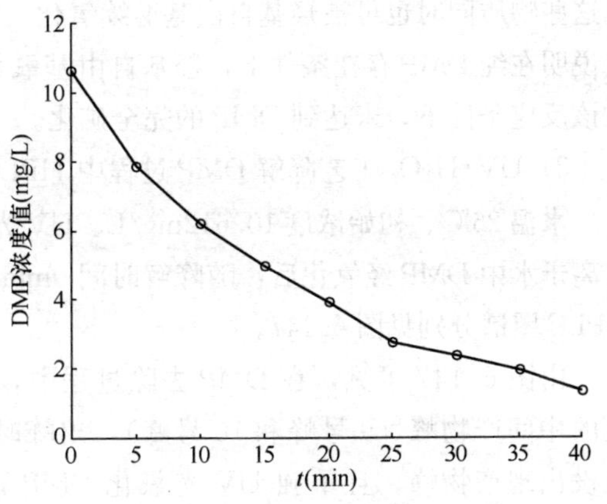

图 6.143　UV/H_2O_2 工艺氧化去离子水中 DMP 的降解曲线

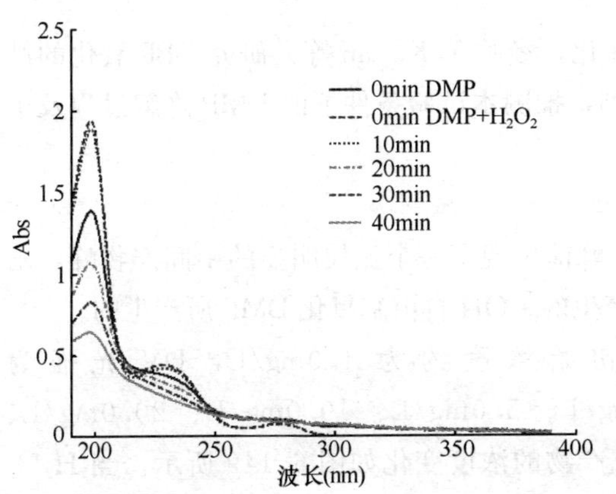

图 6.144　UV/H_2O_2 工艺氧化 DMP 的总紫外光谱图

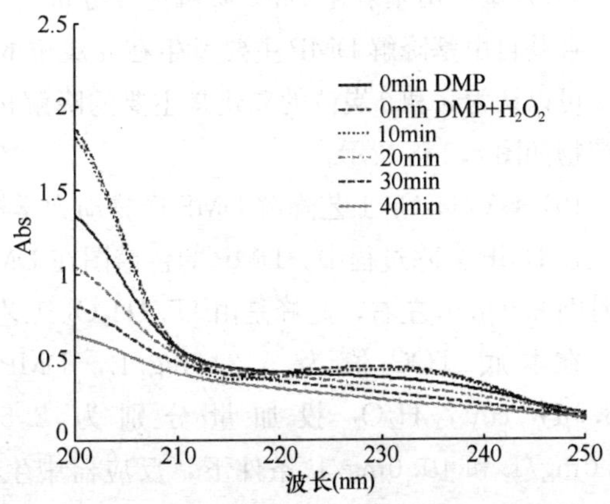

图 6.145　UV/H_2O_2 工艺氧化 DMP 的紫外光谱图（210～250nm）

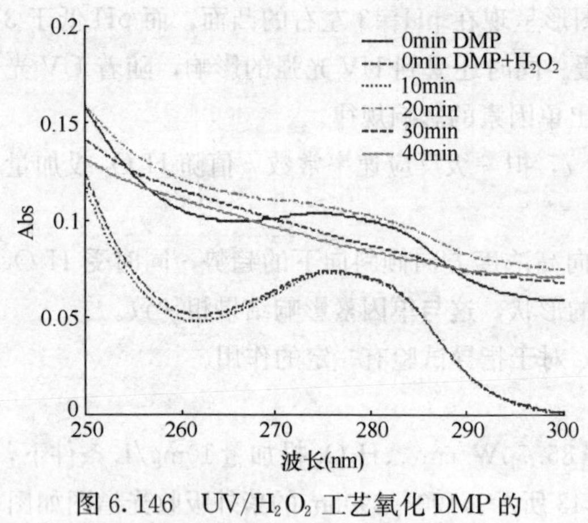

图 6.146 UV/H_2O_2 工艺氧化 DMP 的紫外光谱图（250～300nm）

如图 6.143 所示，由于 DMP 起始浓度 10.612mg/L 较高，氧化反应速率较大，经反应 40min 后，浓度迅速降低到 1.344mg/L。去离子水中 DMP 存在三个特征吸收峰，分别为 198nm、231nm 和 280nm，添加 H_2O_2 后前两个吸收峰值有一定增加，尤其在 198nm 处，而在 280nm 处吸收峰明显降低。前两个特征吸收峰随 DMP 浓度的降低而呈现不断降级的规律（图 6.144 和图 6.145）。而在第三个特征峰处规律较为复杂，随降解时间的变化，出现先少量减少（10min）后增加（20min）再减少（30min 和 40min）的规律，40min 后吸收值明显高于起始状态吸收值。这说明在降解中间产物中，产生了在 250～300nm 具有吸收的物质，但这些物质同时也可被羟基自由基继续氧化。此外，在 300nm 后的紫外吸收值明显逐渐增长，这说明在纯 DMP 存在条件下，羟基自由基氧化产生了大于 300nm 波长具有强烈吸收的物质，在该反应条件下，未达到 DMP 的完全矿化。

8）UV/H_2O_2 工艺降解 DMP 过程中 HPLC 图谱分析

水温 26℃、初始浓度 10.612mg/L、UV 光强 85.7$\mu W/cm^2$、H_2O_2 投加量 10mg/L 条件下，去离子水中 DMP 经氧化后，随降解时间 0min、5min、10min、20min、30min 和 40min 变化的 HPLC 图谱分别见图 6.147。

由图 6.147 可见，在 DMP 去除过程中，DMP 的色谱图在 DMP 峰前出现了两个比较明显的中间产物峰（9 号峰和 10 号峰），出峰时间 2.60min 和 2.90min 左右。由于单独 UV 光照没出现产物峰，且单独 UV 光氧化 DMP 效果有限，此两个峰是由 UV/H_2O_2 工艺产生的 · OH自由基氧化 DMP 所产生，同时 9 号峰在图示工况运行过程中出现明显的先增加后减少的变化。

9）羟基自由基氧化 DMP 降解途径分析

羟基自由基降解 DMP 主要发生在 α 炭位的氧化，参照 T. K. Lau 等人研究 DBP 氧化的结果，可以认为 α 和 β 炭位的氧化是主要的降解机制，推测本试验条件下的 DMP 降解过程及中间产物如图 6.148 所示：

10）UV/H_2O_2 工艺降解 DMP 产物动力学模型

在 DMP 去除过程中，DMP 的色谱图在 DMP 峰前出现了一个比较明显的中间产物峰，出峰时间 2.90min 左右，此峰是由 UV/H_2O_2 工艺产生的 · OH 自由基氧化 DMP 所产生的。

在本底 TOC 值为 5.216mg/L，DMP 初始浓度约为 1.0mg/L，UV 光强为 133.9$\mu W/cm^2$，H_2O_2 投加量分别为 2.5mg/L、5.0mg/L、10.0mg/L、20.0mg/L、30.0mg/L 和 40.0mg/L 条件下，反应器中生成产物的浓度变化如图 6.149 所示。当 H_2O_2 投加量大于 5.0mg/L 时，产物峰面积随着反应时间的延长出现先增加后减少的规律，而且增加的速率明显比降低的速率快；5 组工况试验期间出现的产物最大峰面积均在 2500～3000 范围内；H_2O_2 投加量越大出现最大峰面积的时间越短，试验结束时产物峰面积越

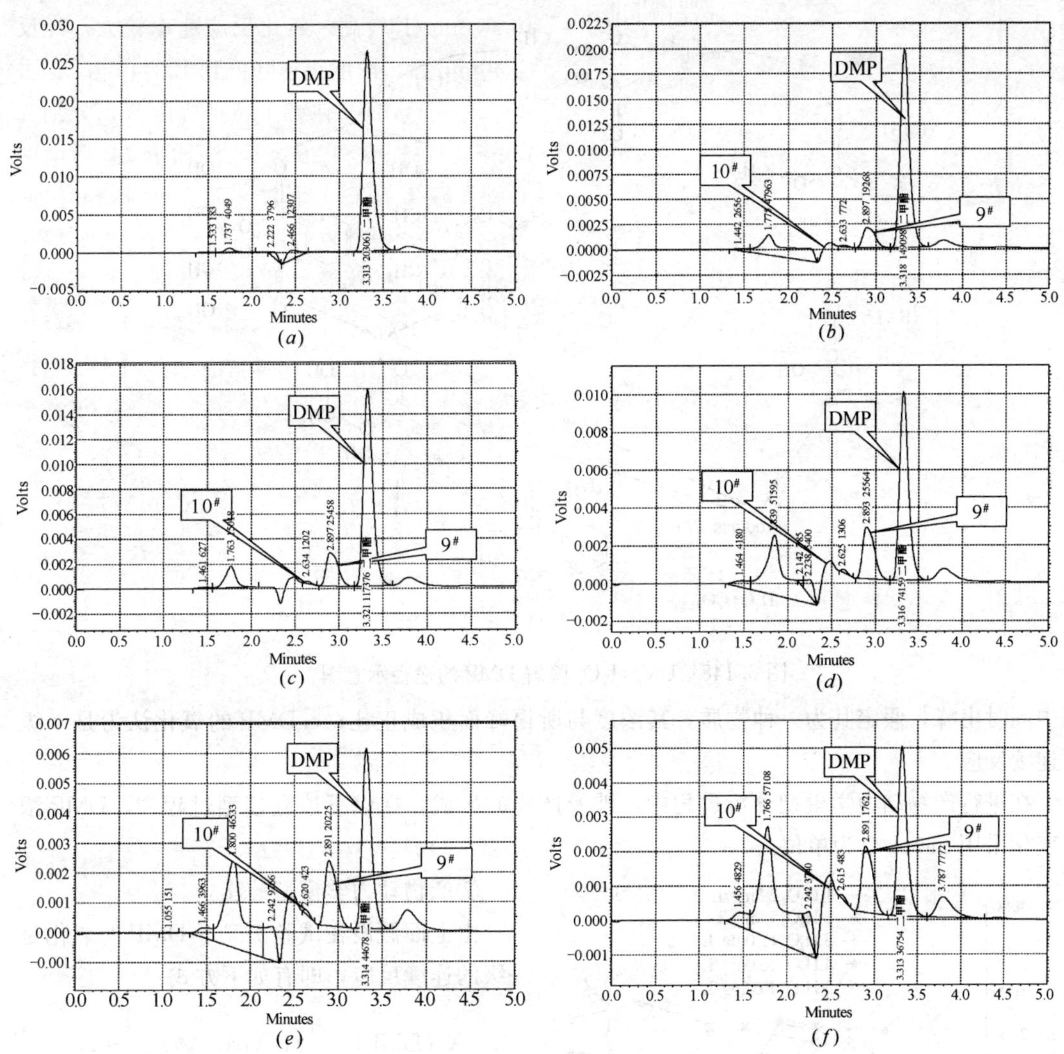

图 6.147　UV/H_2O_2 降解 DMP 条件下 HPLC 变化图

(*a*) 0min；(*b*) 5min；(*c*) 10min；(*d*) 20min；(*e*) 30min；(*f*) 40min

小。当 H_2O_2 投加量小于 5.0mg/L 时，产物峰面积持续增加，在 60min 的反应时间内还未达到最大峰面积。

由图 6.149 可以看出，产物浓度（以峰面积表示）随着反应时间的变化存在着一定的规律性，在此研究饮用水中 UV/H_2O_2 工艺对 DMP 降解过程中产物生成情况，并尝试建立 UV/H_2O_2 工艺去除 DMP 过程中产物生成降解动力学模型。

①产物动力学模型的假设

考虑到 UV/H_2O_2 工艺氧化 DMP 及其产物的生成较为复杂，影响因素比较多，为了简化动力学模型作以下三点假设：a. UV/H_2O_2 工艺降解 DMP 主要是·OH 自由基的氧化作用，由于 UV 氧化 DMP 效果有限，暂不考虑其氧化效果，动力学模型建立在单因素条件的变化下，试验中 UV 光强保持不变；b. 氧化过程中产物有积聚的现象，并能明显监测，由于在 HPLC

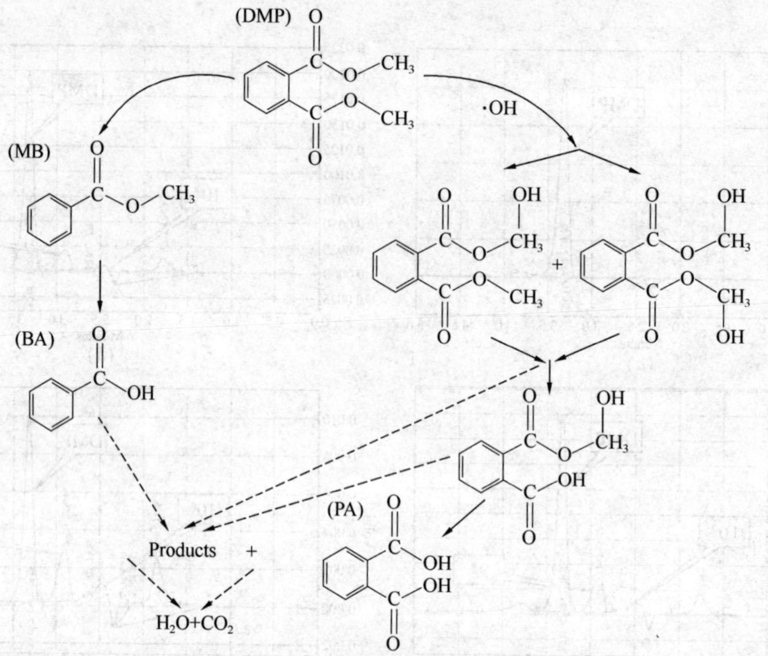

图 6.148 UV/H_2O_2 降解 DMP 的途径示意图

图中同时出峰，假定其为一种物质，其浓度与所得峰面积成正比；c. DMP 的氧化认为是一级的连续反应。

在进行产物动力学模型分析过程中，涉及产物的生成，在以下建立模型过程中，DMP 浓度变化采用 mmol/L 为单位。

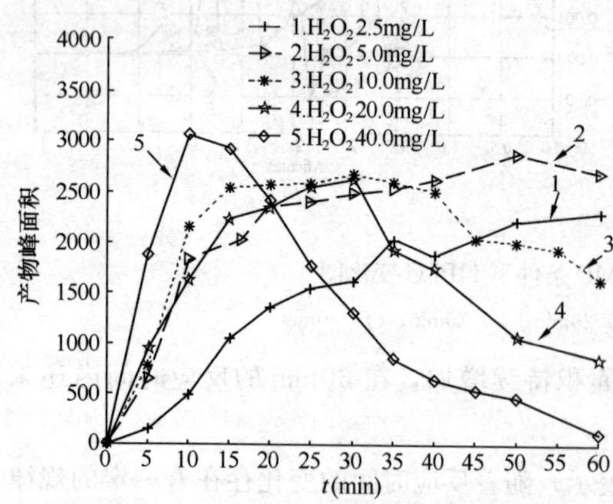

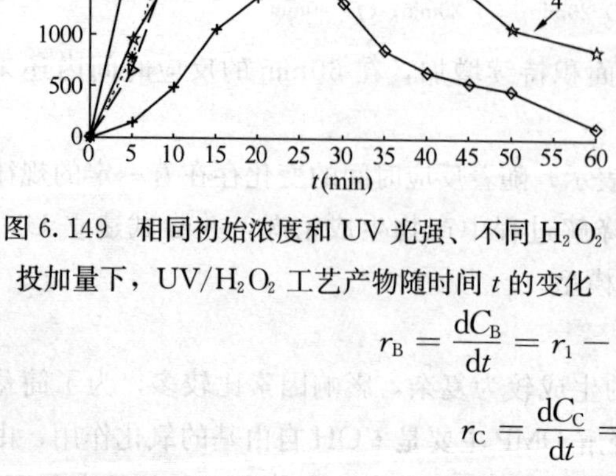

图 6.149 相同初始浓度和 UV 光强、不同 H_2O_2 投加量下，UV/H_2O_2 工艺产物随时间 t 的变化

②产物动力学模型的建立

由上面假设在试验工况下 DMP 的氧化是一级的连续反应，即有如下方式：

$$\text{A（DMP）} \xrightarrow{k_1} \text{B（副产物）} \xrightarrow{k_2} \text{C} \tag{6.50}$$

反应速率方程依次为：

$$r_1 = k_1 C_A, r_2 = k_2 C_B \tag{6.51}$$

从而可知：

$$r_A = \frac{dC_A}{dt} = -r_1 = -k_1 C_A \tag{6.52}$$

$$r_B = \frac{dC_B}{dt} = r_1 - r_2 = k_1 C_A - k_2 C_B \tag{6.53}$$

$$r_C = \frac{dC_C}{dt} = r_2 = k_2 C_B \tag{6.54}$$

由于试验开始时只有反应物 A（DMP），则将式（6.52）、式（6.53）、式（6.54）积分后可得动力学方程：

$$C_A = C_{A0} e^{-k_1 t} \tag{6.55}$$

$$C_B = \frac{k_1 C_{A0}}{k_2 - k_1}(e^{-k_1 t} - e^{-k_2 t}) \tag{6.56}$$

$$C_C = C_{A0}\left(1 - \frac{k_2}{k_2 - k_1}e^{-k_1 t} + \frac{k_1}{k_2 - k_1}e^{-k_2 t}\right) \tag{6.57}$$

根据第2条假设，B浓度与所得峰面积成正比，则设 $C_B = H \times S$，代入式（6.56），可得下式：

$$H \times S = \frac{k_1 C_{A0}}{k_2 - k_1}(e^{-k_1 t} - e^{-k_2 t}) \tag{6.58}$$

式（6.58）中 C_{A0} 为试验时DMP的初始浓度；S 为产物峰面积；H 为常数，等于产物浓度与出峰面积的比值；k_1 为A（DMP）的降解速率常数；k_2 为产物B的降解速率常数。

不同 H_2O_2 投加量条件下，反应速率常数 k_1 和拟一级反应的相关性见表6.58，研究 H_2O_2 初始投加量与反应速率常数 k_1 的关系，设：

$$k_1 = \alpha [H_2O_2]^{\beta} \tag{6.59}$$

不同 H_2O_2 投加量下反应速率常数和相关系数　　表6.58

H_2O_2（mg/L）	2.5	5.0	10	20	40
k_1（min^{-1}）	0.0075	0.0163	0.0321	0.0424	0.0826
R^2	0.9911	0.9977	0.9998	0.9982	0.9982

式中 α 和 β 为系数常数，$[H_2O_2]$ 为 H_2O_2 初始投加量，由表中列出的数据运用Matlab程序进行因次分析，求得 α=0.0045，β=0.7876，将 α 和 β 代入式（6.59）得：

$$k_1 = 0.0045 \times [H_2O_2]^{0.7876} \tag{6.60}$$

根据图6.100中不同 H_2O_2 投加量条件下，不同时间产物峰面积 S 的数据，采用MATLAB软件中优化工具包中任意曲线拟合函数，拟合式（6.58）中不同 H_2O_2 投加量下未知量 H 值和 k_2 值，所得结果和相关性见表6.59，可以看出拟合的数据相关性较好。

不同 H_2O_2 投加量下产物反应速率常数和相关性　　表6.59

H_2O_2（mg/L）	2.5	5.0	10	20	40
k_1（min^{-1}）	0.0075	0.0163	0.0321	0.0424	0.0826
H	5.46×10^{-7}	5.08×10^{-7}	6.29×10^{-7}	7.63×10^{-7}	7.52×10^{-7}
k_2（min^{-1}）	0.0172	0.0339	0.0470	0.0541	0.1004
R^2	0.9769	0.9620	0.9645	0.9306	0.9777

前面假设 H 为常数，表中试验数据拟合结果也显示 H 值接近于常数，可取拟合结果平均 H 值为 6.39×10^{-7}。同时，k_2 值随 H_2O_2 投加量的不同存在一定规律性，通过数据拟合得到：

$$k_2 = 0.0112 \times [H_2O_2]^{0.5850} \tag{6.61}$$

其相关性 R^2 为0.9721。

将式（6.60）和式（6.61）代入式（6.55）和式（6.56）中，得出在本试验条件下DMP降解和产物浓度变化动力学方程式，分别为：

$$C_A = C_{A0} e^{-0.0045\times[H_2O_2]^{0.7876}\times t} \tag{6.62}$$

$$C_B=\frac{0.0045\times[H_2O_2]^{0.7876}\times C_{A0}}{0.0112\times[H_2O_2]^{0.5850}-0.0045\times[H_2O_2]^{0.7876}}(e^{-0.0045\times[H_2O_2]^{0.7876}\times t}-e^{-0.0112\times[H_2O_2]^{0.5850}\times t}) \tag{6.63}$$

③产物动力学模型的计算与验证

研究结果表明，DMP产物峰面积随着时间的延续而上升，到 t_m 时浓度达极大值。由于在试验中离散的每隔一段时间监测其产物生成情况，从而只能获得时间 t_m 的大致范围，无法获得其精确时间。通过所建立的动力学方程式，能预测产物浓度达到极大值的时间，同时与实际监测范围相比较，可验证模型的准确性。

C_B 出现极大值时的条件为 $dC_B/dt=0$，再依式（6.53）可得 $k_1C_A=k_2C_B$，将式（6.60）、式（6.55）、式（6.56）、式（6.61）代入，整理得：

$$t_m=\frac{\ln(k_2/k_1)}{k_2-k_1}=\frac{\ln\left(\frac{0.0112\times[H_2O_2]^{0.5850}}{0.0045\times[H_2O_2]^{0.7876}}\right)}{0.0112\times[H_2O_2]^{0.5850}-0.0045\times[H_2O_2]^{0.7876}} \tag{6.64}$$

不同 H_2O_2 投加量条件下，t_m 计算值与实测值见表6.60，可看出 H_2O_2 投加量为2.5mg/L条件下，试验值与理论计算都反映DMP在60min内生成的产物未达到浓度最大值，除了 H_2O_2 投加量为20mg/L时理论与实际值略有偏差外，其他各值均在试验值范围内。

模型计算 t_m 值和实际测量所得范围比较 **表6.60**

H_2O_2（mg/L）	2.5	5.0	10	20	40
试验所得 t_m 范围（min）	＞60	40～50	25～35	25～35	5～15
理论计算 t_m（min）	73.48	46.01	28.76	17.96	11.19

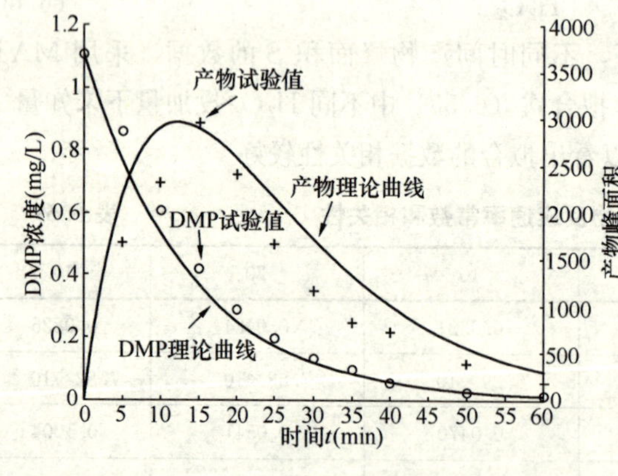

图6.150 模型计算值和试验值的比较

进行反应器中心点近水面处UV光强为 $133.9\mu W/cm^2$，H_2O_2 初始投加量为35mg/L的新工况试验，运用公式（6.48）、（6.49）计算试验条件下的理论DMP残留浓度与产物浓度值，与试验值比较以验证所推导的动力学模型公式，计算结果如图6.150所示，可见由公式计算的理论值和实验点基本吻合，标准误差 R^2 分别为0.9929和0.9489。

11）UV/H_2O_2 工艺去除DMP效果小结

UV光照射对DMP去除效果不明显，H_2O_2 对DMP基本没有去除效果，而 UV/H_2O_2 工艺对饮用水中DMP具有良好的去除效果，在原水DMP浓度为 5.1496×10^{-3} mmol/L左右，UV光强 $133.9\mu W/cm^2$，H_2O_2 投加量20mg/L条件下，反应40min后DMP的去除率可达97.8%。

①DMP的光氧化反应速率受UV光强、H_2O_2 投加量、DMP的初始浓度、pH和溶液本底TOC值的影响，降解过程符合拟一级反应动力学方程。增加UV光强和 H_2O_2 投加量，拟一级反应速率常数线性增加，而随DMP初始浓度增加呈指数下降；DMP在较宽的pH范围内都可以有效地降解，而中性或弱酸性环境更有利于DMP的降解。本底条件对DMP的去除影响较大，尤其是TOC值低于3时。对于不同的水质，DMP去除情况也有所不同，应通过试验确定

最佳的工艺参数。

②建立了受UV光强、H_2O_2投加量、DMP的起始浓度和pH影响的动态模拟模型，通过与试验数据相比，模型计算和实测值较为一致，可应用于试验值的预测。

③UV/H_2O_2工艺降解DMP过程中，UV扫描结果表明：198nm和231nm两个特征吸收峰随降解过程DMP浓度的降低而呈现不断降级的规律；280nm特征峰出现先少量减少后增加再减少的规律，40min后吸收值明显高于起始状态吸收值。

④UV/H_2O_2工艺降解DMP过程中，将产生大量极性更强的氧化中间产物，这些产物同时也能够被羟基自由基所氧化，其降解机理主要为α或β炭位的氧化，而不是直接攻击苯环，其产物需进一步分析。

(9) UV/H_2O_2工艺去除邻苯二甲酸二乙脂

1) UV光强的影响

在本底TOC值为5.016mg/L条件下，配制邻苯二甲酸二乙脂（DEP）浓度约为1.0mg/L，H_2O_2投加量为20mg/L，反应器中心点近水面处UV光强分别为21.2μW/cm²、50.1μW/cm²、77.2μW/cm²、107.6μW/cm²和133.9μW/cm²。反应器内DEP浓度随反应时间的变化如图6.151所示。用拟一级反应动力学拟合实验数据结果，所得拟合直线的方程、拟一级反应速率常数和相关系数如表6.61所列。

图6.151可知，当其他条件不变时，随着UV光强的增大，经相同时间处理的水样中DEP去除率升高。DEP拟一级反应速率常数k随UV光强变化规律如图6.152所示。

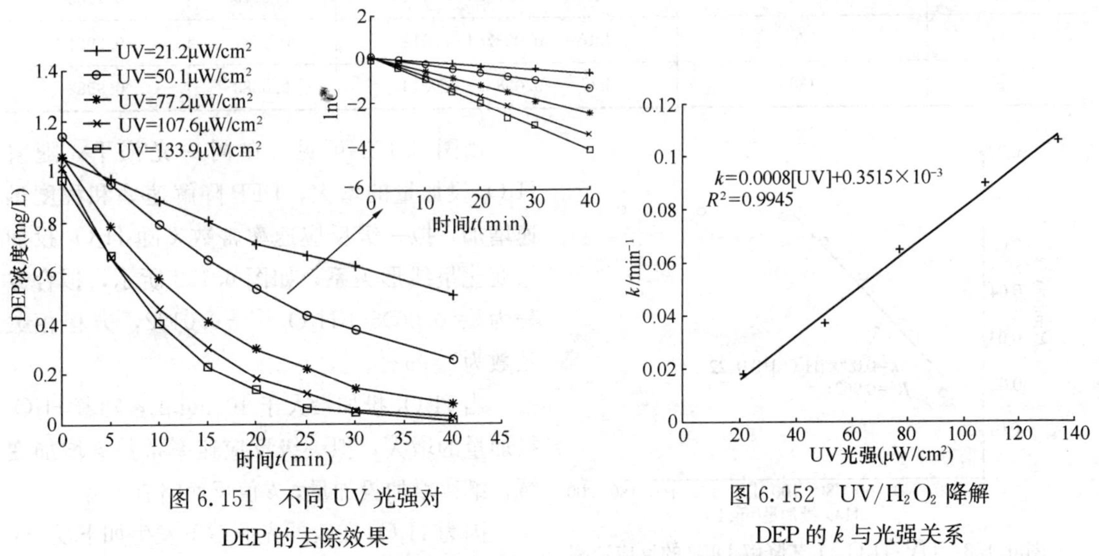

图6.151 不同UV光强对DEP的去除效果

图6.152 UV/H_2O_2降解DEP的k与光强关系

不同UV光强条件下DEP的lnC值与时间t的线性方程式 **表6.61**

编号	UV光强（μW/cm²）	线性方程式	k (min⁻¹)	R^2
①	21.2	$\ln C=-0.0182t+0.0545$	0.0182	0.9971
②	50.1	$\ln C=-0.0374t+0.1315$	0.0374	0.9989
③	77.2	$\ln C=-0.0646t+0.0794$	0.0646	0.9985
④	107.6	$\ln C=-0.0898t+0.0671$	0.0898	0.9904
⑤	133.9	$\ln C=-0.1059t+0.0812$	0.1059	0.9953

由图 6.152 可看出，随 UV 光强的逐步增大，氧化 DEP 的反应速率常数 k 值也同时逐步上升，两者在试验条件下基本成线性关系，其拟合关系式为 $k=0.0008\ [UV]+0.3515\times10^{-3}$

2）H_2O_2 投加量的影响

在本底 TOC 值为 5.112mg/L，配制浓度约为 1.0mg/L 的 DEP 溶液，反应器中心点近水面处 UV 光强为 21.2μW/cm^2，H_2O_2 投加量分别为 20mg/L、40mg/L、60mg/L、80mg/L、100mg/L、120mg/L、140mg/L、160mg/L 和 180mg/L 的条件下进行试验。用拟一级反应动力学拟合反应器内 DMP 浓度随反应时间的变化，所得拟合直线的方程、拟一级反应速率常数和相关系数如表 6.62 所示。DEP 拟一级反应速率常数 k 随 H_2O_2 投加量的变化如图 6.153 所示。

不同 H_2O_2 投加量条件下 DEP 的 ln$C$ 值与时间 t 的线性方程式　　表 6.62

编号	H_2O_2 初始投加量（mg/L）	线性方程式	k（min^{-1}）	R^2
①	20	$\ln C=-0.0182t+0.0545$	0.0182	0.9971
②	40	$\ln C=-0.0335t-0.0231$	0.0335	0.9988
③	60	$\ln C=-0.0435t+0.0062$	0.0435	0.9951
④	80	$\ln C=-0.0512t+0.0098$	0.0512	0.9923
⑤	100	$\ln C=-0.0567t+0.0886$	0.0567	0.9980
⑥	120	$\ln C=-0.0605t+0.0436$	0.0605	0.9970
⑦	140	$\ln C=-0.0579t+0.0094$	0.0579	0.9988
⑧	160	$\ln C=-0.0587t+0.0011$	0.0587	0.9921
⑨	180	$\ln C=-0.0583t-0.0049$	0.0583	0.9982

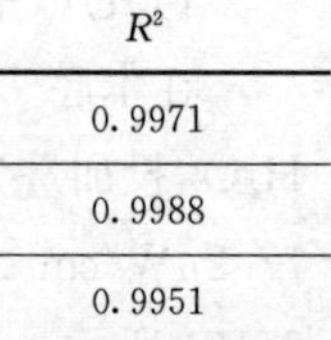

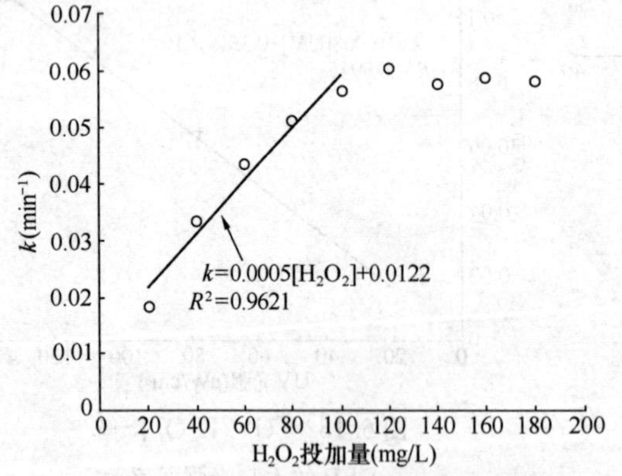

图 6.153　UV/H_2O_2 工艺降解 DEP 的反应速率常数 k 与 H_2O_2 投加量的关系

由图 6.153 可见，在同一光强下，随着 H_2O_2 投加量的增大，DEP 降解速率和程度迅速增加，拟一级反应速率常数 k 随 H_2O_2 投加量变化呈线形关系，如图 6.153 所示，拟合方程为 $k=0.0005\ [H_2O_2]+0.0122$，方程相关系数为 0.9621。

当 H_2O_2 投加量大于 100mg/L，随着 H_2O_2 投加量的增大，拟一级反应速率常数 k 增加变缓，继续增加投加量，k 值反而略有下降。

因为 H_2O_2 在紫外光照射下发生如下反应：

$$H_2O_2+h\nu\rightarrow[H_2O_2]^*\rightarrow 2gOH \quad (6.65)$$

因此，H_2O_2 在开始较低浓度时是随浓度增大而氧化能力增强的，但随着 H_2O_2 浓度的增加，除发生上述反应外，还有如下反应：

$$\cdot OH+H_2O_2\rightarrow HO_2\cdot+H_2O \quad (6.66)$$

$$HO_2\cdot\rightarrow H_2O_2+O_2 \quad (6.67)$$

所以，由于 H_2O_2 与·OH之间反应的竞争，使部分·OH未与DEP反应前已经消失，导致DEP的拟一级反应速率常数反而有所下降（H_2O_2 浓度＞100mg/L）。这表明 H_2O_2 在发生氧化反应时具有双重作用：一方面通过紫外光照射分解产生强氧化性的·OH，表现为当增加 H_2O_2 投加量时，·OH生成速率增加，去除DEP的拟一级反应速率常数增大；另一方面 H_2O_2 又作为·OH清除剂消耗·OH，使DEP的氧化速率停滞不前或下降。当 H_2O_2 浓度较低时，产生·OH作用大于其对·OH的清除作用；反之，H_2O_2 浓度较高时，对·OH清除作用显著增加，使DEP氧化速率减慢。

由图6.153和以上分析可知，当 H_2O_2 投加量小于100mg/L时，拟一级反应速率常数 k 与 H_2O_2 投加量呈线性关系，当 H_2O_2 投加量较大时，k 值与 H_2O_2 投加量不呈线性关系。

3）温度的影响

温度是影响与制约某些水处理工艺达到高效率的关键因素。在本底TOC值为5.0mg/L条件下，配制初始浓度约为1.0mg/L的DEP溶液，反应器中心点近水面处UV光强为107.6μW/cm²，H_2O_2 投加量为10mg/L，将反应器内水样通过加热棒和恒温控制装置，调节不同的恒定温度进行反应，40min后反应器内DEP浓度随反应时间变化如图6.154所示。用拟一级反应动力学拟合实验数据结果，所得拟合直线的方程、斜率和相关系数见表6.63。

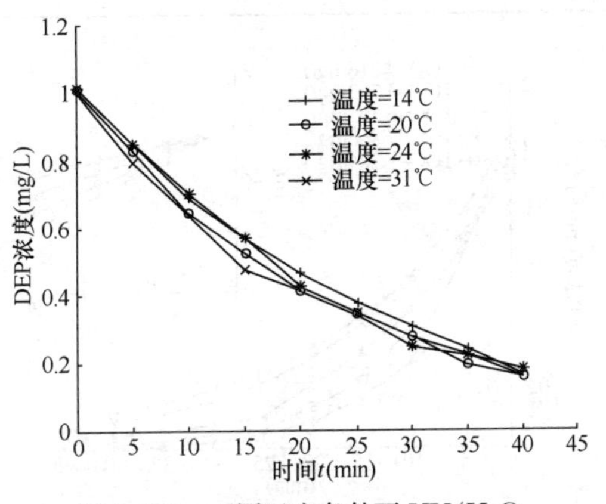

图6.154　不同温度条件下UV/H_2O_2 工艺对DEP的去除效果

不同温度条件下DEP的lnC值与时间 t 的线性方程式　　**表6.63**

编　号	温度（℃）	线性方程式	k（min^{-1}）	R^2
①	14	$\ln C=-0.0432t+0.0666$	0.0432	0.9910
②	20	$\ln C=-0.0457t+0.0341$	0.0457	0.9964
③	24	$\ln C=-0.0450t+0.0595$	0.0450	0.9940
④	31	$\ln C=-0.0435t-0.0131$	0.0435	0.9944

以上结果明显看出，在水温10℃到30℃范围内，温度对 k 值的影响非常小，反应速率对温度的依赖性不高。

4）本底有机物的影响

试验采用去离子水投加一定量的腐殖酸溶液，配制不同TOC值的DEP溶液。在DEP初始浓度、UV光照强度和 H_2O_2 投加量分别为1.0mg/L、133.7μW/cm² 和20mg/L条件下，改变不同的本底条件进行试验。初始本底TOC值分别为4.216mg/L、4.773mg/L、6.703mg/L、7.860mg/L和9.704mg/L时，40min后反应器内DEP浓度随反应时间变化如图6.155所示。用拟一级反应动力学拟合实验数据结果，所得拟合直线的方程、斜率和相关系数见表6.64。

不同本底条件下 DEP 的 lnC 值与时间 t 的线性方程式 表 6.64

编 号	初始 TOC 值	线 性 方 程 式	k (min^{-1})	R^2
①	4.216	$\ln C=-0.1264t+0.0910$	0.1264	0.9982
②	4.773	$\ln C=-0.1059t+0.0812$	0.1059	0.9953
③	6.703	$\ln C=-0.0794t-0.0339$	0.0794	0.9923
④	7.860	$\ln C=-0.0620t+0.0469$	0.0620	0.9993
⑤	9.704	$\ln C=-0.0504t-0.0914$	0.0504	0.9991

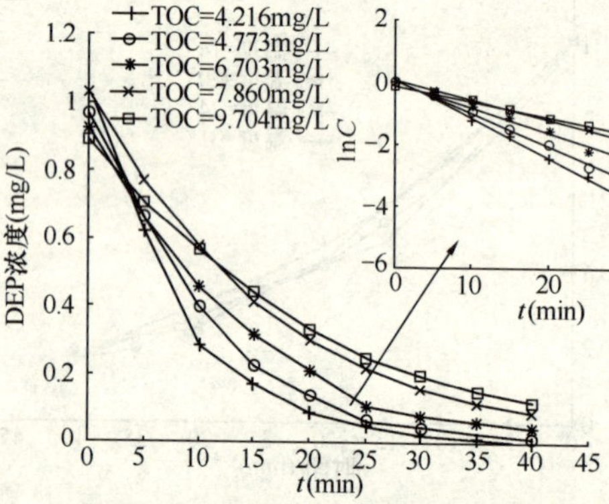

图 6.155 不同 TOC 本底条件下 UV/H_2O_2 工艺对 DEP 的去除效果

本底有机物的增加对 UV/H_2O_2 工艺氧化 DEP 影响非常大，随着本底腐殖酸的增加，DEP 的去除率降低。

5）UV/H_2O_2 工艺对 DEP 的去除效果小结

①单独应用 H_2O_2 或 UV 不能有效氧化 DEP。单独 UV 光强为 133.9μW/cm² 的条件下，90min 后 DEP 去除率仅为 23.31%。

②UV/H_2O_2 工艺对饮用水中 DEP 具有良好的去除效果，UV 光强、H_2O_2 初始投加量和本底有机物对 DEP 的去除效果有较大影响。在水温 10～30℃范围内，温度对 UV/H_2O_2 工艺去除水中 DEP 的影响非常小。

③在同一光强，H_2O_2 投加量少的条件下，UV/H_2O_2 工艺去除 DEP 表现出与 BPA 和 DMP 相同的规律，即拟一级反应速率常数 k 随 H_2O_2 投加量变化呈线性关系，但随着 H_2O_2 投加量的增大，拟一级反应速率常数 k 增加变缓，继续增加投加量，k 值反而略有下降，因为 H_2O_2 既作为·OH 的生成剂，又可作为·OH 的清除剂。

6）UV/H_2O_2 工艺氧化 DEP 的产物分析

去离子水中 DEP 初始浓度为 10.26mg/L、UV 光强为 107.6μW/cm²、H_2O_2 投加量为 10mg/L 条件下，其浓度变化和 190nm 至 390nm 的紫外吸收光谱图如图 6.156 所示。

DEP 初始浓度 10.26mg/L，经反应 40min 后，浓度迅速降低到 0.945mg/L。去离子水中 DEP 存在三个特征吸收峰，分别为 198nm、230nm 和 275nm，添加 H_2O_2 后在全波长范围内 UV 吸光度略有提高。前两个特征吸收峰随降解过程 DEP 浓度的降低而呈现不断降低的规律，而在第三个特征峰处情况较为复杂，降解时出现先增加再减少的规律，在 300nm 后的紫外吸收值明显逐渐增长，这说明在 DMP 存在条件下，羟基自由基氧化产生了大于 300nm 波长具有吸收的物质。

7）UV/H_2O_2 工艺氧化 DEP 过程 HPLC 图

去离子水中 DEP 初始浓度为 10.612mg/L、UV 光强为 107.6μW/cm²、H_2O_2 投加量为 10mg/L 条件下，降解时间分别为 0min、10min、20min 和 40min 的 HPLC 图谱见图 6.157。

由图 6.157 可见，在 DEP 去除过程中，DEP 的色谱图在 DEP 峰前出现了两个比较明显的

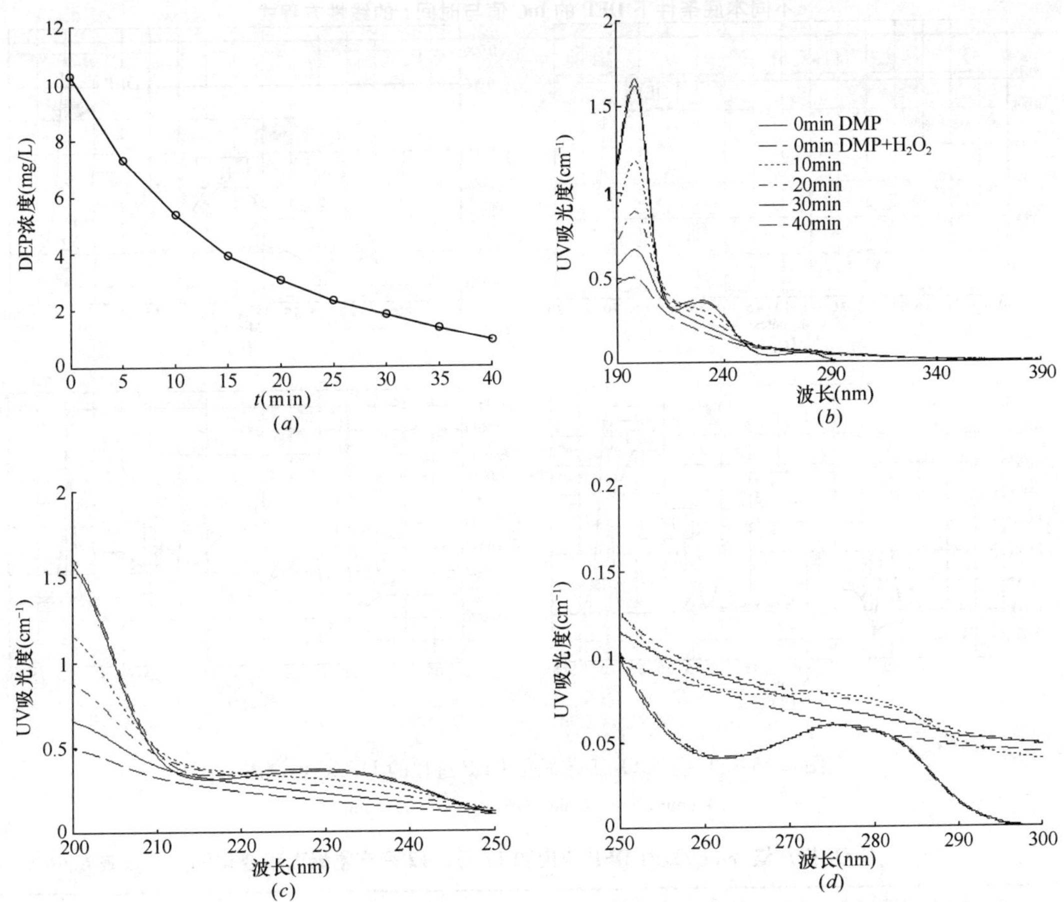

图 6.156　UV/H_2O_2 工艺氧化 DEP 浓度变化曲线及对应水样的紫外光谱图

中间产物峰（11 号和 12 号峰），出峰时间 4.917 和 5.382min 左右，是由 UV/H_2O_2 工艺产生的·OH自由基氧化 DEP 所产生的。

在本底 TOC 值为 5.104mg/L 条件下配制初始浓度约为 1.0mg/L 的 DEP 溶液，反应器中心点近水面处 UV 光强 133.7μW/cm^2，H_2O_2 投加量分别为 5mg/L 和 20mg/L 条件下，反应器中残余 DEP 浓度随时间的变化曲线，两个产物峰浓度（以峰面积表示）的变化规律分别见表 6.65 和表 6.66。

可见，H_2O_2 投加量大的情况，11 号和 12 号产物峰出现最大峰面积的时间短，此外，从表中 7 号和 8 号产物峰面积变化规律可以看出，两产物出现最大浓度的时间是同步的，即 7 号产物浓度最大的时候 8 号产物浓度也达到最大。

H_2O_2 投加量 5mg/L 时 DEP 浓度和 11 号、12 号产物峰面积变化值　　**表 6.65**

t（min）	0	5	10	15	20	25	30	40
DEP（mg/L）	1.197	1.068	0.91	0.788	0.667	0.593	0.54	0.416
12 号峰（峰面积）	0	380	656	891	959	1094	951	949
11 号峰（峰面积）	0	606	969	1202	1460	1471	1396	1308

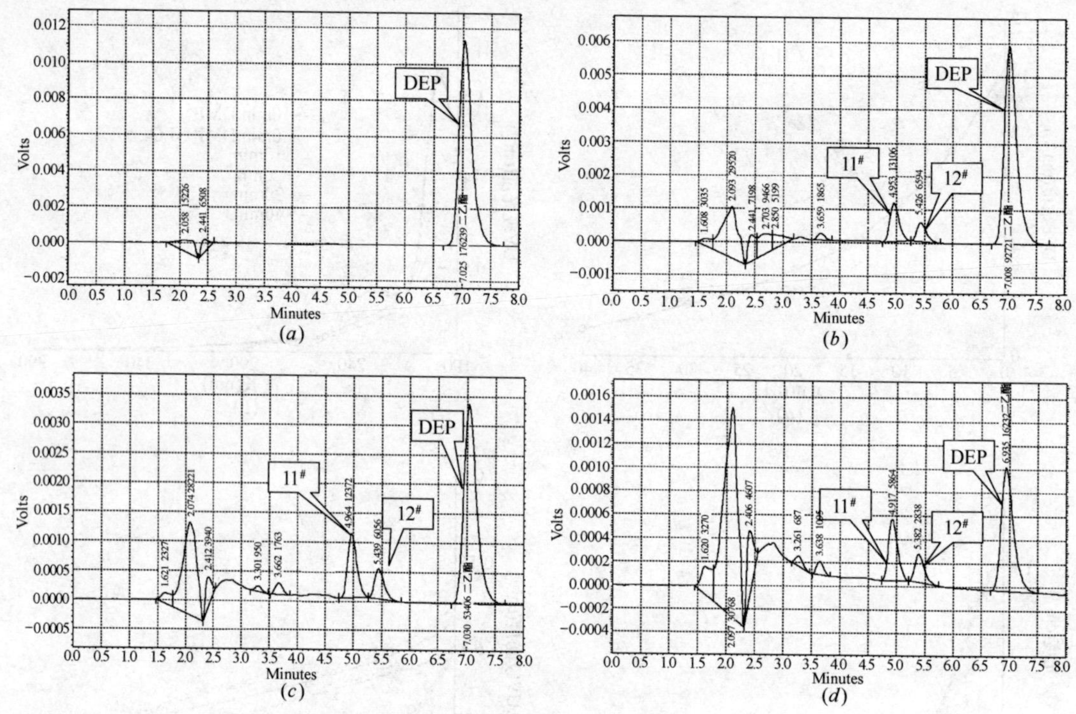

图 6.157 UV/H_2O_2 工艺氧化 DEP 过程的 HPLC 色谱图

(*a*) 0min; (*b*) 10min; (*c*) 20min; (*d*) 40min

H_2O_2 投加量 20mg/L 时 DEP 浓度和 11 号、12 号产物峰面积变化值　　表 6.66

t (min)	0	5	10	15	20	25	30	40
DEP (mg/L)	0.969	0.669	0.402	0.229	0.141	0.065	0.05	0.015
12 号峰(峰面积)	0	618	779	596	491	187	149	0
11 号峰(峰面积)	0	958	1264	1107	757	479	303	0

8) UV/H_2O_2 工艺氧化 DEP 的产物分析

据推断，DEP 的光降解主要是脂肪链断裂，而不是使苯环发生分解，初步认为 DEP 支链上的 α 和 β 炭位氧化是主要氧化方式，推测为本试验条件下的 DEP 降解过程如图 6.158 所示。

9) UV/H_2O_2 工艺降解 DEP 动态模拟模型

①动态模型的建立

以 UV 光照强度、H_2O_2 投加量和本底有机污染三个因素为影响因子，采用数学统计方法，对试验的 k 值进行多元非线性拟合，选用包含各因子经验拟合公式的指数数学方程进行模拟，方程如式 6.68 所示，各因子的函数如式 (6.69)、式 (6.70) 和式 (6.71) 所示。

$$k = F(X_1, X_2, X_3) = \alpha \times f_1(X_1)^b \times f_2(X_2)^c \times f_3(X_3)^d \tag{6.68}$$

$$f_1(X_1) = 0.0008X_1 + 0.0003515 \tag{6.69}$$

$$f_2(X_2) = 0.0005X_2 + 0.0122 \tag{6.70}$$

$$f_3(X_3) = 0.5883 \times X_3^{-1.0779} \tag{6.71}$$

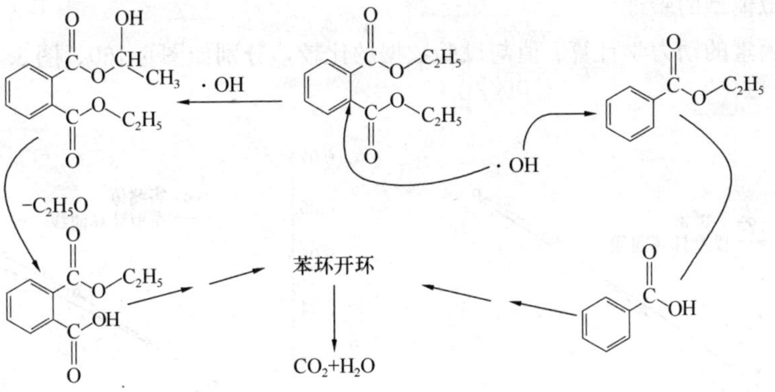

图 6.158　UV/H_2O_2 降解 DEP 的途径示意图

其中：X_1 为 UV 光强，$\mu W/cm^2$；X_2 为 H_2O_2 投加量，mg/L；X_3 为本底 TOC 值，单位 mg/L。a、b、c、d 值为方程的参数。采用多元非线性进行方程拟合，拟合结果如表 6.67 所示。模型预测值和 95%置信区间各参数变化范围如图 6.159 所示。

UV/H_2O_2 工艺处理 DEP 的拟一级反应速率常数 k 值数学模型参数　表 6.67

a	*b*	*c*	*d*	R^2
100.46	0.7850	0.7924	0.9318	0.9849

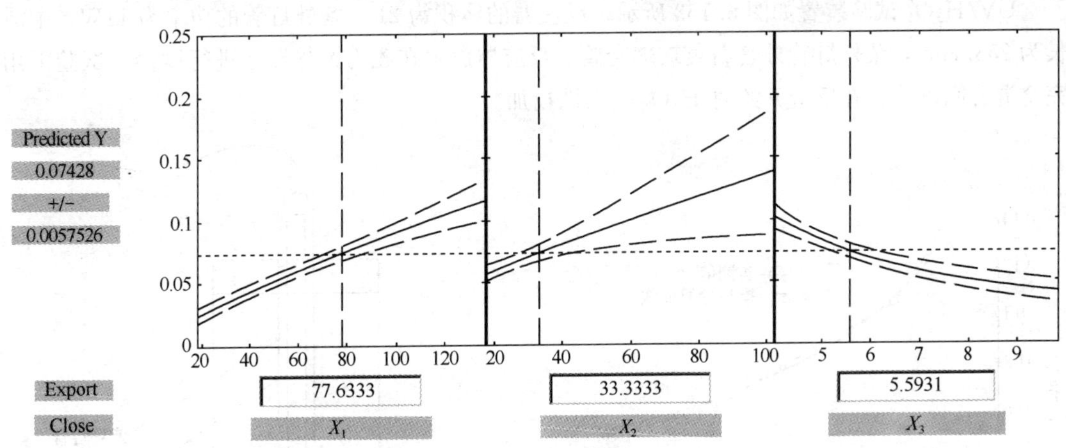

图 6.159　模型预测值和 95%置信度区间各参数变化范围

可以看出，根据经验数学方程式计算得出的计算值与试验数据的 R^2 值达到了 0.9849，方程式的拟合过程有较好的相关性。

将拟合的 k 值模型参数代入公式（6.70），得出 UV/H_2O_2 氧化 DEP 的反应动力学模型，见式（6.72）和式（6.73）。

$$C = C_0 e^{-kt} \tag{6.72}$$

$$k = 100.46 \times (0.0008[UV] + 0.0003515)^{0.7850} \times (0.0005[H_2O_2] + 0.0122)^{0.7924} \times (0.5883[TOC]^{-1.0779})^{0.9318} \tag{6.73}$$

②动态模拟模型的验证

不同影响因素的动力学计算 k 值与试验数据的比较，分别如图 6.160、图 6.161 和图 6.162 所示。

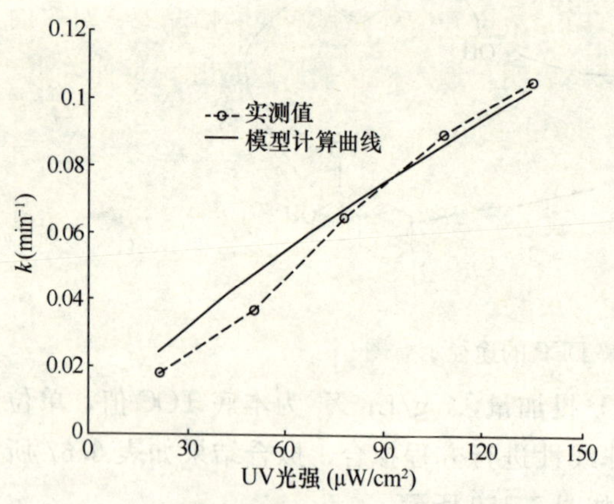

图 6.160　反应速率常数 k 随 UV 光强的变化模拟值与实测值的比较

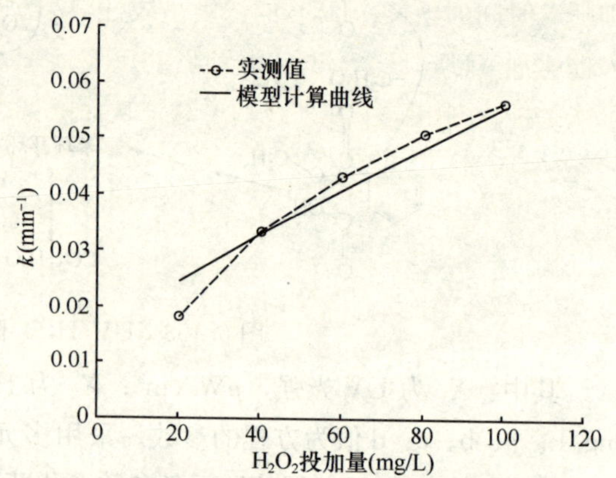

图 6.161　反应速率常数 k 随 H_2O_2 投加量的变化模拟值与实测值的比较

10）UV/H_2O_2 工艺去除六氯苯（HCB）和 DDT

①UV/H_2O_2 工艺试验装置

UV/H_2O_2 试验装置如图 6.163 所示，反应器的体积为 2L，紫外灯管的功率为 11W，主波长为 253.7nm，紫外灯管外套石英玻璃套管。反应器放置在磁力搅拌器上进行搅拌。试验采用完全混合间歇式，在反应开始时 H_2O_2 一次性投加。

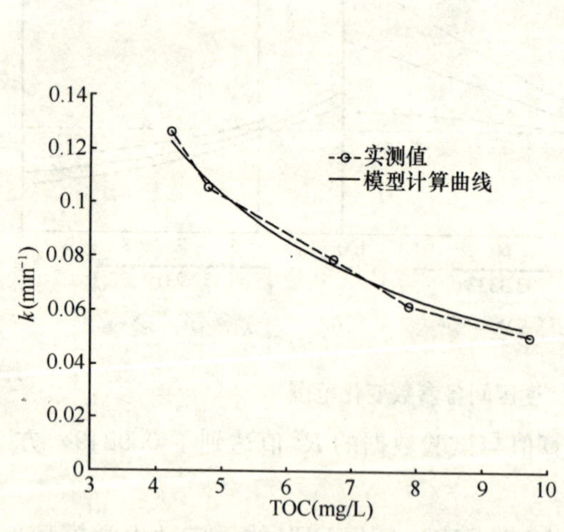

图 6.162　反应速率常数 k 随本底 TOC 值的变化模拟值与实测值的比较

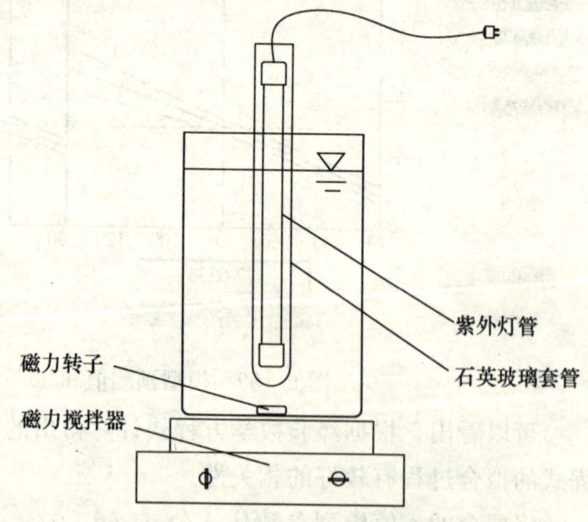

图 6.163　UV/H_2O_2 试验装置示意图

②UV/H_2O_2 降解六氯苯（HCB）

分别用 UV/H_2O_2 及 UV/H_2O_2/TiO_2 降解 HCB，H_2O_2 的浓度为 200mg/L，HCB 的初始浓度为 23.90μg/L；采用 UV/H_2O_2/TiO_2 时，在水溶液中加入 0.5g/L 的涂有 TiO_2 的漂珠作为催化剂；运行 1h 后，两者所测结果如图 6.164 所示。

采用 UV/H_2O_2 降解 HCB 时，经反应 60min 后，水样中 HCB 的剩余浓度为 12.94μg/L，去除率为 45.84%；而在其中加入 TiO_2 的水样中，HCB 的剩余浓度为 17.05μg/L，去除率为 28.67%。由图可知，在 UV/H_2O_2 降解 HCB 过程中，HCB 的剩余浓度与时间为成反比关系，即随着时间的延长，HCB 的浓度呈线性减小。在 H_2O_2 浓度及紫外光强不变的情况下，对比加入催化剂（$UV/H_2O_2/TiO_2$）前后的反应速率，结果表明，加入催化剂后反应速率反而降低，可能是催化剂阻碍了紫外线的透过，从而降低 UV/H_2O_2 的效果。

③UV/H_2O_2 降解 DDT

分别用 UV/H_2O_2 和 $UV/H_2O_2/TiO_2$ 降解 DDT，H_2O_2 的浓度为 200mg/L，DDT 的初始浓度为 12.66μg/L，TiO_2 漂珠浓度为 0.5g/L，结果如图 6.165 所示，采用 UV/H_2O_2 降解 60min 后，水中剩余 DDT 的浓度为 1.12μg/L，去除率为 91.16%；另用 $UV/H_2O_2/TiO_2$ 降解 DDT 70min，剩余 DDT 的浓度为 0.85μg/L，去除率为 93.29%。

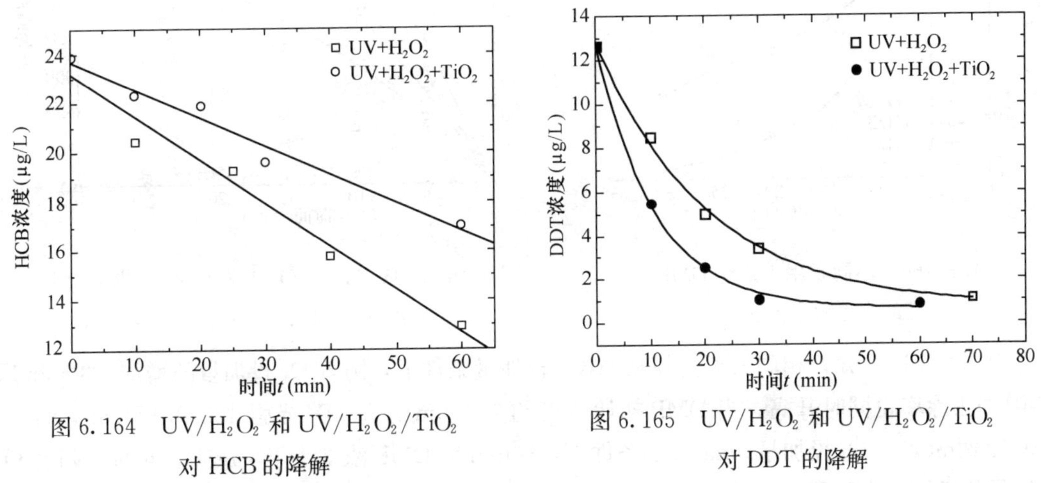

图 6.164　UV/H_2O_2 和 $UV/H_2O_2/TiO_2$ 对 HCB 的降解

图 6.165　UV/H_2O_2 和 $UV/H_2O_2/TiO_2$ 对 DDT 的降解

图 6.165 为 UV/H_2O_2 降解 DDT 时的浓度与时间之间的关系曲线，在反应过程中，随着时间的延长，DDT 的浓度急剧减小，与 HCB 相比减小的速率要快，因此 UV/H_2O_2 降解 DDT 的效果要优于其对 HCB 的效果。与 HCB 的降解反应不同的是，在 H_2O_2 浓度及紫外光强不变的情况下，在水溶液中加入 0.5g/L 的涂有 TiO_2 的漂珠会使 DDT 的降解速率提高。

6.2.3　$UV/H_2O_2/O_3$ 工艺去除邻苯二甲酸二甲酯（DMP）

(1) $UV/H_2O_2/O_3$ 去除 DMP 效果

图 6.166 表示本底 TOC 值为 5mg/L 左右，邻苯二甲酸二甲酯（DMP）初始浓度约为 1.0mg/L，UV 光强为 133.9μW/cm²，H_2O_2 投加量 20mg/L，O_3 投加量为 2mg/L 条件下，不同高级氧化工艺对 DMP 的降解效果。由图可知，$UV/H_2O_2/O_3$ 工艺具有最高的氧化性能，反应 30min 后 DMP 的去除率可达到 97.58%，相同条件下，其他工艺如 UV、O_3、UV/O_3 和 UV/H_2O_2 对 DMP 的去除率分别为 4.04%、24.05%、33.90%和 73.08%，因此不同高级氧化法处理 DMP 效果的顺序为 UV＜O_3＜UV/O_3＜UV/H_2O_2＜$UV/H_2O_2/O_3$。但是工艺越复杂，势必增加水处理费用和管理的复杂性。

(2) $UV/H_2O_2/O_3$ 去除 DMP 过程中产物分析

$UV/H_2O_2/O_3$ 工艺去除 DMP 过程的 HPLC 色谱图与 UV/H_2O_2 工艺相似，在 DMP 峰前也出现了一个比较明显的 9 号中间产物峰。说明 $UV/H_2O_2/O_3$ 工艺去除 DMP 时产生了与 UV/H_2O_2 工艺相同的产物，其去除 DMP 的降解途径与 UV/H_2O_2 工艺部分相似。保持 DMP 初始浓度约为 1.0mg/L，在 UV 光照强度为 133.9μW/cm²，H_2O_2 投加量为 20mg/L，不同 O_3 投加量条件下进行试验，试验中 DMP 的去除过程和 9 号产物峰面积分别如图 6.167 中实线和虚线所示。

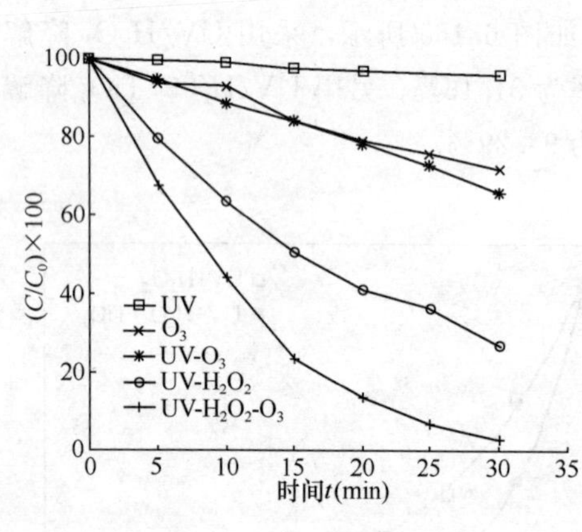

图 6.166　不同联用工艺对 DMP 的去除效果比较

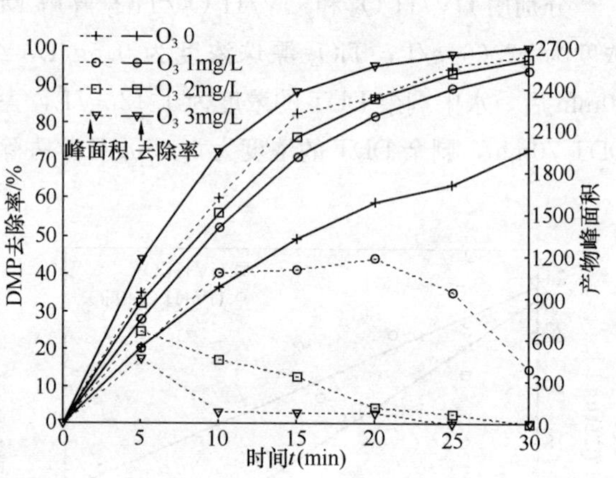

图 6.167　$UV/H_2O_2/O_3$ 工艺不同 O_3 投加量下 DMP 去除率和产物峰面积变化

由图 6.167 可知，相同 UV 光强和 H_2O_2 投加量条件下，随着 O_3 投加量的增加，30min 后 DMP 的去除率也同时升高，当 DMP 初始浓度约为 1.0mg/L，UV 光强 133.9μW/cm²，H_2O_2 投加量 20mg/L，O_3 投加量 3mg/L 的条件下，30min 后 DMP 浓度小于 1μg/L。同时，随着 O_3 投加量的增加，产物峰面积也发生着明显变化。不投臭氧时，即相当于 UV/H_2O_2 工艺去除 DMP，反应阶段产物峰面积持续增长，没有下降的趋势，反应阶段最大峰面积为 2645，当臭氧投加量分别为 1mg/L、2mg/L 和 3mg/L 时，在 30min 内产物峰面积随着反应时间的延长出现先增加后减少的规律，反应阶段出现的最大峰面积分别为 1188、662 和 476。臭氧投加量分别为 2mg/L 和 3mg/L 条件下，30min 后产物峰消失，出峰产物完全降解。这说明 O_3 的投加不但增强了 UV/H_2O_2 工艺的氧化性能，提高了 DMP 去除率，还抑制了试验所发现的产物的生成，并使其很快降解。

(3) $UV/H_2O_2/O_3$ 去除 DMP 的影响因素分析

设计正交实验以研究变量因素对 $UV/H_2O_2/O_3$ 工艺去除 DMP 的影响。在本试验中，$UV/H_2O_2/O_3$ 工艺影响 DMP 降解的三个因素：UV、H_2O_2 和 O_3，通过设计正交实验和交互效应分析，确定各因素对 DMP 去除率的影响程度，分析三因素中每两因素交互作用对 DMP 去除率影响情况。

在进行试验时，正交实验各因素的水平取值见表 6.68。按 $L_9(3^4)$ 交互作用表设计，9 个组合做 9 次试验，对试验结果进行正交实验分析和交互试验极差计算，见表 6.69。

正交实验各因素水平取值　表 6.68

水　平	因　素		
	(A) UV ($\mu W/cm^2$)	(B) H_2O_2 (mg/L)	(C) O_3 (mg/L)
(1)	21.2	5	1
(2)	77.2	10	2
(3)	133.9	20	3

正交实验和交互效应分析表　表 6.69

试验号	A	B	C		去除情况		
	(B×C)₁	(A×C)₁	(A×B)₁	(A×B)₂ (A×C)₂ (B×C)₂	进水 (mg/L)	出水 (mg/L)	去除率 (%)
1	21.2 (1)	5 (1)	1 (1)	(1)	1.074	0.572	46.74
2	21.2 (1)	10 (2)	2 (2)	(2)	1.020	0.312	69.41
3	21.2 (1)	20 (3)	3 (3)	(3)	0.934	0.079	91.54
4	77.2 (2)	5 (1)	2 (2)	(3)	0.944	0.253	73.20
5	77.2 (2)	10 (2)	3 (3)	(1)	1.072	0.050	95.34
6	77.2 (2)	20 (3)	1 (1)	(2)	0.935	0.161	82.78
7	133.9 (3)	5 (1)	39 (3)	(2)	0.894	0.055	93.85
8	133.9 (3)	10 (2)	1 (1)	(3)	0.895	0.194	78.32
9	133.9 (3)	20 (3)	2 (2)	(1)	0.951	0.029	96.95
Σ (1)	207.96	213.79	207.84	239.03	表中 A 为 H_2O_2 初始投加量 (mg/L)；B 为反应时间 t (min)；C 为光照强度 ($\mu W/cm^2$)；(A×B)、(A×C)、(B×C) 均为交互效应因子；Σ (i) (第 m 列) 为第 m 列中数字与“(i)”对应的去除率之和；极差 R (第 m 列) 为第 m 列的 Σ (i) /3 中最大值减最小值		
Σ (2)	251.32	243.07	239.56	246.04			
Σ (3)	269.12	271.27	280.73	243.06			
Σ (1) /3	69.23	71.26	69.28	79.68			
Σ (2) /3	83.77	81.02	79.85	82.01			
Σ (3) /3	89.71	90.42	93.58	81.02			
极差 R	20.48	19.16	24.30	2.33			

表 6.69 中极差 R 是衡量数据波动大小的重要指标，极差越大的因素越重要。从表 6.69 中最后一行可以看出在三因素所取水平范围内影响大小的次序是：

O_3 投加量＞UV 光强＞H_2O_2 投加量。

因此在以上工况下，UV/H_2O_2/O_3 工艺去除 DMP 最主要的影响因素为 O_3 投加量。从表 6.69 可以看出，9 个试验中 DMP 去除率最高的操作条件是：UV 光强 133.9$\mu W/cm^2$，H_2O_2 投加量＝20mg/L，O_3 投加量＝2mg/L，在此工况下 30min 后 DMP 的去除率达到 96.95%。

在多因素的试验中，除了每个因素各个水平对试验结果产生的影响外，还需考虑两个因素在不同水平组合上对试验结果所产生的影响，如因素 A 对试验结果的影响与因素 B 取什么水平有关，这称两因素的交互效应。

在表 6.69 的基础上分析交互效应的影响，分析结果见表 6.70。

交互效应计算表　表 6.70

水平	(A×B)	(A×C)	(B×C)
1	(69.28＋79.68) /2＝74.48	(71.26＋79.68) /2＝75.47	(69.23＋79.68) /2＝74.46
2	(79.85＋82.01) /2＝80.93	(81.02＋82.01) /2＝81.52	(83.77＋82.01) /2＝82.89
3	(93.58＋81.02) /2＝87.30	(90.42＋81.02) /2＝85.72	(89.71＋81.02) /2＝85.36
极差 R	12.82	10.25	10.90

由表 6.70 分析可以看出，(A×B) 影响显著，(B×C) 次之，即 UV 光强与 H_2O_2 投加量交互作用对 UV/H_2O_2/O_3 工艺去除 DMP 的影响最为显著。

6.2.4 UV/微曝气工艺去除 4-叔丁基苯酚

许多研究认为分子氧在 185nm 的 UV 辐照下可以产生臭氧，而臭氧在 254nm 的 UV 光作用下可以产生·OH，因此 UV/微曝气工艺可以去除水中微量有机物，包括内分泌干扰物。

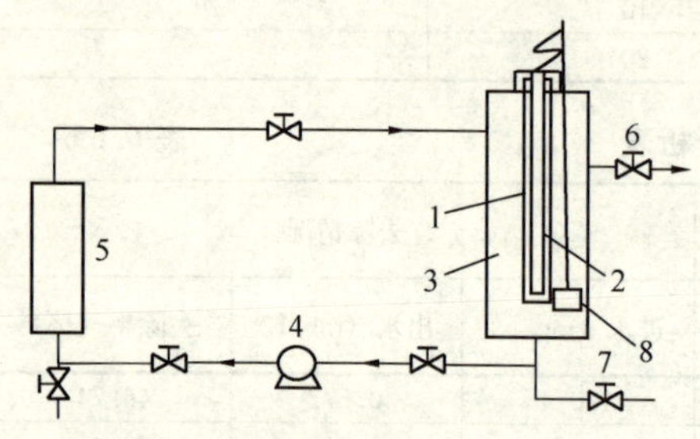

图 6.168 光反应器工艺流程图

1—石英套管；2—紫外灯；3—反应器；4—循环水泵；5—进水箱；6—取样口；7—放空阀；8—曝气头

试验所用反应器工艺流程如图 6.168 所示，采用完全混合间歇式。设备主要参数如下：反应器有效体积 25L，不锈钢外壳。反应器底部设有曝气钛板，微曝气设备（HAILEAACO-5503）的曝气流量为 2.027L/min，使反应液在反应器达到完全混合效果；反应器内装 4 根 30W 低压汞灯，紫外灯主波长为 253.7nm，灯管同时发射 185nm 紫外光。反应器内光强测试值见表 6.71。反应器设有水冷却装置。

紫外灯管光强测试值（$\mu W/cm^2$） 表 6.71

灯管数（根）	1	2	3	4
254nm 光强	151.3	302.3	451.2	607.8
185nm 光强	43.23	79.26	93.78	149.25

将色谱纯的 4-叔丁基苯酚（BP）溶于去离子水中，配制成 105mg/L 的溶液，采用双蒸水稀释到试验所需浓度，注入反应器中，pH 用 HCl 和 NaOH 调节，试验期间水温为 25±3℃。

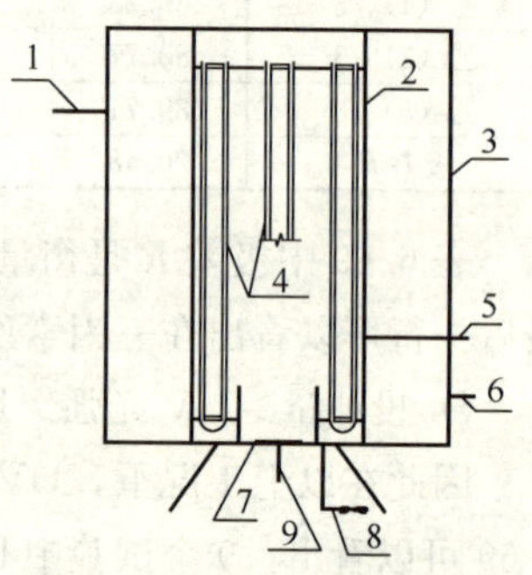

图 6.169 光反应器构造图

1—冷却水出水管；2—反应器外壁；3—冷却容器外壁；4—石英套管；5—取样管；6—冷却水进水管；7—曝气钛板；8—放空管；9—接臭氧或微曝气装置

（1）TOC 值的影响

用去离子水和自来水按照一定的比例配制不同本底的 BP 溶液，在恒定光强为 302.3$\mu W/cm^2$ 下，对不同本底 TOC 浓度（4.321mg/L、3.505mg/L、2.685mg/L、1.873mg/L、1.057mg/L 和 0.646mg/L）和 BP 浓度约为 450$\mu g/L$ 的条件下进行降解研究。反应器构造见图 6.169。

用拟一级动力学方程来拟合 ln（C/C_0）随反应时间 t 变化的规律，如图 6.170 所示，表观速率常数 k_1 及相关系数 R^2 如表 6.72 所示。同时拟合 k_1 与本底 TOC 的关系见图 6.171；结合图 6.170、图 6.171 和表 6.72 可以看出，随着本底 TOC 浓度的逐渐降低，BP 的降解速率逐渐升高，在低浓度本底有机物区间内，本底有机物对 BP 的降解速率的影响更为灵敏。

不同 TOC 值条件 UV/微曝气工艺降解 BP 的拟一级动力学模型参数 表 6.72

本底 TOC（mg/L）	k_1（min^{-1}）	R^2
4.321	0.0155	0.9947
3.505	0.0171	0.9940
2.685	0.0231	0.9917
1.873	0.0403	0.9946
1.507	0.0545	0.9948
0.646	0.0798	0.9957

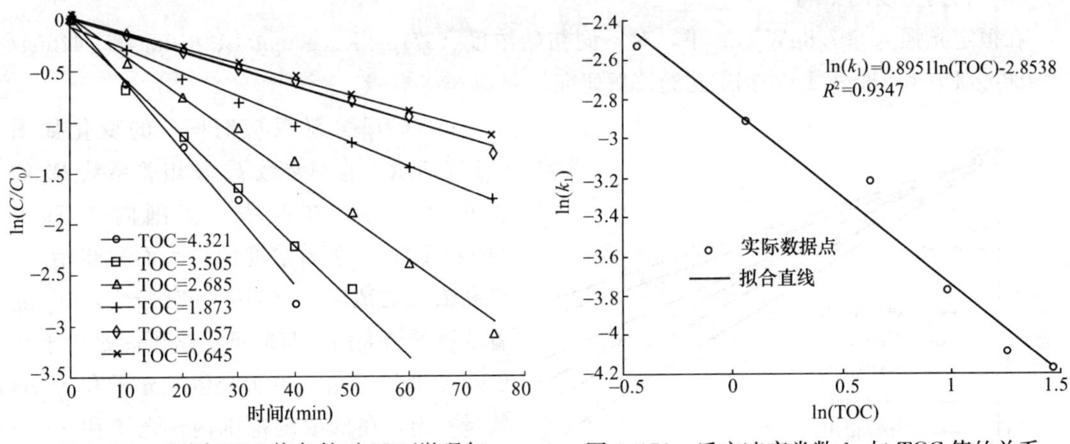

图 6.170 不同 TOC 值条件对 UV/微曝气工艺降解 BP 的影响

图 6.171 反应速率常数 k_1 与 TOC 值的关系

(2) UV 光强的影响

用自来水配制浓度约为 200μg/L 的 BP 溶液，研究不同光强（151.3μW/cm²、302.3μW/cm²、451.2μW/cm² 和 607.8μW/cm²）对相同浓度的 BP 溶液的降解效果。

ln（C/C_0）随反应时间 t 的变化如图 6.172 所示，表观速率常数 k_1 及相关系数 R^2 如表 6.73 所示。k_1 与 UV 光强的拟合曲线如图 6.173 所示；结合图 6.172、图 6.173 和表 6.73 可以看出随着光强的增大，BP 的降解速率呈线性增长。UV 光强的增加直接增加了光子的产生，同时增加了 185nm 的光强辐射水中的溶解氧产生更多的臭氧，生成更多的羟基自由基·OH，从而增加了 BP 的降解速率。

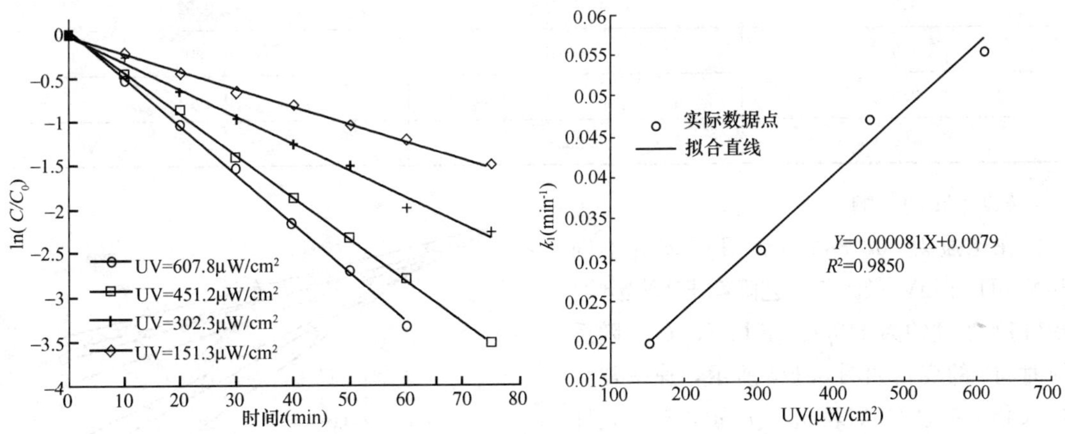

图 6.172 不同光强对 UV/微曝气工艺降解 BP 的影响

图 6.173 反应速率常数 k_1 与 UV 光强的关系

不同 UV 光强的 UV/微曝气工艺降解 BP 的拟一级动力学模型的参数　　表 6.73

UV 光强（μW/cm²）	k_1（1/min）	R^2
151.3	0.02	0.9968
302.3	0.0311	0.9993
451.2	0.047	0.9978
607.8	0.0553	0.9985

(3) 初始浓度的影响

在恒定光强为 607.8μW/cm² 下，对不同初始浓度（971μg/L、860μg/L、610μg/L、416μg/L、280μg/L、和 189μg/L）的 BP 进行降解研究。

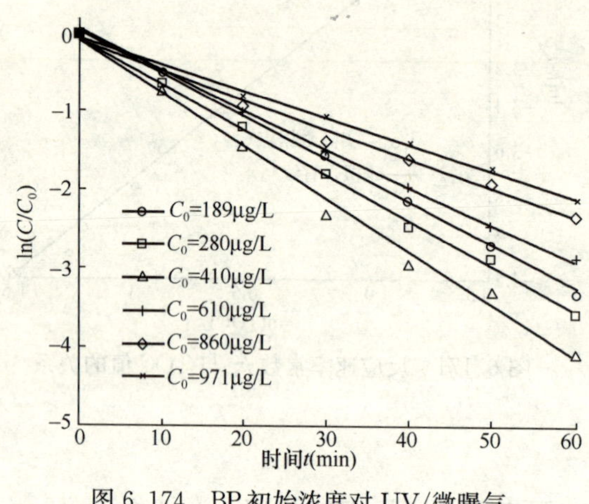

图 6.174 BP 初始浓度对 UV/微曝气工艺降解效果的影响

ln（C/C_0）随反应时间 t 的变化如图 6.174 所示，速率常数 k_1 及相关系数 R^2 如表 6.74 所示。在低浓度范围内（189～416μg/L），k_1 随着浓度的增大而逐步增大，在高浓度的范围内（416～971μg/L），k_1 随着浓度的增大而逐步降低。这可能是由于在 UV/微曝气体系中，所产生的光子和·OH 数量一定，在低浓度范围内，光子和·OH 相对 BP 分子的数量较多，随着 BP 浓度的增加，充分发挥了光子和·OH 的利用效率，增加了 BP 的降解速率，而在高浓度的范围内，随着 BP 浓度的增加导致了紫外光透射率的下降，直接影响了 BP 的降解效果。

不同初始浓度的 UV/微曝气降解 BP 的拟一级动力学模型的参数 **表 6.74**

初始浓度 C_0（μg/L）	k_1（min^{-1}）	R^2
971	0.0338	0.9938
860	0.0369	0.997
610	0.0482	0.9992
416	0.0678	0.9908
280	0.0588	0.9981
189	0.0553	0.9985

(4) pH 的影响

在光强为 302.3μW/cm² 下，研究不同初始 pH 对 UV/微曝气工艺降解 BP 的影响，BP 初始浓度约为 410μg/L，ln（C/C_0）随反应时间 t 的变化如图 6.175 所示，速率常数 k_1 及相关系数 R^2 如表 6.75 所示，符合线性关系（相关系数均在 0.99 以上）。结合图 6.175 和表 6.75 可以看出，在 pH2.77～4.01 范围内，UV/微曝气工艺对 BP 降解速率较大，pH3.33 时 BP 的降解速率达到最大值；pH4.70～8.16 范围内 BP 降解速率较低，在 pH6.86 时降解速率最低。

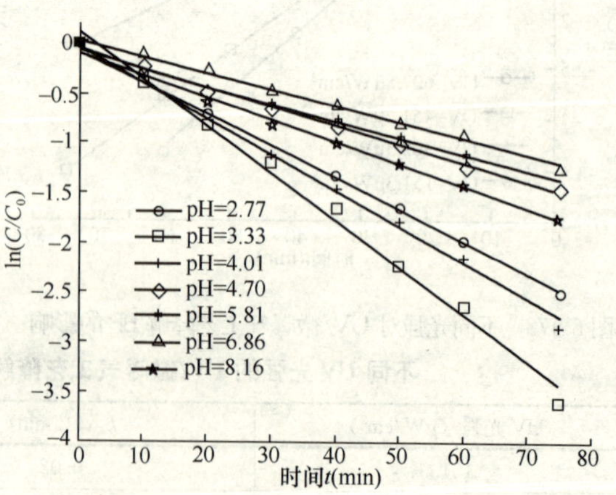

图 6.175 不同 pH 对 UV/微曝气工艺降解 BP 的影响

不同初始 pH 时 UV/微曝气工艺降解 BP 的拟一级动力学模型参数　表 6.75

初始 pH	k_1 (min^{-1})	R^2	初始 pH	k_1 (min^{-1})	R^2
2.77	0.0328	0.9972	5.81	0.0171	0.9859
3.33	0.0476	0.992	6.86	0.0168	0.9941
4.01	0.0370	0.9961	8.16	0.0225	0.9922
4.70	0.0191	0.9947			

(5) UV/微曝气工艺去除 BP 效果小结

①UV/微曝气工艺通过 UV 辐射和通入水中的空气，产生臭氧，臭氧经紫外照射产生羟基自由基增加了降解 BP 的效率。

②UV/微曝气工艺对 BP 有良好的去除效果；本底条件对 BP 的去除影响较大，随着本底 TOC 值的降低，BP 降解速率迅速增加，拟合 k_1 与本底 TOC 的关系为 ln (k_1) $=-0.8915$ln (TOC) -2.8538；随着光强的增大，BP 的降解速率呈线性增长；在 189～410μg/L 低浓度范围内，k_1 随着浓度的增大而逐步增大，在 410～971μg/L 高浓度的范围内，k_1 随着浓度的增大而逐步降低；pH2.77～4.01 范围内，UV/微曝气工艺对 BP 降解速率较大，而 pH4.70～8.16 范围内，UV/微曝气工艺对 BP 降解速率较低。

6.2.5　UV/H_2O_2/微曝气工艺

UV/H_2O_2/微曝气工艺是在 UV/H_2O_2 工艺基础上发展起来的，整个过程以 UV/H_2O_2 工艺发生的反应为主，同时水中的氧在 185nm 的紫外光照射下可以产生微量 O_3、O_3 与 H_2O_2 在 254nm 的紫外光照射下产生羟基自由基·OH，发生协同反应，进一步加强了 UV/H_2O_2 处理 BP 的效果。

(1) UV/H_2O_2/微曝气去除双酚 A

1) UV 光强的影响

试验时配制相同浓度的双酚 A（BPA）反应液，初始浓度约为 5mg/L，初始 TOC 为 5.0～5.5mg/L，H_2O_2 的投加量为 15mg/L，通过控制反应器中紫外灯管开启根数来调节 UV 光强，分别为 151.3μW/cm²、302.3μW/cm² 和 607.8μW/cm²，用拟一级动力学来拟合 ln (C/C_0) 和 ln (TOC/TOC_0) 随反应时间 t 的变化关系，如图 6.176 和图 6.177 所示，BPA 的降解与矿化规律符合拟一级反应动力学，其反应速率常数 k 及相关系数 R^2 值如表 6.76 所示。

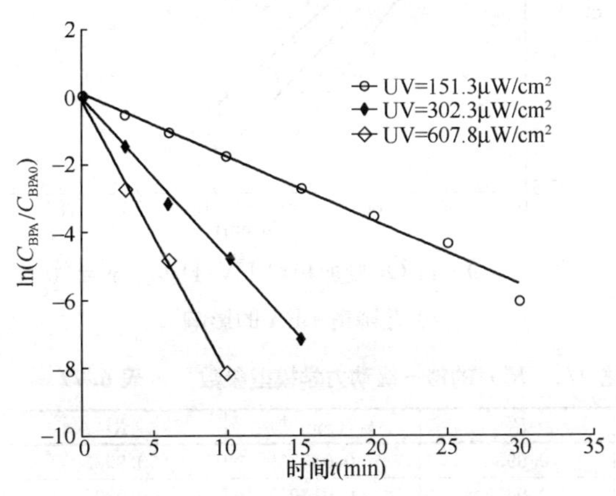

图 6.176　不同光强对 UV/H_2O_2/微曝气工艺降解 BPA 的影响

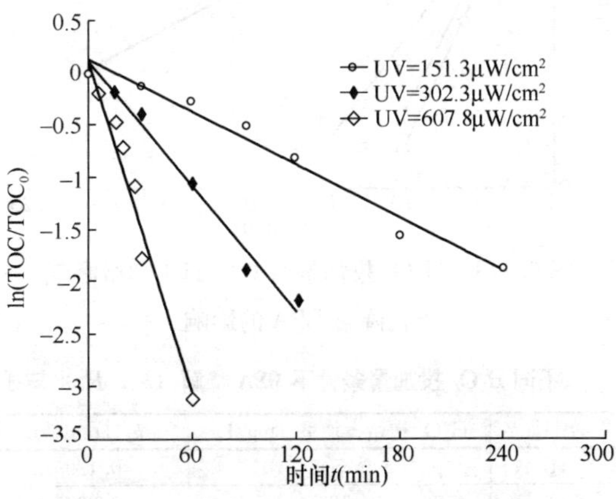

图 6.177　不同光强对 UV/H_2O_2/微曝气工艺降解 BPA 的影响

比较不同 UV 光强条件下 BPA 降解（k_1，R_1^2）与矿化（k_2，R_2^2）的拟一级动力学模型的拟合参数　　表 6.76

编号	UV 光强（$\mu W/cm^2$）	k_1（min^{-1}）	R_1^2	k_2（min^{-1}）	R_2^2
①	151.3	0.1903	0.9886	0.0085	0.9747
②	302.3	0.4699	0.9986	0.0198	0.9828
③	607.8	0.8080	0.9987	0.0543	0.9704

由图 6.176 和图 6.177 可知，当其他条件相同时，经相同的反应时间，BPA 的降解与矿化速率随着 UV 光强的增大而提高。当 UV 光强为 607.8$\mu W/cm^2$ 时，反应 60min 时 TOC 的去除率达到 95.52%，而相同条件下，UV 光强为 151.3$\mu W/cm^2$ 时，在 60min 内 TOC 仅去除 23.27%。UV 光强为 151.3$\mu W/cm^2$ 时，在反应时间达到 240min 时，TOC 的去除率才达到 84.53%。在 UV/H_2O_2/微曝气反应体系中，UV 起到产生羟基自由基的作用，它的增大使得辐射光子数目增多，从而产生更多的·OH，进而提高 BPA 的降解与矿化速率。

由表 6.76 可以看出，相同 UV 光强条件下，BPA 的降解速率常数远大于矿化速率常数，进一步证明了在 UV/H_2O_2/微曝气工艺中，BPA 首先降解为小分子有机物，随着反应时间的延长逐步矿化为无机物。

2）H_2O_2 投加量的影响

配制相同浓度的 BPA 反应液，初始浓度约为 5mg/L，初始 TOC 为 5.0～5.5mg/L，试验时反应器中 UV 光强恒定为 302.3$\mu W/cm^2$，投加的 H_2O_2 浓度分别控制在 5mg/L、10mg/L、15mg/L 和 20mg/L，用拟一级动力学来拟合 ln（C/C_0）和 ln（TOC/TOC_0）随反应时间 t 变化的规律，如图 6.178 和图 6.179 所示，BPA 的降解与矿化规律符合拟一级反应动力学，其反应速率常数 k 及相关系数 R^2 值如表 6.77 所示。

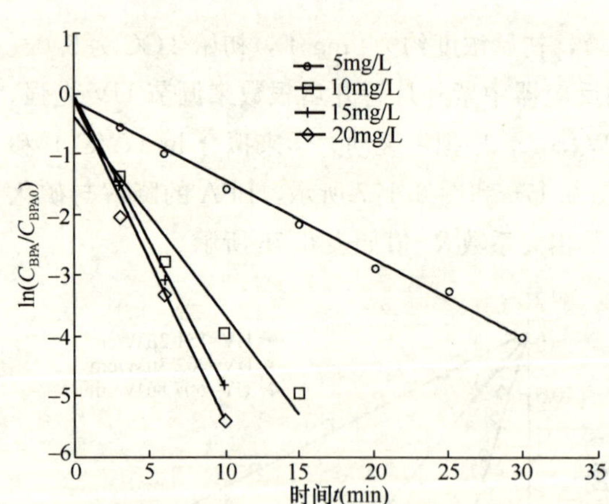

图 6.178　H_2O_2 投加量对 UV/H_2O_2/微曝气工艺降解 BPA 的影响

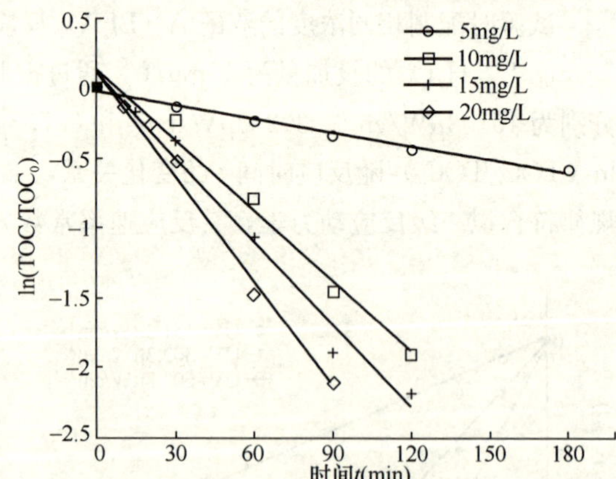

图 6.179　H_2O_2 投加量对 UV/H_2O_2/微曝气工艺降解 BPA 的影响

不同 H_2O_2 投加量条件下 BPA 降解（k_1，R_1^2）与矿化（k_2，R_2^2）的拟一级动力学模型参数　　表 6.77

编号	H_2O_2 初始投加量（mg/L）	k_1（min^{-1}）	R_1^2	k_2（min^{-1}）	R_2^2
①	5	0.1295	0.9932	0.0032	0.9902
②	10	0.3300	0.9655	0.0169	0.9805
③	15	0.4839	0.9982	0.0198	0.9828
④	20	0.5283	0.9932	0.0250	0.9853

在 UV/H_2O_2/微曝气工艺中，H_2O_2 作为提供羟基自由基的载体，其投加量对于 BPA 的矿化效果起着重要的作用。图 6.179 表明，在同一光强下，随着 H_2O_2 投加量的增大，BPA 的矿化速率迅速增加。当 H_2O_2 投加量达到 10mg/L 以上时，该工艺对 BPA 的降解速率非常快，30min 内均可降低到检测限以下，120min 内可使 BPA 基本矿化为无机物。

从表 6.77 可知，当 H_2O_2 投加量从 5mg/L 提高到 20mg/L 时，BPA 降解速率常数 k_1 由 0.1295 增大到 0.5283，矿化速率常数 k_2 由 0.0032 上升到 0.0250，进一步表明 H_2O_2 投加量是 UV/H_2O_2/微曝气工艺矿化 BPA 的重要控制参数，投加量的大小直接影响了其矿化速率和程度。

BPA 降解与矿化速率常数与 H_2O_2 投加量的关系可概括为：$k_1=0.0270\ [H_2O_2]+0.0304$，相关系数 R^2 为 0.9355；$k_2=0.0014\ [H_2O_2]-0.0029$，相关系数 R^2 为 0.9818。

3）pH 的影响

试验时 BPA 的初始浓度在 5mg/L 左右，UV 光强为 302.3μW/cm²，H_2O_2 投加量为 15mg/L，初始 TOC 为 5.0～5.5mg/L，pH 值为 2.63、3.69、5.47、6.68 和 8.17，用拟一级动力学来拟合 ln（C/C_0）或 ln（TOC/TOC_0）随反应时间 t 的变化如图 6.180 和图 6.181 所示，BPA 的降解与矿化规律符合拟一级反应动力学，其反应速率常数 k 及相关系数 R^2 值如表 6.78 所示。

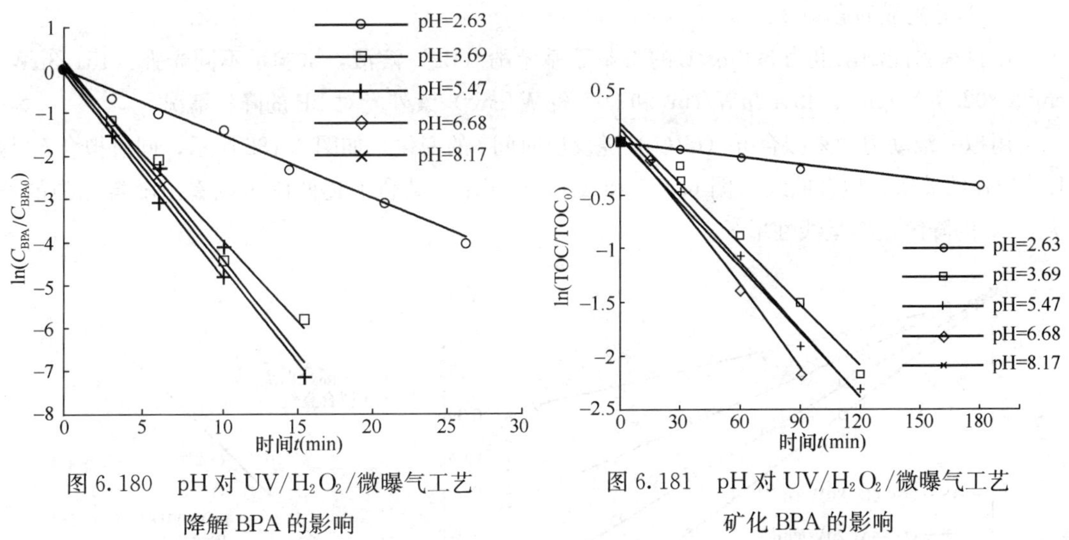

图 6.180　pH 对 UV/H_2O_2/微曝气工艺降解 BPA 的影响

图 6.181　pH 对 UV/H_2O_2/微曝气工艺矿化 BPA 的影响

不同 pH 时 BPA 降解（k_1，R_1^2）与矿化（k_2，R_2^2）的拟一级动力学模型参数　表 6.78

编号	pH	k_1（min^{-1}）	R_1^2	k_2（min^{-1}）	R_2^2
①	2.63	0.1543	0.9914	0.0023	0.9617
②	3.69	0.4015	0.9846	0.0188	0.9780
③	5.47	0.4839	0.9982	0.0213	0.9794
④	6.68	0.4726	0.9981	0.0254	0.9755
⑤	8.17	0.4700	0.9880	0.0203	0.9927

图 6.180 和图 6.181 表明，相同条件下，pH 对 BPA 的降解与矿化效果有一定的影响，pH 过大或者过小会导致 BPA 的矿化速率减小。总体上，在偏酸性条件下，BPA 的矿化效果相对较好。当 pH 在 3.69～8.17 之间时，对 BPA 的降解效率影响较小。比较上述两图可知，对

BPA降解的影响而言，pH对BPA矿化效率的影响比较明显。

由表6.78可知，当pH为5.47时，BPA的降解速率最大，k_{1max}=0.4839；当pH为6.68时，BPA的矿化速率最大，此时k_{2max}=0.0254。当pH为2.63时，其降解与矿化速率均为最小。

4）UV/H_2O_2/微曝气工艺去除BPA效果小结

①UV/H_2O_2/微曝气工艺能有效的降解并且矿化BPA，平均降解速率明显大于矿化速率，证明了在反应前期，BPA被降解成小分子有机物，导致BPA浓度急剧下降，而TOC下降相对较慢；在反应后期，小分子有机物进一步被矿化成无机物。

②UV/H_2O_2/微曝气工艺相对于UV/H_2O_2工艺引进了微曝气装置，增加了溶液中的溶解氧，在185nm的UV光照射下产生了O_3，UV/O_3与UV/H_2O_2体系发生协同作用，进一步提高了BPA的降解与矿化效率。

③UV/H_2O_2/微曝气工艺矿化BPA的速率受UV光强、H_2O_2投加量和pH的影响较大。在同一H_2O_2投加量与pH的条件下，随着UV光强的增大，BPA矿化效率提高；在同一光强与pH条件下，随着H_2O_2投加量的增大，BPA矿化效率提高；pH对BPA的矿化影响非常大，BPA在中性以及偏酸性范围内可以有效地被矿化。

(2) UV/H_2O_2/微曝气工艺去除4-叔丁基苯酚

1）UV光强的影响

用自来水配制浓度为300μg/L的4-叔丁基苯酚（BP）溶液，试验了不同光强（151.3μW/cm²、302.3μW/cm²、451.2μW/cm²和607.8μW/cm²）紫外光对BP的降解情况。

用拟一级动力学来拟合ln（C/C_0）随反应时间t的变化，如图6.182所示，同时拟合k_1与UV光强的关系，拟合曲线如图6.183和表6.79所示，结合上述两图可以看出随着光强的增大，BP的降解速率呈线性增长。

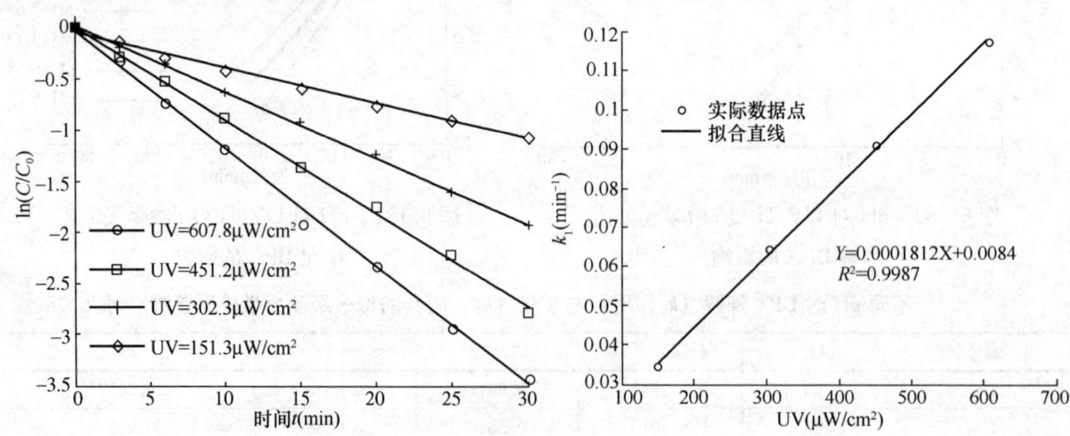

图6.182 不同光强对UV/H_2O_2/微曝气降解BP的影响　　图6.183 反应速率常数k_1与UV光强的关系

不同UV光强时UV/H_2O_2/微曝气工艺降解BP的拟一级动力学模型参数　　表6.79

UV光强（μW/cm²）	k_1（min^{-1}）	R^2
151.3	0.0346	0.9929
302.3	0.0645	0.9992
451.2	0.091	0.9985
607.8	0.1159	0.9981

2）H_2O_2 投加量的影响

在光强为 302.3μW/cm² 下，pH 为 6.8 左右，试验不同 H_2O_2 投加量对 UV/H_2O_2/微曝气工艺降解 BP 的影响，BP 初始浓度约为 330μg/L，用拟一级动力学模型来拟合 ln（C/C_0）随反应时间 t 的变化，结果见图 6.184，表观速率常数 k_1 及相关系数 R^2 如表 6.80 所示。H_2O_2 初始浓度与一级动力学反应常数 k_1 之间的关系见图 6.185。

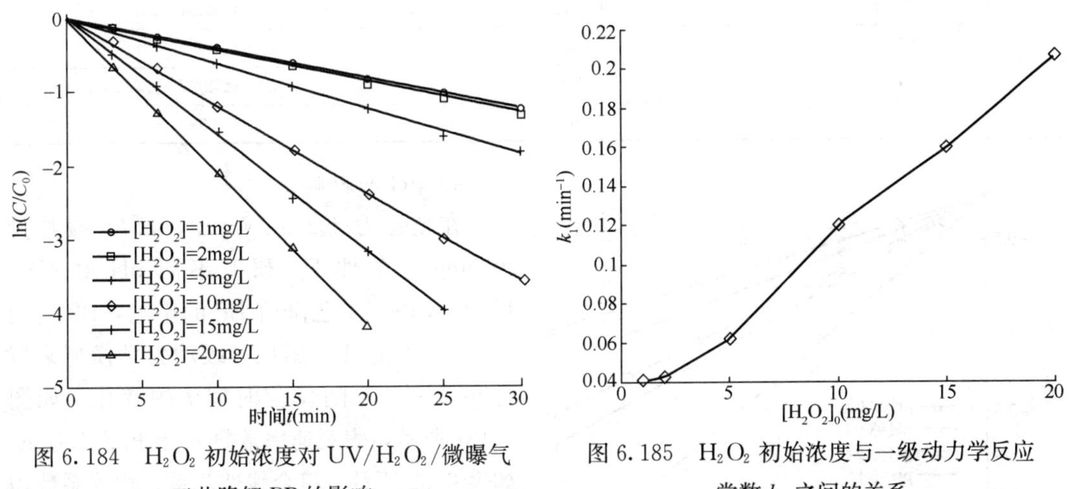

图 6.184　H_2O_2 初始浓度对 UV/H_2O_2/微曝气工艺降解 BP 的影响

图 6.185　H_2O_2 初始浓度与一级动力学反应常数 k_1 之间的关系

不同 H_2O_2 投加量时 UV/H_2O_2/微曝气工艺降解 BP 的拟一级动力学模型参数　表 6.80

初始 H_2O_2 投加量（mg/L）	k_1（min^{-1}）	R^2
1	0.0408	0.9994
2	0.043	0.9987
5	0.0622	0.9978
10	0.1208	0.9997
15	0.1603	0.9994
20	0.2068	0.9998

结合图 6.184 与图 6.185 及表 6.80 可知，当 H_2O_2 投加量从 1mg/L 增加到 2mg/L，UV/H_2O_2/微曝气工艺降解 BP 的速率提高不是很明显，而当 H_2O_2 投加量从 2mg/L 逐步上升到 20mg/L 的过程中，BP 降解速率几乎呈直线上升，说明 UV/H_2O_2/微曝气工艺对 BP 的降解发生了协同作用，当 H_2O_2 投加量达到 20mg/L 时，20min 即可将 BP 降解到检测限以下。

3）初始浓度的影响

在光强为 302.3μW/cm²，H_2O_2 投加量为 5mg/L 条件下，对不同初始浓度的 BP 进行降解研究。

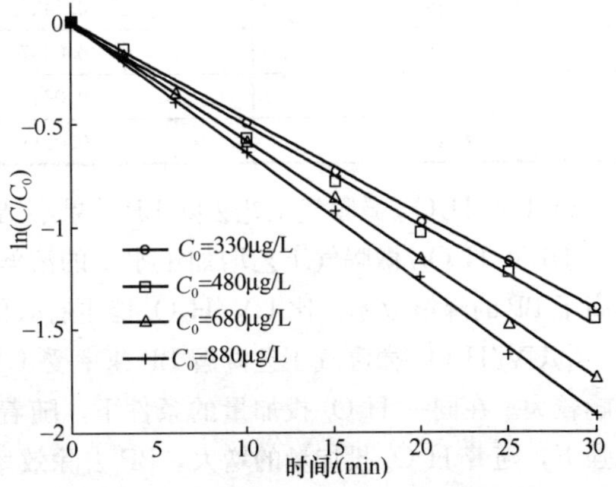

图 6.186　BP 初始浓度对 UV/H_2O_2/微曝气降解效果的影响

用拟一级动力学来拟合 ln（C/C_0）随反应时间 t 的变化，如图 6.186 所示，表观速率常数 k_1 及相关系数 R^2 如表 6.81 所示，发现随着浓度从 329μg/L 升高到 882μg/L，BP 的降解速率逐渐降低。这可能是因为随着浓度的增大，导致光透射率的下降，进而引起了BP降解速率的下降，同时高初始浓度的BP会产生高浓度的中间产物，这些中间产物会与BP竞争得到·OH，造成了BP降解速率的降低。

不同初始浓度时UV/H_2O_2/微曝气工艺降解BP的拟一级动力学模型参数　　表6.81

初始浓度C_0（μg/L）	k_1（min^{-1}）	R^2
882	0.464	0.9981
686	0.0480	0.9957
480	0.058	0.9997
329	0.0638	0.9993

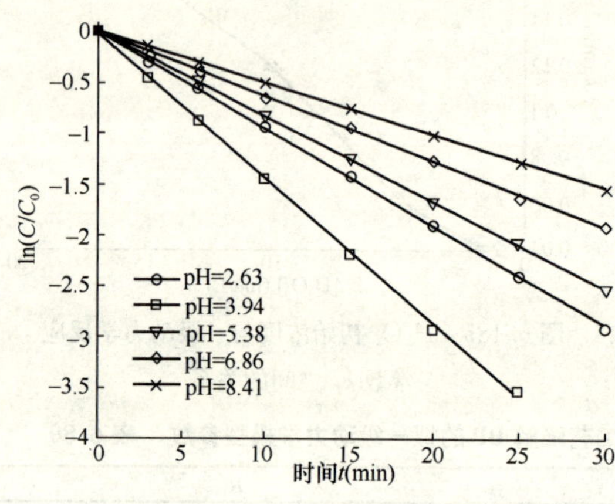

图6.187　pH对降解BP的影响

4）pH的影响

在光强为302.3μW/cm^2，H_2O_2投加量为5mg/L条件下，研究不同pH对UV/H_2O_2/微曝气工艺降解BP的影响，BP初始浓度为329μg/L，用拟一级动力学模型来拟合ln（C/C_0）随反应时间t的变化，如图6.187所示，表观速率常数k_1及相关系数R^2如表6.82所示，符合线性关系，相关系数均在0.99以上。结合图6.187和表6.82可以看出，在pH 2.63～3.94范围内，UV/H_2O_2/微曝气对BP降解速率较大，pH 3.94时，BP的降解速率达到最大值；pH 3.94～8.141范围内，UV/H_2O_2/微曝气对BP降解速率逐渐降低，在pH 8.41时，BP的降解速率最小。

不同pH对BP降解的拟一级动力学模型的参数　　表6.82

初始pH	k_1（min^{-1}）	R^2
2.63	0.0968	0.9993
3.94	0.1425	0.9992
5.38	0.0837	0.9998
6.86	0.0642	0.9998
8.41	0.0511	0.9995

5）UV/H_2O_2/微曝气工艺去除BP效果小结

①UV/H_2O_2/微曝气工艺增加了水中的溶解氧，在UV的辐射下与H_2O_2发生协同作用，提高了BP的降解效率，比UV/H_2O_2能更有效的去除BP。

②UV/H_2O_2/微曝气工艺降解BP速率受UV光强、H_2O_2投加量、BP初始浓度和pH的影响较大。在同一H_2O_2投加量的条件下，随着UV光强的增大，BP去除效率增加。在同一光强下，随着H_2O_2投加量的增大，BP去除效率增加。随着BP初始浓度的增大，BP去除率降低。BP在较宽的pH范围内都可以有效地降解，pH=3.94时的降解速率达到了最大值。

（3）UV/H_2O_2/微曝气去除三氯乙酸

三氯乙酸（TCAA）标准物质、萃取剂甲基叔丁基醚（MTBE）和内标物 1，2-二溴丙烷均购自 Sigma-Aldrich 公司，去离子水由 Millipore 生产。双氧水采用 30％的过氧化氢分析纯；调节 pH 所用 HCl 溶液由分析纯浓盐酸稀释而成，NaOH 溶液由分析纯固体 NaOH 溶解配制而成。

实验装置同 UV/微曝气（图 6.168），设备曝气流量为 33.78mL/s。反应器内配置 5 根装有石英套管的紫外灯管，开启不同数量灯管时的光强见表 6.83，紫外灯主波长为 253.7nm，灯管同时发射 185nm 紫外光。

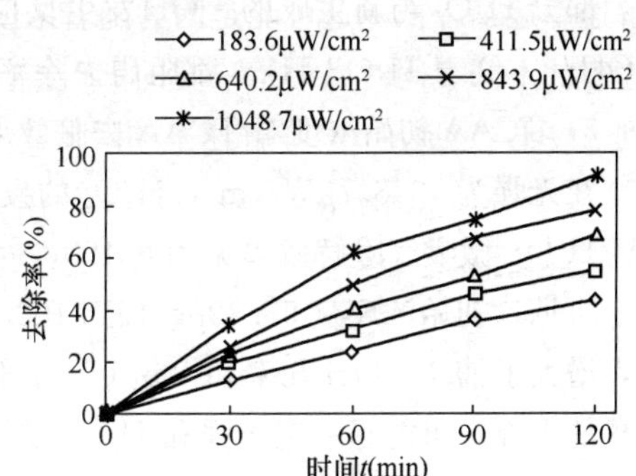

图 6.188　不同紫外光强下 TCAA 去除率随时间的变化

开启不同数量灯管时的光强　　表 6.83

灯管开启根数/根	1	2	3	4	5
光强/（μW/cm²）	183.6	411.5	640.2	843.9	1048.7

将色谱纯的 TCAA 溶于去离子水中配制成 1.1mg/L 的溶液，用反渗透水稀释至浓度约为 110μg/L，注入反应器中待用，试验水样总体积为 20L，温度为室温，反应 120min，取样频率为 30min 一次。对单独 UV、H_2O_2、微曝气和 UV/H_2O_2、UV/H_2O_2/微曝气联用工艺降解 TCAA 的效果进行了对比，同时考察了不同 UV 光强、不同 H_2O_2 投加量以及不同 pH 条件下 UV/H_2O_2/微曝气联用工艺降解 TCAA 的效果。

1）UV 光强对 TCAA 去除效果的影响

在初始浓度约为 110μg/L，H_2O_2 的投量为 40mg/L，pH＝7 的条件下，考察了不同 UV 光强对 TCAA 去除效果的影响，结果如图 6.188 所示。

随着光强的增大，TCAA 的去除率也越来越高，1048.7μW/cm² 光强时去除率达到 90.88％。UV 光强是直接影响 UV/H_2O_2/微曝气体系产生·OH 的因素；而 UV 本身对 TCAA 也有去除，光强的增加意味着能激发 TCAA 能量状态的光子数目增多；还有一个可能的原因是光强增加，185nm 的光强也随之增加，辐射水中的溶解氧时产生更多的臭氧，生成更多的·OH，从而增加了 TCAA 的去除率。

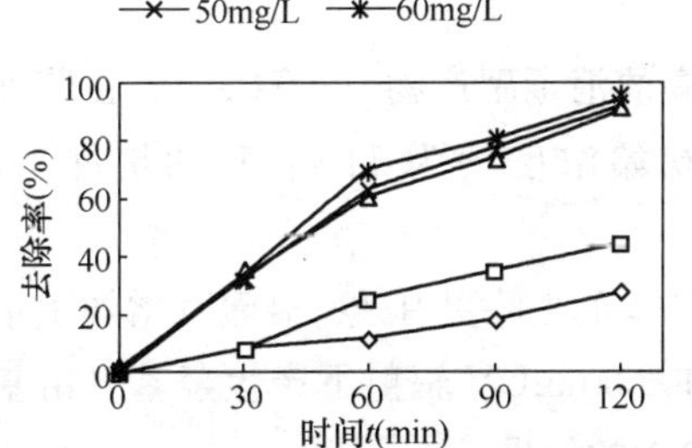

图 6.189　不同 H_2O_2 投量下 TCAA 去除率随时间的变化

2）H_2O_2 投加量对 TCAA 去除效果的影响

在初始浓度约为 110μg/L，恒定光强 1048.7μW/cm²，pH＝7 时，不同 H_2O_2 投加量对 UV/H_2O_2/微曝气降解 TCAA 的影响见图 6.189。

当 H_2O_2 投加量从 20mg/L 增加到 40mg/L，UV/H_2O_2/微曝气对 TCAA 的去除率增加很快，120min 后 40mg/L 的去除率是 20mg/L 的 3.3 倍。可解释为 H_2O_2 在 UV 的照射下激发出大量氧化性极强的·OH，起到去除 TCAA 的作用。投量从 40mg/L 增加到 60mg/L 时去除率增加很缓慢，可能是因为对应一定光强的 UV，H_2O_2 有一个饱和值，当体系中 H_2O_2 过量时，部分 H_2O_2 与新生成的 ·OH发生反应，如 H_2O_2 + ·OH→ ·HO_2 + H_2O，还有 H_2O_2 + ·OH→ ·O_2^- + H_2O + H^+，都阻碍去除率的进一步增加。

3）TCAA 初始浓度对 TCAA 去除效果的影响

在光强为 1048.7μW/cm^2，H_2O_2 的投量为 40mg/L，pH=7 的条件下，TCAA 初始浓度对 UV/H_2O_2/微曝气降解效果见图 6.190。

可见，初始浓度从 55.32μg/L 到 103.5μg/L 时，去除率略有上升。推测为 TCAA 浓度增加，增大了捕获 ·OH 几率和接受 UV 辐射的概率。初始浓度继续增加时，去除率反而有比较明显的下降，可能是一定光强和 H_2O_2 投量条件下，产生的 ·OH 数量有限，初始浓度过大时，去除率反而下降。

4）初始 pH 对 TCAA 去除效果的影响

在初始浓度约为 110μg/L，UV 光强 1048.7μW/cm^2，H_2O_2 的投量为 40mg/L 时，不同 pH 对 TCAA 去除效果见图 6.191。

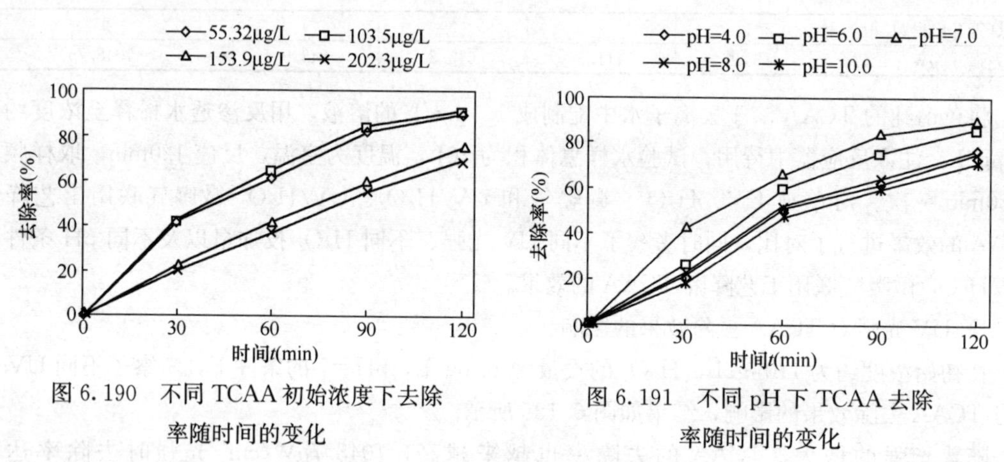

图 6.190 不同 TCAA 初始浓度下去除率随时间的变化

图 6.191 不同 pH 下 TCAA 去除率随时间的变化

由图 6.191 看出，在中性（pH=7.0）或弱酸性（pH=6.0）条件下，TCAA 可以被很好去除，去除率在 85%以上。这是因为 H_2O_2 在水中存在电离平衡，电离出 H^+ 和 HO_2^-，后者是一种 ·OH 捕获剂，在弱酸和中性条件下，平衡向逆向移动，从而增加水中 ·OH。在碱性环境（pH=8.0，10.0）中，一方面平衡正向移动消耗 H_2O_2，另一方面产生更多的 ·OH。而 TCAA 本身是一种弱酸，在酸性较强（pH=4.0）时很稳定，不容易被去除。

5）UV/H_2O_2/微曝气工艺去除三氯乙酸小结

①UV/H_2O_2/微曝气工艺能有效去除水中致癌风险较高的消毒副产物——TCAA。在紫外光强 1048.7μW/cm^2，H_2O_2 投加量为 40mg/L，TCAA 初始浓度约为 110μg/L 的情况下，120min 后该工艺对 TCAA 的去除达到 90%以上。

②UV/H_2O_2/微曝气工艺比传统 UV/H_2O_2 工艺对 TCAA 的去除更有效。微曝气增加了水中的溶解氧，在 185nmUV 辐射下生成 O_3，O_3 与 H_2O_2 在 254nmUV 辐射下产生羟基自由基 ·OH，发生协同反应，进一步加强了 UV/H_2O_2 降解 TCAA 的效果。

③UV/H_2O_2/微曝气对 TCAA 的去除受 UV 光强、H_2O_2 投加量、初始浓度和 pH 的影响。在固定 H_2O_2 投加量的条件下，随着 UV 光强的增大，TCAA 去除率增加，1048.7μW/cm^2 光强时效果最好。在同一光强下，随着 H_2O_2 投加量的增大，去除率增加，但超过 40mg/L 后，去除

效果增加缓慢。对不同初始浓度，103.5μg/L 时去除率最高，而后浓度增加，去除率下降。TCAA 中性或弱酸性 pH 条件下都可以有效地降解，pH 为 7.0 时降解效果好。

6.2.6　UV/O_3 氧化法

(1) UV/O_3 工艺去除邻苯二甲酸二甲酯（DMP）

反应器中 DMP 初始浓度约为 1.0mg/L，在 30min 内分别向反应器内投加 1.0mg/L、2.0mg/L、3.0mg/L 和 4.0mg/L 的 O_3，4 种不同 O_3 投加量条件下，DMP 去除率随时间的变化如图 6.192 所示。

当 DMP 初始浓度约为 1.0mg/L，反应器中 UV 光强为 133.9μW/cm²，30min 内 O_3 投加量分别为 1.0mg/L、2.0mg/L、3.0mg/L 和 4.0mg/L 条件下，DMP 浓度随时间的变化如图 6.193 所示，DMP 去除率分别达到 15.28%、58.06%、69.62%和 79.57%。在一定紫外光强下，低臭氧投加量所产生羟基自由基的数量较少，DMP 仍保持为臭氧直接氧化，因此去除率升高较小。当臭氧投加量逐步升高，反应器中羟基自由基增加，DMP 去除率可大幅度升高。尤其在臭氧投加量为 2mg/L 条件下，DMP 的氧化从单纯臭氧氧化转变为臭氧氧化和羟基自由基氧化过程，因而去除率上升。

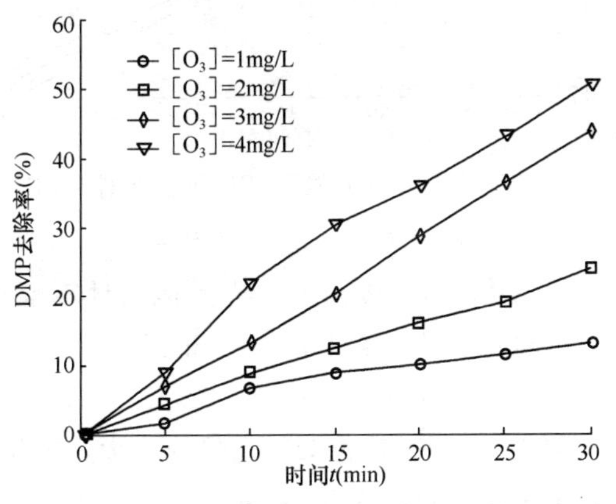

图 6.192　不同臭氧投加量下 DMP 的去除率变化

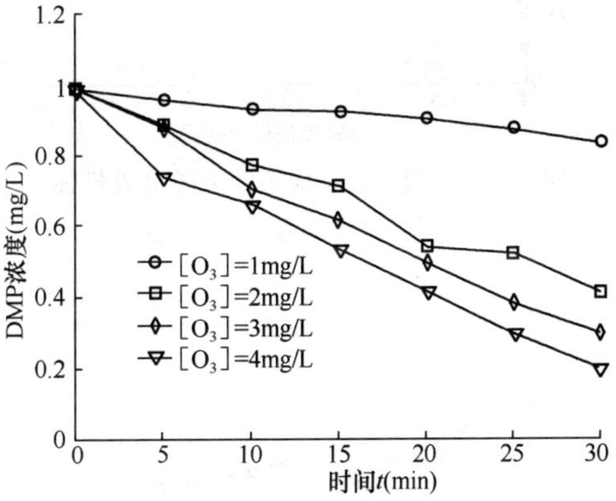

图 6.193　不同臭氧投加量下 UV/O_3 工艺对 DMP 的去除率变化

1) O_3 投加量的影响

按照拟一级反应公式，DMP 浓度自然对数 ln*C* 与时间 *t* 曲线如图 6.194 所示，所得拟合直线的方程、斜率和相关系数如表 6.84 所示。

从表 6.84 中可以看出，ln*C* 与 *t* 呈直线关系，说明 UV/O_3 工艺降解 DMP 的规律符合拟一级反应动力学。

在同一光强下，随着 O_3 投加量的增大，DMP 降解速率和程度迅速增加。拟一级反应速率常数 *k* 随 O_3 投加量的变化如图 6.195 所示，拟合方程为 $k=0.0112\ [O_3]^{1.1136}$，方程相关系数为 0.9467。

2) UV 光强的影响

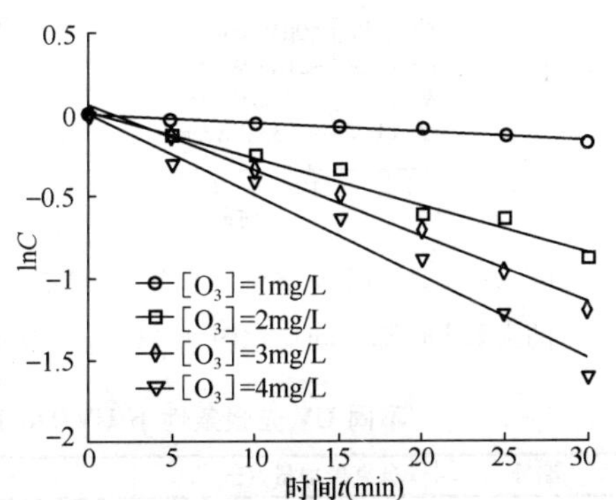

图 6.194　不同臭氧投加量时，UV/O_3 工艺对 DMP 的 ln*C* 值随时间变化图（UV=133.9μW/cm²）

不同臭氧投加量条件下 UV/O_3 工艺中 DMP 的 ln*C* 值与时间 *t* 的线性方程式　表 6.84

编号	臭氧投加量（mg/L）	线性方程式	*k*（min^{-1}）	R^2
①	1	$\ln C=-0.0203t-0.0107$	0.0051	0.9633
②	2	$\ln C=-0.0287t+0.0218$	0.0287	0.9768
③	3	$\ln C=-0.0553t+0.0518$	0.0398	0.9882
④	4	$\ln C=-0.0903t+0.0311$	0.0503	0.9730

UV 光强是影响 UV/O_3 工艺的基本条件之一。控制反应时间为 30min，臭氧投加量为 4mg/L，水温为 10℃左右，DMP 初始浓度为 1mg/L 左右，紫外光强分别为 0μW/cm²、21.2μW/cm²、77.2μW/cm² 和 133.9μW/cm² 条件下，DMP 的降解曲线如图 6.196 所示。

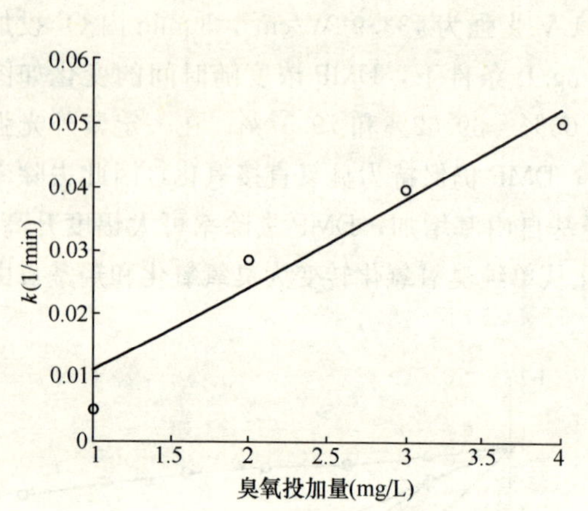

图 6.195　拟一级反应系数 *k* 随臭氧投加量变化图（UV=133.9μW/cm²）

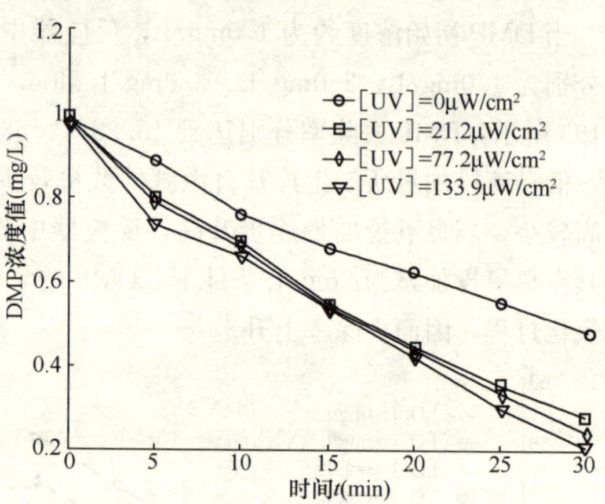

图 6.196　不同 UV 光强下 UV/O_3 工艺对 DMP 的去除率变化（$[O_3]=4mg/L$）

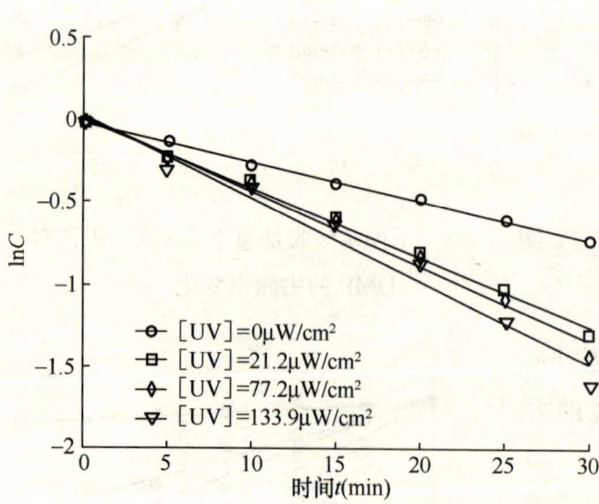

图 6.197　不同 UV 光强下 UV/O_3 工艺对 DMP 的去除 ln*C* 随时间变化图（$[O_3]=4mg/L$）

从图 6.196 可知，当其他条件不变时，不同 UV 光强条件下，30min 反应后的 DMP 去除率分别为 50.67%、72.27%、75.65% 和 79.57%。随着 UV 光强的增大，经相同时间处理后，DMP 去除率逐步增大，低紫外光强下去除率增加明显，当紫外光强达到 21.2μW/cm² 后，继续增加光强对 DMP 去除率增加非常有限。

臭氧投加量 4mg/L、不同 UV 光强下，DMP 浓度自然对数（ln*C*）与时间 *t* 曲线如图 6.197 所示，所得拟合直线的方程、斜率和相关系数如表 6.85 所示。DMP 拟一级反应速率常数 *k*，随 UV 光强变化规律如图 6.198 所示。

不同 UV 光强条件下 UV/O_3 工艺中 DMP 的 ln*C* 值与时间 *t* 的线性方程式　表 6.85

编号	臭氧投加量（mg/L）	线性方程式	*k*（min^{-1}）	R^2
①	1	$\ln C=-0.0203t-0.0232$	0.0233	0.9960
②	2	$\ln C=-0.0422t+0.0143$	0.0422	0.9958
③	3	$\ln C=-0.0457t+0.0305$	0.0457	0.9896
④	4	$\ln C=-0.0503t+0.0311$	0.0503	0.9730

随着UV光强的逐步升高，反应速率常数k值也逐步增大。当紫外光强增加到一定程度后，羟基自由基的增长量较小，因而k值表现为开始阶段上升很快，随后逐渐平缓增长。在UV/O_3工艺中，UV光强对于DMP去除效果的影响较为显著，尤其是在较小的UV光强时。

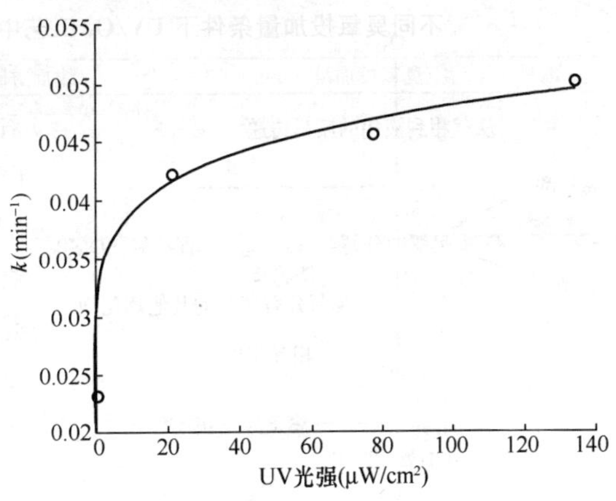

图6.198 拟一级反应速率常数k值随UV光强变化图（$[O_3]=4mg/L$）

3）本底有机物的影响

DMP初始浓度约为1.0mg/L，UV光强为133.9$\mu W/cm^2$，臭氧投加量2mg/L，初始本底TOC值分别为0.696mg/L、1.256mg/L、2.289mg/L和3.332mg/L和5.018mg/L条件下，UV/O_3工艺氧化DMP的效果如图6.199所示。30min后DMP的去除率分别为69.99%、58.31%、55.76%、37.02%和33.90%（图6.200）。本底有机物对UV/O_3工艺氧化DMP的效果影响比较大。

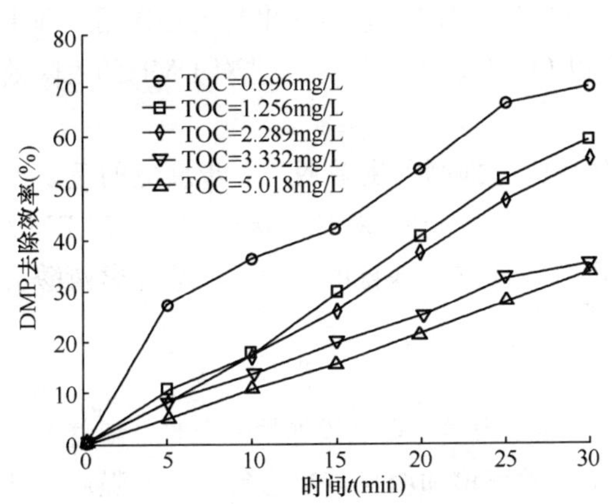

图6.199 不同本底TOC条件下UV/O_3工艺氧化DMP的去除率

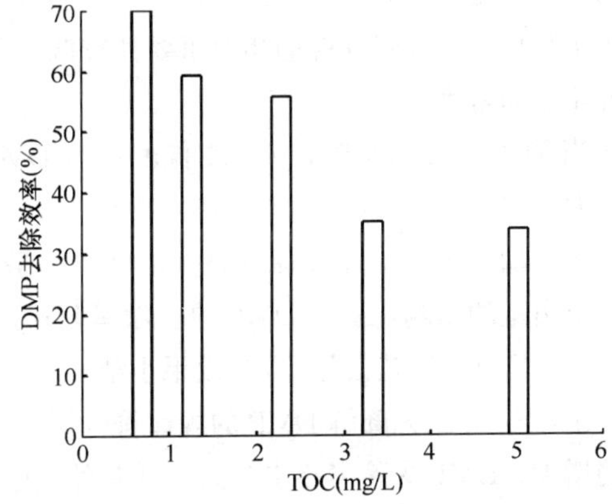

图6.200 不同本底TOC时30min后UV/O_3工艺的DMP去除率柱状图

存在腐殖酸（HA）的条件下，UV/O_3工艺中发生的主要化学反应如表6.86中所列，其中编号1～10式是UV光照下O_3的分解；11～13式是腐殖酸可作为臭氧分解链式反应的引发剂、促进剂，加速臭氧分解产生·OH；14式是腐殖酸捕获体系中产生的·OH，降低系统氧化能力。

存在腐殖酸（HA）的条件下UV/O_3联用反应体系中发生的主要化学反应*　　表6.86

编号	反应	编号	反应
1	$O_3+H_2O\xrightarrow{hv}H_2O_2+O_2$	8	$\cdot OH+O_3\rightarrow HO_2^{\cdot}+O_2$
2	$H_2O_2\xrightarrow{hv}2\cdot OH$	9	$\cdot OH+H_2O_2\rightarrow HO_2^{\cdot}+H_2O$
3	$H_2O_2\rightleftharpoons HO_2^-+H^+$	10	$\cdot OH+HO_2^-\rightarrow HO_2^{\cdot}+OH^-$
4	$HO_2^-+O_3\rightarrow O_3^{\cdot -}+HO_2\cdot$	11	$O_3+HA\rightarrow products$
5	$HO_2^{\cdot}\rightleftharpoons H^++O_2^{\cdot -}$	12	$O_3+HA\rightarrow\cdot OH+products$
6	$O_2^{\cdot -}+O_3\rightarrow O_3^{\cdot -}+O_2$	13	$O_3+HA\rightarrow O_2^-+products$
7	$O_3^{\cdot -}+H^+\rightarrow\cdot OH+O_2$	14	$\cdot OH+HA\rightarrow products$

*引自Water Research37（2003）1879—1889

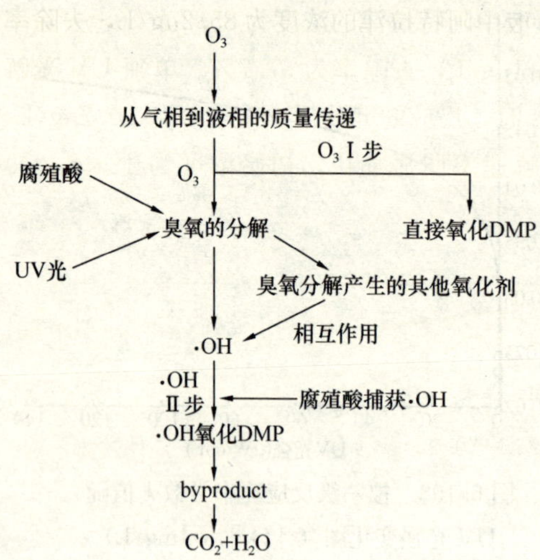

图 6.201 腐殖酸存在的条件下 UV/O_3 工艺反应机理分析

DMP的去除主要有两个方面，O_3 直接氧化和臭氧分解产生·OH的氧化。从表 6.64 可以看出，产生的氧化产物种类很多，如 H_2O_2、·OH、HO_2^-、$O_3^{\cdot-}$、$O_2^{\cdot-}$、$HO_2^{\cdot}$ 等，但这些氧化剂有些不易与其他物质反应，有些在水中很快自身分解，能与有机物发生氧化作用的氧化剂主要是·OH。将表 6.64 中的各种氧化反应简化后，则存在腐殖酸条件下 UV/O_3 工艺氧化 DMP 的步骤如图 6.201 所示。

在本底 TOC 约为 5mg/L 条件下，UV/O_3 工艺氧化 DMP 的效果与 O_3 单独氧化的效果相近，这可能是因为·OH 自由基与 O_3 分子之间存在着竞争，两者都可以和 DMP 快速反应，但由于 O_3 氧化具有选择性，而·OH 自由基氧化是非选择性的，腐殖酸更容易清除·OH 自由基，·OH 自由基与 DMP 的反应更容易被抑制，因而存在一定浓度腐殖酸条件下，UV/O_3 工艺中 O_3 分子对 DMP 的氧化起主导作用，即主要发生Ⅰ步反应，Ⅱ步反应的相对重要性较低，所以 O_3 氧化和 UV/O_3 工艺对 DMP 的去除效果差异不是非常大。

当 TOC 浓度较小时，·OH 自由基与 DMP 反应的抑制程度减弱，Ⅱ步反应的重要性增大，TOC 为 0.696mg/L 时与去离子水中 UV/O_3 工艺氧化 DMP 相比，接触 30min 后 DMP 去除效率增加约 10%，主要原因是低浓度腐殖酸可有效促进羟基自由基生成，减轻腐殖酸清除羟基自由基的影响，从而 DMP 的去除率上升。

4）UV/O_3 工艺去除 DMP 效果小结

①UV/O_3 工艺降解 DMP 的规律符合拟一级反应动力学。臭氧投加量一定时，随着 UV 光强的增大，DMP 去除率逐步升高。低紫外光强下去除率增加明显，当达到一定光强后，继续增加光强，DMP 去除率增加非常有限，两者关系可用 $k=0.0103\,[UV]^{0.1899}+0.0233$ 表示，相关系数达到 0.9944。

②在同一光强下，随着 O_3 投加量的增大，UV/O_3 工艺中 DMP 降解速率和程度迅速增加。拟一级反应速率常数 k 之间关系可以用直线方程形式拟合表达，拟合方程为 $k=0.0112\,[O_3]^{1.1136}$，方程相关系数为 0.9467。

③水中腐殖酸对羟基自由基的产生具有促进和抑制作用，同时本底有机物对 UV/O_3 工艺去除 DMP 效果的影响较大。

(2) UV/O_3 工艺去除阿特拉津

采用自来水配制浓度为 155.2μg/L 的阿特拉津溶液，臭氧投加量为 0.72mg/min，反应温度 $T=10\pm1$℃。在相同条件下，分别采用单独 O_3 氧化、单独 UV 光解和 O_3+UV 工艺降解阿特拉津，考察不同工艺对阿特拉津的去除效果。在三种工艺条件下，阿特拉津的降解曲线如图 6.202 所示。

从图 6.202 中可以看出，由于臭氧投加量很小，阿特拉津单独臭氧氧化速率比较缓慢，阿特拉津初始浓度为 155.2μg/L，反应 30min 后，反应液中阿特拉津的浓度为 85.2μg/L，去除率仅为 45.2%。反应 60min 后，阿特拉津的浓度为 50.1μg/L，去除率为 67.7%。单独 UV 光解对阿特拉津的去除效果较好，初始浓度为 110.5μg/L 时，反应 30min 后，浓度降为 20.7μg/L，去除率为 81.3%。阿特拉津在 UV/O_3 工艺中的降解速率明显加快，初始浓度为 124.8μg/L 时，反应 30min 后，浓度仅为 10.1μg/L，去除率高达 92.0%。

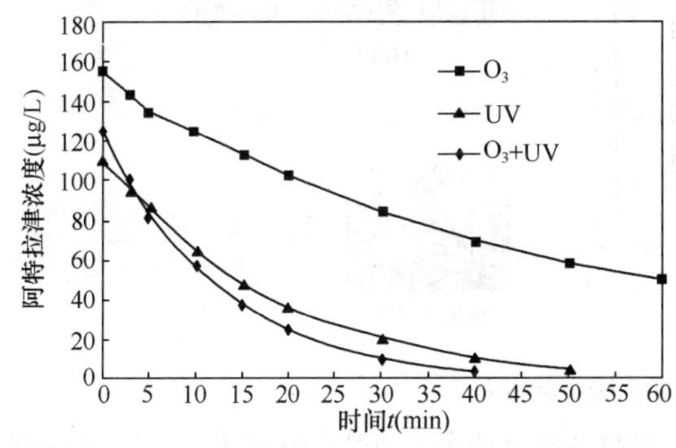

图 6.202　UV/O_3 工艺对阿特拉津的去除效果

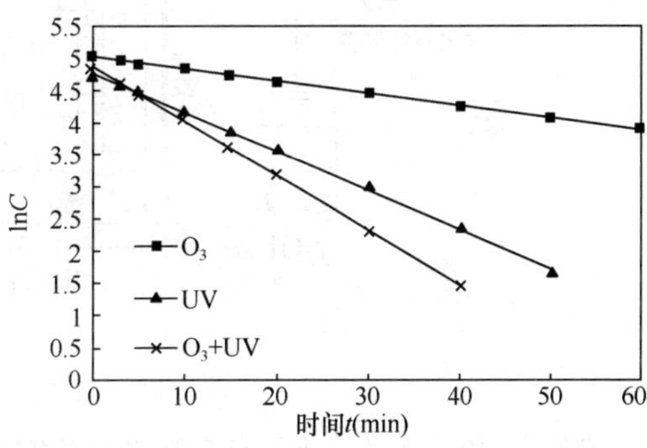

图 6.203　O_3 及 O_3/UV 工艺中阿特拉津一级反应动力学拟合曲线

在 UV/O_3 工艺中，阿特拉津一级反应动力学拟合曲线如图 6.203 所示，拟合参数如表 6.87 所示。阿特拉津在 O_3 氧化工艺、UV 光解工艺和 UV/O_3 工艺中的一级反应动力学常数分别 0.0188min^{-1}、0.0608min^{-1} 和 0.0858min^{-1}。可以看出，UV/O_3 工艺能够使阿特拉津的降解速率有较大程度的提高。

阿特拉津在 O_3、UV 及 UV/O_3 工艺中一级反应动力学拟合参数　　表 6.87

工艺名称	拟合方程	k (min^{-1})	R^2
O_3	$\ln C=-0.0188t+5.0167$	0.0188	0.9984
UV	$\ln C=-0.0608t+4.7677$	0.0608	0.9973
O_3/UV	$\ln C=-0.0858t+4.8753$	0.0858	0.9985

6.2.7　光催化氧化法

(1) UV/TiO_2 降解对邻苯二甲酸（TPA）

对邻苯二甲酸广泛用作聚酯纤维、聚乙烯对苯二甲酸（PET）瓶、聚酯（PET）膜和工程塑料等的原料，其衍生物用于制造染料、医药、合成香水、农药和其他化学产品。由于用途广泛并且大量生产，以及其难降解的化学性质，因而成为普遍存在的环境污染物，可存在于天然水、污水、沉积物、土壤和水生物中。TPA 有毒，也是一种内分泌干扰物，会干扰动物和人类的生殖系统以及正常的胚胎发育。近年来，水处理时为有效破坏有机物，应用各种高级氧化法以产生有高度氧化反应能力的羟基自由基，将有机物氧化或完全矿化，或转化为毒性较小的或短链化合物，然后根据需要再用生物法处理。

各种高级氧化法的机理虽相似，但将几种氧化剂（如 UV、O_3、H_2O_2、Fe^{2+}）组合起来，处理效果将会优于一种氧化法，这就是叠加效应，因为一种方法不足之处，可由其他方法加以弥补，当然同时采用多种氧化方法，必然会增加工艺的复杂性和处理费用。

试验所用的设备见图 6.204。

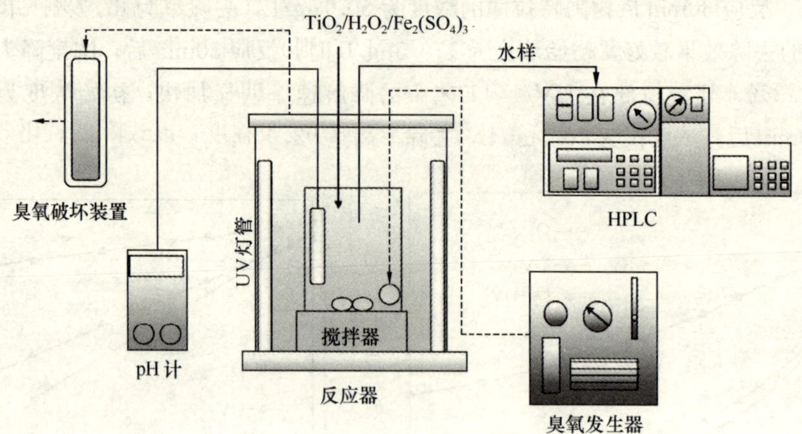

图 6.204　高级氧化法试验设备

光反应器中安装 6 条有石英套管的汞蒸汽灯，每灯的输出功率为 40W，波长为 253.7nm，辐照强度为 144μW/cm^2。反应器内放入 1L 含 TPA 的 TiO_2 悬浮液。应用高性能液相色谱 HPLC 和 UV 检测器测定 TPA 浓度。图 6.205 表示不同运行条件下 UV/TiO_2 工艺去除 TPA 的效果。

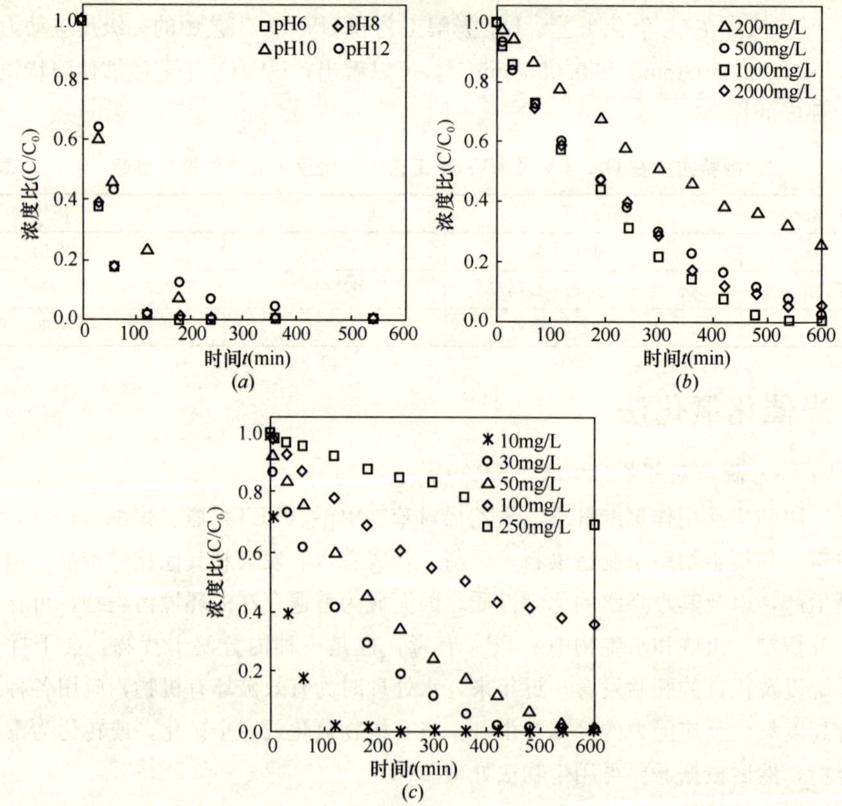

图 6.205　UV/TiO_2 去除 TPA 效果

(a) pH 影响（TPA 浓度 10mg/L）；(b) TiO_2 浓度影响（TPA 浓度 50mg/L，pH8）；

(c) TPA 浓度影响（TiO_2 浓度 1g/L，pH8）

在相同的TiO_2和有机物浓度条件下，研究pH的影响，发现接近中性pH时有机物去除效果较好，高碱性pH时有机物去除效率下降（图6.205*a*）。TiO_2投加量的影响见图6.205*b*。在特定的光强下，如TiO_2浓度超过某一限度（1g/L），则光催化氧化效果下降。因为TiO_2是白色粉末，分散在水中时溶液就成为乳白色（1g/L＝5000NTU浑浊度），搅拌时TiO_2粉末呈悬浮状态，会影响UV光的穿透以及光被催化剂表面的吸收程度，以致降低氧化效果。在pH8和1000mg/LTiO_2时，要完全降解浓度为10mg/L、30mg/L和50mg/L的TPA，所需时间分别为4h、7h和10h（图6.205*c*）。

（2）UV/H_2O_2/Fe降解对邻苯二甲酸（TPA）

UV/H_2O_2工艺中投加Fe（II）后，因为Fe（II）起到催化剂的作用，可以使UV/H_2O_2工艺增加羟基自由基·OH的产量。

图6.206表示UV/H_2O_2/Fe工艺去除TPA的效果。在UV/H_2O_2系统中，当pH在6～8范围内时，TPA去除率并无明显差别，一般认为，UV/H_2O_2工艺在强酸性（pH＜4）条件下效果较好，但因TPA在强酸性pH时不溶解，无法实现。但也不能在极高pH时运行，因为H_2O_2会光解为水和氧，而不生成羟基自由基，处理效果也不会好。增加H_2O_2浓度有利于去除有机物，但高于某一浓度后不再会提高TPA去除率（图6.206*b*）。去除50mg/LTPA时，最

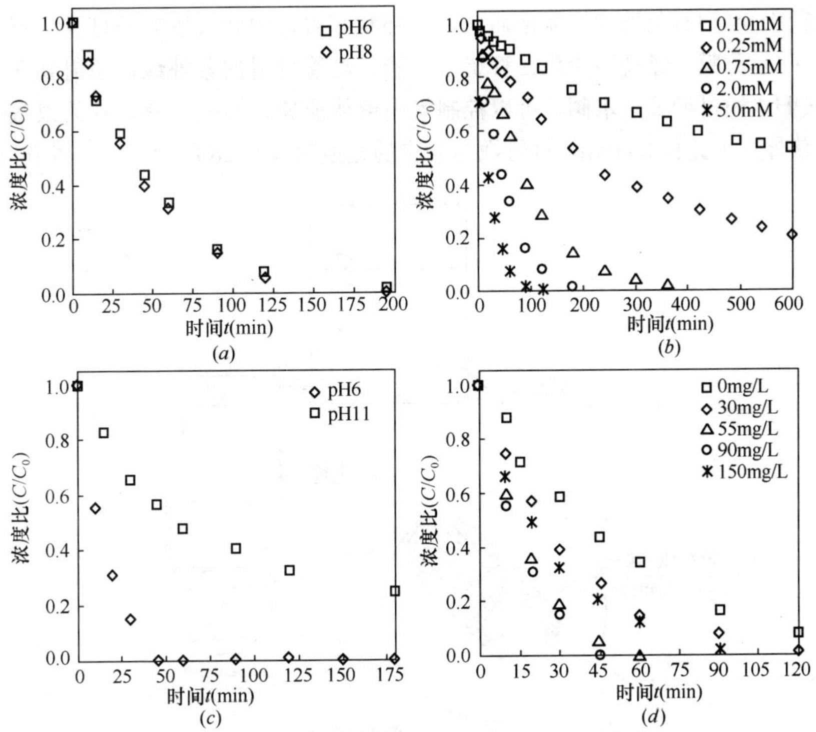

图6.206　光化学氧化（UV/H_2O_2）（*a*、*b*）和光芬顿氧化（UV/H_2O_2/$Fe_2(SO_4)_3$）（*c*、*d*）工艺降解TPA的效果

（*a*）UV/H_2O_2工艺，pH影响（TPA浓度50mg/L，H_2O_2浓度3mM）；（*b*）H_2O_2浓度影响（TPA浓度50mg/L，pH6）；（*c*）UV/H_2O_2/$Fe_2(SO_4)_3$工艺，pH影响（TPA浓度50mg/L，H_2O_2浓度3mM，$Fe_2(SO_4)_3$浓度90mg/L）；（*d*）$Fe_2(SO_4)_3$浓度影响（TPA浓度50mg/L，H_2O_2浓度3mM，pH6）

佳的 H_2O_2 浓度为 3mM，更高的 H_2O_2 浓度时，H_2O_2 的作用就成为·OH 的清除剂，其结果是降低了·OH 浓度。

投加 Fe 盐（$Fe_2(SO_4)_3$）于 UV/H_2O_2 工艺，提高了 TPA 的降解效率，但受到溶液 pH 的极大影响（图 6.206*c*）。极低 pH 时（pH<3），羟基自由基被氢离子所清除。极高 pH 时，有机物降解效率下降，并且会生成 Fe（II）络合物，使水中游离铁离子减少，更因氢氧化铁沉淀而抑制亚铁离子的产生。此外，羟基自由基的氧化电位随 pH 增加而减小，一般，最佳 pH 为 3，但因 TPA 的物化性质，当 pH 极低时，对其去除并不有利，并且将水的 pH 调得过低，在水处理时也是不现实的。

从图 6.206d 可见，TPA 降解速率随 Fe^{2+} 初始浓度的增加而增加，进水中 55mg/L 浓度的 TPA，加 90mg/L$Fe_2(SO_4)_3$ 后可在 45min 内完全降解。但 $Fe_2(SO_4)_3$ 浓度增加到 150mg/L 时，TPA 去除率反而下降。原因是有机物与铁离子相互竞争·OH，因此如增加铁浓度，有机物与·OH 作用的机会就会相应减少。

(3) UV/TiO_2（固定 TiO_2 膜）去除六氯苯（HCB）

试验装置由原水箱、稳压水箱、光催化组件等组成，如图 6.207 所示。原水从原水箱内流出，经稳压水箱稳压后，进入光催化组件。光催化组件是处理装置的核心，它是由 30 根长 200mm、内径 4mm 的石英玻璃管联接而成，呈环状布置，中间放置紫外灯管。石英玻璃管内壁涂有纳米 TiO_2 薄膜，经高温固化在管壁上。紫外灯管发射的紫外线，照射到 TiO_2 薄膜上，激发产生·OH。通过调节出水阀，可以控制管内液体流速；增减紫外灯管的根数可以改变光强的大小。紫外灯主波长 254nm，灯管数与对应的光强如表 6.88 所示。该装置有以下优点：

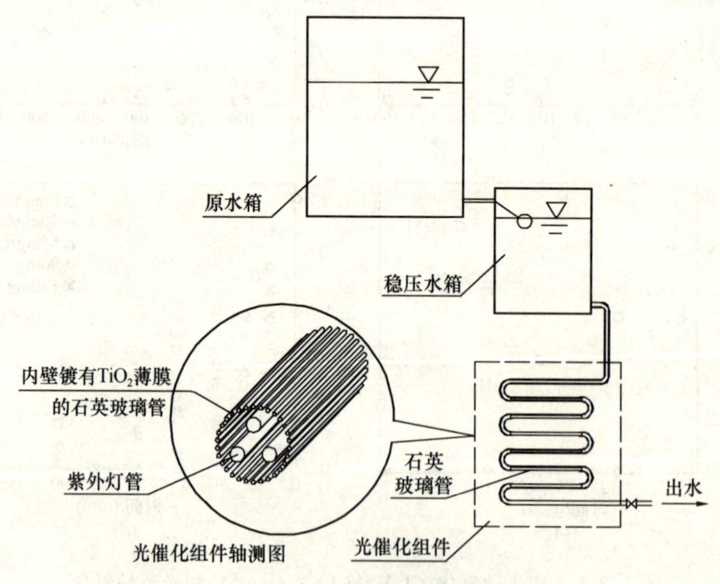

图 6.207 UV-TiO_2 工艺流程图

灯管数及对应光强 **表 6.88**

灯管数（根）	1	2	3
紫外光强（$\mu W/cm^2$）	80	161	243

①被处理水从涂有 TiO_2 薄膜的细石英玻璃管中流过，大大增加了水与催化剂的接触面积，从而提高了催化效率。

②石英玻璃管做成盘管状，类似于推流式反应器，反应效率较高，所占空间小。

1）HCB 浓度的影响

分别配制不同浓度的 HCB 溶液，在相同的紫外光强下照射，调节出水阀来控制流速，每调整一次流速后稳定 0.5h，然后测定出水的 HCB 浓度，结果如图 6.208 所示。

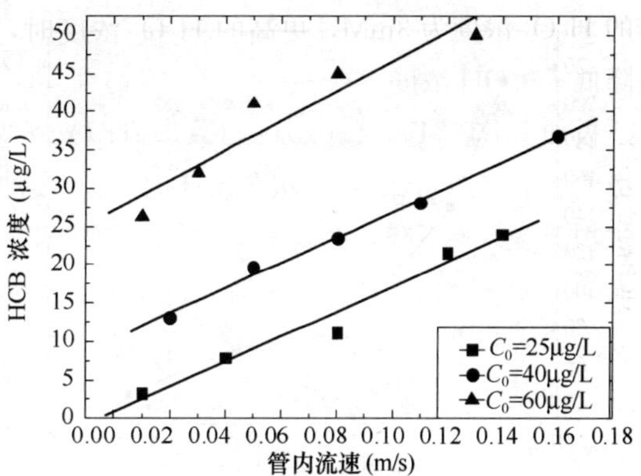

图 6.208　不同初始浓度相同光强时的 HCB 降解

在流速 0.03～0.20m/s 范围内，对出水中 HCB 浓度和流速进行直线拟合，结果如表 6.89 所示。

各初始浓度下的拟合方程　　表 6.89

初始浓度	拟合方程
$C_0=25\mu g/L$	$y=163.92x+0.6554$　$R^2=0.9592$
$C_0=40\mu g/L$	$y=168.35x+9.7088$　$R^2=0.9957$
$C_0=60\mu g/L$	$y=188.15x+27.414$　$R^2=0.9064$

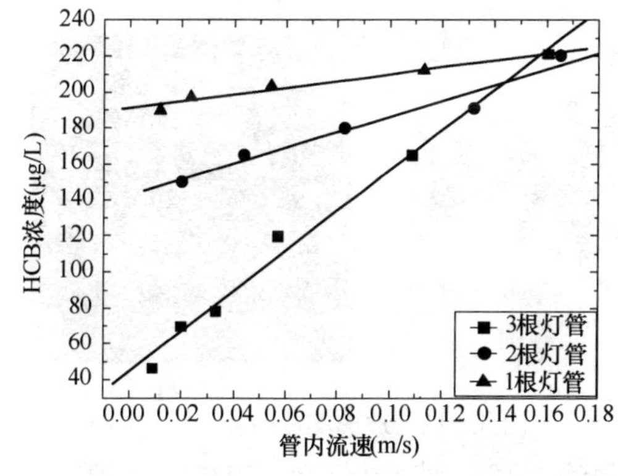

图 6.209　不同光强下的 HCB 降解

可以看出，石英玻璃管内流速在 0.03～0.20m/s 的范围内，出水 HCB 浓度与管内流速基本上成线性关系。虽然初始浓度不同，但直线接近于平行，这说明 HCB 初始浓度的变化对降解速率的影响不大。

2）光强的影响

不同光强下测定结果如图 6.209 所示。

在初始浓度为 $C_0=230\mu g/L$，其他条件不变的情况下，检测不同流速下出水中的 HCB 浓度，对出水 HCB 浓度与管内流速进行拟合，结果如表 6.90 所示。

不同光强下的拟合方程　　表 6.90

光强（$\mu W/cm^2$）	拟合方程
80（一根灯管）	$y=190.16x+190.93$　$R^2=0.9677$
161（两根灯管）	$y=434.29x+142.97$　$R^2=0.9551$
243（三根灯管）	$y=1117.1x+44.77$　$R^2=0.9887$

可以看出，由于光强（灯管数）的不同，不同浓度的 HCB 降解曲线明显相交。灯管数越多，HCB 降解速度越快，因此光强的增加大大提高了催化反应的效率。

3）有机物的影响

在反应器内放一定浓度的 HCB 溶液，加入不同浓度的腐殖酸，在不改变光强和流速的情况下，

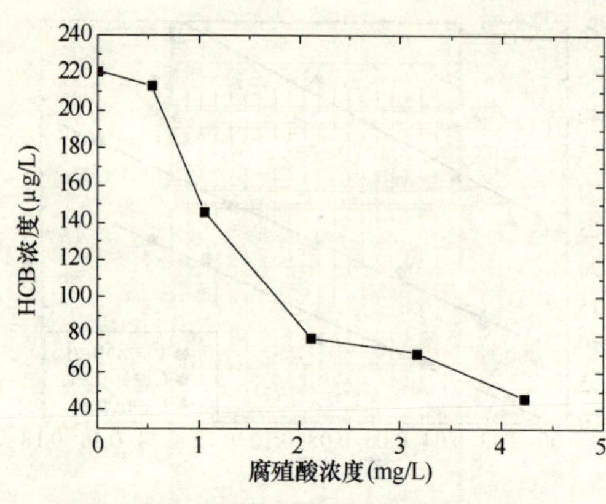

图 6.210　腐殖酸对光催化氧化的影响

进行光催化氧化降解，腐殖酸的浓度以 COD 表示，所测结果如图 6.210 所示。可以看出，随着腐殖酸浓度的增加，出水中 HCB 的浓度越来越低，说明腐殖酸可以提高 HCB 的降解速度。

(4) UV/TiO_2 (TiO_2 漂珠) 去除 DDT

1) 光催化 (TiO_2 漂珠) 实验装置

催化剂是以钛酸丁酯为原料，采用溶胶凝胶法制备二氧化钛。将 20mL 钛酸四丁酯和 6mL 二乙醇胺溶于 60mL 无水乙醇，搅拌 60min 得到混合溶液。另将 1mL 去离子水与 40mL 无水乙醇混和均匀后，不断搅拌并逐滴滴入到混合液中，持续搅拌 60min，得到均匀透明的淡黄色 TiO_2 溶胶。发生的主要反应如下：

$$Ti(OC_4H_9)_4 + 4H_2O \rightarrow Ti(OH)_4 + 4C_4H_9OH \tag{6.74}$$

$$Ti(OH)_4 + Ti(OC_4H_9)_4 \rightarrow 2TiO_2 + 4C_4H_9OH \tag{6.75}$$

$$Ti(OH)_4 + Ti(OH)_4 \rightarrow 2TiO_2 + 4H_2O \tag{6.76}$$

负载二氧化钛薄膜的载体是用于工程塑料添加剂的空心玻璃珠（又名漂珠），详见图 6.211。漂珠与水按 1∶3 的比例放入烧杯中搅拌 24h，以洗掉漂珠上的粉尘，同时使某些强度不够的漂珠得以破碎去除。然后进行浮选，再在烘箱内晾干。经过处理后漂珠的密度在 0.6～0.8g/cm^3 左右，粒径范围在 20μm 到 200μm 之间，平均比表面积为 1.9m^2/g。

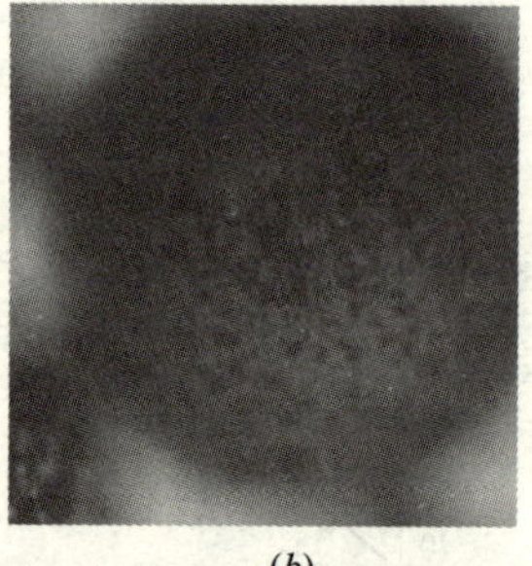

(a)　　(b)

图 6.211　玻璃漂珠照片

(a) 漂珠放大 100 倍的电子照片；(b) 漂珠放大 100 倍的表面电子照片

把筛选好的漂珠放入淡黄色 TiO_2 溶胶中浸泡 1h，用滤纸过滤烘干，反复以上过程 3 次，然后置入马弗炉中，温度从 200℃升至 550℃，停留 1h，制得镀有二氧化钛薄膜的玻璃漂珠，其放大 500 倍的 SEM 照片如图 6.212 所示，其中图 6.212 (a) 为原漂珠的 SEM 照片，图 6.212 (b) 为负载 TiO_2 漂珠的 SEM 照片。经过负载 TiO_2 后，漂珠的密度为 0.8～0.9g/cm^3，因比水轻在水中呈悬浮状态。

试验所用水样为溶有 DDT 的反渗透水，由于 DDT 在水中的溶解度很低容易吸附在固体表

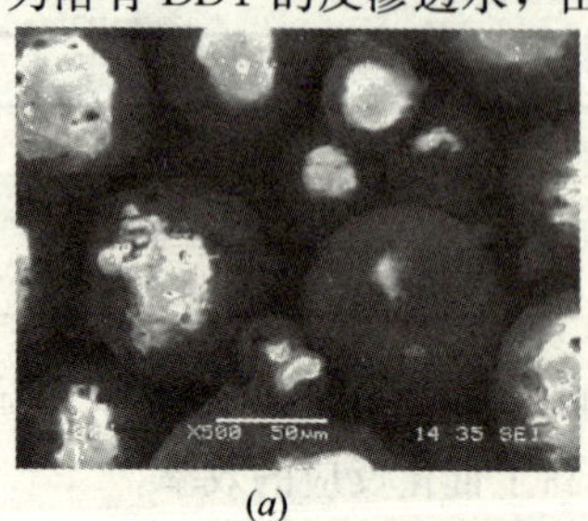

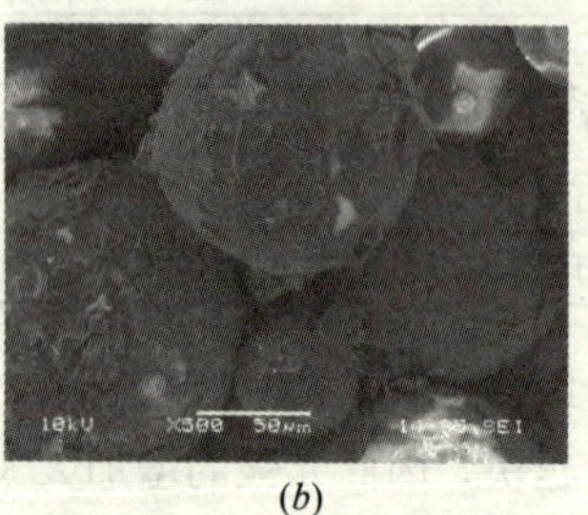

(a)　　(b)

图 6.212　负载 TiO_2 薄膜前后的漂珠 SEM 图

(a) 原漂珠的 SEM 照片；(b) 负载 TiO_2 漂珠的 SEM 照片

面。试验前先把镀有 TiO_2 薄膜的漂珠放入水样中搅拌 2h 以达到吸附稳定。

图 6.213 为应用 TiO_2 漂珠的光催化反应器示意图，反应器分两部分：上部为反应区，污染物在此区内经光催化反应得到降解；底部为砂滤层，砂滤料的直径为 0.5～1mm，用于防止漂珠随出水流走。曝气头曝气搅拌时可以使反应器内部的水良好混合。运行时，当滤层的水头损失超过限值或有漂珠进入滤层，可以用反冲洗的方式来恢复其功能，通常反冲洗的时间只需要 2min。

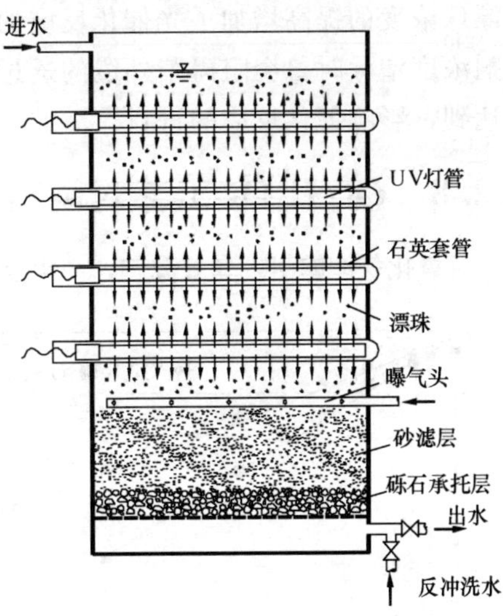

图 6.213　光催化（TiO_2 漂珠）反应器示意图

图 6.214 为光催化反应器（TiO_2 漂珠）试验装置照片。

2）DDT 降解动力学模型

配制三种浓度的 DDT 溶液（$C_0=49\mu g/L$、$40\mu g/L$ 和 $30\mu g/L$），分别放入反应器中进行降解。设 C_p 为降解后溶液中的 DDT 浓度，则去除率为（C_0-C_p）/C_0，经过 70minUV 照射，其去除率为别为 59.2%、55.0%和 83.3%。如图 6.215 所示，$1/(C_0-C_p)$ 与反应时间呈线性相关，因此反应可以用二级反应动力学模型来表示：

图 6.214　光催化反应器试验装置照片

$$r = kC_p^2 \tag{6.77}$$

此处 r 代表降解速率，$\mu g/L\cdot min$；k 是动力学常数，L/（$\mu g\cdot min$）。

影响 k 的主要因素有 UV 光强及光催化剂的浓度，因此 k 是光强 I 和光催化剂浓度 C_c 的函数：

$$k = f(I, C_c) \tag{6.78}$$

式中　I——UV 光强，μ/cm^2；

C_c——光催化剂浓度，g/L。

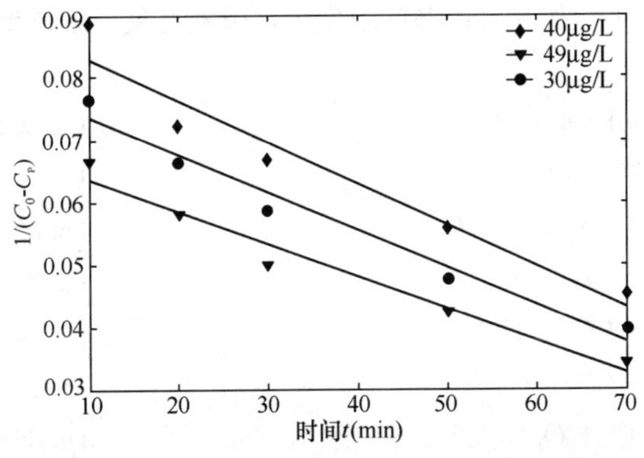

图 6.215　1/（C_0-C_p）与反应时间之间的关系

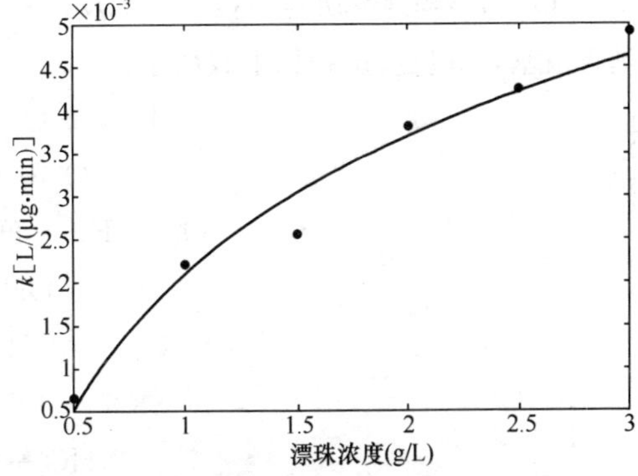

图 6.216　漂珠浓度对 DDT 去除率的影响

3）漂珠浓度对 DDT 去除率的影响

图 6.216 为漂珠浓度对 DDT 去除率的影响，试验时 UV 光强为 $1200\mu W/cm^2$，空气流量为 0.3L/min。图 6.216 表明随着漂珠浓度的增加，DDT 的去除率也大大提高，这是由

于漂珠浓度的提高增加了光催化反应的反应面，促使更多的羟基自由基产生。但同时当催化剂浓度增大时，会阻碍紫外线的透过，从而导致远离光源的部位紫外强度低甚至紫外无法达到，影响催化反应的进行。

6.2.8 O_3/H_2O_2 工艺对阿特拉津的去除效果

过氧化氢能够引发臭氧分解，产生反应活性较强的羟基自由基，因此对 O_3/H_2O_2 工艺降解阿特拉津的效果进行研究。采用自来水配制浓度接近的阿特拉津反应液（约 350μg/L），臭氧投加量为 3.6mg/min，反应温度 $T=10\pm1$℃。在反应器内一次性投加 20mg/L 的 H_2O_2。在 O_3/H_2O_2 工艺中，阿特拉津的降解反应符合一级反应动力学模型。一级反应动力学拟合曲线如图 6.217 所示，一级反应动力学方程拟合参数如表 6.91 所示。阿特拉津在单独臭氧氧化工艺和 O_3/H_2O_2 工艺中的一级反应动力学常数分别 0.0645min^{-1} 和 0.1034min^{-1}，可以看出，O_3/H_2O_2 工艺可使阿特拉津的降解速率有较大的提高。

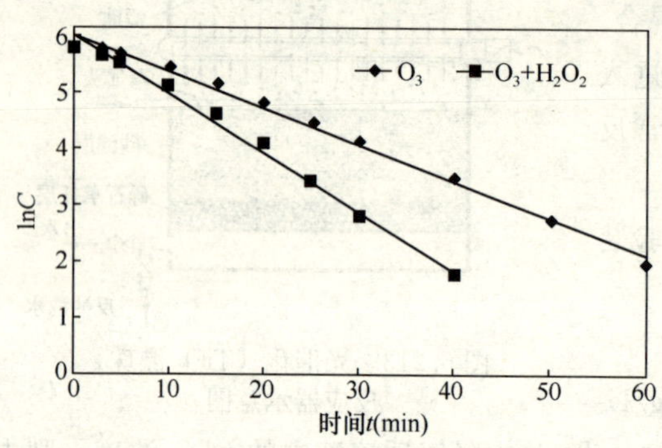

图 6.217 O_3 及 O_3/H_2O_2 工艺降解阿特拉津的一级反应动力学拟合曲线

O_3 及 O_3/H_2O_2 工艺降解阿特拉津的一级反应动力学参数 **表 6.91**

工艺名称	拟合方程	k (min^{-1})	R^2
O_3	$\ln C=-0.0645t+6.015$	0.0645	0.9926
O_3/H_2O_2	$\ln C=-0.1034t+6.0006$	0.1034	0.9911

H_2O_2 在 pH 为中性的水溶液中存在如式 6.79 所示的离解平衡：

$$H_2O_2 \leftrightarrow HO_2^- + H^+ \tag{6.79}$$

离子 HO_2^- 与臭氧反应速度很快（$k=2.2\times10^6$ L/（mol·s）），因此臭氧与 H_2O_2 的反应速率由 H_2O_2 的离解速率决定。接下来的反应是 HO_2^- 作为自由基的引发剂，引发臭氧分解产生羟基自由基，其反应历程如下式所示：*

$$HO_2^- + O_3 \rightarrow HO_2^{\cdot} + O_3^{\cdot-} \tag{6.80}$$

$$O_3^{\cdot-} \leftrightarrow O^{\cdot-} + O_2 \tag{6.81}$$

$$O_3^{\cdot-} + H^+ \rightarrow HO_3^{\cdot} \rightarrow \cdot OH + O_2 \tag{6.82}$$

$$O_3^{\cdot-} + \cdot OH \rightarrow O_3 + OH^- \tag{6.83}$$

$$O_3^{\cdot-} + \cdot OH \rightarrow O_2^{\cdot-} + HO_2^{\cdot} \tag{6.84}$$

$$O_2^{\cdot-} + O_3 \rightarrow O_3^{\cdot-} + O_2 \tag{6.85}$$

$$HO_2^{\cdot} \leftrightarrow O_2^{\cdot-} + O_2 \tag{6.86}$$

O_3/H_2O_2 的总反应方程式为：

$$2O_3 + H_2O_2 \rightarrow 2\cdot OH + 3O_2 \tag{6.87}$$

*引自石枫华·O_3/H_2O_2 和 O_3/Mn 催化氧化工艺去除水中有机物的效能与机理［D］．哈尔滨：哈尔滨工业大学，2003.12：32～36.

即化学计量关系为 2 个臭氧分子可得到 2 个羟基自由基。HO_2^- 离子能够与臭氧分子迅速反应，生成臭氧化物自由基离子（$O_3^{\cdot-}$），而 $O_3^{\cdot-}$ 可直接引发产生羟基自由的反应。由此可以看出，加入 H_2O_2 后引发了氧化性更强的羟基自由基的产生，因此阿特拉津的降解速率比单独臭氧氧化有较大程度的提高。

6.2.9　UV/H_2O_2 及 UV/TiO_2 去除类固醇雌激素

2005～2006 年上海在松浦大桥、淀峰、徐浦、陈行及复兴东路渡口进行取样测定地表水

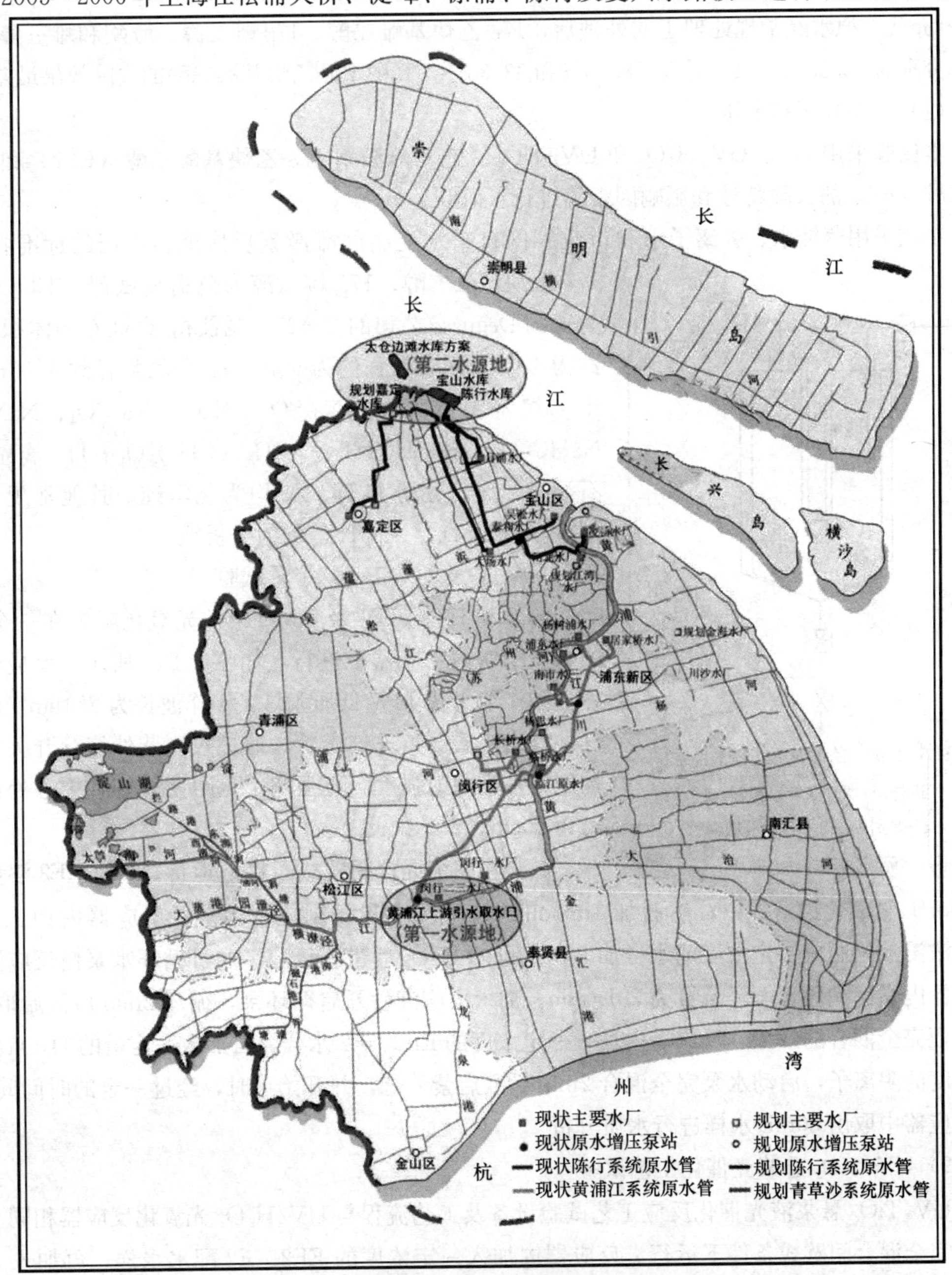

图 6.218　黄浦江原水及常规处理工艺取水地点

中类固醇雌激素的含量，取样点的位置见图 6.218。在 42 次检测中，有 16 次检测类固醇雌激素未检出或低于检测限，其余 26 次均检测到雌激素，浓度范围在 0～0.10μg/L。除了雌三醇浓度较低，检出次数较少外，17β-雌二醇、17α-乙炔基雌二醇和雌酮的浓度均较高。

经上海市杨树浦水厂饮用水常规处理工艺处理后，原水、沉淀水和出厂水中 17α-乙炔基雌二醇的平均浓度分别为 0.003308μg/L、0.003μg/L 和 0.002538μg/L，17β-雌二醇的平均浓度分别为 0.004638μg/L、0.004062μg/L 和 0.003169μg/L，雌酮的平均浓度分别为 0.006775μg/L、0.005075μg/L 和 0.004825μg/L，雌三醇的平均浓度分别为 0.0015μg/L、0.00125μg/L 和 0.001μg/L。原水经常规处理工艺处理后，17α-乙炔基雌二醇、17β-雌二醇、雌酮和雌三醇的去除率分别为 23.25%、31.63%、28.78%和 33.33%，其中 17α-乙炔基雌二醇的去除效果最差。

(1) 试验方法和水质

本试验采用 UV、UV/H_2O_2 和 UV/TiO_2 工艺对雌激素 17α-乙炔基雌二醇（EE2）和 17β-雌二醇（E2）的去除特性和影响因素等进行了研究。

小试采用蒸馏水、去离子水和市政管网自来水配制的雌激素反应液。使用的标准物质：17α-乙炔基雌二醇、17β-雌二醇为色谱纯试剂，TiO_2 颗粒为德国 Degussa 公司的 P—25（锐钛相/金红石相体积分数约为 4∶1，比表面积约为 $50m^2/g$，平均粒径约为 30nm）；十二烷基苯磺酸钠、Na_2SO_4、NaCl、Na_2CO_3、$NaNO_3$、$NaHCO_3$、CH_3CH_2OH、$[CH_3(CH_2)_3O_4]_4Ti$、腐殖酸、石油醚、无水乙醇和 K_2CO_3 均为化学纯，其他常规药剂 HNO_3、H_2SO_4、NaOH 等均为分析纯。

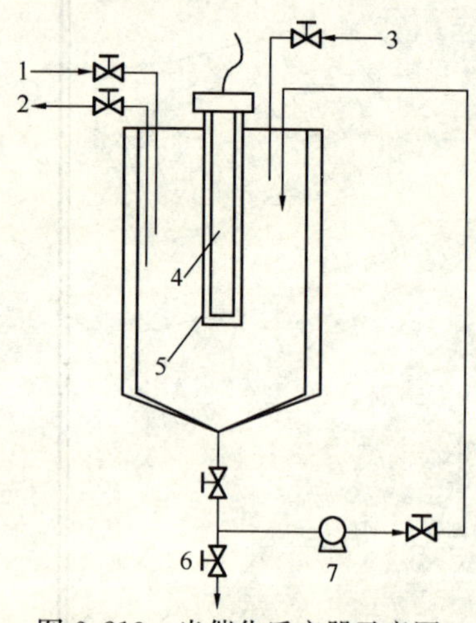

图 6.219 光催化反应器示意图
1—进样口；2—取样口；3—进气口；4—紫外灯；5—石英玻璃套管；6—排水阀；7—循环泵

1) UV 及 UV/H_2O_2 工艺试验

EE2 和 E2 的 UV 及 UV/H_2O_2 光氧化降解在一个 6L 的管状不锈钢反应器中进行，如图 6.219 所示。反应器内置美国产非力普 14W 低压汞灯，工作波长为 254nm，紫外灯外罩有一层石英玻璃套管。通过控制紫外灯管开关数来控制紫外光照射强度。光强测定点距紫外灯管中心处的距离为 10cm。

试验在完全混合间歇式条件下运行。E2、EE2 溶解在 1mmol/L 氢氧化钠溶液中，然后加 1mmol/L 的硝酸中和配制成浓溶液，反应器内加入 E2、EE2 浓溶液配制成一定浓度的水样加入一定量的 H_2O_2 后进行反应。通过循环水泵使反应液在反应器内高速循环，循环流量为 20L/min。加入反应液后开启循环泵，循环 2min 后开始取样，以保证完全混合的效果。反应器内加入一定浓度的 EE2、E2 水样，再加入一定量的 H_2O_2 和不同浓度的阴离子，启动水泵完全混合 2min 后开启紫外灯，并开始计时，经过一定的时间间隔，从反应器中取出 30mL 水样进行水质分析。

2) UV/TiO_2 悬浆光催化工艺试验

UV/TiO_2 悬浆液光催化反应工艺试验设备及工艺流程与 UV/H_2O_2 光氧化反应器相同。试验在完全混合间歇式条件下运行。反应器内加入一定浓度的 EE2、E2 配水水样，再加入一定量的 TiO_2 粉末，启动水泵完全混合 5min 后开启紫外灯，并开始计时，经过一定的时间间隔，从反应器中取出30mL水样，经过0.45μm微孔膜过滤后及时进行水质分析。

3）固定TiO_2膜光催化工艺试验

固定TiO_2膜光催化降解类固醇雌激素试验采用小型固定膜光催化装置（图6.220）。反应器内置波长为254nm的冷阴极低压汞灯（电功率60W），外置石英套管，石英套管外和玻璃反应器内部各设一层固定膜催化剂，反应液体积1.8L，通过磁力搅拌作用使反应液完全混合。冷凝水流过冷凝水夹套控制反应温度在25℃左右。

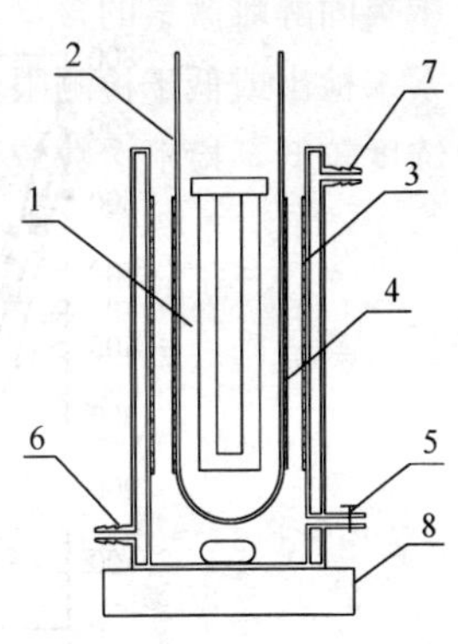

图6.220　固定TiO_2膜光催化装置示意图

1—紫外灯；2—玻璃套管/石英套管；3—外层催化剂；4—内层催化剂；5—取样口；6—冷却水进口；7—冷却水出口；8—磁力搅拌器

（2）UV/H_2O_2联用工艺对17α-乙炔基雌二醇（EE2）的去除效果

1）EE2的降解效率

在EE2初始浓度为650μg/L，H_2O_2初始浓度为5mg/L，pH为6.95～7.43时，单独投加H_2O_2对溶液中EE2几乎没有去除效果。单独UV辐照时，溶液中EE2的浓度变化也很小，EE2光降解的一级反应速率常数为0.0075min^{-1}，60min时仅降解35%左右。当UV和H_2O_2同时作用时，EE2的降解速率显著增加（图6.221），自来水中EE2光降解的一级反应速率常数为0.0630min^{-1}，在30～40min内去除率可达99%以上。

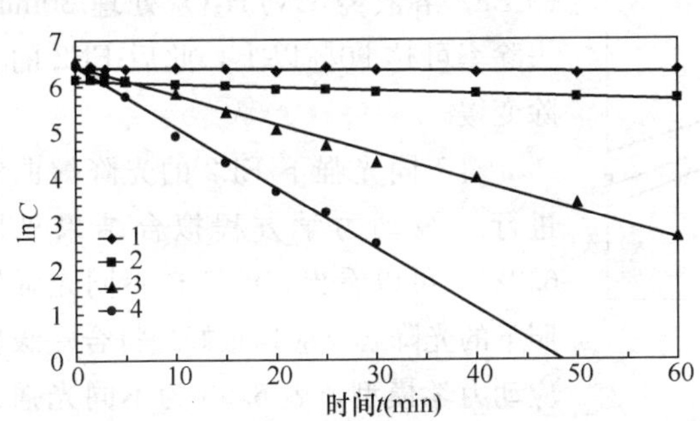

图6.221　UV、H_2O_2和UV/H_2O_2对自来水、蒸馏水中EE2的降解拟合曲线

1—H_2O_2降解自来水中的EE2；2—UV降解自来水中的EE2；3—UV/H_2O_2降解自来水中的EE2；4—UV/H_2O_2降解蒸馏水中的EE2

EE2在蒸馏水中的降解及对光降解曲线进行一级动力学拟合结果见表6.92。可见EE2在蒸馏水中的一级反应速率常数为0.1324min^{-1}，比在自来水中的光降解速率增大了近一倍。这说明当水中存在有机物及多种离子的情况下，光解反应速率会降低，有机物的主要影响体现为：有机物（腐殖酸、丹宁、富里酸）中大多存在苯环、双键等不饱和结构，对紫外线有强烈的吸收，它们降低紫外光的透射率，因此会减少紫外光的利用效率，从而导致光降解速率的降低。

UV、H_2O_2和UV/H_2O_2降解自来水、蒸馏水中EE2的一级反应动力学参数　表6.92

项　目	一级反应动力学方程	k (min^{-1})	R^2
UV降解自来水中的EE2	$\ln C=-0.0075t+6.1173$	0.0075	0.9595
UV/H_2O_2降解自来水中的EE2	$\ln C=-0.0630t+6.4260$	0.0630	0.9913
UV/H_2O_2降解蒸馏水中的EE2	$\ln C=-0.1324t+6.4236$	0.1324	0.9935

2）光强的影响

在同样试验条件，不同强度紫外光辐照下，反应器中EE2浓度随反应时间变化的情况见图6.222。

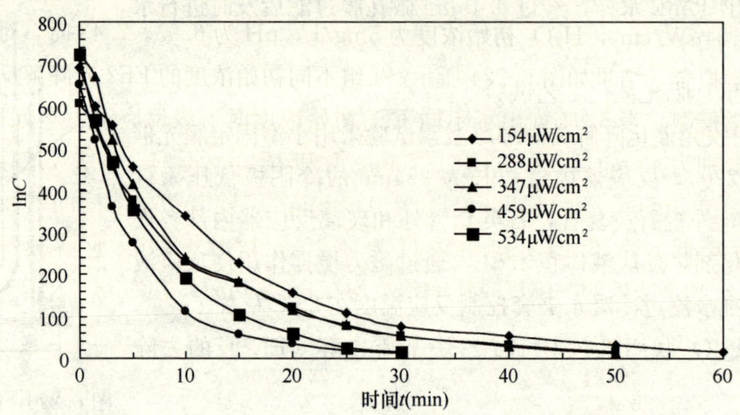

图 6.222　不同光强下 EE2 光降解曲线

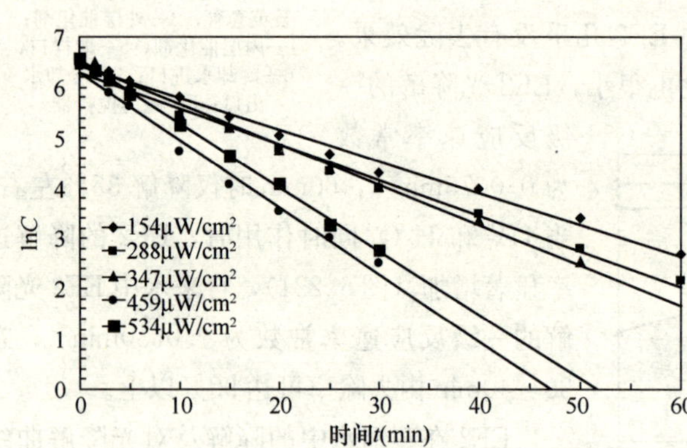

图 6.223　不同光强时 EE2 光降解拟合曲线

UV/H_2O_2 联用工艺对 EE2 的去除效果相当明显。初始浓度为 650μg/L 的 EE2 溶液经 UV/H_2O_2 处理 30min，去除率可达 90%以上，此后 EE2 的去除变缓。

对不同光强下 EE2 的光降解曲线进行一级动力学方程拟合结果见图 6.223，可以看出，EE2 在不同光强辐照下的光降解反应均很好地符合一级反应动力学模型。表 6.93 为不同光强条件下 EE2 光降解一级反应动力学方程拟合结果。从表中可知，光降解反应的一级反应速率常数受光强影响较大。将不同光强下的一级反应速率常数进行拟合，可以得到如下关系：

$$k = 2.0 \times 10^{-4} I + 0.0202 (R^2 = 0.8884) \tag{6.88}$$

式中　k——一级反应速率常数，min^{-1}；

I——辐照光强，$\mu W/cm^2$。

从式 (6.88) 可以看出，反应速度常数随着 UV 辐射量的增加而线性增加。增加光强实质上是提高单位反应体积内的光量子数，光量子数的增加会使单位时间内产生更多的 ·OH，此外紫外光还能使溶液中的有机物产生活性，因而反应速率也会随之提高。因此，可以通过增加紫外照射光强来提高 EE2 光氧化降解的效率。

不同光强时 EE2 一级反应动力学参数　　**表 6.93**

光强 ($\mu W/cm^2$)	一级反应动力学方程	k (min^{-1})	R^2
154	$\ln C = -0.0630t + 6.4260$	0.0630	0.9916
288	$\ln C = -0.0706t + 6.2739$	0.0706	0.9932
347	$\ln C = -0.0801t + 6.4607$	0.0801	0.9935
459	$\ln C = -0.1267t + 6.5400$	0.1267	0.9984
534	$\ln C = -0.1334t + 6.2977$	0.1334	0.9869

3）EE2 初始浓度的影响

在光强为 154μW/cm^2，H_2O_2 初始浓度为 5mg/L，pH 为 6.95～7.43 时，对实验数据进行一级反应动力学拟合，结果如图 6.224 所示。4 组不同初始浓度的 EE2 光降解反应很好地符合一级反应动力学模型。表 6.94 列出了不同 EE_2 初始浓度时一级反应动力学方程的拟合结果。EE2 初始浓度分别为 430μg/L、691μg/L、790μg/L 和 1340μg/L 时，一级反应速率常数分别为 0.0636min^{-1}、0.063min^{-1}、0.0628min^{-1}和 0.0394min^{-1}。随着初始浓度的增加，EE2 的反应速率常数逐渐降低。除了 EE2 初始浓度为 1340μg/L 时一级反应解速率常数较小为 0.0394min^{-1}外，其余浓度的一级反应速率常数均在 0.0630min^{-1}左右。

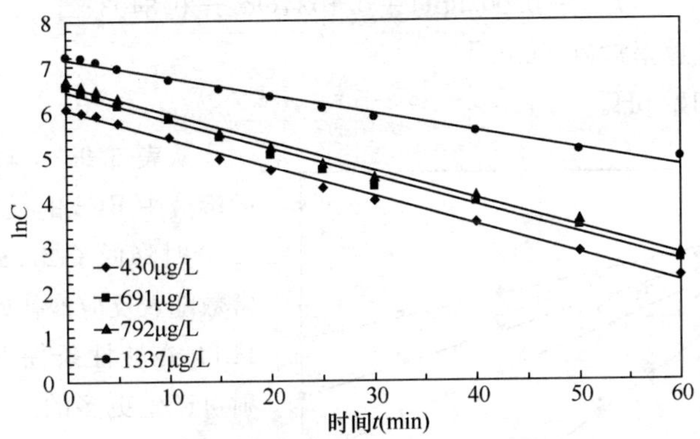

图 6.224 不同初始浓度条件下 EE2 光降解拟合曲线

不同初始浓度 EE2 一级反应动力学参数 **表 6.94**

EE2 初始浓度（μg/L）	一级反应动力学方程	k（min^{-1}）	R^2
430	lnC＝－0.0636t＋6.0237	0.0636	0.9953
691	lnC＝－0.0630t＋6.4260	0.0630	0.9916
792	lnC＝－0.0628t＋6.5577	0.0628	0.9925
1337	lnC＝－0.0394t＋7.1342	0.0394	0.9891

4）pH 的影响

初始 pH 分别为 4.10、5.53、7.05 和 8.15，光强为 154μW/cm^2，EE2 初始浓度为 650μg/L，H_2O_2 初始浓度为 5mg/L 时，EE2 的光降解一级反应动力学拟合曲线见图 6.225。表 6.95 列出了

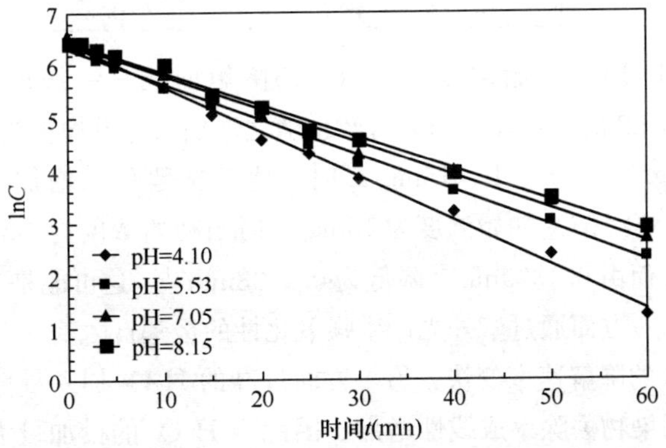

图 6.225 溶液初始 pH 对自来水中 EE2 降解的影响

不同 pH 值时 EE2 的光降解一级反应动力学拟合方程。

不同初始 pH 时自来水中 EE2 的光降解一级反应动力学参数　　表 6.95

初始 pH	一级反应动力学方程	k (min^{-1})	R^2
4.10	$\ln C=-0.0823t+6.4000$	0.0845	0.9950
5.53	$\ln C=-0.0672t+6.2977$	0.0672	0.9957
7.05	$\ln C=-0.0630t+6.4260$	0.0630	0.9916
8.15	$\ln C=-0.0610t+6.4624$	0.0610	0.9939

考察不同 pH 时的反应速率常数，可得到如下关系：

$$k=-0.0055\text{pH}+0.1034(R^2=0.8403) \tag{6.89}$$

式中　k——一级反应速率常数，min^{-1}；

pH——反应液初始 pH。

从表 6.95 可以看出，pH 为 8.15 的溶液中 EE2 的反应速率常数比 pH 为 4.10 时降低了 27.81%，一级反应速率常数随着反应液初始 pH 的降低而升高。H_2O_2 在酸性条件下较稳定，经 UV 照射可产生更多的 · OH，因此 EE2 的降解速率加快。

5）H_2O_2 初始浓度的影响

光强为 154μW/cm²，EE2 初始浓度为 650μg/L，pH 为 6.95～7.43 时，H_2O_2 的投加量对自来水配制的 EE2 溶液光降解影响见图 6.226 和表 6.96。

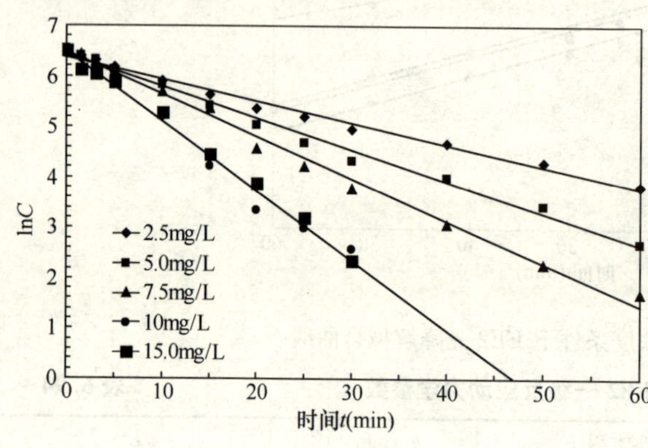

图 6.226　H_2O_2 初始浓度对自来水中 EE2 降解的影响

不同 H_2O_2 初始浓度时自来水中 EE2 的光降解一级反应动力学参数　　表 6.96

H_2O_2 投加量 (mg/L)	一级反应动力学方程	k (min^{-1})	R^2
2.5	$\ln C=-0.0434t+6.3689$	0.0434	0.9890
5	$\ln C=-0.0630t+6.4260$	0.0630	0.9916
7.5	$\ln C=-0.0838t+6.4710$	0.0838	0.9929
10	$\ln C=-0.1399t+6.4850$	0.1399	0.9860
15	$\ln C=-0.1338t+6.4867$	0.1338	0.9959

可以看出，在不同 H_2O_2 初始浓度下，EE2 的降解曲线呈一级反应动力学形式，随着 H_2O_2 投加量的增加，EE2 的一级反应速率常数也随之增加。与投加量为 2.5mg/L 时相比，投加量为 5mg/L、7.5mg/L、10mg/L、15mg/L 时，速率常数分别增加了 45.16%、93.09%、222.35%和 208.29%。但 H_2O_2 初始浓度为 15mg/L 时与初始浓度为 10mg/L 时相比，降解速率常数不但没有增加反而由 0.1399min^{-1}降低为 0.1338min^{-1}。这可能是 H_2O_2 在光化学降解过程中起两方面的作用，一方面通过紫外光产生强氧化性的羟基自由基（· OH），溶液中强氧化性的 · OH 增多使 EE2 的降解速率变快；另一方面过高的 H_2O_2 加入量反而起到 · OH 的清除剂的作用，并不能使污染物去除率成线性增加。因此当 H_2O_2 的投加量大于一定数值时，EE2 的降解速率不但没有上升反而下降。

6）有机物的影响

同样的实验条件下向蒸馏水配制的反应液中投加腐殖酸，使反应液的 UV_{254} 分别为 0.006cm^{-1}、0.052cm^{-1}、0.153cm^{-1}和 0.232cm^{-1}，腐殖酸对光降解 EE2 的影响见图 6.227。表 6.97 列出了不同 UV_{254} 值时 EE2 的光降解一级反应动力学拟合方程。

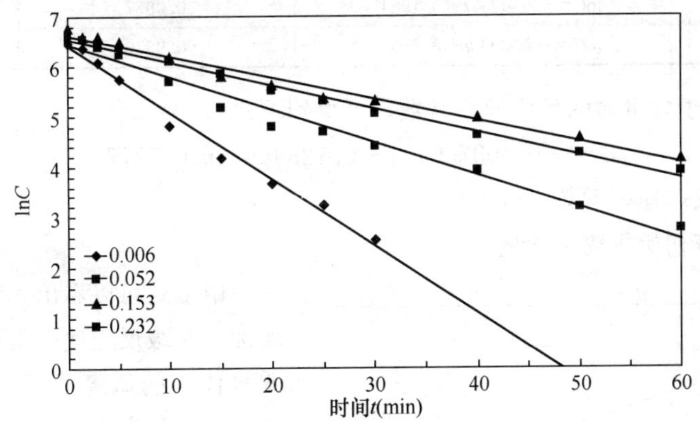

图 6.227　腐殖酸对 EE2 光降解的影响

不同 UV_{254} 时 EE2 的光降解一级反应动力学参数　　**表 6.97**

UV_{254} (cm^{-1})	一级反应动力学方程	k (min^{-1})	R^2
0.006	$\ln C=-0.1324t+6.4236$	0.1324	0.9935
0.052	$\ln C=-0.0648t+6.4308$	0.0648	0.9799
0.153	$\ln C=-0.0464t+6.5439$	0.0464	0.9939
0.232	$\ln C=-0.0425t+6.2070$	0.0425	0.9814

由表中可以看出，腐殖酸对 EE2 的光降解起抑制作用，UV_{254} 为 0.232cm^{-1}（腐殖酸含量约为 5mg/L）时，与蒸馏水相比，一级反应速率常数下降了 67.9%。

7）阴离子的影响

①Cl^- 的影响

同样实验条件下用蒸馏水配制反应液，使反应液中氯离子的含量分别为 2mmol/L、5mmol/L 和 10mmol/L，EE2 的光降解一级反应动力学拟合曲线见图 6.228。表 6.98 列出了不同氯离子含量时 EE2 的光降解一级反应动力学拟合方程。

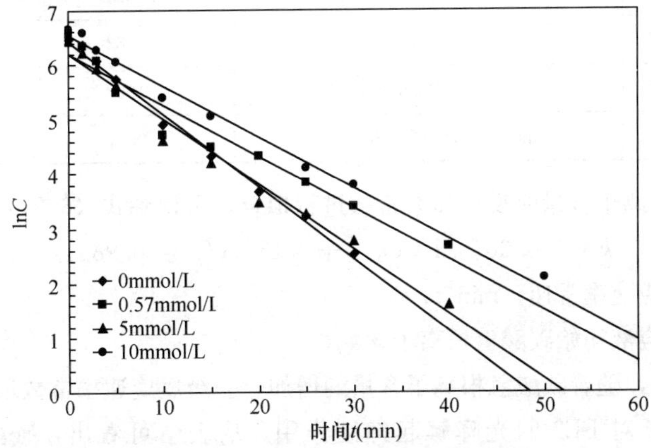

图 6.228　Cl^- 对 EE2 光降解的影响

不同 Cl^- 浓度时 EE2 的光降解一级反应动力学参数　　**表 6.98**

Cl^- 含量（mmol/L）	一级反应动力学方程	k（min^{-1}）	R^2
0	$\ln C=-0.1324t+6.4236$	0.1324	0.9935
0.57	$\ln C=-0.1193t+6.2030$	0.1193	0.9809
5	$\ln C=-0.0937t+6.1984$	0.0937	0.9551
10	$\ln C=-0.0930t+6.6568$	0.0930	0.9923

考察不同氯离子含量时的反应速率常数，可得到下式：

$$k=-0.0037[Cl^-]+0.1239(R^2=0.7777) \tag{6.90}$$

式中　k——一级反应速率常数，min^{-1}；

$[Cl^-]$——反应液初始氯离子含量。

由上式可以看出，随着氯离子含量的增加，一级反应速率常数逐渐降低。这表明水体中的氯离子对 EE2 的光降解起抑制作用。从表中可以看出，当溶液中存在氯离子时，EE2 的光降解速率常数减小，氯离子含量为 10mmol/L 时与不含氯离子体系相比，反应速率常数减小了 29.8%。

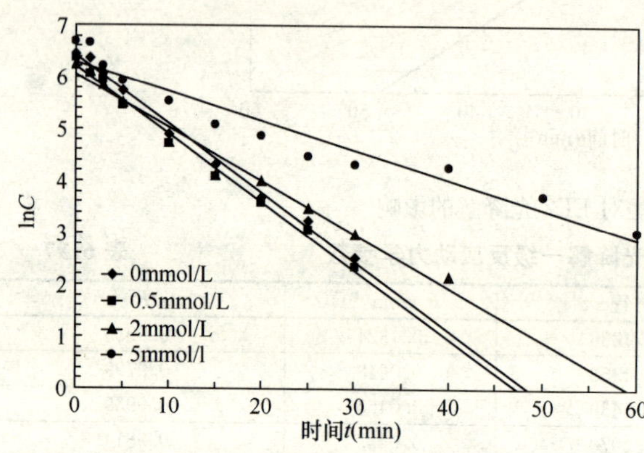

图 6.229　HCO_3^- 对 EE2 光降解的影响

②HCO_3^- 的影响

同样实验条件下使蒸馏水配制的反应液中碳酸氢根离子的含量分别为 0.5mmol/L、2mmol/L 和 5mmol/L，研究碳酸氢根离子对 EE2 光解效果的影响。图 6.229 显示了不同离子含量时 EE2 光解一级反应动力学拟合曲线。表 6.99 列出了不同含量时 EE2 光降解一级反应动力学拟合方程。

不同 HCO_3^- 浓度时 EE2 的光降解一级反应动力学参数　　**表 6.99**

HCO_3^- 含量（mmol/L）	一级反应动力学方程	k（min^{-1}）	R^2
0	$\ln C=-0.1324t+6.4236$	0.1324	0.9935
0.5	$\ln C=-0.1314t+6.2161$	0.1362	0.9916
2	$\ln C=-0.1023t+6.040$	0.1023	0.9782
5	$\ln C=-0.0567t+6.2842$	0.0567	0.9338

对不同碳酸氢根离子含量时反应速率常数进行拟合，可得到式（6.91）。

$$k=-0.0076[HCO_3^-]+0.1351(R^2=0.9894) \tag{6.91}$$

式中　k——反应速率常速，min^{-1}；

$[HCO_3^-]$——反应液初始碳酸氢根离子含量。

由上式可以看出，随着碳酸氢根离子含量的增加，一级反应速率常数迅速降低。这表明水体中的碳酸氢根离子对 EE2 的光降解起抑制作用。从表中可看出，碳酸氢根离子含量为 5mmol/L 时与不含碳酸氢根离子的体系相比，一级反应速率常数减小了 57.2%。

③SO_4^{2-} 的影响

同样的实验条件下使蒸馏水配制的反应液中硫酸根离子的含量分别为0.5mmol/L、2mmol/L和5mmol/L，研究硫酸根离子对EE2光降解的影响。硫酸根离子对EE2降解的影响见图6.230。表6.100列出了不同硫酸根离子浓度时EE2的光降解一级反应动力学拟合方程。

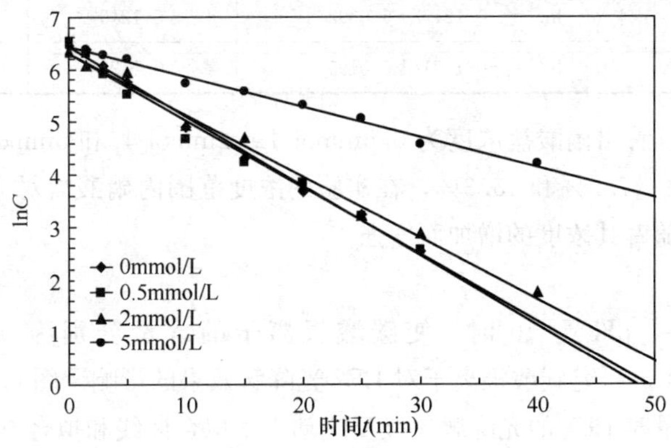

图6.230 SO_4^{2-} 对EE2光降解的影响

不同 SO_4^{2-} 浓度时EE2光降解的一级反应动力学参数 **表6.100**

SO_4^{2-} 含量（mmol/L）	一级反应动力学方程	k（min^{-1}）	R^2
0	$\ln C=-0.1324t+6.4236$	0.1324	0.9935
0.5	$\ln C=-0.1278t+6.3120$	0.1278	0.9821
2	$\ln C=-0.1173t+6.3150$	0.1173	0.9908
5	$\ln C=-0.0575t+6.4358$	0.0575	0.9909

与HCO_3^-不同，硫酸盐在水中既有生成·OH的反应也有捕获·OH的反应。硫酸盐的投加量为0.5mmol/L时，EE2的光降解一级反应速率常数几乎没有变化，但投加量分别为2mmol/L和5mmol/L时EE2的光降解速率常数分别减少了11.5%、56.5%。

④NO_3^-的影响

同样的实验条件下使蒸馏水配制的反应液中硝酸根离子的含量分别为0mmol/L、2mmol/L、5mmol/L和10mmol/L，研究硝酸根离子对EE2光降解的影响。图6.231显示了不同离子含量时EE2的光降解一级反应动力学拟合曲线。表6.101列出了不同含量时EE2的光降解一级反应动力学拟合方程。

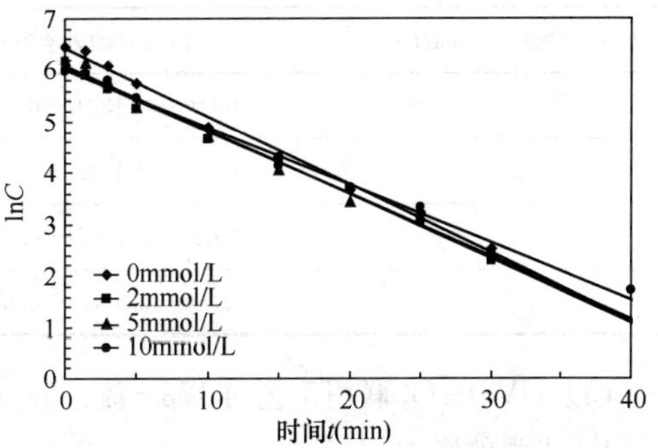

图6.231 NO_3^-对EE2光降解的影响

硝酸盐是天然水体中·OH产生的主要来源，在紫外光照下，形成·OH的光化学反应，产生·OH可以提高氧化作用的效率；但另一方面，硝酸盐在紫外区具有较强的吸收，起着一种内在惰性滤层作用，阻止光线有效地通过溶液，从而使H_2O_2光解产生·OH效率降低。

不同 NO_3^- 浓度时自来水中 EE2 降解的一级反应动力学参数　　表 6.101

NO_3^- 含量（mmol/L）	一级反应动力学方程	k (min^{-1})	R^2
0	$\ln C=-0.1324t+6.4236$	0.1324	0.9935
0.5	$\ln C=-0.1251t+6.0956$	0.1251	0.9861
2	$\ln C=-0.1219t+6.0392$	0.1219	0.9922
5	$\ln C=-0.1121t+6.0195$	0.1121	0.9932

从表 6.101 中可以看出硝酸盐浓度为 0.5mmol/L、2mmol/L 和 5mmol/L 时，反应速率常数比分别下降了 5.5%、7.9%和 15.3%，在实验的浓度范围内硝酸盐对 EE2 的光降解具有抑制作用，且抑制作用随着其浓度的增加而增强。

⑤CO_3^{2-} 的影响

同样的实验条件，pH 为 10 时，使碳酸根离子的含量分别为 0mmol/L、2mmol/L、5mmol/L 和 10mmol/L，研究碳酸根离子对 EE2 光降解效果的影响。图 6.232 和表 6.102 显示了不同碳酸根离子含量时 EE2 的光降解一级反应动力学拟合曲线和拟合方程。

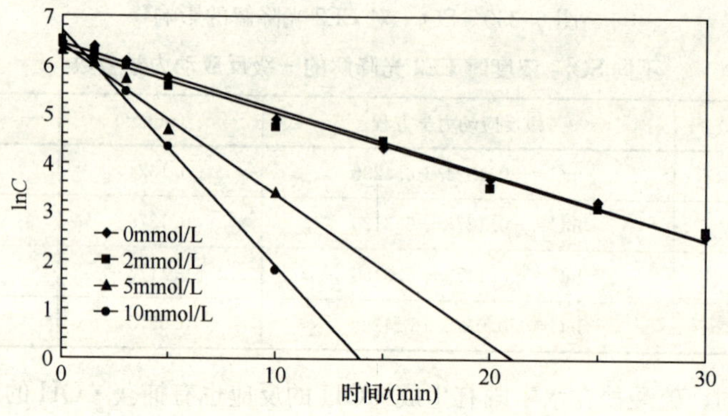

图 6.232　CO_3^{2-} 对 EE2 光降解的影响

不同 CO_3^{2-} 浓度时 EE2 的光降解一级反应动力学参数　　表 6.102

CO_3^{2-} 含量（mmol/L）	一级反应动力学方程	k (min^{-1})	R^2
0	$\ln C=-0.1324t+6.4236$	0.1324	0.9935
2	$\ln C=-0.1296t+6.3151$	0.1296	0.9852
5	$\ln C=-0.3060t+6.9790$	0.3060	0.9721
10	$\ln C=-0.4786t+6.6880$	0.4786	0.9884

(3) UV/H_2O_2 联用工艺对 17β—雌二醇（E2）的去除效果

1）光强的影响

采用自来水配制的初始浓度为 400μg/L 的 E2 反应液，H_2O_2 的浓度为 10mg/L，通过控制紫外灯管开关数来改变紫外光照射强度。图 6.233 显示了在不同光强条件下 E2 的光降解一级反应动力学方程拟合曲线。可以看出，E2 在不同光强条件下的降解反应均很好的符合一级反应动力学模型。表 6.103 为不同光强条件下，E2 降解一级反应动力学方程拟合结果。当紫外光强分别为

190μW/cm²、290μW/cm²、380μW/cm² 和 480μW/cm² 时，E2 一级反应速率常数分别为 0.0348min^{-1}、0.0368min^{-1}、0.0385min^{-1} 和 0.0456min^{-1}。随着光强的增加，E2 一级反应速率常数随之增加。

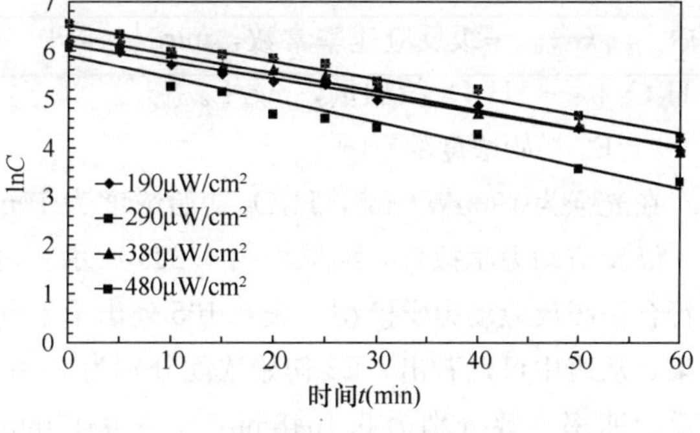

图 6.233　不同光强时 E2 光降解拟合曲线

将不同光强下的一级反应速率常数进行拟合，可以得到如下关系：

$$k = 3.4\times10^{-3}I + 0.0304(R^2 = 0.8774) \quad (6.92)$$

式中　k——一级反应速率常数，min^{-1}；

I——辐照光强，μW/cm²。

可见，E2 的一级反应速率常数随光强的增加而线性增加。

不同光强时 E2 一级反应动力学参数　　表 6.103

光强（μW/cm²）	一级反应动力学方程	k（min^{-1}）	R^2
190	lnC＝－0.0348t＋6.1072	0.0348	0.9870
290	lnC＝－0.0368t＋6.5097	0.0368	0.9812
380	lnC＝－0.0385t＋6.3101	0.0385	0.9888
480	lnC＝－0.0456t＋5.8855	0.0456	0.9512

2）H_2O_2 初始浓度的影响

用自来水配制初始浓度为 400μg/L 的 E2 反应液，光强为 190μW/cm²，在不同 H_2O_2 浓度条件下，E2 的降解曲线呈现一级反应动力学特征，对降解曲线进行一级动力学拟合，如图 6.234 所示。

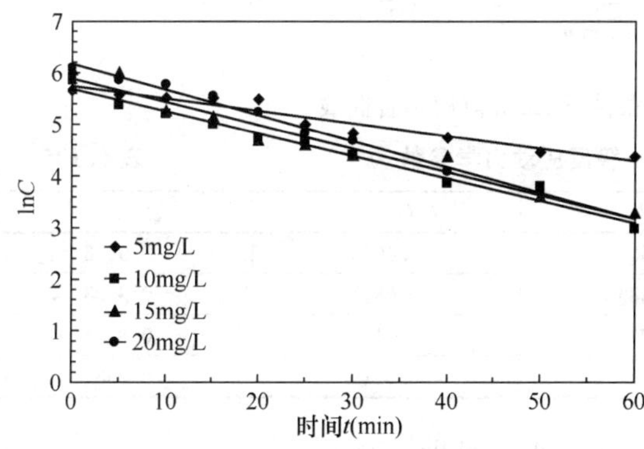

图 6.234　H_2O_2 初始浓度对自来水中 E2 降解的影响

可以看出，随着 H_2O_2 投加量的增加，E2 的一级反应速率常数也随之增加，降解速率加快，E2 的去除率升高。当 H_2O_2 投加量分别为 5mg/L、10mg/L、15mg/L 和 20mg/L 时，E2 的光降解速率常数分别为 0.0242min^{-1}、0.0432min^{-1}、0.045min^{-1}和 0.0488min^{-1}，与投加量为 5mg/L 时相比，投加量为 10mg/L、15mg/L、20mg/L 时速率常数分别增加了 43.98％、46.22％、50.41％。

表 6.104 显示了在不同 H_2O_2 投加量条件下，E2 的光降解一级反应动力学方程拟合结果。将 H_2O_2 投加量与一级反应速率常数进行拟合，可以得到如下关系：

不同 H_2O_2 初始浓度时自来水中 E2 的光降解一级反应动力学参数　　表 6.104

H_2O_2 投加量（mg/L）	一级反应动力学方程	k（min^{-1}）	R^2
5	lnC＝－0.0242t＋5.7344	0.0242	0.9291
10	lnC＝－0.0432t＋5.6869	0.0432	0.9767
15	lnC＝－0.0450t＋5.8826	0.0450	0.9436
20	lnC＝－0.0488t＋6.1549	0.0488	0.9925

$$k = -0.0076[H_2O_2] + 0.0214(R^2 = 0.7895) \tag{6.93}$$

式中　k——一级反应速率常数，min^{-1}；

$[H_2O_2]$——H_2O_2 投加量，mg/L。

3）E2 初始浓度的影响

在光强为 190$\mu W/cm^2$，H_2O_2 初始浓度为 10mg/L，pH 为 6.70～7.45 时，对实验数据进行一级反应动力学拟合，结果如图 6.235 所示。可见 4 组不同初始浓度的 E2 光降解反应很好地符合一级反应动力学模型。表 6.105 列出了不同 E2 初始浓度时一级反应动力学方程的拟合结果。从表中可以看出，E2 初始浓度分别为 243μg/L、460μg/L、569μg/L 和 677μg/L 时，一级反应速率常数分别为 0.1048min^{-1}、0.0317min^{-1}、0.0125min^{-1} 和 0.0119min^{-1}。随着初始浓度的增加，E2 的反应速率常数逐渐降低。

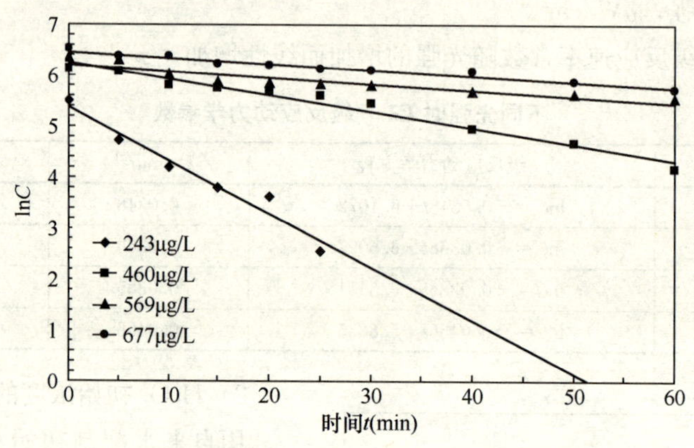

图 6.235　不同初始浓度条件下 E2 光降解拟合曲线

不同初始浓度 E2 一级反应动力学参数　　**表 6.105**

E2 初始浓度（μg/L）	一级反应动力学方程	k（min^{-1}）	R^2
243	$\ln C = -0.1048t + 5.3803$	0.1048	0.9586
460	$\ln C = -0.0317t + 6.2385$	0.0317	0.9688
569	$\ln C = -0.0125t + 6.2038$	0.0125	0.8525
677	$\ln C = -0.0119t + 6.4611$	0.0119	0.9631

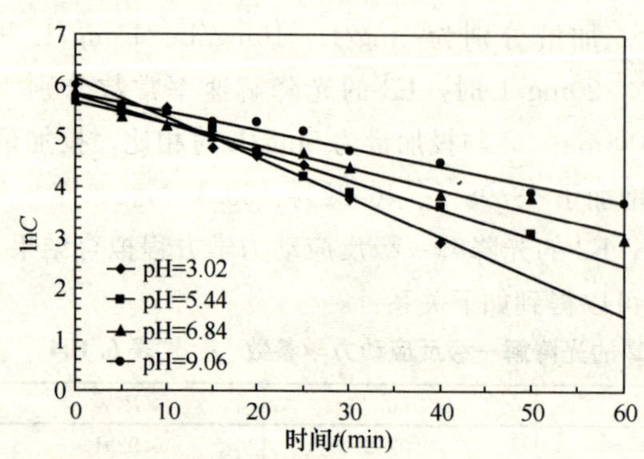

图 6.236　溶液初始 pH 对自来水中 E2 降解的影响

4）pH 的影响

用硫酸（硫酸/水＝1/5，体积比）和氢氧化钠调节自来水配制的反应液初始 pH，使溶液的初始 pH 分别为 3.02、5.44、6.84 和 9.06。在光强为 190$\mu W/cm^2$，E2 初始浓度为 400μg/L，H_2O_2 初始浓度为 10mg/L，不同 pH 时 E2 的光降解一级反应动力学拟合曲线见图 6.236。表 6.106 列出了不同 pH 时 E2 的光降解一级反应动力学拟合方程。

考察不同 pH 时的反应速率常数，可得到如下关系：

不同初始 pH 时自来水中 E2 的光降解一级反应动力学参数　　表 6.106

初始 pH 值	一级反应动力学方程	k (min^{-1})	R^2
3.02	$\ln C=-0.0356t+5.8430$	0.0356	0.9816
5.44	$\ln C=-0.0432t+5.6869$	0.0432	0.9767
6.84	$\ln C=-0.0556t+5.7972$	0.0556	0.9703
9.06	$\ln C=-0.0759t+6.0841$	0.0759	0.9741

$$k=-0.0133\text{pH}+0.0193(R^2=0.9561) \tag{6.94}$$

式中　k——一级反应速率常数，min^{-1}；

pH——反应液初始 pH。

可以看出，pH 分别为 3.02、5.44、6.84 和 9.06 时，一级反应速率常数分别为 0.0356min^{-1}、0.0432min^{-1}、0.0556min^{-1}和 0.0759min^{-1}。

5）UV/H_2O_2 工艺对 17α—乙炔基雌二醇和 17β—雌二醇的去除效果小结

①UV/H_2O_2 工艺对饮用水中 17α-乙炔基雌二醇（EE2）、17β-雌二醇（E2）有很好的去除效果，两种物质的光降解过程均符合一级反应动力学模型。

②单独 H_2O_2 对 EE2 几乎没有去除效果，单独紫外光照的去除效果也很差，UV/H_2O_2 联用工艺可以有效地降解水体中的 EE2。UV/H_2O_2 联用工艺中 EE2 比 E2 较易降解。

③H_2O_2 在 UV/H_2O_2 联用工艺中对 EE2 的降解过程具有促进和抑制的双重作用。当 H_2O_2 浓度低于 10mg/L 时，EE2 一级反应速率常数随 H_2O_2 浓度增加而增大。当 H_2O_2 浓度为 15mg/L 时，EE2 的降解受到抑制。但是对于 E2，其光降解速率则一直随着 H_2O_2 投加量的增加而提高。

④通过提高照射光强，可以提高 EE2 和 E2 的反应速率常数。

⑤腐殖酸、HCO_3^-、Cl^-、NO_3^- 和 SO_4^{2-} 对 EE2 的光降解有抑制作用。由于有机物和多种离子的存在，在自来水中 EE2 光降解速率常数比在蒸馏水中小一倍左右，溶液中这些阴离子的存在将延长 EE2 降解的时间，增加氧化剂的投加量。

（4）UV/TiO_2 联用工艺对 17β—雌二醇（E2）的去除效果

1）光强的影响

在 E2 初始浓度为 400μg/L，TiO_2 初始浓度为 200mg/L，pH 为 6.83～6.88，不同强度紫外光辐照下，E2 光降解曲线的一级反应动力学方程拟合曲线见图 6.237。

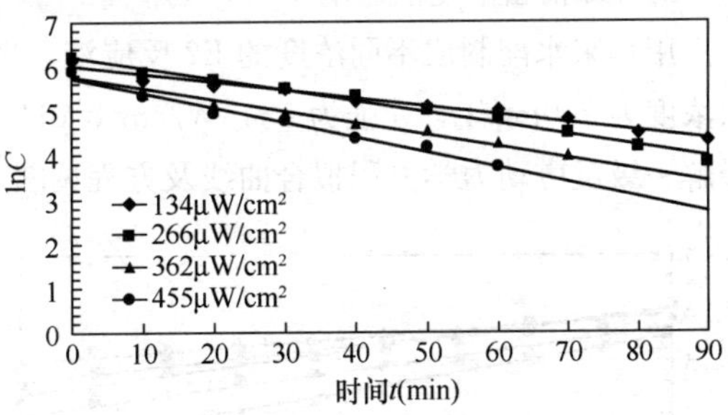

图 6.237　不同光强时 E2 光降解拟合曲线

可以看出，E2 在不同光强条件的光降解反应均很好的符合一级反应动力学模型。表 6.107 为不同光强条件下 E2 光降解一级反应动力学方程拟合结果。

不同光强时 E2 一级反应动力学参数　　表 6.107

光强（$\mu W/cm^2$）	一级反应动力学方程	k (min^{-1})	R^2
134	$\ln C=-0.0180t+5.9884$	0.0180	0.9758
266	$\ln C=-0.0250t+6.2015$	0.0250	0.9863
362	$\ln C=-0.0263t+5.7776$	0.0263	0.9645
455	$\ln C=-0.0333t+5.7332$	0.0333	0.9792

可以看出，随着光强的增加，光降解拟合曲线的斜率增加，E2 的光降解速率加快。在相同处理时间内，水样中 E2 去除率升高。

从表中可知，光强为 134μW/cm^2、266μW/cm^2、362μW/cm^2 和 455μW/cm^2 时，E2 的光降解一级反应速率常数分别为 0.018min^{-1}、0.025min^{-1}、0.0263min^{-1} 和 0.0333min^{-1}。光降解反应的一级反应速率常数受光强影响较大。将不同光强下的一级反应速率常数进行拟合，可以得到如下关系：

$$k = 2.14 \times 10^{-4} I - 243.62 (R^2 = 0.9518) \tag{6.95}$$

式中 k——一级反应速率常数，min^{-1}；

I——辐照光强，μW/cm^2。

可以看出反应速率常数随着 UV 辐射量的增加而增大。因为光强增加，照射到催化剂表面的光量子数增多，因而使更多的半导体电子被激发产生高能电子一空穴对。此外紫外光还能使溶液中的有机物产生活性，因而反应速率也会随之提高。因此，可以通过增加紫外照射光强，来提高 E2 光催化降解的效率。

2）催化剂用量的影响

光照时间为 1.5h，E2 初始浓度为 400μg/L，光强为 134μW/cm^2，pH 为 6.83～6.88，不同 TiO_2 投加量时，E2 的光解一级反应动力学方程拟合曲线及方程见图 6.238 和表 6.108。

试验中催化剂的投加量在 50～400mg/L 之间。从表 6.108 中可以看出，随着 TiO_2 用量的增加，E2 的光催化降解速率常数也随之增加，反应速率加快。由 50mg/L 时的 0.0104min^{-1} 增加到 400mg/L 时的 0.0235min^{-1}。将不同 TiO_2 投加量时的一级反应速率常数进行拟合，可以得到如下关系：

$$k = 0.0043[TiO_2] + 0.0064 (R^2 = 0.8859) \tag{6.96}$$

式中 k——一级反应速率常数，min^{-1}；

$[TiO_2]$ ——TiO_2 投加量，mg/L。

3）E2 初始浓度的影响

用自来水配制成不同浓度的 E2 反应液，考察初始浓度对 E2 光催化降解的影响。TiO_2 初始浓度为 200mg/L，光强为 134μW/cm^2，pH 为 6.83～6.88，不同初始浓度时，E2 的光催化降解一级反应动力学方程拟合曲线及方程见图 6.239 和表 6.109。

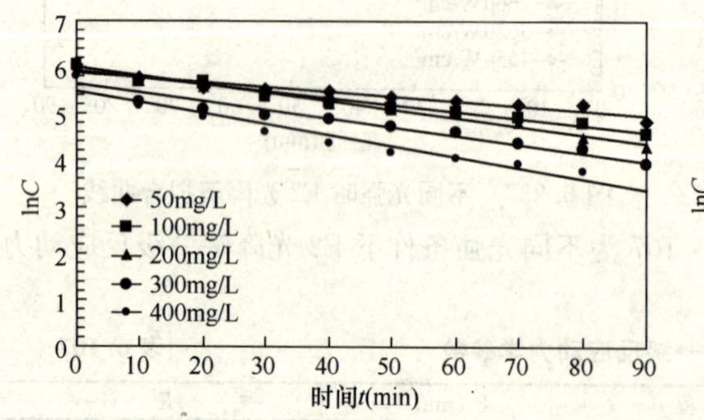

图 6.238 不同 TiO_2 投加量时 E2 光降解拟合曲线

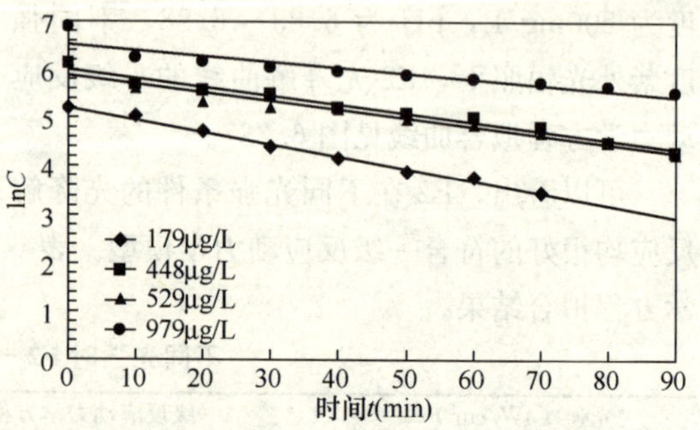

图 6.239 不同初始浓度条件下 E2 光降解拟合曲线

不同 TiO_2 投加量时 E2 一级反应动力学参数 表 6.108

TiO_2 投加量（mg/L）	一级反应动力学方程	k（min^{-1}）	R^2
50	$\ln C=-0.0104t+5.9045$	0.0104	0.9191
100	$\ln C=-0.0146t+5.9152$	0.0146	0.9729
200	$\ln C=-0.0180t+5.9884$	0.0180	0.9758
300	$\ln C=-0.0184t+5.6700$	0.0184	0.9216
400	$\ln C=-0.0235t+5.4782$	0.0235	0.9389

不同初始浓度 E2 一级反应动力学参数 表 6.109

E2 初始浓度（μg/L）	一级反应动力学方程	k（min^{-1}）	R^2
179	$\ln C=-0.0252t+5.1278$	0.0252	0.9940
448	$\ln C=-0.0180t+5.9884$	0.0180	0.9758
529	$\ln C=-0.0177t+5.8754$	0.0177	0.9417
979	$\ln C=-0.0117t+6.517$	0.0117	0.8409

可见，4 组不同初始浓度的 E2 光降解反应很好地符合一级反应动力学模型。E2 的光催化降解速率常数与初始浓度有很大关系，速率常数随着初始浓度的增加逐渐降低。

4）pH 的影响

用硫酸（硫酸：水＝1：5，体积分数）和氢氧化钠调节自来水配制的反应液 pH，使溶液的 pH 分别为 3.07、5.00、6.88 和 9.03，研究 pH 对 E2 光降解效果的影响。E2 初始浓度为 400μg/L，光强为 134μW/cm²，TiO_2 初始浓度为 200mg/L，不同 pH 时 E2 的光降解一级反应动力学拟合曲线见图 6.240。表 6.110 列出了不同 pH 时 E2 的光降解一级反应动力学拟合方程。

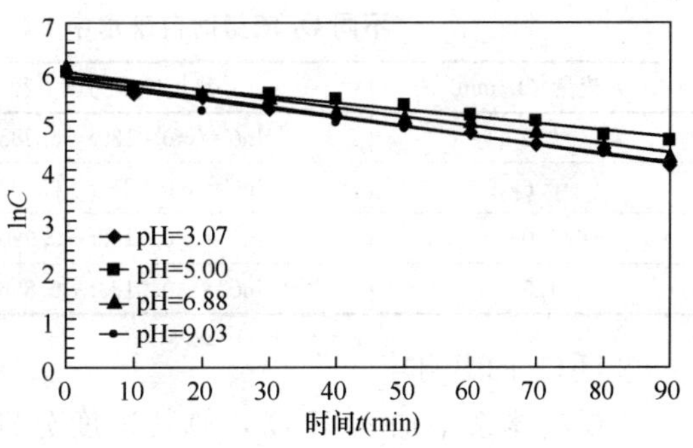

图 6.240 溶液初始 pH 对自来水中 E2 降解的影响

不同初始 pH 时自来水中 E2 的光降解一级反应动力学参数 表 6.110

初始 pH 值	一级反应动力学方程	k（min^{-1}）	R^2
3.07	$\ln C=-0.0192t+5.8871$	0.0192	0.9828
5.00	$\ln C=-0.0139t+5.9268$	0.0139	0.9518
6.88	$\ln C=-0.0180t+5.9884$	0.0180	0.9758
9.03	$\ln C=-0.0182t+5.7907$	0.0182	0.9617

可以看出，pH 为 3.07 的溶液中 E2 的反应速率常数最大，为 0.0192min^{-1}，pH 为 9.03 的溶液中 E2 的反应速率常数次之，为 0.0182min^{-1}，而 pH 为 5.00 的溶液中 E2 的反应速率常数最小，为 0.0139min^{-1}。

5）氧化剂的影响

促进·OH 的生成和提高电子一空穴对分离效率是提高光催化氧化反应速率的重要途径。向反应体系加入氧化剂，催化剂表面的电子被氧化剂俘获，有效地抑制光生电子和空穴的简单复合，从而促进了·OH 的生成提高了光催化的效率。试验中以氧气和 H_2O_2 作为氧化剂，E2 初始浓度为 400μg/L，光强为 134μW/cm²，pH 为 6.83～6.88。

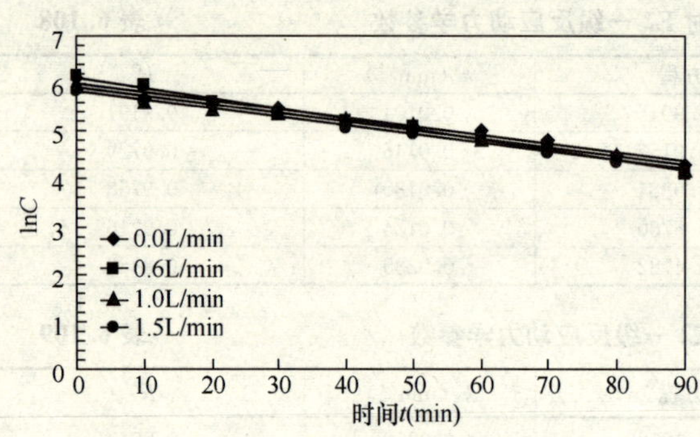

图 6.241　O_2 对自来水中 E2 降解的影响

①氧气的影响

反应器内置微孔曝气头，通过流量计控制氧气的流量来考察氧气对 E2 光催化降解速率常数的影响。不同氧气流量时的光催化降解一级反应动力学方程拟合曲线及方程见图 6.241 和表 6.111。

可以看出，当 O_2 通气量分别为 0.0L/min、0.6L/min、1.0L/min、1.5L/min 时，E2 的光催化一级反应速率常数分别为 $0.018min^{-1}$、$0.0215min^{-1}$、$0.0182min^{-1}$、$0.0183min^{-1}$。通气量为 0.6L/min 时，E2 的光催化降解速率增加较为明显，继续增加氧气的通气量，其降解速率反而有所下降。

不同 O_2 流量时自来水中 E2 的光降解一级反应动力学参数　　表 6.111

O_2 流量（L/min）	一级反应动力学方程	k（min^{-1}）	R^2
0.0	$\ln C=-0.0180t+5.9884$	0.0180	0.9758
0.6	$\ln C=-0.0215t+6.1077$	0.0215	0.9690
1.0	$\ln C=-0.0182t+5.9204$	0.0182	0.9741
1.5	$\ln C=-0.0183t+5.8567$	0.0183	0.9938

②H_2O_2 的影响

在反应体系中加入 H_2O_2，使其浓度分别为 2.5mg/L、5.0mg/L、7.5mg/L、10mg/L、15mg/L，考察 H_2O_2 对 E2 光催化降解的影响。不同 H_2O_2 时 E2 的一级动力学方程拟合曲线及方程见图 6.242 和表 6.112。

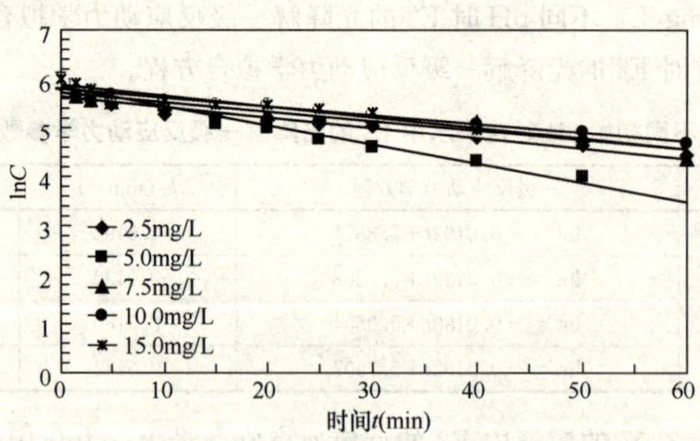

图 6.242　H_2O_2 对自来水中 E2 降解的影响

不同 H_2O_2 投加量时自来水中 E2 的光降解一级反应动力学参数　　表 6.112

H_2O_2 投加量（mg/L）	一级反应动力学方程	k（min^{-1}）	R^2
2.5	$\ln C=-0.0213t+5.6502$	0.0213	0.9463
5.0	$\ln C=-0.0390t+5.8353$	0.0390	0.9795
7.5	$\ln C=-0.0195t+5.7267$	0.0195	0.9056
10	$\ln C=-0.0185t+5.8142$	0.0185	0.9798
15	$\ln C=-0.0221t+5.8841$	0.0221	0.9282

投加 H_2O_2 后 E2 的光催化降解速率常数有所增加，未投加 H_2O_2 时速率常数为 0.018min^{-1}，H_2O_2 投加量为 5mg/L 时光催化速率常数为 0.039min^{-1}，增加了 117%，但此后 E2 的光催化降解速率随着 H_2O_2 的投加量的增加反而降低。这表明 H_2O_2 投加量有一个最佳值，在本实验条件下，最佳投加量为 5mg/L，超过此值增加 H_2O_2 用量，E2 的光催化氧化效率基本维持不变。

6）UV 与 TiO_2 在 E2 降解过程中的协同作用

用自来水配制成浓度为 200μg/L 的 E2 反应液，进行单独 UV、UV/TiO_2 联用光催化降解，考察纳米 TiO_2 在光催化降解中的协同作用。在光强为 134μW/cm^2，TiO_2 初始浓度为 200mg/L，pH 为 6.83～6.88 时，单独 UV、UV/TiO_2 联用光催化工艺对 E2 的光催化降解一级反应动力学方程拟合曲线及方程见图 6.243 和表 6.113。

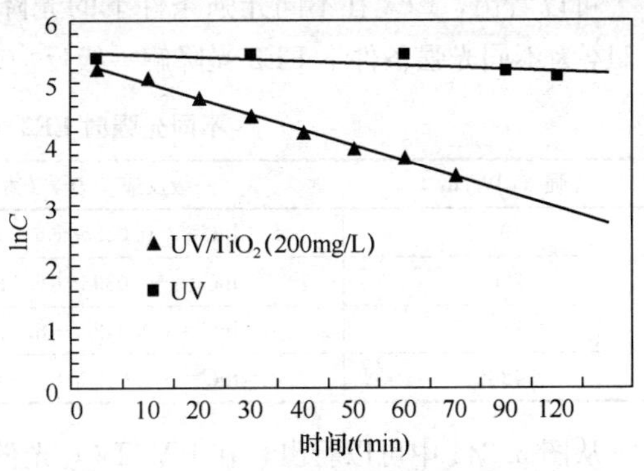

图 6.243　不同工艺条件下 E2 的降解曲线

UV 及 UV/TiO_2 联用工艺中 E2 一级反应动力学参数　表 6.113

工艺类型	拟合方程	k（min^{-1}）	R^2
UV	$\ln C=-0.0315t+5.4959$	0.0315	0.5032
UV/TiO_2	$\ln C=-0.2521t+5.4700$	0.2521	0.9940

在单独 UV 光解工艺中，E2 经光降解 120min 后，浓度几乎没有变化，去除率仅为 25.7%。在 UV/TiO_2 光催化氧化工艺中，TiO_2 的投加量为 200mg/L，反应 30min 后，E2 去除率就达 50%。可以看出，加入 TiO_2 后，E2 的降解速率明显加快。

从表 6.113 中可知，单独 UV 照射时，E2 的光降解速率常数为 0.0315min^{-1}，而在 UV/TiO_2 工艺中的 E2 的光降解速率常数增加为 0.2521min^{-1}，比在单独 UV 光解工艺中提高了 7 倍，可见 TiO_2 提高了 E2 的光降解速率常数，而在同时进行的 TiO_2 单独去除试验中，TiO_2 对 E2 几乎没有任何去除效果。这表明 UV 和 TiO_2 在去除 E2 的过程中具有协同作用。

在单独 UV 光氧化工艺中，E2 主要在 UV 光辐射的作用下，通过分子直接吸收光子能量，使分子的能态发生改变，由低能态被激发至高能态（即活化），进而发生各种反应。在 UV/TiO_2 光催化氧化工艺中，除了存在直接光解作用，TiO_2 的吸附作用，还有·OH 的作用。纳米 TiO_2 可在紫外光的照射作用下分解产生·OH，·OH 具有很高的电负性或亲电性，容易进攻高电子云密度的官能团，可以与水中物质发生多种反应，包括氢的提取、不饱和键亲电加成以及电子转移等。·OH 比其他一些常用的氧化剂具有更高的氧化电极电位，对目标污染物的氧化能力极强，因此 E2 的光降解反应速率加快。

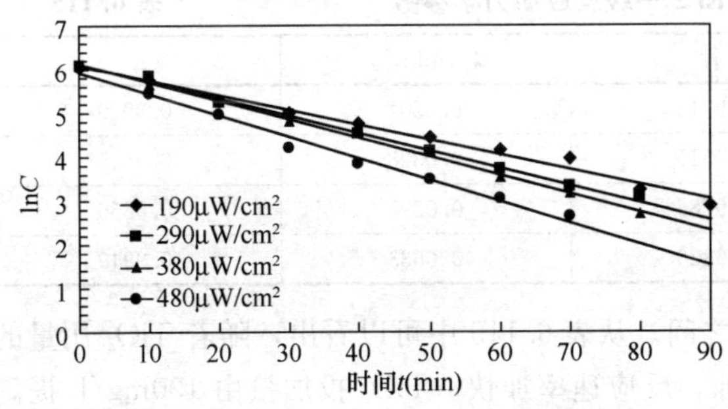

图 6.244　不同光强时 EE2 光降解拟合曲线

（5）UV/TiO_2 联用工艺对 17α－乙炔基雌二醇（EE2）的去除效果

1）光强的影响

图 6.244 显示了在不同强度紫外光辐

照时，EE2 的光解一级反应动力学方程拟合曲线。EE2 初始浓度为 400μg/L，TiO_2 初始浓度为 200mg/L，pH 为 6.83～6.88。

可以看出，EE2 在不同光强条件下的光降解反应均很好的符合一级反应动力学模型。表 6.114 为不同光强条件下 EE2 光降解一级反应动力学方程拟合结果。

不同光强时 EE2 一级反应动力学参数 **表 6.114**

光强（$\mu W/cm^2$）	一级反应动力学方程	k（min^{-1}）	R^2
190	$\ln C=-0.0335t+6.0671$	0.0335	0.9853
290	$\ln C=-0.0393t+6.1138$	0.0393	0.9960
380	$\ln C=-0.0422t+6.1196$	0.0422	0.9965
480	$\ln C=-0.0486t+5.9045$	0.0486	0.9892

从图 6.244 中可以看出，在 UV/TiO_2 光催化体系中，EE2 的光降解速率常数随着光强的增加而变大。

从表 6.114 中可知，光强从 190$\mu W/cm^2$、290$\mu W/cm^2$、380$\mu W/cm^2$ 至 480$\mu W/cm^2$ 时，EE2 的光降解一级反应速率常数从 0.0335min^{-1}、0.0393min^{-1}、0.0422min^{-1} 上升至 0.0486min^{-1}。将不同光强下的一级反应速率常数进行拟合，可以得到如下关系：

$$k = 4.8\times10^{-3} I + 0.0289 (R^2 = 0.9819) \quad (6.97)$$

式中 k——一级反应速率常数，min^{-1}；

I——辐照光强，$\mu W/cm^2$。

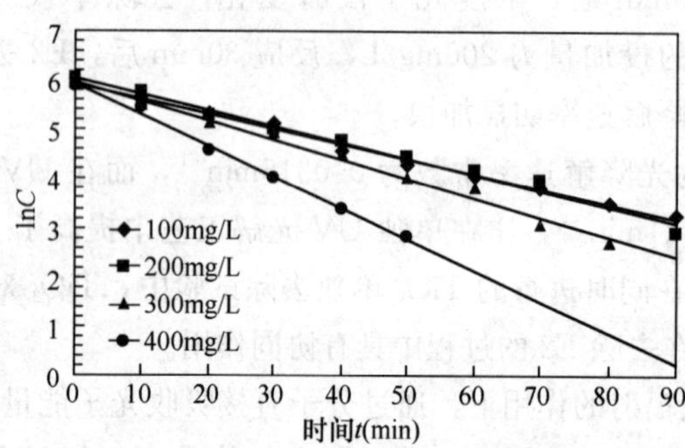

图 6.245 不同 TiO_2 投加量时 EE2 光降解拟合曲线

从式（6.97）可以看出，EE2 反应速率常数随着 UV 辐射光强的增加而增大，在相同的 TiO_2 投加量时，光强的增加使照射到 TiO_2 表面的光量子数增多，可以产生更多的高能电子—空穴对，生成更多的·OH 去降解 EE2。

2）催化剂用量的影响

固定光照时间 1.5h，改变 TiO_2 的投加量，考察不同 TiO_2 投加量对 EE2 的光催化降解的影响。EE2 初始浓度为 400μg/L，光强为 190$\mu W/cm^2$，pH 为 6.83～6.88，不同 TiO_2 投加量时，EE2 的光降解一级动力学方程拟合曲线及方程见图 6.245 和表 6.115。

不同 TiO_2 投加量时 EE2 一级反应动力学参数 **表 6.115**

TiO_2 投加量（mg/L）	一级反应动力学方程	k（min^{-1}）	R^2
100	$\ln C=-0.0304t+5.9713$	0.0304	0.9929
200	$\ln C=-0.0328t+6.0515$	0.0328	0.9845
300	$\ln C=-0.0395t+5.9786$	0.0395	0.9856
400	$\ln C=-0.0633t+5.9326$	0.0633	0.9949

试验中 TiO_2 的投加量在 100～400mg/L 之间。从表 6.115 中可以看出，随着 TiO_2 用量的增加，EE2 的光催化降解速率常数也随之增加，反应速率加快。TiO_2 投加量由 100mg/L 提高到 400mg/L 时，反应速率常数从 0.0304min^{-1}增加到的 0.0633min^{-1}。将不同 TiO_2 投加量时的

一级反应速率常数进行拟合，可以得到如下关系：

$$k = 0.0105[TiO_2] + 0.0152(R^2 = 0.8191) \tag{6.98}$$

式中　k——一级反应速率常数，min^{-1}；

$[TiO_2]$——TiO_2 投加量，mg/L。

在一定的催化剂投加范围内，随着液相体系中 TiO_2 的增多，吸收光子的几率增大，增加催化剂 TiO_2 的用量能产生更多的活性物质，产生更多的光生电子（e^-）和空穴（h^+）数目，因而使 EE2 的光催化氧化速率加快，EE2 的去除率增加。

与 TiO_2 悬浆体系光催化降解 E2 相同，本试验的 TiO_2 投加量范围内没有发现 TiO_2 含量的增加引起光的散射而导致光催化降解效率降低的现象。

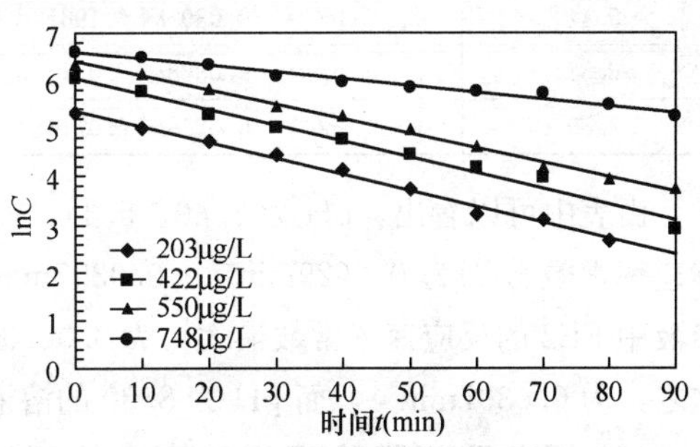

图 6.246　不同初始浓度条件下 EE2 光降解拟合曲线

3）EE2 初始浓度的影响

TiO_2 初始浓度为 200mg/L，光强为 190μW/cm²，pH 为 6.83～6.88，用自来水配制成不同初始浓度的 EE2 反应液时，EE2 的光催化降解一级动力学方程拟合曲线及方程见图 6.246 和表 6.116。

不同初始浓度 EE2 一级反应动力学参数　　表 6.116

EE2 初始浓度（μg/L）	一级反应动力学方程	k（min^{-1}）	R^2
203	lnC=－0.0331t+5.3687	0.0331	0.9924
422	lnC=－0.0328t+6.0515	0.0328	0.9845
550	lnC=－0.0301t+6.3910	0.0301	0.9944
748	lnC=－0.0143t+6.5966	0.0143	0.9797

可见，4 组不同初始浓度的 EE2 光降解反应很好地符合一级反应动力学模型。从表中可以看出，EE2 初始浓度分别为 203μg/L、422μg/L、550μg/L 和 748μg/L 时，一级反应速率常数分别为 $0.0331min^{-1}$、$0.0328min^{-1}$、$0.0301min^{-1}$ 和 $0.0143min^{-1}$。除了浓度为 748μg/L 时光降解速率较低外，EE2 初始浓度分别为 203μg/L、422μg/L 和 550μg/L 时其光降解拟合曲线几乎平行，差别不大。与 E2 在 TiO_2 悬浆体系中的光催化降解类似，EE2 的反应速率常数随着初始浓度的增加逐渐降低。

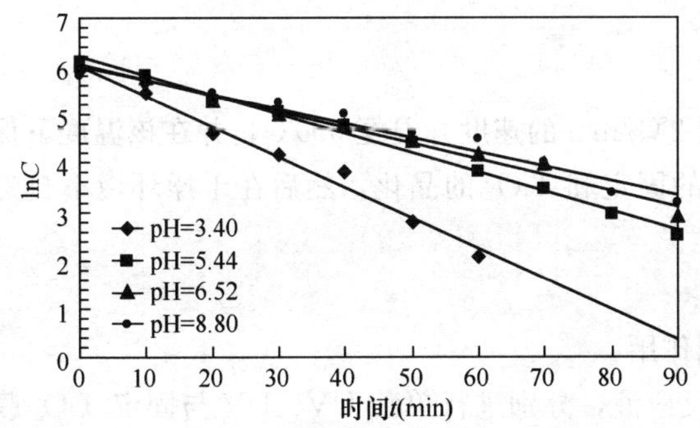

图 6.247　初始 pH 对自来水中 EE2 降解的影响

4）pH 的影响

用硫酸（硫酸：水＝1：5，体积分数）和氢氧化钠调节自来水配制的反应液的 pH，使溶液的 pH 分别为 3.40、5.44、6.52 和 8.80，研究 pH 对 EE2 光降解效果的影响。EE2 初始浓度为 400μg/L，TiO_2 初始浓度为 200mg/L，光强为 190μW/cm²。图 6.247 表明了不同 pH 时 EE2 的光降解一级反应动力学拟合曲线。表 6.117 列出了不同 pH 时 EE2 的光降解一级反应动力学拟合方程。

不同初始 pH 时自来水中 EE2 的光降解一级反应动力学参数 **表 6.117**

初始 pH 值	一级反应动力学方程	k (min^{-1})	R^2
3.40	lnC=−0.0629t+6.0077	0.0629	0.9842
5.44	lnC=−0.0397t+6.1961	0.0397	0.9907
6.52	lnC=−0.0328t+6.0515	0.0328	0.9845
8.80	lnC=−0.0298t+6.0714	0.0298	0.9639

由表中可以看出，pH 为 3.40、5.44、6.52 和 8.80 时，EE2 在 TiO_2 悬浆体系中光催化降解速率常数分别为 0.0629min^{-1}、0.0397min^{-1}、0.0328min^{-1}和 0.0298min^{-1}。pH 为 3.40 的溶液中 EE2 的反应速率常数最大，为 0.0629min^{-1}，pH 为 5.44 的溶液中 EE2 的反应速率常数次之，为 0.0397min^{-1}，而 pH 为 8.80 的溶液中 EE2 的反应速率常数最小，为 0.0298min^{-1}。

（6）固定 TiO_2 膜对 17α−乙炔基雌二醇（EE2）的去除效果

1）TiO_2 催化膜的制备

催化剂载体为玻璃纤维网：Si 含量≥96%，网孔尺寸 1.5mm×1.5mm，具有质轻价廉、化学性质稳定、易于做成各种形状、耐高温（长期使用温度 900℃）等优点。

催化膜制备过程依次可分为膜载体的清洗和热处理、溶胶—凝胶液的制备及挂膜、对膜进行热处理三步。在实验中，膜载体选用玻璃纤维网，催化剂胶体的制备采用溶胶凝胶法。制备过程如下：

①载体预处理

预处理目的是清除玻璃纤维网表面的石蜡和其他有机杂质。将玻璃纤维网放入马弗炉中，以 4℃/min 的升温速率升温至 500℃，然后在 500℃下保持 1 小时，自然冷却。

②溶胶—凝胶液的配制

以钛酸四正丁酯为前驱体，无水乙醇为溶剂，浓硝酸为水解抑制剂。具体配置步骤如下：

将 80mL 钛酸四正丁酯溶于 400mL 无水乙醇，形成 A 液；再将 8mL 纯水、2.5mL（1∶4）硝酸加入到 320mL 乙醇中，混合均匀，得到 B 液；在剧烈搅拌情况下进行，将 B 液缓慢的倒入 A 液，继续剧烈搅拌 30min，形成透明溶胶。制得的胶体熟化后即可使用。

③膜的涂覆

采用浸润—提拉法进行涂覆。将玻璃纤维网浸入胶液中 1min，以约 1cm/s 的速度将玻璃纤维网垂直提起至脱离液面，然后在室温、通风环境中挂起晾干（至少 3h），使溶剂充分挥发，溶胶充分水解、缩聚。

④膜的焙烧

将挂膜后的玻璃纤维网放入马弗炉中，以 2℃/min 的速度升温至 500℃，并在该温度下保持 1h，去除凝胶膜中的有机物、实现催化膜的固定和 TiO_2 的晶化，然后在干燥环境下自然冷却。

以上膜的涂覆和焙烧步骤重复 2 次。

2）UV 与 TiO_2 在 EE2 降解过程中的协同作用

用自来水配制成浓度为 400μg/L 的 EE2 反应液，分别进行单独 UV、UV 与固定 TiO_2 膜玻璃纤维网联用工艺，考察对 EE2 的去除效果。单独 UV、UV 与固定 TiO_2 膜联用工艺对 EE2

的光催化降解一级反应动力学方程拟合曲线及方程见图 6.248 和表 6.118。

从上表可知，单独 UV 辐照时，EE2 的光降解速率常数为 0.0088min^{-1}；UV 与固定 TiO_2 膜联用后，EE2 的光降解速率常数增加至 0.0144min^{-1}，为单独紫外光解工艺中的 1.64 倍。

3）EE2 初始浓度的影响

用自来水配制成不同浓度的 EE2 反应液进行降解，考察初始浓度对 EE2 光催化降解的影响。不同初始浓度时 EE2 的光催化降解一级反应动力学方程拟合曲线及方程见图 6.249 和表 6.119。

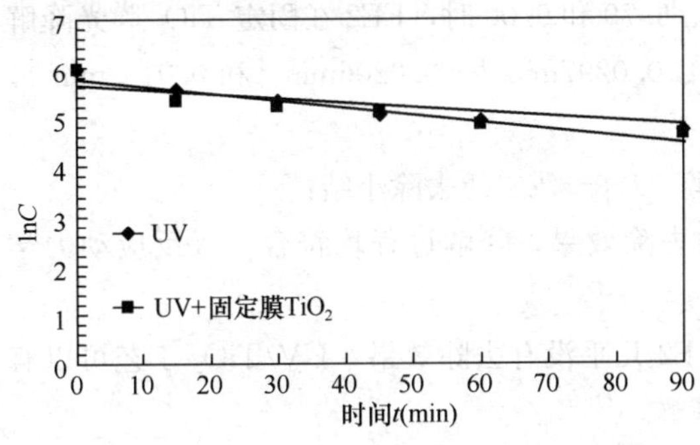

图 6.248　不同工艺条件下 EE2 的降解曲线

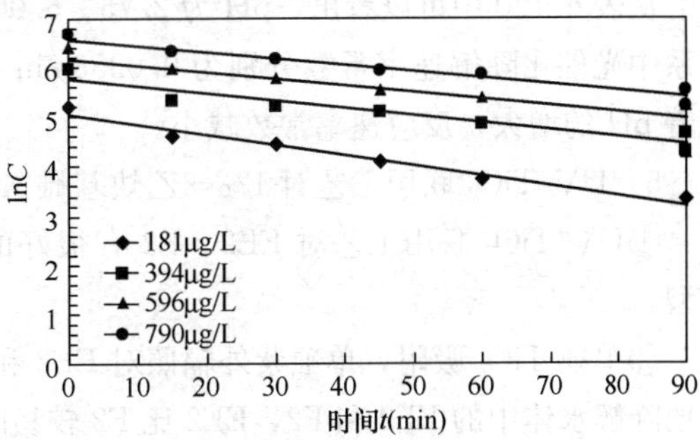

图 6.249　不同初始浓度条件下 EE2 光降解拟合曲线

UV 及 UV/TiO_2 联用工艺中 EE2 一级反应动力学参数　表 6.118

工艺类型	拟合方程	k（min^{-1}）	R^2
UV	$\ln C=-0.0088t+5.6508$	0.0088	0.9245
UV/TiO_2	$\ln C=-0.0144t+5.7747$	0.0144	0.9648

不同初始浓度 EE2 一级反应动力学参数　表 6.119

EE2 初始浓度（μg/L）	一级反应动力学方程	k（min^{-1}）	R^2
181	$\ln C=-0.0206t+5.0667$	0.0206	0.9849
394	$\ln C=-0.0144t+5.7747$	0.0144	0.9648
596	$\ln C=-0.0130t+6.2357$	0.0130	0.9851
790	$\ln C=-0.0128t+6.5591$	0.0128	0.9868

可见，4 组不同初始浓度的 EE2 光降解反应很好地符合一级反应动力学模型。EE2 的光催化降解速率常数与初始浓度有很大关系，随着初始浓度的增加 EE2 的反应速率常数逐渐降低，与悬浆体系中催化降解变化规律一致。

4）pH 的影响

用硫酸（硫酸：水＝1：5，体积分数）和氢氧化钠调节自来水配制的反应液的初始 pH，使溶液的初始 pH 分别为 2.75、5.00、6.70 和 9.00，研究 pH 对 EE2 光降解效果的影响。EE2 初始浓度为 200μg/L。图 6.250 表明了不同 pH 时 EE2 的光降解一级反应动力学拟合曲线。表 6.120 列出了不同 pH 时 EE2 的光降解

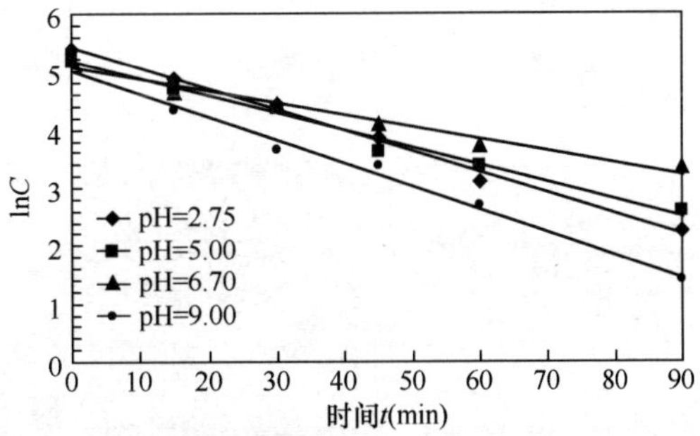

图 6.250　溶液初始 pH 对自来水中 EE2 降解的影响

一级反应动力学拟合方程。

不同初始 pH 时自来水中 EE2 的光降解一级反应动力学参数 **表 6.120**

初始 pH	一级反应动力学方程	k（min^{-1}）	R^2
2.75	$\ln C=-0.0356t+5.4067$	0.0356	0.993
5.00	$\ln C=-0.0297t+5.1716$	0.0297	0.9841
6.70	$\ln C=-0.0206t+5.0677$	0.0206	0.9849
9.00	$\ln C=-0.0398t+5.0233$	0.0182	0.9911

从表 6.120 中可以看出，pH 为 2.75、5.00、6.70 和 9.00 时，EE2 在固定 TiO_2 膜光降解体系中光催化降解速率常数分别为 $0.0356min^{-1}$、$0.0297min^{-1}$、$0.0206min^{-1}$ 和 $0.0182min^{-1}$。随着 pH 的增大，反应速率常数减小。

5）UV/TiO_2 联用工艺对 17α－乙炔基雌二醇、17β－雌二醇去除小结：

①UV/TiO_2 联用工艺对 EE2、E2 有很好的去除效果，降解过程均符合一级反应动力学模型。

②单独 TiO_2 吸附，单独紫外辐照对 EE2 和 E2 几乎没有去除效果，UV/TiO_2 工艺可以有效地降解水体中的 EE2 和 E2，EE2 比 E2 较易降解。

③在 TiO_2 悬浆体系中，EE2 和 E2 的光催化反应速率随着 TiO_2 投加量的增加而变大。光催化反应速率随光强的增大而增大，速率常数 k 与光强呈线性关系。

④在 UV/TiO_2 工艺中，E2 的光催化降解速率并不与 H_2O_2 浓度成正比关系，在一定的浓度范围内，H_2O_2 的加入能够促进光催化降解，但过高浓度的 H_2O_2 却抑制了光催化降解过程。实验中 H_2O_2 的最佳投加量为 5mg/L。

⑤UV/固定 TiO_2 膜联用工艺对 EE2 去除起到光催化作用，但 EE2 的降解速率低于悬浆 TiO_2 中的降解速率。

第 7 章　膜过滤对内分泌干扰物的去除

7.1　概述

膜过滤技术是去除水中微污染物包括内分泌干扰物的有效方法之一，但目前膜的价格较高，运行管理费用也不低，预计在水处理领域，膜过滤技术的应用会逐渐增加。原因在于，第一，各地水源普遍受到污染，常规水处理工艺并不能去除农药、除草剂和消毒副产物等微量有机污染物，为了提高饮用水水质，需要采用深度处理技术将自来水进一步处理成为优质水，以保证饮水健康和安全；第二，在缺水地区，为了节约用水需要将污水进行三级处理，以满足回用的需要。此外，膜过滤技术所需基建和运行费用也会随着膜技术的发展而有所下降。

膜过滤技术具有如下的特点：

(1) 膜过滤过程是一种物理单元操作，处理效果受原水水质及工艺操作条件（如水力条件、管理水平等）的影响较小，处理效果稳定可靠，出水水质可以在较长时间内维持在一个较好的水平。

(2) 膜过滤技术的快速发展，使膜组件的费用大幅降低，从而有可能降低基建费用。

(3) 在膜过滤过程中，一种物质得到分离，其他一些物质被浓缩，分离和浓缩同时进行，既可以净化水质，需要时也可回收有价值的物质。

(4) 膜过滤技术是以组件的形式构成的，因此可以适应不同的处理规模和水量逐步发展的需要。由于只是用压力作为膜过滤的推动力，因此膜装置简单，建设周期短，操作完全可自控。

7.1.1　膜过滤技术种类

膜过滤工艺系统由进水预处理工艺、膜组件和渗透液后处理工艺等部分组成，有时还可能有浓缩液的后处理，本节重点叙述有关膜组件的内容。

膜过滤技术是应用膜，在压力作用下将原水过滤以去除污染物。根据膜的孔隙大小和所去除污染物颗粒的大小，可分成微滤（MF）、超滤（UF）、纳滤（NF）和反渗透（RO），见图 7.1。

典型膜过滤技术的性能见表 7.1。

膜过滤技术的性能　　表 7.1

分类	压力（MPa）	水通量 [L/（m^2·h·MPa）]	截留机理	用　途
微　滤	0.07～0.2	500 以上	过滤筛分	去除悬浮颗粒、细菌
超滤	0.2～1.0	100～500		去除悬浮物细菌、病毒
纳　滤	0.3～1.4	14～120	过滤筛分、扩散	去除离子和分子大小的有机物、消毒副产物和无机物
反渗透	1.4～7.0	0.5～14		

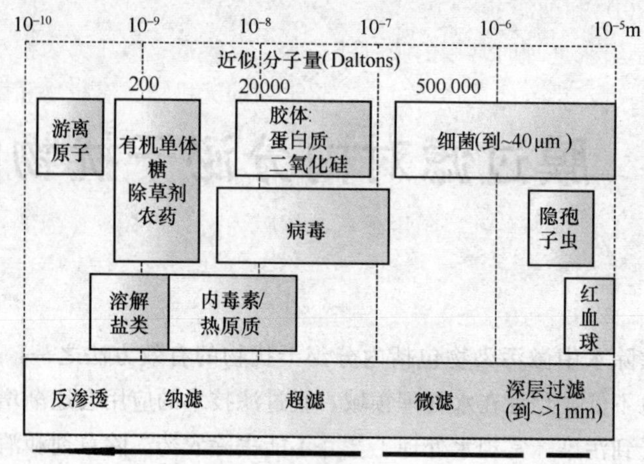

图 7.1 膜过滤技术应用范围

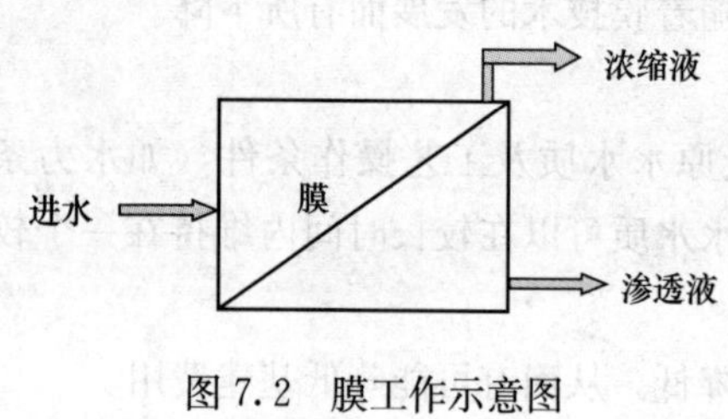

图 7.2 膜工作示意图

给水和污水处理所用的膜，在外加压力下，使某些物质截留在膜上而去除。膜的这种选择透过性使进水分成两部分，其中较容易透过膜的部分成为渗透液，而其余则被膜所截留，成为浓缩液（图 7.2），两者分别从组件流出。选择透过性的程度和膜的孔隙大小有关。

膜所截留的污染物除了随浓缩液从组件排出外，有一部分会积累在膜表面上或膜的孔隙中，运行过程中会逐渐减少过膜的水量，或水量不变但膜的工作压力增加，这种现象统称为膜的结垢，结垢到一定程度会影响膜过滤的继续运行。

运行时，污染物积累在膜表面上后，既增加水流阻力也降低膜的水通量，一般用膜处理后水进行反冲洗即可恢复。但是积累在膜孔内的污垢，例如吸附的有机物、沉淀的碳酸钙或铁、锰氧化物，难以用水清洗加以恢复，需用化学方法（氯、酸、碱、洗涤剂等）清洗。

(1) 微滤（MF）和超滤（UF）

微滤是一种压力过滤的装置，依靠微滤膜的孔隙（膜孔直径 0.2～5μm）以截留悬浮物、大肠菌、隐孢子虫卵囊、贾弟虫和藻类等。它可代替给水常规处理，或用于饮用水或超纯水的最终过滤，也可作为反渗透（RO）或纳滤（NF）的预处理工艺。

超滤也是一种压力过滤装置，可起到澄清和消毒作用，膜的孔隙尺寸（膜孔直径 5nm～0.1μm）比微滤膜更小，能截留比微滤可去除的更小颗粒。当压力水通过超滤膜时，无机盐类和溶解有机物等小分子物质随水流透过超滤膜，而悬浮物、胶体、细菌、病毒等被膜所截留。超滤的优点是占地省，水处理效率高而处理费用较低，即使进水浑浊度为 300NTU，出水浑浊度可以低到 0.1NTU。去除微生物效果优于微滤，据报道，其贾第虫的去除率可高到 5-log，隐孢子虫的去除率为 4-log，大肠杆菌为 8-log，病毒为 4-log，这里，x-log 去除率＝100（1－10^{-x})%，例如 4-log 相当于 99.99%的去除率。

绝大多数微滤和超滤膜的设计水通量在 0.08～0.2m^3/（h·m^2）（20℃）范围内，该值随水温而有变化。

(2) 反渗透 (RO) 和纳滤 (NF)

反渗透和纳滤是给水处理时常用的膜过滤技术。反渗透是以压力为推动力，利用反渗透膜只能通过水而不能通过污染物的选择透过性，将水中的无机物、有机物和微生物选择性去除而得到纯水，目前已成为海水除盐和淡化的有效工艺。

纳滤是 20 世纪 80 年代末发展起来的，纳滤膜的问世是反渗透技术不断发展的结果，所以也称为超低压反渗透。纳滤膜的孔径范围比反渗透膜为大，膜孔直径为 1～2nm，属于纳米级，所以叫做纳滤膜。纳滤膜的特征是膜上或者膜中有带电基团，使其在膜过滤时具有筛分效应和电荷效应。筛分效应是指有机物分子量大于膜的截留分子量（表示膜的孔径）时将被纳滤膜截留，反之则透过。纳滤膜的截留分子量（MWCO）介于反渗透膜和超滤膜之间，约为 200～2000 道尔顿（Dalton）。膜的电荷效应（又称 Donnan 效应）是指水中离子与膜所带电荷之间的静电作用。纳滤膜表面带有一定的电荷，大多数纳滤膜带有负电荷，通过静电作用阻碍多价离子的渗透。所以可以认为纳滤膜是一种具有纳米级带电微孔结构的膜。

纳滤是在比反渗透为低的压力下运行，能通过无机盐类，一般用纳滤去除较多的有机物和适量的无机物，如碳水化合物、二价盐类、细菌、蛋白质、有机物、截留分子量（指截留率达到 90%的分子量）为 300 的有机物和分子量大于 1000 的其他成分。纳滤回收率（即产品水量与进水量的比值）高，而浓缩液较反渗透少，可节约用水。

在饮用水深度处理中，纳滤膜能有效去除水中致突变物质，使 Ames 试验呈阳性的水样转为阴性，总有机碳（TOC）去除率可高达 90%，可同化有机碳（AOC）去除率可达 80%，还可有效地去除硬度、色度、农药以及消毒副产物前质，而所需工作压力小于反渗透。

7.1.2　膜材料和性能

膜的质量和价格是采用膜过滤技术的关键问题，而膜质量的改进和价格的下降取决于膜生产技术的不断提高。

制造膜的材料很多，但其结构都是由选择透过性良好的表面薄层和孔隙较大但较厚的支承层构成。

(1) 膜材料

原则上任何聚合物都可以作为膜的材料，但只有少数材料可以适用。现在使用的膜材料主要是亲水性高分子材料，如醋酸纤维素膜、聚砜膜和聚酰胺膜等，也有用无机膜，由陶瓷和金属材料制成，但应用较少。

醋酸纤维素膜（CA）有很多品种，价格较低，透水量大，可耐受低浓度余氯（0.1～0.5mg/L，25℃），但这种膜易被生物降解，不耐酸碱（适用的 pH 为 4～6.5，否则易水解），不耐压，不耐温（<30℃）。醋酸纤维素膜表面的亲水性大于聚酰胺膜，亲水性表示膜材料可和水相结合，运行时膜表面不易结污垢。膜表面如为疏水性，就会吸附疏水性污染物颗粒而易于结污垢。通常需要采取化学氧化、有机化学反应、等离子体处理等技术将膜表面改变成为亲水性表面。对微滤和超滤膜材料不一定有亲水性要求。

聚砜（PS）是最常用的膜材料之一，特点是适用的 pH 范围广（pH1～13），耐高温（75℃），抗氧化剂的性能好（可贮存在 50mg/L 氯溶液中），孔隙范围大（1～20nm），截留分子量在 1000～500000 之间。

芳香聚酰胺非对称膜（PA）的水通量大，化学稳定性好，适用的 pH 和温度范围广，不易被生物降解。

复合膜（TFC）是由不同材料的紧密表层和多孔支撑层组合而成，有利于选择性分离水中污染物。

（2）膜的性能

微滤和超滤采用疏松膜，其去除污染物的原理是筛除作用，即因污染物尺寸大于膜的孔隙而将其去除。致病微生物，包括大肠菌（1～3μm）、贾第虫（7～14μm）、隐孢子虫（3～8μm）和病毒（0.025μm），如大于微滤或超滤膜的孔径时，可将其分离而达到消毒目的。微滤和超滤分别可截留 0.1μm 和 0.01μm 大小的污染物，可作为反渗透和纳滤进水的预处理设施。

反渗透和纳滤采用紧密膜，去除污染物的原理是由于污染物和膜之间的物理化学作用，由扩散控制。饮用水处理时可去除盐类、硬度、致病微生物、消毒副产物（DBP）前质，合成有机物、农药、包括内分泌干扰物。反渗透可以去除小到 0.0001μm 即离子和分子大小的溶解污染物或颗粒，纳滤可去除小到 0.001μm 即离子和分子大小的溶解污染物或颗粒。

衡量膜性能的参数主要有水通量、截留率和回收率。水通量是指在一定的运行压力下，单位膜面积在单位时间所过滤的水量，$m^3/(m^2 \cdot s)$ 或 m/s，也可用 $L/(m^2 \cdot h)$ 表示；截留率表示污染物去除率，即（进水浓度—出水浓度）/进水浓度的百分率；回收率表示产品水（渗透水）量与进水量的比值，以%计，它影响制水成本。

对膜性能的基本要求是：

①水通量大，即单位时间内单位面积膜可以通过较高的流量；

②良好的机械强度，以免膜在压力作用下出现破损；

③对需要去除的污染物有很好的选择透过性；

④耐化学物质、pH 和温度的变化；

⑤良好的膜应是孔隙尺寸比较均匀，孔隙率高和膜薄，这样会增加膜的渗透性而减小过膜时的水流阻力。

（3）膜的寿命

运行过程中，由于膜表面截留了污染物、在工作压力下膜的压实、化学反应或生物降解等原因，使产水量逐渐减少。醋酸纤维素（CA）和醋酸纤维素衍生物所制造的膜易生物降解，进水必须加氯预处理，以控制微生物生长。复合膜（TFC）和聚酰胺膜（PA）不易生物降解，但易受氧化剂如氯的损害。

反渗透膜的正常使用寿命是 3～5 年，超滤膜约 1～2 年。醋酸纤维素膜易水解和生物降解，使用年限很少能超过 3 年，但也有使用 10 年以上膜未更换的报道。复合膜不易水解，并极耐细菌的生物降解，大致可使用 5 年。膜的实际使用寿命也可大于 3～5 年，但如膜过滤装置在运行时不注意，或进水未经合适的预处理，甚至在不到 1 年的时间内就须将膜更换。

7.1.3　膜组件的形式

在水处理工艺中应用膜过滤技术时，往往需要很大的膜表面积，特别是所处理水量很大时。实用上往往将表面积很大的膜填装在小的元件中，称为膜组件。因此膜过滤技术是以膜组件的形式构成的，处理规模可大可小，膜组件可多可少，以适应不同生产能力的需要。

对膜组件构造的要求有：

(1) 膜组件内填装的膜面积对组件总容积的比例应大些，即有较高的膜充填密度，但过高也不宜，因易引起堵塞；

(2) 膜组件进水侧应有高度的水流紊动，以有利于传质，错流运行方式可促进紊流；

(3) 单位产水量所需的能量费用低；

(4) 出现结污垢时便于进行清洗；

(5) 应设计成模块化。

所有膜组件的设计都可以模块化，这是膜过滤技术有吸引力特点之一。膜组件数可随所需膜面积或所处理水量的增大而随时增加，以适应水量逐步发展的需要。

膜组件有4种形式，即板框式、管式、卷式和中空纤维式，其中以卷式和中空纤维式最为常用。

(1) 板框式组件是由一定数量的膜片和多孔导流隔板间隔组合而成，四周用板框和螺栓加以固定，在外加压力作用下，原水通过组件，渗透水在导流隔板内汇集并流出。板框式的优点是构造简单，拆装方便，缺点是膜组件的充填密度小，因而占地较大。板框式目前使用不多。

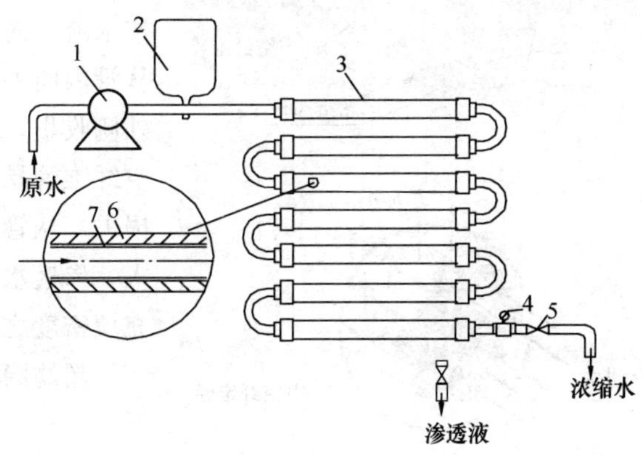

图 7.3　管式膜组件

1—高压水泵；2—缓冲器；3—管式组件；4—压力表；5—阀门；6—玻璃钢管；7—膜

(2) 管式组件（图7.3）是在多孔圆管的内壁或外壁表面上涂膜或衬膜，它有两种运行方式，一种是所处理的水从管内流向管外，即原水在压力作用下，透过管内壁的膜，而渗透水从多孔圆管上的小孔流出管外；另一种则是相反的水流方向，即水流从外向内，膜贴在多孔圆管的外壁上，渗透水则通过多孔圆管的小孔从管内流出组件之外。

管式组件的优点是水流在管内流过时，在膜表面上的流速大，有利于防止膜面结垢，且易于清除膜表面的污染，膜的更换方便。但投资和运行费用较高，处理单位水量时的能耗高，膜组件的充填密度小，进水须经简单预处理。

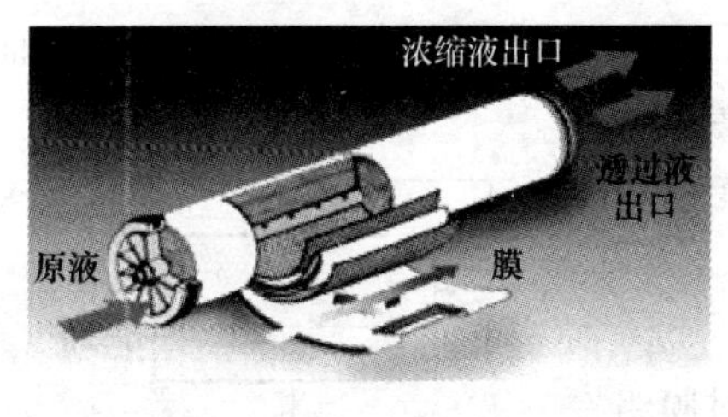

图 7.4　卷式膜组件

(3) 卷式组件是将导流网、膜和多孔支撑层依次重叠，紧卷在位于中间的多孔渗透水管上，两层膜的三边用粘合剂粘合，未粘合的一边与中间多孔渗透水管相连接，再卷在一起，见图7.4。卷式膜组件装入压力容器内，一个压力容器可装3～6个组件，见图7.5，原水从组件的一端流入，渗透水和浓缩水从组件的另一端流出。

卷式膜组件的结构紧凑，基建和运行费用较省，膜组件的充填密度较大，占地较少。缺点是膜表面结垢时不能清洗，膜如有破损就需整体更换，膜叠合不均匀时会出现进水旁流而影响出水质量。

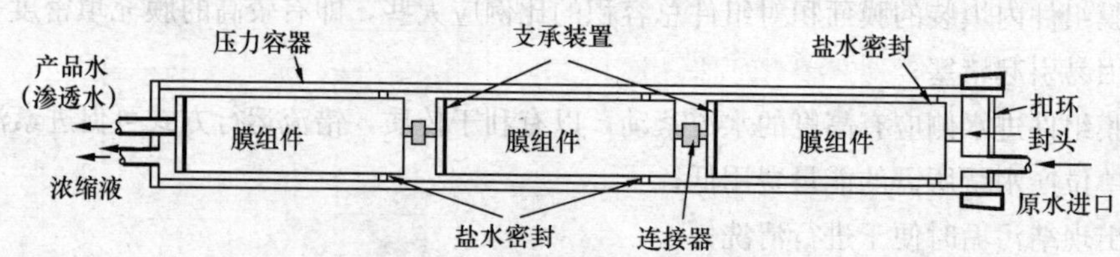

图 7.5 装在压力容器内的卷式膜组件

(4) 中空纤维式组件（图 7.6）没有支撑材料，靠一束中空纤维（反渗透用的中空纤维膜内径为 25～42nm）弯成 U 形放入直径约 10～20cm 的压力容器内，纤维束出口端固定在环氧树脂管板上。中空纤维管组件按水流方向可分为从管内向外和从管外向内两种形式。从管内向外式是原水在纤维管内流动，渗透水从纤维管外侧收集，较适用于错流式运行，较易于反冲洗，但中空纤维管易被颗粒物所阻塞，引起整个组件较大的水头损失。从管外向内形式是原水在纤维管之间的空间进入，渗透水则从纤维管内流出，这种形式的膜表面积与充填密度之比较大，水头损失较小。

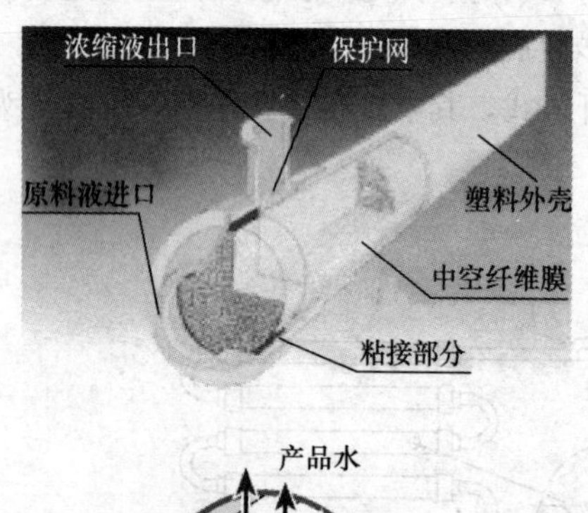

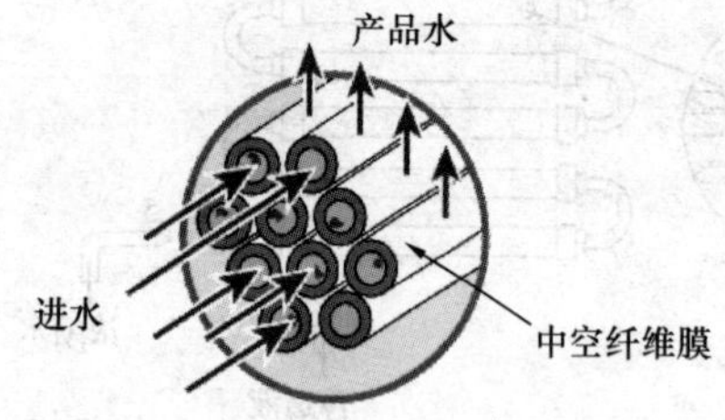

图 7.6 中空纤维式膜组件

超滤膜组件的中空纤维管不弯成 U 形，而是直条形安装在组件内，原水从纤维管内流入，透过纤维管管壁后的渗透液从管外流出。

中空纤维式组件的特点是中空纤维很细，每 m^3 装置体积内有很大的膜面积，即膜的充填密度高，但过高的充填密度会减少中空纤维管之间的空间而较易堵塞，占地省，饮用水处理时应用最广，但进水水质要求较严格，清洗比较困难，中空纤维如有少数破损就难以修复。

7.1.4 膜组件的布置

膜组件的布置可有三种情况：

(1) 直流式

直流式布置时，原水经过膜组件时是垂直通过膜面，所截留的化合物逐渐积累在膜的表面上，而渗透液的质量随运行时间而逐步下降。直流式布置的回收率（渗透液流量占进水流量的百分比）达 100%，能耗较低，但进水水质要求较高。

(2) 循环式

循环式布置（图 7.7）和直流式不同的是，原水经过膜组件后，一部分浓缩液回流到原水池，循环进行处理，以提高水的回收率，但产品水的质量有所下降。

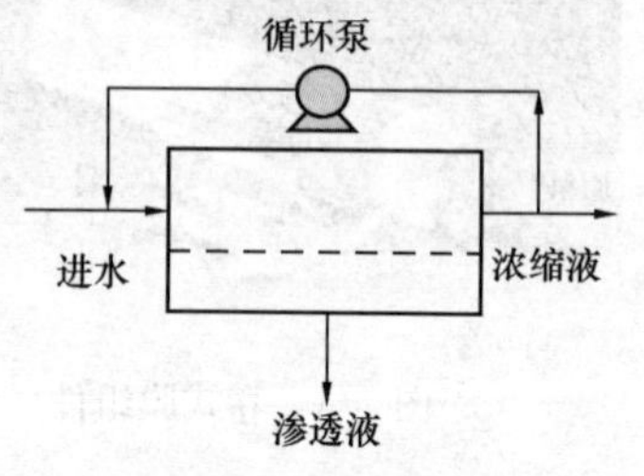

图 7.7 膜组件循环式布置

循环式适用于浑浊度和总有机碳（TOC）含量高的饮用水

处理。进水平行于膜面流过（称为错流式），水中污染物的浓度沿着膜组件不断减少。错流运行时，水通量衰减率通常较小，并且可用合适的膜组件结构和错流流速加以控制和调节。

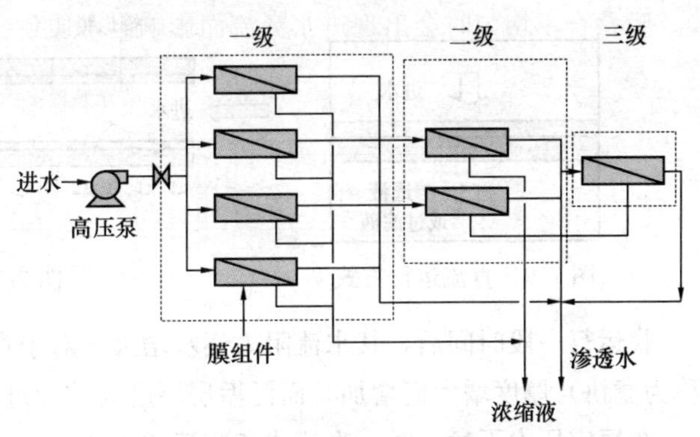

图 7.8 膜组件分级式布置

(3) 分级式

分级式的膜组件采用串联和并联相结合的布置，见图 7.8。例如，第一级有 4 个压力容器，一般包含 12 个膜组件，即每个压力容器内放置 3 个组件；第二级有 2 个压力容器，一般有 6 个膜组件；第三级只有 1 个压力容器。这种压力容器数为 4：2：1 的排列称为三级排列，其余可类推。分级式布置可充分提高水的回收率，常用于处理水量大时。各级膜组件的数量不同，其原因主要是保持一定的流速，以减少膜面的浓差极化现象。

7.1.5 膜过滤技术的运行

(1) 水通量、阻力和渗透性

水通量是单位时间内通过单位膜面积的水量，运行时影响水通量的主要因素为：

1) 膜的阻力；

2) 单位膜面积的运行推动力；

3) 膜一液界面的水动力条件；

4) 膜表面的结垢和清洗情况。

水通量受到运行推动力和膜总阻力的影响，膜总阻力包括下列阻力：

1) 膜的阻力；

2) 污垢层（吸附在膜表面的污染物）的阻力；

3) 膜—液界面区的阻力。

膜的阻力决定于膜的材料，主要是孔隙尺寸、表面孔隙率（孔隙占膜表面积的百分率）和膜的厚度。对纳滤和反渗透膜而言，在总阻力中，膜的阻力是主要的。污垢层阻力取决于膜和去除的固体颗粒的性质。膜—液界面区的阻力和浓差极化有关。膜的渗透性和阻力成反比例关系。

(2) 膜的运行方式

膜组件中的水流示意见图 7.9 及图 7.10。一般以压力推动的膜技术可以两种方式运行。图 7.9 称为直流式，即水流方向和膜面垂直，是一种没有浓缩液的运行方式，进水经膜过滤后全部成为渗透液。图 7.10 为“错流”运行方式，其水流方向和膜面平行，常用于浑浊度和 TOC 较高时的饮用水处理，这种运行方式下，一部分进水成为渗透液，浓缩液部分则连续从组件另一端排出。

错流式运行时，进水从膜中流过时，大部分成为渗透液，而直流式则过膜后水全部成为渗透液，渗透液与进水的水量比例称为回收率，直流式的回收率为 100%。

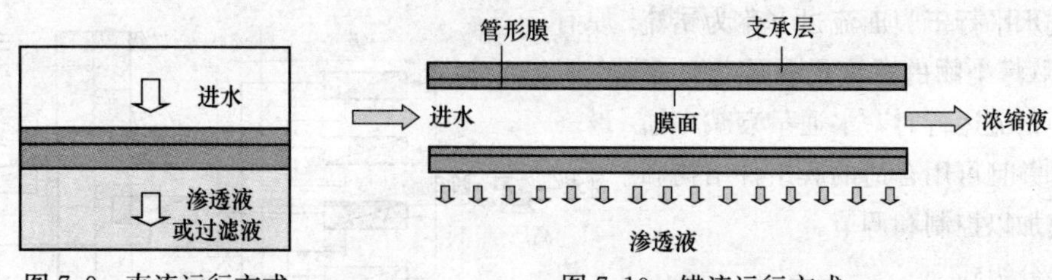

图 7.9 直流运行方式　　图 7.10 错流运行方式

膜运行一段时间后，其水流阻力逐步增大，对于直流运行方式，膜的阻力随膜上的污垢层（称为滤饼）厚度增大而增加，而污垢层厚度大致和过滤水量及水质成比例。

在恒定压力下运行时，直流式和错流式过滤的水通量变化是不一样的，见图 7.11。

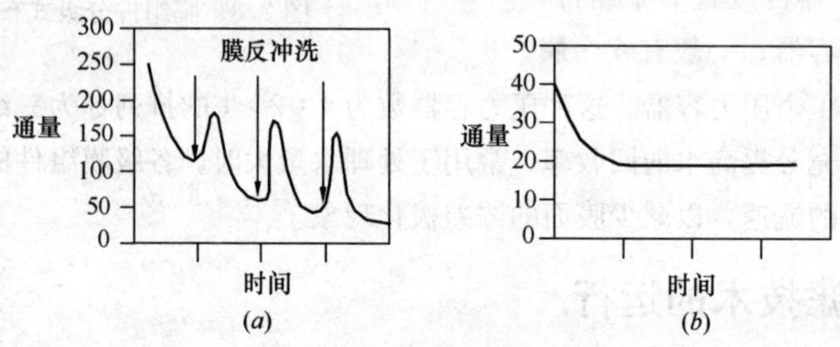

图 7.11 恒定压力下水通量随时间的变化

(*a*) 直流式；(*b*) 错流式

错流方式运行时，污垢会不断沉积在膜面上，一直到污垢层和膜之间的黏附力小于水流的冲刷力时为止，此后保持在平衡状态。

(3) 物理和化学清洗方法

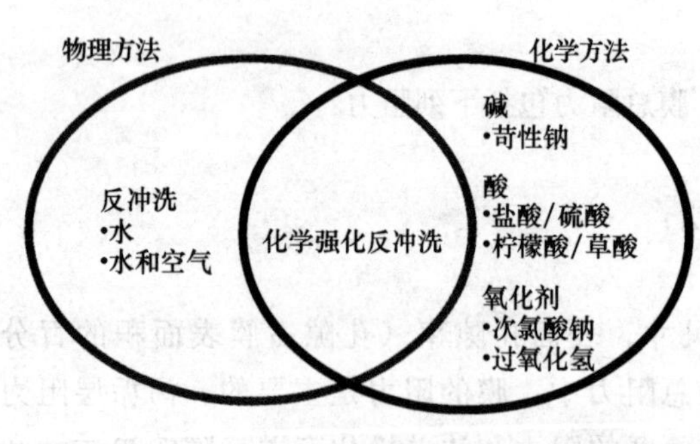

图 7.12 膜清洗方法

运行时的水通量衰减会影响到膜的清洗周期，从图 7.11 可见，直流式和错流式的清洗周期不同。

在所有因素中，水通量决定膜渗透性的衰减速率，也就是过膜压力增大（dp/dt）速率，由此决定膜的物理清洗周期，即物理清洗的间隔时间。其他运行条件不变时，增加水通量，则反冲洗周期缩短。物理和化学清洗方法见图 7.12。

物理清洗方法可以是水或水与空气同时反冲洗，或是在水中加入低浓度的化学清洗剂，称为化学强化反冲洗。用反向水流进行冲洗（即反冲洗）的物理清洗方法最为简单，反冲洗时的流速比正向水流的流速高出 2～3 倍，冲洗时间较短，一般不超过 2min，以去除浓缩液一侧的污垢层，不过膜应有足够的机械强度，以免在水力作用下受到损伤，也就是膜不至于在水力作用下破裂或弯折。物理方法不需要化学药剂也不产生废水，对膜的降解影响较小，但是另一方面，物理方法的清洗效果不及化学方法。物理清洗方法去除的是附着在膜面上的较大固体颗粒，通常称为“可逆”污垢，而化学方法可以清除附着牢固的物质，即“不可逆”污垢。化学清洗虽不能恢复膜的原有渗透性，但比物理清洗法有效得多。

膜在正常运行时，一旦结成污垢，原有的膜渗透性不能再恢复，因而产生了剩余阻力，经过多年运行以后，结成的污垢层最终将决定膜的使用寿命。

(4) 浓差极化

浓差极化是指污染物积聚在膜表面上浓度边界层内膜—液界面处的倾向。错流运行时它将促进边界层内凝胶层的形成。边界层是很薄的一层，其厚度决定于与膜面平行的水流速度，紊流可以减少其厚度，见图 7.13。

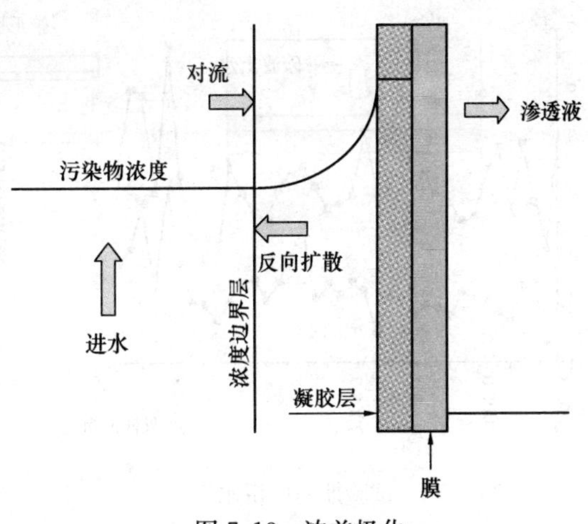

图 7.13　浓差极化

因靠近膜表面处的流速为零，浓度边界层中是接近于静止的液体，所以边界层中只有扩散作用，比起边界层外的对流输送速度要慢得很多。

引起浓差极化现象的原因是被膜截留的污染物不断积累在膜表面上，其浓度高于水中的浓度，因而在膜界面上形成污染物浓度差，生成凝胶层，增加过流阻力，减少渗透水量。

另一方面，贴近膜的部位会积累污染物，积累速度随着水通量的增大而成指数增加。在错流方式运行时，通量越大，膜—液界面处积累的污染物越多，浓度梯度越大，浓度梯度曲线越陡，浓差极化现象越严重，而扩散越快。在正常稳态运行条件下，浓差极化决定了边界层中污染物的趋向，决定污染物是从膜透过还是截留在膜上。

运行时一旦形成凝胶层，如提高工作压力，可在短时间内增加过膜的水通量，但凝胶层厚度随之增加，且可能进入膜的孔隙内，因膜的阻力相应增大，水通量会重新下降，这时只有通过水力反冲洗或化学方法清洗才可恢复水通量，因此运行时宜防止出现浓差极化现象。

7.2　超滤处理太湖水

7.2.1　原水水质和试验装置

无锡中桥水厂以太湖水为水源，2008 年 5 月，南泉水源厂取水口延伸，从距岸 3km 处抽取太湖“湖心水”(原水 2 期)，水质明显提高。此外，由于 2007 年 5 月份太湖蓝藻暴发，导致无锡市自来水受到污染，全市停水一周，惨痛的教训让太湖沿岸各城市采取一系列环境保护措施，关闭了大量中小型化工厂，太湖水质明显好转，全年水质在Ⅲ类或Ⅲ类以上。

超滤中试试验的进水取自无锡中桥水厂。从图 7.14 可看出，夏季太湖原水的 COD_{Mn} 在 4.5mg/L 左右，经过常规工艺处理后即可达到 3.0mg/L 以下。但无锡市自来水总公司还是决定增加超滤膜工艺进行处理，以提供更加优质的饮用水。

由图 7.15 可知夏季太湖原水的浑浊度基本上在 50NTU 左右，暴雨时会突然增大，最高时达 200NTU 以上。

中试超滤装置流程如图 7.16 所示。

超滤的进水流量为 20～50L/min，进水压力 0.055～0.235MPa，反冲洗流量 40～150L/min，冲洗周期为 30min。化学清洗采用低浓度药剂对膜进行短时间的清洗。超滤膜为日本旭

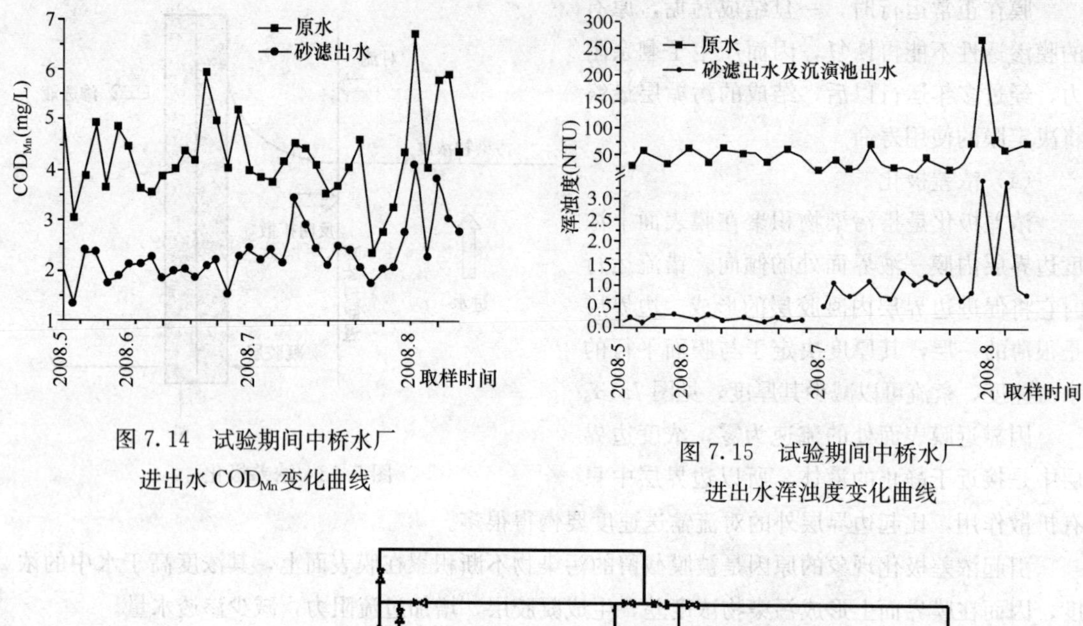

图 7.14 试验期间中桥水厂进出水 COD_{Mn}变化曲线

图 7.15 试验期间中桥水厂进出水浑浊度变化曲线

图 7.16 中试超滤装置流程图

化成化学株式会社生产的聚偏氟乙烯（PVDF）内压式中空纤维膜，标准膜面积为 23m²，公称孔径为 0.1μm，按直接过滤方式运行。

7.2.2 超滤处理太湖原水的效果

超滤处理太湖原水的试验从 2008 年 5 月 2 日开始，到 8 月 10 日结束。其中，5 月 2 日～6 月 24 日的超滤进水为中桥水厂砂滤池出水，6 月 29 日～8 月 10 日的超滤进水为中桥水厂平流式沉淀池出水。

(1) 超滤对 COD_{Mn}的去除

由图 7.17 可知，试验期间中桥水厂的进水 COD_{Mn}为 2.323～6.707mg/L，经混凝和砂滤后，出水的 COD_{Mn}降到 2mg/L 左右。当进水 COD_{Mn}较高时，出水 COD_{Mn}偶尔会超出《生活饮用水卫生标准》GB 5749—2006，即一般情况下出水 COD_{Mn}不得超过 3mg/L 的规定。但经过超滤处理后，出水 COD_{Mn}均在 3mg/L 以下，可见超滤膜能够保证出水水质稳定，受进水水质波动的影响较小。

由于大部分悬浮物质、胶体和大分子量有机物经常规处理后已得到去除，而超滤膜也无法

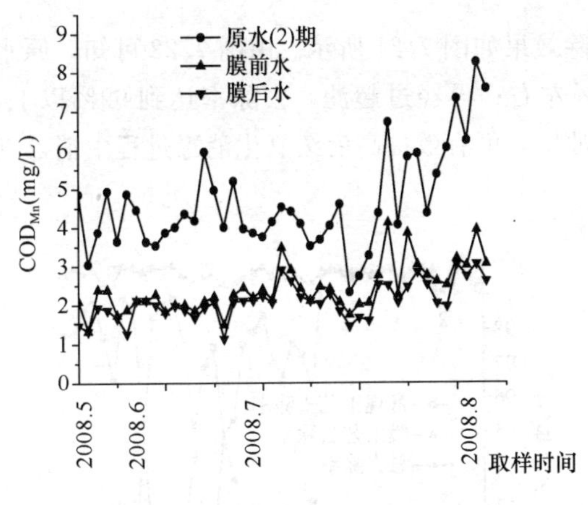

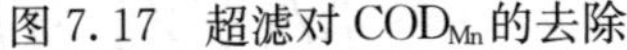
图 7.17　超滤对 COD_{Mn} 的去除

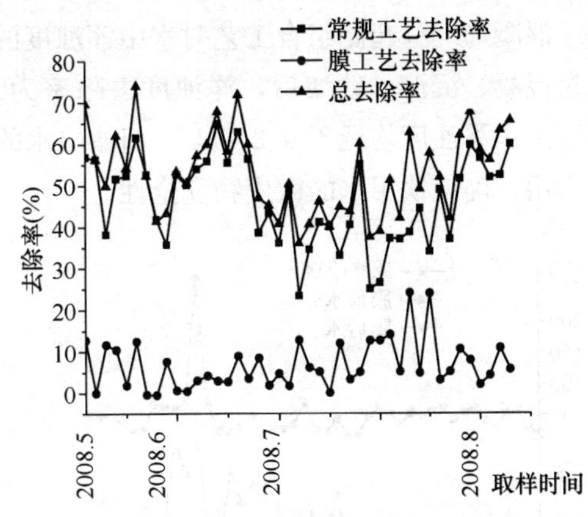

图 7.18　各工况对 COD_{Mn} 的去除率

去除水中剩余的小分子量和溶解性有机物，因此对 COD_{Mn} 的去除率很低。从图 7.18 可知，超滤对 COD_{Mn} 的去除率基本在 10％以下。究其原因，主要是由于天然水体中存在由多种不同有机物组成的混合物，如腐殖酸、蛋白质、氨基酸、碳氢化合物等，分子大小在 0.5～400nm 之间，分子量为 200～100000Da。NOM 的性质虽然会有差异，但分子量基本上都比较小。所去除的 COD_{Mn} 主要是吸附于悬浮物上的有机物，而溶于水中的有机物仍保留在水中。有机物的大部分为混凝沉淀所去除，从而减轻了膜处理有机物的负荷，降低了膜污染的风险。

(2) 超滤对 DOC 的去除

超滤对 DOC 的去除基本与 COD_{Mn} 类似。由图 7.19 可知，试验期间中桥水厂进水的 DOC 为 2.231～17.26mg/L，经混凝和砂滤后，出水的 DOC 降到 3mg/L 左右。当原水进水 DOC 较高时，出水 DOC 偶尔会超过 5mg/L，超出《生活饮用水卫生标准》GB 5749—2006 的规定。但经过超滤处理后，出水 COD_{Mn} 均在 5mg/L 以下。

超滤对 DOC 的去除率基本在 10％左右，见图 7.20。超滤去除 DOC 的效果与超滤膜截留分子量和有机物分子量分布有关。超滤进水中有机物分子量分布为 800～91300Da，分子量小于 3000Da 的占 59.43％。平均分子量大于 10000Da 的有机物仅占有机物总量的 6.15％。所以超滤膜对其去除效果非常有限，要提高处理效果，必须与其他工艺相组合。

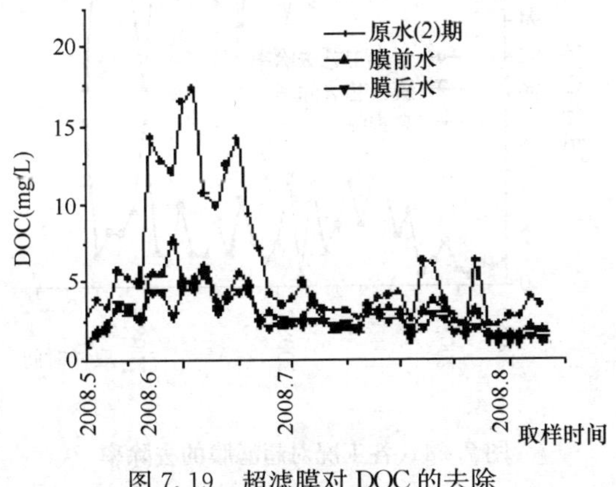

图 7.19　超滤膜对 DOC 的去除

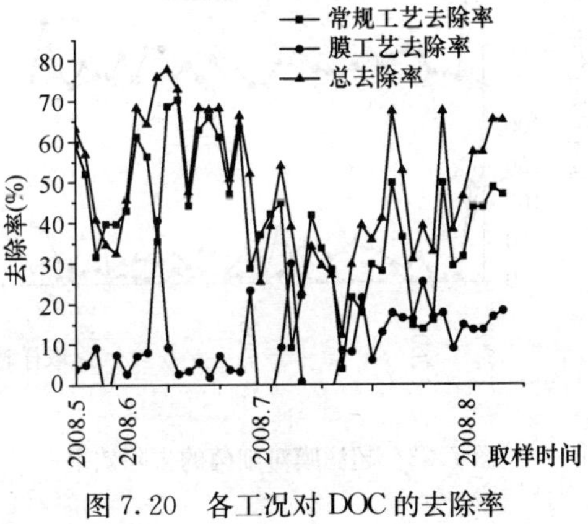

图 7.20　各工况对 DOC 的去除率

(3) 超滤对浑浊度的去除

混凝/砂滤/超滤组合工艺对水中浑浊度的去除效果如图 7.21 所示。由图 7.22 可知，原水经过混凝、沉淀、砂滤后，浑浊度去除率为 95%左右；再经过超滤，去除率达到 99%以上，超滤出水浑浊度均低于 0.2NTU。超滤出水的低浊度，可有效提高后续氯化消毒过程中消毒剂的作用，确保饮用水的微生物安全性。

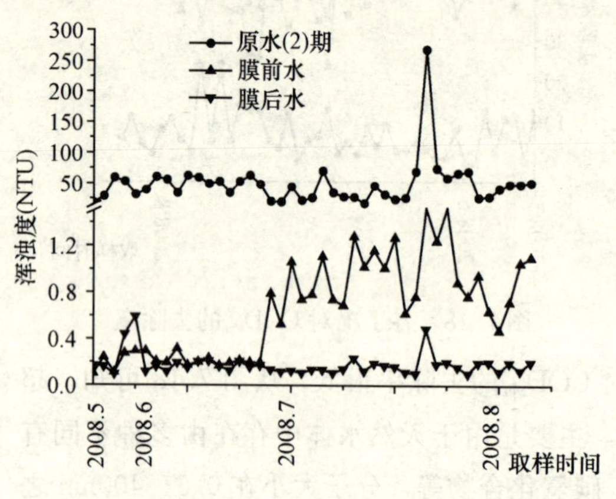

图 7.21 超滤对浑浊度的去除

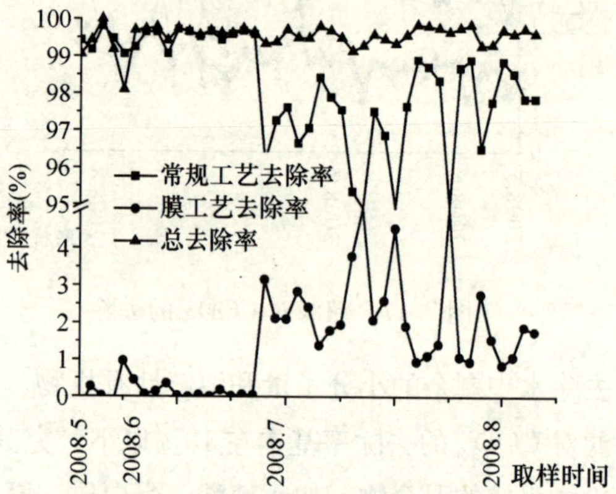

图 7.22 各工况对浑浊度的去除率

在以后的试验中，将超滤进水改为沉淀池出水。从图 7.21 可看出，即使进水浑浊度 0.2NTU 上升到 1.0NTU 左右时，出水浑浊度仍然低于 0.2NTU。

(4) 超滤对细菌的去除

每次试验时，均对原水、膜前水和膜后水的细菌总数进行了测定，其结果见图 7.23 和图 7.24。原水的细菌总数约在 1000CFU/mL 左右，膜前水细菌总数约在 50CFU/mL 左右，膜后水细菌总数约在 10CFU/mL 左右，混凝/砂滤/超滤膜组合工艺的细菌去除率均在 97%以上。我国现行《生活饮用水卫生标准》GB 5749—2006 规定了细菌总数为 100CFU/mL，建设部的直饮水水质标准中规定的细菌总数为 50CFU/mL。因此，超滤膜出水的细菌总数完全可以达到直饮水的细菌学要求。

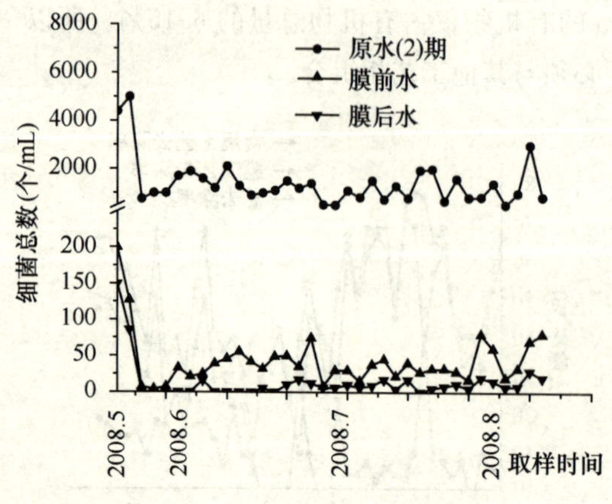

图 7.23 超滤膜对细菌的去除效果

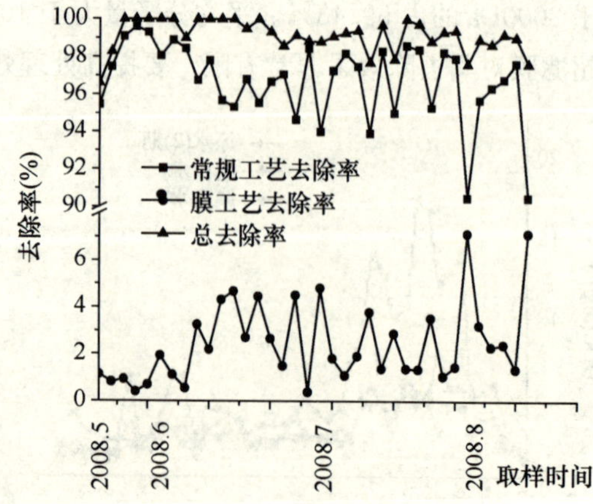

图 7.24 各工况对超滤膜的去除率

（5）超滤对总铁、锰的去除

中桥水厂进水中总铁最高为2.004mg/L，最低为0.104mg/L，见图7.25；锰最高为0.80mg/L，最低为0.043mg/L，见图7.27。由于原水中的铁、锰主要是以胶体或悬浮颗粒存在，因此通过混凝—沉淀—过滤很容易去除。以溶解态存在的Fe^{2+}（Fe^{3+}）、Mn^{2+}，由于预氯化和混凝剂的作用，被氧化成高价态的沉淀物（铁最终以$Fe(OH)_3$状态存在，锰最终以MnO_2状态存在）而被超滤膜去除，各工艺对总铁、锰的去除率见图7.26、图7.27、图7.28。出水总铁为0.2mg/L左右，锰为0.06mg/L左右。

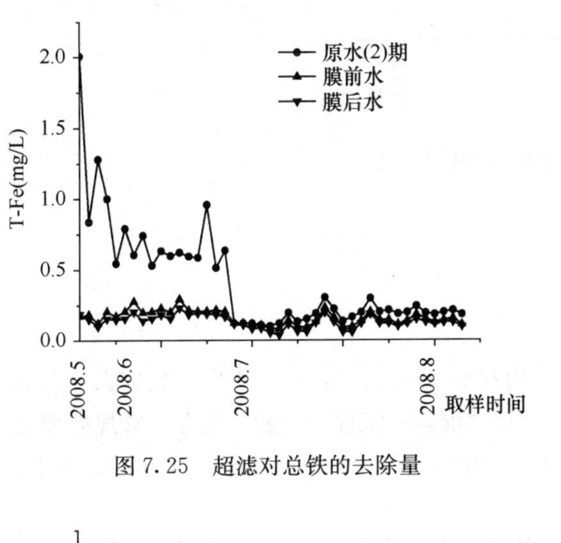

图7.25　超滤对总铁的去除量

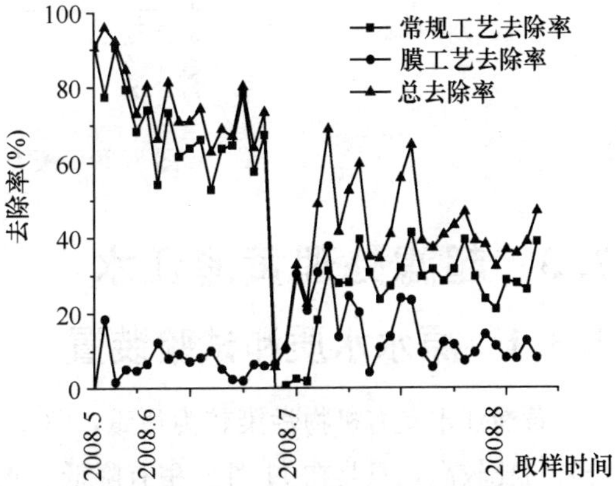

图7.26　各工况对总铁的去除率

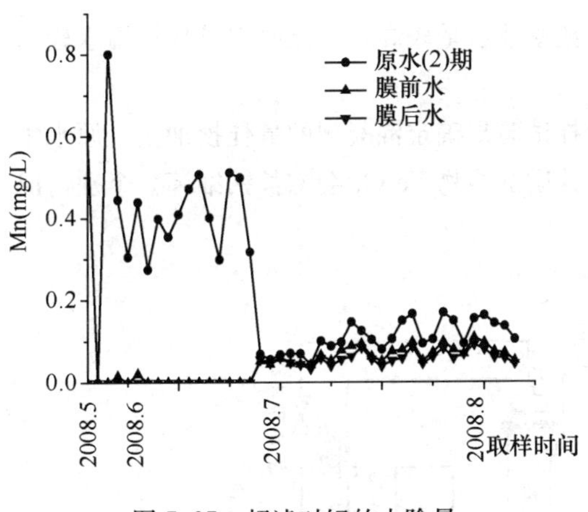

图7.27　超滤对锰的去除量

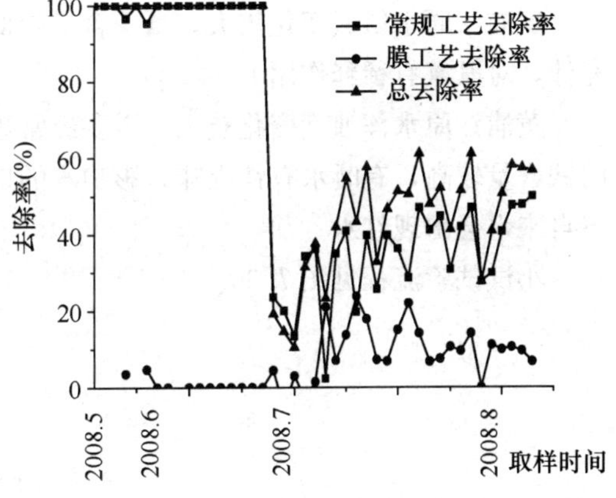

图7.28　各工况对锰的去除率

（6）超滤对藻类的去除

藻类是一种低等的、含有叶绿素的植物，包括肉眼看得见和用显微镜才能看得见的微小藻类。藻细胞体内含有藻毒素，当藻细胞死亡、破裂后藻毒素就会溶出，危及水体安全。由图7.29可看出，在试验期内，随着温度的升高，水体中藻类的含量逐渐下降。藻类直径通常在2～3μm，常规处理工艺对藻类的去除率在95%～97%左右，混凝/砂滤/超滤组合工艺对藻类的去除率能够达到100%。

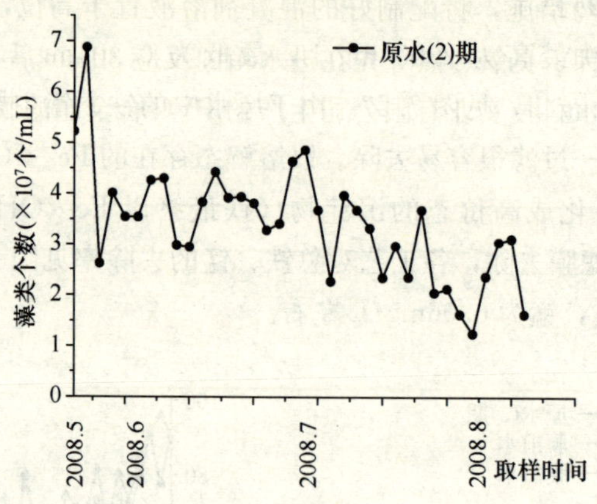

图 7.29　藻类含量随时间分布情况

7.3　超滤处理黄浦江水

7.3.1　原水水质和试验装置

黄浦江水受有机物污染较为严重，COD_{Mn} 平均在 6mg/L 左右，且一年中变化较大，大部分月份比较高，只是在 11 月份稍有降低。水厂采用“混凝—沉淀—过滤—消毒”常规处理工艺，COD_{Mn} 的去除率在 20%～30%，效果好时可达 50%，但出水的 COD_{Mn} 在 3.3mg/L 左右，达不到《生活饮用水卫生标准》的规定。

黄浦江原水氨氮变化较大，夏季含量较低，其他季节含量较高，可能原因是夏季雨水较为充沛，对氨氮有稀释作用。

黄浦江原水浑浊度变化较大，需要经常进行搅拌试验来确定混凝剂的最佳投加量。原水中的铁含量较高，有时水有铁腥味，影响水的口味，铁质沉淀物 Fe_2O_3 会滋长铁细菌，个别情况下自来水会出现红水。

小试试验流程见图 7.30。

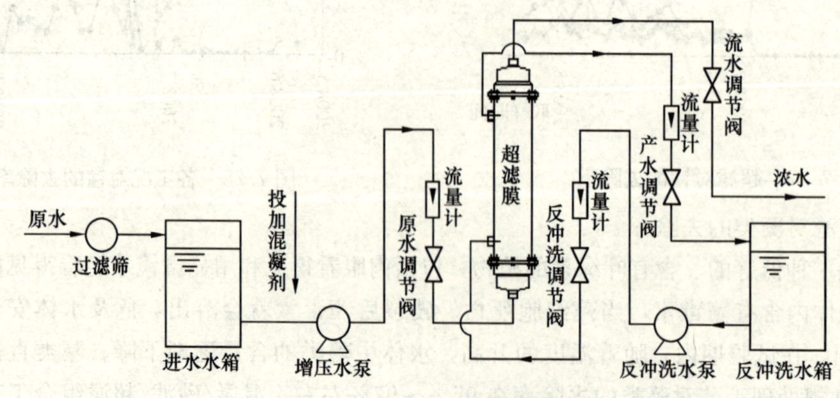

图 7.30　小试试验流程图

超滤装置进水先经 150μm 的过滤筛去除水中大颗粒悬浮物，进水流量控制在 0.3～0.8L/min，进水压力 0.02～0.15MPa。反冲洗流量 0.8～2.5L/min，冲洗压力0.1～0.3MPa。

在增压水泵前设置加药措施，将配制好的混凝剂溶液置于高位，通过水泵抽吸进入膜系统；其余药剂，如高锰酸钾、臭氧、氯等先在进水箱内反应30min后，再进行膜过滤试验。

试验采用海南立升净水科技实业有限公司生产的PVC合金超滤膜，相关参数见表7.2。

超滤膜特性 表7.2

类　型	内压式中空纤维膜	膜材质	PVC合金
中空纤维丝数量	200	中空纤维丝内外径（mm）	0.85/1.50
组件外形尺寸（mm）	Φ35×250	标准膜面积（m²）	0.133
截留分子量（dalton）	50000	过滤方式	死端过滤

膜过滤工艺中，单位面积的过滤水量（通量）和操作压力的关系可用式（7.1）表示。

$$J=\frac{Q}{A}=\frac{\Delta P}{\mu R} \tag{7.1}$$

式中 J——膜过滤通量（$L \cdot m^{-2} \cdot h^{-1}$）；

Q——产水量（$L \cdot h^{-1}$）；

A——膜面积（m^2）；

ΔP——膜压差或操作压力（Pa）；

μ——水的动力黏度系数（$Pa \cdot s$）；

R——膜阻力（m^{-1}）。

在试验初期对超滤膜的通量与操作压力ΔP的关系进行了测定，见图7.31，两者基本呈正比关系。

水温对超滤的通量影响较大，水温降低，水的黏度增大，会减少通量。在不同水温下，保持操作压力为0.05MPa，膜通量的变化见图7.32，从测定结果来看，膜通量受水温影响较大，水温10℃时的膜通量仅为25℃时的70%左右。因此，运行时应考虑温度的影响。

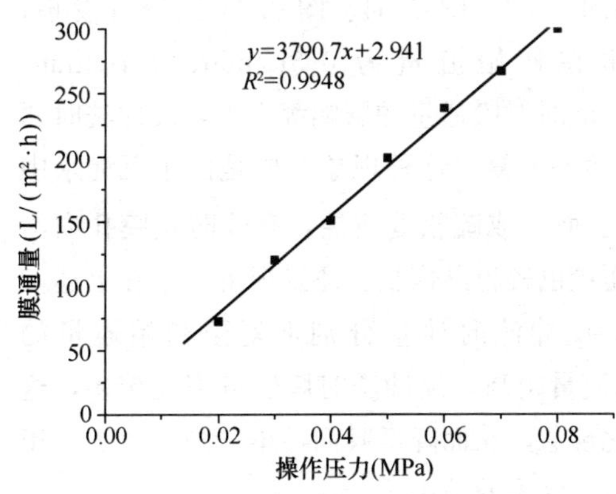

图7.31 超滤膜通量与操作压力关系

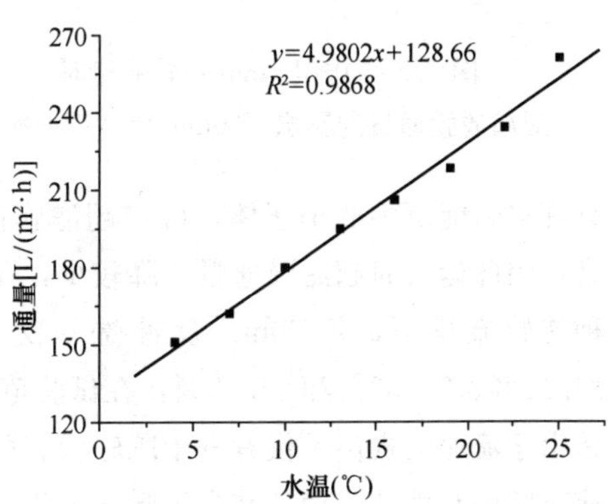

图7.32 超滤膜通量与水温关系

7.3.2 水厂原水、沉淀水和滤后水对超滤膜通量的影响

（1）不同初始通量对超滤膜通量的影响

超滤膜进水为杨树浦水厂滤后水、沉淀水和原水，除原水为黄浦江水外均较为干净，试验时将超滤初始流量选定为：0.3L/min［对应通量120.8L/（$m^2 \cdot h$）］，0.4L/min［167.5L/

$(m^2 \cdot h)$]，0.5L/min［208.2L/$(m^2 \cdot h)$］三种。

图7.33为0.3L/min流量时滤后水、沉淀水和原水对超滤通量的影响。从图可见，当原水直接过滤时，即使在初始流量较低的情况下，超滤通量下降也较快，运行240min后通量已降为初始通量的46.32%，并且反冲洗时超滤膜通量恢复率越来越低，210min反冲洗时仅能恢复到初始通量的80.77%。进水为滤后水和沉淀水对超滤通量的影响较小，运行240min时的通量分别为初始通量的82.96%、87.50%；并且反冲洗时超滤膜通量的恢复情况较为理想，210min反冲洗时能分别恢复到初始通量的92.14%、94.19%。

图7.34为0.4L/min流量时滤后水、沉淀水和原水对超滤通量的影响。当原水直接过滤时，通量下降仍然较快，运行240min时的通量已降为初始通量的52.92%。在较大初始流量下，沉淀水对超滤膜通量的影响反而较滤后水小。沉淀水运行240min时的通量为初始通量的85.71%，而同期滤后水的通量为初始通量的81.11%；并且沉淀水反冲洗时超滤通量的恢复情况较为理想，210min反冲洗时能恢复到初始通量的97.57%，而同期滤后水的通量仅能恢复到初始通量的91.25%。

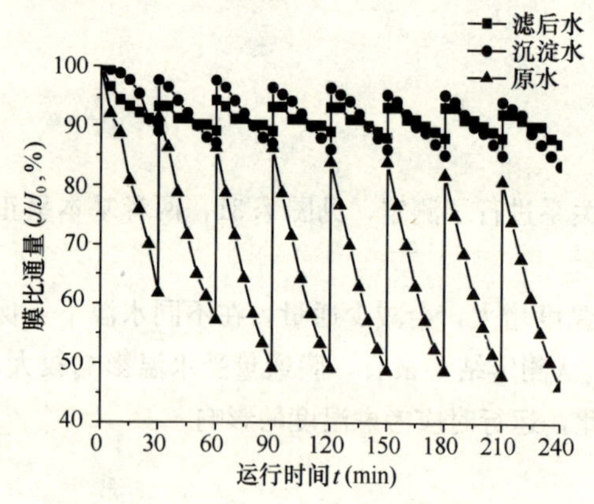

图7.33 0.3L/min初始通量时对超滤膜通量的影响（30min反冲洗一次）

在初始流量为0.5L/min时仅进行了滤后水和沉淀水试验，结果见图7.35，当流量增大时，沉淀水对超滤通量的改善更加明显。沉淀水运行240min时的通量达到初始通量的91.38%，而此时滤后水的通量仅为初始通量的80.95%；同样沉淀水反冲洗时超滤通量的恢复情况较为理想，210min反冲洗时能恢复到初始通量的97.75%，而此时滤后水的通量仅能恢复到初始通量的94.97%。

将图7.33、图7.34、图7.35比较可发现，沉淀水在初始流量为0.3L/min、0.4L/min、0.5L/min时对膜通量的影响都很小，反冲洗时通量也较容易恢复。这种现象主要是由于沉淀水中有许多未能沉淀的小絮体，可被超滤膜截留而在膜表面形成疏松滤饼层，有效防止膜孔内污染，因此运行时超滤膜通量下降较少，在反冲洗时通量也较容易恢复。还发现沉淀水在上述三种初始流量下，每30min反冲洗一次，第210min反冲洗时通量分别恢复至初始通量的94.19%、97.57%和97.75%，在试验范围内，初始流量越高，反冲洗时膜通量恢复越多，这是由于流速的提高不仅有利于减轻膜表面的浓差极化现象，从而降低膜面污染，同时由于高流速对膜面有剪切作用，减少了膜面沉积，也有利于膜面污染的减小。

图7.36为1.0mg/LO_3预氧化+15mg/L$FeCl_3$微絮凝与水厂沉淀池出水对超滤通量的影响。由图可知，混凝沉淀的效果优于微絮凝的效果，微絮凝在运行240min时的通量只有初始通量的75.29%，而此时混凝沉淀的通量为初始通量的85.71%，反冲洗时膜通量的恢复情况也好很多。主要是由以下原因造成的：①原水的浑浊度较高，经微絮凝后浑浊度约为30NTU，而沉淀池出水的浑浊度仅在1NTU左右，悬浮颗粒杂质截留在超滤膜表面，导致通量下降较快；②由于微絮凝形成的粒径较小，在40～60μm左右，甚至更小，比较容易堵塞膜孔，造成

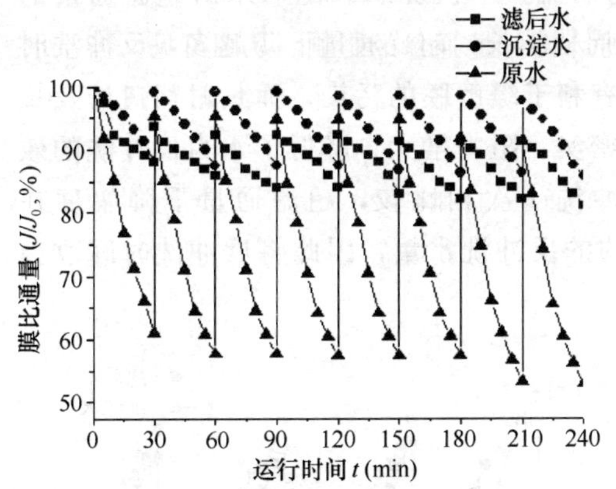

图 7.34　0.4L/min 初始通量对超滤膜通量的影响（30min 反冲洗一次）

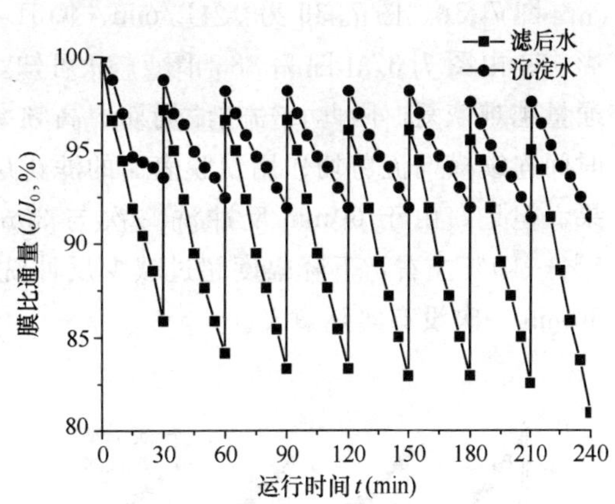

图 7.35　0.5L/min 初始流量时对超滤通量的影响（30min 反冲洗一次）

通量下降，而混凝沉淀后上清液中未能沉淀的矾花粒径相对较大，对膜的污染较轻；③铝盐比铁盐轻，形成的絮体比较松散，截留在膜上的絮体与超滤膜的作用力不是很强，形成疏松滤饼层，而铁盐则较为密实，在超滤膜上形成的滤饼层较为致密，导致超滤膜通量下降较快，并且反冲洗时不容易恢复。

(2) 不同反冲洗周期对超滤膜通量的影响

超滤膜水厂通常运行 30min 反冲洗一次，以减轻超滤膜污染，延长化学清洗周期。但是反冲洗耗用了超滤的出水，约占总产水量的 10%。考虑到节约反冲洗用水，进行了不同初始流量下 60min 反冲洗一次的试验。由于原水直接过滤时通量下降较快，试验没有进行到 60min 时便已超出进水压力表的量程，因此只进行了滤后水和沉淀水试验。

由图 7.37 可看出，60min 反冲洗一次时，超滤膜的通量较 30min 反冲洗一次时有较大幅度的降低，运行 240min 时沉淀水的通量降至初始通量的 77.89%，而 30min 反冲洗时仅降至初始通量的 83.51%。

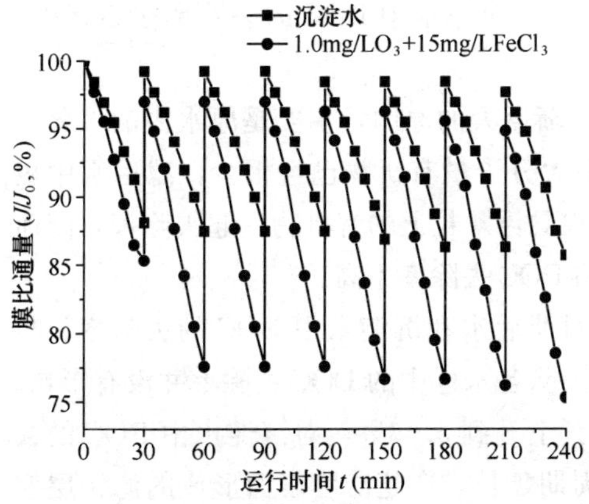

图 7.36　微絮凝与混凝沉淀对超滤膜通量的影响（30min 反冲洗一次）

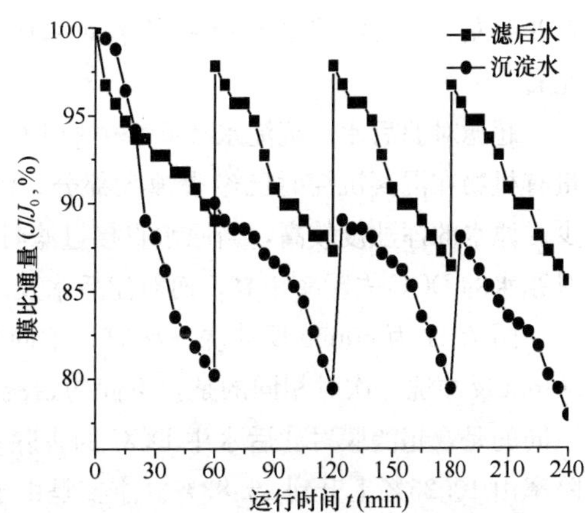

图 7.37　0.3L/min 初始流量对超滤通量的影响（60min 反冲洗一次）

图 7.38、图 7.39 为 0.4L/min、0.5L/min 初始流量下沉淀水和滤后水对超滤通量的影响。由图 7.37、图 7.38、图 7.39 可知，过滤周期越长，超滤通量下降越多，反冲洗时通量越难恢复。因此，短过滤周期、高频率反冲有利于缓解膜的污染，而长时间过滤及长时间连续横向流剪切作用使膜表面的滤饼层变得密实，阻力增大，降低了水力反冲洗的效果。但是，由于 60min 反冲洗一次与 30min 反冲洗一次相比较，超滤通量下降幅度在 5%～10%左右，下降幅度超过减少反冲洗所节约的反冲洗水量，因此将反冲洗时间改为 60min 一次没有实际意义。

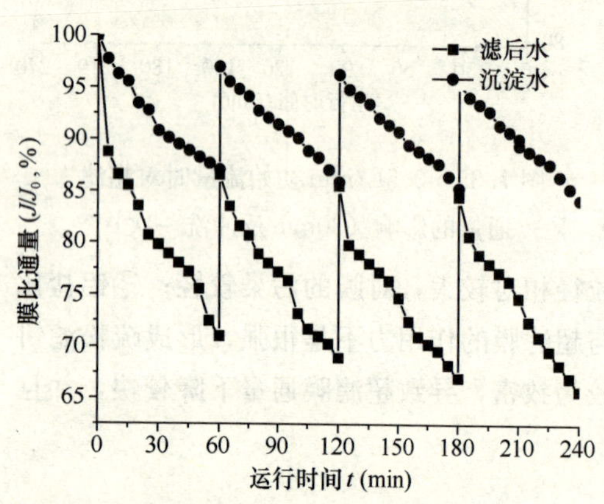

图 7.38 0.4L/min 初始流量时对超滤通量的影响（60min 反冲洗一次）

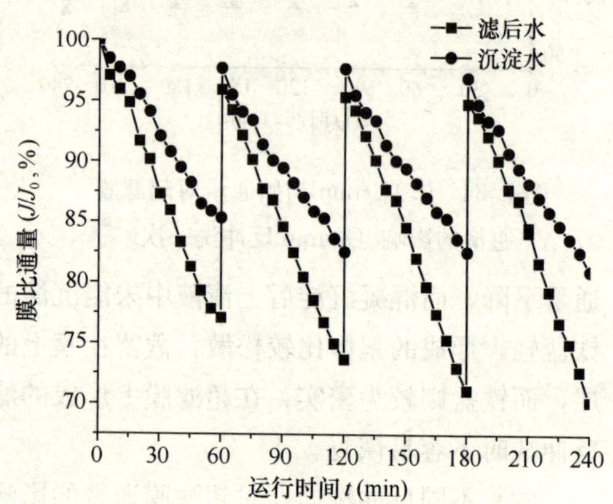

图 7.39 0.5L/min 初始流量时对超滤通量的影响（60min 反冲洗一次）

7.3.3 水厂原水、沉淀水、滤后水对超滤出水水质的影响

(1) 超滤对 DOC、UV_{254} 的去除

图 7.40 所示为 30min 反冲洗一次时，不同初始流量对原水、沉淀水和滤后水的 DOC 去除率。不同初始流量时，超滤对各水样中 DOC 的去除率没有影响，对滤后水中 DOC 的去除率在 1.90%左右，对沉淀水中 DOC 的去除率在 10.25%左右，对原水中 DOC 的去除率在 20.70%左右。

超滤对滤后水、沉淀水和原水中的 DOC 去除率逐渐增大的原因，主要是原水中的大分子量有机物在混凝沉淀时已经去掉大部分，沉淀出水中大分子量有机物已经很少，滤后水中更少。原水的浑浊度较高，当原水直接过滤时，将吸附在悬浮颗粒上的有机物一起去除掉，因而对原水的 DOC 去除率稍高，而对滤后水及沉淀水中的 DOC 去除率不高。

图 7.41 为 60min 反冲洗一次时，不同初始流量对滤后水和沉淀水中 DOC 的去除率。与 30min 反冲洗一次时相同的是，不同初始流量对超滤去除各水样中的 DOC 去除率并没有影响。不同的是，超滤膜对滤后水中 DOC 的去除率由 1.90%上升到 5.56%，对沉淀水中 DOC 的去除率由 10.25%上升到 15.83%。主要是由于反冲洗周期延长，在超滤膜表面形成的滤饼层变厚、变密，截留了水中的有机物所致。

UV_{254} 主要反映溶解性小分子量有机物。试验期间黄浦江原水的 UV_{254} 在 0.110cm^{-1}左右。试验采用的超滤膜截留分子量为 50kDa，大于黄浦江原水中大部分有机物的表观尺寸，所以对

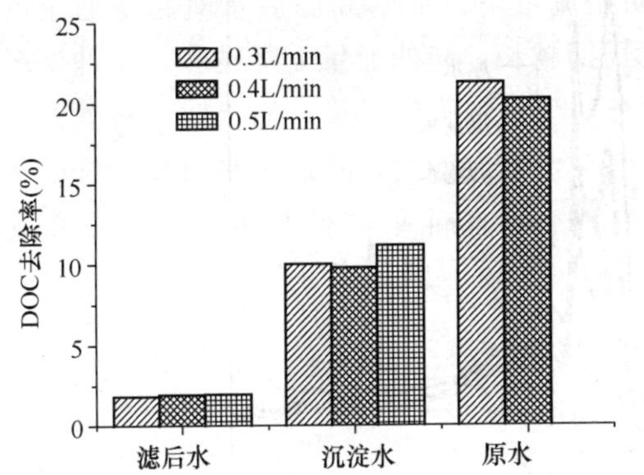

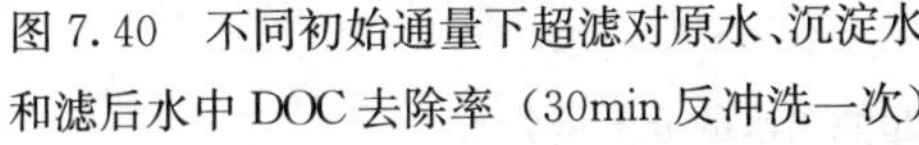
图 7.40　不同初始通量下超滤对原水、沉淀水和滤后水中 DOC 去除率（30min 反冲洗一次）

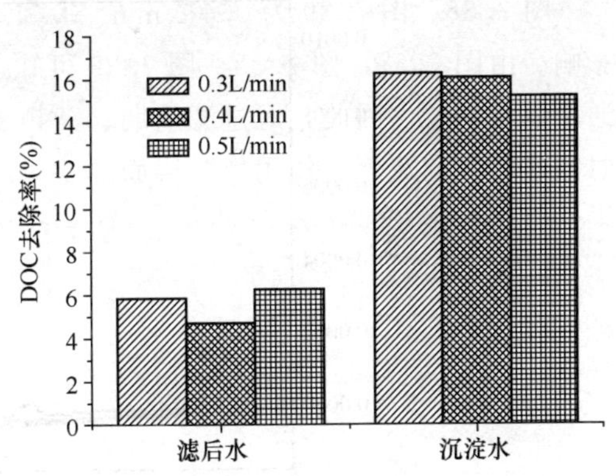

图 7.41　不同初始通量下超滤对原水、沉淀水和滤后水中 DOC 去除率（60min 反冲洗一次）

形成 UV_{254} 的小分子有机物的去除主要是靠超滤膜的吸附作用，去除效果较差。

超滤膜 30min 反冲洗一次时，不同初始流量时对 UV_{254} 的去除情况见图 7.42。同 DOC 一样，不同初始流量对超滤去除各水样中 UV_{254} 的去除率并没有影响，对滤后水的 UV_{254} 去除率在 13.63％左右，对沉淀水的 UV_{254} 去除率在 7.66％左右，对原水的 UV_{254} 去除率在 3.70％左右。

超滤膜 60min 反冲洗一次时，不同初始流量对 UV_{254} 的去除情况见图 7.43。同 DOC 一样，不同初始流量对各水样中 UV_{254} 的去除率也没有影响。只是与 30min 反冲洗一次相比，超滤对 UV_{254} 的去除率有一定程度的提高。

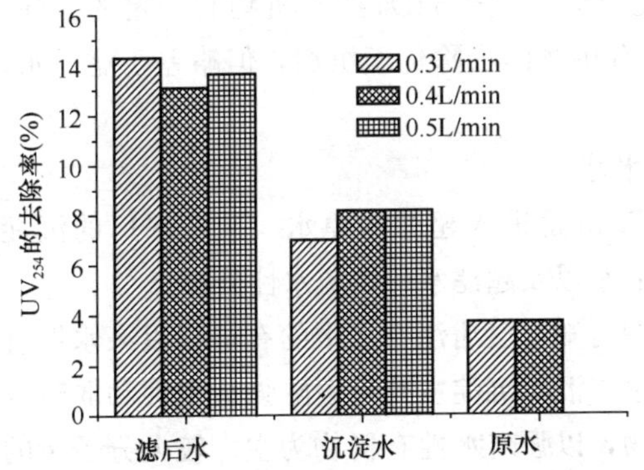

图 7.42　不同初始流量下超滤对原水、沉淀水和滤后水的 UV_{254} 去除率（30min 反冲洗一次）

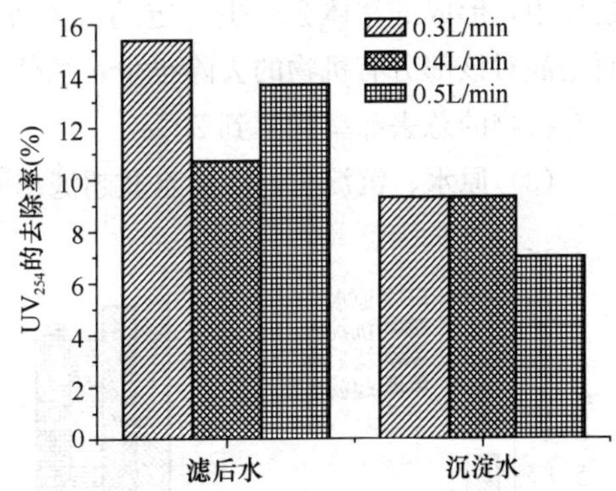

图 7.43　不同初始流量下超滤对原水、沉淀水和滤后水的 UV_{254} 去除率（60min 反冲洗一次）

由于不同的初始流量，不同的反冲洗周期对超滤去除滤后水、沉淀水和原水中的有机物并没有太大的影响，以后只选择具代表性的工况与其他处理工况进行对比。

（2）滤后水、沉淀水、原水及超滤出水的分子量分布

图 7.44 和表 7.3 是进入超滤的原水、自来水厂的沉淀后水和砂滤后水、超滤出水的分子量分布。可以看出，原水中溶解性有机物分子量分布主要集中在 3～10kDa 和＜1kDa 两个范围内，分子量＞10kDa 的最少，可见黄浦江水是以溶解性小分子有机物为主。

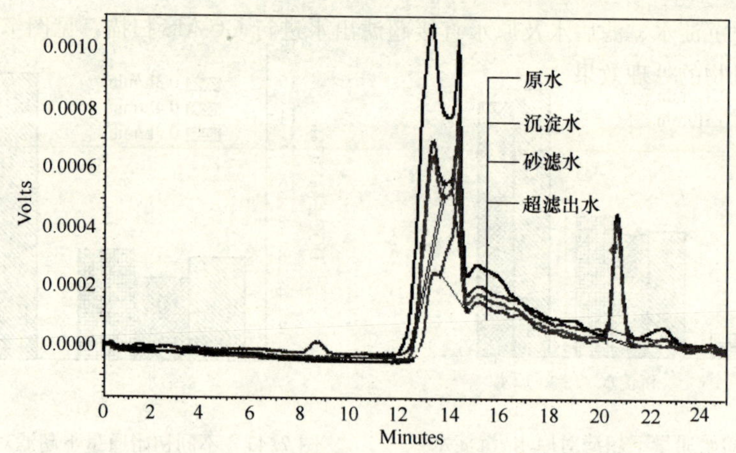

图 7.44　原水、沉淀水、滤后水及超滤出水的分子量分布

原水、沉淀水、滤后水及超滤出水的分子量分布　　表 7.3

分子量	<1kDa		1～3kDa		3～10kDa		>10kDa		合计
项　目	数值 (mg/L)	占比 (%)	数值 (mg/L)	占比 (%)	数值 (mg/L)	占比 (%)	数值 (mg/L)	占比 (%)	(mg/L)
原　水	1.88	32.50%	1.26	21.80%	2.01	34.70%	0.64	11.00%	5.79
沉淀后水	1.66	34.30%	1.16	24.10%	1.71	35.30%	0.3	6.20%	4.83
滤 后 水	1.71	36.60%	1.18	25.40%	1.56	33.50%	0.21	4.50%	4.66
UF 出水	1.85	39.20%	1.2	28.50%	1.52	29.20%	0.15	3.10%	4.72

由表 7.3 可知，超滤对分子量>3kDa 有机物的去除率优于常规处理，但常规处理在絮凝过程中，形成的絮体会产生一定的吸附作用，因此对分子量<3kDa 的有机物有一定的去除，而超滤对该部分有机物的去除很少，总体上超滤对有机物的去除优于沉淀，但略差于滤后水，对有机物的总去除率均不到 20%。

(3) 原水、沉淀水、滤后水及超滤出水的亲疏水性

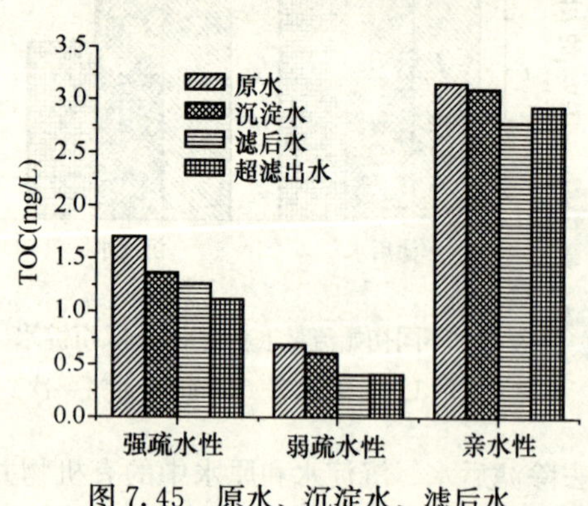

图 7.45　原水、沉淀水、滤后水及超滤出水的亲疏水性

图 7.45 是进入超滤的原水、自来水厂的沉淀水和滤后水以及超滤水的亲疏水性分析。

由图可知，黄浦江原水中的有机物以亲水性有机物为主。混凝沉淀主要是去除强疏水性和弱疏水性有机物，以强疏水性有机物为主。较大分子量的有机物多为疏水性，因此混凝去除效果较好，而混凝对分子量较小的亲水性有机物去除效果较差。砂滤则能去除小部分强疏水性有机物和部分弱疏水性、亲水性有机物，以弱疏水性和亲水性有机物为主。超滤主要去除强疏水性和弱疏水性有机物，而对亲水性有机物则较少去除。这主要是由于试验采用的超滤膜为亲水性的 PVC 合金膜。疏水性物质不容易通过亲水性膜，而被超滤膜所截留，对于亲水性有机物很容易通过膜，且这部分有机物分子量较小，故而很少能被膜所截留。

(4) 滤后水、沉淀水、原水及超滤出水的 GC-MS 分析

采集原水、沉淀水、滤后水及原水直接超滤出水进行 GC-MS 扫描，见图 7.46～图 7.49，以定性了解有机物的处理效果。

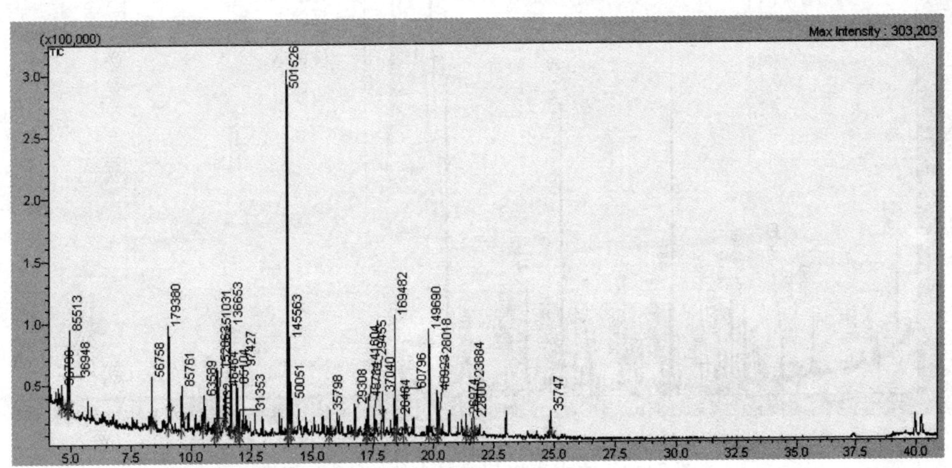

图 7.46 原水 GC-MS 扫描

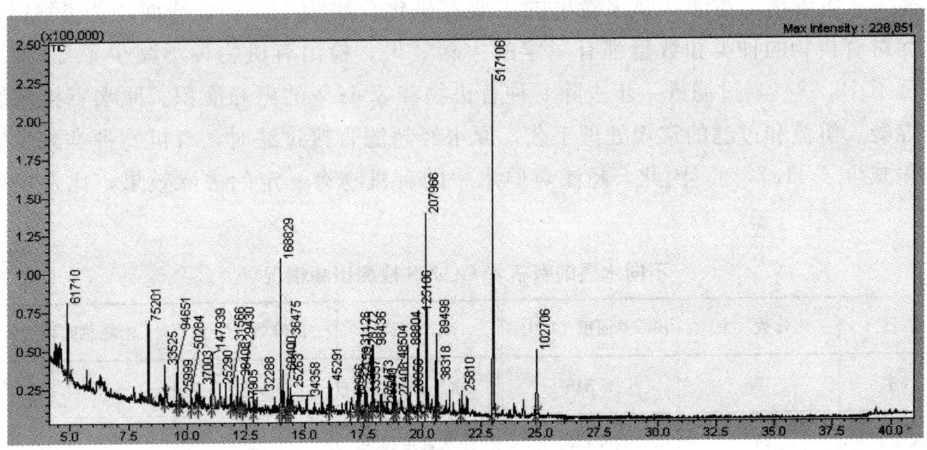

图 7.47 沉淀水 GC-MS 扫描

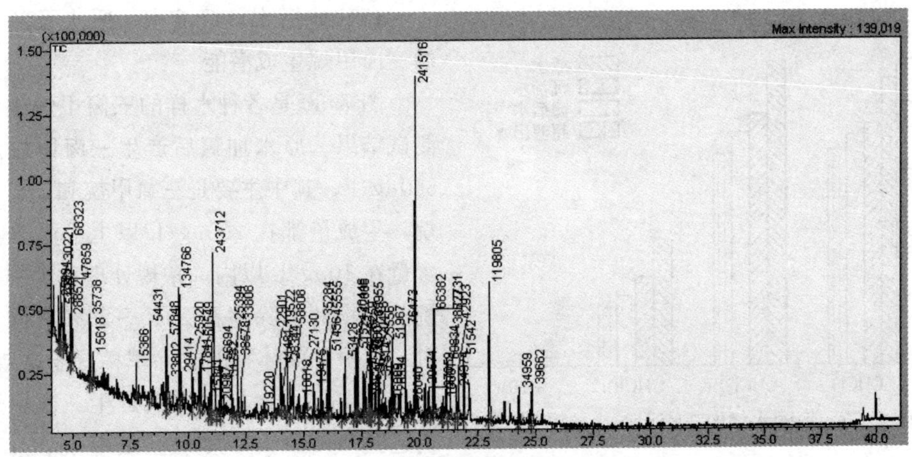

图 7.48 滤后水 GC-MS 扫描

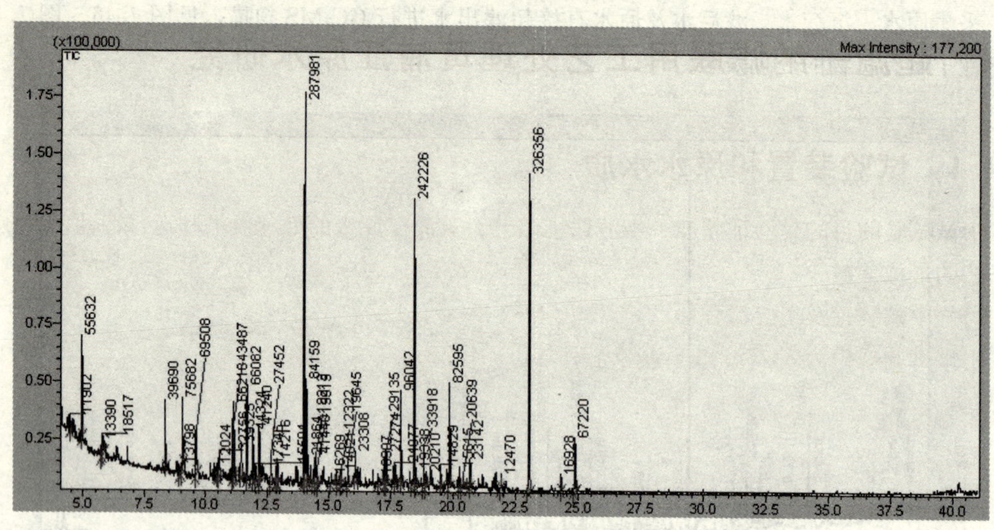

图 7.49 原水直接超滤出水的 GC-MS 扫描

从表 7.4 可看出，黄浦江原水检出的主要有机化合物为 162 种，峰面积为 6.316×10^{6}，混凝沉淀对有机物的种类和数量都有一定的去除效果，检出有机物种类减少了 15 种，出峰面积降低了 13.98%，过滤进一步去除 9 种有机物和 3.61%的出峰面积。原水直接超滤的效果优于混凝、沉淀和过滤的常规处理工艺，原水经超滤直接过滤时，有机物种类减少 54 种，出峰面积减少了 41.77%。因此，超滤对原水中的有机物有一定的去除效果，比常规处理工艺稍好。

不同水质的有机物 GC-MS 检测出峰情况 表 7.4

项　目	出峰数（个）	出峰总面积（$\times10^{6}$）	项　目	出峰数（个）	出峰总面积（$\times10^{6}$）
原　水	162	6.316	水厂滤后水	138	5.205
水厂沉淀水	147	5.433	原水直接超滤	108	3.678

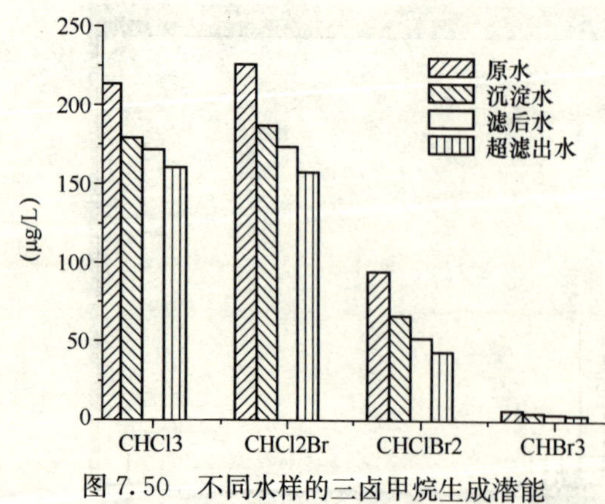

图 7.50 不同水样的三卤甲烷生成潜能

（5）滤后水、沉淀水、原水及超滤出水的三卤甲烷生成潜能

图 7.50 是各种水样的三卤甲烷生成潜能测试结果。原水加氯后产生三卤甲烷总量为 560μg/L，其中主要是三氯甲烷和二氯一溴甲烷，生成量都在 200μg/L 以上，而三溴甲烷含量在 10μg/L 以内。常规处理对水中三卤甲烷前体物的去除率在 20%～25%之间，超滤对三卤甲烷前体物的去除率稍好于常规处理，达到 30%左右，但加氯后产生三卤甲烷总量仍达到 380μg/L，其中三氯甲烷在 150μg/L 以上，仍然超过了水质标准 100μg/L 的要求。

7.4 超滤—纳滤联用工艺处理黄浦江原水研究

7.4.1 试验装置和原水水质

中试试验的目的是验证超滤—纳滤联用工艺对黄浦江原水的处理效果和运行特性，并确定该工艺的最优参数。

(1) 中试装置及工艺流程

中试试验规模为3～5m³/h，基本流程如下：

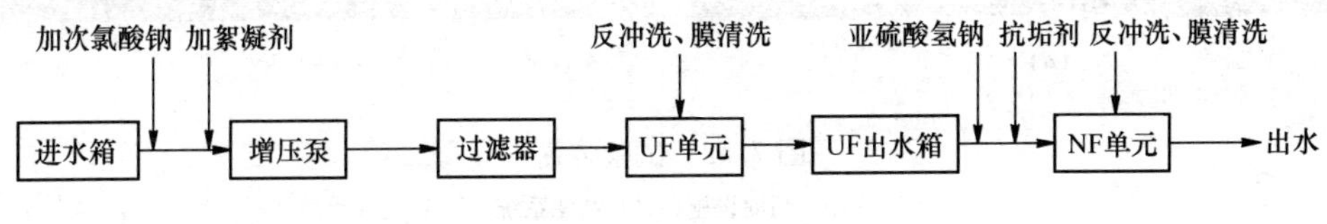

图7.51 中试试验流程图

主要试验装置如下：

1) 增压泵：立式泵，流量5～8m³/h，扬程20m；

2) 叠片式过滤器：设在超滤进水口前，用于去除水中粒径大于150μm的颗粒，以减轻对膜的损伤；

3) 超滤装置(UF)：超滤膜采用深圳立升公司LH3-1060内压式中空纤维膜，膜特性见表7.5。

超滤膜特性 表7.5

超滤膜类型	内压式中空纤维膜	膜材质	PVC合金
中空纤维丝根数	9100	中空纤维丝内外径(mm)	1.0/1.66
标准膜面积(m²)	40	截留分子量(Da)	100000
设计通量[L/(m²·h)]	60～160	设计产水量(m³/h)	2.4～6.4
组件外形尺寸(mm)	Φ277×1715	过滤方式	死端过滤

超滤出水收集至UF出水箱(同时作为纳滤(NF)的进水箱)。超滤系统设有反冲洗和化学清洗装置。

4) 纳滤装置

纳滤膜采用海德能公司ESPA-4040系列超低压反渗透膜，单支膜有效膜面积7.9m²，膜材质为芳香族聚酰胺。

纳滤系统分为串联的2级，第1级配备加压泵1套，流量4～5m³/h，扬程80m，共12个纳滤组件；第2级配备加压泵1套，流量2～2.5m³/h，扬程60m，共6个纳滤组件，采用错流过滤方式。纳滤系统与超滤系统共用1套人工操作的反冲洗与化学清洗装置。

纳滤系统与超滤系统试验装置见图7.52。

5) 加药设备

根据超滤和纳滤的运行需要设置了以下加药设施：混凝剂聚合氯化铝(PAC)；次氯酸钠，投加量2～3mg/L；还原剂亚硫酸氢钠，在纳滤进水前投加，以中和水中的余氯，保护纳滤膜；

(a)

(b)

图 7.52 试验装置
(a) 超滤设施；(b) 纳滤系统

抗垢剂三聚磷酸钠，防止膜结垢，根据试验需要投加。

每套包括 200L 药液桶 1 个及加注泵 1 套。

(2) 试验方法

试验中，原水先进入进水箱，经水泵增压后，通过叠片式过滤器进入超滤系统，超滤进口设置流量仪，进出口设置压力表和取样点，定期进行读数和采样。超滤系统设定每运行 30min 后进行反冲洗，反冲洗由 PLC 自动控制进行。

当水力清洗不能降低膜污染时，则采用药剂清洗，清洗药剂为柠檬酸和氢氧化钠。

超滤出水至出水箱储存，再经泵提升进入纳滤系统。按照超滤 $3.6m^3/h$ 出水量，第 1 级纳滤产水量 $1.8m^3/h$，回收率 50%；第 2 级纳滤出水量 $0.9m^3/h$，浓水流量 $0.9m^3/h$；纳滤系统总回收率为 75%。

纳滤系统各级均配置压力表，流量仪，出水设取样点取样。

(3) 试验期间原水水质

试验期间原水水质见表 7.6。

试验期间原水水质 **表 7.6**

水质参数	最大值	最小值	平均值
水温（℃）	30.0	4.5	19.5
浑浊度（NTU）	75	19	43.1
pH	7.90	7.00	7.49
氨氮（mg/L）	1.38	0.35	0.81
亚硝酸盐氮（mg/L）	0.33	0.01	0.087
COD_{Mn}（mg/L）	7.41	4.23	6.05
DOC（mg/L）	8.9	4.9	6.35
电导率（μS/cm，25℃）	780	580	686
铁（mg/L）	1.28	0.27	0.67
锰（mg/L）	0.38	0.13	0.23
溶解性总固体（mg/L）	519	441	480

7.4.2 超滤—纳滤系统处理效果

(1) 浑浊度的去除

图7.53是超滤—纳滤系统对浑浊度去除的效果。试验期间，原水直接用水泵输入超滤，进水浑浊度为19～75NTU，超滤出水浑浊度为0.06～0.23NTU（平均为0.13NTU），平均去除率达到99.7%。纳滤与超滤相比，孔径更小，经过纳滤后，出水浑浊度可降低到0.04～0.13NTU（平均为0.07NTU）。

在超滤—纳滤系统中，超滤在去除浑浊度的同时，大大降低了水中的颗粒物含量，改善了纳滤的进水条件，有利于纳滤膜的运行。

(2) COD_{Mn}、DOC和UV_{254}的去除

图7.54是超滤—纳滤系统对COD_{Mn}的去除效果。原水COD_{Mn}值在4.23～7.41mg/L之间，超滤出水COD_{Mn}值为3.45～5.34mg/L，去除率仅为4.1%～38.8%（平均为24.6%）。而纳滤体现了良好的有机物去除特性，出水COD_{Mn}值为0.11～0.88mg/L，使膜系统的COD_{Mn}总去除率提高到90%以上。

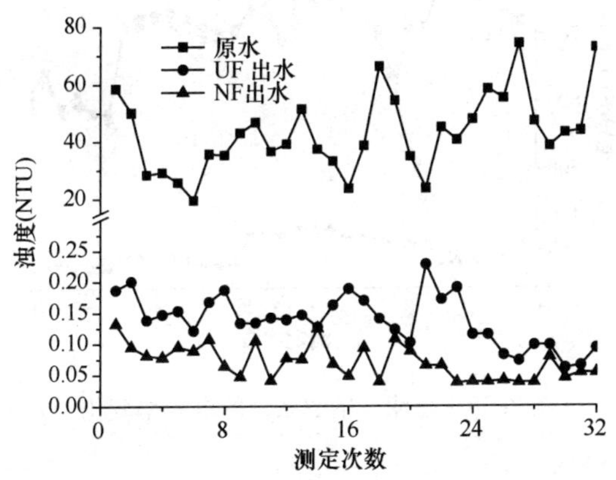

图7.53 超滤—纳滤系统对浑浊度的去除

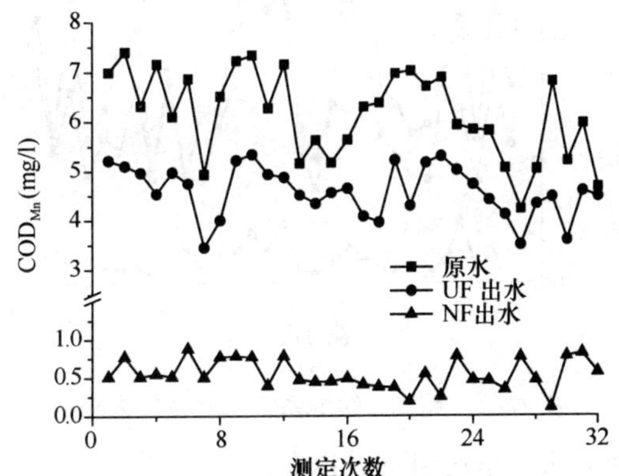

图7.54 超滤—纳滤联用工艺对COD_{Mn}的去除效果

超滤—纳滤系统对DOC的去除效果见图7.55。原水的DOC在4.9～8.9mg/L之间，超滤出水为3.1～6.3mg/L，而纳滤出水为0.2～0.51mg/L，其去除率达到90%以上。

超滤—纳滤系统对UV_{254}的去除效果见图7.56。原水的UV_{254}为0.229～0.349cm^{-1}，超滤出水的UV_{254}为0.102～0.159cm^{-1}，而纳滤出水的UV_{254}基本在0.01cm^{-1}以内，去除率达到95%以上。

(3) 氨氮的去除

超滤—纳滤系统对氨氮的去除效果见图7.57。黄浦江原水氨氮含量较高，达到0.35～1.38mg/L（平均0.81mg/L），超滤对氨氮基本无去除效果，而纳滤膜在去除小分子量有机物的同时，对氨氮也有较好的去除效果，纳滤出水的氨氮为0.03～0.24mg/L，可以满足国家水质标准中0.5mg/L的要求。

(4) 电导率的去除

超滤—纳滤系统出水的电导率变化见图7.58。原水电导率在580～780μS/cm之间，经过超滤后电导率变化很小，而纳滤能很好去除水中的无机离子，出水的电导率降低到100μS/cm

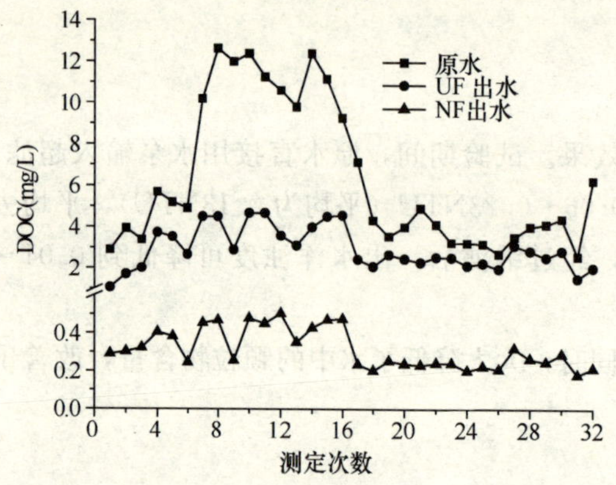

图 7.55 超滤—纳滤联用工艺对 DOC 的去除效果

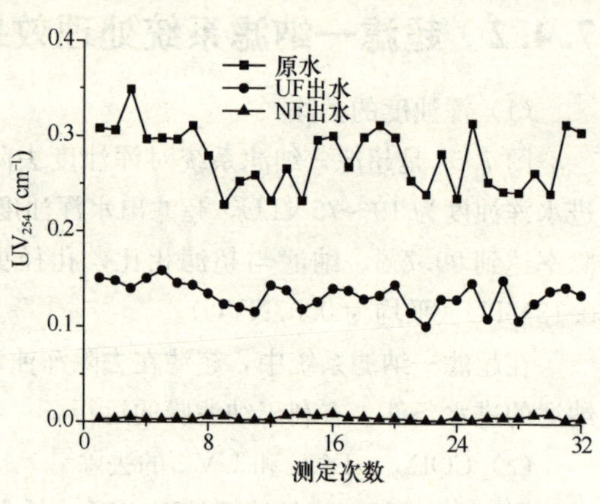

图 7.56 超滤—纳滤系统对 UV_{254} 的去除

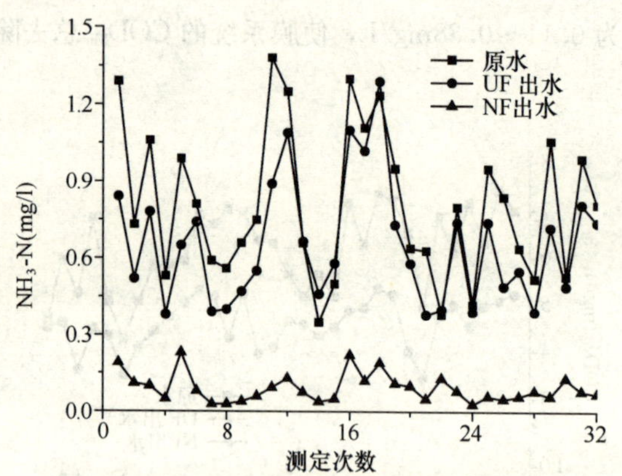

图 7.57 超滤—纳滤系统对氨氮的去除

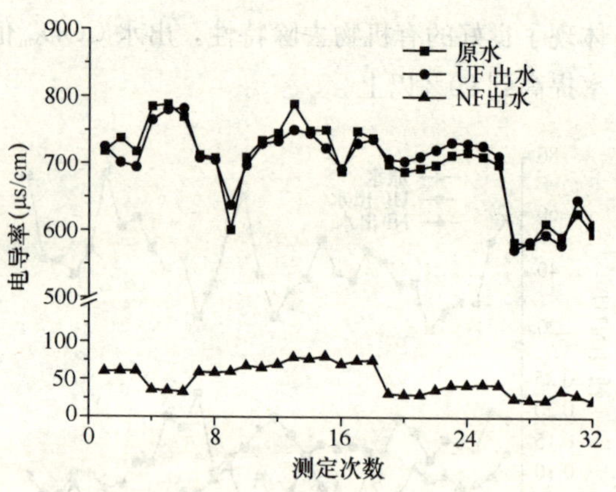

图 7.58 超滤—纳滤系统的电导率变化

以下，去除率达到 90%以上。

(5) AOC 的去除

生物可同化有机碳（AOC）是表征水质生物稳定性的有机物指标。超滤和纳滤对 AOC 的去除情况见图 7.59。

超滤和纳滤虽然可以使水中 AOC 有所降低，但去除效果并不明显，其中超滤的去除率在 30%左右，纳滤的去除率在 35%左右。对各水样不同分子量区间的 AOC 分别进行测定，如图 7.60 所示，原水中的 AOC 主要是小分子量有机物，无论是超滤还是纳滤，对该区间有机物产生的 AOC 去除效果都不是很好，影响了 AOC 的整体去除率。

(6) 其他水质指标的去除

表 7.7 是超滤—纳滤系统对其他水质指标的去除情况。

超滤—纳滤系统对其他指标的变化 表 7.7

水质参数	原　水	UF 出水	NF 出水
钙 (mg/L)	46.3～56.7 (51.7)	45.8～56.2 (51.6)	0.88～1.25 (1.11)
镁 (mg/L)	12.6～15.7 (14.1)	12.4～15.3 (14)	0.2～0.6 (0.35)
钠 (mg/L)	59.4～67.9 (64.4)	57.6～66.3 (64.3)	5.44～7.06 (6.03)

续表

水质参数	原　水	UF 出水	NF 出水
铁（mg/L）	0.27～1.28（0.67）	0.01～0.12（0.036）	0.01～0.03（0.013）
锰（mg/L）	0.13～0.38（0.23）	0.01～0.1（0.047）	0.001～0.07（0.024）
pH	7.1～7.6（7.26）	6.9～7.6（7.22）	6.1～6.8（6.34）
亚硝酸盐（mg/L）	0.01～0.33（0.087）	0.01～0.3（0.075）	0.01～0.05（0.018）
细菌（个/mL）	1200～3700	8～62（28）	未检出
Ames 试验	阳　性	阳　性	阴　性

注：括号内为平均值。

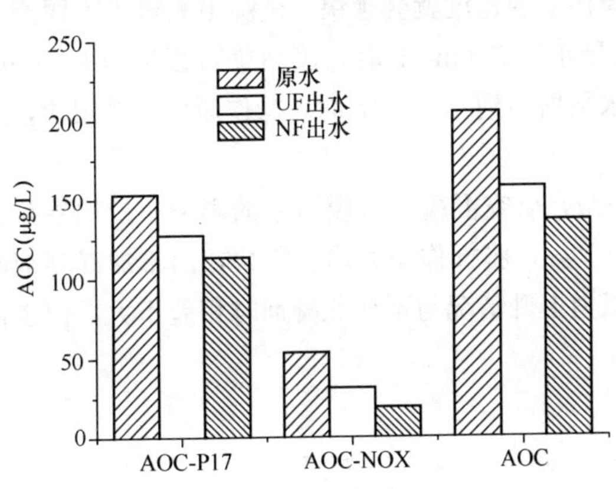

图 7.59　超滤—纳滤系统对 AOC 的去除

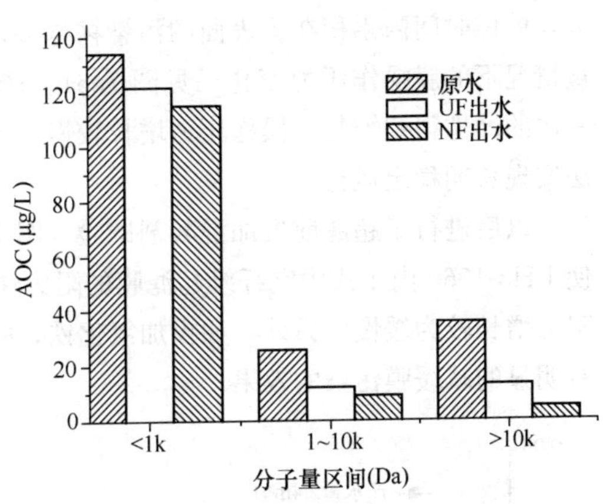

图 7.60　各分子量区间 AOC 去除情况

7.4.3　超滤和纳滤出水混合试验

根据上述试验结果，纳滤出水水质远好于常规处理的水厂出水，COD_{Mn}、氨氮等指标均可达标。但纳滤出水呈酸性，对供水管道有腐蚀作用，对人体也不利，因此需在出厂前的水中投加碱剂，调节出水 pH，以降低水的腐蚀性。

因此进行下述试验，即部分水量进行超滤处理，部分水量进行纳滤处理，然后将两部分出水混合，在保证出水水质的同时，还能节约制水成本。

将超滤出水和纳滤出水分别按照 20%～80%的比例混合，测定混合后的水质，4 次检测的平均值见表 7.8。

混 合 试 验 结 果　　表 7.8

水　样	pH	浑浊度（NTU）	COD_{Mn}（mg/L）	氨氮（mg/L）	电导率（μS/cm）	DOC（mg/L）
UF 出水 100%	7.33	0.096	3.98	0.68	832	4.47
UF∶NF=8∶2	7.22	0.088	3.32	0.62	683	3.70
UF∶NF=7∶3	7.26	0.085	3.02	0.54	618	3.22
UF∶NF=6∶4	7.22	0.082	2.66	0.48	536	2.70
UF∶NF=5∶5	7.18	0.075	2.20	0.44	474	2.45
UF∶NF=4∶6	7.14	0.072	1.85	0.37	392	1.90
UF∶NF=2∶8	6.99	0.066	1.16	0.27	237	1.07
NF 出水 100%	6.17	0.054	0.55	0.12	71	0.17

经混合后，pH 即可提高到 7.0 以上，而氨氮、COD_{Mn}、DOC 等指标与两种水样的混合比呈正相关关系。根据试验结果，混合水样中，NF 出水占 50%以上时，水质可以达到饮用水水质标准。

7.4.4 超滤—纳滤系统的运行

(1) 超滤系统的运行

1) 超滤运行的影响因素

中试前期对超滤系统运行的影响因素进行了试验，以确定合适的运行参数。

首先是膜单位时间产水量（即通量）的影响。产水量的大小会影响膜的运行，产水量越大，单位时间内累积在膜表面的污染物越多，膜污染的速度就会越快。试验中测定了不同产水量情况下的膜操作压力变化，见图 7.61。产水量小于 3.6m^3/h 时，膜污染可以通过每 30min 一次的冲洗得到恢复，操作压力增长较慢；产水量增大到 4.8m^3/h 时，操作压力上升很快，无法实现长期稳定运行。

以后进行了超滤前投加混凝剂试验（图 7.62），研究混凝剂对膜污染的影响。投加铝盐会使 LH3-1060 内压式中空纤维超滤膜的阻力快速上升，膜操作压力增长很快，而不加混凝剂时阻力增长较为缓慢。另外，如投加氯化铁，膜阻力上升情况与不加混凝剂时相差不大，但也没有明显的减缓膜污染的效果。

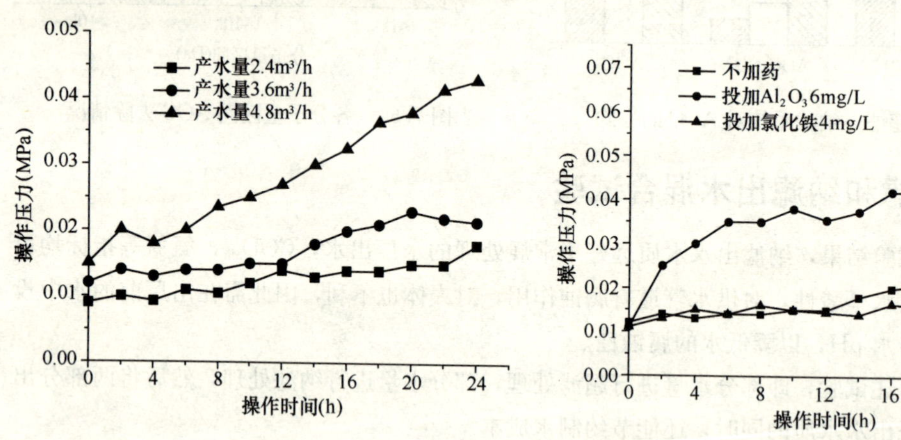

图 7.61 不同产水量时操作压力变化

图 7.62 投加混凝剂对膜操作压力的影响

2) 超滤膜运行情况

根据上述试验结果，中试时采用原水直接进行超滤，在保持产水量恒定的条件下，每运行 50min 进行一次反冲洗，运行开始时膜的操作压力在 0.02MPa 左右，当压力上升至 0.1MPa 左右时进行化学清洗。

试验分 2 个阶段，共运行 144 天，第一阶段产水量 4.2m^3/h [相应通量为 10^5L/ (m^2 · h)]，运行 55 天；第二阶段产水量 3.6m^3/h [相应膜通量为 90L/ (m^2 · h)]，运行 89 天。

试验期间膜操作压力的变化见图 7.63。在第一阶段的运行中，超滤膜共进行了 2 次化学清洗，平均运行周期 28 天左右；而第二阶段降低了产水量后，膜连续运行了 89 天才进行了化学清洗，操作压力长期稳定在 0.03MPa 左右。经分析，试验后期膜操作压力快速增长的主要原因是水温下降较大，此时如降低产水量，仍能使膜稳定运行。由此可见，在原水直接过滤的情况下，只要保持适当的产水量，也能使超滤长期稳定地运行。

考虑温度对通量的影响，将通量修正为20℃、操作压力0.05MPa时的通量，运行过程中的通量变化见图7.64。清洁膜过滤原水的初始通量为160L/（m^2·h）左右，第一阶段膜的通量快速下降，而第二阶段膜通量在90L/（m^2·h）左右能长期稳定运行。

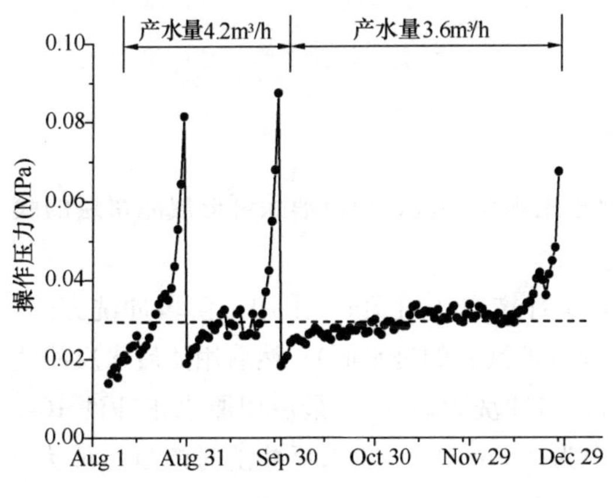

图7.63　超滤膜操作压力变化（2008年）

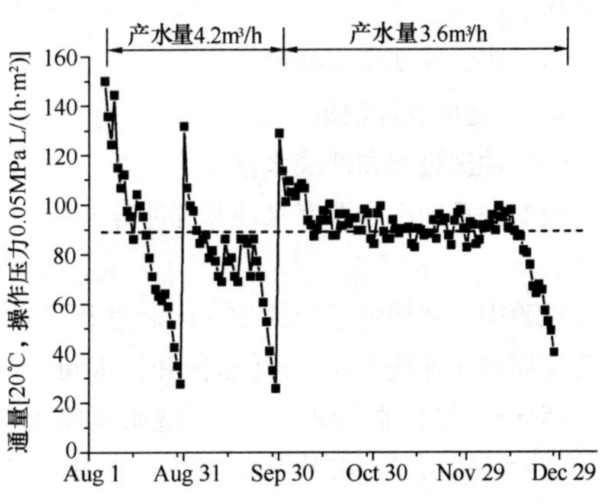

图7.64　超滤膜通量变化情况（2008年）

（2）纳滤系统的运行

中试采用了两级增压系统，主要研究第一级纳滤的运行情况。在试验期间保持第一级纳滤的进水流量3.6m^3/h左右，产水量1.8m^3/h，回收率为50%，操作压力的变化见图7.65。

从2008年8月到12月，水温从30℃下降到12℃左右，纳滤的操作压力也由0.4MPa提高到0.75MPa。操作压力上升的主要影响因素是水温，根据海德能公司提供的膜温度修正系数，将该段时期内的通量，换算成操作压力0.5MPa、20℃时的通量，见图7.66。可见，纳滤的初始通量为27.5L/（m^2·h），开始时通量下降较快，20天后逐步稳定，通量一直在23.5～24.5L/（m^2·h）之间波动。经过3个多月运行，通量变化较小，膜阻力比较稳定，因此未进行化学清洗。

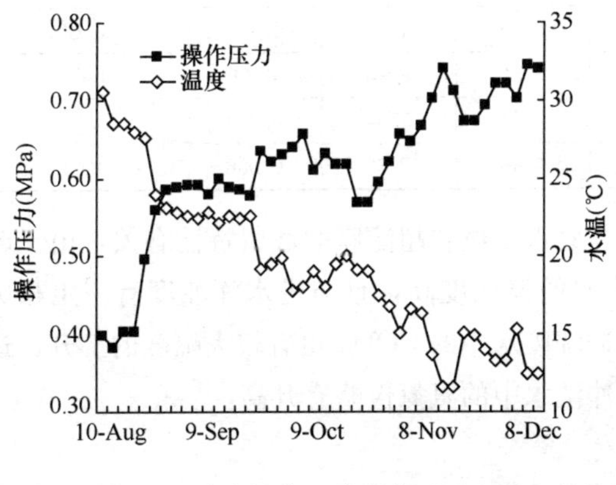

图7.65　纳滤操作压力变化（2008年）

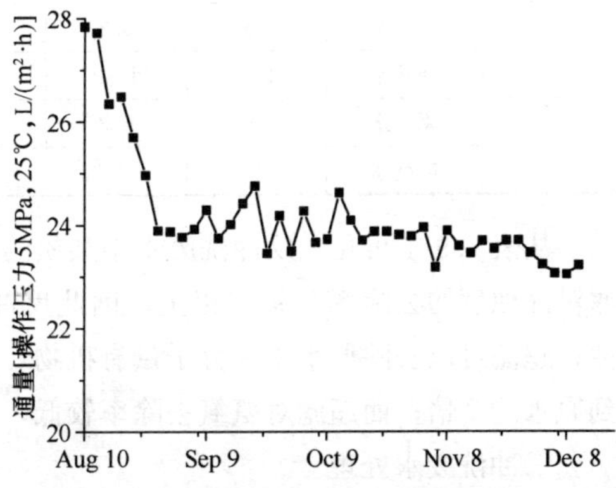

图7.66　ESPA膜通量变化情况（2008年）

7.4.5 膜的反冲洗和废水处理

膜的反冲洗和化学清洗均会产生废水，而且纳滤还有部分浓水排出，随着国家对环保要求的不断加强，各工业企业的生产废水应处理达标后才能对外排放，自来水厂作为制造生活和生产用水的企业，也不能例外。因此对超滤和纳滤产生的各类废水水质进行了测定，并对其处理方法作了探讨。

(1) 膜的冲洗废水处理

1) 超滤的反冲洗废水

①反冲洗过程和冲洗水量

超滤的反冲洗主要有水冲和气冲等方式，主要采用水反冲洗，用以消除可形成滤饼层的膜污染。

试验中，超滤每运行约 29min 后进行反冲洗，反冲洗总历时 70s。采用三阶段冲洗方式，首先用原水正冲洗 20s（即进水阀和排水阀打开，原水冲洗膜的进水面）；然后用滤后水反冲洗 40s（即产水阀和排水阀打开，冲洗水从膜出水面反向冲洗膜表面）；最后用原水正冲洗 10s。其中正冲洗时流量一般约为 2 倍产水流量（试验中为 7.5m^3/h），清水反冲洗时流量一般为 3 倍产水流量（试验中为 10m^3/h），冲洗水压 0.15～0.2MPa。

一个冲洗周期内，超滤反冲洗水量占产水量的 10%～11%，而一般水厂常规处理工艺的排水量仅为生产水量的 3%～5%。如这一部分水量直接排放，不仅会对环境造成污染，对水厂的能耗和运行成本也是很大的浪费，因此研究反冲洗废水水质特点和回收利用的可能性。

②冲洗水质

试验时分别取三阶段的原水和冲洗废水，测定其水质，结果见表 7.9。

超滤反冲洗废水水质 **表 7.9**

样品		浑浊度 (NTU)	COD_{Mn} (mg/L)	铁 (mg/L)	锰 (mg/L)	DOC (mg/L)	UV_{254} (cm^{-1})	氨氮 (mg/L)
1	原 水	20	4.4	0.25	0.14	4.82	0.077	0.65
	冲洗水	146	9.30	0.68	0.27	6.99	0.11	0.78
2	原 水	36	5.2	0.24	0.15	4.52	0.108	1.12
	冲洗水	227	10.2	0.47	0.36	5.98	0.14	1.37
3	原 水	65	6.3	0.44	0.24	5.64	0.079	0.74
	冲洗水	325	11.3	1.16	0.46	8.37	0.088	0.92

从表 7.9 中可见，反冲洗废水中杂质的含量与原水水质和超滤膜的截留特性有关，由于超滤对浑浊度的去除率在 90%以上，因此反冲洗废水的浑浊度高，且与进水浑浊度有一定相关性；超滤可以去除原水中大分子量有机物，因此冲洗废水中的 COD_{Mn} 也有较大幅度的上升，达到原水的 2 倍；而超滤对氨氮去除率较低，因此冲洗水中的氨氮仅略有升高。

③冲洗废水处理

冲洗废水中主要是被膜截留的颗粒物和胶体以及大分子量有机物，浑浊度、COD_{Mn}、铁和锰较高。其水质与一般常规处理水厂的滤池反冲洗水相似。因此按常规处理水厂排泥水处理的方式，对冲洗废水进行处理。

将冲洗废水混合液置于 1L 的量筒内，分别在加和不加混凝剂的情况下进行沉降试验，静止沉降 30min 后取上清液测定，结果见图 7.67。

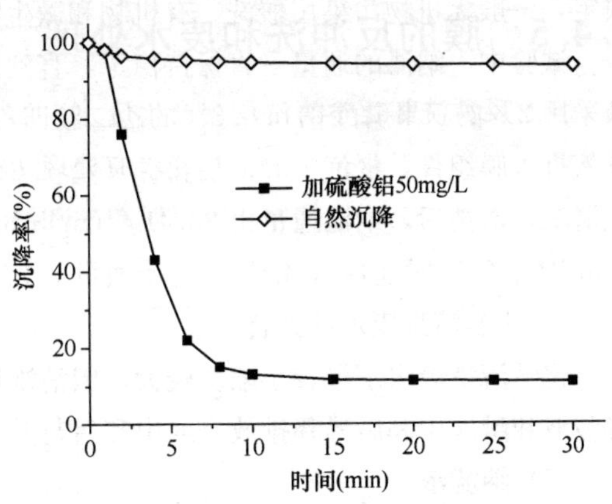

图 7.67　超滤冲洗废水沉降试验

在不加混凝剂的自然沉降情况下，静沉后上清液的浑浊度和 COD_{Mn} 下降不多。投加硫酸铝后，上清液浑浊度降至 10NTU 以下，COD_{Mn} 为 6～8mg/L，可以满足排放或回用要求。因此，混凝沉淀、澄清池或浓缩池等适用于超滤冲洗废水的处理。

2）纳滤的反冲洗废水

与超滤不同的是，纳滤是在高压下运行，因此采用低压（通常＜0.3MPa）、大流量的进水冲洗膜组件，去除附着在膜表面的污染物。纳滤的冲洗每天进行一次，冲洗时间 10min。

表 7.10 是纳滤反冲洗水的水质检测结果。

纳滤反冲洗水水质　**表 7.10**

	进　水	出　水	冲洗废水		进　水	出　水	冲洗废水
pH	7.14	6.00	7.16	DOC（mg/L）	3.861	0.6327	4.025
浑浊度（NTU）	0.625	0.002	0.669	UV_{254}（cm^{-1}）	0.098	0.005	0.108
COD_{Mn}（mg/L）	4.034	0.8761	4.289	氨氮（mg/L）	1.217	0.1122	1.388
铁（mg/L）	0.021	0	0.010	总固体（mg/L）	248	5.56	278
锰（mg/L）	0.042	0.008	0.046	电导率（μS/m）	496	11.12	557

纳滤的冲洗废水量占产水量的 1%～2%，且水质较好，可以直接回用或与超滤冲洗废水一起处理后回用。

（2）化学清洗废水处理

1）超滤的化学清洗废水

随着膜组件工作时间的延长，膜污染会不断加重，当水力冲洗不能降低膜污染时，则采用化学清洗。化学清洗时，根据原水中的杂质选择合适的化学药品，一般采用酸洗或碱洗。超滤膜的化学清洗频率过多，会对膜的寿命有一定影响。

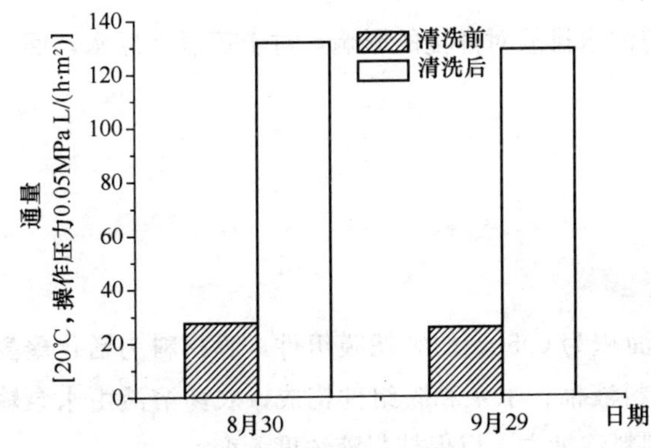

图 7.68　化学清洗对通量恢复情况（2008 年）

试验中对超滤膜进行了 2 次化学清洗，先用 2% 的柠檬酸（pH＝2）浸泡 10min 后，循环清洗 30min，再用 200mg/LNaClO（pH＝12）进行碱洗，清洗前后的通量恢复情况见图 7.68。可见，化学清洗对膜污染有很好的去除作用。

2）纳滤的化学清洗废水

纳滤的化学清洗方法根据污染物种类

决定，一般无机物污染用酸洗，有机物和微生物污染用碱洗。

试验中，纳滤的通量一直保持稳定，直到试验结束时才进行了一次化学清洗。纳滤膜清洗液采用2%的三聚磷酸钠和0.8%的乙二胺四乙酸钠，用碱液将pH调至10.0后，由清洗泵将洗液打入膜组件，浸泡30min后再循环清洗60min，到洗液的电导率和pH无变化后，即可停止清洗。清洗后，纳滤通量由23.4L/（m^2·h）提高到26.7L/（m^2·h）（均换算为操作压力0.5MPa、20℃时通量），恢复到初始通量的96%。

3）化学清洗废水的处置方法

化学清洗废水水量较小浓度较大，因清洗周期较长，可集中回收后添加新液再利用，也可将酸液和碱液中和后稀释排放，或中和后与其他生产废水一起处理、达标排放。

（3）纳滤浓水

纳滤浓水的水量与纳滤系统的回收率有关，回收率越高，浓水水量越少。本试验的纳滤采用2级系统，回收率在75%左右。

试验中，对不同回收率下的纳滤浓水水质进行了测定，结果见表7.11。除浑浊度外，浓水各项指标和回收率有关，在回收率75%时，浓水中氨氮、COD_{Mn}、电导率都增加了3～5倍左右；回收率达到90%时，氨氮、COD_{Mn}、电导率增长幅度达到6～8倍以上。

不同回收率下纳滤浓水水质变化 **表7.11**

	pH	浑浊度（NTU）	氨氮（mg/L）	COD_{Cr}（mg/L）	总固体（mg/L）	电导率（μS/m）	铁（mg/L）	锰（mg/L）	UV_{254}（cm^{-1}）
进　水	7.3	0.067	0.58	3.83	3.83	760	0.02	0.03	0.102
出　水	7.2	0.045	0.16	0.55	0.55	135	<0.001	<0.001	0.003
回收率75%	7.8	0.118	2.5	14.7	14.7	2360	0.02	0.05	0.302
回收率90%	7.9	0.192	4.88	22.5	22.5	4350	0.09	0.14	0.429

对于纳滤后浓水的处理和回用，常见的处置方法包括深井灌溉、废水处置、排放等，也有将浓水与原水混合后回用、浓水经药剂处理后回用等方法。

从水质指标来看，即使在回收率90%的情况下，浓水中的浑浊度、COD_{Cr}和氨氮等均可以满足排放要求，但总固体和电导率大大增加，此外浓水含盐量超出现有的再生水及回用水指标的要求，因此浓水不能直接作为浇洒和绿化用水使用。

浓水应达标后排放。应综合考虑回收率与浓水排放对环境的影响，对于黄浦江原水，回收率在85%～90%比较合适。

7.5 纳滤法去除农药

7.5.1 纳滤法试验设备

纳滤法试验的装置如图7.69所示。采用面积为0.5m^2的纳滤膜组件，膜材料为活化聚酰胺层，购于东丽（Toray）公司。试验设备由料液桶、水泵和膜组件构成，农药溶液由水泵输送到膜组件中，渗透液和浓缩液均循环回流到料液桶中，以保持料液浓度不变。

7.5.2 纳滤去除莠灭净

用纳滤去除莠灭净时，试验了各种因素如初始浓度、pH、无机盐等的影响，结果分述如下。

(1) 莠灭净初始浓度的影响

采用去离子水配制浓度分别为 0.222mg/L、0.563mg/L、1.075mg/L、1.909mg/L、2.694mg/L 的莠灭净溶液，在相同条件下（膜组件的流量 30L/h，温度 20℃，压力 0.3MPa）进行纳滤试验。测定纳滤进水和出水中莠灭净的浓度，考察不同莠灭净初始浓度对纳滤膜去除效果的影响，结果见图 7.70。可以看出，在试验浓度范围内，莠灭净初始浓度变化对纳滤膜截留效果并无明显影响，纳滤膜对水中莠灭净的去除率在 80%～90%左右。

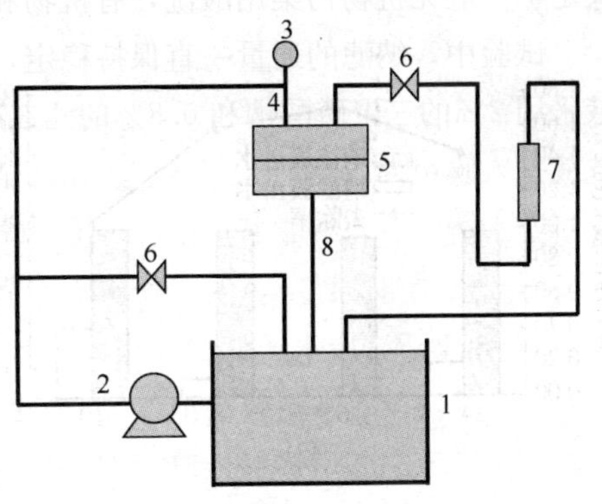

图 7.69 纳滤试验装置图

1—料液桶；2—水泵；3—压力表；4—膜进水口；5—膜组件；6—阀门；7—流量计；8—渗透液管

(2) pH 的影响

采用去离子水配制浓度约为 1.0mg/L 的莠灭净溶液，并用稀硫酸或氢氧化钠调节溶液的 pH，在相同条件下（流量 30L/h，温度 20℃，压力 0.3MPa）进行纳滤试验。图 7.71 表示在溶液 pH 分别为 4、6、8、10 时，纳滤膜对莠灭净的去除效果。

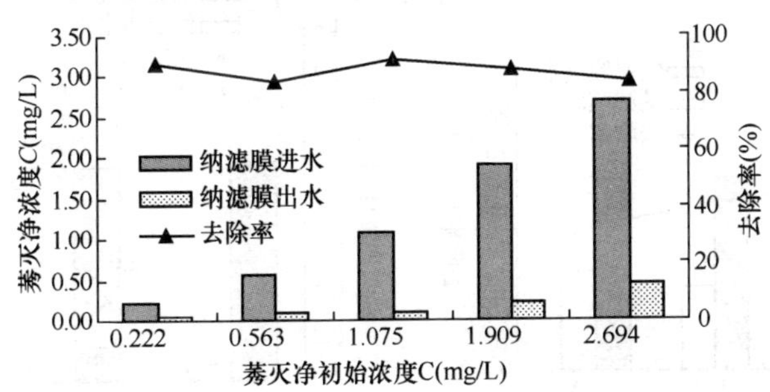

图 7.70 莠灭净初始浓度对纳滤膜去除效果的影响

从图 7.71 可以看出，当溶液 pH 在 6～8 时，纳滤对莠灭净的去除率最高，可达到 96.79%。而在溶液 pH 低于或高于上述范围时，莠灭净的去除率随之下降。当 pH 为 4 时，莠灭净的去除率为 79.98%；当 pH 为 10 时，莠灭净的去除率为 57.91%。

(3) 无机盐类的影响

采用去离子水配制浓度约为 1.0mg/L 的莠灭净溶液，同时在溶液中投加不同浓度的无机盐（氯化钠或氯化钙），在相同条件下（流量 30L/h，温度 20℃，压力 0.3MPa）进行纳滤试验。在溶液中投加氯化钠后，纳滤对莠灭净的去除效果见图 7.72。

从图 7.72 可以看出，随着溶液中氯化钠浓度的升高，纳滤对莠灭净的去除率呈下降趋势。在去离子水中，纳滤膜对莠灭净的去除率为 94.79%。当氯化钠浓度为 2mmol/L 时，莠灭净的去除率降为 71.75%。

在莠灭净溶液中投加氯化钙后，纳滤对莠灭净的去除效果见图 7.73，可以看出，随着溶

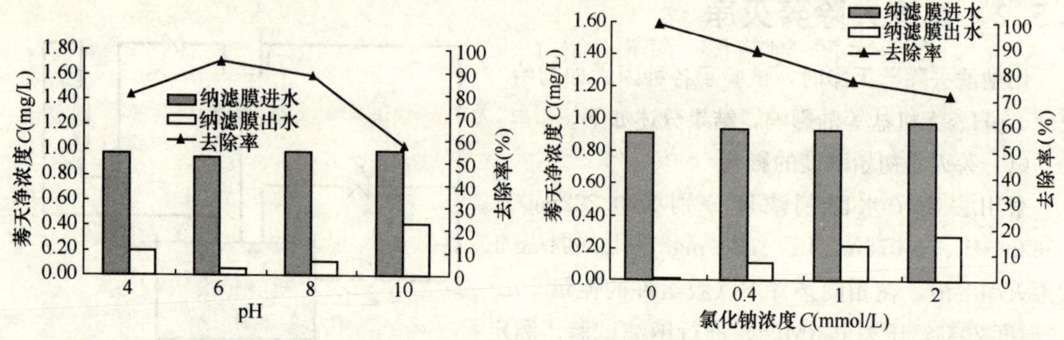

图 7.71 pH 对纳滤去除莠灭净效果的影响

图 7.72 氯化钠对纳滤去除莠灭净效果的影响

液中氯化钙浓度升高，纳滤对莠灭净的去除率呈下降趋势。在去离子水中，纳滤对莠灭净的去除率为 94.79%。当氯化钙浓度为 0.4mmol/L 时，莠灭净的去除率降为 58.76%。

(4) 水质的影响

分别采用去离子水、蒸馏水和自来水配制浓度约为 1.0mg/L 的莠灭净溶液，在相同条件下（流量 30L/h，温度 20℃，压力 0.3MPa）进行纳滤过滤试验。分析滤出水中的莠灭净浓度，考察本底水质对纳滤去除效果的影响，结果见图 7.74。去离子水和蒸馏水中莠灭净的去除率低于自来水中的去除率。

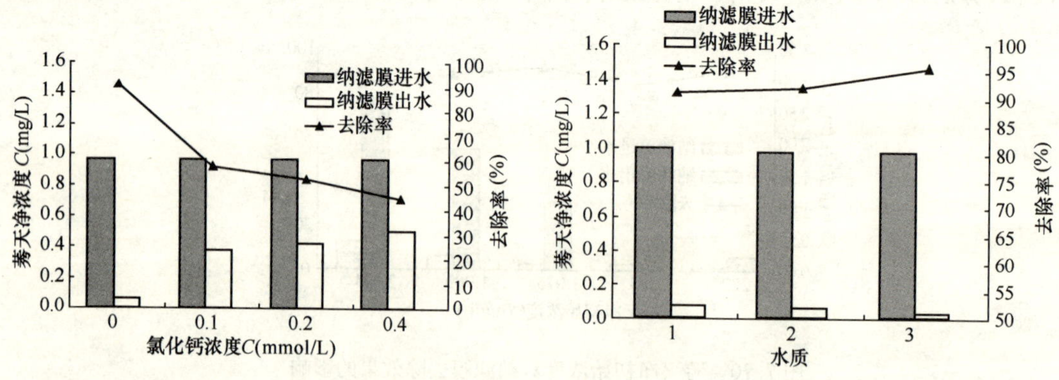

图 7.73 氯化钙对纳滤去除莠灭净效果的影响

图 7.74 水质对纳滤去除莠灭净效果的影响

(5) 纳滤去除莠灭净效果小结

1）纳滤可有效去除水中的莠灭净。用去离子水配制的浓度为 0.2～3mg/L 的莠灭净溶液，在流量 30L/h、温度 20℃、压力 0.3MPa 的条件下，莠灭净的去除率均可达到80%～90%。

2）莠灭净的初始浓度、pH、无机盐和水质对纳滤去除效果均产生影响。

3）在 0.2～3.0mg/L 的莠灭净浓度范围内，初始浓度变化对纳滤截留效果并无明显影响，纳滤对莠灭净的去除率在 80%～90%左右。

4）在中性 pH 条件下，纳滤对莠灭净的去除率最高，可达到 90%以上，酸性或碱性条件下的去除率较低。

5）水中的 NaCl 和 $CaCl_2$ 使纳滤对莠灭净的去除率降低。当 NaCl 浓度为 2mmol/L 时，莠灭净的去除率从去离子水中的 94.79%降为 71.75%。当 $CaCl_2$ 浓度为 0.4mmol/L 时，莠灭净的去除率降为58.76%。

7.5.3　纳滤去除敌草隆（Diuron）

纳滤去除敌草隆时各种因素如初始浓度、pH、无机盐等的影响分述如下。

（1）敌草隆初始浓度的影响

采用去离子水配制浓度分别为0.253mg/L、0.503mg/L、1.035mg/L、2.009mg/L、3.019mg/L的敌草隆溶液，在相同条件下（膜组件的流量30L/h，温度20℃，压力0.3MPa）进行纳滤膜过滤试验。测定纳滤进水和出水中敌草隆的浓度，考察不同敌草隆初始浓度对纳滤膜去除效果的影响，见图7.75。

从图7.75可以看出，在试验的浓度范围内，敌草隆初始浓度变化对纳滤截留效果并无明显影响，纳滤对敌草隆的去除率在90%左右。

（2）pH的影响

采用去离子水配制浓度约为1.0mg/L的敌草隆溶液，并用稀硫酸或氢氧化钠调节溶液的pH，在相同条件下（流量30L/h，温度20℃，压力0.3MPa）进行纳滤试验。图7.76表示在溶液pH分别为4、6、8、10时，纳滤对敌草隆的去除效果。

从图7.76可以看出，当溶液pH在6～8时，纳滤对敌草隆的去除率最高，可达90%以上。而在溶液pH低于6或高于8时，敌草隆的去除率随之下降。当pH为4时，敌草隆的去除率为80%左右；当pH为10时，敌草隆的去除率为52.49%。

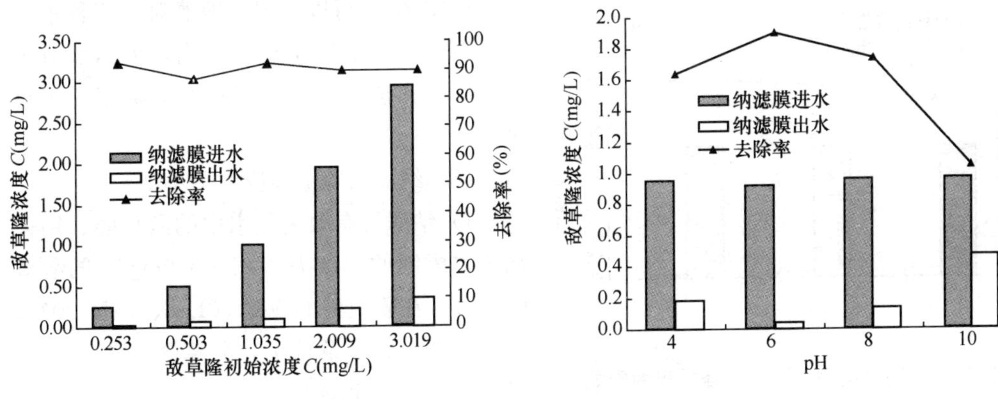

图7.75　敌草隆初始浓度对纳滤去除效果的影响

图7.76　pH对纳滤去除敌草隆效果的影响

（3）无机盐类的影响

采用去离子水配制浓度约为1.0mg/L的敌草隆溶液，并在其中投加不同浓度的氯化钠或氯化钙，在相同条件下（流量30L/h、温度20℃、压力0.3MPa）进行纳滤试验。在溶液中投加氯化钠后，纳滤膜对敌草隆的去除效果见图7.77。

从图中可以看出，随着氯化钠浓度的升高，纳滤膜对敌草隆的去除率呈下降趋势。在去离子水中，纳滤对敌草隆的去除率为92.97%。当氯化钠浓度为2mmol/L时，敌草隆的去除率降为67.30%。

在敌草隆溶液中投加氯化钙后，纳滤膜对敌草隆的去除效果见图7.78。

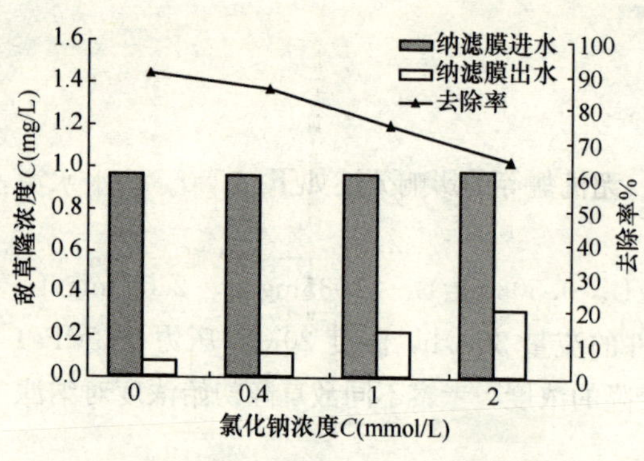

图 7.77　氯化钠对纳滤去除敌草隆效果的影响

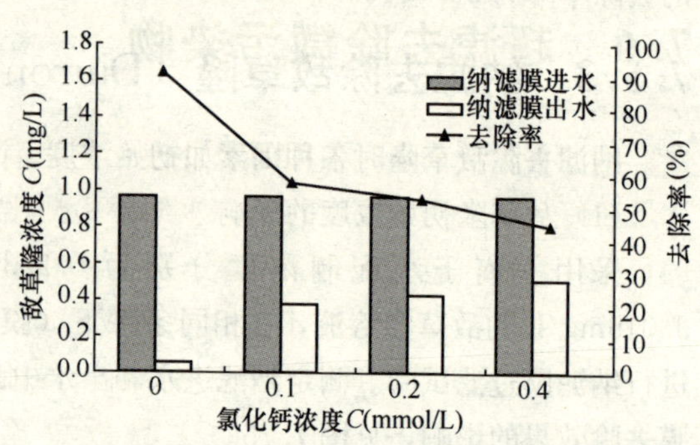

图 7.78　氯化钙对纳滤去除敌草隆效果的影响

从图 7.78 可以看出，随着溶液中氯化钙浓度的升高，纳滤膜对敌草隆的去除率呈下降趋势。在去离子水中，纳滤膜对敌草隆的去除率为 92.97%。当氯化钙浓度为 0.4mmol/L 时，敌草隆的去除率降为 47.17%。这是由于水中两种无机盐的存在掩蔽了纳滤膜的电荷作用，使除草剂的截留率降低。

（4）水质的影响

分别采用去离子水、蒸馏水和自来水配制浓度约为 1.0mg/L 的敌草隆溶液，在相同条件下（膜组件的流量 30L/h，温度 20℃，压力 0.3MPa）进行纳滤膜过滤试验。分析滤出水的敌草隆浓度，考察本底水质对纳滤去除效果的影响，见图 7.79。

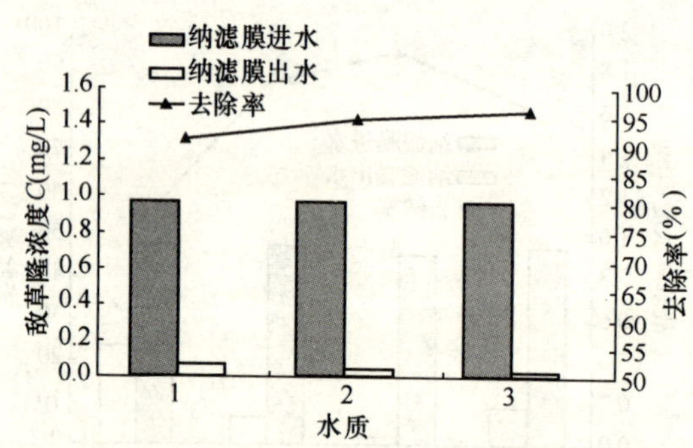

图 7.79　水质对纳滤去除敌草隆效果的影响

1—去离子水；2—蒸馏水；3—自来水

由图 7.79 可以看出，纳滤对于三种水中的敌草隆去除率均在 90%左右，但纳滤对于去离子水和蒸馏水中敌草隆的去除率低于自来水。

（5）纳滤去除敌草隆效果小结

1）纳滤可有效去除水中的敌草隆。用去离子水配制的浓度为 0.25～3.0mg/L 的敌草隆溶液，在膜组件的流量 30L/h、温度 20℃、压力 0.3MPa 等条件下，敌草隆的去除率均可达到 80%～90%。

2）敌草隆的初始浓度、pH、无机盐和水质对纳滤去除效果均产生影响。

3）在 0.2～3.0mg/L 的敌草隆浓度范围内，初始浓度变化对纳滤膜截留效果并无明显影响。

4）在中性 pH 水质条件下，纳滤对敌草隆的去除率最高，可达到 90%以上。在酸性或碱性水质条件下的去除率较低。

5）NaCl 和 $CaCl_2$ 可降低纳滤对敌草隆的去除率。去离子水中敌草隆的去除率为 92.97%，当 NaCl 浓度为 2mmol/L 时，降为 67.30%。当 $CaCl_2$ 浓度为 0.4mmol/L 时，敌草隆的去除率降为 47.17%。

7.6　超滤去除微污染物

韩国首尔自来水厂采用的水处理工艺是混凝、超滤和活性炭吸附，见图7.80。给水水源水质较好，并未受到高度污染，水源中检测出的目标化合物，包括农药、激素、抗菌素和阻燃剂，浓度均不高，从低于检测限到数百ng/L。经固相萃取和LC-MS/MS检测分析，各种水处理工艺对目标化合物的去除效果见表7.12。

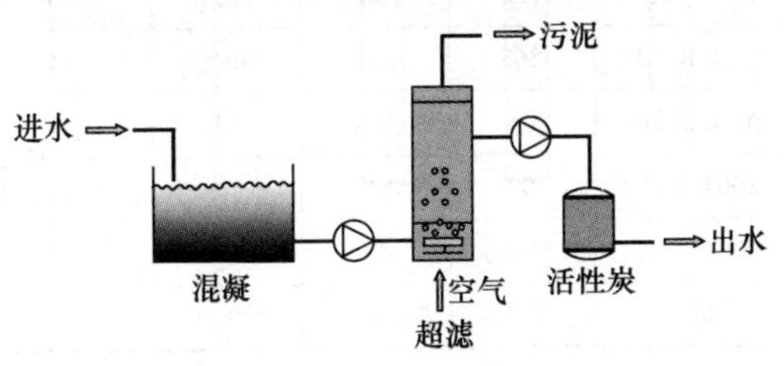

图7.80　水厂工艺流程

从表7.12可以看出，经过混凝和超滤处理，多数目标化合物浓度反有增加，而活性炭吸附是有效的工艺，明显降低微污染物浓度，原因可能是目标化合物的疏水性，能和活性炭有较高的吸附效率，同时因原水中的有机物浓度低，因此与微污染物的竞争吸附较小。

韩国首尔水厂饮用水处理时去除微污染物效果（ng/L）　　表7.12

化合物	水源（湖）水	混凝出水	超滤出水	活性炭池出水
TCEF（阻燃剂）	25	28	38	<10
DEFT	2.0	2.2	2.7	<1.0
雄酮（激素）	<1.0	<1.0	1.2	<1.0
碘普胺	143	166	177	<1.0
苯妥英	<1.0	<1.0	1.2	<1.0
布洛芬	15	18	23	<1.0
卡马西平	48	5.3	7.5	<1.0
咖啡因	45	43	48	<10

7.7　膜过滤去除AOC

7.7.1　金西水厂膜处理去除AOC

镇江金西水厂超滤膜（UF）中试试验采用微絮凝—接触砂滤预处理工艺。工艺流程为：原水（长江，镇江段）→微絮凝→接触砂滤→UF→出水。各处理单元的作用为：

微絮凝单元：通过投加聚合氯化铁混凝剂使悬浮颗粒和部分水中有机物形成微絮凝体。

接触砂滤单元：混凝剂投加量恒定，调节滤速，以出水浑浊度为控制指标。

UF单元：拦截砂滤出水中的微絮凝体、悬浮物和有机物。

卷式UF膜由日本东丽电工公司提供，材质为聚氟偏乙烯（PVDF），截留分子量为150kD，一个膜组件的膜面积为24m^2，过滤方式为外压式终端过滤。

原水经水泵进入直径为0.28m的上向流砂滤柱，砂滤层高度为0.7m，滤速为19.5～33m/h。混凝剂采用聚合硫酸铁，投加量为3.5mg/L（以Fe^{3+}计），由计量泵注入原水泵前。

金西水厂卷式UF对AOC和DOC的去除效果见表7.13。

UF膜处理中试工艺中AOC与DOC的变化 表7.13

测定时间	AOC (μg/L)			DOC (mg/L)			AOC/DOC (%)		
	原 水	膜出水	去除率(%)	原 水	膜出水	去除率(%)	原 水	膜出水	变化率
2004.3.2	120	88	26.7	1.60	1.07	32.8%	—	—	—
2004.3.20	265	107	59.6	1.74	0.57	67.0	15.2	18.7	−3.4
2004.3.26	68	103	−51.5	1.61	1.30	19.4	4.2	7.9	−3.7
2004.4.2	60	137	−128.3	1.53	1.14	25.2	3.9	12.0	−8.1
2004.4.6	163	45	72.4	1.52	1.29	15.7	10.7	3.5	7.2
平均值	135	96	29.0	1.60	1.07	32.8	8.5	8.9	−0.5

由表7.13可知，原水DOC平均值为1.60mg/L，出水DOC平均值为1.07mg/L，UF对DOC的平均去除率为32.8%。原水AOC浓度为60～265μg/L，平均值为135μg/L，膜处理出水AOC浓度为45～137μg/L，平均浓度为96μg/L，AOC的去除率波动较大，为−128.3%～72.4%。原水AOC浓度分别为120μg/L、163μg/L和265μg/L时，膜处理对AOC的去除率分别为26.7%、72.4%和59.6%，平均去除率为52.9%。UF膜处理时AOC占DOC的比例很少变化，为8.5%～8.9%。

7.7.2 闵行二水厂膜处理去除AOC

上海闵行二水厂膜处理中试工艺分超滤（UF）和纳滤（NF）两种，工艺流程见图7.81。

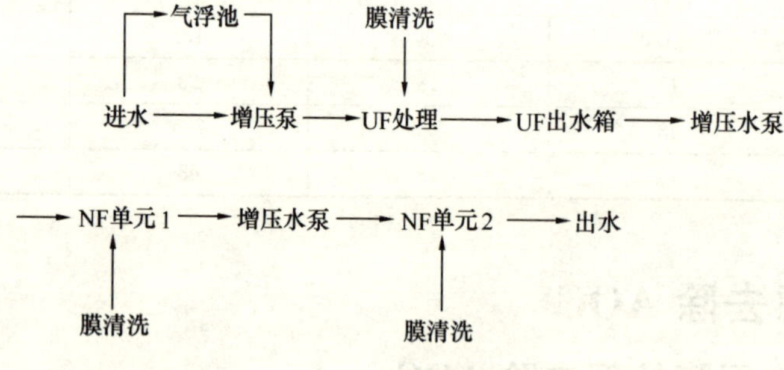

图7.81 闵行二水厂膜处理中试工艺流程图

UF单元产水量为$6m^3/h$，UF膜为PVDF材质，板式结构，UF的工作压力为0.1～0.2MPa。

NF单元共有6根纳滤组件，分为2级。纳滤膜采用陶氏公司（Dow）的NF90-4040。第1级4根纳滤产水量2.5～$3m^3/h$，第2级2根纳滤产水量1.0～$1.3m^3/h$，浓缩液1.0～$1.2m^3/h$。

中试时采用黄浦江上游原水，AOC与DOC的变化见表7.14。UF对DOC的去除效果较差，平均去除率为9.6%，NF对DOC有显著的去除效果，去除率达99.5%。原水的AOC浓度较高，为172～240μg/L，平均值为207μg/L，UF对AOC有一定的去除效果，平均去除率为17.4%。NF对AOC有较好的去除效果，平均去除率达28.5%。原水中AOC占DOC的比例为4.4%，膜处理出水中这一比例为4.1%。NF出水中DOC平均值为0.025mg/L，AOC平均值为148μg/L。

膜处理时 AOC 与 DOC 的变化（2006 年）　**表 7.14**

测定时间	AOC（μg/L）					DOC（mg/L）				
	原　水	UF 膜出水	UF 去除率(%)	NF 膜出水	NF 去除率(%)	原　水	UF 膜出水	UF 去除率（%）	NF 膜出水	NF 去除率（%）
5.17	209	199	5.0	167	20.1	—	—	—	—	—
6.9	240	162	48.1	142	40.8	4.39	4.03	8.2	0	100.0
6.23	172	168	2.4	135	21.5	5.06	4.51	10.9	0.05	99.0
平均值	207	176	17.4	148	28.5	4.73	4.27	9.6	0.025	99.5

7.7.3　吴淞水厂膜处理去除 AOC

上海吴淞水厂 UF 膜处理中试工艺流程为：原水→混凝沉淀→砂滤→粉末活性炭（PAC）吸附→UF→出水。原水取自长江（上海段），加混凝剂后经平流式沉淀池和砂滤池，进入 4 个 PAC 柱，PAC 投加量为 5～22mg/L，接触时间约 1h。UF 膜为得力满（Degremont）公司生产，UF 膜面积为 7.2m^2，膜孔径为 0.01m，截留分子量 100kD。UF 膜采用两种运行方式：终端式和错流式，反冲洗周期为 30～60min，反冲洗时间为 1.5min。膜组件运行为自动控制。

吴淞水厂 UF 膜处理去除 AOC 的效果见表 7.15。原水 DOC 平均值为 1.28mg/L，膜处理出水 DOC 平均值为 0.85mg/L，UF 对 DOC 有较好的去除效果，平均去除率为 33.4%。原水 AOC 浓度为 84～276μg/L，平均浓度为 165μg/L，膜处理出水 AOC 浓度为 49～147μg/L，平均浓度为 110μg/L，UF 对 AOC 的平均去除率达 33.2%。原水与膜处理出水中 AOC 占 DOC 的比例极为相近，约为 13%。

UF 膜处理工艺中 AOC 与 DOC 的变化（2006 年）　**表 7.15**

测定时间	AOC（μg/L）			DOC（mg/L）			AOC/DOC		
	原　水	膜出水	去除率（%）	原　水	膜出水	去除率（%）	原　水	膜出水	变化率（%）
3.2	84	49	41.6	1.54	0.87	43.5	5.4	5.6	−0.2
3.20	135	147	−9.0	1.11	0.84	24.3	12.2	17.6	−5.4
3.26	276	134	51.3	1.18	0.84	28.8	23.4	16.0	7.4
平均值	165	110	33.2	1.28	0.85	33.4	12.9	13.0	0.0

7.7.4　不同膜处理工艺去除 AOC

UF 和 NF 去除 AOC 和 DOC 的效果见表 7.16。

膜处理中试工艺对 AOC 与 DOC 的去除效果　**表 7.16**

项　目		AOC（μg/L）			DOC（mg/L）			AOC/DOC		
		原水	膜出水	去除率（%）	原水	膜出水	去除率（%）	原水	膜出水	变化率（%）
UF 膜处理	卷式 UF 膜	180	80	52.9	1.60	1.07	32.8	13.0	11.1	1.9
	卷式 UF 膜	64	120	−89.9				4.1	10.0	−5.9
	板式 UF 膜	207	176	17.4	4.73	4.27	9.6	4.4	4.1	0.3
	PAC+UF 膜	165	110	33.2	1.28	0.85	33.4	12.9	13.0	0.0
NF 膜处理		207	148	28.5	4.73	0.025	99.5	4.4%	—	—

试验结果表明，不同UF膜去除DOC的效果相差较大，其中卷式UF膜和PAC+UF膜处理的DOC去除率较高，分别为32.8和33.4%，板式UF膜的去除率仅为9.6%。NF膜对DOC的去除率为99.5%。

不同膜处理AOC的结果表明，当原水AOC浓度大于100μg/L时，卷式UF膜去除AOC的效果最佳；PAC+UF膜和NF膜去除AOC的效果较好；板式UF膜去除AOC的效果最差。当原水AOC浓度小于100μg/L时，卷式UF膜处理出水的AOC浓度增加，平均增幅为89.9%。

7.8 纳滤膜去除DDT和HCB

7.8.1 纳滤膜试验装置

纳滤膜试验装置（图7.82）包括塑料进水桶、进水泵以及膜组件。水样经加压泵加压后由进口输送至纳滤膜组件内，经膜过滤后，渗透液经管，浓缩液经管回流至进水桶。纳滤膜组件购自日本东丽（中国），膜的有效面积为0.5m²，膜材质为PVDF。

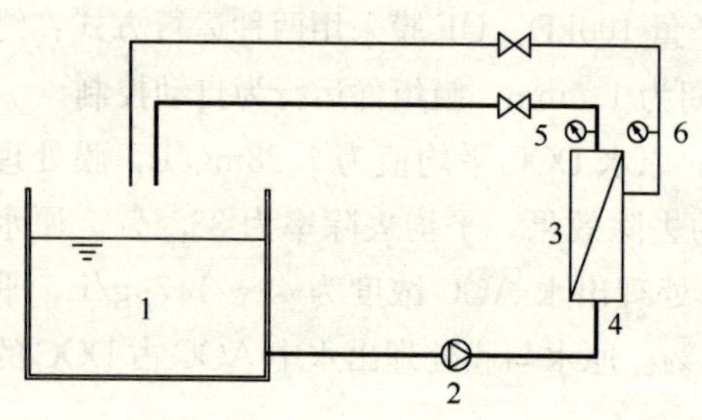

图7.82 纳滤除HCB、DDT示意图

1—进水桶；2—进水泵；3—膜组件；4—进口；5—渗透液经管；6—浓液经管

所有试验用水均为试验室制成的反渗透水，试验所用药剂皆为分析纯级。

为了研究无机物对农药去除的影响，在原水中分别加入300mg/L、600mg/LNaCl，$CaCl_2$以及$CaSO_4$；为了研究天然有机物（NOM）对膜过滤效果的影响，分别在溶液中加入5mg/L、10mg/L、15mg/L、20mg/L的腐殖酸，然后混合24h以便HCB和DDT分别与NOM充分接触。在图7.82中，通过调节管路中的阀门可以调节纳滤系统的流量和回收率。

7.8.2 纳滤去除效果

（1）初始浓度的影响

在试验过程中，进水流量保持在35L/h，进水压力保持在0.24MPa，当DDT初始浓度从5.5μg/L升至22μg/L时，DDT的去除率由99%降至85%（图7.83），可见初始浓度增大，DDT去除下降。而HCB的初始浓度从5μg/L增至52μg/L，去除率从95%下降到约77%，可见初始浓度增加时，去除率相应下降。

（2）pH的影响

在DDT初始浓度为20μg/L、HCB初始浓度为50μg/L，不同pH时DDT和HCB的去除率如图7.84所示。由图可知，不同pH对去除率无明显影响。由于DDT和HCB分子的极性很小，因此pH对膜过滤的影响并不明显。

（3）膜通量的影响

纳滤的通量与过膜压力有关。DDT的去除率、回收率与通量之间的关系见图7.85。由图

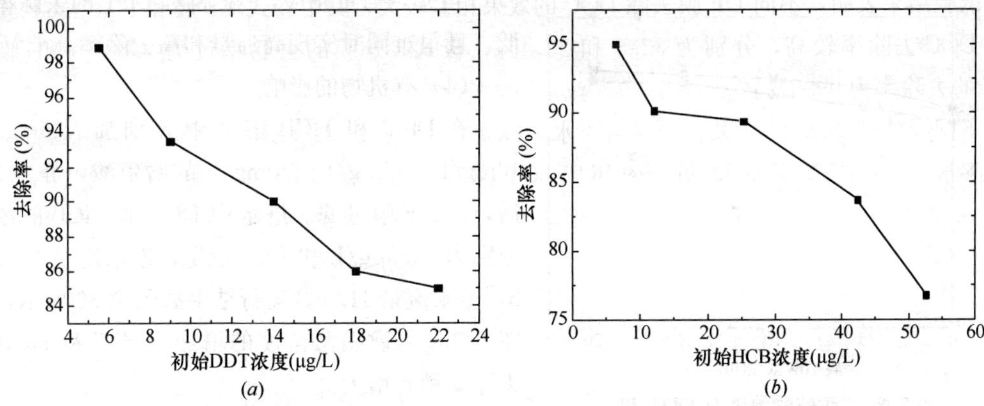

图 7.83　不同进水浓度时 DDT 和 HCB 的去除

(a) DDT；(b) HCB

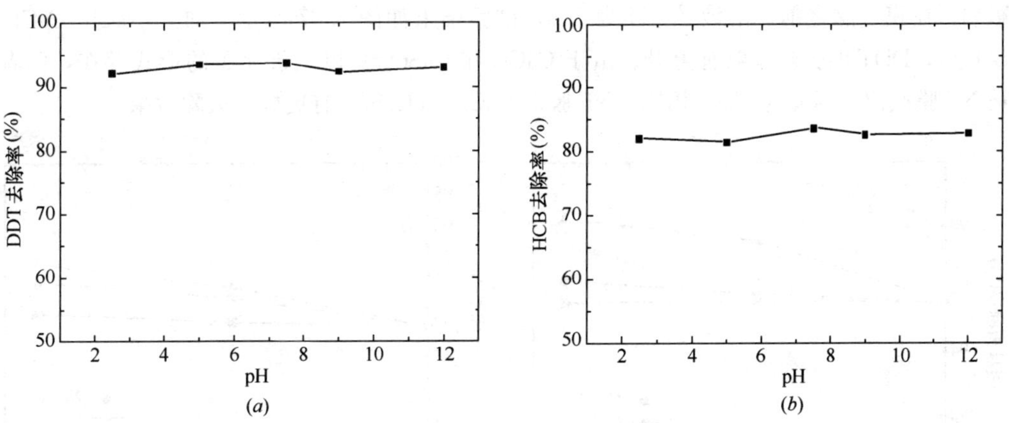

图 7.84　pH 值对 NF 去除 DDT 和 HCB 的影响

(a) DDT；(b) HCB

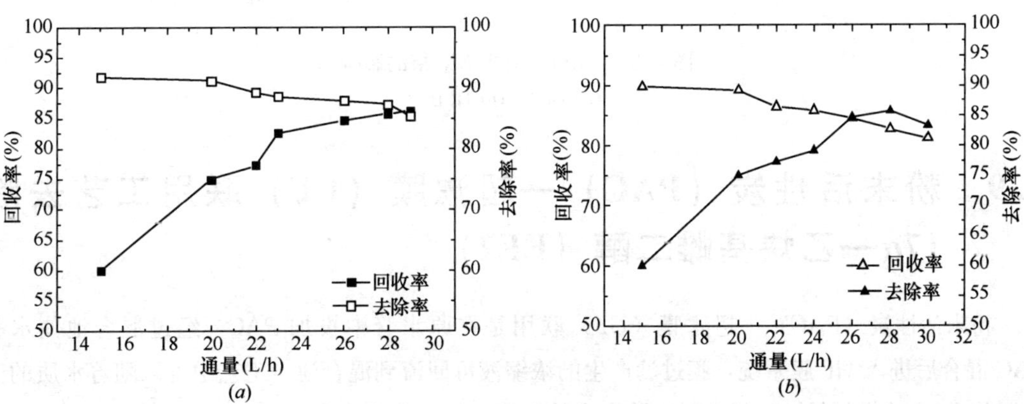

图 7.85　膜通量对去除率的影响

(a) DDT；(b) HCB

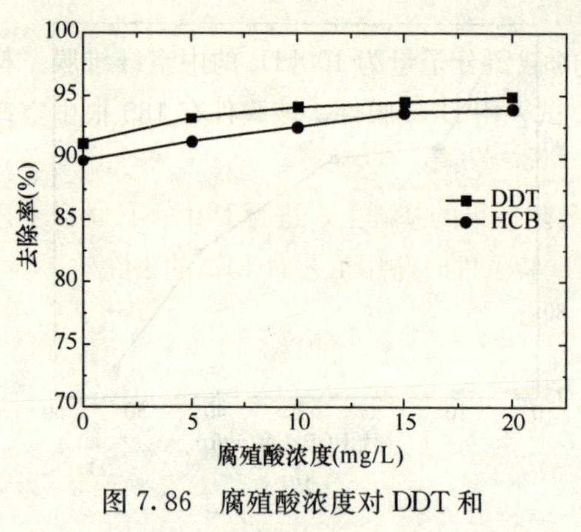

图 7.86 腐殖酸浓度对 DDT 和 HCB 去除率的影响

7.85 可知，通量越大，NF 膜对 DDT 的去除率越低，且很难同时实现高通量和高去除率。

（4）有机物的影响

在 DDT 和 HCB 溶液中分别加入 5mg/L、10mg/L、15mg/L、20mg/L 的腐殖酸，静置 24h 后，用 NF 膜过滤。进水中 DDT 和 HCB 的浓度分别为 33.5μg/L 和 42.3μg/L，进水流量 45.3L/h，出水流量 1L/h。运行结果如图 7.86 所示，由图可知随着腐殖酸浓度的增加，DDT 和 HCB 的去除率稍有增大。

（5）无机物的影响

在 30μg/LDDT 溶液和 50μg/LHCB 溶液中分别加入 500mg/L、750mg/L 的 NaCl、$CaCl_2$ 或 $CaSO_4$，以研究无机物对纳滤去除 DDT 和 HCB 的影响。在膜过滤之前，溶液的 pH 为 7.5，试验结果如图 7.87 所示。加入 NaCl、$CaCl_2$ 或 $CaSO_4$ 后，DDT 的去除率略有上升。由于 $CaCl_2$ 和 $CaSO_4$ 是以二价离子的形式存在，两者容易被 NF 膜截留，因此与 NaCl 相比，NF 膜对 $CaCl_2$ 和 $CaSO_4$ 有更好的去除效果。

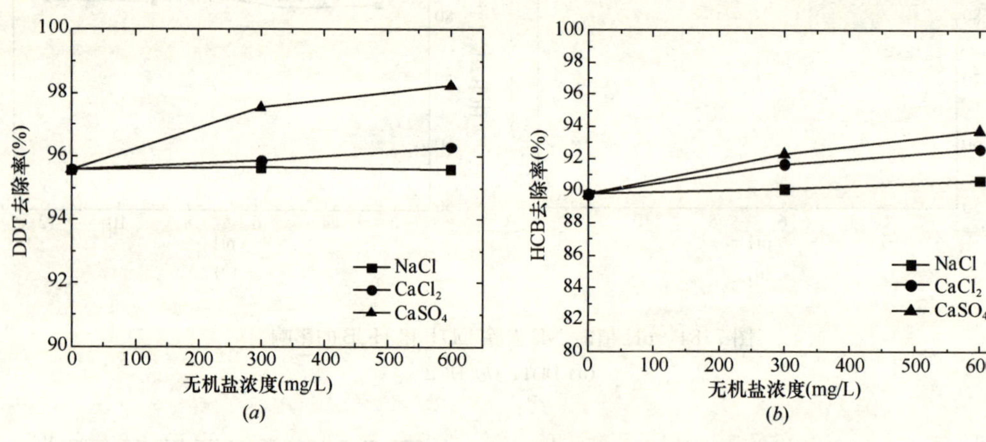

图 7.87 无机物对去除效果的影响

(*a*) DDT；(*b*) HCB

7.9 粉末活性炭（PAC）—超滤膜（UF）联用工艺去除 17α—乙炔基雌二醇（EE2）

粉末活性炭（PAC）—超滤膜（UF）联用是在原水管中投加 PAC，经过混合池使水和 PAC 混合后进入 UF 膜系统，膜过滤产生的浓缩液可回流到混合池。工艺中可以随着水质的变化调整 PAC 的投加量，以便及时去除水中的微污染物和嗅味化合物。

试验采用颗粒活性炭、粉末活性炭与超滤膜联用技术去除水中 EE2。同时对颗粒活性炭、粉末活性炭吸附水中 EE2 吸附动力学进行了研究，研究了颗粒活性炭、粉末活性炭对 EE2 的吸附容量，EE2的吸附速率、水质对吸附速率的影响。

试验中采用的超滤膜是由Degremont公司提供的截留分子量为100kDa的中空纤维膜。材质为三醋酸纤维，孔径0.01μm，内径为930μm。小试采用DN5膜件，该膜件有185根中空纤维膜组成，有效过滤面积为0.11m²。

试验流程示意见图7.88。在研究PAC对EE2吸附效果的基础上，进行PAC-UF联合工艺去除EE2效果的研究。配制不同的水样，研究不同试验条件时联用工艺对EE2的去除效果。

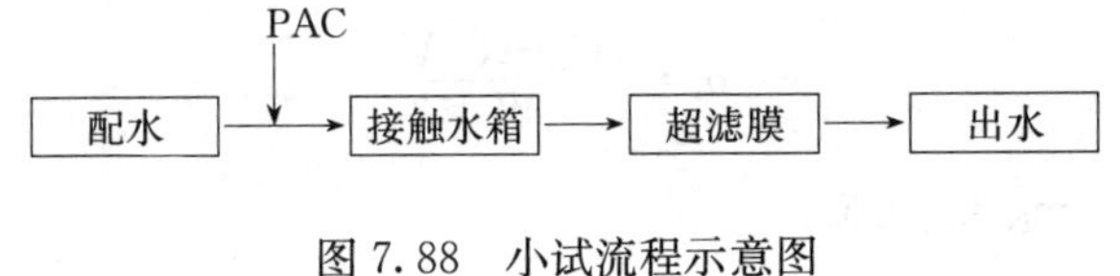

图7.88　小试流程示意图

7.9.1　活性炭试验工况

试验中选取了3种粉末活性炭（表7.17）、2种颗粒炭（表7.18）及1种椰壳炭，以EE2为目标去除物进行了吸附容量研究。首先用去离子水浸泡活性炭，并剧烈震荡10min，重复操作三次，以去除活性炭表面积孔道内的灰分，减少活性炭称量时的误差。然后在105℃条件下将活性炭烘3h，使其干燥并去除活性炭表面可能存在的挥发性有机物。由于粉末活性炭较轻，为避免直接投加粉末活性炭时质量误差较大，活性炭漂浮在溶液表面起不到吸附作用，试验中先将烘干后的粉末活性炭用去离子水配成高浓度的炭浆，浓度为5g/L。保存在冰箱中。使用时再稀释至不同的浓度加入到500mL的锥形瓶中进行振荡吸附。使用颗粒活性炭时直接用天平称取一定量的颗粒活性炭加入到500mL锥形瓶中进行振荡吸附。颗粒活性炭为40～60目。

试验用粉末活性炭技术经济指标　　**表7.17**

编　号	型　号	灰分（wt%）	碘吸附值（mg/g）	干燥减量（%）	筛目数（目）
PAC1号	WPH-CDG0103-01	14.24	846	6.24	99%小于200目 97%小于325目
PAC2号	BG-HHMHYS0106-8	5.1～6	700～877.37	9.5～10	95%小于200目 71%小于325目
PAC3号	BG-HHMHYS0106-9	4.32～6	700～890	8.5～10	91%小于200目 68%小于325目

试验用颗粒活性炭技术经济指标　　**表7.18**

编　号	GAC类型	强度（%）	碘吸附值（mg/L）	亚甲蓝吸附值（mg/g）	筛目数（目）
GAC6号	颗粒炭	93.8	1009	190.5	40～60
GAC7号	颗粒炭	92.1	10032	189	40～60

7.9.2 不同种类活性炭中 EE2 的吸附等温线

在 500mL 磨口小瓶中配制一系列相同初始浓度的 EE2 水溶液 200mL，然后放入已知重量的粉末活性炭或者颗粒活性炭，置于摇床中，恒温振荡，24h 后取样分析 EE2 浓度。粉末活性炭和颗粒活性炭吸附温度为 20℃，摇床转速为 160 转/min。

利用公式（7.2），根据溶液吸附前后 EE2 浓度变化计算出吸附量。

$$q=\frac{(C_0-C)V}{W} \tag{7.2}$$

式中 q——为吸附量，mg/mgPAC；

C_0——EE2 的初始浓度，mg/L；

C——EE2 吸附平衡时的浓度，mg/L；

V——溶液的体积，L；

W——粉末活性炭质量，mg。

根据 EE2 的平衡浓度和吸附量，采用 Freundlich 模型拟合吸附等温方程，EE2 在 6 种活性炭的吸附等温线分别见图 7.89～图 7.94。

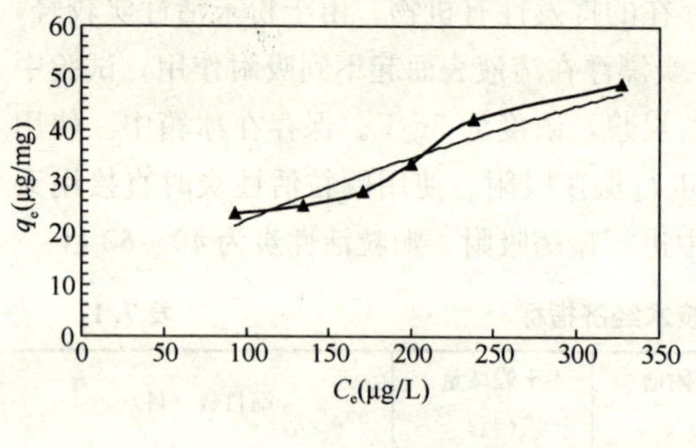

图 7.89 PAC1 号对自来水中 EE2 的吸附等温线

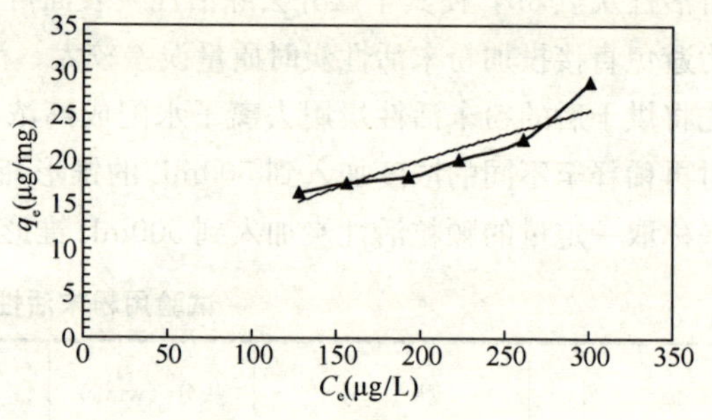

图 7.90 PAC2 号对自来水中 EE2 的吸附等温线

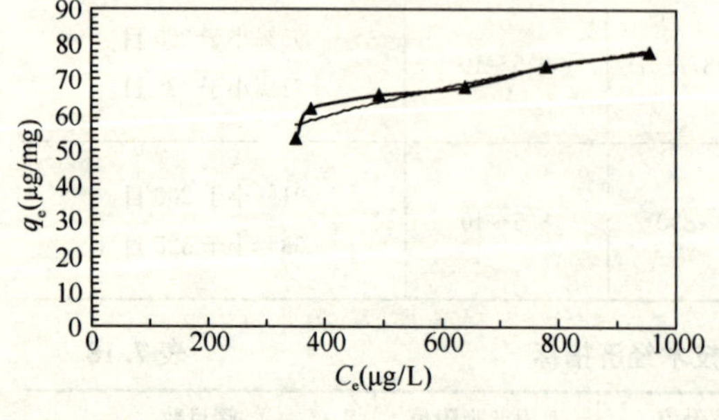

图 7.91 PAC3 号对自来水中 EE2 的吸附等温线

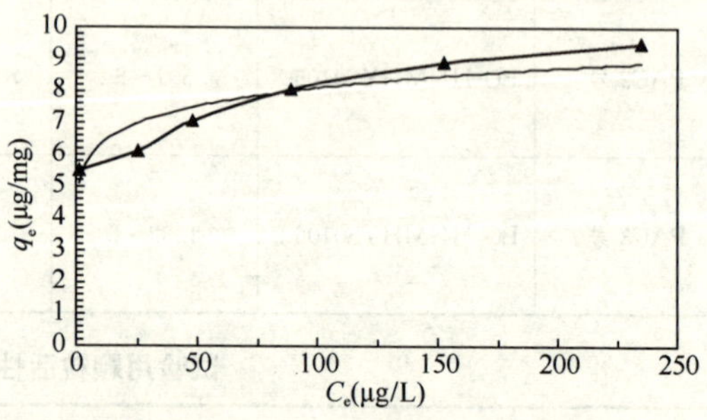

图 7.92 GACcoco 对自来水中 EE2 的吸附等温线

采用 Freundlich 模型来拟合粉末活性炭和颗粒活性炭吸附 EE2 的实验数据，EE2 的吸附等温线拟合方程的参数及相关系数如表 7.19 所示。

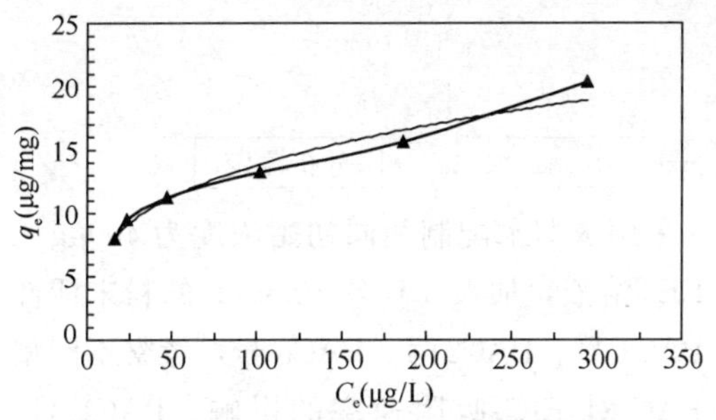

图 7.93　GAC6 号对自来水中 EE2 的吸附等温线

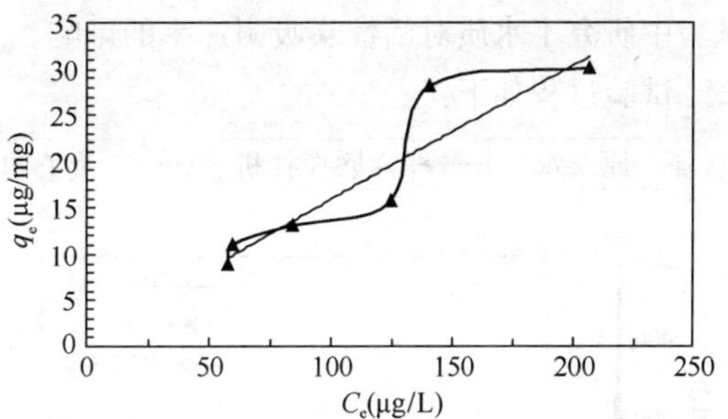

图 7.94　GAC7 号对自来水中 EE2 的吸附等温线

Freundlich 吸附等温线模型的拟合参数　**表 7.19**

活性炭型号	Freundlich 方程	参　数	R^2
PAC1 号	$q_e=1.2463C_e^{0.6273}$	$k_f=1.2463$；$1/n=0.6273$	0.9050
PAC2 号	$q_e=0.8274C_e^{0.6008}$	$k_f=0.8274$；$1/n=0.6008$	0.8558
PAC3 号	$q_e=8.8272C_e^{0.3184}$	$k_f=8.88272$；$1/n=0.3184$	0.8986
GACcoco	$q_e=4.9229C_e^{0.1082}$	$k_f=4.9229$；$1/n=0.1082$	0.8526
GAC6 号	$q_e=3.6072C_e^{0.2916}$	$k_f=3.6072$；$1/n=0.2916$	0.976
GAC7 号	$q_e=0.2183C_e^{0.9315}$	$k_f=0.2183$；$1/n=0.9315$	0.8899

Freundlich 吸附等温线模型对实验数据拟合的方程相关系数均在 0.85 以上（图 7.89～图 7.94 和表 7.19），可见，Freundlich 吸附等温线模型能够很好地描述粉末活性炭和颗粒活性炭对 EE2 的吸附过程。

通常 k_f 值反映活性炭吸附容量的大小，k_f 值越大，吸附容量越大。PAC3 号、椰壳炭（GACcoco）、GAC6 号和 PAC1 号的 k_f 较大，分别为 8.88272、4.9224、3.6072 和 1.2463，均大于 1。因此对于自来水配制的 EE2 溶液，上述 4 种炭的吸附容量较大，PAC3 号的吸附容量最大；而 PAC2 号和 GAC7 号的 k_f 较小，分别为 0.8274 和 0.2183，GAC7 号的吸附容量最小。

Freundlich 模型拟合的 $1/n$ 值变化不大，在 0.1082～0.9315 之间。$1/n$ 值反映了随着水中污染物浓度增加活性炭吸附容量增加的程度，$1/n$ 值越大，吸附容量随着水中污染物浓度的增加提高越快。$1/n$ 在 0.1～0.5 时的吸附容量较大，因此 EE2 较易被 3 种类型的活性炭吸附。GAC7 号的 $1/n$ 最大，为 0.9315，但 k_f 最小，为 0.2183，说明尽管 GAC7 号的吸附容量不大，但其吸附容量随浓度变化较大。

7.9.3　PAC 对 EE2 吸附速率的影响

活性炭吸附速率试验在六联磁力搅拌器上进行。磁力搅拌器的温度设定为 20℃，试验中转速模拟絮凝初期，搅拌时间为 8min，搅拌转速为 120r/min。先取一定量配制好的粉末活性炭溶液，将其分别投加到 1L 含一定浓度 EE2 的蒸馏水、自来水水样中，然后开始搅拌。试验中每隔一定的时间取水样进行炭液分离，取上清液检测分析。

炭液分离时采用离心分离、膜过滤进行比较。试验证明，膜过滤出水水质较好，但是由于膜对溶液中的 EE2 有一定的吸附作用，所以它不能真实反映粉末活性炭的作用，且其过滤较慢，膜易受污染。由于离心分离操作简单，当离心机转速设定为 2000r/min 时，恰好能除去粉末活性炭而对其他物质去除率较少，因此试验中采用离心分离方式去除待测水溶液中的粉末活性炭，离心机的转速为 2000r/min，时间为 5min。离心后用液相色谱测定溶液中 EE2 的浓度。

试验中研究了水质对活性炭吸附速率的影响。

试验过程如下：

原 水 ⟶ 六联搅拌机 ⟶ 离心机 ⟶ 出 水 ⟶ 分析测定

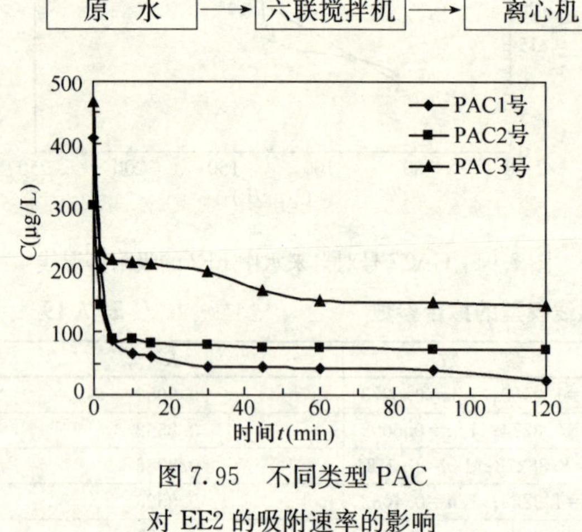

图 7.95　不同类型 PAC 对 EE2 的吸附速率的影响

采用蒸馏水配制相同初始浓度为 400μg/L 的 EE2 溶液，加入 3 种各 10mg/L 的粉末活性炭 PAC1 号、PAC2 号、PAC3 号，考察不同型号 PAC 对 EE2 吸附速率的影响。PAC1 号、PAC2 号、PAC3 号对 EE2 的吸附如图 7.95 所示。

从图中可以看出，120min 时三种粉末活性炭对 EE2 的去除率分别为 94.72%、75.98%和 69.47%，其中 PAC1 号的去除率最高。污染物的浓度随着时间的增加而逐渐降低。三种粉末活性炭都是在初期的吸附速率比较高，随着接触时间的增加而降低，最后趋于平衡。

不同取样时间内三种粉末活性炭对污染物的去除情况见表 7.20。

EE2 的去除率随时间的变化　　　　**表 7.20**

时间（min）	2	5	10	15	30	45	60	90	120
PAC1 号去除率（%）	51.22	79.19	83.33	85.23	89.27	89.40	89.89	90.25	94.32
PAC2 号去除率（%）	53.43	70.47	70.505	73.15	73.50	74.94	75.28	75.65	75.98
PAC3 号去除率（%）	50.99	53.70	54.78	55.33	57.08	64.30	67.73	68.64	69.48

可以看出，前 5min 内粉末活性炭完成了主要的吸附作用，三种活性炭均能去除 50%左右的 EE2，此后活性炭对污染物依然有吸附作用，但吸附较为缓慢，其中 PAC1 号的吸附速率较快。粉末活性炭较为有效吸附时间在 5min 左右。

比较整个吸附过程中的浓度变化可以发现，在开始阶段吸附速率较快，随着吸附的进行，活性炭逐渐吸附饱和，EE2 的浓度也降低，因此速率减缓。

7.9.4　PAC 投加量对 EE2 吸附速率的影响

采用蒸馏水配制相同初始浓度为 400μg/L 的 EE2 溶液，然后分别加入 5.0mg/L、7.5mg/L、10mg/L 的 PAC1 号，考察活性炭 1 号的投加量对 EE2 吸附速率的影响。PAC1 号投加量对 EE2 的吸附如图 7.96 所示。

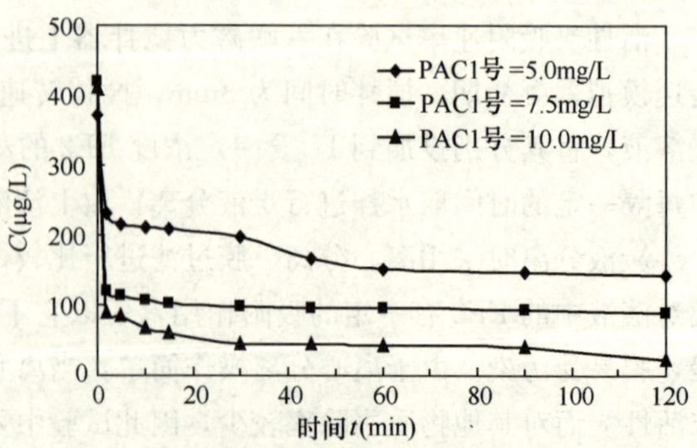

图 7.96　PAC 投加量对 EE2 的吸附速率的影响

从图中可以看出 EE2 的吸附量随着活性炭投加量的增多而增加，吸附主要发生在前 5min，此后吸附变缓。PAC1 号投加量为 5.0mg/L、7.5mg/L 和 10.0mg/L 时，2min 时去除率分别为 37.83%、71.38% 和

78.05％，120min 时去除率分别为 61.57％、78.82％和 94.32％，EE2 的去除率都与 PAC 的投加量呈正相关。

7.9.5　有机物对 PAC 吸附 EE2 的影响

试验中采用蒸馏水配制初始浓度为 400μg/L 的 EE2 溶液，向蒸馏水配制的反应液中投加腐殖酸，使反应液的 UV_{254} 分别为 $0cm^{-1}$、$0.0053cm^{-1}$、$0.14cm^{-1}$ 和 $0.292cm^{-1}$，PAC1 号的投加量为 10mg/L，在相同条件下进行吸附速率试验（25℃，振荡频率120 转/min），以腐殖酸为对象研究了有机物对 EE2 吸附速率的影响，见图 7.97。

可以看出，PAC 对 EE2 的吸附量随着有机物的增加而降低，吸附主要发生在前 5min，此后吸附变缓。进一步分析可知，UV_{254} 值为 $0cm^{-1}$、$0.0053cm^{-1}$、$0.14cm^{-1}$ 和 $0.292cm^{-1}$ 时，2min 时去除率分别为 78.29％、67.50％、66.42％和 63.70％，120min 时去除率分别为 90.25％、78.90％、76.26％和 65.03％。取样分析期间，EE2 的去除率都随着有机物含量的增加而降低。

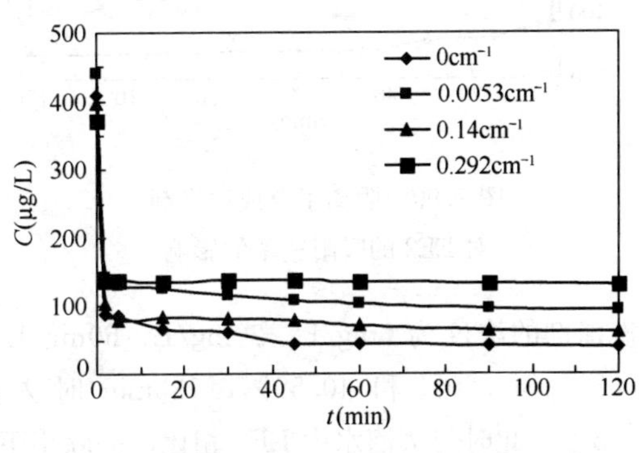

图 7.97　有机物对 EE2 的吸附速率的影响

腐殖酸的存在使粉末活性炭对蒸馏水中 EE2 的去除大大降低。其原因在于小分子量的有机物可以与目标去除物在争夺粉末活性炭的吸附点位上存在直接竞争作用，小分子量有机物严重影响了目标去除物的吸附过程，使目标去除物的吸附速率大幅度降低。水体中的大分子量的有机物虽然不会与目标去除物分子竞争吸附位，但是它们能够进入 PAC 的中孔及中孔到微孔的过渡孔，这样会使粉末活性炭的部分孔道堵塞，使目标去除物无法进入粉末活性炭的微孔内部，从而降低目标去除物的吸附速率。试验中作为有机物投加的腐殖酸是一种高分子有机物，它阻止了 EE2 分子进入活性炭的微孔，从而导致 EE2 的吸附速率降低。

7.9.6　初始 pH 对 EE2 吸附速率的影响

用硫酸（硫酸：水＝1：5，体积比）和氢氧化钠调节自来水配制的反应液的初始 pH，使溶液的初始 pH 分别为 3.13、5.05、6.65 和 9.00，研究 pH 对 EE2 的吸附速率影响。图 7.98 列出了不同 pH 时 EE2 的吸附情况。

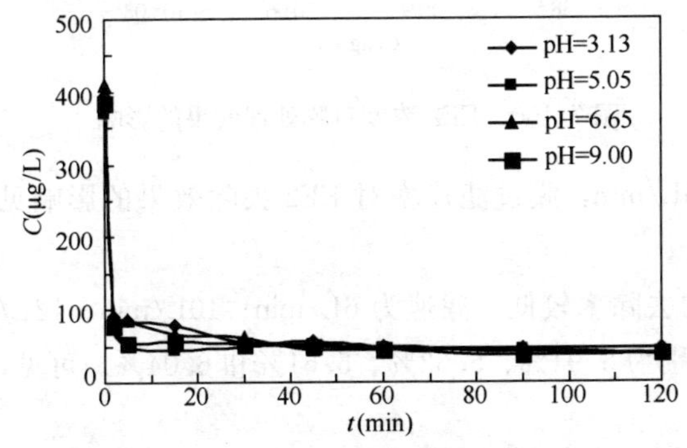

图 7.98　pH 对 EE2 的吸附速率的影响

从图 7.98 中可以看出，在不同 pH 时，EE2 的浓度曲线几乎重合在一起，吸附依然主要发生在前 5min，此后吸附变缓。pH 分别为 3.13、5.05、6.65 和 9.00 时，2min 时去除率分别为 77.17％、79.13％、78.29％和 79.58％，120min 时去除率分别为 88.24％、89.80％、90.25％和 89.68％。可见，EE2 的吸附去除率与 pH 关系不大。

7.9.7 阴离子合成洗涤剂对 EE2 吸附速率的影响

试验中采用蒸馏水配制初始浓度为 400μg/L 的 EE2 溶液，向蒸馏水配制的反应液中投加十二烷基苯磺酸钠（SDBS），使反应液中阴离子合成洗涤剂的浓度分别为 0mg/L、20mg/L、60mg/L 和 100mg/L，PAC1 号的投加量为 10mg/L，在相同条件下进行吸附速率试验（25℃，振荡频率 120 转/min）研究水体中阴离子合成洗涤剂对 EE2 吸附速率的影响，见图 7.99。

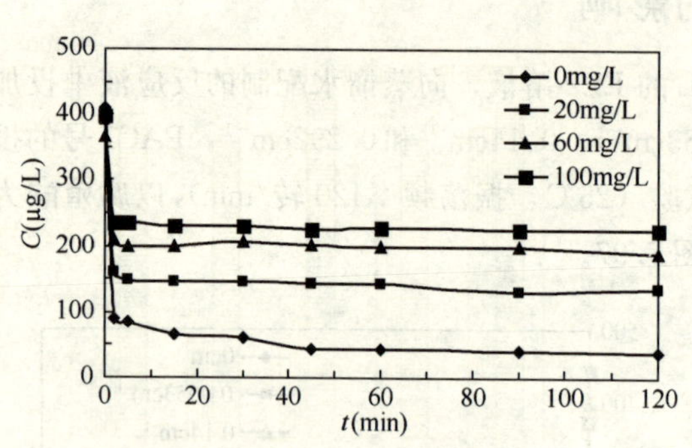

图 7.99 阴离子合成洗涤剂对 EE2 的吸附速率的影响

从图 7.99 可以看出，阴离子合成洗涤剂可以与水体中的 EE2 竞争活性炭上的吸附位，从而抑制 EE2 的吸附进程。吸附依然主要发生在前 5min，此后吸附趋于稳定。阴离子合成洗涤剂的浓度为 0mg/L、20mg/L、60mg/L 和 100mg/L 时，EE2 去除率分别为 78.29%、59.08%、43.00% 和 40.59%，120min 时去除率分别为 90.25%、64.97%、48.36% 和 43.03%，此时与蒸馏水中 EE2 相比，去除率下降了 30%～50%。

7.9.8 PAC—UF 联用工艺对 EE2 的去除效果

（1）EE2 初始浓度的影响

用自来水配制初始浓度分别为 38.50μg/L、49.90μg/L、70.96μg/L 和 105.08μg/L 的 EE2 水样，用超滤膜直接过滤，滤速为 15L/min。EE2 单独超滤膜对 EE2 的去除见图 7.100。

从图 7.100 中可以看出，滤速为 15L/min 时，试验浓度范围内超滤膜去除效果均不大，EE2 的初始浓度影响不明显，直接过滤方式的去除效果维持在 5%左右。说明单独超滤膜对 EE2 几乎没有去除作用。因为超滤膜的孔径相对较大，不能截留 EE2。5%的去除率是由于超滤膜的吸附作用所去除。

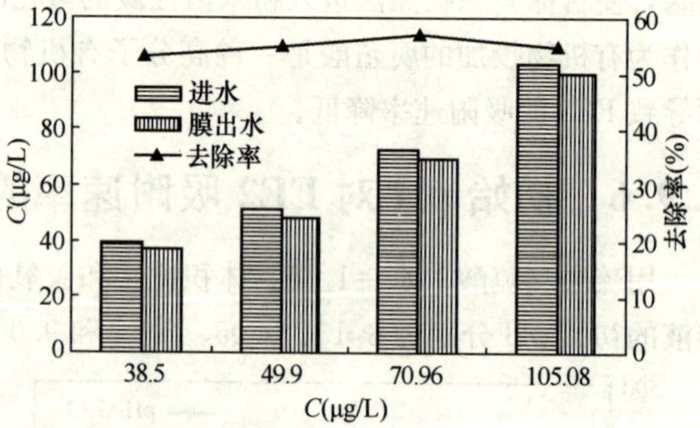

图 7.100 EE2 浓度对膜处理效果的影响

（2）滤速的影响

采用自来水配制浓度为 70μg/L 的 EE2 水样，采用死端过滤，过滤周期为 30min，滤速分别为 6L/min、10L/min、12L/min 和 15L/min，膜过滤速率对 EE2 去除效果的影响见图 7.101。

从图 7.101 中可以看出，超滤膜对 EE2 的去除率较低，滤速为 6L/min、10L/min、12L/min 和 15L/min 时，超滤膜对 EE2 的去除率分别为 5.94%、5.63%、5.61%和 6.04%。可见，EE2 的去除率与膜过滤速率的关系不大。

（3）PAC 投加量的影响

用蒸馏水配制浓度为200μg/L的EE2水样，采用死端过滤，滤速为15L/min，过滤周期为30min，在超滤膜前由蠕动泵直接向管道中投加PAC。PAC投加量对EE2去除效果的影响见图7.102。

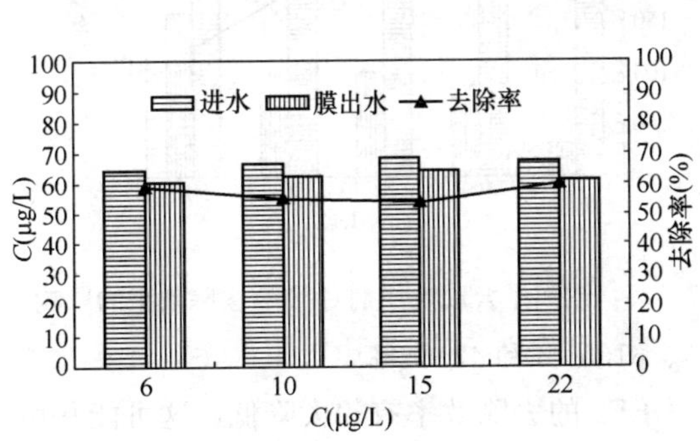

图7.101 膜过滤滤速对EE2去除效果的影响

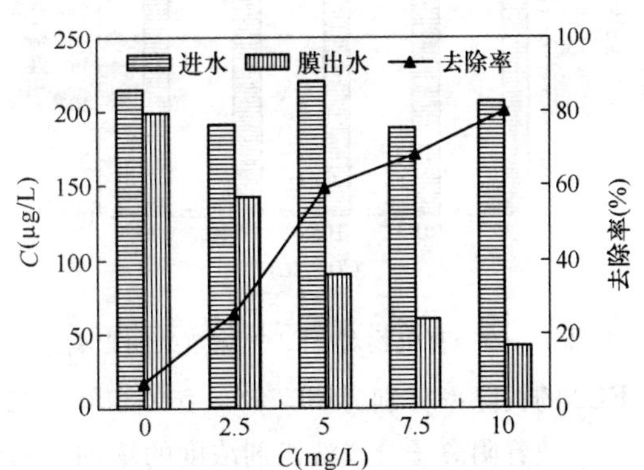

图7.102 PAC投加量对EE2去除效果的影响

从图7.102中可以看出，随投加量的逐步增加，EE2的去除效果增长迅速。活性炭投加量为0mg/L、2.5mg/L、5.0mg/L、7.5mg/L和10.0mg/L时，EE2的去除率分别为7.01%、25.23%、59.22%、68.15%和80.03%，PAC从0mg/L增加至10mg/L条件下，EE2的去除率从7.01%上升到80.03%。EE2去除率与PAC投加量之间的关系可以用线性方程来表示，见图7.103，其直线的相关系数达到0.95。因此在超滤膜前投加PAC可以提高EE2的去除率。

(4) 有机物浓度的影响

在蒸馏水中投加不同浓度的腐植酸，活性炭投加量为10mg/L，考察不同有机物背景条件下对超滤膜去除EE2的影响。试验结果见图7.104所示。

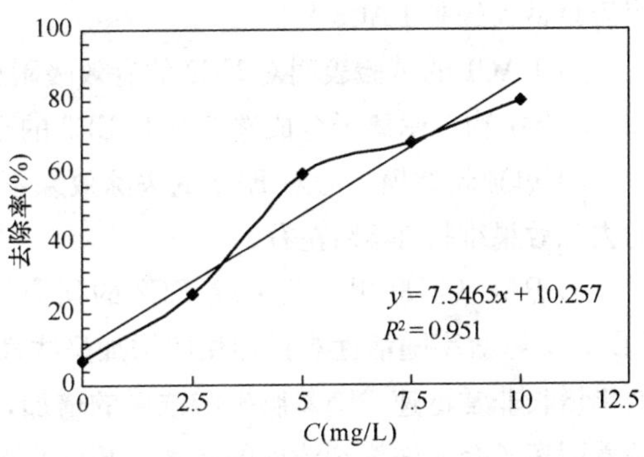

图7.103 PAC投加量对EE2去除效果的影响

从图7.104中可以看出，当水体中UV_{254}分别为$0cm^{-1}$、$0.0137cm^{-1}$、$0.058cm^{-1}$、$0.146cm^{-1}$和$0.1558cm^{-1}$时，PAC-UF联用工艺对于EE2的去除率分别为86.77%、82.81%、86.17%、85.52%和84.42%。

随着腐殖酸浓度的增加，超滤膜对EE2的去除效率降低，但是与有机物对EE2吸附速率的影响具有较明显不同，去除率地降低并不明显。

(5) 阴离子合成洗涤剂的影响

在其他试验条件相同情况下，过滤周期为30min，在蒸馏子水中投加不同浓度的腐植酸，活性炭投加量为10mg/L，考察不同有机物背景条件下对超滤膜去除EE2的影响。试验结果见图7.105所示。

可以看出，当水体中阴离子合成洗涤剂分别0、10、20、30和50mg/L时，PAC-UF对于

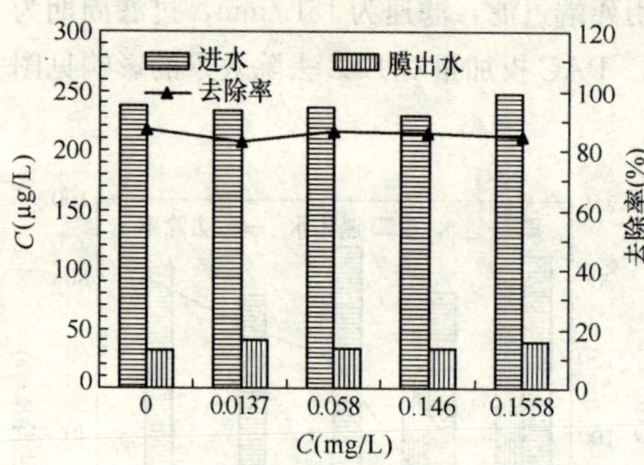

图 7.104　有机物对 EE2 去除效果的影响

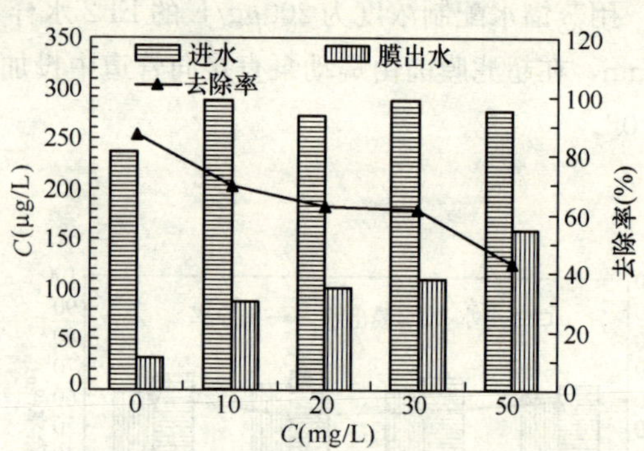

图 7.105　阴离子合成洗涤剂对 EE2 去除效果的影响

EE2 的去除率分别为 86.77%、69.44%、62.60%、61.61%和 42.64%。

随着阴离子合成洗涤剂浓度的增加，超滤膜对 EE2 的去除效率有较大降低，这可能是由于阴离子合成洗涤剂强烈竞争占据活性炭的吸附位。

(6) BAC、PAC、PAC-UF 联用工艺对 17α-乙炔基雌二醇（EE2）去除效果小结

1）六种活性炭的 EE2 吸附等温线表明 Freundlich 吸附等温线模型能够很好地描述 PAC 和 GAC 对 EE2 的吸附过程。

2）PAC3 号、椰壳炭、GAC6 号和 PAC1 号的 k_f 均大于 1，对于自来水配制的 EE2 溶液，这四种炭的吸附容量较大，GAC7 号的吸附容量最小。

3）Freundlich 模型的 $1/n$ 值变化不大，在 0.1082～0.9315 之间。其中 GAC7 号的 $1/n$ 最大，但其 k_f 为最小，说明尽管 GAC7 号的吸附容量不大，但其吸附容量碎浓度变化较大。吸附容量最大的是 PAC3 号。

4）PAC1 的试验表明对 EE2 的有效吸附主要发生在前 5min 内，此时可以去除 50%以上的 EE2。有机物、阴离子合成洗涤剂对 EE2 的吸附具有抑制作用，水体 pH 的影响不大。

5）单独超滤模过滤对 EE2 的去除效果不佳，EE2 的初始浓度影响不明显，直接过滤方式的去除效果维持在 5%左右。

6）PAC-UF 联用工艺去除 EE2 的研究结果表明，PAC-UF 联用工艺可有效去除水体中 EE2，去除效率随活性炭投加量的增加呈线性增长的规律。随投加量的逐步增加，EE2 的去除效果增长非常迅速。随着腐殖酸浓度的增加，超滤膜对 EE2 的去除效率降低，但降低不明显。随着阴离子合成洗涤剂浓度的增加，超滤膜对 EE2 的去除效率有较大降低。

参　考　文　献

［1］ 马军，高金胜. O_3/H_2O_2 对水中微量2，4-D的降解效果. 中国给水排水，2003，19（8）：8-10.

［2］ 王占生，刘文君. 微污染水源饮用水处理. 北京：中国建筑工业出版社，2001.

［3］ 王佩华. 环境激素及其危害. 北方环境，2005，30（2）：33-36.

［4］ 丘耀文，周俊良等. 大亚湾海域多氯联苯及有机氯农药研究. 海洋环境科学，2002，21（1）：46-51.

［5］ 乐林生，吴今明，高乃云等. 太湖流域安全饮用水保障技术. 北京：化学工业出版社，2007.

［6］ 田怀军，舒为群等. 长江，嘉陵江（重庆段）原水有机污染物的研究. 长江流域资源与环境，2003，12（2）：118-123.

［7］ 刘成，高乃云等. 强化混凝去除黄浦江原水中有机物研究. 中国给水排水，2006，22（1）：84-87.

［8］ 任晋，蒋可等. 官厅水库中阿特拉津残留级的分析及污染来源. 环境科学，2002，23（1）：126-128.

［9］ 刘先利. 环境内分泌干扰物研究进展. 上海环境科学，2003，22（1）：57-61.

［10］ 孙晓峰. GAC和预氯化消毒工艺对水中几种典型内分泌干扰物去除研究：［硕士学位论文］. 上海：同济大学，2007.

［11］ 孙德智，于秀娟，冯玉杰. 环境工程中的高级氧化技术. 北京：化学工业出版社，2002，7-9.

［12］ 迂君.《水环境中烷基苯酚、邻苯二甲酸酯类内分泌干扰物质的分析及研究》，硕士论文，导师：徐烨；胡建英. 东北大学. 2001. 3.

［13］ 吴一蘩，高乃云，乐林生. 饮用水消毒技术. 北京：化学工业出版社，2006.

［14］ 吴平谷. 饮用水中邻苯二甲酸酯类的调查. 环境与健康杂志，1999，16（6）：338-339.

［15］ 张中一，施正香，周清. 农用化学品对生态环境和人类健康的影响及其对策. 中国农业大学学报，2003，8（2）：73-77.

［16］ 张兵，包志成等. 五氯酚在洞庭湖环境介质中的分布. 中国环境科学，2001，21（2）：165-167.

［17］ 张秀芳，薛大明等. 辽河中下游水体中多氯有机物的残留调查. 中国环境科学，2000，20（1）：31-35.

［18］ 张祖麟，陈伟琪等. 九龙江口水体中有机氯农药分布特征及归宿. 环境科学，2001，22（3）：88-92.

［19］ 胡玲，高乃云等. UV/H_2O_2/微曝气联用工艺矿化内分泌干扰物BPA的试验研究. 环境科学，2007，28（7）：1496-1501.

［20］ 蔡云龙，高乃云等. 镇江市饮用水有机物分子量分布特性的研究. 净水技术，2005，24（5）：12-16.

［21］ 张海峰，胡建英等. SPE-LC-MS法检测杭州地区饮用水. 环境化学，2004，23（5）：584-586.

［22］ 张蕴晖，丁训诚等. 环境样品中邻苯二甲酸酯类物质的测定与分析. 环境与健康杂志，2003，20（5）：283-287.

［23］ 李若愚. 水中典型酚类内分泌干扰物去除特性研究：［硕士学位论文］. 上海：同济大学，2007.

［24］ 李青松. 水中甾体类雌激素内分泌干扰物去除性能及降解机理研究：［博士学位论文］. 上海：同济

大学，2007.

[25] 李青山. 中国水资源保护问题及其对策措施. 水资源保护，1999，56（2）：28-30.

[26] 杨清书等. 澳门水域水体有机氯农药的垂线分布特征. 环境科学学报，2004，24（3）：428-434.

[27] 汪力，高乃云等. UV及UV-H_2O_2工艺降解阿特拉津的研究. 同济大学学报，2006，34（11）：1499-1504.

[28] 汪力. 典型农药类内分泌干扰物的去除特性及机理研究：[博士学位论文]. 上海：同济大学，2006.

[29] 肖羽堂，张晶晶，吴鸣等. 我国水资源污染与饮用水安全性研究. 长江流域资源与环境，2001，10（1）：51-59.

[30] 芮旻. 水中三种典型内分泌干扰物去除性能与机理研究：[硕士学位论文]. 上海：同济大学，2006.

[31] 邵兵等. 重庆流域嘉陵江河长江水环境中壬基酚污染状况调查. 环境科学学报，2002，22（1）：12-16.

[32] 陈满荣，封克等. 长江口PCBs污染及水环境PCBs研究趋势. 环境科学与技术，2004，27（5）：24-26.

[33] 周少奇，林云琴. 环境激素污染研究进展. 环境污染与防治，2004，26（1）：25-27.

[34] 周鸿，张晓健等. 饮用水中壬基酚及其前体物的分布特性. 环境与健康杂志，2004，21（5）：288-290.

[35] 周建平. 超滤—纳滤膜组合工艺处理黄浦江原水特性及机理研究：[博士学位论文]. 上海：同济大学，2009.

[36] 国家环保总局，2004年全国环境统计公报，2005，北京.

[37] 国家环境保护总局. 我国农药污染现状、存在问题及建议. 环境保护，2001，（6）：23-24.

[38] 林学珏，刘广明等. 有机氯类农药在包气带及地下水中长期残留研究. 农业环境保护，2001，20（6）：428-434.

[39] 范奇元，丁训诚等. 我国部分地区环境中壬基酚的检测. 中国公共卫生，2002，18（11）：1372-1373.

[40] 郁亚娟，黄宏等. 淮河（江苏段）水体有机氯农药的污染水平. 环境化学，2004，23（3）：568-572.

[41] 金星龙. 双酚A、辛基酚和壬基酚等内分泌干扰物的分析方法及其在京津典型区域的污染分布. [博士学位论文]，天津：南开大学，2004.

[42] 庞维海. 饮用水源中典型持久性有机污染物（POPs）的去除性能和机理研究：[博士学位论文]. 上海：同济大学，2009.

[43] 施安国. 环境中内分泌干扰物污染对人类的危害. 中国预防医学杂志，2003，4（4）：306-309.

[44] 段箐春，傅家谟等. 洪季珠江三角洲水系烷基酚污染状况研究. 环境科学，2004，25（3）：48-52.

[45] 赵丹丹. 饮用水中两种除草剂的去除性能研究：[硕士学位论文]. 上海：同济大学，2007.

[46] 赵世龈，高乃云等. UV/H_2O_2/微曝气降解三氯乙酸的试验研究. 给水排水，2009，35（5）：139-142.

[47] 饶凯锋，马梅等. 南方某水厂处理工艺过程中内分泌干扰物的变化规律. 环境科学，2004，25（6）：123-126.

[48] 徐勇，杨鲁静. 环境内分泌干扰物对儿童生长发育与健康的影响. 中华儿科杂志，2003，41（7）：508-510.

[49] 徐斌. 水中典型内分泌干扰物的去除特性及机理研究：[博士后出站报告]. 上海：同济大学，2005.

[50] 殷娣娣. PAC处理微污染长江原水效果研究：[硕士学位论文]. 上海：同济大学，2002.

[51] 聂湘平，兰崇钰等. 用 SPME 测定珠江河口水体中的 PCBs. 海洋环境科学，2002，21（2）：65-68.

[52] 聂湘平，兰崇钰等. 珠江广州段水体、沉积物及底栖生物中的多氯联苯. 中国环境科学，2001，21（5）：417-421.

[53] 郭栋生，吕晓军等. 万家寨引黄工程水源地水质分析. 环境化学，2002，21（3）：271-275.

[54] 高乃云，严敏，乐林生. 饮用水强化处理技术. 北京：化学工业出版社，2005.

[55] 高乃云，徐斌等. 不同预氧化工艺对饮用水致突变活性的影响. 同济大学学报，2005，33（1）：63-67.

[56] 高俊敏等. 北方城市给排水中有机锡污染调查研究. 给水排水，2004，30（7）：15-18.

[57] 贺道红. 臭氧-生物活性炭与微曝气-生物活性炭深度处理效果对比研究：[硕士学位论文]. 上海：同济大学，2006，3.

[58] 崔婧. 饮用水中内分泌干扰物 2，4-D 的去除性能研究：[硕士学位论文]. 上海：同济大学，2007.

[59] 黄仲杰. 我国城市供水现状、问题及对策. 给水排水，1998，24（2）：18-20.

[60] 黎雷，高乃云等. 阴离子对 UV/H_2O_2/微曝气工艺降解双酚 A 的影响. 中国环境科学，2008，28（3）：193-197.

[61] 董利平，陈卫平. 环境内分泌干扰物对男（雄）性生殖系统的影响. 浙江海洋学院学报（自然科学版)，2003，22（3）：265-267，292.

[62] 彭广勇. 超滤膜处理太湖水系原水的试验研究：[硕士学位论文]. 上海：同济大学，2009.

[63] 韩关根，吴平谷等. 邻苯二甲酸脂对城镇供水的污染及现行水处理工艺净化效果的评价. 环境与健康杂志，2002，18（5）：155-156.

[64] 楚文海 高乃云等. 六氯苯污染源水的饮用水应急处理工艺研究. 中国环境科学，2008，28（6）：507-511.

[65] 潘海祥，任基成等. 常规净水工艺对内分泌干扰物影响的探讨. 净水技术，2005，24（2）：15-17.

[66] 马晓雁，高乃云等. 黄浦江原水及水处理过程中内分泌干扰物状况调查. 中国给水排水，2006，22（19）：1-4.

[67] A. C. Belfroid，A. Van der Horst，A. D. Vethaak，et al.，Analysis and occurrence of estrogenic hormones and their glucuronides in surface water and waste water in the Netherlands，The Science of the Total Environment，1999，225（1-2）：101-108.

[68] A. C. Johnson，H.-R. Aerni，A. Gerritsen，M. Gibert，et al.，Comparing steroid estrogen，and nonylphenol content across a range of European sewage plants with different treatment and management practices，Water Research，2005，39（1）：47-58.

[69] Absar Alum，Yeomin Yoon，Paul Westerhoff，et al.，Oxidation of bisphenol A，17β-estradiol，and 17β-ethynyl estradiol and by-product estrogenicity，Environmental Toxicology，2004，19（3）：257-264.

[70] Adriana Zaleska，Jan Hupka，Marek Wiergowski，et al.，Photocatalytic degradation of lindane，p，p'-DDT and methoxychlor in an aqueous environment，Journal of Photochemistry and Photobiology A：Chemistry，2000，135（2-3）：213-220.

[71] Wen-Hai Chu，Nai-Yun Gao，Yang Deng，Performance of combination process of UV/H_2O_2/microaeration for oxidation of dichloroacetic acid in drinking water，Clean-Soil Air Water，2009，37（3）：233-238.

[72] Aldo Laganà，Alessandro Bacaloni，Ilaria De Leva，et al.，Analytical methodologies for determining

the occurrence of endocrine disrupting chemicals in sewage treatment plants and natural waters, Analytica Chimica Acta, 2004, 501 (1): 79-88.

[73] Aldo Laganà, Alessandro Bacaloni, Ilaria De Leva, et al., Occurrence and determination of herbicides and their major transformation products in environmental waters, Analytica Chimica Acta, 2000, 462 (2): 187-198.

[74] Alexander V. Zhulidov, Richard D. Robarts, John V. Headley, et al., Levels of DDT and hexachlorocyclohexane in burbot (Lota lota L.) from Russian Arctic rivers, The Science of the Total Environment, 2002, 292 (3): 231-246.

[75] Amina Amine-Khodja, Abdelaziz Boulkamh, Claire Richard, Phototransformation of metobromuron in the presence of TiO_2, Applied Catalysis B: Environmental, 2005, 59 (3-4): 147-154.

[76] Anders Svenson, Ann-Sofie Allard, Mats Ek, Removal of estrogenicity in Swedish municipal sewage treatment plants, Water research, 2003, 37 (18): 4433-4443.

[77] Arnold S. M., Hickey W. J., Harris R. F., Talaat R. E., Integrating chemical and biological remediation of atrazine and s-triazine-containing pesticide wastes. Environmental Toxicology and Chemistry, 1996, 15 (11): 1255-1262.

[78] B. V. Chang, C. S. Liao, S. Y. Yuan, Anaerobic degradation of diethyl phthalate, di-n-butyl phthalate, and di- (2-ethylhexyl) phthalate from river sediment in Taiwan, Chemosphere, 2005, 58 (11): 1601-1607.

[79] Wei-hai Pang, Nai-yun Gao, Yang Deng, et al, Novel photocatalytic reactor for degradation of DDT in water and its optimization model, Journal of Zhejiang University SCIENCE A, 2009, 10 (5): 732-738.

[80] Yan Chen, Bing-Zhi Dong, Nai-Yun Gao, et al., Effect of coagulation pretreatment on fouling of an ultrafiltration membrane, Desalination, 204 (2007): 181-188.

[81] Brouwer A, Longnecker M P, Birnbaum L S., Characterization of potential endocrine-related health effects at low-dose levels of exposure to PCBs. Environmental Health Perspectives, 1999, 107 (4): 639-649.

[82] C. Pelekani, V. L. Snoeyink, Competitive Adsorption In Natural Water: Role of activated carbon pore size, Water Research, 1999, 33 (5): 1209-1219.

[83] Ning Lu, Nai-yun Gao, Yang Deng, et al, Nitrite formation during low pressure ultraviolet lamp irradiation of nitrate, Water Science and Technology, 2009, 60 (6): 1393-1400.

[84] Cevdet Uguz, Inci Togan, Yildiz Eroglu, et al., Alkylphenol concentrations in two rivers of Turkey, Environmental Toxicology and Pharmacology, 2003, 14 (1-2): 87-88.

[85] Ch. Bancon-Montigny, G. Lespes, M. Potin-Gautier, Organotin survey in the Adour-Garonne basin, Water Research, 2004, 38 (4): 933-946.

[86] Chana C. Y., S. Tao, R. Dawson, et al., Treatment of atrazine by integrating photocatalytic and biological processes, Environmental Pollution, 2004, 131 (1): 45-54.

[87] Charles A. Stales, Dennis R. Peterson, Thomas F. Parkerton, et al., The environmental fate of phthalate esters: A literature review, Chemosphere, 1997, 35 (4): 667-749.

[88] Charles A. Staples, Philip B. Dome, Gary M. Klecka, et al., A review of the environmental fate, effects, and exposures of bisphenol A, Chemosphere, 1998, 36 (10): 2149-2173.

[89] Chia-Yang Chen, Tzu-Yao Wen, Gen-Shuh Wang, et al., Determining estrogenic steroids in Taipei

waters and removal in drinking water treatment using high-flow solid-phase extraction, Science of the Total Environment, 2007, 378 (3): 352-365.

[90] Chih-Jen Lu, et al. Effect of natural organic matter on biodegradation of a recalcitrant synthetic organic chemical, Jour. AWWA, 1991, 83 (2): 56-61.

[91] Lei Li, Nai-yun Gao, Yang Deng, et al., Experimental and model comparisons of H_2O_2 assisted UV Photo-degradation of Microcystin-LR in simulated drinking water, Journal of Zhejiang University SCIENCE A, 2009, 10 (11): 1660-1669.

[92] Colborn, T., Dianne Dumanoski, John Peterson Meyers, Our stolen future, New York: Penguin Group, 1996.

[93] Crisp T M. Clegg E D, Cooper R L et al., Environmental endocrine disruption: An effects assessment and analysis. Environ Health Perspectives, 1998, 106 (1): 11-56.

[94] Nai-yun Gao, Wen-hai Chu, Dan-dan Zhao, et al., Herbicide diuron removal from drinking water via nanofiltration membrane, Journal of Fresenius Environmental Bulletin, 2009, 09a, 1723-1729.

[95] Damia Barceló, Mira Petrovic, Challenges and achievements of LC-MS in environmental analysis: 25 years on, TrAC Trends in Analytical Chemistry, 2007, 26 (1): 2-11.

[96] Wen-hai Chu, Nai-yun Gao, Cong Li, et al., Photochemical degradation of typical halogenated herbicide 2, 4-D in drinking water with UV/H_2O_2/micro-aeration, Science in China series B: chemistry, 2009, 52 (12): 2351-2357.

[97] Huang Xin, Gao Naiyun. Zhang Qiaoli, Thermodynamics and kinetics of cadmium adsorption onto oxidized granular activated carbon, Journal of Environmental Science, 2007, 19 (11): 1287-1292.

[98] Bin Xu, Nai-yun Gao, Hefa Cheng, et al., Ametryn degradation by aqueous chlorine: Kinetics and reaction influences, Journal of Hazardous Materials, 2009, 169 (1-2): 586-592.

[99] Dhananjay S. Bhatkhande, Sanjay P. Kamble, Sudhir B. Sawant, et al., Photocatalytic and photochemical degradation of nitrobenzene using artificial ultraviolet light, Chemical Engineering Journal, 2004, 102 (3): 283-290.

[100] Donghao Li, Minseon Kim, Jae-Ryoung Oh, et al., Distribution characteristics of nonylphenols in the artificial Lake Shihwa, and surrounding creeks in Korea, Chemosphere, 2004, 56 (8): 783-790.

[101] Donghao Li, Minseon Kim, Won Joon Shim, et al., Seasonalflux of nonylphenol in Han River, Korea, Chemosphere, 2004, 56 (1): 1-6.

[102] Erik J. Rosenfeldt, Pei Jen Chen, Seth Kullman, et al., Destruction of estrogenic activity in water using UV advanced oxidation, Science of the Total Environment, 2007, 377 (1): 105-113.

[103] Erol Ayranci, Numan Hoda, Adsorption kinetics and isotherms of pesticides onto activated carbon-cloth, Chemosphere, 2005, 60 (11): 1600-1607.

[104] Evgenidou E., Fytianos K., Photodegradation of triazine herbicides in aqueous solutions and natural waters, Journal of Agricultural and Food Chemistry, 2002, 50 (22): 6423-6427.

[105] F. Javier Benitez, Jesus Beltran-Heredia, Juan L. Acero, et al., Contribution of free radicals to chlorophenols decomposition by several advanced oxidation processes, Chemosphere, 2000, 41 (8): 1271-1277.

[106] F. Javier Benitez, Juan L. Acero, Francisco J. Real, Degradation of carbofuran by using ozone, UV radiation and advanced oxidation processes, Journal of Hazardous Materials, 2002, 89 (1): 51-65.

[107] Fares Al Momani, Carmen Sans, Santiago Esplugas, A comparative study of the advanced oxidation

of 2, 4-dichlorophenol, Journal of Hazardous Materials, 2004, 107 (3): 123-129.

[108] Nai-yun Gao, Yang Deng, Dandan Zhao, Ametryn degradation in the ultraviolet (UV) irradiation/hydrogen peroxide (H_2O_2) treatment, Journal of Hazardous Materials, 2009, 164 (2-3): 640-645.

[109] Bin Xu, Nai-yun Gao, Hefa Cheng, et al., Oxidative degradation of dimethyl phthalate (DMP) by UV/H_2O_2 process, Journal of Hazardous Materials, 2009, 162 (2-3), 954-959.

[110] Gilbert Rossl, The public health implications of polychlorinated biphenyls (PCBs) in the environment, Ecotoxicology and Environmental Safety, 2004, 59 (3): 275-291.

[111] Glen R. Boyd, Helge Reemtsma, Deborah A. Grimm, et al., Pharmaceuticals and personal care products (PPCPs) in surface and treated waters of Louisiana, USA and Ontario, Canada, The Science of the Total Environment, 2003, 311 (1-3): 135-149.

[112] Glen R. Boyd, Jordan M. Palmeri, Shaoyuan Zhang, et al., Pharmaceuticals and personal care products (PPCPs) and endocrine disrupting chemicals (EDCs) in stormwater canals and Bayou St. John in New Orleans, Louisiana, USA, Science of the Total Environment, 2004, 333 (1-3): 137-148.

[113] Guillermina Hernandez-Raquet, Antoine Soef, Nadine Delgenès, et al., Removal of the endocrine disrupter nonylphenol and its estrogenic activity in sludge treatment processes, Water research, 2007, 41 (12): 2643-2651.

[114] H. E. Keenan, A. Sakultantimetha, S. Bangkedphol, Enviromental fate and partition co-efficient of oestrogenic compounds in sewage treatment process, Enviromental Research, 2008, 106 (3): 313-318.

[115] H. Sabik, F. Gagné, C. Blaise, et al., Occurrence of alkylphenol polyethoxylates in the St. Lawrence River and their bioconcentration by mussels (Elliptio complanata), Chemosphere, 2003, 51 (5): 349-356.

[116] Hideyuki Katsumata, Shinsuke Kawabe, Satoshi Kaneco, et al., Degradation of bisphenol A in water by the photo-Fenton reaction, Journal of Photochemistry and Photobiology A: Chemistry, 2004, 162 (2-3): 297-305.

[117] Hodaka Kawahata, Hidekazu Ohta, Mayuri Inoue, et al., Endocrine disrupter nonylphenol and bisphenol A contamination in Okinawa and Ishigaki Islands, Japan-within coral reefs and adjacent river mouths, Chemosphere, 2004, 55 (11): 1519-1527.

[118] Juanl Acero, Konrao Stemmler, Urs Von Gunton, Degradation kinetics of Atrazine and its degradation products with ozone and OH radicals: A predictive tool for drinking water treatment, Environ. Sci. Technol., 2000, 34 (4): 591-597.

[119] J. De Laat, H. Gallard, S. Ancelin, et al., Comparative study of the oxidation of atrazine and acetone by H_2O_2/UV, Fe (Ⅲ) /UV, Fe (Ⅲ) / H_2O_2/UV and Fe (Ⅱ) or Fe (Ⅲ) / H_2O_2, Chemosphere, 1999, 39 (15): 2693-2706.

[120] J. K. Fawell, D. Sheahan, H. A. James, et al., Oestrogens and Oestrogenic Activity in Raw and Treated Water in Severn Trent Water, Water research, 2001, 35 (5): 1240-1244.

[121] J. J. Amaral Mendes, The endocrine disrupters: a major medical challenge, Food and Chemical Toxicology, 2002, 40 (6): 781-788.

[122] Jeong-Hun Kang, Fusao Kondo, Effects of bacterial counts and temperature on the biodegradation of bisphenol A in river water, Chemosphere, 2002, 49 (5): 493-498.

[123] Johanne Beausse, Selected drugs in solid matrices: a review of environmental determination, occurrence and properties of principal substances, TrAC Trends in Analytical Chemistry, 2004, 23 (10-11): 753-761.

[124] John Beard and Australian Rural Health Research Collaboration, DDT and human health, Science of the Total Environment, 2006, 355 (1-3): 78-89.

[125] Joon-Wun Kang, Hoon-Soo Park, Rong-Yan Wang, et al., Effect of ozonation for treatment for micropollutants presents in drinking water source, Water Science and Technology, 1997, 36 (12): 299-307.

[126] K. E. Noll, V. Gounaris, W. S. Hou., Adsorption technology for air and water pollution control, Lewis Publishers, Chelsea, 1992.

[127] K. H. Chan, W. Chu, Atrazine removal by catalytic oxidation processes with or without UV irradiation: Part I-quantification and rate enhancement via kinetic study, Applied Catalysis B: Environmental, 2005, 58 (3-4): 157-163.

[128] Katsuki Kimura, Gary Amy, Jörg E. Drewes, et al., Rejection of organic micropollutants (disinfection by-products, endocrines disrupting compounds, and pharmaceutically active compounds) by NF/RO membranes, Journal of Membrane Science, 2003, 227 (1-2): 113-121.

[129] Wen-hai Chu, Nai-yun Gao, Yang Deng, Formation of haloacetamides during chlorination of dissolved organic nitrogen aspartic acid, Journal of Hazardous Materials, 2010, 173 (1-3): 82-86.

[130] Keun J. Choi, Sang G. Kim, Chang W. Kim, et al., Effects of activated carbon types and service life on removal of endocrine disrupting chemicals: amitrol, nonylphenol, and bisphenol-A. Chemosphere, 2005, 58 (11): 1535-1545.

[131] Kimbrougb RD, Krouskas CA., Human exposure to polychlorinated biphenyls and health effects: a critical synopsis, Toxicol Rev, 2003, 22 (4): 217-233.

[132] Krzystyniak K, Tryphonas H., Fournier M., Approaches to the evaluation of chemical induced immunotoxicity, Environ Health Perspectives, 1995, 103 (9): 17-22.

[133] Cong Li, X. Z. Li, N. Graham and Nai-Yun Gao, The aqueous degradation of bisphenol A and steroid estrogens by ferrate, Water Research, 2008, 42 (1-2): 109-120.

[134] L. H. Du Preez, P. J. Jansen van Rensburg, A. M. Jooste, et al., Seasonal exposures to triazine and other pesticides in surface waters in the western Highveld corn-production region in South Africa, Environmental Pollution, 2005, 135 (1): 131-141.

[135] Lawrence K. Wang, Yung-Tse Hung, Nazih K. Shammas, Advanced Physicochemical Treatment Technologies, Humana Press, Totowa, 2006.

[136] Huang Xin, Gao Naiyun, Dengyang, Bromate ion formation in dark chlorination and Ultraviolet/chlorination process for promide-containing water, Journal of Environmental Science, 2008, 20 (2): 246-251.

[137] Maria Fuerhacker, Astrid Dürauer, Alois Jungbauer, Adsorption isotherms of 17β-estradiol on granular activated carbon (GAC), Chemosphere, 2001, 44 (7): 1573-1579.

[138] María I. Cabrera, Carlos A. Martín, Orlando M. Alfano, et al., Photochemical decomposition of 2, 4-dichlorophenoxyacetic acid (2, 4-D in aqueous solution, Water Science and Technology, 1997, 35 (4): 31-39.

[139] Matsui Y., Knappe D. U., Takagi R., Pesticide adsorption by granular activated carbon adsorbers,

1. effect of nature organic matter preloading on removal rates and model simplification, Environmental Science and Technology, 2002, 36 (15): 3426-3431.

[140] Matteo Vitali, Francesca Ensabella, Daniela Stella, et al., Nonylphenols in freshwaters of the hydrologic system of an Italian district: association with human activities and evaluation of human exposure, Chemosphere, 2004, 57 (11): 1637-1647.

[141] Mclachlan J. A., Environmental signaling: what embryos and evolution teach us about endocrine disrupting chemicals, Endocrine Rev., 2001, 22 (3): 319-341.

[142] Masschelein, W., Rice, Rip G., Ultraviolet Light in Water and Wastewater Sanitation, Lewis Publisher, Boca Raton, 2002.

[143] Nathalie Brand, Gilles Mailhot, Mohamed Sarakha, et al., Primary mechanism in the degradation of 4-octylphenol photoinduced by Fe (III) in water-acetonitrile solution, Journal of Photochemistry and Photobiology A: Chemistry, 2000, 135 (2-3): 221-228.

[144] Natsuko Watanabe, Satoshi Horikoshi, Hiroshi Kawabe, et al., Photodegradation mechanism for bisphenol A at the TiO_2/H_2O interfaces, Chemosphere, 2003, 52 (5): 851-859.

[145] Nelum Dorabawila, Gian Gupta, Endocrine disrupter-estradiol-in Chesapeake Bay tributaries, Journal of Hazardous Materials, 2005, 120 (1-3): 67-71.

[146] Norihide Nakada, Hiroyuki Shinohara, Ayako Murata, et al., Removal of selected pharmaceuticals and personal care products (PPCPs) and endocrine-disrupting chemicals (EDCs) during sand filtration and ozonation at a municipal sewage treatment plant, Water research, 2007, 41 (19): 4373-4382.

[147] Orlando M. Alfano, Rodolfo J. Brandi, Alberto E. Cassano, Degradation kinetics of 2, 4-D in water employing hydrogen peroxide and UV radiation, Chemical Engineering Journal, 2001, 82 (1-3) 209-218.

[148] P. Ormad, S. Cortes, A. Puig, et al., Degradation of organochloride compounds by O_3 and O_3/H_2O_2, Water Research, 1997, 31 (9): 2387-2391.

[149] P. M. Álvarez, J. F. García-Araya, F. J. Beltrán, et al., Ozonation of activated carbons: Effect on the adsorption of selected phenolic compounds from aqueous solutions, Journal of Colloid and Interface Science, 2005, 283 (2): 503-512.

[150] Philip B. Dorn, Chi-Su Chou, Joseph J. Gentempo, Degradation of bisphenol A in natural water, Chemosphere, 1987, 16 (7): 1501-1507.

[151] Przemyslaw Drzewicza, Marek Trojanowicza, Robert Zona, et al., Decomposition of 2, 4-dichlorophenoxyacetic acid by ozonation, ionizing radiation as well as ozonation combined with ionizing radiation, Radiation Physics and Chemistry, 2004, 69 (4): 281-287.

[152] R. Scott Summers, Bench-Scale Evaluation of GAC for NOM Control, Jour. AWWA, 1995 (88): 69-80.

[153] Bing-zhi Dong, Lin Wang, Nai-yun Gao, The removal of bisphenol A by ultrafiltration, Desalination, 2008, 221 (2008): 312-317.

[154] Rachel L. Gomes, Mark D. Scrimshaw, John N. Lester, Determination of endocrine disrupters in sewage treatment and receiving waters, TrAC Trends in Analytical Chemistry, 2003, 22 (10): 697-707.

[155] Ramesh Thiruvenkatachari, Tae Ouk Kwon, Jung Chul Jun, et al., Application of several advanced oxidation processes for the destruction of terephthalic acid (TPA), Journal of Hazardous Materials

2007, 142 (1-2): 308-314.

[156] Sheng-ji Xia, Juan-juan Yao, Nai-yun Gao, An empirical model for membrane flux prediction in ultrafiltration of surface water, Desalination, 2008, 221 (2008): 370-375.

[157] S. Y. Yuan, C. Liu, C. S. Liao, et al., Occurrence and microbial degradation of phthalate esters in Taiwan river sediments, Chemosphere, 2002, 49 (10): 1295-1299.

[158] Sang D. Kim, Jaeweon Cho, In S. Kim, et al., Occurrence and removal of pharmaceuticals and endocrine disruptors in South Korean surface, drinking, and waste waters, Water Research, 2007, 41 (5): 1013-1021.

[159] Sara Rodriguez-Mozaz, Maria J. López de Alda, Damià Barceló, Monitoring of estrogens, pesticides and bisphenol A in natural waters and drinking water treatment plants by solid-phase extraction-liquid chromatography-mass spectrometry, Journal of Chromatography A, 2004, 1045 (1-2): 85-92.

[160] Shane A. Snyder, Samer Adhamb, Adam M. Reddingc, et al., Role of membranes and activated carbon in the removal of endocrine disruptors and pharmaceuticals, Desalination, 2007, 202 (1-3): 156-181.

[161] Sibel Irmak, Oktay Erbatur, Aydin Akgermana, Degradation of 17β-estradiol and bisphenol A in aqueous medium by using ozone and ozone/UV techniques, Journal of Hazardous Materials, 2005, 126 (1-3): 54-62.

[162] S. Judd, C. Judd, The MBR book: Principles and Applications of Membrane Bioreactors in Water and Wastewater Treatment, Elsevier, London, 2006.

[163] Speth T F, Miltner R J., Technical note: adsorption capacity of GAC for synthetic organics, Jour. AWWA, 1990, 82 (2): 72-75.

[164] Stratton R G, Namkung Eun, et al., Secondary Utilization of Trace Organics by Biofilms on Porous Media, Jour. AWWA, 1983, 75 (9): 463-469.

[165] Shi-hu Shu, Min Yan, Nai-yun Gao, et al., Molecular weight distribution variation of assimilable organic carbon during ozonation/BAC process, Joural of Water Supply Research and Technology-AQUA, 2008, 57 (4): 253-258.

[166] T. K. Lau, W. Chu, N. Graham, The degradation of endocrine disruptor di-n-butyl phthalate by UV irradiation: A photolysis and product study. Chemosphere, 2005, 60 (8): 1045-1053.

[167] Takuma Furuichi, Kurunthachalam Kannan, John P. Giesy, et al., Contribution of known endocrine disrupting substances to the estrogenic activity in Tama River water samples from Japan using instrumental analysis and in vitro reporter gene assay, Water Research, 2004, 38 (20): 4491-4501.

[168] Bin Xu, Nai-yun Gao, Xiao-feng Sun, Xia Sheng-Ji, Min Rui et al, Photochemical Degradation of Diethyl Phthalate with UV/H_2O_2, Journal of Hazardous Materials, 2007, 139 (1-2): 132-139.

[169] V. A. Baker, Endocrine disrupters-testing strategies to assess human hazard, Toxicology in Vitro, 2001, 15 (4-5): 413-419.

[170] Vittorio Ragaini, Elena Selli, Claudia Letizia Bianchi, et al., Sono-photocatalytic degradation of 2-chlorophenol in water: kinetic and energetic comparison with other techniques, Ultrasonics Sonochemistry, 2001, 8 (3): 251-255.

[171] W. Chu, M. H. Ching, Modeling the ozonation of 2, 4-dichlorophoxyacetic acid through a kinetic approach, Water Research, 2003, 37 (1): 39-46.

[172] Xiong F., Graham N. J. D., Removal of atrazine through ozonation in the presence of humic sub-

stances, Ozone Science Engineering, 1992, 14 (3): 263-268.

[173] Yeomin Yoon, Paul Westerhoff, Shane A. Snyder, et al., HPLC-fluorescence detection and adsorption of bisphenol A, 17β-estradiol, and 17α-ethynyl estradiol on powdered activated carbon. Water Research, 2003, 37 (14): 3530-3537.

[174] Ying, G. G., Kookanaa, R. S., Ru, Y. J., Occurrence and fate of hormone steroids in the environment, Environment International, 2002, 28 (6): 545-551.

[175] Z. Aksu, E. Kabasakal, Batch adsorption of 2, 4-dichlorophenoxy-acetic acid (2, 4-D) from aqueous solution by granular activated carbon, Separation and Purification Technology, 2004, (35): 223-240.

[176] Zhengyan Li, Donghao Li, Jae-Ryoung Oh, et al., Seasonal and spatial distribution of nonylphenol in Shihwa Lake, Korea, Chemosphere, 2004, 56 (6): 611-618.

[177] Wen-Hai Chu, Nai-Yun Gao, Yang Deng, et al, Formation of chloroform during chlorination of alanine in drinking water, Chemosphere, 2009, 77 (10): 1346-1351.